国家出版基金项目
NATIONAL PUBLICATION FOUNDATION

“十三五”国家重点出版物出版规划项目

中国土系志

Soil Series of China

（中西部卷）

总主编　张甘霖

内蒙古卷
Nei Mongol

王秋兵　韩春兰　孙福军　孙仲秀　著

科学出版社
龍門書局
北京

内 容 简 介

《中国土系志·内蒙古卷》记述了科技部国家科技基础性工作专项“我国土系调查与《中国土系志（中西部卷）》编制”得到的内蒙古自治区的205个土系。在对内蒙古自治区典型土壤调查的基础上，自上而下确定了各土壤的系统分类层次归属。全书分上、下两篇，为用户提供了系统翔实的科学数据。上篇重点阐述了内蒙古区域概况与成土因素、主要土壤形成过程与土层特征及土壤分类；下篇全面记述了区域典型土系的分布与环境条件、土壤性状与特征变幅、对比土系、利用性能综述，并与全国第二次土壤普查的土种进行了参比。

本书主要读者对象是土壤肥料、农业农村、自然资源、生态环境、城乡规划等与土壤学相关专业领域的科研与工程技术人员、高等院校师生以及生产经营管理工作者。

审图号：GS（2020）3822号

图书在版编目（CIP）数据

中国土系志. 中西部卷. 内蒙古卷/张甘霖主编；王秋兵等著. —北京：龙门书局，2020.12

“十三五”国家重点出版物出版规划项目　国家出版基金项目

ISBN 978-7-5088-5801-2

Ⅰ.①中…　Ⅱ.①张…　②王…　Ⅲ.①土壤地理-中国②土壤地理-内蒙古　Ⅳ. ①S159.2

中国版本图书馆CIP数据核字（2020）第173098号

责任编辑：胡　凯　周　丹　程雷星/责任校对：杨聪敏
责任印制：师艳茹/封面设计：许　瑞

科学出版社
龍門書局 出版

北京东黄城根北街16号
邮政编码：100717
http://www.sciencep.com

中国科学院印刷厂 印刷

科学出版社发行　各地新华书店经销

*

2020年12月第　一　版　开本：787×1092　1/16
2020年12月第一次印刷　印张：37 1/2
字数：889 000

定价：398.00元

（如有印装质量问题，我社负责调换）

《中国土系志》编委会顾问

孙鸿烈　赵其国　龚子同　黄鼎成　王人潮
张玉龙　黄鸿翔　李天杰　田均良　潘根兴
黄铁青　杨林章　张维理　郧文聚

土系审定小组

组　长　张甘霖

成　员（以姓氏笔画为序）

王天巍　王秋兵　龙怀玉　卢　瑛　卢升高
刘梦云　李德成　杨金玲　吴克宁　辛　刚
张凤荣　张杨珠　赵玉国　袁大刚　黄　标
常庆瑞　麻万诸　章明奎　隋跃宇　慈　恩
蔡崇法　漆智平　翟瑞常　潘剑君

《中国土系志·内蒙古卷》作者名单

主要作者　王秋兵　韩春兰　孙福军　孙仲秀

参编人员　（以姓氏笔画为序）

王　帅　王　妍　王　耀　王天豪　王武林
王英杰　王洪志　王薇薇　付小梅　边振兴
吕秀艳　刚　晨　刘　烁　刘　峰　刘金宝
孙　雪　杜　蒙　李　一　李建维　李德成
李鑫蕊　杨金玲　杨紫千　吴佳倩　余无忌
宋效东　张　蕾　张甘霖　张国建　张佳楠
张梦鸽　张锦源　陈一民　苗涵博　金楠珣
周　珂　庞云杰　赵玉国　赵丽婷　赵连阳
侯　萌　姜志文　姜春宇　姜荧荧　贾树海
徐　欣　高建飞　曹晓东　康天成　宿茗涵
银薪泉　隋跃宇　蒋卓东　焦晓光　曾　鸣
谭雾淞　熊　枫　潘　瑶

丛 书 序 一

土壤分类作为认识和管理土壤资源不可或缺的工具，是土壤学最为经典的学科分支。现代土壤学诞生后，近150年来不断发展，日渐加深人们对土壤的系统认识。土壤分类的发展一方面促进了土壤学整体进步，同时也为相邻学科提供了理解土壤和认知土壤过程的重要载体。土壤分类水平的提高也极大地提高了土壤资源管理的水平，为土地利用和生态环境建设提供了重要的科学支撑。在土壤分类体系中，高级单元主要体现土壤的发生过程和地理分布规律，为宏观布局提供科学依据；基层单元主要反映区域特征、层次组合以及物理、化学性状，是区域规划和农业技术推广的基础。

我国幅员辽阔，自然地理条件迥异，人类活动历史悠久，造就了我国丰富多样的土壤资源。自现代土壤学在中国发端以来，土壤学工作者对我国土壤的形成过程、类型、分布规律开展了卓有成效的研究。就土壤基层分类而言，自20世纪30年代开始，早期的土壤分类引进美国Marbut体系，区分了我国亚热带低山丘陵区的土壤类型及其续分单元，同时定名了一批土系，如孝陵卫系、萝岗系、徐闻系等，对后来的土壤分类研究产生了深远的影响。

与此同时，美国土壤系统分类（soil taxonomy）也在建立过程中，当时Marbut分类体系中的土系（soil series）没有严格的边界，一个土系的属性空间往往跨越不同的土纲。典型的例子是迈阿密（Miami）系，在系统分类建立后按照属性边界被拆分成为不同土纲的多个土系。我国早期建立的土系也同样具有属性空间变异较大的情形。

20世纪50年代，随着全面学习苏联土壤分类理论，以地带性为基础的发生学土壤分类迅速成为我国土壤分类的主体。1978年，中国土壤学会召开土壤分类会议，制定了依据土壤地理发生的《中国土壤分类暂行草案》。该分类方案成为随后开展的全国第二次土壤普查中使用的主要依据。通过这次普查，于20世纪90年代出版了《中国土种志》，其中包含近3000个典型土种。这些土种成为各行业使用的重要土壤数据来源。限于当时的认识和技术水平，《中国土种志》所记录的典型土种依然存在“同名异土”和“同土异名”的问题，代表性的土壤剖面没有具体的经纬度位置，也未提供剖面照片，无法了解土种的直观形态特征。

随着“中国土壤系统分类”的建立和发展，在建立了从土纲到亚类的高级单元之后，建立以土系为核心的土壤基层分类体系是“中国土壤系统分类”发展的必然方向。建立我国的典型土系，不但可以从真正意义上使系统完整，全面体现土壤类型的多样性和丰富性，而且可以为土壤利用和管理提供最直接和完整的数据支持。

在科技部国家科技基础性工作专项项目“我国土系调查与《中国土系志》编制”的支持下，以中国科学院南京土壤研究所张甘霖研究员为首，联合全国二十多所大学和相关科研机构的一批中青年土壤科学工作者，经过数年的努力，首次提出了中国土壤系统分类框架内较为完整的土族和土系划分原则与标准，并应用于土族和土系的建立。通过艰苦的野外工作，先后完成了我国东部地区和中西部地区的主要土系调查和鉴别工作。在比土、评土的基础上，总结和建立了具有区域代表性的土系，并编纂了以各省市为分册的《中国土系志》，这是继“中国土壤系统分类”之后我国土壤分类领域的又一重要成果。

作为一个长期从事土壤地理学研究的科技工作者，我见证了该项工作取得的进展和一批中青年土壤科学工作者的成长，深感完善这项成果对中国土壤系统分类具有重要的意义。同时，这支中青年土壤分类工作者队伍的成长也将为未来该领域的可持续发展奠定基础。

对这一基础性工作的进展和前景我深感欣慰。是为序。

中国科学院院士

2017 年 2 月于北京

丛书序二

土壤分类和分布研究既是土壤学也是自然地理学中的基础工作。认识和区分土壤类型是理解土壤多样性和开展土壤制图的基础，土壤分类的建立也是评估土壤功能，促进土壤技术转移和实现土壤资源可持续管理的工具。对土壤类型及其分布的勾画是土地资源评价、自然资源区划的重要依据，同时也是诸多地表过程研究所不可或缺的数据来源，因此，土壤分类研究具有显著的基础性，是地球表层系统研究的重要组成部分。

我国土壤资源调查和土壤分类工作经历了几个重要的发展阶段。20 世纪 30 年代至 70 年代，老一辈土壤学家在路线调查和区域综合考察的基础上，基本明确了我国土壤的类型特征和宏观分布格局；80 年代开始的全国土壤普查进一步摸清了我国的土壤资源状况，获得了大量的基础数据。当时由于历史条件的限制，我国土壤分类基本沿用了苏联的地理发生分类体系，强调生物气候带的影响，而对母质和时间因素重视不够。此后虽有局部的调查考察，但都没有形成系统的全国性数据集。

以诊断层和诊断特性为依据的定量分类是当今国际土壤分类的主流和趋势。自 20 世纪 80 年代开始的“中国土壤系统分类”研究历经 20 多年的努力构建了具有国际先进水平的分类体系，成果获得了国家自然科学奖二等奖。“中国土壤系统分类”完成了亚类以上的高级单元，但对基层分类级别——土族和土系——仅仅开展了一些样区尺度的探索性研究。因此，无论是从土壤系统分类的完整性，还是土壤类型代表性单个土体的数据积累来看，仅有高级单元与实际的需求还有很大距离，这也说明进行土系调查的必要性和紧迫性。

在科技部国家科技基础性工作专项的支持下，自 2008 年开始，中国科学院南京土壤研究所联合国内 20 多所大学和科研机构，在张甘霖研究员的带领下，先后承担了“我国土系调查与《中国土系志》编制”（项目编号 2008FY110600）和“我国土系调查与《中国土系志（中西部卷）》编制”（项目编号 2014FY110200）两期研究项目。自项目开展以来，近百名项目参加人员，包括数以百计的研究生，以省区为单位，依据统一的布点原则和野外调查规范，开展了全面的典型土系调查和鉴定。经过 10 多年的努力，参加人员足迹遍布全国各地，克服了种种困难，不畏艰辛，调查了近 7000 个典型土壤单个土体，结合历史土壤数据，建立了近 5000 个我国典型土系；并以省区为单位，完成了我国第一部包含 30 分册、基于定量标准和统一分类原则的土系志，朝着系统建立我国基于定量标准的基层分类体系迈进了重要的一步。这些基础性的数据，无疑是我国自第二次土壤普查以来重要的土壤信息来源，相关成果可望为各行业、部门和相关研究者，特别是土壤质量提升、土地资源评价、水文水资源模拟、生态系统服务评估等工作提供最新的、系统的数据支撑。

我欣喜于并祝贺《中国土系志》的出版，相信其对我国土壤分类研究的深入开展，对促进土壤分类在地球表层系统科学研究中的应用有重要的意义。欣然为序。

中国科学院院士

2017 年 3 月于北京

丛书前言

土壤分类的实质和理论基础，是区分地球表面三维土壤覆被这一连续体发生重要变化的边界，并试图将这种变化与土壤的功能相联系。区分土壤属性空间或地理空间变化的理论和实践过程在不断进步，这种演变构成土壤分类学的历史沿革。无论是古代朴素分类体系所使用的土壤颜色或土壤质地，还是现代分类采用的多种物理、化学属性乃至光谱（颜色）和数字特征，都携带或者代表了土壤的某种潜在功能信息。土壤分类正是基于这种属性与功能的相互关系，构建特定的分类体系，为使用者提供土壤功能指标，这些功能可以是农林生产能力，也可以是固存土壤有机碳或者无机碳的潜力或者抵御侵蚀的能力，乃至是否适合作为建筑材料。分类体系也构筑了关于土壤的系统知识，在一定程度上厘清了土壤之间在属性和空间上的距离关系，成为传播土壤科学知识的重要工具。

毫无疑问，对土壤变化区分的精细程度决定了对土壤功能理解和合理利用的水平，所采用的属性指标也决定了其与功能的关联程度。在大陆或国家尺度上，土纲或亚纲级别的分布已经可以比较准确地表达大尺度的土壤空间变化规律。在农场或景观水平，土壤的变化通常从诊断层（发生层）的差异变为颗粒组成或层次厚度等属性的差异，表达这种差异正是土族或土系确立的前提。因此，建立一套与土壤综合功能密切相关的土壤基层单元分类标准，并据此构建亚类以下的土壤分类体系（土族和土系），是对土壤变异精细认识的体现。

基于现代分类体系的土系鉴定工作在我国基本处于空白状态。我国早期（1949 年以前）所建立的土系沿用了美国土壤系统分类建立之前的 Marbut 分类原则，基本上都是区域的典型土壤类型，大致可以相当于现代系统分类中的亚类水平，涵盖范围较大。“中国土壤系统分类”研究在完成高级单元之后尝试开展了土系研究，进行了一些局部的探索，建立了一些典型土系，并以海南等地区为例建立了省级尺度的土系概要，但全国范围内的土系鉴定一直未能实现。缺乏土族和土系的分类体系是不完整的，也在一定程度上制约了分类在生产实际中特别是区域土壤资源评价和利用中的应用，因此，建立“中国土壤系统分类”体系下的土族和土系十分必要和紧迫。

所幸，这项工作得到了国家科技基础性工作专项的支持。自 2008 年开始，我们联合国内 20 多所大学和科研机构，先后开展了“我国土系调查与《中国土系志》编制”（项目编号 2008FY110600）和“我国土系调查与《中国土系志（中西部卷）》编制”（项目编号 2014FY110200）两个项目的连续研究，朝着系统建立我国基于定量标准的基层分类体系迈进了重要的一步。经过 10 多年的努力，项目调查了近 7000 个典型土壤单个土体，结合历史土壤数据，建立了近 5000 个我国典型土系，并以省区为单位，完成了我国第一部基于定量标准和统一分类原则的全国土系志。这些基础性的数据，将成为自第二次全国土壤普查以来重要的土壤信息来源，可望为农业、自然资源管理、生态环境建设等部门和相关研究者提供最新的、系统的数据支撑。

项目在执行过程中，得到了两届项目专家小组和项目主管部门、依托单位的长期指导和支持。孙鸿烈院士、赵其国院士、龚子同研究员和其他专家为项目的顺利开展提供了诸多重要的指导。中国科学院前沿科学与教育局、重大科技任务局、科技促进发展局、中国科学院南京土壤研究所以及土壤与农业可持续发展国家重点实验室都持续给予关心和帮助。

值得指出的是，作为研究项目，在有限的资助下只能着眼主要的和典型的土系，难以开展全覆盖式的调查，不可能穷尽亚类单元以下所有的土族和土系，也无法绘制土系分布图。但是，我们有理由相信，随着研究和调查工作的开展，更多的土系会被鉴定，而基于土系的应用将展现巨大的潜力。

由于有关土系的系统工作在国内尚属首次，在国际上可资借鉴的理论和方法也十分有限，因此我们在对于土系划分相关理论的理解和土系划分标准的建立上难免会存在诸多不足；而且，由于本次土系调查工作在人员和经费方面的局限性以及项目执行期限的限制，书中疏误恐在所难免，希望得到各方的批评与指正！

张甘霖

2017 年 4 月于南京

前　言

土壤分类一直是土壤科学的核心和基础内容，也是其他学科应用土壤学成果的重要“桥梁”。从20世纪80年代中期开始，在中国科学院南京土壤研究所主持下，我国土壤系统分类研究顺应土壤分类研究发展的标准化、定量化和国际化潮流，经过近40年的不懈努力，建立了土纲-亚纲-土类-亚类的高级分类体系，成为世界主流土壤分类系统之一，世人瞩目的“中国土壤系统分类研究”成果于2005年获得国家自然科学奖二等奖。然而，相比之下，我国土壤基层分类单元土族-土系方面的研究一直较为薄弱，严重地限制了土壤科学发展和土壤成果的应用。

土系是土壤系统分类中最基层的分类单元，是发育在相同母质上、处于相同的景观部位、具有相同土层排列和相似土壤属性的土壤集合（聚合土体）。土系在学科上对高级分类单元起支撑作用，能够更加精确地解释土壤类型，从应用角度看，土系更能反映地方实际，可为农业生产、土地评价与规划、区域生态环境建设、城乡规划与发展等提供重要的基础数据。为了加强我国土壤基层分类研究，2008年，在科技部国家科技基础性工作专项“我国土系调查与《中国土系志》编制”（2008FY110600）的支持下，由中国科学院南京土壤研究所牵头，联合全国16所高等院校和科研单位，首先对我国东部16省（直辖市）的土系进行了系统性的调查研究。2014年，在科技部国家科技基础性工作专项“我国土系调查与《中国土系志（中西部卷）》编制”（2014FY110200）的支持下，联合全国多所高等院校和科研单位，相继系统性地调查研究了我国中西部地区土系，本书作为该专项成果的一个具体体现，也是内蒙古自治区主要土系的集中体现。

这是我国第一部全面反映内蒙古自治区土系的专著。早在20世纪30～40年代，我国曾学习美国，在一些省份尝试建立了一些土系，但当时对内蒙古并没有开展相关的土系研究，更没有相关土系记载；之后我国开始学习苏联发生学分类体系，搁置了土系研究；本次土系调查项目的开展，才开创了对内蒙古自治区全域范围内土系进行全面调查研究的新篇章。内蒙古自治区土系调查自始至终严格按照项目组制定的土系建立规范进行。首先，参考土系调查布点方案，结合内蒙古自治区实际，遵循“分布广泛性、利用重要性、类型特殊性、空间均匀性”等原则，在各地布置了218个调查观察点，从中选择了210个代表性典型单个土体建立土系，基本覆盖了全自治区，使得本次土系调查具有广泛的代表性。之后，按照《野外土壤描述与采样手册》，对各样点的景观特征、土壤剖面性状进行了描述和采样，同时拍摄景观、剖面和新生体等照片，最终采集了209个单个土体剖面和近700个分层土样，依照《土壤调查实验室分析方法》对采集的土壤样品进行分析测试，同时观察了90多个调查剖面，拍摄了上千张照片，获得大量第一手调查资料；在此基础上，依据《中国土壤系统分类检索》（第三版），确定了土纲到亚类的高级分类单元；最后根据《中国土壤系统分类土族和土系划分标准》划分出126个土族，建立了205个土系，并按中国土壤系统分类数据库建设规范建立了内蒙古自治区土系数据库。

全书分上、下两篇。上篇是总论部分，重点阐述了内蒙古自治区区域概况与成土因素、主要土壤形成过程与土层特征，并简短回顾了内蒙古自治区土壤分类的历史沿革；下篇是各土纲下典型土系介绍，也是全书的重点，全面记述了各土系的分布与环境条件、土壤性状与特征变幅、利用性能综述，并对空间或分类学上相邻或相近的土系进行了比较分析，为土系用户提供了系统全面的信息，也可以说是为土系提供了“全息”身份证。

从土系调查建立到土系成果汇总整理，不仅包含着课题组广大师生的辛勤劳动，更凝结着众多专家学者的智慧。在土系调查阶段，课题组多次组织召开会议，对土系建立的规范进行研讨和科学论证，并对参与土系调查的科技人员和青年学生进行技术培训，统一认识，统一标准，为内蒙古自治区土系调查按期顺利完成奠定了坚实的基础。特别是，专家组还多次召开会议，对所建立的土系进行了认真的审定，审查内容既包括高级分类单元划分的准确性，又有土族、土系建立的科学性，更有土系记述的规范性。经过专家审定，保证了成果质量，增强了成果的权威性。

土系调查项目的开展，不仅研究充实了相关规范标准，积累了众多土系资料，更培养了一批土壤调查新生力量。内蒙古自治区土系调查历时 5 年，先后参与调查的师生有 40 多人。通过参与这项工作，他们掌握了野外调查和描述技能，为今后的土壤调查工作奠定了人才基础，部分学生还以土系调查资料为基础开展了学位论文相关研究，一些教师还以此为基础申报获准了国家自然科学基金项目资助。可以说，土系调查项目的开展收获颇丰。

在专著出版之际，我们对项目组各位专家和众位同仁多年来的温馨合作和热情指导表示衷心的感谢！特别要感谢参与土系野外调查、室内分析、土系数据库建设的各位师生，尤其是那些未能列入作者名单的师生们！在土系调查过程中，沈阳农业大学土地与环境学院各级领导给予了大力支持，项目主持单位中国科学院南京土壤研究所也给予了大力帮助；土系调查和本书写作过程中参考和引用了大量资料，在此一并表示感谢！

受时间和经费的限制，本次土系调查不同于土壤普查，而是重点针对典型土系，虽然典型土系的样点分布覆盖了内蒙古自治区全域，但由于各地自然条件复杂、农业利用多样，尚有许多土系没有被列入。因此对内蒙古自治区的土系调查而言，本书仅是一个开端，更多新的土系有待进一步调查发现和充实完善。由于编者水平有限，疏漏之处在所难免，希望读者给予指正。

王秋兵　韩春兰　孙福军　孙仲秀

2020 年 12 月

目　　录

上篇　总　　论

下篇　区域典型土系

上篇　总　　论

第 1 章　区域概况与成土因素

1.1　区 域 概 况

1.1.1　地理位置

内蒙古自治区位于中国北部边疆，地理坐标为 97°10′E～126°29′E，37°24′N～53°20′N。东、南、西依次与黑龙江、吉林、辽宁、河北、山西、陕西、宁夏和甘肃 8 省区毗邻，跨越三北（东北、华北、西北），靠近京津；北部与蒙古国和俄罗斯接壤，国境线长 4200km。全区由东北向西南斜伸，呈狭长形，东西端直线距离 2400km，南北端直线距离约 1700km（图 1-1）。

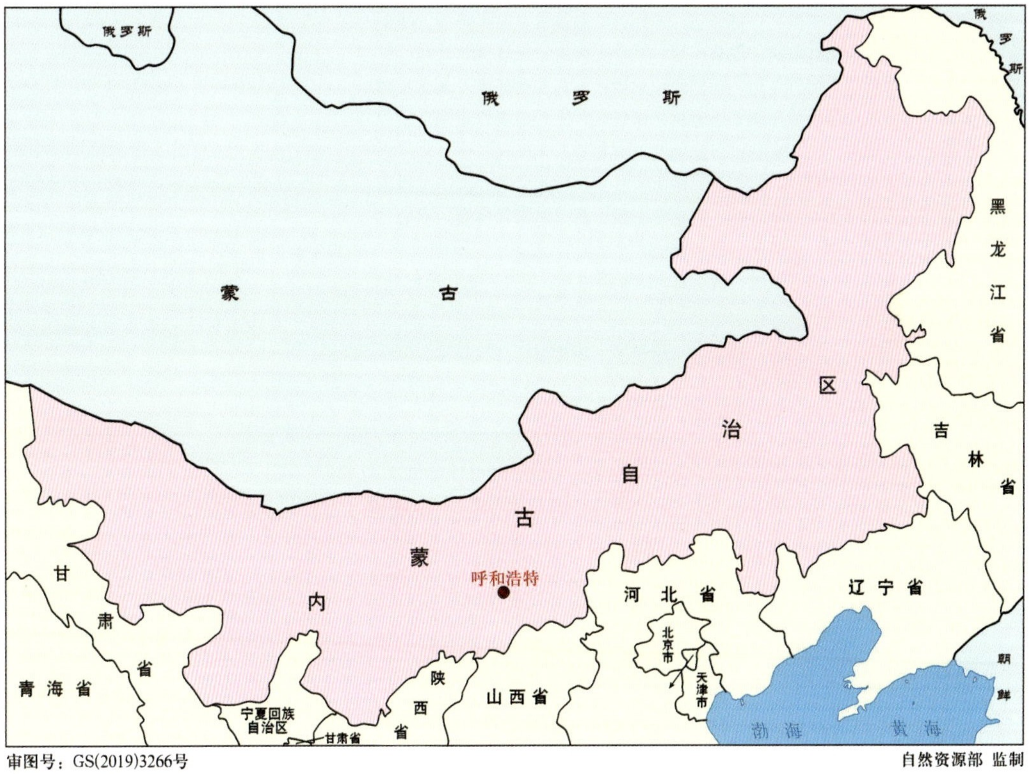

图 1-1　内蒙古自治区位置图

1.1.2　行政建制

1947 年 5 月 1 日，内蒙古自治政府在王爷庙（现兴安盟乌兰浩特市）成立；中华人民共和国成立后，内蒙古自治政府改名为内蒙古自治区人民政府。内蒙古自治区，简称内蒙古，中华人民共和国省级行政区，首府呼和浩特市。至 1979 年全国第二次土壤普查开始的时候，内蒙古自治区辖 8 个盟、3 个省辖市，22 个县、6 个市、53 个旗、3 个自治旗、14 个市辖区（表 1-1）。

表 1-1　内蒙古自治区 1979 年行政区划一览表

市（盟）	县（市、旗）	区
呼和浩特市	托克托县、土默特左旗	向阳区、回民区、新城区、郊区
包头市	固阳县、土默特右旗	东河区、青山区、昆都仑区、石拐矿区、白云矿区、建华矿区、郊区
乌海市		海勃湾区、乌达区、海南区
呼伦贝尔盟	海拉尔市、满洲里市、突泉县、阿荣旗、布特哈旗、喜桂图旗、扎赉特旗、陈巴尔虎旗、新巴尔虎左旗、新巴尔虎右旗、额尔古纳左旗、额尔古纳右旗、科尔沁右翼前旗、鄂伦春自治旗、鄂温克族自治旗、莫力达瓦达斡尔族自治旗	
哲里木盟	通辽市、开鲁县、通辽县、奈曼旗、库伦旗、扎鲁特旗、科尔沁左翼中旗、科尔沁右翼中旗、科尔沁左翼后旗	
昭乌达盟	赤峰市、宁城县、林西县、赤峰县、敖汉旗、翁牛特旗、喀喇沁旗、巴林右旗、巴林左旗、克什克腾旗、阿鲁科尔沁旗	
锡林郭勒盟	多伦县、阿巴嘎旗、阿巴哈纳尔旗、东乌珠穆沁旗、西乌珠穆沁旗、苏尼特左旗、正蓝旗、镶黄旗、太仆寺旗、正镶白旗	
乌兰察布盟	集宁市、二连浩特市、化德县、兴和县、丰镇县、凉城县、卓资县、商都县、武川县、清水河县、和林格尔县、四子王旗、达尔罕茂明安联合旗、苏尼特右旗、察哈尔右翼前旗、察哈尔右翼中旗、察哈尔右翼后旗	
伊克昭盟	东胜县、准格尔旗、乌审旗、伊金霍洛旗、鄂托克旗、杭锦旗、达拉特旗	
巴彦淖尔盟	临河县、五原县、磴口县、潮格旗、杭锦后旗、乌拉特中后联合旗、乌拉特前旗	
阿拉善盟	阿拉善左旗、阿拉善右旗、额济纳旗	

改革开放后，内蒙古自治区行政区划几经变革。目前，内蒙古自治区辖 12 个地级行政区划单位（9 个地级市、3 个盟），管辖 103 个县级行政区划单位（23 个市辖区、11 个县级市、17 个县、49 个旗、3 个自治旗）。内蒙古自治区行政区划见表 1-2 和图 1-2。

表 1-2　内蒙古自治区 2017 年行政区划一览表

市（盟）	县（市、旗）	区
呼和浩特市	托克托县、和林格尔县、清水河县、武川县、土默特左旗	新城区、回民区、玉泉区、赛罕区
包头市	固阳县、土默特右旗、达尔罕茂明安联合旗	东河区、昆都仑区、青山区、石拐区、白云鄂博矿区、九原区
呼伦贝尔市	满洲里市、牙克石市、扎兰屯市、额尔古纳市、根河市、阿荣旗、陈巴尔虎旗、新巴尔虎左旗、新巴尔虎右旗、莫力达瓦达斡尔族自治旗、鄂伦春自治旗、鄂温克族自治旗	海拉尔区、扎赉诺尔区

续表

市（盟）	县（市、旗）	区
兴安盟	乌兰浩特市、阿尔山市、突泉县、科尔沁右翼前旗、科尔沁右翼中旗、扎赉特旗	
通辽市	霍林郭勒市、开鲁县、科尔沁左翼中旗、科尔沁左翼后旗、库伦旗、奈曼旗、扎鲁特旗	科尔沁区
赤峰市	宁城县、林西县、阿鲁科尔沁旗、巴林左旗、巴林右旗、克什克腾旗、翁牛特旗、喀喇沁旗、敖汉旗	红山区、元宝山区、松山区
锡林郭勒盟	二连浩特市、锡林浩特市、多伦县、阿巴嘎旗、苏尼特左旗、苏尼特右旗、东乌珠穆沁旗、西乌珠穆沁旗、太仆寺旗、镶黄旗、正镶白旗、正蓝旗	
乌兰察布市	丰镇市、卓资县、化德县、商都县、兴和县、凉城县、察哈尔右翼前旗、察哈尔右翼中旗、察哈尔右翼后旗、四子王旗	集宁区
鄂尔多斯市	达拉特旗、准格尔旗、鄂托克前旗、鄂托克旗、杭锦旗、乌审旗、伊金霍洛旗	东胜区、康巴什区
巴彦淖尔市	五原县、磴口县、乌拉特前旗、乌拉特中旗、乌拉特后旗、杭锦后旗	临河区
乌海市		海勃湾区、海南区、乌达区
阿拉善盟	阿拉善左旗、阿拉善右旗、额济纳旗	

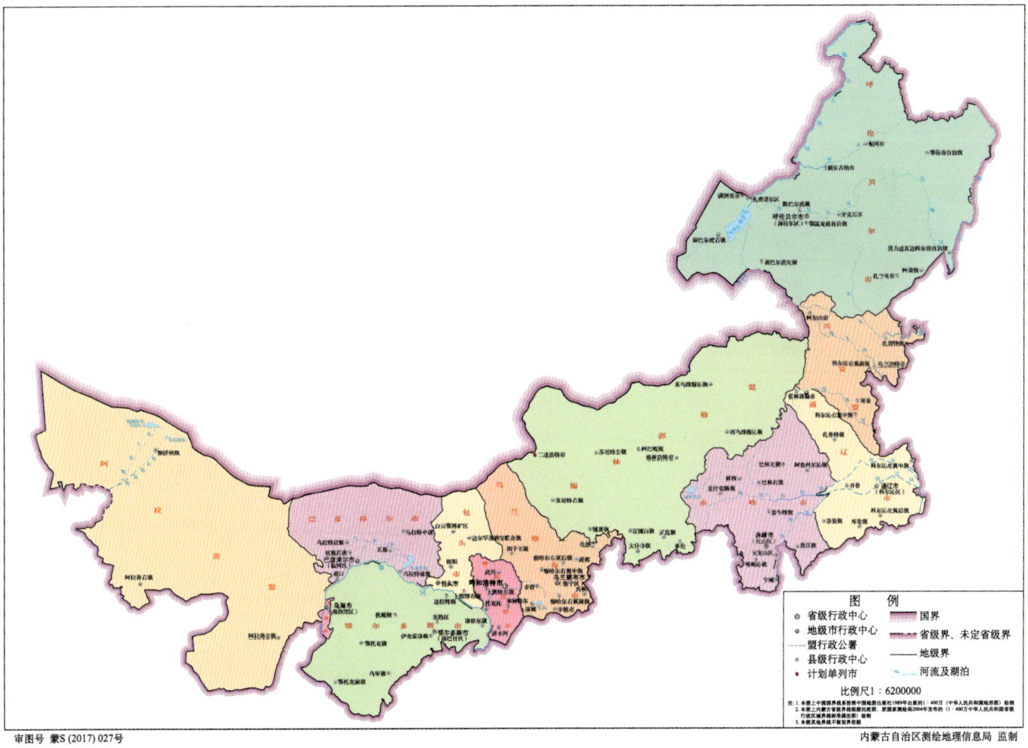

审图号 蒙S (2017) 027号　　内蒙古自治区测绘地理信息局 监制

图 1-2　内蒙古自治区行政区划图

1.2 成土因素

1.2.1 地质与地貌

内蒙古全区地势较高，平均海拔在 1000 m 左右，基本上属于高原地区。最高峰位于内蒙古西部与宁夏回族自治区交界处的贺兰山敖包圪垯（海拔 3556 m），而最低点位于通辽市科尔沁左翼后旗东西辽河交汇处（海拔 88.5 m），最高海拔和最低海拔相差 3467.5 m（图 1-3）。

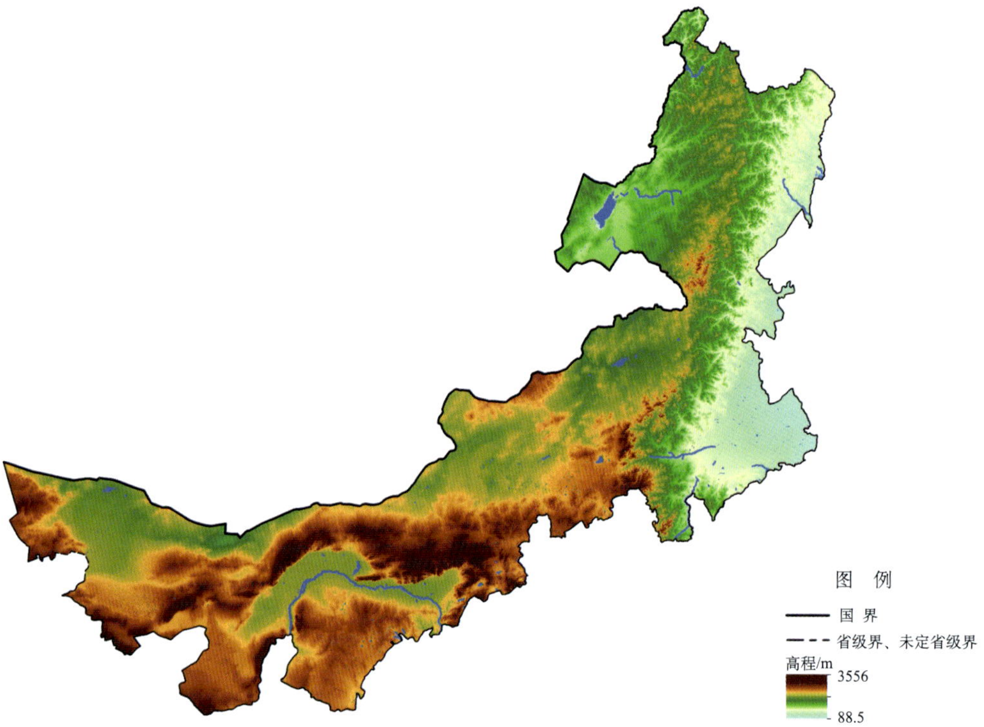

图 1-3　内蒙古自治区数字地面高程图

内蒙古自治区的大地构造单元以 42°N 为界，以北为天山-内蒙古-兴安地槽区，以南为华北地台区。中生代、新生代时受太平洋板块向西俯冲的影响，内蒙古东部地区形成北东向的构造火山岩带，即新华夏系第三隆起带，形成复杂多样的地貌类型。内蒙古自治区的地势较高，地貌以高原为主体，在世界自然区划中属于著名的亚洲中部蒙古高原的东南部及其周沿地带，统称内蒙古高原，是中国第二大高原。东西走向的阴山山脉横于中部，东部与东北走向的大兴安岭相连，西端与南北走向的贺兰山相呼应，形成一条山带。山带的内侧为嫩江右岸平原、西辽河平原、黄河河套平原、额济纳河下游冲积平原。在西南部被黄河环绕的是鄂尔多斯高平原。总体呈现出高原-山地-平原的带状结构。区内高原所占比例最大，约占土地总面积的 53.4%；山地次之，约占土地总面积的 21.7%；再次为丘陵，约占土地总面积的 16.4%；其余为平原和河流湖泊水面，占土地总面积的 8.5%。

在大地貌内部，风沙地貌和熔岩台地广泛分布。从山地、丘陵、高原到平原，可见连片或零星的风沙地貌，不同自然地带被细分为沙地和沙漠两种类型。高原西端的干旱和极干旱气候区分布有乌兰布和沙漠、亚玛雷克沙漠、腾格里沙漠、巴丹吉林沙漠等，贺兰山以东的干旱与半干旱气候区分布有呼伦贝尔沙地、科尔沁沙地、浑善达克沙地、毛乌素沙地。熔岩台地主要分布在大兴安岭东西两侧的火山熔岩带，即阿巴嘎火山熔岩带、西拉木伦河上游构造盆地火山熔岩带、阿巴嘎-达里诺尔火山熔岩带、察哈尔熔岩带。在山地向高平原、平原的交接地带，分布着土石质丘陵和黄土丘陵，其间杂有低山、谷地和盆地分布。内蒙古自治区各类地貌的分布见图 1-4。

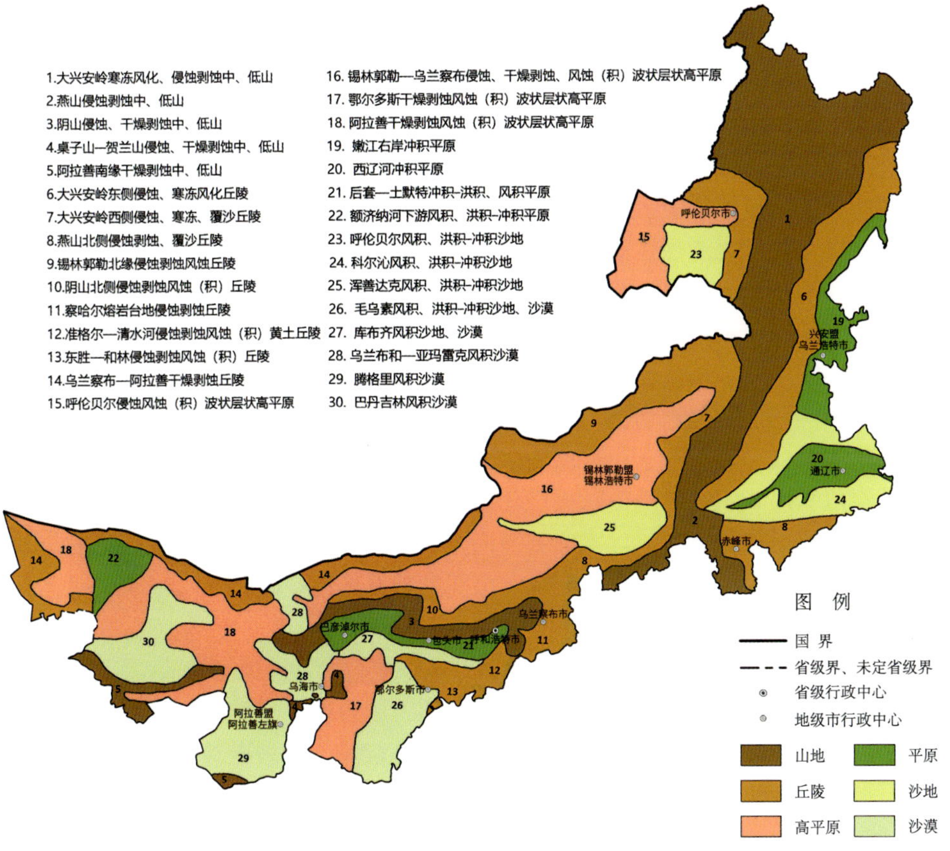

图 1-4　内蒙古自治区地貌类型分布图

内蒙古自治区是以高原为主的地区。在宏观上属于亚洲中部蒙古高原的东南部及其周沿地带，我国习惯上称为内蒙古高原。内蒙古高原受东部大兴安岭北北东向的新华夏系构造带和中部阴山山脉东西向复杂构造带所控制，并与西部南北向的贺兰山、北西向的龙首山等，共同构成内蒙古高原的外缘山地。它们不仅是自治区地貌的“梁脊”，还是我国北部一条重要的自然界线，对于水热条件的再分配、植被与土壤的规律性分布，具有制约性影响。外缘山地以北、以西是北东—南西向延伸的内蒙古高原，大兴安岭东南部是松辽平原，阴山山脉南侧为东西向的河套平原，平原南侧是鄂尔多斯高原。现按大地貌单元分述如下：

1. 山地

内蒙古山地约占全区总面积的 21.7%，东起大兴安岭山脉，南至赤峰的燕山山脉，西至阴山、贺兰山等山脉，构成内蒙古自治区的山地地貌体系。境内山地在地质构造上属于不同的构造单元，但在中生代以后的发展经历了一致的过程，因而总体呈现相近的地貌轮廓：浑圆的山顶，单面山形势，向平原的一侧为山麓洪积冲积扇，向高原的一侧平缓倾斜，堆积有连片断续风沙层。

1）大兴安岭山脉

大兴安岭山脉位于内蒙古自治区东北部，北东—南西走向。北起黑龙江右岸漠河，南止西拉木伦河上游谷地，纵贯内蒙古高原东侧，长 1100 km，宽约 400 km。海拔一般为 500～1500 m，位于赤峰市克什克腾旗的黄岗梁主峰大鹅头（海拔为 2029 m），其是大兴安岭的最高点。大兴安岭地区在构造上属新华夏系第三隆起带北段之地质带。新元古代时期，系原始海洋的蒙古海槽，属早期地质构造中“五台运动”的产物。古生代时期，在“加里东”地壳激烈运动中，区内出现海陆交互地层。至石炭纪和二叠纪，经过“海西运动”，海水东泄退出，全区上升为陆地，并伴随花岗岩为主的火成岩侵入，形成大兴安岭褶皱带与伊勒呼里山系雏形，呈北东—南西走向。新近纪的新构造运动中，随内蒙古高原不断上升，山岭西侧沿古断裂线以过渡形式伏于内蒙古高原之下，而东侧松辽平原不断下沉，山地强烈切割，因而造成西坡平缓、东坡陡峻的不对称阶梯状山形。大兴安岭以中生代、新生代火山岩系——石英粗面岩、玄武岩、安山岩、凝灰岩及玢岩为其主要组成物质。大兴安岭山脉按现代地貌过程的差异，可分南、北两段，大致以洮儿河为界。北段山体低而宽，以寒冻剥蚀为主，坡缓而谷宽。南段山体高而窄，以流水侵蚀为主，山体陡峻，外缘有众多谷地、山间盆地及低山丘陵。

2）燕山山脉

燕山山脉分布在赤峰市西南部，呈北西—南东走向，是侵蚀剥蚀的中山。西高东低，平均海拔为 1000～1200 m，与河北省围场满族蒙古族自治县交界处的大光顶子山为最高峰，海拔为 2067 m。山顶浑圆，谷坡坡度大，南坡陡峭，北坡平缓。燕山山地是老哈河的主要发源地，支流众多，侵蚀分割作用强烈，山间洪积冲积平原和河流阶地发育。

3）阴山山脉

阴山山脉位于内蒙古中部，东西走向，属古老断块山。阴山被分为数段，从西向东为狼山、色尔腾山、乌拉山、大青山、桌子山、灰腾梁山等。西段（呼和浩特以西）地势高峻，脉络分明，海拔为 1800～2000 m，最高主峰呼和巴什格海拔为 2364 m，位于乌拉特后旗。山脉主体由太古宙变质岩系和时代不一的花岗岩构成，在两侧及山间盆地内有新生代地层。山地大部分由古老变质岩组成，在断陷盆地中有沉积岩分布。呼和浩特以东的东段海拔一般在 1500 m 左右，地形紊乱，集宁以东到河北省沽源、张家口一带山势降低到海拔 500～1000 m，被玄武岩覆盖，部分地区的熔岩台地已被侵蚀切割成平顶低山和丘陵。低山和丘陵间、盆地内有白垩纪、古近纪-新近纪和现代沉积。盆地间的岭脊低而宽，相对高度在300～500 m，有些盆地中心集水成湖，较大者如岱海、黄旗海、安固里淖、察汗淖等。阴山山脉山地南北两坡不对称，北坡和缓倾向内蒙古高原，属内陆水系；南坡以1000 m的落差直降到黄河河套平原。

4）贺兰山山脉

贺兰山山脉耸立于宁夏银川盆地与阿拉善高原之间，呈北东走向，长约140 km，宽为30～40 km，海拔为2400～3560 m，其北端隔黄河河谷与鄂尔多斯高原西缘南北走向的桌子山相衔接，是新华夏构造体系的褶皱隆起之一，它由一系列南北向褶皱带和逆冲断层组成，北部表现比较明显，向南则逐渐减弱。山体组成物质北部为以片麻状花岗岩为主的古老变质岩以及中生代石灰岩、砾岩、砂岩、页岩等，有含煤地层；南部除古生代灰岩、砂岩及变质岩外，还有中生代的砂砾岩、砂页岩；此外还广泛分布有新生代陆相湖泊沉积的红色砂岩、砾岩和黏土，含有石膏。贺兰山及其北端的桌子山，现代地貌过程以侵蚀剥蚀及干燥剥蚀为主。主峰敖包圪垯，海拔为3556 m，是内蒙古与宁夏的最高峰。

5）龙首山、合黎山

龙首山、合黎山为祁连山脉的组成部分（北祁连山），位于阿拉善高原南部，隔河西走廊与祁连山平行，呈北西西走向，长约300 km，宽为20～40 km。合黎山海拔为1600 m，龙首山则高达2000～3600 m，是中生代以来多次构造运动形成的。山体组成物主要为花岗岩、片麻岩、板岩、灰岩、砂页岩等，现代地貌过程以干燥剥蚀为主。

2. 高平原

高平原约占全区总面积的53.4%，包括北部的内蒙古高平原和南部的鄂尔多斯高平原。

1）内蒙古高平原

东起大兴安岭西麓，南至阴山北麓，西抵龙首山、马鬃山，北与蒙古国相接。内蒙古高原上普遍存在5级夷平面，形成层状高原。海拔多在1000～1200 m，局部洼地降至600 m，个别残山低丘可达1500 m以上。地面结构单调，平坦，起伏和缓，分割轻微。从东向西，从南向北，轻微的流水侵蚀逐渐被干燥的剥蚀所代替，塑造了坦荡辽阔的高平原地貌特征。地质构造上本区在中生代、新生代以来沉降较深，堆积了深厚的侏罗纪、白垩纪沉积物，燕山运动以来长期处在比较稳定的状态，在侵蚀剥蚀作用下准平原化。古近纪以来在挠曲作用下形成的宽浅盆地中，又沉积了杂色砂岩、泥岩。并于新近纪沿断裂带在许多地区喷出了大量的玄武岩。至第四纪又缓慢上升遭受剥蚀，反映在地貌上，高平原由波状起伏的浑圆低丘与宽浅的盆地、顶部平坦的带状台地、局部剥蚀残山和玄武岩熔岩台地镶嵌排列而成。高平原的组成物质，在剥蚀丘陵残山地区以古生代结晶岩、变质岩以及中生代花岗岩侵入体为主；在盆地拗陷地区主要是中生代和新近纪的砂岩、砂砾岩和泥岩，上覆薄层第四纪沉积物。风蚀是现代地貌过程的主要外营力，大小不等的风蚀洼地和风蚀坑以及戈壁和沙漠沙地为其产物。在高平原的东部、南部近山地带，流水侵蚀也较显著。高平原内部不时可见宽大沟谷组成的水文网和干涸的湖盆，与现在涓细的径流或干谷极不相称，反映了过去湿润气候下流水作用曾在地貌塑造中起过重要作用。高平原上地形的起伏和古水文网的存在，对水分的再分配有重要作用，由之造成局部湿润的隐域环境，对农牧业生产的配置和发展有深刻的意义。

内蒙古高平原按地貌组合特点可以划分为 4 部分：呼伦贝尔高平原、锡林郭勒高平原、乌兰察布高平原和阿拉善高平原。

呼伦贝尔高平原，由大兴安岭北段西麓山前丘陵与高平原组成。海拔多在 400～600 m，地势自东南向西北微倾。丘陵地带广泛堆积黄土状冰水沉积物、残坡积物及洪积物。高平原中部呈波状起伏，沉积有深厚的砂层和砂砾石层，上覆不厚的砂黄土，风沙地形呈带状分布，形成沙地、洼地沼泽、湖泊相间排列的特点。

锡林郭勒高平原，位于内蒙古高平原东部，海拔在 800～1600 m，地势总的是由南向北倾斜，但东、南、北三面又有丘陵隆起，丘顶平坦或浑圆。高平原面开阔，有许多干谷、河床和洼地，形成波状起伏。其中东北部的乌珠穆沁盆地、东部的达里诺尔湖盆地、西部的阿巴嘎熔岩台地及南部的浑善达克沙地都占很大面积。

乌兰察布高平原，位于内蒙古高平原中部，包括南部的阴山北麓丘陵、盆地和北部的层状高平原，中蒙边境处还有低山残丘，海拔在 900～1200 m。地势由南向北倾斜，层状高平原有 3～5 级平台，地面平坦，主要由新近纪泥岩和红色砂岩组成。局部还分布有白垩纪杂色泥岩、砂岩和砂砾岩及第四纪沉积物，并被众多大的浅洼地、干谷和古湖盆所分割。

阿拉善高平原，是自治区西部四面环山的大型构造盆地。其海拔在 900～1400 m，内部有构造剥蚀低山丘陵，山丘间为波状起伏的剥蚀堆积平原和洼地，组成物质多为侏罗系、白垩系以及古近系-新近系砂砾岩、砂岩，构造剥蚀低山丘陵区则以古老的变质岩、花岗岩为主。强烈的干燥剥蚀风化，产生的大量砂质，成为高平原上几大沙漠（巴丹吉林、腾格里、乌兰布和等）的沙源。在干燥剥蚀的丘陵及波状起伏的高平原面上广布石质戈壁。洼地（湖盆）则堆积近代化学沉积物，如吉兰泰盐池。

2）鄂尔多斯高平原

鄂尔多斯高平原位于自治区南部，与鄂尔多斯市行政区大致符合。其西、北、东三面为黄河所环绕。东、南部接晋陕黄土高原，海拔在 1100～1400 m，是一块近似方形的台状高原。东部为外流区，西部为内流区。本区自中生代以来构造上比较稳定，除西部桌子山外，地层形变轻微。高平原的大部分地区由中生界侏罗-白垩系的杂色砂岩、页岩组成，西部还有古近系-新近系的红色砂岩、砂质黏土。东北角有第四纪风积黄土覆盖，在长期的干燥剥蚀下，北部西部中生代砂岩多有出露，风化残积物和第四纪湖积、冲积、风积物分布很广。现代地貌过程在鄂尔多斯高平原的东北部准格尔旗一带为强烈的流水侵蚀。沟谷深切，深度一般为 200～500 m，沟网密度达 3000 m/km^2 左右。高平原北部东胜四十里梁为一南北分水岭，北部为库布齐沙带（西部称库布齐沙漠，东部为库布齐沙地），南部为毛乌素沙地。沙丘与丘间洼地、湖泊相间分布。西部自鄂托克旗（乌兰镇）西为桌状台地，台面平坦。西北部有海拔 1500～2000 m 的构造中山桌子山。西南部向西倾斜与宁夏银川河东平原相接，为覆沙黄土低丘。

3. 丘陵

丘陵是山地的延续，即山地向高原和平原的过渡带，形态浑圆，脉络零散。丘陵占全区土地总面积的 16.4%，在内蒙古各地分布广泛。共同的特点是相对高差较小（为 50～200 m），但由于构造、外营力、地理环境等方面的差别，形成各地相差悬殊的丘陵地貌。

大兴安岭北段东侧是山地与嫩江平原的过渡带，在长期侵蚀剥蚀及寒冻风化作用下，丘陵起伏和缓。顶部平缓或浑圆，呈阶梯状递降，谷地开阔多沼泽地，间有黄土状物质覆盖；西侧则是山地与呼伦贝尔高平原的过渡，景观与东侧相似，但地势较东侧为高，坡度和缓。

大兴安岭南段东西两侧丘陵、燕山山地北侧丘陵、阴山北侧东侧丘陵、鄂尔多斯东部丘陵，主要是石质丘陵或土石质丘陵，因长期侵蚀、风蚀而形成。组成物质以花岗岩、流纹岩、砂砾岩、砂页岩残坡积物为主，个别地段还有黄土覆盖，盆地由冲积-洪积或湖积物组成。

在锡林郭勒高平原、乌兰察布高平原、阿拉善高平原北部中蒙边境一线及阿拉善高平原西端，分布有久经剥蚀的漫长的丘陵带。它们是高平原上的构造山地经长期风化剥蚀夷平后的残丘，海拔在 1200～1600 m，内部相对高差多小于 100 m。丘陵组成物质多为花岗岩、板岩及局部后期喷出的玄武岩，丘面浑圆，为宽谷分割。

黄土丘陵在内蒙古自治区分布很广，从大兴安岭东西两侧沿高平原的东南部一直到阿拉善盟东南部，都有分布，但比较集中连片的是和林格尔-清水河-准格尔黄土丘陵和赤峰-敖汉-库伦黄土丘陵。和林格尔-清水河-准格尔一带的黄土丘陵是黄土高原的北缘，是内蒙古高平原向黄土高原的过渡类型，黄土厚 20～70 m，最厚可达 100 m。河谷深切，致使地面破碎，沟壑下切延伸迅速，沟壁直劈，丘顶浑圆或平缓，具有黄土高原典型的地貌形态——塬、梁、峁、沟纵横交错。燕山山地东段北侧赤峰至库伦一线以南的黄土丘陵，与黄土高原的情况有较大差别，这里黄土层的厚度一般仅 3～15 m，覆盖在下伏基岩上，颗粒较粗，属砂黄土，物质来源与北部毗邻的科尔沁沙地的风蚀风积不无关系。在丘间谷地内也可见洪积、坡积与冲积相间的次生黄土，其中夹有砾石、岩屑。

在赤峰市西南部、乌兰察布市南部凉城、丰镇、察哈尔右翼中旗、兴和一带分布着熔岩丘陵。海拔在 1000～1500 m，在白垩系上覆盖了新近纪后期喷出的超基性橄榄岩类玄武岩熔岩，经长期侵蚀，形成分割的桌状台地。其间分布着许多内流小盆地，沉积有冲积-湖积物，其中较大的湖盆为凉城的岱海、察哈尔右翼前旗的黄旗海。盆地与台地间高差为 50～100 m，盆地边缘多覆盖砂黄土状物质。

4. 平原

内蒙古自治区的平原和河流湖泊水面占总面积的 8.5%，主要有嫩江右岸平原、西辽河平原、黄河河套平原、额济纳河下游冲积平原。

1）嫩江右岸平原

嫩江右岸平原是大兴安岭北段东麓的冲积洪积平原，地势平坦，海拔为 150～200 m。其南部位于兴安盟东部的地区，为平原向丘陵过渡的地带，平原分布于丘间宽谷的阶地上。这里土地已大量开垦。

2）西辽河平原

西辽河平原位于大兴安岭南段山地与冀北、辽西山地之间，东与松辽平原相接，北部与大兴安岭山前丘陵相接，南部与赤峰-库伦黄土丘陵相连。海拔在 120～400 m，西高东低。由西辽河及其支流形成的冲积平原和残留的砂质古老冲积平原组成。西辽河平原属于新华夏构造体系的沉降区，新近纪后期南北山地继续隆起，相对下陷的平原内堆积了深厚的砂和砂砾石。第四纪以来，平原内发生不均匀的抬升，构成两级层面。平原的中部及北部，教来河-西辽河-新开河的河间地带为近代河泛区；周围是早期的堆积物，构成高差约 10 m 的老平原。由于河流多次分流、合并、改道，平原内留下众多古河道及积水泡子。西辽河平原土层深厚，水热条件良好，是内蒙古自治区重要的粮食和畜产品生产基地。

3）黄河河套平原

黄河河套平原是阴山山地与鄂尔多斯高平原之间的断陷盆地，内部沉积了深厚的第四纪沉积物。河套平原因地貌类型组合的差异，可分为西部的后套平原和东部的土默特（前套）平原，以乌拉山西端的西山嘴为界。

后套平原呈扇形由西南向北向东缓缓倾斜，黄河在南部自西向东横贯平原，北岸宽 40～75 km，直抵狼山山前；南岸宽 2～8 km，沿断裂与鄂尔多斯高平原相连。后套平原北缘的乌加河为黄河故道，现成为后套排水出路，经东部乌梁素海由西山嘴出套。平原的组成物质以粉砂质壤土居多，由于历史上黄河河道多变及近代灌溉的影响，土质砂黏交错，但故河道多为砂质土，洼地及平原东北部则多壤质、黏质土。平原西端与乌兰布和沙漠相接，由覆沙带向东伸入平原。平原内砂土集中分布区也多有沙丘与风蚀坑伴生现象，风蚀坑因潜水升高多已潴水成“海子”。

后套平原依靠黄河引水自流灌溉，加以光热资源丰富，农业发达，为自治区西部主要粮食及经济作物生产基地。但因地面坡降很小（1/6000～1/8000），排水不畅，多年漫灌，潜水位居高不下，土壤次生盐渍化面积很大，已成农业发展的一大限制因素。

土默特平原因明清时代蒙古族土默特部居住地而得名，又称前套平原或呼和浩特平原或土默特川平原，是由黄河及其支流大黑河冲积而成的。位于自治区中南部，西起包头市郊区东乌不拉沟口，东至蛮汉山，北靠大青山，南濒黄河及和林格尔黄土丘陵。东西长约 330 km，南北窄，西部平均宽 19 km，东部宽达 200 km 以上。地势西、北、东三面向南倾斜，海拔在 1000m 左右，最低处在黄河沿岸一带。平原东部地表为大黑河冲积物所覆盖，下部为较厚的湖积物。土默特平原北部山麓地带有一连串的洪积扇组成山前洪积倾斜平原，宽 2～4 km，最宽达 9 km，由分选很差的砂砾石组成，并发育有二至三级洪积阶地。洪积平原的外缘有断续分布的潜水溢出带，哈素海即为一典型，此带内多有埋藏泥炭分布。

4）额济纳河下游冲积平原

额济纳河是内蒙古西部荒漠腹地中仅有的一条大河，发源于祁连山，经河西走廊进入内蒙古。自狼山以北，河床摆动，堆积的冲积层，形成下游的冲积平原。河水分东西两支（额木纳高勒和木仁高勒）注入两个内陆湖泊（苏泊淖尔和嘎顺淖尔）。由于上游截流用水严重，处于巴丹吉林大沙漠与西部戈壁之间的额济纳河平原失去径流补给后已失去生机，沿河两岸的林灌草甸已荒漠化，胡杨林也衰退，河床尾闾两湖也已干涸成为积盐龟裂地。

5. 沙地和沙漠

内蒙古自治区风沙地貌分布十分广泛，从半湿润、半干旱地带到干旱与极干旱地带，从高海拔的山地、高平原到平原均有分布。由于自然地理环境的不同，风沙地貌的形成发育、形态特征和改造治理的难易有很大差别。习惯上把分布在草原地带（含森林草原）的风沙地貌称为沙地，把半荒漠和荒漠地带的风沙地貌称为沙漠。内蒙古自治区主要沙地有呼伦贝尔沙地、科尔沁沙地、浑善达克沙地、毛乌素沙地；主要沙漠有乌兰布和沙漠、亚玛雷克沙漠、腾格里沙漠、巴丹吉林沙漠；有的沙区地跨草原与半荒漠两个地带，如库布齐沙带西段称沙漠，而东段称沙地。现就各大型沙区分述如下：

1）呼伦贝尔沙地

呼伦贝尔沙地分布于大兴安岭西侧，海拉尔河右岸、乌尔逊河与东部辉河之间的地带。新生代以来缓慢的沉降，使这里沉积了深厚的河湖相细砂、粉砂，特别是第四纪晚更新世沉积的灰白色细砂，分选极好，成分均一，几乎全为无色透明的石英粒，分布很广，露头可见厚度约 30 m，成为呼伦贝尔沙地的主要沙源。

呼伦贝尔沙地气候温凉、半湿润、半干旱，属于森林草原、草甸草原和干草原地带，风蚀风积现象仅在海拉尔河右岸及新巴尔虎左旗南部比较明显，以垄状、低缓丘状沙丘与风蚀洼地相伴为主，且多为樟子松、云杉、榆、白桦等乔木及羊草、早熟禾、蒿类、山杏、绣线菊等草本及灌木所固定或半固定，构成疏林沙地的景观。

2）科尔沁沙地

科尔沁沙地位于松辽平原西部，即西辽河平原南北两侧。本地区自新生代以来，一直处在相对沉降中，上层的第四纪河-湖相沙层厚 90～160 m，分布广泛。科尔沁沙地处于干草原地带，河流纵横，历史上改道频繁，留下许多东西向的槽状洼地和洼地间的砂质带状阶地，经风力吹蚀塑造，多成起伏的垄状沙丘，相对高差在 5～10 m。洼地中地面平坦，潜水接近地面，生长草甸植被，多已垦殖或作放牧、割草场。其间小湖泊星罗棋布。发育灰色草甸土及沼泽化土壤。垄状沙地（当地称沙坨）多为固定和半固定状态，生长榆、杨及黄柳、蒿类、胡枝子等，构成“坨甸相间”的特殊景观。宽阔的砂质阶地多分布在科尔沁沙地的中北部，地面平坦，为固定沙地，土壤具有明显腐殖质积累特征，为暗栗钙土及栗钙土性土，但如无防风林网的保护，开垦后很快发生风蚀（积）。科尔沁沙地沿老哈河两岸各宽 10 余千米的地段，流动沙丘分布密集。

总的来说，科尔沁沙地生物气候条件及水文条件，均有利于植被的恢复，只要农、牧、林合理配置，对活化的沙地加以封育，植被就可以自然恢复。

3）浑善达克沙地

浑善达克沙地位于锡林郭勒高平原的中南部，西窄东宽，西部达集二线铁路，东部与大兴安岭南段西麓相连。构造上属新生代的沉降湖盆，钻孔揭示表层为风积粉砂，下部为杂色砂泥质、砂砾质半固结湖相地层，厚 100～200 m。植被一旦破坏，经风吹蚀就易起沙。浑善达克沙地，河流短小稀少，古湖盆的水面在全新世随着气候趋于干热逐渐退缩，目前仅留下达里诺尔、查干诺尔两个较大的湖，以及众多季节性积水的泡子。沙地虽地处干草原地带，但东西跨度较大，水热条件的差异造成沙地活化程度的差别，东部多固定沙丘，且有疏林分布，风蚀洼地也常有积水，或为草甸；西部则以流动及半固定沙丘为主，风蚀坑少有积水，而多盐渍化现象。浑善达克沙地为牧区，除东南边缘有少量开垦外，均为放牧地。

4）毛乌素沙地

毛乌素沙地位于鄂尔多斯高平原的东南，为一构造凹陷盆地，沉积了近百米的冲积-湖积物，现在的风成沙就是这些古代和现代冲积-湖积物吹扬的结果。毛乌素沙地地形较平，径流很弱，沙丘间多为潜水丰富的草甸，季节性的流水潴积其中常成小的浅水湖，积水区与沙丘背风面间生长有沙柳、花棒、沙蒿等灌木和草本，在夏季构成特殊的“柳湾”景观。但在冬春大风季节，沙丘的移动仍极明显，故形态上多为孤立或链状新月形沙丘，高 5 m 左右。沙地的东南部比较湿润，丘间洼地有部分已开垦为农田，西部接近半荒漠地带，仍为纯牧区，沙地植被覆盖较差，风蚀（积）较强。

5）库布齐沙带

库布齐沙漠及沙地分布在鄂尔多斯高平原的北部，呈东西带状。此沙带位于由白垩-侏罗系砂砾岩构成的梁地上，砂砾岩胶结松散，极易风化，经风力吹蚀搬运即成沙丘。库布齐沙带西部为半荒漠地带，植被稀疏，流动沙丘广布；东部为干草原地带，水分条件较好，植被覆盖度较高，沙丘的相对高度也较西部低。两者的分界大致在 109°E，西部称库布齐沙漠，东部为库布齐沙地。

6）乌兰布和沙漠

乌兰布和沙漠位于河套平原西端，南至贺兰山西北山前，北为狼山，东临黄河，西至巴音乌拉山。构造上为一北西南三面为山地环绕的相对陷落的盆地，内部堆积了夹淤泥的中细砂湖相地层，构成地面风成沙的来源。乌兰布和沙漠北部为波状沙地，南部有新月形垄状、链状、格状沙丘，相对高度一般为 10～50 m，多是流动或半固定沙丘。

7）亚玛雷克沙漠

亚玛雷克沙漠位于狼山西端北侧，乌兰察布波状、层状高平原与阿拉善东北丘陵及高平原之间。以新月形链状、垄状沙丘为主，高度为 10～50 m，其次为波状沙地，高度为 5～10 m，多为半固定及流动沙丘。

8）腾格里沙漠

腾格里沙漠位于贺兰山以西，庆阳山以北，巴音乌拉山南，西至石羊河，为一构造盆地，有巨厚的内陆湖相沉积，全新世气候变干，风沙活动，形成连绵沙漠。沙漠地势由西向东缓倾，高差近 200 m。内部分布着不连续的岛状残丘，残丘间有若干较大的干涸湖盆呈南北走向，一般长 10～30 km，宽 2～4 km。沙漠南部以 5～10 m 高的新月形沙丘为主，中部为 10～50 m 的新月形链状、垄状沙丘，东北部为高于 50 m 的格状沙丘，北部则分布小于 5 m 的波状沙地。腾格里沙漠的东南部水分条件稍好，有固定、半固定沙丘分布，其余地区流动沙丘居多。但内部丘间洼地及湖盆外围均有较好的潜水埋藏，可满足人畜饮水。

9）巴丹吉林沙漠

巴丹吉林沙漠的北、东、南三面分别为阿尔腾山、宗乃山、雅布赖山、北大山所环绕，山地海拔为 1300～2300 m；西侧为额济纳河东戈壁，海拔为 1000～1200 m。沙漠即位于大型盆地中。风成沙下伏主要为下更新统冲积湖积层，其上仅有中上更新统的戈壁砾石层分布在山前地带，从第四纪气候及古地理特征判断，巴丹吉林沙漠形成于上更新世末至全新世初，较自治区其他沙漠形成的时代要早。

巴丹吉林沙漠面积达 38500 余平方千米，为内蒙古自治区最大的沙区。由于地处山地环绕的内陆腹地，气候极端干旱，加之形成年代久远，风沙覆盖层厚度平均达 50～100 m。沙漠总的特征是沙丘高大，形态复杂。从外围到中部，沙丘形态由简单到复杂，西北部外围为堆状沙丘，高 3～5 m，个别 20 m；北、东、南山前地带为垄状、链状的流动及半固定沙丘，高 30～80 m，沙丘间有覆沙的滩地及小湖盆，此带不宽，其内即为巴丹吉林沙漠主体，占 3/4 面积的复合式沙山（大型沙梁，其上覆盖了新月形沙丘），北部沙山活动性大，相对高差在 100～150 m，中部的高大沙山可达 200～300 m，最高的有 384 m，南部沙山相对稳定，高差一般在 50～150 m。

1.2.2　气候

内蒙古自治区位于 37°24′N～53°23′N。大兴安岭北段位于高纬度，与地球水平寒温气候带相接，因山势抬高，温度降低，寒温带沿大兴安岭南伸，形成山地寒温带，其余大部分地区均属中温带。南部边缘海拔较低的地区以及西部纬度较低的高原荒漠，夏季具有暖温带特征，属于中温带的暖温型。因此，内蒙古自治区主体气候为温带强大陆性、弱季风性气候。

1. 气候基本特征

1）四季分明，雨热同期

由于内蒙古大部分地区为高原、山地，海拔高，冬、春季受西伯利亚蒙古高压的控制，气压梯度大，盛行西北风，多寒潮降温伴随大风天气，气候干燥；夏季在东南季风影响下，降水较集中，东部及东南部山地与外围地区降水较多。整体上，内蒙古气候四季分明，冬季严寒漫长，春季气温回升快，夏季短促、温热，秋季气温骤降。

内蒙古降水集中于夏季，大部分地区夏季降水占全年降水总量的 65%～75%，而夏季又是一年中热量最充足的时段，大部分地区夏季平均气温变化在 18～26℃。夏季正值农作物牧草生长旺季，是热量、水分需求最多的季节，水热同期这一气候特征，大大缓解了干旱、半干旱地区水资源不足的问题，提高了降水有效利用率，利于牧草及农作物生长。

2）光照充足，温度偏低

内蒙古太阳能年总辐射量为 1342～1948 kW·h/m^2，年日照时数在 2600～3400 h，属全国日照高值区，光能利用的潜力很大。但是，由于内蒙古属于高纬度区域，且以高原为主，温度偏低，无霜期短。全区大部分地区年平均气温为 0～8℃，因纬度及地形有很大差别，大兴安岭山地北段可低至 0℃以下（最低–4℃）。

3）干旱多风，灾害频发

由于远离海洋，内蒙古降水量较少，年降水量不足 300 mm 的地区约占内蒙古总面积的一半以上，而年蒸发量一般都超过降水量的 3～5 倍，西部地区可超出 10 倍以上，大部分地区有“十年九旱”之说。全区戈壁和沙漠面积约 30 万 km^2。全区年平均风速在 3～4 m/s，高原区冬春季≥8 级的大风日数在 40 d，最多可达 60～100 d。由于冬、夏季风进退时间早晚及强弱程度的不同，内蒙古水热条件在时间、空间分布上不稳定，导致旱、涝、风、冻、雹、低温冷害等气候灾害，这些气候灾害具有频发性、区域性、季节性，并且常常是多灾并发。

4）空间差异悬殊，光温水协同度低

受所处位置（经纬度）和地形地势影响，各地气候相差悬殊，水平地带性和垂直地带性分布规律明显。从时间维度看，雨热同期，有利于植物生长，但从空间分布看，光温水资源极不协调。全区水分资源最丰富地区（呼伦贝尔市大兴安岭林区）是热量资源最缺乏地区；而热量资源最丰富地区为水分资源最缺乏地区（阿拉善盟中西部地区）。这一水热资源在空间分布上的不协调性，大大影响气候资源的充分利用。

自治区多为海拔 1000 m 以上的高原，东西约跨 29 个经度。自东向西与海洋距离增大，降水量由 500 mm 降至西端的不足 50 mm，湿润度从>1.0 减小为<0.03，呈有规律的排列。大兴安岭在内蒙古东部，东北—西南走向，屏障着东来的季风，岭东迎着东南季风，降水较多（400～500 mm），岭西则降至 350 mm 以下，并向西递减。西辽河流域的科尔沁草原位于大兴安岭东南麓平原，西来气流过山而下焚风的增温作用，与兴安盟东南部、通辽市东南部及赤峰中东部一带沙地下垫面的影响结合，形成半干旱气候。在内蒙古中部、西部，有东西向的阴山山脉及与之相接的南北向贺兰山，海拔为 2000～3500 m，将山南及东侧的弱季风气候与山北及西侧的强大陆性气候分隔开。自治区冬、春季处于西伯利亚蒙古高压中心的东南缘，气压梯度很大，多寒潮降温伴随大风天气，气候干燥，夏季在东南季风影响下，降水较集中，东部及东南部山地与外围地区降水较多，为自治区相对湿润的宜林宜农区域；高原内部相对干旱，且越向西越干旱，是自治区牧业主要分布区。

2. 水分状况

年降水量及变率是影响农作物与牧草生长的基本因素之一，也是决定土壤形成中物质聚散、迁移的重要因子，土类的地带性分布与此有密切关系。

内蒙古自治区年均降水量一般在 36～505 mm，由东向西递减。呼伦贝尔市东北部（大兴安岭东坡）年均降水量超过 450mm，为自治区降水最多的区域。呼伦贝尔市中部、兴安盟、通辽市、赤峰市、锡林郭勒盟东南部、乌兰察布市东南部、鄂尔多斯市东部年均降水量在 350～450 mm。呼伦贝尔市西部、锡林郭勒盟东部、乌兰察布市中部、巴彦淖尔市东南部及鄂尔多斯市中部年均降水量为 250～350 mm。锡林郭勒盟西部、乌兰察布市北部、鄂尔多斯市西部、巴彦淖尔市大部、阿拉善盟东部年均降水量在 100～150 mm。阿拉善盟西部年均降水量不足 100 mm，为自治区降水量少的地区。内蒙古自治区年均降水量分布见图 1-5。

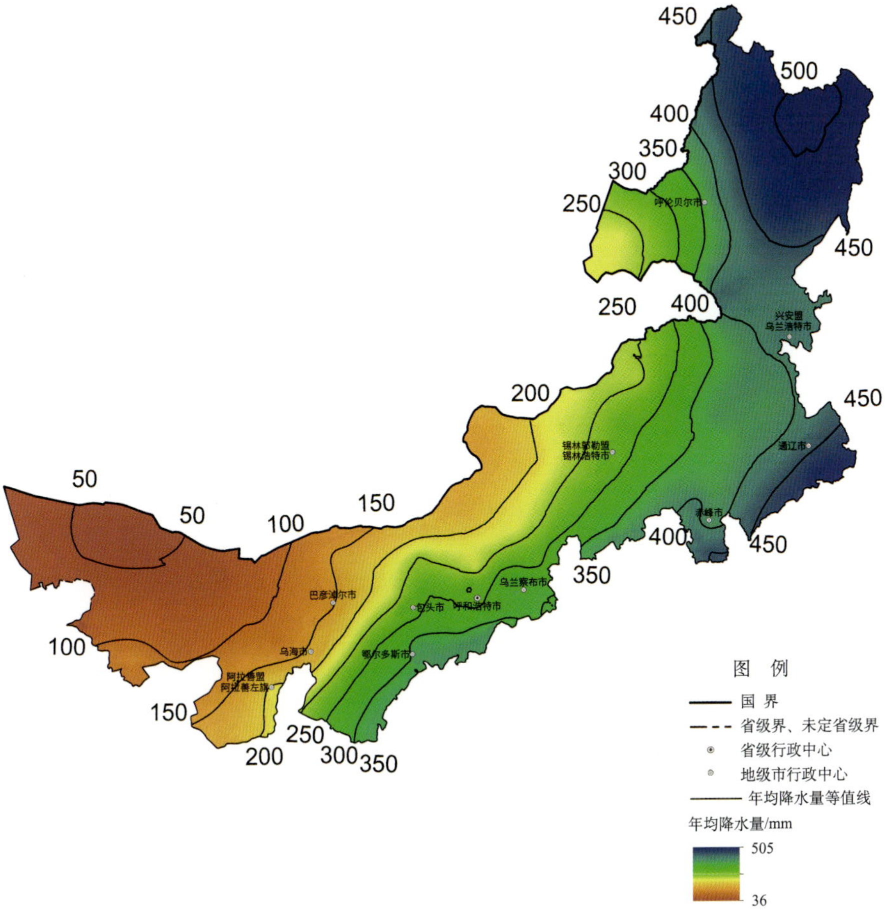

图 1-5　内蒙古自治区年均降水量分布图

内蒙古自治区年内各月降水量差异悬殊，主要集中在夏季，多集中在 7～9 月 3 个月，多以暴雨形式降落，容易产生洪灾。其他各季降水较少，特别是 1 月，降水更少，全区大部分地区降水不足 6 mm，只有兴安盟阿尔山地区超过 6 mm。4 月明显增多，全区大部分地区 4 月平均降水量在 5～15 mm，阿拉善盟大部、巴彦淖尔市西北部不足 5 mm，而呼伦贝尔市中东部、兴安盟西北部、鄂尔多斯市东南部和中东部偏南地区超过 15 mm。7 月是全年降水最多的月份，7 月平均降水量除阿拉善盟、乌海市、巴彦淖尔市中西部、鄂尔多斯市西北部及中部偏北部分地区不足 50 mm（其中，阿拉善盟大部在 2 mm 以下，个别地区不足 10 mm）外，其余地区均在 50 mm 以上（赤峰市、通辽市、兴安盟、呼伦贝尔市中东部及中部偏南部分地区 7 月平均降水量超过 100 mm）。

内蒙古自治区年均蒸发量在 960～4100 mm，自东北向西南逐渐增加。呼伦贝尔市北部的图里河、根河市地区年均蒸发量在 1000 mm 以下，是全区年均蒸发量最少的地区；兴安盟、通辽市、赤峰市、呼伦贝尔市大部、锡林郭勒盟中东部、乌兰察布市南部、呼和浩特市大部等地年均蒸发量为 1000～2000 mm；锡林郭勒盟西部、乌兰察布市中北部、呼和浩特市北部、巴彦淖尔市大部、鄂尔多斯市大部、包头市大部年均蒸发量为 2000～3000 mm；乌海市、阿拉善盟大部年均蒸发量在 4000～4000 mm，其中阿拉善盟西部戈壁地区年均蒸发量达 4000 mm 以上，是全区年平均蒸发量最大的地区（图 1-6）。

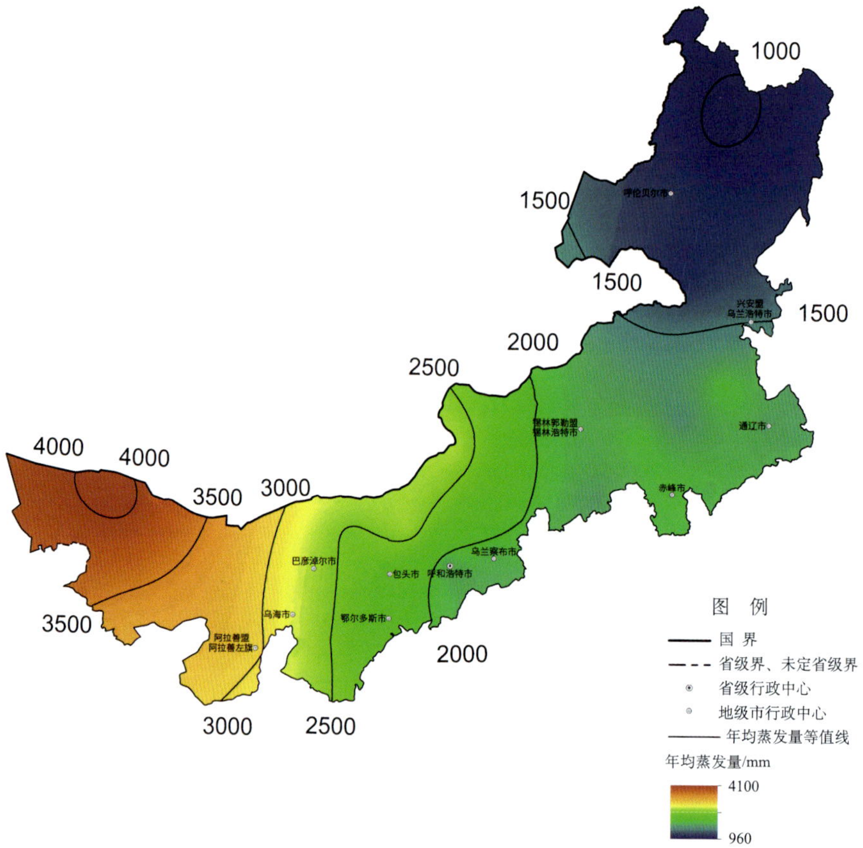

图 1-6　内蒙古自治区年均蒸发量等值线图

从蒸发量的月分布看，全区各地年均蒸发量最小值大部分地区出现在 1 月，东北部个别地区出现在 12 月。年均蒸发量最大值出现在气温已回升而雨季尚未到来的 5 月、6 月，中、东部地区多出现在 5 月；西部地区多出现在 6 月，最西部的阿拉善盟出现在 7 月。

内蒙古各地年相对湿度绝大多数地区在 40%～60%，春季是全年湿度最小的季节，为 30%～46%，夏季比较湿润，大兴安岭及岭东、岭南地区可达 70%～76%，其余广大地区在 46%～66%。大气相对湿度低，使土壤水分蒸发量增大，降水的有效利用率降低，易发生旱灾。

干燥度①是表征一个地区干湿程度的指标。根据我国科学家修改后的 Selianinov 公式法计算得到的内蒙古自治区干燥度介于 0.6～36，其中干燥度<1.0 的湿润气候分布在内蒙古自治区东北区大兴安岭山地及其东西两侧，呈现针叶林、针阔混交林、草甸草原景观；干燥度 1.0～1.5 的半湿润气候分布在自治区的东南部，呈森林草原与典型草原景观；干燥度 1.5～4.0 的半干旱气候主要分布在阴山以北的内蒙古高原和鄂尔多斯高原，为干草原和荒漠草原景观；干旱（4.0～16.0）和极干旱（>16.0）气候集中分布在自治区西部的阿拉善盟，为半荒漠地带（草原化荒漠）和荒漠地带（图 1-7）。

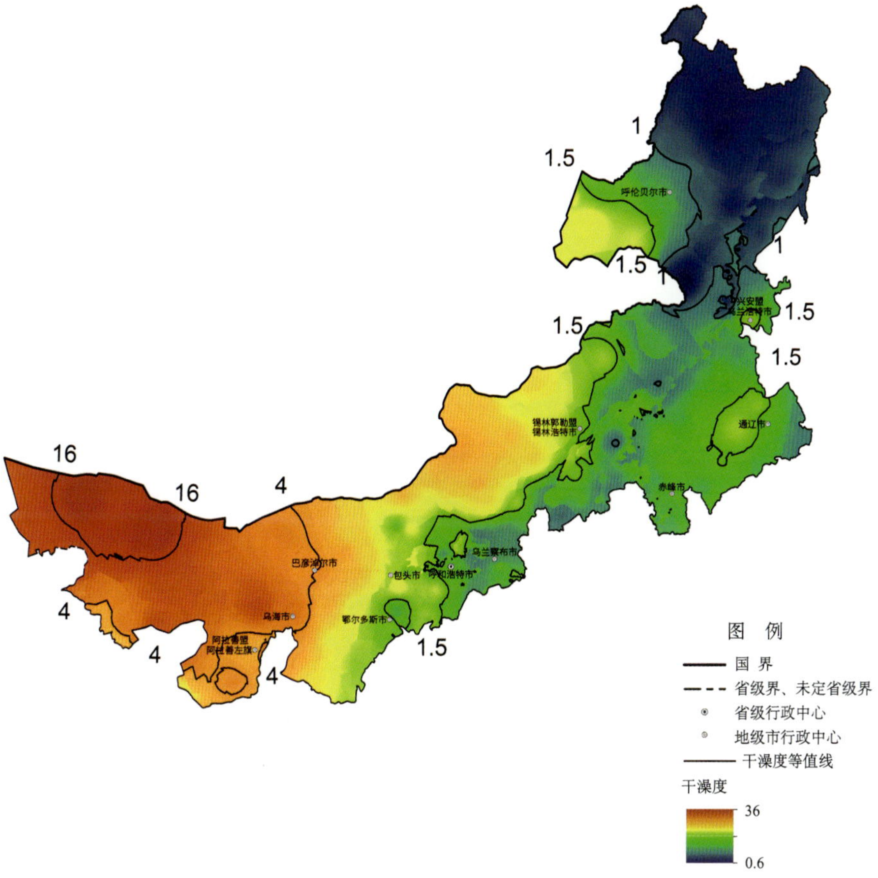

图 1-7　内蒙古自治区干燥度图

① 计算气候干燥度的方法超过 20 种。Penman 公式法虽然计算合理，精确度高，有较好的物理学意义，但计算复杂，所需的气象要素较多，在我国使用有一定的限制（孟猛等，2004）。我们对几种常用的方法（Penman 公式法、Thornthwaite 公式法、Selianinov 公式法等）进行比较后认为，经我国科学家修改后的 Selianinov 公式法计算得到的干燥度结果符合内蒙古自治区实际情况，且该方法计算过程简单，气候数据容易获取。计算公式为 $干燥度 = 0.16 \times \frac{全年 \geqslant 10℃的积温}{全年 \geqslant 10℃期间的降水量}$。

3. 热量及光照

1）热量

内蒙古自治区年平均气温在–4.0～9.5℃，总的分布趋势是自东北向东南、西南递增，到阿拉善盟中北部达到最高值，向西向南又稍有降低。其中，呼伦贝尔市大部、兴安盟阿尔山、锡林郭勒盟乌拉盖年平均气温在 0℃以下；乌海市、阿拉善盟大部、鄂尔多斯市南部年平均气温均在 8℃以上，其余地区普遍在 0～8℃，见图 1-8。

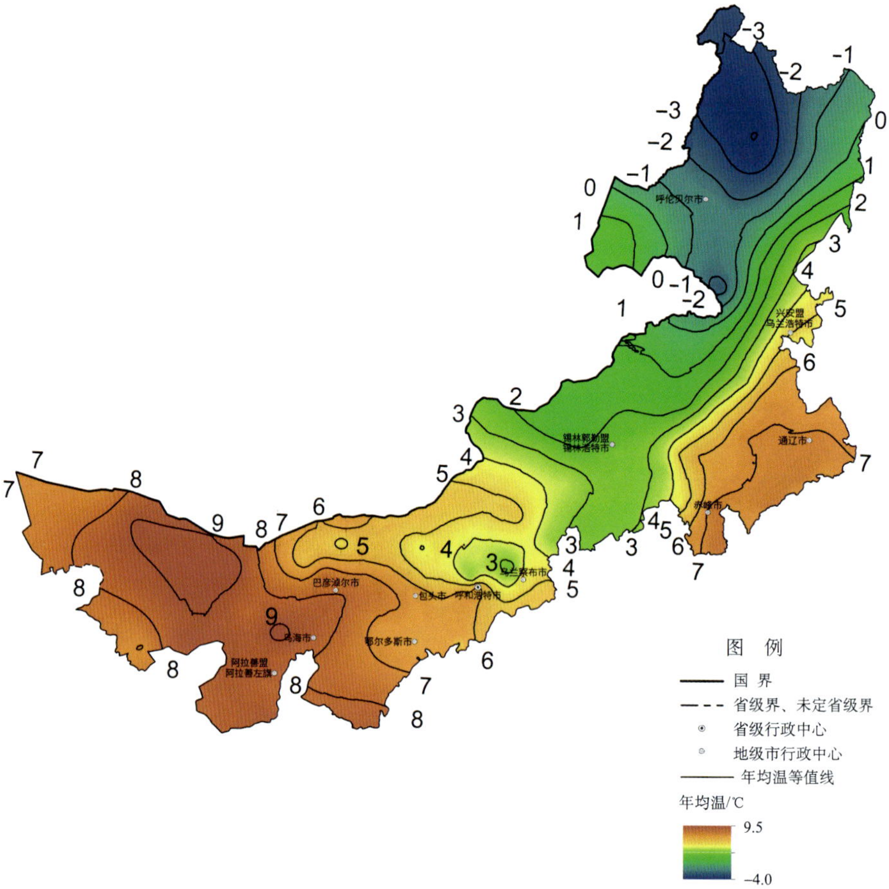

图 1-8　内蒙古自治区年平均气温分布图

内蒙古自治区由于纬度及海拔较高，无霜期较短，一般为 2～5 个月。无霜期的分布与热量状况类似，由东北向南、西递增。最短在呼伦贝尔市北部，一般在 50 d 左右；呼伦贝尔市大部、兴安盟北部、锡林郭勒盟北部为 60～100 d；阿拉善盟可达 140～150 d，其他地区在 100～140 d。

2）光照

内蒙古自治区与西北各省（区）一样属于全国日照时数高值区。各地年日照时数在 2600～3400 h，从东北向西逐渐增多。而作物生长期的日照时数，以大兴安岭林区最少，在 1400～1500 h，阿拉善盟西北部最多。在 1900 h 以上作物生长期的日照百分率一般在 55%～75%，自治区的东北部及东南部较少，西部较多。

根据日照百分率计算的自治区各地的总辐射量，在 481～699 kJ/（cm²·a），自东向西逐渐增多。呼伦贝尔市大兴安岭地区，在 481～523 kJ/（cm²·a），兴安盟、通辽市、赤峰市、锡林郭勒盟为 523～607 kJ/（cm²·a）。乌兰察布市、呼和浩特市、包头市、鄂尔多斯市、巴彦淖尔市东部为 607～649 kJ/（cm²·a）。巴彦淖尔市西部及阿拉善盟为 649～699 kJ/（cm²·a）。内蒙古自治区中西部的太阳总辐射量，在全国仅次于青藏高原，光能资源丰富，提高光能利用率，增加农牧业产量产值的潜力很大。

4. 风

内蒙古自治区是北方冷空气南下入侵我国的主要门户。风多风大是自治区气候的一大特点，对农牧业生产有很大的影响，甚至造成灾害。就整个自治区来说，秋、春、初夏为多风季节，尤以春季 3～5 月的风日多、风力大。以偏西、偏北风为主，年均风速多在 3～5 m/s，最大风速一般>10 m/s，部分地区可达 30 m/s 以上。各地因地形及山脉走向等的影响而各有不同，各地大风日数见图 1-9。

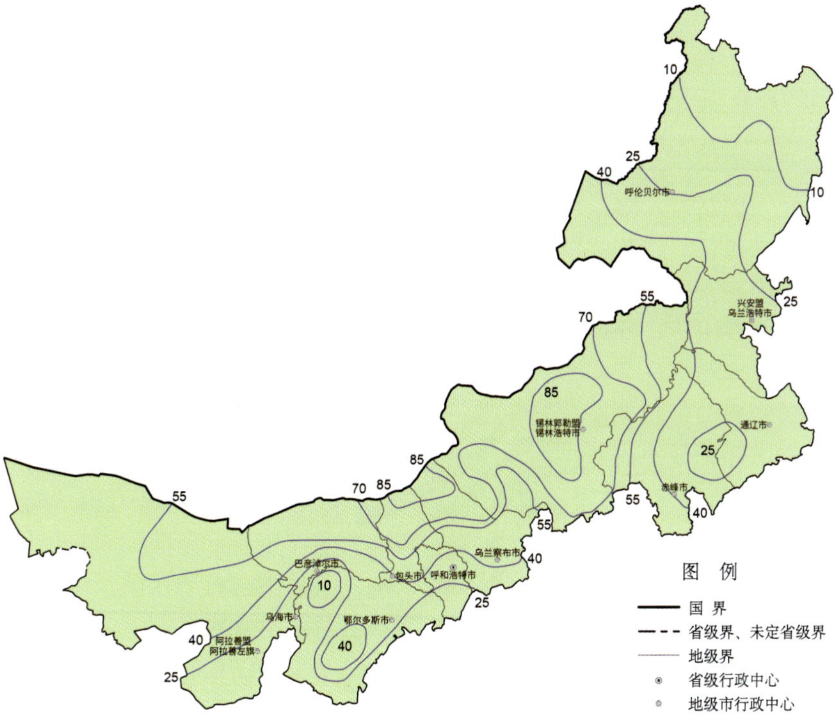

图 1-9　内蒙古自治区大风日数等值曲线图（单位：d）

风的分布大体以内蒙古高原东及南缘山脉为界，分为高原及外围丘陵、平原两个区域。高原上地形开阔平坦，风日多、风力大。其中以锡林郭勒盟的北部中部、乌兰察布市的北部以及呼伦贝尔市最西部风多、风大，8 级以上（风速>17.2 m/s）的大风日数一般在 70 d 以上，高原其他地区均在 40～70 d。由于大风的影响，荒漠地带的阿拉善盟、巴彦淖尔市西北部广布流动沙丘及石质戈壁；干草原及荒漠草原土壤沙化，沙源丰富地区则形成流沙带或连片沙地，如巴丹吉林沙漠、腾格里沙漠、乌兰布和沙漠、库布齐沙漠及沙地、毛乌素沙地、浑善达克沙地，都分布在高原上。

阴山山脉南侧的后套平原、土默特平原，为地势低平的盆地，在北部山脉的屏障下，为弱风区，大风日数在 10～30 d。受山脉走向的影响，盛行偏西风，但山谷风口地带多北风，且风速较大。山南乌兰察布丘陵地带仍以偏西风为主，大风日数在 20～40 d。

大兴安岭东麓及东南部丘陵平原，也是弱风区，大于 8 级的大风日数，每年在 10～40 d。其中以西辽河下游平原及西拉木伦河河谷山口地带风力较大，大风日数在 30～40 d，科尔沁沙地即位于此区。大兴安岭东坡风力甚弱，大风日数在 10～25 d。大兴安岭北段，大风日数少于 10 d，与后套的临河一带同为自治区风日最少的地区。

1.2.3 成土母质

内蒙古自治区地域广大，自然条件复杂多样。成土母质主要是地层表面的第四纪疏松堆积物，随地形、母岩、外营力的差别，形成的堆积物类型也极复杂。主要有残积-坡积物、洪积物、冲积物、湖积物、风积沙、黄土及黄土状物质、红土等。

1. 残积-坡积物

残积物是基岩风化，未经搬运在原地堆积的疏松层，即残积风化壳。其特点是颗粒组成从表层至下部基岩，细粒逐渐减少而粗砂及石块增多，并且不同程度地保留有基岩组织结构的形态特征。残积物仅分布在自治区各山地的分水岭及丘陵顶部、熔岩台地台面上，高平原上基岩的剥蚀夷平面上也有分布。风化层通常较薄，小于 50 cm 者居多。

坡积物分布在山地、丘陵的坡面上，由于重力作用，风化物碎屑向坡下移动，随坡度减小而堆积，其特点是组成物分选极差，细土粒与角砾、石块混杂，坡的上部土层薄，下部渐厚。残积物与坡积物在空间分布上常交错，界线并不清楚，物质组成的性质也多近似。在实际工作中就把两者合称为残积-坡积物。

残积-坡积物的特性与基岩的理化特性有密切关系，不同岩性基岩的残积-坡积物的特性有较大差异。块状结晶岩，如花岗岩、玄武岩等，主要分布在大兴安岭、燕山、阴山、桌子山、贺兰山、龙首山、雅布赖山等山地及其外围的石质丘陵、熔岩台地及其边坡。花岗岩等岩石残坡积物的特点是角砾、石块数量多，含较多石英、正长石的砂粒，含钾较多；而玄武岩的残坡积物，质地较细，含钙丰富。结构较松散的基岩，主要是中新生代侏罗系、白垩系、古近系-新近系的杂色砂岩、砂砾岩和泥岩，主要分布在高平原上述地层的剥蚀面上，山地局部也有零星分布，以残积物为主，砾石粗砂较多，更多的是中细砂，约占细粒部分的一半以上，质地多为砂壤、粉砂质壤土。这类沉积相基岩本身富含盐基，在高平原及干旱气候条件下，风化物中碳酸钙含量均较高，在西部极干旱地区，这类残积母质中还含石膏和易溶盐类。

2. 洪积物

洪积物分布在自治区各山地的山麓、山谷出口的外围，是季节性山洪搬运山区的石块、砂砾、泥土等至山前随着流速突降而堆积下来的。其特点是山口附近堆积大量石块，离山口越远物质越细，至洪积扇边缘常为壤质及黏质土。洪积物在山前的堆积因洪水走向的多次改变，造成堆积物有一定层次，砾石与泥沙交错呈透镜体状。在干旱的内蒙古西部地区，山前洪积扇常一一并列形成洪积裙及洪积倾斜平原，如大青山、乌拉山的南麓，贺兰山的西麓，都有宽窄不同的洪积平原。在高平原上，也有洪积物广泛分布，大兴安岭西麓、阴山北麓、桌子山麓以及阿拉善高平原外围及内部山地的山前均有近代洪积物的分布。除近代洪积物外，高平原古水文网沿线还分布有第四纪早期或更早时期的古洪积物，当时的气候比现在湿润，沉积物呈松散的弱胶结状态，极易剥蚀。这类古洪积物在锡林郭勒层状高平原和乌兰察布波状及层状高平原上分布较广，鄂尔多斯高原中部、阿拉善高平原东北及北部、额济纳河右岸的古三角洲，均有分布。

3. 冲积物

冲积物是经常有水的河流在河床或泛滥时在河床外沉积的泥沙物质。大多数平原河流历史上改道是经常发生的，由于平原上河流的改道，冲积物在平原上广泛分布。冲积物的特征是有明显的砂黏交错的水平层次。河床、泛滥决口附近的流速快，沉积砂层；远离河床或决口的低平地流速慢则沉积壤质或黏质土层。

内蒙古的冲积物，主要分布在嫩江右岸平原、西辽河流域平原、黄河河套平原、大黑河下游平原及额济纳河下游平原。冲积物的性质又因上游河流物质来源不同而有差别。大兴安岭北段东麓的嫩江右岸平原，冲积物来自森林地带及丘陵草甸草原地带，有机质含量较高，物质以粉砂、细砂较多，间有黏质夹层，冲积物碳酸钙含量较低。南部霍林河下游冲积平原母质有苏打，呈较强碱性。西辽河流域平原的冲积物来自多条河流，各河流沉积物特性差异明显。老哈河、锡伯河、教来河、阴河流经黄土覆盖区、河水中多粉粒，而有机质较少；西拉木伦河、乌力吉木伦河、查干木伦河、清河等则来自大兴安岭，河床多石块、砂砾，泥沙中有机质丰富。故诸河汇流后的西辽河冲积物的质地层理及颜色均很复杂，当地称之为五花土。黄河后套平原经历近代黄河多次改道（在套内留下多条故道），其泛滥冲积物深厚且复杂，加以现代引黄灌溉泥沙淤积，冲积物层次更加复杂。与西辽河流域相比，后套的冲积物中有机质含量较低，而碳酸钙较多。此外，后套平原因潜水位很高，排水不畅，气候干旱且蒸发强烈，冲积母质中普遍含易溶盐，致盐渍土广泛分布。大黑河冲积平原的北部与大青山山前洪积平原相接，南部与和林格尔土石丘陵区为邻，受洪积的影响冲积物与洪积物交错，质地较粗。由于大黑河下游冲积层下伏地层为含苏打的古湖相物质，在托克托县及土默特左旗南部、和林格尔县北部，该湖相地层距地面仅数米至十余米，导致该地区之低平地普遍有碱化。额济纳河水来自祁连山，春季的融雪水和夏秋的雨水形成两个高流量期，具有洪水的特征，带来大量泥沙，旱季时风沙吹扬。冲积层质地排列很复杂，以砂土及粉砂壤土为多。由于地处荒漠地带，蒸发十分强烈，地表水及潜水向下游逐渐浓缩，含盐量很高，额济纳河下游冲积平原土壤盐渍化较严重。

高平原上河流的现代冲积物多沿河谷呈线（带）状分布，其宽度（包括阶地）一般不超过数百米，且多为冲积-洪积物，以砂粒、中细砂为主。东部（如呼伦贝尔高平原及锡林郭勒东北部）高平原河流，水量较丰，除砂砾质堆积外，还在河流中下游的牛轭湖、沼泽地淤积粉砂质黏土及泥炭等冲积-湖积物。乌兰察布高平原阴山北麓各河流上游的一级阶地则分布有冲积黄土状粉砂壤与砂砾的互层。黄土丘陵区的漫滩及一级阶地由细砂质夹砾石层组成。西部干旱区高平原，仅在丘陵、残山的干谷中有粗砂及小砾石等干沟堆积物分布。

4. *湖积物*

湖积物是河流或洪水携带物质流入湖泊后在静水环境下的沉积物。其特征是质地较细，层理界线分明，有铁锰锈纹、锈斑或结核存在，常见水生螺蚌等遗骸。在濒临山麓或丘陵的湖滨，则往往有砂、砾石等沉积。平原上的湖泊常随河流的改道而胀缩、变迁，所以湖积物与冲积物常有重叠交错、界线不清的情况，称冲积-湖积物。

内蒙古各地湖泊众多，较大的湖泊有呼伦湖、达里诺尔、乌梁素海、岱海、黄旗海、查干诺尔等，这些湖泊的外围都有现代湖积物分布，湖积物从外围向里由砂质、粉砂质及黏质土构成湖滨倾斜平原，随湖水的涨落，湖滨平原不时为湖水淹没。多数是小湖泊，或为大湖退缩后的残遗，或为河流故道遗迹，或为内流河尾部形成的尾闾湖。如呼伦湖的东南一般为分选良好的沙滩，湖积沙层厚 3～5 m，湖滨沼泽地有夹泥炭的淤泥层，厚 1～5 m。达里诺尔曾是一个湖面较今高出 60 m 的巨大内陆湖，在其萎缩过程中留下大片湖积平原，主要为细砂及粉砂质，其南部已为风积沙丘所覆盖。乌梁素海是古黄河的一段故道，呈弧形。湖底平坦，水深 1 m 左右，湖盆东岸较陡，西岸平缓，出露的湖滨有黏质土淤积。岱海位于地堑式断陷盆地内，南北两侧均为阶状断层，东西两侧均有巨厚的湖积层分布，现代湖滨平原则为冲积-湖积相物质覆盖，多砂壤质-黏壤质。黄旗海的情况与岱海类似。查干诺尔位于浑善达克沙地的西端，为一大型风蚀洼地，潴水成湖。其周围为风成沙丘，湖岸平地也为砂质。

高平原上有众多盐湖，其中较大的有吉兰泰盐池（NaCl）、嘎顺淖尔（NaCl、Na_2SO_4等）、额吉诺尔（NaCl）、索林诺尔、达布苏淖尔（NaCl、Na_2SO_4）、查干陶伊日木（Na_2CO_3）、呼吉日音淖尔（Na_2CO_3）、查干诺尔（Na_2CO_3）、乌日都音淖尔（Na_2CO_3）等。除有可供开采的盐碱、盐卤外，其周围均有面积不等的含盐湖积物分布。

5. *风积沙*

风积沙是由风吹搬运再堆积的砂质沉积物，分选性好，磨圆度高。风积沙粒径主要分布在 0.074～0.250 mm，含量高达 90%以上，大于 0.25 mm 的颗粒极少，仅为 0.1%。而小于 0.074 mm 的颗粒也只有不足 9%。风积沙矿物成分以石英、长石为主（达 90%以上），风化作用弱，颗粒表面光滑。风积沙多见于沙漠、戈壁以及现代河流两岸。风积沙的形成与沙源及气候因素有密切关系。内蒙古的大部分地区干旱和多大风，下伏地层都能成为风积沙的沙源。在大风天气时，风经过地表，将颗粒大小不同、质量各异的土壤颗粒吹离地表，使其以悬移、跃移和蠕移等方式进入气流中运动形成风沙流，当风速减弱时气流中悬浮运行的沙粒便会沉降堆积到地表。这种因风对地表物质发生的侵蚀、搬运和堆积作用称为风沙作用。风积沙的颗粒组成具有高度的分选性，特别是丘状沙剖面具有明显的均一性。沉积到地表的风积沙，在地表形成沙波纹、沙堆、沙丘、沙垄等不同类型的风积地貌。在无植被保护的情况下，沉积的沙粒仍在移动，这样的沙丘被称为流动沙丘；有的沙丘上逐渐生长植物，形成半固定沙丘或固定沙丘。

内蒙古自治区风积沙的详情，已在沙地和沙漠地貌部分叙述，此处从略。

6. 黄土及黄土状物质

黄土是以粉砂为主的风积物，颗粒组成以 0.002～0.02 mm 粒径的粉砂为优势，矿物成分以石英、长石为主，其次有白云母、绿帘石、角闪石等。碳酸钙含量在 100～150g/kg。多孔隙，垂直节理明显，易遭侵蚀而形成直劈的冲沟。内蒙古自治区的黄土分布参见本章的黄土丘陵部分。

黄土状物质，也称次生黄土，是风成黄土遭受侵蚀后经过流水搬运再沉积形成的，其成分和性状与黄土类似，多分布于山麓地带，内部夹有残坡积碎石或洪积砂砾层，显示其成因与黄土的差别。

黄土状物质的分布除黄土丘陵区外，还有更广泛的地区。大兴安岭南段东西两侧的山麓地带、丘陵缓坡上、部分熔岩台地上均有分布，为砂黄土，夹有坡残积碎屑，有的还有古土壤暗色土层。沿内蒙古高原的南缘从多伦向西至镶黄旗的丘陵地带均有黄土状物质分布。在乌兰察布市南部丘陵低山区凉城县、丰镇市、察哈尔右翼前旗、兴和县也有广泛分布，这里的黄土状物质含有更多的粉砂。在阴山北麓宽谷和盆地中黄土状物质则含有较多细砂。贺兰山西麓的洪积扇上，黄土状物质中夹有洪积砂砾石层。

7. 红土

红土是在新近纪及第四纪中更新世间冰期湿热环境下，经过强烈的风化作用和成土作用形成的产物，是一种残遗古土壤，又称“古红土”。红土母质的主要特征是颜色呈红色、质地黏重，因此常被称为红黏土；呈中性至微酸性，缺乏碱金属和碱土金属而富含铁氧化物、铝氧化物，铁氧化物常包括褐铁矿和赤铁矿等。个别地方的红土，受后期黄土沉积（覆盖于红土之上）影响有复钙现象，即承受了自上层淋溶下来的一部分 $CaCO_3$，在黄土与红土层交接处有时可见石灰结核，在红土层内的根系孔道，有时也可以发现大量的管状石灰结核。

内蒙古自治区红土母质在地表的分布并不广泛，多被晚期沉积物（如马兰黄土等）覆盖。只有在覆盖地层被剥蚀后，埋藏在地表下深层的红土才出露地表。在呼伦贝尔高平原的湖相黏土层中有中更新世的红色黏土，赤峰市宁城盆地的山间洼地也有同期的红土暴露，阴山北侧山前地带及高平原内的一些盆地和洼地中也可见到古近系-新近系的红色黏土。

1.2.4 植被

内蒙古植物资源丰富，种类繁多。已搜集到的种子植物和蕨类植物有 2351 种，其中野生植物 2167 种，引种栽培的有 184 种。这些植物分属于 33 科、720 属，被列为第一批国家保护的珍稀野生植物有 24 种。野生植物以山区植物最为丰富。有丰富的森林和草原植物，还有草甸、沼泽与水生植物。草原共有维管束植物 1668 种，隶属于 121 科、504 属，有饲用价值的 900 余种，优良牧草 200 余种。内蒙古农作物多达 25 类，主要有小麦、玉米、水稻、谷子、莜麦、高粱、大豆、马铃薯、甜菜、胡麻、向日葵、蓖麻、蜜瓜、黑白瓜子等许多独具内蒙古特色的品种，其中莜麦、荞麦、华莱士瓜颇具盛名。还有发展苹果、梨、杏、山楂、海棠、海红果等耐寒、耐旱水果的良好条件。

种类繁多的各种植物在地球表面不是偶然地、杂乱无章地拼凑在一起，而是相互结合成一定的群体，形成有规律的组合，即植物群落。多种多样的植物群落覆盖在地球表面组成植被。植物群落和植被分布特征是植物在长期的生活过程中，被生态环境选择，以及它们对生存环境适应的结果。

各类植被分布空间的更替与水热条件和地理环境的变化相互吻合。内蒙古自治区处于亚洲大陆的温带半干旱、干旱地区，由东北向西南，跨越寒温带、温带及暖温带 3 个温度带，以及湿润、半湿润、半干旱和干旱 4 个气候带。受水热条件的长期影响，形成了森林、草原和荒漠等丰富多彩的植被类型。植被的水平地带分布规律比较明显。受地形因素的影响，山地植被具有明显的垂直分布特征。此外，受局部地形、土壤、水文等区域性特异生境的影响，也形成了多种隐域性植被类型，如沙生植被、盐生植被、草甸植被和沼泽植被等。

值得提出的是，在内蒙古这个广阔的区域内，绝大部分土地都保持着自然植被的覆盖，只有少数地区，农业垦殖率较高，人工栽培的各种植被代替了自然植被。现将内蒙古境内的自然植被类型分述如下：

1. 森林植被

内蒙古自治区的森林植被主要是寒温型针叶林和中温型夏绿阔叶林。暖温型夏绿阔叶林只有小范围分布。

1）寒温型针叶林

主要分布在大兴安岭北段的西北坡，是欧亚针叶林区域沿山地向南延伸的一部分，具有山地针叶林的特点。

植物组成以浅根性、耐寒、喜光的兴安落叶松（*Larix gmelinii*）为主，其分布面积约占大兴安岭北部林地面积的 70%。除兴安落叶松以外，樟子松（*Pinus sylvestris* var. *mongolica*）林和红皮云杉（*Picea koraiensis*）林也呈片状零星分布。樟子松一般多在大面积的兴安落叶松林中呈小片的穿插分布，常见于阳坡并与砂质土壤相联系。红皮云杉林只是零星出现在河溪源头的平坦谷地中。

兴安落叶松林下常有杜鹃属（*Rhododendron*）、杜香（*Ledum palustre*）、越橘（*Vaccinium*）、东北岩高兰（*Empetrum nigrum* var. *japonicum*）等群落以及一些禾草群落。

海拔 1000 m 以上的山顶，由于土层浅薄、气候严寒、风力强烈，已不适宜兴安落叶松生长，往往形成以偃松（*Pinus pumila*）、西伯利亚刺柏（*Juniperus sibirica*）、岳桦（*Betula ermanii*）等为主的矮林和灌丛。

寒温型针叶林带东部的兴安落叶松林中出现一些阔叶林成分，如蒙古栎（*Quercus mongolica*）、黑桦（*Betula dahurica*）、大披针薹草（*Carex lanceolata*）等。这是阔叶林植物沿谷地向北渗透的表现，形成了兴安落叶松-蒙古栎林或兴安落叶松-黑桦林等过渡性林型。

上述各类兴安落叶松林遭火烧或砍伐以后，常被次生树种白桦（*Betula platyphylla*）代替，形成白桦林或兴安落叶松-白桦林，这是大兴安岭山地森林演替的一个主要特点。

2）中温型夏绿阔叶林

中温型夏绿阔叶林分布在自治区境内大兴安岭北段东南坡，以蒙古栎林为主要的原生地带性代表类型。

大兴安岭东麓，林木主要组成是蒙古栎，常混生一些黑桦和少量的蒙椴（*Tilia mongolica*）。林下灌木层发达，以胡枝子（*Lespedeza bicolor*）占优势。林间隙地常有榛（*Corylus heterophylla*）灌丛，呈片状分布。林下草本植物也很茂密，植物种类丰富，常在 40 种以上。主要草本植物有凸脉薹草、铃兰（*Convallaria majalis*）、大花杓兰（*Cypripedium macranthum*）、紫苞鸢尾（*Iris ruthenica* ）、裂叶蒿（*Artemisia tanacetifolia*）等。

在土壤贫瘠的山坡上，常有黑桦林与蒙古栎林的片段交错分布。其林下植物也和蒙古栎林相似，但往往具有一些旱中生和中旱生的草原植物，如野火球（*Trifolium lupinaster*）、蓬子菜（*Galium verum*）、黄芩（*Scutellaria baicalensis* ）、北柴胡（*Bupleurum chinense*）等。

白桦林是广泛分布在夏绿阔叶林和针叶林区的次生林。在大兴安岭西麓也有岛状分布，林下植物种类和它所更替的原生植被相似。

由于人为活动的长期影响，很多原生蒙古栎林也被破坏。代之而起的是次生植被黑桦林、白桦林、山杨（*Populus davidiana*）和蒙古栎的萌生矮林、榛灌丛林等。

3）暖温型夏绿阔叶林

暖温型夏绿阔叶林主要分布在七老图山地（燕山余脉），包括赤峰市的宁城、喀喇沁旗西部。乔木树种有蒙古栎、白桦和山杨等，林间灌木林以胡枝子、榛为主。林草生长繁茂，覆盖度较高。

2. 草原植被

草原植被是内蒙古自治区的主要植被类型，大约 74 万 km^2 的面积，约占全区总土地面积的 64.3%。分布范围北起 51°N，南抵 38°N，东自西辽河平原，西达鄂尔多斯高原东南部。草原植被最显著的特征是由以耐寒的旱生多年生草本植物为主组成的植物群落，可细分为草甸草原、典型草原和荒漠草原等类型。

1）草甸草原

草甸草原集中分布于大兴安岭东西两侧的低山丘陵，在七老图山和大青山平缓顶部也有分布。

草甸草原是草原群落中的喜湿类型，以中旱生或广旱生的多年生草本植物为建群种。主要建群植物有狼针草（*Stipa baicalensis*）、羊草（*Leymus chinensis*）、线叶菊（*Filifolium sibiricum*）等。

以丛生禾草狼针草建群的狼针草草原主要分布在大兴安岭东西两侧。由于地形、土壤及气候的差异，在林缘草甸的外围形成狼针草+柄状薹草（*Carex pediformis*）草原；丘陵坡地上部形成狼针草+线叶菊草原；海拔较高或风大少覆雪的丘陵上部形成狼针草+羊茅（*Festuca ovina*）草原；丘陵坡地下部形成狼针草+羊草草原；平原上一些特殊的水热条件下还能形成狼针草+杂类草草原。狼针草草原生长较茂密，鲜草产量可达 4000～6000 kg/hm^2，且草群适口性良好，是牛和马的优良放牧场。

以根茎禾草为建群种的羊草草原，主要分布于内蒙古高原东部，种类组成和生态组成是非常复杂的。在森林草原的显域生境，典型草原在沟谷内发育为羊草+中生杂类草草原。主要优势植物是野豌豆（*Vicia sepium*）、野火球、山黧豆（*Lathyrus quinquenervius*）、黄花菜（*Hemerocallis citrina*）等。羊草草原是草原植被中经济价值最高的一类。

以杂类草线叶菊建群的线叶菊草原，主要分布在呼伦贝尔和锡林郭勒草原东部，以及大兴安岭东西两侧低山丘陵地区，种类组成相当丰富。能起亚建群种作用和优势种作用的有狼针草、羊茅、大针茅（*Stipa grandis*）、西北针茅（*Stipa sareptana* var. *krylovii*）、薹草（*Carex*）、野古草（*Arundinella anomala*）等。线叶菊+柄状薹草草原、线叶菊+羊茅草原、线叶菊+狼针草草原、线叶菊+羊草草原、线叶菊+沙生杂类草草原，各自占据着一定生态位置。线叶菊草原鲜草产量约 4000 kg/hm^2，是中等质量的放牧场。

2）典型草原

典型草原是内蒙古天然草地的主体，分布范围广泛，北起中蒙边界，东北达呼伦贝尔高原中部，越过大兴安岭南段延伸至西辽河平原东部，西延阴山北麓呈狭长状分布，并越过阴山山脉一直分布到鄂尔多斯高原东南部。

与草甸草原相比，典型草原的丰富程度明显降低，盖度减小，生产力降低，草群中以旱生丛生禾草占绝对优势。主要建群植物有大针茅、西北针茅、羊草、本氏针茅（*Stipa bungeana*）（长茅草，中国植物志）、羊茅、糙隐子草（*Cleistogenes squarrosa*）、冷蒿（*Artemisia frigida*）、百里香（*Thymus mongolicus*）等。草群高度和密度均为中等，叶层高度平均为 30～50 cm，盖度一般在 25%～40%。

典型草原中最标准的地带性群系是大针茅草原。最主要的类型有含有丰富杂类草及羊草的大针茅草原；杂类草稀少的大针茅-糙隐子草草原和小叶锦鸡儿（*Caragana microphylla*）灌丛化的大针茅草原。组成这几类草原的基本成分有羊草、西北针茅、溚草（*Koeleria macrantha*）、渐尖早熟禾（*Poa attenuata*）、冰草（*Agropyron cristatum*）、糙隐子草及一组中旱生和旱生杂类草。

西北针茅草原也是典型草原的基本类型。它比大针茅草原的旱生性更强，群落组成中不含丰富的杂类草。常见的群落类型有西北针茅-羊草草原、西北针茅-糙隐子草-冷蒿草原、锦鸡儿灌丛化西北针茅草原以及含有荒漠成分的西北针茅草原等。

在典型草原中具有地带性意义的羊草也分布很广，其能适应碱化土和轻度盐化的土壤。种类成分除典型草原的一般成分外，往往还含有一些耐盐碱的植物，如寸草（*Carex duriuscula*）、芨芨草（*Achnatherum splendens*）、短芒大麦草（*Hordeum brevisubulatum*）、披针叶野决明（*Thermopsis lanceolata*）等。此外，薹草类植物、葱属（*Allium*）植物、知母（*Anemarrhena asphodeloides*）等都是羊草草原的重要成分。

本氏针茅群落是大青山以南的显域地境上所形成的地带性草原植被的主要类型。群落组成中常见的植物是糙隐子草、兴安胡枝子（*Lespedeza daurica*）、百里香等。长期的农业历史使这种天然植被受到强烈的人为影响，现在只有残存的片断。

羊茅草原在呼伦贝尔高原西部满洲里以西的低山丘陵区有较大面积的分布。羊茅+线叶菊+石生杂类草草原，以伴生多种石生杂类草为主要特征。优势种有线叶菊、星毛委陵菜（*Potentilla acaulis*）、多叶棘豆（*Oxytropis myriophylla*）、冷蒿等。伴生种有轮叶委陵菜（*Potentilla verticillaris*）、白萼委陵菜（*Potentilla betonicifolia*）、黄芩、山西南牡蒿（*Artemisia eriopoda*）等。羊茅+羊草草原及羊茅+丛生禾草草原主要分布在呼伦贝尔高原西部的丘陵地区。优势植物是羊草、大针茅、狼针草、潜草等。伴生植物有野苜蓿（*Medicago falcata*）、裂叶蒿、草木樨状黄耆（*Astragalus melilotoides*）、达乌里芯芭（*Cymbaria daurica*）等。

糙隐子草草原多见于河湖附近放牧强度较大的地段，具有次生性质，多属于放牧演替类型。优势植物有大针茅、西北针茅、狼针草、潜草、冰草、羊草等。伴生植物有早熟禾、野古草、寸草以及小叶锦鸡儿、山杏（*Armeniaca sibirica*）、草麻黄（*Ephedra sinica*）等灌木、小灌木。糙隐子草草原大致分为两类：糙隐子草+羊草草原和糙隐子草+针茅草原，它们分别出现在不同的演替阶段。另外，覆沙地段上出现的糙隐子草草原，草群中伴生多量冰草等丛生小禾草及沙生杂类草。丛生小禾草草原是覆沙地段所特有的一类草原。重要建群植物有冰草、隐子草、早熟禾、大针茅、西北针茅、羊茅等。沙蒿（*Artemisia desertorum*）、冷蒿占优势地位。麻花头（*Klasea centauroides*）、阿尔泰狗娃花（*Aster altaicus*）、北柴胡等也起明显作用。

以唇形科小半灌木百里香建群的百里香草原广布于鄂尔多斯高原的东部及黄土高原的中部，是百里香取代本氏针茅而形成的次生群落，种类组成比较丰富。优势种有本氏针茅、糙隐子草、羊草、冷蒿、胡枝子等。伴生种有阿尔泰狗娃花、草木樨状黄耆、糙叶黄耆（*Astragalus scaberrimus*）、远志（*Polygala tenuifolia*）、黄芩等。百里香草原大体可分为两个群落类型：以百里香+本氏针茅为代表的百里香+丛生禾草草原和以百里香+冷蒿群落、百里香+兴安胡枝子群落为代表的百里香+小半灌木草原。

冷蒿草原广布于内蒙古高原和鄂尔多斯高原的典型草原和荒漠草原地带。大部分由禾草草原演替而来。优势植物为各种针茅、糙隐子草、冰草、羊草、百里香等。区系组成较为丰富，常见的伴生植物有阿尔泰狗娃花、柔毛蒿（*Artemisia pubescens*）、糙叶黄耆、木地肤（*Kochia prostrata*）、兴安胡枝子等。

3）荒漠草原

荒漠草原主要分布于锡林郭勒高原的西北部、乌兰察布高原和巴彦淖尔高原北部、鄂尔多斯高原中西部。

荒漠草原是强旱生丛生小禾草建群，经常混生大量强旱生小半灌木的最旱生的草原类型。植被和植物区系组成上有来自草原和荒漠双方的影响和渗透，也具有自己特有的成分和类型，是位于草原带与荒漠带之间的过渡类型。

在荒漠草原的植被组成中，起主导作用的区系成分是戈壁针茅（*Stipa tianschanica*）、石生针茅（*Stipa tianschanica* var. *klemenzii*）、沙生针茅（*Stipa caucasica* subsp. *glareosa*）、短花针茅（*Stipa breviflora*）、无芒隐子草（*Cleistogenes songorica*）以及碱韭（*Allium polyrhizum*）、蒙古韭（*Allium mongolicum*）等。其中，石生针茅建群的草地类型占总面积的 44.83%。群落中旱生小半灌木层片中的女蒿（*Ajania trifida*）和蓍状亚菊（*Ajania achilleoides*）也是荒漠草原特有的优势种。常见的旱生杂类草和小半灌木还有冬青叶兔唇花（*Lagochilus ilicifolius*）、荒漠石头花（*Gypsophila desertorum*）、拐轴鸦葱（*Scorzonera divaricata*）、戈壁天门冬（*Asparagus gobicus*）、骆驼蓬（*Peganum harmala*）、灰毛庭荠（*Alyssum canescens*）、猫头刺（*Oxytropis aciphylla*）等。上述植物是荒漠草原的特征种。

有些典型草原的成分也常在荒漠草原中出现，甚至可以成为优势植物，并与荒漠草原建群种共同组成一系列具有过渡性特征的群落类型，如石生针茅-西北针茅草原群落、石生针茅-冷蒿草原群落等。石生针茅草原群落是内蒙古高原荒漠草原的典型代表，如含糙隐子草、冷蒿的石生针茅草原，含葱类的石生针茅草原，含无芒隐子草的石生针茅草原，含蓍状亚菊的石生针茅草原，锦鸡儿灌丛化的石生针茅草原等。戈壁针茅草原主要分布在大青山、乌拉山、狼山、贺兰山和丘陵顶部，与石质的原始粗骨性土壤密切相关。最常见的是戈壁针茅+线叶菊群丛、戈壁针茅+冷蒿群丛、戈壁针茅+蓍状亚菊群丛等。沙生针茅草原多发育在砂质或地表覆沙的地段，群落中往往有锦鸡儿灌木层片，形成灌丛化荒漠草原；由于邻近典型草原带的短花针茅草原群系，群落组成中西北针茅、糙隐子草、冷蒿、小叶锦鸡儿等典型草原成分的作用显著。此外，多根葱草原、女蒿草原、蓍状亚菊草原也是荒漠草原中的常见类型。

各类荒漠草原，草群一般不能完全郁闭。草层低矮、稀疏，高度为 10～20 cm，盖度为 15%～25%。将灌木丛的星散分布考虑进去，植被覆盖度为 15%～35%，鲜草产量为 450～1500 kg/hm^2。

3. 荒漠植被

荒漠植被主要分布于巴彦淖尔高原西北部、鄂尔多斯高原西北部、阿拉善高原大部。一般统称为阿拉善荒漠。

在内蒙古荒漠植被中，红砂（*Reaumuria songarica*）群系是分布最广、面积最大的地带性荒漠类型。在比较温暖的阿拉善地区，红砂群系的分布显然超过了珍珠猪毛菜（*Salsola passerina*）群系等其他荒漠类型。红砂荒漠的各种群落类型虽然也具有结构简单、稀疏、种类成分单纯等荒漠植被的一般特点，但比其他荒漠群系的种类成分丰富复杂一些，霸王（*Zygophyllum xanthoxylon*）、泡泡刺（*Nitraria sphaerocarpa*）、四合木（*Tetraena mongolica*）、沙冬青（*Ammopiptanthus mongolicus*）、绵刺（*Potaninia mongolica*）、黄花红砂（*Reaumuria trigyna*）、合头草（*Sympegma regelii*）、珍珠猪毛菜等多成为红砂荒漠的亚优势种或主要伴生种。另外，亚洲中部草原成分在红砂荒漠中也占有较大的比重，如沙生针茅、戈壁针茅、短花针茅、蓍状亚菊、女蒿等。随着荒漠气候由东向西逐渐旱化，红砂荒漠的群落结构和组成也趋于简化。东部的红砂群落伴生成分比较丰富，群落的郁闭度也相对高一些。西部的红砂群落不但更加稀疏，而且伴生成分也只有一些小灌木和小半灌木。红砂荒漠分布区广，生态可塑性强，在典型荒漠亚带，几乎能出现在荒漠土壤所有基质上。

珍珠猪毛菜荒漠是典型的肉质叶小半灌木荒漠，是地带性荒漠群系之一。优势植物以强旱生的半灌木和小灌木为主，其次是荒漠草原的多年生草本植物。重要的种类有红砂、绵刺、合头藜、短叶假木贼（*Anabasis brevifolia*）、泡泡刺、盐爪爪（*Kalidium foliatum*）、沙生针茅、无芒隐子草、多根葱、蓍状亚菊等。这些植物在不同地带、不同生境中与建群种珍珠猪毛菜共同组成多种群落类型。珍珠猪毛菜荒漠的植物种类是比较贫乏的，但与其他荒漠群系相比，又是比较丰富的。珍珠猪毛菜荒漠的土壤为壤质或黏壤质，有些地段土壤表面形成假结皮，往往有明显的碱性反应。

绵刺荒漠是阿拉善东部地区特有的地带性荒漠群系，也是阿拉善高平原荒漠植被的主要组成部分。绵刺荒漠的种类成分比较丰富，最大的属是蒿属和猪毛菜。绵刺荒漠是砾石戈壁荒漠植被和砂质荒漠植被中间的一个过渡类型，即砂砾质荒漠植被。

藏锦鸡儿群系出现在荒漠草原地带向荒漠带过渡的区域，其生态学和群落学特征表现出明显的双重性。

与藏锦鸡儿相联系的土壤，地表一般有 10～15 cm 厚的风积覆沙，在灌丛基部由于植物的积沙作用增强往往可形成微型沙堆。

霸王柴是古老荒漠残遗植物，现代分布在亚洲荒漠区。主要群落类型有石生霸王柴荒漠，其伴生种大部分也是石生种类，如石生霸王（*Zygophyllum rosowii*）、大花驼蹄瓣（*Z. potaninii*）、翼果驼蹄瓣（*Z. pterocarpum*）、帚状鸦葱（*Scorzonera pseudodivaricata*）、小甘菊（*Cancrinia discoidea*）等；沙生霸王柴荒漠，常见的群落类型是霸王柴+沙冬青群丛、霸王柴+白刺（*Nitraria tangutorum*）、霸王柴+红砂+驼绒藜（*Krascheninnikovia ceratoides*）群丛、霸王柴+绵刺群丛、霸王柴+狭叶锦鸡儿（*Caragana stenophylla*）群丛等；草原化霸王柴荒漠，主要由葱属植物和丛生禾草-沙生针茅、戈壁针茅、无芒隐子草等构成亚优势层片，灌木种类主要有驼绒藜、红砂、狭叶锦鸡儿等，一年生植物也很发达，主要是猪毛菜属植物。霸王柴群系的发生与石质、砂砾质、砂质荒漠土壤生境类型有着密切联系。

此外，四合木荒漠、沙冬青荒漠、梭梭（*Haloxylon ammodendron*）荒漠都是阿拉善荒漠的主要类型。

位于鄂尔多斯西北部、黄河河套平原及阿拉善地区的草原化荒漠主要群系有藏锦鸡儿荒漠、红砂荒漠、珍珠猪毛菜荒漠、绵刺荒漠、霸王柴荒漠、沙冬青荒漠、四合木荒漠等。这些荒漠群系的伴生植物常常是荒漠化草原的常见成分，有沙生针茅、短花针茅、石生针茅、无芒隐子草、沙生冰草、中亚细柄茅（*Ptilagrostis pelliotii*）、白颖薹草（*Carex duriuscula* subsp. *rigescens*）等，使这些荒漠群落带有明显的草原化特点。

位于阿拉善西部及额济纳河以西的典型荒漠地区，以稀疏的红砂荒漠、珍珠猪毛菜荒漠为主要类型。群落组成十分单调，以超旱生的灌木、半灌木和耐盐植物为优势成分。此外，合头藜、短叶假木贼、霸王柴、泡泡刺、膜果麻黄（*Ephedra przewalskii*）等半灌木与灌木均可形成砾石质荒漠的稀疏群落。湖盆外围的覆沙地上有梭梭荒漠分布。湖盆洼地内部主要类型是白刺荒漠和盐爪爪荒漠。

4. 草甸植被

草甸是以多年生中生草本植物为主体的群落类型，主要包括旱中生植物、湿中生植物、盐中生草本植物建群。草甸植被的生境，一般情况下是地下水位高或土壤底层有托水层（永冻层、岩石层、黏土层），土壤潮湿，水分充足，生草化明显。因地形部位不同，草甸植被分为低湿草甸植被和山地草甸植被。前者形成于河谷、湖盆周边地区，土层一般较深厚；后者形成于高海拔山地顶部，土层较浅薄。

低湿草甸植被中的典型草甸植被、沼泽草甸植被、旱中生草甸植被以及盐化草甸植被等类型在内蒙古境内均有分布。低湿草甸植被的建群植物约有 30 余种，以禾本科植物为主（约 20 余种），如巨序剪股颖（*Agrostis gigantea*）、无芒雀麦（*Bromus inermis*）、拂子茅（*Calamagrostis epigeios*）、假苇拂子茅（*Calamagrostis pseudophragmites*）、散穗早熟禾（*Poa subfastigiata*）等。此外，地榆、黄花苜蓿、蕨麻（*Potentilla anserina*）、薹草（*Carex* spp.）、芨芨草等也常是不同类型草甸植被的建群植物。

山地草甸植被分为高山草甸和中山草甸。高山草甸以高山嵩草（*Kobresia pygmaea*）建群，伴生植物有蒿草（*Kobresia myosuroides*）、紫喙薹草（*Carex serreana*）、火绒草（*Leontopodium leontopodioides*）、二裂委陵菜（*Potentilla bifurca*）、棘豆等。中山草甸有杂类草草甸和禾草草甸。前者建群种不明显，主要植物有地榆（*Sanguisorba officinalis*）、蓬子菜、柄状薹草等，后者以野青茅、早熟禾、无芒雀麦等高大禾草建群，混生杂类草有地榆、野豌豆、黄耆等。

5. 草本沼泽植被

草本沼泽植被主要分布在大兴安岭山地森林区和广大草原区的河流沿岸，在某些湖泊周围也有小面积分布。群落类型很多且分布并不集中。内蒙古境内主要有芦苇（*Phragmites australis*）沼泽、乌拉草（*Carex meyeriana*）沼泽、白毛羊胡子草（*Eriophorum vaginatum*）沼泽、三棱水葱（*Schoenoplectus triqueter*）沼泽、水葱（*Schoenoplectus tabernaemontani*）沼泽、香蒲（*Typha orientalis*）沼泽、泥炭藓（*Sphagnum palustre*）沼泽。由于生境条件的差异，常发育为不同类型的沼泽，如腐泥沼泽、泥炭沼泽、盐化沼泽等。

6. 盐生植被

盐生植被主要是由多年生盐中生植物组成的植被类型，具有适盐、耐盐、抗盐特性。广泛分布于具有不同土壤盐碱化程度的低平地、宽谷、湖盆边缘与河滩地土壤，在落叶阔叶林区的盐化低地也有一些分布。主要类型有以下几种。

1）芨芨草草甸

内蒙古草原区广泛分布着芨芨草草甸。盐化较轻的土壤上发育着芨芨草+羊草草甸，重盐渍化土壤上发育着芨芨草+盐生杂类草草甸。常见的伴生植物是星星草（*Puccinellia tenuiflora*）、寸草、黄花补血草（*Limonium aureum*）、草地风毛菊（*Saussurea amara*）等。

2）星星草草甸和碱茅草甸

内蒙古东部的锡林郭勒和呼伦贝尔高平原分布有星星草草甸，西部的鄂尔多斯高原分布着碱茅草甸。星星草和碱茅皆为盐中生的多年生丛生禾草，构成群落建群种。伴生植物有赖草（*Leymus secalinus*）、芦苇、蒲公英（*Taraxacum mongolicum*）、车前（*Plantago asiatica*）、角果碱蓬（*Suaeda corniculata*）等。

3）野黑麦草甸和散穗早熟禾草甸

野黑麦（*Secale sylvestre*）草甸主要分布于锡林郭勒高原和毛乌素沙地，散穗早熟禾草甸仅见于内蒙古东部地区。建群种野黑麦和散穗早熟禾均为根茎疏丛禾草，种类组成比较简单，常混有数量较多的羊草和星星草，并伴有鹅绒委陵菜、草地风毛菊、碱菀（*Tripolium pannonicum*）、马蔺（*Iris lactea*）等杂类草。

4）赖草草甸

赖草草甸广泛分布于内蒙古高原、鄂尔多斯高原西部地区，常占据丘间谷地、沙丘间滩地、湖盆外围与河滩地的弱盐化土壤，土壤质地轻，通气与水分状况良好。最常见的赖草草甸群落有赖草+薹草草甸和赖草+芨芨草草甸。这两种群落的伴生植物主要有星星草、鹤甫碱茅（*Puccinellia hauptiana*）、马蔺等，群落结构比较茂密，总盖度常在 60%～70%。

5）含有耐盐植物的芦苇草甸

芦苇生态适应幅度很广，常与不同植物结合形成不同群落而广泛分布。西北荒漠化盐渍土区，芦苇常与小獐毛（*Aeluropus pungens*）组成群落。常见伴生植物有拂子茅、赖草、芨芨草、骆驼刺（*Alhagi sparsifolia*）等。

6）马蔺草甸

在内蒙古草原区，马蔺常与多种亚建群种组成不同群落。马蔺+羊草+杂类草草甸主要见于典型草原东部，土壤盐渍化较轻，种类组成较丰富。常见伴生种有裂叶蒿、地榆、蓬子菜、无芒雀麦、光稃香草（*Anthoxanthum glabrum*）等；马蔺+盐生杂类草草甸分布在盐渍化较重的地段，常见的盐生杂类草有角果碱蓬、碱蒿（*Artemisia anethifolia*）、华蒲公英、西伯利亚滨黎（*Atriplex sibirica*）等。小半灌木盐爪爪也有出现。

7）一年生盐生植物群落

由盐地碱蓬（*Suaeda salsa*）、碱蓬（*S. glauca*）和角果碱蓬（*S. corniculata*）为优势种组成的一年生多汁盐生植物群落，在内蒙古东部常以碱蒿、地肤、西伯利亚蓼（*Polygonum sibiricum*）、西伯利亚滨藜、星星草和羊草为伴生植物分布在草甸草原地带。

以盐角草（*Salicornia europaea*）为优势种的一年生多汁盐生植物群落主要分布在内蒙古中西部的荒漠草原地带和典型草原地带。伴生植物有灰绿碱蓬、芦苇、碱茅、赖草、西伯利亚蓼等。

7. 沙地植被

沙生植物为内蒙古草原区和荒漠区砂质土壤上生长的植物种类（不包括河滩和湖滨沙地的植物）。由于沙地和沙漠在内蒙古分布广，所以沙生植物的分布十分广泛，成为一种重要的生态适应类型。较集中的分布区域和较著名的大片沙地、沙漠有呼伦贝尔沙地、科尔沁沙地、浑善达克沙地、毛乌素沙地、库布齐沙漠及沙地、乌兰布和沙漠、腾格里沙漠和巴丹吉林沙漠。此外，各地还有一些零星分布的小片沙地。因所处自然地带位置的不同，各地的植物区系组成、群落类型、生活型、水分生态类型和区系地理成分等诸方面均表现出明显的区域性差异。

内蒙古沙生植物的种类是比较丰富的，共有种子植物 48 科 177 属 378 种以及 50 变种（王铁娟等，2007）。在组成上，无论荒漠区还是草原区，均以豆科、菊科、藜科、禾本科植物为优势科属。莎草科的薹草属在草原区有 9 种，荒漠区有 5 种，均为共有，其分布主要与隐域生境相联系。再有，蔷薇科沙生植物种类在草原区（20 种）明显多于荒漠区（10 种），蒺藜科则在荒漠区较有优势。

内蒙古沙生植物无论是荒漠区，还是草原区，均是以多年生草本植物为最多（占总种数的 48.6%），一、二年生草本植物次之（占总种数的 21.7%），再次为灌木（16.7%）和半灌木（7.7%），其他生活型很少。灌木、半灌木虽然从种数上讲不如草本植物丰富，但在砂质地的群落中往往是建群种和优势种，在群落中起着重要作用。在荒漠区，灌木与半灌木是植被的基本层片。

内蒙古自治区植被分布如图 1-10 所示。

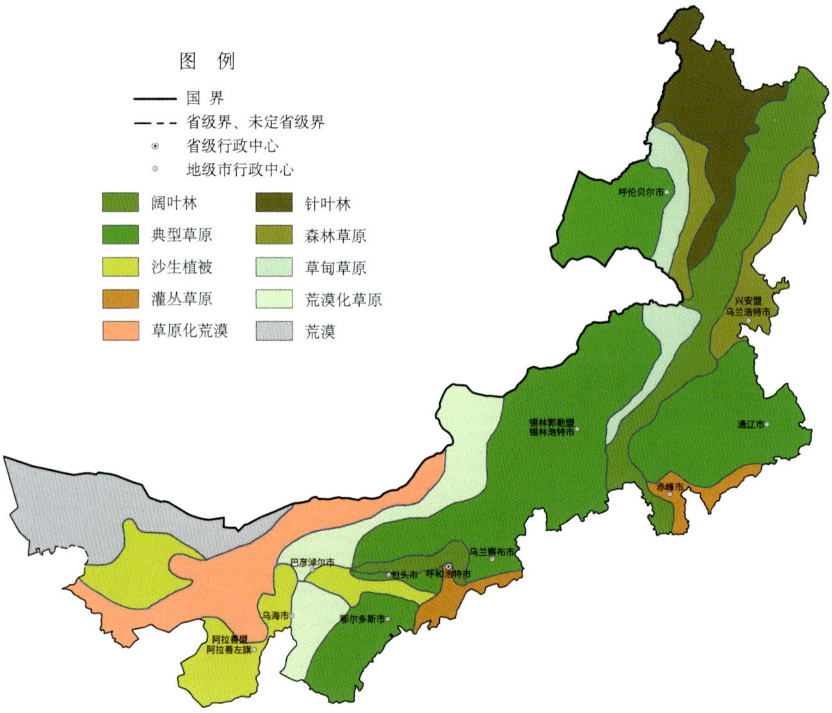

图 1-10　内蒙古自治区植被分布图

由于水分缺乏，荒漠区和草原区沙生植物的水分生态类型较为简单，均以旱生植物占绝对优势。其中典型旱生植物有 161 种，占 42.6%，强（超）旱生有 43 种，占 11.4%，中旱生植物有 48 种，占 12.7%，合计 252 种，占 66.7%。

1.2.5　水系

内蒙古境内分布着数千条河流和近千个湖泊（图 1-11），其中流域面积在 1000 km^2 以上的河流有 100 多条。根据河川径流排泄条件的不同，全区水系可分为外流河和内陆河两大类型。总体来讲，大兴安岭以东、阴山以南以及呼伦贝尔高原属外流河水系，自东而西有额尔古纳河、嫩江、辽河、滦河、永定河和黄河 6 条河流，分别汇入鄂霍次克海和渤海。外流河水系流域面积共 62 万 km^2，占自治区总面积的 53%。外流河的河水水质较好，矿化度普遍小于 1 g/L，多属于重碳酸型水，适于农牧业用水，由于大部分河流含泥沙量大，特别是西辽河水系和大黑河水系富含有机质，为下游地区引洪淤灌改良土壤创造了良好条件。

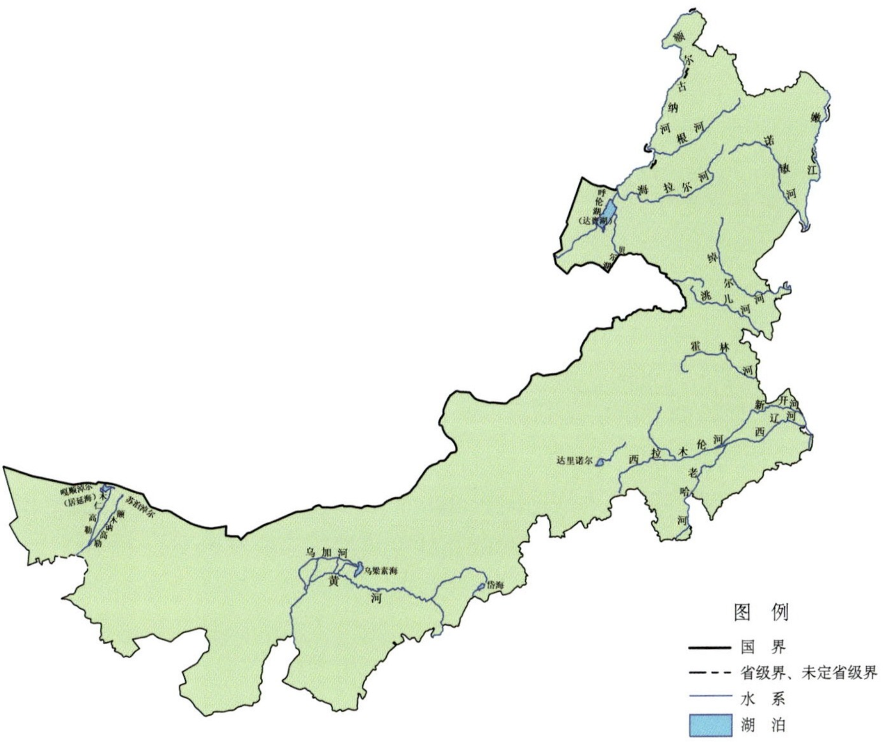

图 1-11　内蒙古自治区水系分布图

1. 外流河水系

1）黄河水系

黄河于宁夏石嘴山进入内蒙古自治区，流经河套平原和土默特平原，于鄂尔多斯市准格尔旗榆树湾流出内蒙古，区间干流全长 830 km，区内流域面积 14.35 万 km^2，年平均径流量为 315 亿 m^3。干流所经地势平坦，河床多系细砂黏土互层组成，每年汛期冲淤变化较大，主流左右摆动，不够稳定。两岸汇入支流多系短小山洪沟，左岸有两条较大支流昆都仑河和大黑河，两河均源于大青山。黄河水含泥沙量较高，内蒙古段平均含沙量约 6 kg/m^3，沿河两岸平原用黄河水灌溉土壤。

2）永定河水系

内蒙古境内的永定河水系属永定河北支洋河和南支御河的上游部分，内蒙古境内河流长度为 620 km，流域面积为 5600 km^2，年均产水量 2.0 亿 m^3。洋河发源于乌兰察布市兴和县，其主要支流有二道河（又称后河）、银子河，它们向东流入河北省尚义县汇入洋河。御河发源于乌兰察布市丰镇市，主要支流有饮马河，其向南流入山西省大同汇入御河。流域内全为丘陵和山区，河道坡度较大，谷深河窄，植被稀疏，沟壑纵横，水土流失严重。

3）滦河水系

滦河水系发源于河北省丰宁满族自治县，由南向北流入沽源县，称闪电河；至内蒙古正蓝旗上都镇折向东称上都河；入多伦县后，至查干敖包东，慧温高勒自北来汇，始称滦河；经小菜园出境复入河北省丰宁满族自治县。河流经过的地区多为丘陵区，上游河谷狭窄，河道曲折。进入正蓝旗后河谷逐渐开阔。较大支流有慧温高勒、乃仁高勒、吐鲁根河、羊肠子河等。内蒙古境内河流全长 254 km，流域面积为 0.69 万 km^2。

4）西辽河水系

西辽河水系是辽河水系的右上源，发源于河北省与内蒙古交界的七老图山，流经承德北部、赤峰市、通辽市境内，最后在内蒙古自治区康平县二道河子与东辽河汇合。干流长 827 km，流域面积为 13.40 万 km^2，年径流总量为 34.1 亿 m^3。西辽河较大支流有老哈河、西拉木伦河、教来河、新开河以及乌力吉木伦河等。老哈河长 424 km，集水面积 3.3 万 km^2（包括内蒙古自治区与河北省的一部分），年径流总量为 13.36 亿 m^3，较大支流有英金河、崩河、羊肠子河等，流域内多为黄土覆盖的浅山丘陵区，植被稀少，沟壑纵横，水土流失严重。西拉木伦河河长 380 km，流域面积为 2.79 万 km^2，年径流总量为 10.86 亿 m^3，发源于大兴安岭南端的克什克腾旗，流经林西县、翁牛特旗、巴林右旗、阿鲁科尔沁旗等，在通辽市台河口分成两路，水流大部分经过北侧的新开河，至科尔沁左翼中旗的小瓦房附近汇入西辽河。西拉木伦河上游为森林草原地带，水流含沙较少，龙口以下，逐渐进入丘陵地带，侵蚀较严重；中下游河段基本为丘陵和平原区，多沙丘，河床多由细砂组成，主流左右摆动无常。

5）嫩江水系

嫩江是松花江的上游，发源于大兴安岭伊勒呼里山的南坡，南北纵贯呼伦贝尔市南部和兴安盟东部，经过嫩江镇、齐齐哈尔市，在三岔口与西流松花江汇合。在内蒙古境内全长 719 km，流域面积为 15.91 万 km^2，占嫩江流域面积的 53%，河川径流量为 194 亿 m^3。

嫩江上下游地形变化明显，嫩江镇以上为上游，多为山间谷地，河谷宽 2～3 km，个别地段可达 5 km。下游则河谷逐渐开阔，至尼尔基镇冲积平原宽达 10 km，河槽宽 150～200 m，水深 3 m，河道比降 1/500，河床由砂砾组成，岔流较多。

嫩江为一不对称水系，右岸支流多于左岸。右岸的主要支流自北向南分布有那都里河、多布库尔河、欧肯河、甘河、诺敏河、阿伦河、雅鲁河、绰尔河、洮儿河、霍林河等。这些河流自西北向东南流入嫩江，地形多为山地丘陵，坡度大、水流急、水力储藏量大，上游覆被率高，森林面积较大，水土流失轻微，水位变化小，河床稳定。

6）额尔古纳河水系

额尔古纳河水系位于内蒙古呼伦贝尔市，境内由克鲁伦河、乌尔逊河、海拉尔河、根河、激流河等组成，河流全长 1606 km。其中，额尔古纳河干流是中俄两国界河，右岸属我国呼伦贝尔市境内，流域面积 15.77 万 km^2，河流全长 970 km。克鲁伦河位于呼伦湖的西南部，发源于蒙古国肯特山东麓，在中游乌兰恩格尔西端进入我国，流经呼伦贝尔市新巴尔虎右旗，东流注入呼伦湖，河流全长 1264 km，在我国境内长 206 km，区间流域面积为 7153 km^2。乌尔逊河发源于贝尔湖和沙尔勒金河，北流注入呼伦湖，河长 223 km，流域面积为 1.05 万 km^2。海拉尔河位于呼伦贝尔市的西南部，自东而西纵横呼伦贝尔高原的中部，发源于大兴安岭西麓吉鲁契那山，干流长 708 km，流域面积为 5.42 万 km^2。根河发源于大兴安岭伊吉奇山西南侧，自东北向西南流经根河市、额尔古纳两市，于额尔古纳市四卡北注入额尔古纳河，河长 428 km，谷宽 1～2 km，流域面积为 1.58 万 km^2。

2. 内陆河水系

1）乌拉盖尔河水系

乌拉盖尔河是全区最大的内陆河，发源于大兴安岭西侧的宝格达山，向西南流向胡稍庙，然后折为东西向，至新庙以西，河槽逐渐消失，形成大片湿地和湖泊，最终注入乌珠穆沁盆地最低处——索里诺尔大洼地。较大河流有乌拉盖尔河、保尔斯太河、彦吉戈河、高力根河、巴拉格河、大小吉林河和锡林河等，流域面积为 6.88 万 km^2，年径流量为 2.5 亿 m^3。

2）达里诺尔水系

达里诺尔水系位于赤峰的西缘，较大河流有贡格尔河、石岭河、羊腾河、毫伦河等。流域面积为 0.62 万 km^2，年径流量为 0.57 亿 m^3。

3）查干诺尔水系

查干诺尔水系位于锡林郭勒盟中部的阿巴嘎旗南部，主要河流有巴音河、恩格尔河等，均发源于浑善达克沙地北缘，最后流入查干诺尔。河流短小，但径流比较稳定，流域面积为 0.86 万 km^2，年径流量为 0.98 亿 m^3。

4）黄旗海和岱海水系

黄旗海和岱海水系位于乌兰察布市东南部，均属构造陷落而形成的盆地，黄旗海水系有霸王河、泉玉林河、大喇嘛营河等。岱海水系有弓坝河、索代沟河、目花河、天成河等。其流域面积为 0.91 万 km^2，年径流量为 0.92 亿 m^3。

5）塔布河

塔布河是内蒙古乌兰察布高原上的内陆河。发源于包头市固阳县东北部南沟村，由西向东流经包头市达尔罕茂明安联合旗，至乌兰察布市四子王旗境内，向北汇入呼和诺尔湖。干流全长 316 km，流域面积约 1.05 万 km^2。

6）额济纳河

额济纳河是自治区西部荒漠区最大的河流，位于阿拉善盟额济纳旗境内。发源于青海省祁连山南麓，上游为黑河和弱水，其经甘肃省向北流入阿拉善盟额济纳旗，称为额济纳河。河长 250 km，呈南北流向，弯曲度小，西侧有穆林高勒、赛汗高勒、乌兰艾立格高勒、克列图高勒和巴嘎高勒 5 个支流分别汇入嘎顺诺尔（居延海）。河川径流是以祁连山的冰雪融化水补给为主，流入内蒙古的水量为 8 亿 m^3。20 世纪 60 年代以后，上游来水无保证，加之内蒙古境内又不产流，河流除汛期外很少有水。

3. 湖泊

内蒙古自治区的湖泊星罗棋布，大小湖泊 1000 余个，是我国内陆湖泊聚集地区之一，主要分布于西辽河平原、内蒙古高原和鄂尔多斯高原。由于气候干旱，风力较强，在成因类型上，以风蚀湖最多，构造湖次之，还有一些古河床积水而成的河迹湖以及河床演变而成的牛轭湖等，湖水主要靠大气降水和河流补给，地下水补给较少。因此，湖水量随季节变化，雨季湖水位上升，旱季湖水位下降，有些小湖干涸。常年有水的湖泊，一般面积不大，湖面积多数不足 1 km^2，稍大的在 4～20 km^2，超过 100 km^2 的湖泊为数甚少。一般湖深在 1.5～4 m。风蚀湖湖底为砂质泥土。内蒙古自治区湖泊可分为咸水湖、微咸水湖和淡水湖，咸水湖又分为盐湖、碱湖、硼砂湖、芒硝湖等。在天然湖泊中水面面积大于 100 km^2 的有 7 个，分述如下。

1）呼伦湖

呼伦湖亦称呼伦池、达赉湖，位于呼伦贝尔市新巴尔虎右旗境内。呼伦湖呈东北—西南向的斜长方形，湖面海拔为 545 m，湖水面积为 2210 km^2，平均水深 5～7 m，蓄水量为 130 亿 m^3。湖水除降水补给外，其余来自克鲁伦河、乌尔逊河和木得那雅河及地下水。水质良好，矿化度小于 1 g/L，水化学类型为 HCO_3-Cl-Na-Ca 型，呈微碱性，pH 为 8.5。

2）达里诺尔

达里诺尔亦称达里湖，位于赤峰市克什克腾旗西北部。达里湖属构造盆地，该湖东南和西北还有 3 个较小湖泊，组成一个湖泊群。达里湖呈椭圆形，湖面面积在 200 km^2 以上，平均水深为 7.5 m，最深处达 13 m，蓄水量为 16 亿 m^3，水质碱性，pH 为 9.3～9.6，矿化度为 5.4～5.9 g/L，以碳酸盐为主。湖水的主要补给来源是贡格尔河、石岭河、羊腾河、毫伦河等，地下水补给也很丰富，还有湖面降水补给，湖水基本稳定，水位年内变化不显著。

3）乌梁素海

乌梁素海位于巴彦淖尔市乌拉特前旗境内，湖面南北长 35 km，东西宽 10 km，湖盆浅平，湖底地形略向南倾斜，水深一般在 1～2 m，最深 4 m，平均水深为 1.5 m，湖水面积最大时达 411 km^2，由于该湖划做排水通道，控制补给水，并进行人工排水，现水面仅有 200 km^2，蓄水量在 6000 万 m^3。过去水质较好，矿化度小于 <0.8 g/L，1969 年湖水水源主要由后套灌区总排干输给，排水时带来大量盐分，故湖水的矿化度逐年提高，现矿化度为 5.7 g/L，pH 为 8～8.8，水质变坏。

4）岱海

岱海位于乌兰察布市南部凉城县境内，呈椭圆形，东西长约 20 km，南北宽 10 km；湖面面积为 160 km^2，蓄水量为 13 亿 m^3；平均水深为 9 m，最深 18 m。除降水外还有 21 条河水补给湖水，其中弓坝河、五号河、目花河、天成河、步量河等 8 条河的径流常年补给，其余大部分为季节性河流。由于补水河流主要处于黄土丘陵区，遇暴雨山洪挟带大量泥沙流入湖中。湖水无排水通道，主要靠蒸发消耗，因此 pH 为 8.5，矿化度为 2.6 g/L。

5）黄旗海

黄旗海位于乌兰察布市察哈尔右翼前旗，湖面东西长约 20 km，南北宽 6～9 km，湖面面积约 110 km^2，平均水深为 3～5 m，最深约 10 m，蓄水量 5.3 亿 m^3，湖水补给除湖面降水外，主要来源于霸王河、泉玉林河、磨子山河等 19 条河沟，湖盆封闭，无泄水出路，湖水消耗于蒸发。湖水呈碱性，pH 为 9.4，矿化度为 4.8 g/L。近年湖水遭污染，水质变坏。

6）查干诺尔

查干诺尔，又称为库勒查干诺尔，位于锡林郭勒盟阿巴嘎旗西南部，由东西两湖组成，中间有天然沙堤相隔。东湖面积小，为淡水；西湖面积大，为咸水，东湖湖水向西湖补给。湖泊面积约 109.93 km^2，总蓄水量为 9.48 亿 m^3。东湖水深约 4 m，西湖水深约 5 m。注入该湖的河流有巴音河（亦称昌都河）、思格尔河（亦称努格斯太河）、灰腾河等。水质较差，pH 为 9.3，矿化度为 1.3～4.2 g/L。

7）居延海

居延海位于阿拉善盟额济纳旗居延他拉的最低处，属构造湖，为额济纳河的泄水区。居延海水源主要靠额济纳河补给。由于上游用水量增加，下泄水量逐年减少，湖面缩小并分裂为东西两湖，东湖称苏泊淖尔（索果诺尔），西湖称嘎顺诺尔。索果诺尔原湖面在 75 km^2 左右，湖水最深处为 3 m。由于气候干旱以及人类经济活动的影响，近年来水质日益恶化，湖水苦咸，已成为咸水湖，且有硫化氢气味，人畜不能饮用，过去能养鱼，现已绝迹。嘎顺诺尔（蒙语苦湖之意），原湖面 300 km^2，由于额济纳河水逐年减少，加上两岸灌溉，基本无水可泄，几乎干涸，成一片盐碱沼泽地。

1.2.6　人为活动

人类为了维持自身的生存与发展就必须从生态系统中获得生态系统产品，或改变地球上主要生境的规模和结构来生产所需的产品。人类在利用生态系统提供自然资源和生存环境的多种服务功能的同时，也在强烈影响着生态系统的服务功能，这种影响是人类活动通过改变地球生境、生态系统结构和生物地球化学循环引起的。人类活动对生态系统服务功能既有积极影响，又有消极影响。

作为一个成土因素，人类活动对土壤的形成与演化有着重要的作用，但它对土壤性质的影响与其他自然因素有着本质的不同。自然土壤是生物、母质、气候和地形等一系列因素在一定的时间上相互作用的结果。在自然条件下，土壤的形成发育完全遵循着自然规律，形成一定土壤类型及其特性，需要相当长的时间，达几百年，甚至上千年的时间，并保持着一定的生态平衡。随着人类活动的加剧，土地开发利用程度加强，土地利用方式发生变化，原有生态平衡遭到破坏，土壤的特性发生变化，甚至形成新的土壤类型。

1. 人口数量与分布特征

1）人口变化特征

随着经济社会的飞速发展，内蒙古人口数量急剧增加。1949 年中华人民共和国成立初期内蒙古自治区总人口 608.1 万人，2018 年达到 2534.0 万人（表 1-3）。

表 1-3　1949～2018 年内蒙古自治区年底总人口数

年份	内蒙古年底总人口/万人	年份	内蒙古年底总人口/万人
1949	608.1	1999	2361.9
1965	1296.4	2000	2372.4
1970	1491.0	2001	2381.4
1975	1737.9	2002	2384.1
1978	1823.4	2003	2385.8
1983	1969.8	2004	2392.7
1984	1993.1	2005	2403.1
1985	2015.9	2006	2415.1
1986	2040.7	2007	2428.8
1987	2066.4	2008	2444.3
1988	2093.9	2009	2458.2
1989	2122.2	2010	2472.2
1990	2162.6	2011	2481.7
1991	2183.9	2012	2489.9
1992	2206.6	2013	2497.6
1993	2232.4	2014	2504.8
1994	2260.5	2015	2511.0
1995	2284.4	2016	2520.1
1996	2306.6	2017	2528.6
1997	2325.7	2018	2534.0
1998	2344.9		

资料来源：《2019 内蒙古统计年鉴》，中国统计出版社。

2）人口空间分布特征

内蒙古自治区人口空间分布差异明显（表 1-4），在不同地区用地方式上表现出明显的空间差异。根据内蒙古人口密度的差异可划分为 3 种类型：第一种类型是人口比较密集地区，包括呼和浩特市、包头市、乌海市、通辽市和赤峰市，其人口密度均在 40 人/km^2 以上。这 5 个市总面积占全区总面积的 16.51%，人口却占全区总人口的 55.35%。以上 5 市的用地特点是城市规模较大，城市用地、工矿用地的规模均在内蒙古各盟市的前列，同时是内蒙古农耕地主要分布区，是内蒙古粮食及主要农产品的集中区，其中通辽市还是国家级粮食生产基地。第二种类型是人口稀疏地区，包括锡林郭勒盟和阿拉善盟，人

表 1-4　2017 年内蒙古自治区各盟市人口密度

地区	年末常住人口/万人	行政区域土地面积/万 km^2	人口密度/（人/ km^2）
内蒙古自治区	2528.61	118.79	21.3
呼和浩特市	311.48	1.72	181.1
包头市	287.77	2.77	103.9
呼伦贝尔市	252.92	25.30	10.0
兴安盟	160.42	5.98	26.8
通辽市	312.87	5.95	52.6
赤峰市	431.48	9.00	47.9
锡林郭勒盟	105.16	20.26	5.2
乌兰察布市	210.25	5.50	38.2
鄂尔多斯市	206.87	8.68	23.8
巴彦淖尔市	168.48	6.44	26.2
乌海市	56.11	0.17	330.1
阿拉善盟	24.80	27.02	0.9

资料来源：《2019 内蒙古统计年鉴》，中国统计出版社。

口密度分别为 5.2 人/ km^2 和 0.9 人/ km^2。这两个盟人口总数仅占全区人口总数的 5.14%，而土地总面积占全区总面积的 39.80%。该区域地域广阔，人烟稀疏，有大面积的沙漠、戈壁等难利用土地的分布，土地利用以自然放牧为主，近年来第二产业虽有较大发展，但由于基础较差，用地规模仍相当有限。第三种类型是在上述两者之间的地区，包括兴安盟、呼伦贝尔市、乌兰察布市、鄂尔多斯市和巴彦淖尔市，人口密度在 10～40 人/ km^2。这 5 个盟市是内蒙古主要的农牧交错区，土地利用的共同特点是农牧用地比重居中，乌兰察布市尤为明显。除此之外，呼伦贝尔市和兴安盟有较大面积的林地集中分布，巴彦淖尔市有河套灌区的粮食农耕生产基地，鄂尔多斯市近年来在能源开发的带动下经济迅速发展。

3）人口民族构成与土地利用

内蒙古自治区人口以蒙古族为主体，汉族占多数，包括满族、鄂伦春族、鄂温克族、达斡尔族、朝鲜族等 49 个民族。各民族人口分布具有小集中、大分散、交错杂居的特点。蒙古族分布遍及全区，但集中分布在牧区，鄂温克族、鄂伦春族多分布在东北林区，达斡尔族集中分布在嫩江流域地区，朝鲜族主要分布在内蒙古的呼伦贝尔市和兴安盟境内。

不同民族分布地区具有不同的自然条件、社会经济条件、风俗习惯、文化素质等，因而对土地资源利用的方式、程度、水平也有所不同。蒙古族自古以来，一直以畜牧业经济为主，素有“马背上的民族”之称，有自己的民族语言文字和风俗习惯，性格豪放，能歌善舞，文化素质相对较高，土地资源以草地利用为主。中华人民共和国成立后，在党的民族政策指导下，蒙古族的生产方式和生活方式逐渐改变，从原始的游牧方式逐步转变成定居、定草、科学养畜的生产方式。鄂伦春族、鄂温克族和达斡尔族，历来以狩猎、采集为生，常年分居在林区。中华人民共和国成立后狩猎的少数民族从山上迁下来，党和政府重新安排他们的生产和生活，无偿拨给他们各种生产资料，使他们开展多种经营，这些少数民族的生产生活有了较大改变。朝鲜族依靠得天独厚的地理条件，以种植水稻为业。汉族是内蒙古人口最多的民族，遍及全区，但主要分布在内蒙古三大平原农区和农牧交错区，从事种植业、林业、牧业、养殖业、商业及交通运输业等，对内蒙古自治区土地资源开发利用发挥了较大作用。

2. 内蒙古土地资源开发利用简史

内蒙古自治区的土地资源开发利用大致可以划分为古代土地开发、近代土地开发和现代土地开发 3 个阶段。

1）古代土地开发

古代内蒙古地区的大兴安岭、科尔沁地区、阴山山脉、鄂尔多斯高原以及河套地区到处是茂密的原始森林。森林以北、以西为水草丰美的草原，只有西端的阿拉善地区有少部分荒漠。内蒙古各民族的祖先在这块肥沃富庶的土地上劳动、生息，过着以狩猎和采集为主的原始部落生活。随着技术的进步，猎获物逐渐增多，部分部落开始家畜驯养；另一些部落逐渐走出丛林进入大草原，从事草原畜牧业，过着游牧生活；原始种植业和焙烧陶器虽已出现，但规模很小。当时先民向自然索取甚少，部族之间虽有战争，但不频繁，对森林和草原无显著破坏作用，保持着资源的自然状态。

到了春秋战国时期，内蒙古境内部族割据、人口剧增、各部族之间争夺自然资源和生存空间的战争连年不断，从而掀起了大规模采伐破坏森林的序幕。其中以人口相对聚集、与汉族接壤的鄂尔多斯高原、河套平原和阴山的森林破坏最为严重。同时，历代统治者实行“屯垦戍边、移民实边”政策，在内蒙古长城以北地区拉开了土地垦殖的序幕。秦统一中国以后，又将原赵、燕、秦三国长城东西扩展，筑万里长城，并在缘边近地“屯垦戍边种田养畜，以解决丁役口粮”。到了西汉，内蒙古的中西部地区曾属中原管辖，汉武帝先后数次大规模移民，开发阴山以南的河套-土默川平原，设置州郡，从事农垦。东汉以后，内蒙古地区较长时期为几个少数民族所统治。汉人南迁，战争频繁，农耕事业逐渐衰落，成片的农田又逐渐荒芜恢复成草原。隋唐时期，由于长期受汉人的影响，当地的少数民族弃牧营农或农牧兼营，从事农耕，但都因范围小没有形成规模。直至明朝嘉靖年间，蒙古部落与明王朝建立了长期和平互市关系，蒙古部落开始收留和招募大批汉人到漠南地区耕种，汉人带来了各种农具、种子和农业生产技术，使内蒙古地区的农业逐渐复苏，开始固定并逐渐发展起来。

封建王朝因其军事上的需要也新建了一些古城，如托克托县赵武灵王所筑的云中郡城、和林格尔县的汉代定襄城、准格尔旗的唐胜州城、巴林左旗的辽上京城、宁城县的辽中京城、呼和浩特东部的辽丰州城、四子王旗的金钦州城、额济纳旗的西夏黑城、正蓝旗的元上都城等。这些城镇在历次战乱时局变化中逐渐消失。元代开始兴建驿站交通，通达边陲地区，以供驰驿奏报、传达军情、使臣往返朝贡以及递解犯人之用。到明朝末年，内蒙古地区在土地开发利用上基本还是以牧为主，林地退缩，农业虽有零星分布，但规模不大，村镇、交通等建设用地极其有限。

清朝廷原对内蒙古地区实行封禁政策，特别对满族的发祥地东北地区实行“四禁”，即禁伐森林、禁采矿产、禁渔猎、禁农牧。但到了 17 世纪中叶，官府对内蒙古地区实行开禁政策，大批汉族流入内蒙古各地开荒种田，蒙古封建王公贵族，为贪图地租和押荒银两，也进行私下招垦。于是，在内蒙古地区南部沿边地带，开垦耕耘，开发土默川和河套平原。起初，内地农民在内蒙古从事耕耘，多为春来秋归做“雁行”耕作，后来逐渐携眷定居下来。在南部长城沿边和黄河流域的归化土默特部、鄂尔多斯部、察哈尔部所辖地，出现了星罗棋布的农业村庄。康熙年间，蒙古王公曾请内地农民前往种地，山东、河北等地的农民应募前去开垦土地。从此，在卓索图盟喀喇沁部、昭乌达盟翁牛特旗、巴林、敖汉旗、奈曼旗、克什克腾旗、阿鲁科尔沁旗等，哲里木盟郭尔罗斯前旗、科尔沁左翼三旗，以及阿拉善旗、乌拉特前旗等地，都开垦了许多土地种植农作物。到 18 世纪后期，内蒙古地区开垦耕种土地面积日益扩大，清朝廷对内蒙古地区实行限制开垦的政策已名存实亡，游牧区逐渐变为牧场与农田交错、耕牧兼营、蒙汉杂居的半农半牧区。

内蒙古地区大面积“垦荒”是从 19 世纪末开始至 20 世纪初结束的。清朝统治时期，统治阶级以“带地投诚”为借口，进行围场，行猎作乐，又把大面积的草原定为皇家牧场。例如，把锡林郭勒盟的正蓝旗定为牛场，太仆寺旗、正镶白旗定为马场，镶黄旗定为羊场，东部的苏鲁克旗也被定为皇家牧场。另外，又以“跑马围地”的形式，把大量肥沃的土地据为直辖领地，其中包括供宫廷开支的内务府领地、皇族领地、八旗军领地、香火地，等等。

2）近代土地开发

自 1840 年鸦片战争以后，由于帝国主义势力的入侵，清政府国库空虚，边疆危机日益加重。为了摆脱危机，抵制日俄势力的侵扰，清政府决定“开放蒙荒”，将搜刮“押荒银”作为第一要务，设立垦务总局，坐镇归绥，逐步清丈；放垦了察哈尔八旗，归化城土默特旗及乌伊两盟各旗的部分土地。1902～1908 年内蒙古西部地区共丈放土地 50 多万公顷；在东部区哲里木盟 7 个旗境内丈放土地 245 万 hm^2。王公贵族也趁清政府放荒之际私自招垦。19 世纪 90 年代，卓索图盟 5 旗（即现喀喇沁旗、宁城县，辽宁省的朝阳、北票、阜新、建昌、平泉等）的少数农牧民移到科尔沁右翼前旗南部的巴彦昭、呼伦布哈等地垦荒，以维持生计。扎萨克图旗（即科尔沁右翼前旗）乌泰王也放荒，只要交二三十两银即可自由开垦。自 1891 年开始，洮儿河两岸夹心地及归流河流域的草地被陆续放荒。

辛亥革命以后，北洋军阀变本加厉地实行掠夺性的开垦政策。1915～1928 年，绥远垦务总局仅在鄂尔多斯市就开垦牧场 19.51 万 hm^2；陕北军阀井岳秀出兵强占了乌审旗、鄂托克旗牧场；东北军阀张作霖、吴俊升等在东蒙各地派遣屯垦军强垦牧场和放荒置县，组织了屯垦军公署，分别在王爷庙、察尔森和扎赉特旗设第一垦殖局、第二垦殖局和第三垦殖局，在兴安盟地区强占大片草原牧场，使大批牧民背井离乡。

1840 年鸦片战争以后，帝国主义列强也将瓜分中国的魔爪伸入到内蒙古地区，毁林修路、巧取豪夺，致使一向封闭、经济单一的今内蒙古地区，在土地利用上发生了很大变化。日俄帝国主义的入侵使大兴安岭原始森林遭到了大肆的掠夺和破坏。据记载，1896～1898 年，沙俄仅在博克图至绰尔河一带的绰尔林场就采伐了 8 万 hm^2 的森林。1912～1931 年大兴安岭区被沙俄掠夺森林资源达 1000 万 m^3 以上。“九一八”事变以后，日本侵略的 14 年里共砍伐木材 1000 万 m^3。一直处于原始状态的大兴安岭，在这 100 多年时间里森林面积减少了15%，总蓄积量减少17%；曾是松林密闭的西辽河流域科尔沁地区，变成一望无际的沼坨沙地；茂盛的阴山松柏林山脉被损毁殆尽，只有少量次生林。日本满铁株式会社不盛公司在科尔沁左翼中旗设立了5个农场或农牧试验站场，强占沃土33000 hm^2。以后日本大批武装的“开拓团”“移民村”又强占开垦了大片的草牧场。

清康熙年间，清政府在今内蒙古地区广设驿道台站，当时的台站有五路（归绥、洮南、赤峰、龙口、连山湾），由长城五口（赤峰口、古北口、独石口、张家口、杀虎口）北通各盟旗。清雍正年间，齐齐哈尔至海拉尔之间，又增设了龙海驿道台站，开辟了呼伦贝尔内外联系的道路。1840年鸦片战争以后，随着人口的不断增加和帝国主义势力的不断侵入，交通运输设施也相继建立和发展起来。1897年内蒙古开始铁路建设，相继建成的有京包线、大郑线、平齐线、白阿线、叶赤线铁路，以及牙林和博林两条森林专用线。抗日战争时期国民党驻归绥的傅作义将军曾在归绥、包头、五原、陕坝等地修建了一些公路。沦陷后日军为了掠夺资源的需要，相继修建了包头至归绥、归绥至四子王旗、扎兰屯至海拉尔、海拉尔至满洲里、海拉尔至杭达盖、海拉尔至三河、通辽至林西、乌兰浩特至阿尔山、赤峰至林西、赤峰至承德、赤峰至朝阳等50余条公路，全长6000多千米。但这些公路技术标准低，通过能力差，又加战争的破坏，到中华人民共和国成立时没有一条是通畅的。随着铁路、公路的修建，沿线城镇也逐渐崛起，清初所设的城镇有扎兰屯、乌兰浩特、巴音浩特、牙克石、海拉尔、丰镇、赤峰；清末所设的有满洲里、东胜；民国时期所设的有通辽、集宁、包头、临河等。

短短二三百年里，东起大兴安岭东侧，西至河套西部，南起长城脚下，北至阴山以北，耕地绵延，农区、半农半牧区逐渐形成；阴山、鄂尔多斯高原、科尔沁地区的森林砍伐殆尽，贺兰山也所剩无几，大兴安岭南部遭到了毁灭性的破坏。土地利用结构发生了根本性的变化，种植业用地已上升到举足轻重的地位，林业用地退居第二，城镇、村庄、交通措施、工厂矿山等用地也逐渐从无到有、从小到大，占有一席之地了。到中华人民共和国成立，耕地面积 433.1 万 hm^2，占全区总土地面积的 3.6%；林地面积 913.9万 hm^2，占全区总土地面积的7.7%；建设用地比例小，其余绝大部分为草原和荒漠。

3）现代土地开发

中华人民共和国成立后，内蒙古自治区土地资源的开发利用开始了崭新的时代。大致可以分为3个阶段，即中华人民共和国成立初期到改革开放（1949～1978年），改革开放至20世纪末（1979～1999年），21世纪以来（2000年至今）。

（1）中华人民共和国成立初期到改革开放（1949～1978年）。

中华人民共和国成立初期，由于生产关系的变革，农民的生产积极性空前高涨。农民在分得一份土地的基础上，又自发开垦了一些耕地，仅仅3年时间，到1952年全区就增加耕地80多万公顷。三年困难时期（1959～1961年），由于片面强调多种多收，所以不仅在广大农区、半农半牧区大面积开荒，而且在不少牧区也大面积地开垦草场。仅1960年就扩大播种面积88万 hm^2，1961年全区耕地面积达609.67万 hm^2，在1952年的基础上增加了17.8%。全区农垦系统的国有农场已增加到107个。部分地区违反自然规律，不顾客观情况和条件盲目垦荒，致使不少优良牧场和根本不宜农的沙地也被大面积开垦，不少地方出现了土地退化现象。在后来的国民经济三年调整时期（1962～1965年）不得不采取开后闭耕的断然措施，在牧区和半农半牧区退耕还牧 26.7 万 hm^2，有些国有农场也被迫关闭。

“文化大革命”期间（1966～1976 年），一方面片面强调单位面积产量“上纲要”“跨黄河”“过长江”，不少社队暗地里开垦荒地，作为“纲要”补充田；另一方面城里的知识青年大批上山下乡或者组成生产建设兵团来到内蒙古的农村和牧区，开垦了不少土地。这个时期的耕地至少增加了 100 万 hm^2。

内蒙古的畜牧业生产长期是落后的逐水草迁徙的原始游牧方式，生产效率低下。中华人民共和国成立以后，废除封建的牧场所有制，划分季节牧场，推行定居游牧，党和政府对牧区除在政策上给予了保护和优惠以外，还对草牧场进行了大规模建设。围建草库伦、种植饲草饲料、补播灌溉草牧场等，改善了牧业生产条件，提高了牧草地产草量，增加了畜牧业的抗灾保畜能力。

1957～1960 年，中国科学院、中国农业科学院和全国部分高等院校，先后派出 1000 名高中级科技人员，协助自治区完成了四大沙漠、三大沙地的综合考察和规划设计。同时，在毛乌素、库布齐、乌兰布和、浑善达克等沙区建立了磴口、城川、展旦召、什拉召、贝力克等国营治沙站，担任定位治沙试验任务。除磴口试验站为综合性试验站外，其他站均以植物固沙试验为重点。

20 世纪 50 年代末、60 年代初，治沙工作受到挫折，甚至有些地方生态性灾难越趋严重，又陷进“沙进人退”的困境。

1974 年，沙害最重的伊克昭盟（现鄂尔多斯市），在调查总结正反两方面经验教训的基础上，统一了认识，变“沙进人退”为“人进沙退”，提出了以治沙为重点的农林牧水综合治理规划，并得到了自治区政府和国家有关部委的支持，出现了新的治沙高潮，这对全区也起到了带头作用。同年，巴彦淖尔盟（现巴彦淖尔市）也提出开发治理乌兰布和沙漠、建设河套商品粮基地规划，并根据规划积极营造防风固沙林。1975 年，乌兰察布盟（现乌兰察布市）做出在后山风沙区 54 个重点乡规划建设农田防护林网的决定，这些项目都相继实施并取得一定效果。

内蒙古自治区成立之初（1947 年），全区森林覆盖率为 7.73%。中华人民共和国成立之后，加强了造林绿化工作，森林资源得到恢复与发展。到 1963 年，森林覆盖率提高到 9.43%。但随着国家经济建设对木材的需要，东部大兴安岭林区曾一度出现过量采伐，重采轻育，管理滞后，使森林资源遭到破坏。到 1976 年，自治区森林覆盖率减少到 9.04%。

（2）改革开放至 20 世纪末（1979～1999 年）。

十一届三中全会以后，我国工作重点转移到经济建设上来，改革开放政策促进了经济社会的快速发展，城镇化和工业化进程加快。农业上逐步克服“以粮为纲”的土地单一利用格局，全区农、林、牧业用地比例有了部分调整，开始形成了因地制宜多种经营的区域分工与协同开发利用的局面。

改革开放以后，一方面，广大农村实行了联产承包责任制，农民的生产积极性空前高涨。随之而来的是广大农区、半农半牧区再一次出现了开垦荒山荒坡的高潮。另一方面，国家和自治区为建立商品粮基地，增加粮食总量，也在有计划地进行农牧业综合开发。在呼伦贝尔盟、兴安盟、哲里木盟、伊克昭盟和巴彦淖尔盟有选择地开发了一些宜农荒地。1978～1990 年全区耕地面积增加了 133.3 万 hm^2。

20 世纪 80 年代中期至 90 年代初期，畜牧产品价格受市场经济的影响下跌，粮食价格因购销体制尚未放开而继续实行保护价收购，使得开荒种地比经营畜牧业更有利可图。在短期利益的驱动下，许多牧民纷纷弃牧从农，地方政府和外来投资者也竞相投资到耕地开垦中。新一轮土地资源开发浪潮，使大面积开垦区内开发成本较小、见效较快的林地及高覆盖草地转变为耕地，十几年间累计开垦各类土地 141 万 hm^2。

随着自治区工业化、城镇化、农牧业现代化的加快推进和各项经济社会事业的不断发展，城乡居民点用地和工矿用地也在不断增加，新的城镇和工矿区相继崛起，农村牧区昔日的窑洞、窝棚、蒙古包逐渐被固定的砖瓦房所取代。工矿企业从无到有，手工作坊到现代化大中型企业集团，极大地改善了内蒙古经济结构和用地结构。城市数量由 1978 年的 14 个发展到 1999 年的 20 个，城镇人口由 1978 年的 397.5 万人发展到 1999 年的 1437.64 万人，城镇化率提高到 57.7%，城镇工矿用地达到 128.50 万 hm^2，各项建设用地面积已达 154.1 万 hm^2，是中华人民共和国成立初期的数十倍，比 1978 年提高 0.16 个百分点，各项建设用地增加促进了自治区经济社会的快速发展。

城市化、工业化进程的加快，占用了大量的农田，同时人口的急剧增加也对粮食生产产生了巨大的压力。为了加强对土地资源管理，1986 年 6 月 25 日国家颁布了《中华人民共和国土地管理法》，此后国家颁布和出台了一系列法律法规、政策制度，为落实最严格耕地保护制度和最严格的节约用地制度，保障经济社会发展、保护耕地资源、保障土地权益提供了法律和政策依据，使土地开发利用依法依规全面统一管理得以实现。

为满足经济社会发展的需要，自治区加大了土地利用开发与管理力度，一手管住“占”，遏制优质耕地减少过快，一手抓补充耕地，确保占补平衡。1992 年自治区开始实施以“改造低产田，开发治理乌兰察布沙漠”为重点的“再造河套”工程，到 2000 年改造中低产田 8.55 万 hm^2，开发整治荒地 18.53 万 hm^2，平坟迁坟 8 万座，腾出耕地 800 hm^2，改造低产草场 3 万 hm^2，植树造林 5 万 hm^2，取得明显的经济效益、社会效益和生态效益。

加强草原管理。1996 年自治区开始对草原实施“两权一制”（即草原所有权、使用权和承包责任制）管理。“两权一制”的落实，调动了广大农牧民保护草原的积极性，对制止乱开滥垦、乱采滥挖等人为破坏草原的行为起到了重要作用。在加强草原管理的同时，采取了草库伦、围栏封育、草地改良、人工草地建设等多种有效措施，加强草原建设。

1978 年开始进行的被誉为“绿色万里长城”和“世界生态工程之最”的“三北防护林建设”工程，坚持以防护林建设为主，确定了全区造林“以灌木为主，乔灌草结合”的方针，改变了过去偏重营造用材林的倾向。内蒙古“三北防护林”建设工程的一期（1978～1985 年）工程和二期（1986～1995 年）工程涉及 12 个盟（市）的 83 个旗（县），三期（1996～2000 年）工程涉及 12 个盟（市）的 86 个旗（县）。第一阶段（1978～2000 年），内蒙古自治区人工造林 714.8 万 hm^2，飞播造林 31.3 万 hm^2，封山（沙）育林 101.8 万 hm^2，均超额完成了国家计划任务。除此之外，自治区还实施速生丰产用材林基地建设工程，1990～2000 年在赤峰市、通辽市等地营造速生丰产林 15.8 万 hm^2。

1985 年建立了第一个自治区自然保护区——锡林郭勒盟白音锡勒草原自然保护区。到 2000 年底，全区自然保护区达到 96 个，总面积为 7654 km^2，占全区总面积的 6.5%。其中，国家级自然保护区有 13 家，自治区级有 22 家，盟（市）和旗（县）有 61 家。

（3）21 世纪以来（2000 年至今）。

历史的经验教训以及可持续发展目标的要求，使我国对自然资源管理理念逐步发生重大转变。2000 年组建了内蒙古自治区国土资源厅，主管自治区土地资源、矿产资源等自然资源的规划、管理、保护与合理利用。自治区国土资源厅成立之后，坚定落实最严格的耕地保护制度和最严格的节约用地制度，坚持统筹保障发展、保护资源、维护权益，积极构建保障和促进科学发展新机制，有力地支撑了经济社会发展。2003 年党的十六大提出了科学发展观，特别是，2017 年党的十九大提出了中国发展新的历史方位——中国特色社会主义进入了新时代。在习近平新时代中国特色社会主义思想指引下，自然资源管理理念进一步发生重大转变，再次对行政机构改革，组建自然资源部，内蒙古自治区自然资源厅于 2018 年 11 月 10 日随之挂牌成立。这次机构改革将各自然要素的管理，从原来分散在经济发展保障部门，统一到一个部门，生态属性与生产属性并重，系统保护修复与保障可持续发展并举。同时，强化了自然资源的全民所有属性，明确所有权行使主体，落实全民所有权益。自然资源管理理念的转变和行政机构改革，使自治区土地资源的开发利用逐步走上了健康发展的道路。

21 世纪国家实施西部大开发战略，把生态建设作为实施西部大开发战略的根本和切入点，提出了“把内蒙古建设成为祖国北方重要的生态防线”的宏伟目标。在国家的大力关怀和支持下，相继实施了“三北”防护林四期工程、京津风沙源治理工程、退耕还林工程、天然林保护工程、退牧还草、野生动植物保护及自然保护区建设工程、速生丰产用材林基地建设工程等重点生态建设工程，范围涉及 90%以上的旗（县）。这些工程的实施，不仅有效地保护了原始森林，使之不断抚育更新，还通过大力开展植树造林，营造防风固沙林、水土保持林、农田草牧场防护林、四旁绿化林等，增加森林覆盖率，到 2018 年全区森林面积达 2614.9 万 hm^2，森林覆盖率提高到 22.1%。2018 年全区自然保护区达到 182 个，其中国家级自然保护区有 29 家，自治区级有 60 家。

从 2001 年开始，内蒙古按照因地制宜、改善条件、提高质量的要求，开展土地整治工作，高标准建设基本农田，提高高产稳产基本农田比重，累计投入资金 134.45 亿元，安排实施项目 1027 个，覆盖了全区 95% 以上的旗县。2018 年全区有效灌溉面积已达 319.65 万 hm^2，以喷滴灌为主的高效节水灌溉面积达到 174.10 万 hm^2，建成高标准农田近 1 万 hm^2。畜牧业生产从过去的靠天养畜、逐水草而居发展为产业化、专业化、规模化、市场化经营，2018 年牧业年度牲畜存栏达到 7727.9 万头（只），牛奶、羊肉和羊绒产量均居全国首位。

进入 21 世纪自治区开展了大规模的铁路、公路、航空、市政、水利、能源、信息、通信等基础设施建设，现代基础设施网络体系日益健全。2016 年全区交通运输用地 55.72 万 hm^2，全区公路总里程达到 19.6 万 km，其中高速公路 5153 km、一级公路 6682 km，均居全国前列，基本实现具备条件的苏木（乡、镇）通沥青（水泥）路，嘎查（村）通公路。民用机场 24 个，居全国前列。铁路营运里程达到 1.37 万 km，居全国首位。呼张

（呼和浩特—张家口）客专内蒙古段投入运营，开启了内蒙古的“高铁时代”。

3. 人类活动与土地利用/覆被

内蒙古自治区土地总面积 118.3 万 km^2，占全国陆地总面积的 12.3%。据 2018 年内蒙古自治区土地利用变更调查资料，全区 98.78%的土地资源已得到开发利用，其中耕地、园地、林地、草地等农用地为 91476078.66 hm^2，占全区总面积的 79.85%，城镇村及工矿、交通运输、水域及水利设施等用地总面积为 4105144.44 hm^2，占全区土地总面积的 3.58%（表 1-5）。

表 1-5　内蒙古自治区土地利用一级地类构成表（2018 年）

地类	面积/hm^2	构成百分比/%
耕地	9271850.05	8.09
园地	56277.86	0.05
林地	23218969.63	20.27
草地	58928981.12	51.44
城镇村及工矿用地	1379387.02	1.20
交通运输用地	613207.04	0.54
水域及水利设施用地	2112550.38	1.84
其他土地	18968688.83	16.56
合计	114549911.93	99.99

注：土地利用面积统计中不包括黑龙江省代管的加格达奇地区的面积。表中数据为四舍五入后结果。

内蒙古自治区土地资源调查结果表明（姚喜军等，2018），2015 年底，内蒙古自治区农用地为 8140.41 万 hm^2，建设用地为 161.50 万 hm^2，未利用地为 3243. 61 万 hm^2，分别占土地总面积的 70.51%、1.40%和 28.09%。农用地中，耕地、园地、林地、草地、其他农用地，分别占农用地面积的 11.25%、0.07%、26.81%、60.87%、1.00%；建设用地中，村庄用地占 46.74%，水利设施用地占 4.24%，城镇用地占 28.89%，特殊用地和风景名胜占 1.96%，交通运输用地占 13.07%，采矿用地占 10.10%；未利用地中，其他草地、盐碱地、沙地、裸地，分别占未利用地面积的 29.32%、2.90%、29.10%、25.96%。

由此可见，由于自然条件、开发历史、民族习俗及国家政策定位（国家北方生态防线建设）等，全区农用地、建设用地、未利用地之间比率约为 50∶1∶20，农用地占主导地位。农用地内部结构中草地占较大比重，建设用地中城镇、交通、水利等占地比重小，盐碱地、荒草地、沙地等未利用土地面积数量多、分布广，表现出内蒙古自治区在土地利用结构方面存在不完善与单一性等问题，同时也显示出土地利用的原始特性与较大的开发潜力。

受自然因素和人为活动的共同影响，内蒙古土地利用/覆被在空间分布上表现出明显的“东林中草西沙，北牧南农”带状分布规律。内蒙古自治区东部大兴安岭和阴山山地是该区的主要林区；大兴安岭—阴山山地南则多为农林牧业用地，它们彼此交错分布，该线以北多发展牧业；而在西辽河平原、嫩江右岸平原、河套-土默川平原等地区大多已被开辟为耕地。另外，与当地的自然环境、土地适宜性、人们长久的经济活动紧密相连，在各地土地利用带状规律分布的基础上还呈现出显著的地域性特征，各区域内种植业、林业、牧业用地具有明显的过渡带，即农林牧交错地区。

4. 人类活动与土壤演变

人为活动引起土地利用结构与格局的变化，改变了土壤水分、养分和土壤侵蚀等生态过程中物质循环、能量交流，造成土壤发生发育、土壤属性的变化，甚至改变土壤类型及其时空分布。人类活动对土壤的影响表现出以下特点：①有意性或有目的性。生产实践活动中，人们在逐步认识土壤发生发展规律的基础上，有意识地利用和改造土壤，并定向地培育土壤，最终形成了具有不同熟化程度的耕种土壤。②社会性。人类活动对土壤形成发育的影响也受社会制度、社会生产力发展水平的制约，在不同社会制度和不同生产力水平条件下，人为活动对土壤的影响有很大的不同。③双向性。人为活动对土壤发生发育的影响具有双向性，即如果利用得当，土壤可朝良性循环的方向发展，如果不合理利用则可走向负面，引起土壤退化（如土壤侵蚀、沙化、荒漠化、次生盐碱化、潜育化、土壤污染等）。

自然植被（如森林、草地、湿地等）是长期适应自然环境的结果，各自具有独特的物质循环和能量交换特征，构成稳定的生态系统。自然土壤的表层通常具有枯枝落叶层、腐殖质层，连同地上的森林或草原植被，在陆地表层系统中具有重要的生态环境功能。自然植被（林草地）被人类开垦种植作物后，土壤的形成受自然因素和人为活动的双重影响。森林和草地被开垦后，土壤的发展进入了新阶段。一方面，开垦破坏了地表自然植被，削弱了自然植被保护土壤的功能，水土流失和风蚀沙化加重，造成不同程度的土壤退化；另一方面，人为耕作活动也使土壤形态、肥力特性和自然土壤相比有明显的差异。经过耕作，自然土壤表土和心土拌混了，形成新的层次组合。一般说来，15～20 cm 的表层土壤由于常年进行耕翻，变得疏松多孔，受地表生物气候条件的影响较大，比较通气、透水、物质转化快、水分养分供应较多，形成“耕作层”。受耕作机械压实等作用影响，在耕层之下通常出现紧实的犁底层，影响土壤的通气透水性和作物根系下扎，并改变了深层土壤与地表物质循环能量交流机能，土壤水、肥、气、热条件发生变化。随着社会生产力的发展，农业生产技术水平的提高，人们合理的耕作、施肥、灌溉、排水、轮作及其他改良措施，使土壤熟化程度提高，土壤的生产力功能得到提高，生产出更多的农产品，满足人口增加对食物的需求。

内蒙古自治区部分地区，如通辽市科尔沁左翼后旗、兴安盟扎赉特旗和呼伦贝尔市扎兰屯市等，从 20 世纪 30～40 年代就有水稻种植的记载（张银锁和顾煌时，1995），1949 年全区水稻种植面积 1.4 万 hm^2，2018 年达到 8.8 万 hm^2。根据水稻生理要求，栽培水稻过程中需要灌溉排水人为调节土壤水分状况。经人为的水耕熟化水稻土和自然成土因素的双重作用，产生水耕熟化和交替的氧化还原过程，一些物质转化和淋溶，形成特殊的土壤层次和土体构型。随着时间的延长，原土壤类型（母土）的性质逐渐减弱，水耕表层和水耕氧化还原层特性逐渐显著，土壤类型演化成“水耕人为土”。由于内蒙古自治区水稻种植、栽培水稻的历史相对较短，多数稻田土壤只是具有水耕现象，尚达不到水耕表层和水耕氧化还原层的诊断标准。

干旱和半干旱气候环境条件下，在地势低平、地下水位较浅、矿化度较大的地区，地下水所含的盐分，容易随着地面蒸发作用上升到地表，在土壤表层中聚积而形成盐碱地。内蒙古盐渍化土地主要分布在西部河套灌区的巴彦淖尔市、呼和浩特市、包头市、鄂尔多斯市，东部的通辽市、赤峰市等地。截至 2010 年内蒙古盐渍化土地面积达 316 万 hm^2。在长期的农业生产中，人们积累了盐碱地治理的多种有效措施和经验。另外，大水漫灌等不合理的灌溉方式也能使地下水位上升，本来含盐量较低的土壤发生次生盐渍化，人为地形成盐碱地。河套灌区相当一部分盐碱地就是因此而形成的。

内蒙古后套地区从秦代开始就引黄河水灌溉，汉武帝时达到很大规模，但唐末废弃为游牧地，至清代 1828 年重新开发（王伦平等，1993）。开挖大小干渠 40 多条，沿用至今的 13 条大干渠在此形成，已有 2200 多年的历史。2019 年度入选第六批世界灌溉工程遗产名录。引黄灌溉工程一方面提供了作物生长所需的水分，清洗了土壤中过多的可溶性盐分，减轻了盐分对植物的毒害作用，为作物生长创造了有利条件；另一方面，黄河水中高含量的泥沙随灌溉水进入农田后淤积逐渐叠加耕地表层，改变了原有土壤的质地。原来的土壤质地，无论是岗地的砂质土，还是洼地的黏质土，经过灌淤作用之后，都在向着砂黏适中的壤质化方向发展。长期引黄灌溉农田，灌水落淤与人为耕作交替进行，灌水淤积物和人工施加的土粪，均可被耕作破碎搅拌混匀，消除灌淤土层的淤积层次，使其具有一定的结构、孔隙和肥力，形成独特的人为耕作土层——灌淤表层（王吉智等，1992）。在后套地区，经过一个半世纪的灌溉，极少形成＞50 cm 的灌淤层，而绝大多数只是引起 30 cm 上下的表层土壤质地发生变化（乌力更，1988），即具有灌淤现象。

第 2 章　主要土壤形成过程与土层特征

2.1　主要土壤形成过程

土壤的形成过程是地壳表面的岩石风化物及其搬运的沉积体，在成土因素的作用下，形成具有一定剖面形态和肥力特征的土壤历程。在一定的环境条件下，土壤形成过程中有其特定的基本物理化学作用和生物化学作用，它们的组合使普遍存在的基本成土作用具有特殊的表现，因而构成了具有各种特性的成土过程。内蒙古自治区土壤的主要成土过程有原始成土过程、腐殖质积累过程、黏化过程、钙积过程、盐渍过程、潜育化过程与潴育化过程、沼泽化过程、熟化过程等。

2.1.1　原始成土过程

从岩石露出地表有微生物和低等植物着生开始到高等植物定居之前的土壤形成过程，称为原始成土过程。原始成土过程是土壤形成作用的起始点，与岩石风化、风化壳形成过程同时进行。岩面上着生或定居生物就标志着原始成土过程的发展，同时这一过程也必然直接或间接地加速岩体的风化，由此而形成的土壤即为原始土壤。根据生物的变化，可以把原始成土过程分为“岩漆”、地衣类植物着生和苔藓类植物着生三个阶段。

岩面上出现岩漆就是原始成土过程开始的明显标志，其特征是岩石中矿质养分被吸收利用，同时累积有机物质，尤其是氮素。出现的生物为自养型微生物，如绿藻、硅藻等以及与其共生的固氮微生物，许多营养元素参与到生物地球化学过程中。

岩面上着生地衣类植物标志着原始成土过程已进入第二个发展阶段，为地衣着生繁殖创造了条件。在这一阶段，各种异养型微生物，如细菌、黏液菌、真菌、地衣组成的原始植物群落，着生于岩石表面与细小孔隙，通过生命活动促使矿物进一步分解，不断增加细土和有机质。地衣着生时期的实质是生物风化层的发生与发展，生物-物理风化层加厚并向外扩张以及基部出现并累积细土，这为苔藓植物的着生提供了物质基础。

苔藓植物首先着生在地衣的残体或有少许细土的岩隙中，而后顺着地衣着生地方扩展，最后则以地毡状掩盖整个岩面。由于苔藓类植株较大、生长较快，吸水能力可达其体重的 10 倍，所以，一方面增多有机质与细土；另一方面加强拦蓄细土与保持水分的能力，随着苔藓植物的生长与繁殖，岩石的生物物理与化学风化作用进一步加强，细土层不断增厚，并在细土层基础上形成有机质累积层，同时其下的细土砾质层也逐步增厚，为高等植物着生准备了条件。原始土壤的形成随着高等植物生长繁殖而告终。

内蒙古自治区属温带大陆性季风气候，春季气温骤升，多大风天气，夏季短促而炎热，降水集中，秋季气温剧降，霜冻往往早来，冬季漫长严寒，多寒潮天气，基岩裸露地区的成土过程仍然以原始成土过程为主。

2.1.2　腐殖质积累过程

腐殖质在土体中的积聚是生物因素在土壤形成过程中的具体表现。腐殖质积累过程广泛存在于各种土壤中。根据植被类型、水热条件、有机质含量和成分不同，腐殖质积累可以分为草原型、草甸型、林下型、草毡型和荒漠型等。腐殖质积累的结果是在土壤中形成暗色腐殖质层（如暗沃表层）。腐殖质层有机质含量高，具有团粒结构。随腐殖质层的增厚和腐殖质含量提高，土壤肥力逐渐提高，有深厚腐殖质层的土壤一般认为是肥沃的土壤。内蒙古自治区土壤的腐殖质积累过程主要有以下两种类型：

1. 草甸植被下土壤的腐殖质积累过程

山间盆地、河谷两岸，地下水位埋深较浅，在夏秋季温暖的气候条件下，草甸植物生长繁茂，根系分布深而致密，干重较大，有利于土壤中腐殖质的大量积累；而冬季寒冷漫长，气温低，植物残体分解缓慢。一般在草甸植被下，土壤表层有机质含量可达 30～80 g/kg 或更高，在 1 m 深处有时仍可达 10 g/kg 左右。

2. 森林植被下土壤的腐殖质积累过程

在全区各地森林植被下，每年都有大量森林凋落物积累在土壤表层，形成松软多孔的枯枝落叶层。随着凋落物的逐渐分解，大量的氮素和灰分元素归还土壤，使土壤表层腐殖质积累明显。但因为森林的残落物多堆积在地表，水分条件相对较差，残落物腐解过程较差，形成的腐殖质层也较薄。

内蒙古的森林植被主要是针阔混交林和落叶阔叶林，在针叶林下，凋落物富含木质素、单宁、树脂，有利于好气性微生物（真菌）活动和渗滤液淋洗，因而形成酸性腐殖质和有机酸，造成 Ca、Mg、 K、Na 等盐基淋失。而阔叶林凋落物的木质素、单宁、树脂较少，灰分中 Ca、Mg、K、Na 等盐基较多。其枯枝落叶分解后向土壤的归还，可以不断补充淋失的盐基，并中和有机酸，使土壤呈中性和微酸性，而没有灰化特征，并使土壤保持较高的肥力。

2.1.3　黏化过程

黏化过程是土壤剖面中原生硅铝酸盐不断变质而形成次生硅铝酸盐的过程，由此产生的黏粒积聚称为黏化过程。黏化过程可分为残积黏化、淀积黏化和残积-淀积黏化三种。

残积黏化指就地黏化或隐黏化，它是在降水量较低的环境条件下，土内风化作用形成的黏粒产物移动微弱而就地积累，形成一个明显黏化或铁质化的土层。其特点是，土壤颗粒只表现由粗变细，不涉及黏土物质的移动或淋失；土壤结构体表面无黏粒胶膜出现。

淀积黏化是指风化作用和成土作用形成的黏粒发生了淋溶和淀积。这种作用均发生在碳酸盐从土层上部淋失，土壤呈中性或微酸性反应时，新形成的黏粒失去了与钙相固结的能力而发生下淋，当黏粒移动到一定土体深度，由于物理（如土壤质地较细的阻滞层）或化学（如 Ca^{2+}的絮凝作用）作用而淀积。淀积黏化的特点是，土壤结构体表面有明显的光性定向黏粒胶膜；黏化层距地表的深度与降水量有关。

残积-淀积黏化，系上述两种作用的联合形式。一般发生于从湿润到干旱的过渡地区。黏粒在淀积层中最高，淀积层下部黏粒含量相对较低，但光性定向黏粒以淀积层下部最高，说明在残积黏化作用下形成的黏粒只有少部分下移到淀积层下部，大部分仍残积在沉积层上部。

内蒙古自治区东南部气候湿润，西北部为半湿润、半干旱气候，因此，淀积黏化和残积-淀积黏化过程广泛存在。三种作用常常相伴在一起，难以截然分开。

2.1.4　钙积过程

钙积过程是干旱、半干旱地区土壤的碳酸盐发生移动积累的过程。在季节性淋溶条件下，易溶性盐类被降水淋洗，Ca、Mg 部分淋失，部分残留在土壤中，土壤胶体表面和土壤溶液多为 Ca（或 Mg）饱和，土壤表层残存的钙离子与植物残体分解时产生的碳酸结合，形成重碳酸钙，在雨季向下移动，在中、下部淀积，形成钙积现象、钙积层或超级钙积层。钙积层次出现的深浅，随气候干旱程度的增加而逐渐上移。钙积过程中碳酸钙淀积的形态不一，有粉末状、假菌丝体状、眼斑状、结核状或层状等。钙积层是富含次生碳酸盐的未胶结或未硬结的土层，其厚度≥15 cm，碳酸钙相当物一般为 150～500 g/ kg。若其厚度≥15 cm，碳酸钙相当物≥500 g/ kg，则为超钙积层。

内蒙古自治区中西部地区，土壤的钙积过程普遍。

2.1.5　盐渍过程

土壤盐渍过程是由季节性地表积盐与脱盐两个相反的过程构成的。积盐过程是指地下水位较高且矿化度较大的地区，在干旱季节强烈的蒸发作用下，通过土壤水的垂直上升运动，将地下水或母质中分散的盐分逐渐向地表积聚的过程。在内蒙古东部地区，地表积聚的盐分以中性盐（NaCl）为主；在内蒙古内陆地区，地表积聚的盐分中 CO_3^{2-} 和 HCO_3^- 含量较高，土壤偏碱性。土壤中的可溶性盐可以通过降低地下水位（开沟排水）和洗盐（降水或人为灌溉）等措施迁移到下层土壤或排出土体，这一过程称为脱盐过程。

内蒙古自治区积盐过程主要发生在半湿润、半干旱以及西部干旱地区；脱盐过程主要分布在东部湿润地区。

2.1.6　潜育化过程与潴育化过程

潜育化过程是土壤长期渍水，有机质嫌气分解，而铁锰强烈还原，形成灰蓝-灰绿色土体的过程。有时由于“铁解”作用（铁的氧化物氧化还原交替进行导致黏土矿物破坏的过程），土壤胶体破坏，土壤变酸。该过程主要出现在排水不良的水稻种植和沼泽植被地区中，往往发生在剖面下部。

潴育化过程是土壤的氧化-还原交替过程。土壤渍水带经常上下移动，土体中干湿交替比较明显，促使该土层中氧化-还原反复交替，引起铁、锰化合物氧化态与还原态的变化，结果在土体内出现锈纹、锈斑、铁锰结核和红色胶膜等物质。

潜育化过程和潴育化过程主要分布在内蒙古自治区平原地区以及山间盆地、坡麓和河流两岸。

2.1.7 沼泽化过程

沼泽化过程是指长期处于水（包括地下水、悬着水及灌溉水等其他来源的水）饱和状态的土壤中发生的特定土壤发生过程。沼泽化主要发生在气候湿润、地形低洼、土壤质地较黏重、长期或季节性积水的地方。这一过程由土壤表面的泥炭化作用和近地表或下部的潜育化作用构成。发生沼泽化的土壤上覆盖着特定的沼泽植被，它们在生长季节由于土温升高，生长迅速旺盛，生长量极大。但是，由于潮湿积水，土壤长期处于厌氧状态，土温低不利于有机质快速、充分分解，植物残体分解程度极低使得泥炭或粗腐殖质积累下来，形成泥炭层或粗腐殖质层。由于有机质分解量远远低于生长量，泥炭层或粗腐殖质层越积越厚。与此对应，长期处于水饱和、还原状态的土壤次表层或下部，厌氧细菌在分解活动中产生的 H_2、CH_4 等和一些有机酸成分使 Fe^{3+}和 Mn^{4+}还原为 Fe^{2+}和 Mn^{2+}，所以发生潜育化作用，形成潜育特征。沼泽化作用是形成有机土（泥炭土和沼泽土）的主要过程。

沼泽化过程在内蒙古自治区分布比较广泛，几乎各盟（市）都有。

2.1.8 熟化过程

熟化过程是指由于环境条件激烈变化，土壤突然加速发育，在较短时间内向成熟方向发育的过程。特别是指原发育于水底的土壤或沉积物在筑堤或排水后，出现的一系列理化或生物学过程。这些过程使原来的沉积物较迅速地发育为成熟的土壤。这些熟化作用主要是土壤失水的结果，包括不可逆的收缩、裂隙形成、沉陷、有机质的矿质化、还原性物质（主要是 Fe^{2+}）的氧化和好氧型微生物的发育等。现在土壤熟化的概念已经拓宽，人为作用是土壤熟化的重要因素，由于人工搬运、耕作、施肥和灌溉，原有的成土过程加速或阻滞，向人为熟化过程发展（如形成肥熟表层和耕作淀积层），逐渐形成成熟的耕作土壤。土壤熟化可分为水耕熟化和旱耕熟化。

2.2 诊断层和诊断特性的形成与表现

主要成土过程决定了内蒙古土壤具有特定的诊断层和诊断特性。《中国土壤系统分类检索》（第三版）拟订了 33 个诊断层（包括 11 个诊断表层、20 个诊断表下层、2 个其他诊断层）、20 个诊断现象和 25 个诊断特性。本次土系调查，根据调查土壤剖面的主要形态特征以及物理、化学及矿物学性质，按照中国土壤系统分类中的定义标准，将内蒙古自治区土壤剖面分为 6 个诊断表层、5 个诊断表下层、1 个其他诊断层、5 个诊断现象和 14 个诊断特性（表 2-1）。

表 2-1 《中国土壤系统分类检索》中的诊断层、诊断现象和诊断特性汇总表

诊断层				诊断现象	诊断特性
诊断表层		诊断表下层	其他诊断层		
A 有机质表层类	1.有机表层	1.漂白层	**1.盐积层**	1.有机现象	**1.有机土壤物质**
	2.草毡表层	2.舌状层	2.含硫层	2.草毡现象	**2.岩性特征**
B 腐殖质表层类	**1.暗沃表层**	**3.雏形层**		**3.灌淤现象**	**3.石质接触面**
	2.暗瘠表层	4.铁铝层		4.堆垫现象	**4.准石质接触面**
	3.淡薄表层	5.低活性富铁层		5.肥熟现象	5.人为淤积物质
C 人为表层类	**1.灌淤表层**	6.聚铁网纹层		**6.水耕现象**	6.变性特征
	2.堆垫表层	7.灰化淀积层		7.舌状现象	7.人为扰动层次
	3.肥熟表层	8.耕作淀积层		8.聚铁网纹现象	**8.土壤水分状况**
	4.水耕表层	9.水耕氧化还原层		9.灰化淀积现象	**9.潜育特征**
D 结皮表层类	**1.干旱表层**	**10.黏化层**		10.耕作淀积现象	**10.氧化还原特征**
	2.盐结壳	11.黏磐		11.水耕氧化还原现象	**11.土壤温度状况**
		12.碱积层		12.碱积现象	**12.永冻层次**
		13.超盐积层		**13.石膏现象**	**13.冻融特征**
		14.盐磐		**14.钙积现象**	14.*n* 值
		15.石膏层		**15.盐积现象**	**15.均腐殖质特性**
		16.超石膏层		16.变性现象	16.腐殖质特性
		17.钙积层		17.潜育现象	17.火山灰特性
		18.超钙积层		18.铝质现象	**18.铁质特性**
		19.钙磐		19.富磷现象	19.富铝特性
		20.磷磐		20.钠质现象	20.铝质特性
					21.富磷特性
					22.钠质特性
					23.石灰性
					24.盐基饱和度
					25.硫化物物质

注：据《中国土壤系统分类检索》（第三版）（2001）整理，加粗字体为内蒙古自治区土系调查所涉及的诊断表层、诊断表下层、诊断现象和诊断特性。

2.2.1 诊断表层的形成与表现

1. 暗沃表层

暗沃表层属于腐殖质表层类，是在腐殖质积累作用下形成的诊断表层。暗沃表层表现为土壤腐殖质含量较高，土壤颜色的明度和彩度值较低，土壤结构良好，盐基饱和度≥50%；暗瘠表层表现为土壤腐殖质含量较高，土壤颜色的明度和彩度值较低，土壤结构较暗沃表层稍差，盐基饱和度 ＜50%；淡薄表层表现为土壤腐殖质含量较低和/或土壤明度和彩度值较高，或厚度较薄。

本次调查的内蒙古自治区土系中，共计 55 个土系存在暗沃表层，主要分布于均腐土、雏形土、新成土和潜育土 4 个土纲，包括干润均腐土中的灵泉系、牙克石系、风毛台系、海拉尔系、满洲里系、哈克东系、巴音塔拉系、伊敏河系、宝格德乌拉系、上徒亥系、白音锡勒系、浩勒图系、老盘道系、乌兰格系、乌宝力格系、查木罕系、扎兰屯系、白辛系、索伦系、白音敖包系、哈新山系、可汗山系、乌罕达巴系、宝昌系和元恒永系；湿润均腐土中的雅尔根楚系、汉古尔河系、朱尔圪岱系、鄂伦春系、尼尔基系、古里系、巴仁太本系和巴彦查干系；寒冻雏形土中的巴彦库仁系、巴岱系、胪膑系、大杨树系；干润雏形土中的大井壕系、大庙系、谢尔塔拉系、哈多河系、哈日陶勒盖系、沙布尔台系、前景阳系、摩天岭系、白音乌拉系、阿拉达尔系、西马拉沁系、二道系和西山根系；潮湿雏形土中的宜里系；湿润雏形土中的葛根敖包系；砂质新成土中的红花尔基系；正常新成土中的边墙里系；正常潜育土中的哈克北系。其基本理化性质如表 2-2 和表 2-3 所示。厚度为 17～76 cm，平均值为 40 cm；砾石含量为 0%～26%，平均值为 4 %；细土颗粒组成中砂粒为 9～777 g/kg，平均值为 357g/kg，粉粒为 98～904 g/kg，平均值为 384 g/kg，黏粒为 68～776 g/kg，平均值为 259 g/kg；容重为 1.02～1.79 g/cm^3，平均值为 1.39 g/cm^3；pH 为 5.3～9.4，平均值为 7.2；有机质含量为 6.8～45.4 g/kg，平均值为 19.2 g/kg；全氮含量为 0.27～6.36 g/kg，平均值为 1.90 g/kg；全磷含量为 0.14～2.60 g/kg，平均值为 0.72 g/kg；全钾含量为 6.4～36.1 g/kg，平均值为 17.6 g/kg；阳离子交换量（CEC）为 9.1～54.7 cmol/kg，平均值为 27.2 cmol/kg。

表 2-2　暗沃表层物理性质统计（*n*=55）

项目	诊断层厚度/cm	砾石 (> 2 mm，体积分数)/%	细土颗粒组成(粒径：mm)/(g/kg)			容重/(g/cm^3)
			砂粒 2～0.05	粉粒 0.05～0.002	黏粒 < 0.002	
平均值	40	4	357	384	259	1.39
最大值	76	26	777	904	776	1.79
最小值	17	0	9	98	68	1.02

表 2-3　暗沃表层化学性质统计（*n*=55）

项目	pH (H_2O)	有机质 /(g/kg)	全氮 /(g/kg)	全磷 /(g/kg)	全钾 /(g/kg)	CEC /(cmol/kg)
平均值	7.2	19.2	1.90	0.72	17.6	27.2
最大值	9.4	45.4	6.36	2.60	36.1	54.7
最小值	5.3	6.8	0.27	0.14	6.4	9.1

2. 淡薄表层

淡薄表层同样属于腐殖质表层类，相对来说，其腐殖质积累作用较弱。在诊断指标中有一项或多项不能满足暗沃表层或暗瘠表层的诊断标准。

本次调查的内蒙古自治区土系中，共计 109 个土系存在淡薄表层。主要分布于盐成土、潜育土、淋溶土、雏形土和新成土 5 个土纲，其中包括碱积盐成土中的准巴嘎系；正常潜育土中的十家子系；冷凉淋溶土中的浩尧尔音系；干润淋溶土中的新房村系；寒冻雏形土中的阿里河系；潮湿雏形土中的敖林阿伯系、西阿都沁系、毛川吉系、景杨林系、敖木罕查系、希热吐系、达里诺尔系、布迪系、吉日嘎朗系、东哈家系、五分子系、塔尔湖系、王玉营系、新元系、元井系、白脑包系、官将系、黑柳子系和吉日根系；干润雏形土中的隆兴昌系、巴音敖包系、哈素海系、军马场系、布尔台系、达林台系、沙尔呼热系、乃林高勒系、大佘太系、小林坝系、郭尔奔系、布鲁特黑系、耳字壕系、巴音希勒系、巴音杭盖系、巴音温都系、毛忽洞系、赛乌素系、额尔登系、西桃花湾系、古城系、玛尼图系、木头沟系、喜挂图系、高家梁子系、塔本呼都系、乌兰忽洞系、查干呼舒系、满代沟系、扎哈音乌拉系、夏日哈达系、温更系、巴彦查干系、察汗淖尔系、都兰敖包系、甘珠日庙系、哈勒拉哈音系、海日罕乌拉系、热水塘系、赛汉塔拉系、陶勒盖系、乌兰宝拉格系、乌呼楞楚鲁系、陕坝系、道特淖尔系、萨麦系、耗来沟系、森林屯系、葫芦素系、毕克齐系、黑里河系、宝力根系、大窑系、蒙海系、神山沟系、添漫沟系、希尼乌素系、羊房滩系、白音诺尔系、宝林系、浩尔吐系、白沙泉系、大沙湾系、地猫土塔系、查干楚鲁系、赛音呼都系、关碾房系、花根壕系、南羊场系、石哈河系、上瓦房系、塔沙系和西莫瑞系；砂质新成土中的古伊敏河系和旧地系；冲积新成土中的吉仁高勒系、东山湾系和巴彦嵯岗系；干润新成土中的卓伦系；正常新成土中的呼拉延系、巴彦胡硕系、三合系、艾勒系、巴雅尔图系和新井系。其基本理化性质如表 2-4 和表 2-5 所示。淡薄表层厚度为 5～63 cm，平均值为 25 cm；砾石含量为 0%～70%，平均值为2%；细土颗粒组成中砂粒为7～831 g/kg，平均值为444 g/kg，粉粒为58～899 g/kg，平均值为 371 g/kg，黏粒为 40～569 g/kg，平均值为 185 g/kg；容重为 0.65～1.83 g/cm^3，平均值为 1.49 g/cm^3；pH 为 5.9～10.1，平均值为 8.1；有机质含量为 0.7～136.3 g/kg，平均值为 10.7 g/kg；全氮含量为 0.03～9.00 g/kg，平均值为 0.99 g/kg；全磷含量为 0～4.71 g/kg，平均值为 0.67 g/kg；全钾含量为 0～42.2 g/kg，平均值为 24.0 g/kg；阳离子交换量（CEC）为 2.7～163.3 cmol/kg，平均值为 25.9 cmol/kg。

表 2-4　淡薄表层物理性质统计（*n*=109）

项目	诊断层厚度/cm	砾石 (> 2 mm，体积分数)/%	细土颗粒组成(粒径：mm)/(g/kg)			容重 /(g/cm^3)
			砂粒 2～0.05	粉粒 0.05～0.002	黏粒 < 0.002	
平均值	25	2	444	371	185	1.49
最大值	63	70	831	899	569	1.83
最小值	5	0	7	58	40	0.65

表 2-5　淡薄表层化学性质统计（*n*=109）

项目	pH (H_2O)	有机质 /(g/kg)	全氮 /(g/kg)	全磷 /(g/kg)	全钾 /(g/kg)	CEC /(cmol/kg)
平均值	8.1	10.7	0.99	0.67	24.0	25.9
最大值	10.1	136.3	9.00	4.71	42.2	163.3
最小值	5.9	0.7	0.03	0.00	0.0	2.7

3. 灌淤表层和灌淤现象

长期引用富含泥沙的浑水灌溉（siltigation），水中泥沙逐渐淤积，并经施肥、耕作等交叠作用影响，失去淤泥层理而形成的由灌淤物质组成的人为表层，它具有以下条件：①厚度≥50 cm。②全层在颜色、质地、结构、结持性、碳酸钙含量等方面均一；相邻亚层的质地在美国农部制土壤质地三角表中也处于相邻位置。③土表至 50 cm 有机碳加权平均值≥4.5 g/kg；有机碳随深度逐渐减少，但至该层底部最少为 3 g/kg。④泡水一小时后，在水中过 80 目筛，可见扁平状半磨圆的致密土片，在放大镜下可见淤积微层理；或在微形态上有人为耕作扰动形貌——半磨圆、磨圆状细粒质团块，内部或可见有残存淤积微层理。⑤全层含煤渣、木炭、砖瓦碎屑、陶瓷片等人为入侵体。

灌淤现象具有灌淤表层的特征，但厚度为 20～50 cm。

本次调查的内蒙古自治区土系中，共计有 3 个土系存在灌淤表层，均为人为土土纲，为旱耕人为土中的永记系、美星系和渠西系，其基本理化性质如表 2-6 和表 2-7 所示。厚度为 24～62 cm，平均值为 49 cm；细土颗粒组成中砂粒为 8～98 g/kg，平均值为 56 g/kg，粉粒为 594～804 g/kg，平均值为 670 g/kg，黏粒为 187～326 g/kg，平均值为 274 g/kg；容重为 1.59～1.87 g/cm^3，平均值为 1.69 g/cm^3；pH 为 8.3～8.5，平均值为 8.4；有机质含量为 7.6～11.4 g/kg，平均值为 9.0 g/kg；全氮含量为 0.04～0.90 g/kg，平均值为 0.45 g/kg；全磷含量为 0.56～0.84 g/kg，平均值为 0.68 g/kg；全钾含量为 21.7～36.8 g/kg，平均值为 28.3 g/kg；阳离子交换量（CEC）为 26.5～64.0 cmol/kg，平均值为 45.2 cmol/kg。共计有 5 个土系存在灌淤现象，它们分别是塔尔湖系、新元系、白脑包系、大井壕系和隆兴昌系，均属于雏形土土纲。

表 2-6　灌淤表层物理性质统计（*n*=3）

项目	诊断层厚度/cm	细土颗粒组成(粒径：mm)/(g/kg)			容重/(g/cm^3)
		砂粒 2～0.05	粉粒 0.05～0.002	黏粒 < 0.002	
平均值	49	56	670	274	1.69
最大值	62	98	804	326	1.87
最小值	24	8	594	187	1.59

表 2-7　灌淤表层化学性质统计（*n*=3）

项目	pH (H_2O)	有机质 /(g/kg)	全氮 /(g/kg)	全磷 /(g/kg)	全钾 /(g/kg)	CEC /(cmol/kg)
平均值	8.4	9.0	0.45	0.68	28.3	45.2
最大值	8.5	11.4	0.90	0.84	36.8	64.0
最小值	8.3	7.6	0.04	0.56	21.7	26.5

4. 堆垫表层

堆垫表层是长期施用大量土粪、土杂肥或河塘淤泥等并经耕作熟化而形成的人为表层。它具有以下全部条件：①厚度≥50 cm。②全层在颜色、质地、结构、结持性等方面相当均一，相邻亚层的质地在美国农部制土壤质地三角表中也处于相同或相邻位置。③土表至 50 cm 有机碳加权平均≥4.5 g/kg。④受堆叠物质来源影响，除具有与邻近起源土壤相似的颗粒组成外，还具有下列之一的特征：有残留的和新形成的锈纹、锈斑、潜育斑或兼有螺壳、贝壳等水成、半水成土土壤的特征（泥垫特征）；有与邻近自成型土壤相似的某些诊断层碎屑或诊断特性（土垫特征）。⑤含煤渣、木炭、砖瓦碎屑、陶瓷片等人为侵入体。

本次调查的内蒙古自治区土系中，共计有 1 个土系存在堆垫表层，为人为土土纲，为旱耕人为土中的韩五系。堆垫表层厚度为 87 cm；无砾石；细土颗粒组成中砂粒为 315 g/kg，粉粒为 604 g/kg，黏粒为 82 g/kg；容重为 2.24 g/cm^3；pH 为 8.2；有机质含量为 15.3 g/kg；全氮含量为 0.34 g/kg；全磷含量为 0.76 g/kg；全钾含量为 6.7 g/kg，阳离子交换量（CEC）为 20.1 cmol/kg。

5. 水耕现象

内蒙古种植水稻历史较短，在水旱轮作（在 10 年中最多有 5 年的时间，当土温> 5 ℃时有 3 个月或更长时间的人为滞水水分状况）制度下，因水耕作用影响较弱，没有形成犁底层，或虽有犁底层微弱发育，但对耕作层的土壤容重比值< 1.10，称为水耕现象。

本次调查的内蒙古自治区土系中，共计有 1 个土系存在水耕现象，即敖林阿伯系，属于雏形土土纲。

6. 干旱表层

干旱表层是在干旱水分状况条件下形成的具有特定形态分异的表层。干旱表层就其腐殖质积累特征来看，相当于腐殖质表层中的淡薄表层。但在干旱地区的生物气候条件和由此决定的干旱土壤水分条件下，这种腐殖质表层在下列因素影响下，发生了特有的形态分异：①有限的水分供给和强烈的水分蒸发，导致土壤水分的浅层下行和上行。②浅层的水分条件使土壤的冻融作用主要在土壤上部的浅层内进行；虽然干冻作用可涉及较深的部位，但对土层分异不产生影响。③无植被或植被稀疏，而且主要是短命植物和类短命植物。在经常受大风吹刮的情况下，土壤表面不断遭受风蚀作用、风积作用的影响，因此，在干旱土剖面上部形成了特有的孔泡结皮层和片状层，以及与此相联系的一定地表特征。它具有以下条件：①有砾幂；砾石、石块表面有荒漠漆皮或风蚀刻痕或两者兼有；有砂层、砂砾层或小沙包；有多边形裂隙，并有由地皮或藻类组成的黑色或间有其他颜色的薄有机结皮；为光板地；并有宽数毫米至 1 cm、深 1～4 cm 的多边形裂隙，裂隙内多填充有砂砾和/或粉砂粒；多角形体表面有极薄层黏粒结皮。②从地表起，无盐积或钠质孔泡结皮层或其下垫的土盐混合层。③从地表起，有一厚度≥ 0.5 cm，含不同数量气泡状孔隙的孔泡结皮层（除非遭受强烈风蚀）；紧接孔泡结皮层之下有厚数厘米至 10 cm、呈鳞片状或片状结构的片状层，含较少气泡状孔隙和/或变形气泡状孔隙（除非遭受强烈风蚀）。④孔泡结皮层之下的片状层发育微弱或由于有多量石膏聚集而不发育；⑤在向半干润土壤水分状况过渡的土壤中，即当润态明度＜ 3.5，干态明度＜ 5.5，润态彩度＜ 3.5 时，孔泡结皮层和/或片状层发育微弱，但必须有砂层、砂砾层或小沙包，有多边形裂隙，并有由地皮或藻类组成的黑色或间有其他颜色的薄有机结皮。

本次调查的内蒙古自治区土系中，共计 24 个土系存在干旱表层。主要分布于干旱土和新成土两个土纲，其中包括：正常干旱土中的大柴滩西系、嘎顺扎德系、吴忠乌苏系、喜桂图系、呼布音系、呼德特勃系、乌兰格日系、桑格音乌系、哈墩呼舒系、吉日格日系、考勒巴系、巴拉吉日系、吉格德阿系、推日木图系、策克嘎查系、嘛尼查干系、东风镇系、藏查干系、额很合热系、哈日波日系、浩雅呼都系和呼舒乌拉系；正常新成土中的巴彦宝格德系和桑格音达系。其基本理化性质如表 2-8 和表 2-9 所示。干旱表层厚度为 5～20 cm，平均值为 12 cm；砾石含量为 0%～50%，平均值为 16 %；细土颗粒组成中砂粒为 293～871 g/kg，平均值为 683 g/kg，粉粒为 27～432 g/kg，平均值为 149 g/kg，黏粒为 83～275 g/kg，平均值为 168 g/kg；容重为 1.20～1.63 g/cm^3，平均值为 1.52 g/cm^3；pH 为 7.3～9.3，平均值为 8.1；有机质含量为 0.8～8.1 g/kg，平均值为 1.9 g/kg；全氮含量为 0.06～0.63 g/kg，平均值为 0.19 g/kg；全磷含量为 0.18～0.53 g/kg，平均值为 0.40 g/kg；全钾含量为 12.0～18.6 g/kg，平均值为 15.2 g/kg；阳离子交换量（CEC）为 1.8～12.7 cmol/kg，平均值为 5.0 cmol/kg。

表 2-8　干旱表层物理性质统计（*n*=24）

项目	诊断层厚度/cm	砾石 (> 2 mm，体积分数)/%	细土颗粒组成(粒径：mm)/(g/kg)			容重 /(g/cm^3)
			砂粒 2～0.05	粉粒 0.05～0.002	黏粒 < 0.002	
平均值	12	16	683	149	168	1.52
最大值	20	50	871	432	275	1.63
最小值	5	0	293	27	83	1.20

表 2-9　干旱表层化学性质统计（*n*=24）

项目	pH (H_2O)	有机质 /(g/kg)	全氮 /(g/kg)	全磷 /(g/kg)	全钾 /(g/kg)	CEC /(cmol/kg)
平均值	8.1	1.9	0.19	0.40	15.2	5.0
最大值	9.3	8.1	0.63	0.53	18.6	12.7
最小值	7.3	0.8	0.06	0.18	12.0	1.8

7. 盐结壳

盐结壳是由大量易溶性盐胶结成的灰白色或灰黑色表层结壳。它具有以下条件：①从地表起，厚度≥2cm；②易溶性盐含量≥100 g/kg。

本次调查的内蒙古自治区土系中，共计 6 个土系存在盐结壳。主要分布于盐成土土纲，包括正常盐成土中的阿给音系、杭盖音系、老奔系、木吉湖系、沙尔高脑系和扎兰乃系。其基本理化性质如表 2-10 和表 2-11 所示。盐结壳厚度为 3～20 cm，平均值为 9 cm；砾石含量为 0 %；细土颗粒组成中砂粒为 363～536 g/kg，平均值为 473 g/kg，粉粒为 310～466 g/kg，平均值为 374 g/kg，黏粒为 137～171 g/kg，平均值为 154 g/kg；容重为 1.16～1.54 g/cm^3，平均值为 1.32 g/cm^3；pH 为 7.8～10.1，平均值为 9.1；有机质含量为 1.4～10.2 g/kg，平均值为 4.7 g/kg；全氮含量为 0.07～0.44 g/kg，平均值为 0.30 g/kg；全磷含量为 0.26～0.53 g/kg，平均值为 0.39 g/kg；全钾含量为 9.9～14.6 g/kg，平均值为 13.2 g/kg；阳离子交换量（CEC）为 0.8～12.2 cmol/kg，平均值为 6.5 cmol/kg。

表 2-10　盐结壳物理性质统计（*n*=6）

项目	诊断层厚度/cm	细土颗粒组成(粒径：mm)/(g/kg)			容重/(g/cm^3)
		砂粒 2～0.05	粉粒 0.05～0.002	黏粒 < 0.002	
平均值	9	473	374	154	1.32
最大值	20	536	466	171	1.54
最小值	3	363	310	137	1.16

表 2-11　盐结壳化学性质统计（*n*=6）

项目	pH (H_2O)	有机质 /(g/kg)	全氮 /(g/kg)	全磷 /(g/kg)	全钾 /(g/kg)	CEC /(cmol/kg)
平均值	9.1	4.7	0.30	0.39	13.2	6.5
最大值	10.1	10.2	0.44	0.53	14.6	12.2
最小值	7.8	1.4	0.07	0.26	9.9	0.8

2.2.2　诊断表下层的形成与表现

1. 雏形层

雏形层形成于风化-成土作用，表现为有土壤结构发育（土壤结构体含量占土层体积的 50%或以上），带棕、红棕、红、黄或紫等颜色的 B 层；厚度≥10 cm；无或基本上无物质淀积，未发生明显黏化。

本次调查的内蒙古自治区土系中，共计有 105 个土系存在雏形层，主要分布于人为土、干旱土、盐成土、均腐土和雏形土 5 个土纲，其中包括旱耕人为土中的美星系和韩五系；正常干旱土中的策克嘎查系、东风镇系、藏查干系、额很合热系、哈日波日系、浩雅呼都系和呼舒乌拉系；正常盐成土中的准乌素系、阿给音系、杭盖音系、老奔系、木吉湖系、沙尔高脑系、扎兰乃系和赛汉陶来系；干润均腐土中的乌宝力格系、查木罕系和元恒永系；寒冻雏形土中的大杨树系和阿里河系；潮湿雏形土中的宜里系、西阿都沁系、毛川吉系、景杨林系、敖木罕查系、希热吐系、达里诺尔系、布迪系、吉日嘎朗系、东哈家系、五分子系、塔尔湖系、王玉营系、新元系、元井系、敖林阿伯系、白脑包系、官将系、黑柳子系和吉日根系；干润雏形土中的大井壕系、隆兴昌系、巴音敖包系、哈素海系、军马场系、布尔台系、沙尔呼热系、小林坝系、大庙系、哈日陶勒盖系、沙布尔台系、摩天岭系、白音乌拉系、西马拉沁系、二道系、郭尔奔系、布鲁特黑系、西桃花湾系、木头沟系、喜挂图系、查干呼舒系、满代沟系、扎哈音乌拉系、夏日哈达系、温更系、巴彦查干系、都兰敖包系、甘珠日庙系、哈勒拉哈音系、海日罕乌拉系、热水塘系、赛汉塔拉系、陶勒盖系、乌兰宝拉格系、乌呼楞楚鲁系、陕坝系、道特淖尔系、耗来沟系、森林屯系、葫芦素系、毕克齐系、黑里河系、宝力根系、大窑系、蒙海系、神山沟系、添漫沟系、希尼乌素系、羊房滩系、白音诺尔系、宝林系、浩尔吐系、白沙泉系、大沙湾系、地猫土塔系、查干楚鲁系、赛音呼都系、关碾房系、花根壕系、南羊场系、上瓦房系、塔沙系和西莫瑞系。其基本理化性质如表 2-12 和表 2-13 所示。雏形层厚度为 12～122 cm，平均值为 57 cm；砾石含量为 0%～50 %，平均值为 4 %；细土颗粒组成中砂粒为 4～900 g/kg，平均值为 426 g/kg，粉粒为 36～862 g/kg，平均值为 386 g/kg，黏粒为 40～536 g/kg，平均值为 188 g/kg；容重为 1.16～2.00 g/cm^3，平均值为 1.52 g/cm^3；pH 为 5.5～9.9，平均值为 8.2；有机质含量为 0.1～25.3 g/kg，平均值为 6.0 g/kg；全氮含量为 0.01～3.93 g/kg，平均值为 0.54 g/kg；全磷含量为 0.02～11.07 g/kg，平均值为 0.65 g/kg；全钾含量为 5.9～46.1 g/kg，平均值为 22.7 g/kg；阳离子交换量（CEC）为 1.1～58.3 cmol/kg，平均值为 21.5 cmol/kg。

表 2-12　雏形层物理性质统计（*n*=105）

项目	诊断层厚度/cm	砾石 (>2 mm，体积分数)/%	细土颗粒组成(粒径：mm)/(g/kg)			容重 /(g/cm^3)
			砂粒 2～0.05	粉粒 0.05～0.002	黏粒 <0.002	
平均值	57	4	426	386	188	1.52
最大值	122	50	900	862	536	2.00
最小值	12	0	4	36	40	1.16

表 2-13　雏形层化学性质统计（*n*=105）

项目	pH (H_2O)	有机质 /(g/kg)	全氮 /(g/kg)	全磷 /(g/kg)	全钾 /(g/kg)	CEC /(cmol/kg)
平均值	8.2	6.0	0.54	0.65	22.7	21.5
最大值	9.9	25.3	3.93	11.07	46.1	58.3
最小值	5.5	0.1	0.01	0.02	5.9	1.1

2. 黏化层

黏化层是黏粒含量明显高于上覆土层的表下层，其一是表层黏粒分散后随悬浮液向下迁移，并于一定深度中淀积而形成；其二是原土层中原生矿物发生土内风化作用就地形成黏粒并聚集而形成次生黏化，表现为孔隙壁和结构体表面有厚度> 0.5 mm 的黏粒胶膜，且其数量占该层结构面和孔隙壁的 5%或更多；孔隙壁和结构体表面一般无淀积黏粒胶膜，但黏粒含量比上覆和下垫土层高，比较紧实，且有较高的彩度，较红的色调。

若表层遭受侵蚀，黏化层可位于地表或接近地表。

本次调查的内蒙古自治区土系中，共计有 3 个土系存在黏化层，均为淋溶土土纲，其中冷凉淋溶土包括大青山系和浩尧尔音系；干润淋溶土包括新房村系。其基本理化性质如表 2-14 和表 2-15 所示。黏化层厚度为 27～105 cm，平均值为 61 cm；砾石含量为 0 %；细土颗粒组成中砂粒为 36～476 g/kg，平均值为 200 g/kg，粉粒为 82～642 g/kg，平均值为 406 g/kg，黏粒为 271～470 g/kg，平均值为 394 g/kg；容重为 1.20～1.76 g/cm^3，平均值为 1.48 g/cm^3；pH 为 8.1～8.4，平均值为 8.3；有机质含量为 4.6～9.1 g/kg，平均值为 6.4 g/kg；全氮含量为 0.22～2.21 g/kg，平均值为 0.90 g/kg；全磷含量为 0.20～1.08 g/kg，平均值为 0.63 g/kg；全钾含量为 18.4～26.3 g/kg，平均值为 21.9 g/kg；阳离子交换量（CEC）为 21.5～31.4 cmol/kg，平均值为 27.0 cmol/kg。

表 2-14　黏化层物理性质统计（*n*=3）

项目	诊断层厚度/cm	细土颗粒组成(粒径：mm)/(g/kg)			容重/(g/cm^3)
		砂粒 2～0.05	粉粒 0.05～0.002	黏粒 < 0.002	
平均值	61	200	406	394	1.48
最大值	105	476	642	470	1.76
最小值	27	36	82	271	1.20

表 2-15　黏化层化学性质统计（*n*=3）

项目	pH (H_2O)	有机质 /(g/kg)	全氮 /(g/kg)	全磷 /(g/kg)	全钾 /(g/kg)	CEC /(cmol/kg)
平均值	8.3	6.4	0.90	0.63	21.9	27.0
最大值	8.4	9.1	2.21	1.08	26.3	31.4
最小值	8.1	4.6	0.22	0.20	18.4	21.5

3. 碱积层

碱积层是交换性钠含量高的特殊淀积黏化层。它除具有黏化层的部分条件外，还具有以下特性：①呈柱状或棱柱状结构；若呈块状结构，则应有来自淋溶层的舌状延伸物伸入该层，并达 2.5 cm 或更深。②在上部 40 cm 厚度以内的某一亚层中交换性钠饱和度（ESP）≥30 %，pH≥9.0，表层土壤含盐量<5 g/kg。

本次调查的内蒙古自治区土系中，共计有 1 个土系存在碱积层，为盐成土土纲，为碱积盐成土，准巴嘎系。碱积层厚度为 10 cm；砾石含量为 0 %；细土颗粒组成中砂粒为 292 g/kg，粉粒为 504 g/kg，黏粒为 204 g/kg；容重为 1.45 g/cm^3；pH 为 10.1；有机质含量为 17.5 g/kg；全氮含量为 0.06 g/kg；全磷含量为 0.50 g/kg；全钾含量为 21.2 g/kg；阳离子交换量（CEC）为 17.6 cmol/kg。

4. 石膏层和石膏现象

石膏层是富含次生石膏的未胶结或未硬结土层，它具有以下全部条件：①厚度≥15 cm。

②石膏含量为 50～500 g/kg，而且肉眼可见的次生石膏按体积计≥1%。③此层厚度（cm）与石膏含量（g/kg）的乘积≥1500。

石膏现象指土层中有一定次生石膏聚积的特征。含有比下垫层更多的石膏，其含量为 10～49 g/kg。

本次调查的内蒙古自治区土系中，共计有 13 个土系存在石膏层，均为干旱土土纲，包括钙积正常干旱土中的嘎顺扎德系、吴忠乌苏系、喜桂图系、呼布音系、呼德特勃系、乌兰格日系；盐积正常干旱土中的桑格音乌系、哈墩呼舒系和石膏正常干旱土中的吉日格日系、考勒巴系、巴拉吉日系、吉格德阿系、推日木图系。其基本理化性质如表 2-16 和表 2-17 所示。石膏层厚度为 60～120 cm，平均值为 95 cm；砾石含量为 2%～78 %，平均值为 37 %；细土颗粒组成中砂粒为 252～899 g/kg，平均值为 725 g/kg，粉粒为 27～474 g/kg，平均值为 135 g/kg，黏粒为 67～275 g/kg，平均值为 140 g/kg；容重为 1.32～1.69 g/cm^3，平均值为 1.59 g/cm^3；pH 为 8.0～9.6，平均值为 8.7；有机质含量为 0.6～5.0 g/kg，平均值为 1.3g/kg；全氮含量为 0.04～0.28g/kg，平均值为 0.15 g/kg；全磷含量为 0.19～0.47 g/kg，平均值为 0.32 g/kg；全钾含量为 11.7～17 g/kg，平均值为 14.6g/kg；阳离子交换量（CEC）为 1.4～13.8 cmol/kg，平均值为 5.0 cmol/kg。共计有 1 个土系存在石膏现象，即策克嘎查系，属于干旱土土纲。

表 2-16　石膏层物理性质统计（*n*=13）

项目	诊断层厚度/cm	砾石(> 2 mm，体积分数)/%	细土颗粒组成(粒径：mm)/(g/kg)			容重/(g/cm^3)
			砂粒 2～0.05	粉粒 0.05～0.002	黏粒 < 0.002	
平均值	95	37	725	135	140	1.59
最大值	120	78	899	474	275	1.69
最小值	60	2	252	27	67	1.32

表 2-17　石膏层化学性质统计（*n*=13）

项目	pH (H_2O)	有机质/(g/kg)	全氮/(g/kg)	全磷/(g/kg)	全钾/(g/kg)	CEC/(cmol/kg)
平均值	8.7	1.3	0.15	0.32	14.6	5.0
最大值	9.6	5.0	0.28	0.47	17.0	13.8
最小值	8.0	0.6	0.04	0.19	11.7	1.4

5. 钙积层和钙积现象

钙积层是富含次生硅酸盐的未胶结或未硬结土层。它具有以下一些条件：①厚度≥15 cm。②未胶结或硬结成钙磐。③至少有下列之一的特征：$CaCO_3$ 相当物为 150～500 g/kg，而且比下垫或上覆土层至少高 50 g/kg；$CaCO_3$ 相当物为 150～500 g/kg，而且可辨认的次生硅酸盐，如石块底面悬膜、凝团、结核、假菌丝体、软粉状石灰、石灰斑或石灰斑点等按体积计≥5 %；$CaCO_3$ 相当物为 50～150 g/kg，而且细土部分黏粒（< 2 μm）

含量＜180 g/kg，颗粒大小为砂质、砂质粗骨、粗壤质或壤质粗骨，可辨认的次生硅酸盐含量比下垫或上覆土层中高 50g/kg 或更多（绝对值）；$CaCO_3$ 相当物为 50～150 g/kg，并且颗粒大小比壤质更黏，可辨认的次生硅酸盐含量比下垫或上覆土层中高 100 g/kg 或更多，按体积计≥10 %。

淋溶-淀积作用使土层中具有一定次生碳酸盐聚积的特征，表现为：土层厚度>15 cm，颗粒大小为砂质、砂质粗骨、粗壤质或壤质粗骨，细土部分黏粒含量<180 g/kg，$CaCO_3$ 相当物高，但可辨认次生碳酸盐含量比下垫或上覆土层中高出值不足 50 g/kg（绝对值）；或土层厚度> 15 cm，颗粒大小比壤质更黏，$CaCO_3$ 相当物高，但可辨认次生碳酸盐含量比下垫或上覆土层中高出值不足 100 g/kg 或更多（绝对值），或按体积计< 10%；或 $CaCO_3$ 相当物高，而且比下垫或上覆土层至少高 50 g/kg（绝对值）；或 $CaCO_3$ 相当物高，可辨认次生碳酸盐（如石块底面悬膜、凝团、结核、假菌丝体、软粉状石灰、石灰斑或石灰斑点等）按体积计≥ 5%，但土层厚度不大，仅 5～14 cm。

本次调查的内蒙古自治区土系中，共计有 37 个土系存在钙积层，主要分布于干旱土、盐成土、均腐土和雏形土 4 个土纲，其中包括正常干旱土中的大柴滩西系、嘎顺扎德系、吴忠乌苏系、喜桂图系、呼布音系、呼德特勃系和乌兰格日系；正常盐成土中的三白滩系、准乌素系和老奔系；干润均腐土中的灵泉系、牙克石系、风毛台系、海拉尔系、满洲里系、巴音塔拉系、宝格德乌拉系和上徒亥系；干润雏形土中的哈素海系、达林台系、谢尔塔拉系、布鲁特黑系、耳字壕系、巴音杭盖系、巴音温都系、巴音希勒系、毛忽洞系、赛乌素系、额尔登系、西桃花湾系、古城系、玛尼图系、木头沟系、喜挂图系、高家梁子系、塔本呼都系和乌兰忽洞系。其基本理化性质如表 2-18 和表 2-19 所示。钙积层厚度为 14～95 cm，平均值为 45 cm；砾石含量为 0%～61 %，平均值为 13 %；细土颗粒组成中砂粒为 14～927 g/kg，平均值为 528 g/kg，粉粒为 15～752 g/kg，平均值为 289 g/kg，黏粒为 40～607 g/kg，平均值为 183 g/kg；容重为 1.12～1.88 g/cm^3，平均值为 1.53 g/cm^3；pH 为 7.7～10.1，平均值为 8.6；有机质含量为 0.4～24.5 g/kg，平均值为 5.2 g/kg；全氮含量为 0.05～1.59 g/kg，平均值为 0.49 g/kg；全磷含量为 0.07～9.55 g/kg，平均值为 0.67 g/kg；全钾含量为 6.5～27.5 g/kg，平均值为 17.2 g/kg；阳离子交换量（CEC）为 1.1～98.2 cmol/kg，平均值为 22 cmol/kg。共计有 31 个土系存在钙积现象，主要分布于干旱土、盐成土、均腐土、淋溶土和雏形土 5 个土纲，其中包括正常干旱土中的吉日格日系、东风镇系和呼舒乌拉系；碱积盐成土中的准巴嘎系；正常盐成土中的杭盖音系、木吉湖系、沙尔高脑系、扎兰乃系和赛汉陶来系；干润均腐土中的哈克东系；冷凉淋溶

表 2-18　钙积层物理性质统计（n=37）

项目	诊断层厚度/cm	砾石(>2 mm，体积分数)/%	细土颗粒组成(粒径：mm)/(g/kg)			容重/(g/cm^3)
			砂粒 2～0.05	粉粒 0.05～0.002	黏粒 <0.002	
平均值	45	13	528	289	183	1.53
最大值	95	61	927	752	607	1.88
最小值	14	0	14	15	40	1.12

表 2-19　钙积层化学性质统计（*n*=37）

项目	pH (H_2O)	有机质 /(g/kg)	全氮 /(g/kg)	全磷 /(g/kg)	全钾 /(g/kg)	CEC /(cmol/kg)
平均值	8.6	5.2	0.49	0.67	17.2	22.0
最大值	10.1	24.5	1.59	9.55	27.5	98.2
最小值	7.7	0.4	0.05	0.07	6.5	1.1

土中的浩尧尔音系；干润淋溶土中的新房村系；潮湿雏形土中的敖林阿伯系、西阿都沁系、毛川吉系、景杨林系、五分子系、塔尔湖系、王玉营系和新元系；干润雏形土中的大井壕系、隆兴昌系、军马场系、大庙系、白音乌拉系、二道系、赛汉塔拉系、黑里河系、宝力根系、关碾房系和上瓦房系。

6. *盐积层和盐积现象*

在冷水中溶解度大于石膏的易溶性盐富集的土层为盐积层。它具有以下条件：①厚度至少为 15 cm。②干旱土或干旱地区盐成土中含盐量≥20 g/kg，或 1∶1 水土比提取液的电导率（EC）≥30 dS/m。③含盐量（g/kg）与厚度（cm）的乘积≥600，或电导率（dS/m）与厚度（cm）的乘积≥900。

盐积现象是土层中有一定易溶性盐聚积的特征，是地表水、地下水以及母质中含有盐分，在强烈的蒸发作用下，通过土壤水的垂直移动和水平移动，逐渐向地表积聚而形成的，表现为厚度≥15 cm，含盐量下限为 5 g/kg（干旱地区）或 2 g/kg（其他地区）。

本次调查的内蒙古自治区土系中，共计有 10 个土系存在盐积层，主要分布于干旱土、盐成土土纲，为正常干旱土中的哈墩呼舒系；正常盐成土中的三白滩系、准乌素系、阿给音系、杭盖音系、老奔系、木吉湖系、沙尔高脑系、扎兰乃系和赛汉陶来系。其基本理化性质如表 2-20 和表 2-21 所示。盐积层厚度为 15～50 cm，平均值为 23 cm；砾石含量为 0%～50%，平均值为 7 %；细土颗粒组成中砂粒为 340～699 g/kg，平均值为 529 g/kg，粉粒为 157～480 g/kg，平均值为 308 g/kg，黏粒为 122～223 g/kg，平均值为 163 g/kg；容重为 1.15～1.53 g/cm^3，平均值为 1.39g/cm^3；pH 为 7.9～10.1，平均值为 8.7；有机质含量为 1.0～9.3 g/kg，平均值为 3.3 g/kg；全氮含量为 0.07～0.58 g/kg，平均值为 0.26 g/kg；全磷含量为 0.21～0.68 g/kg，平均值为 0.39 g/kg；全钾含量为 11.1～17.6 g/kg，平均值为 14.4 g/kg；阳离子交换量（CEC）为 2.4～14.8 cmol/kg，平均值为 6.3 cmol/kg。共计有 5 个土系存在盐积现象，它们分别是毛川吉系、景杨林系、敖木罕查系、希热吐系和达里诺尔系，均属于雏形土土纲。

表 2-20　盐积层物理性质统计（*n*=10）

项目	诊断层厚度/cm	砾石 (>2 mm，体积分数)/%	细土颗粒组成(粒径：mm)/(g/kg)			容重 /(g/cm^3)
			砂粒 2～0.05	粉粒 0.05～0.002	黏粒 <0.002	
平均值	23	7	529	308	163	1.39
最大值	50	50	699	480	223	1.53
最小值	15	0	340	157	122	1.15

表 2-21　盐积层化学性质统计（*n*=10）

项目	pH (H_2O)	有机质 /(g/kg)	全氮 /(g/kg)	全磷 /(g/kg)	全钾 /(g/kg)	CEC /(cmol/kg)
平均值	8.7	3.3	0.26	0.39	14.4	6.3
最大值	10.1	9.3	0.58	0.68	17.6	14.8
最小值	7.9	1.0	0.07	0.21	11.1	2.4

2.2.3　诊断特性的形成与表现

1. 有机土壤物质

有机土壤物质形成于有机物质的生成超过其分解作用的环境条件：在土壤经常被水分饱和的环境条件下，矿质土壤之上形成的具有高含量有机碳的泥炭、腐泥等物质；在土壤被水分饱和时间很短的条件下，矿质土壤之上覆盖的具有极高含量有机碳的枯枝落叶质物质或草毡状物质。有机土壤物质按原有植物分解程度和种类可细分为五类：纤维有机土壤物质、半腐有机土壤物质、高腐有机土壤物质、枯枝落叶有机土壤物质（简称落叶的）和草毡有机土壤物质。

（1）纤维有机土壤物质：搓后的纤维含量（不包括粗碎屑）按体积计至少占 2/5 或更多。

（2）半腐有机土壤物质：中度分解的有机土壤物质，搓后的纤维含量（不包括粗碎屑）按体积计介于纤维有机土壤物质与高腐有机土壤物质之间（即 1/6～3/4）。

（3）高腐有机土壤物质：高度分解的有机土壤物质，常呈黑灰至黑色，纤维含量少，容重最大，水分饱和时以干重计含水量最低。搓后纤维含量（不包括粗碎屑）按体积计不足 1/6。

（4）枯枝落叶有机土壤物质：≥3/4 体积的有机土壤物质是枯枝落叶（包括半分解枯枝落叶）。

（5）草毡有机土壤物质：按体积计≥10%的有机土壤物质是活的和死亡的缠结根系群。

本次调查的内蒙古自治区土系中，有 1 个土系存在有机土壤物质，它是兴安岭系，属于潜育土土纲。

2. 岩性特征

岩性特征指土表至 125 cm 范围内土壤性状明显或较明显保留母岩或母质的岩石学性质特征，可细分为以下几种。

（1）冲积物岩性特征。

新构造运动，引起河流流经地带的相对下降，接受不定期河水泛滥的沉积，形成一定厚度具有明显沉积层理的沉积层次，成为土壤的成土母质。表现为：0～50 cm 范围内，某些亚层的沉积层理明显；且在 125 cm 深度处有机碳含量较高；或在 25～125 cm 深度内或从 25 cm 至石质、准石质接触面，有机碳含量随深度呈不规则减少。

（2）砂质沉积物岩性特征。

由风力搬运-沉积作用形成。表现为：沉积物以砂粒为主，单粒状，含一定水分时或呈结持极脆弱的块状结构，无沉积层理，有机碳含量≤1.5 g/kg，土壤质地为壤质细砂土或更粗。

（3）黄土和黄土状物质岩性特征。

黄土即原生黄土，是经风力搬运-沉积作用形成的；黄土状物质是原生黄土经水力作用，再搬运-沉积而形成的次生黄土。表现为：色调为10YR或更黄，干态明度值较大，上、下土层颗粒组成均一，以粉砂或细砂占优势，$CaCO_3$相当物≥80 g/kg。

（4）碳酸盐岩岩性特征。

碳酸盐岩岩性特征来源于母岩，单个土体内可见碳酸盐岩岩屑及其风化壳。表现为：0～125 cm范围内，有沿水平方向起伏或断续的碳酸盐岩石质接触面，界面清晰；或0～125 cm范围内，有碳酸盐岩岩屑或风化残余石灰。

本次调查的内蒙古自治区土系中，有两个土系存在砂质沉积物岩性特征，它们是嘎朗图系和卓伦系，有两个土系存在冲积物岩性特征，它们是吉仁高勒系和巴彦嵯岗系，以上土系均属于新成土土纲。

3. 石质接触面

土壤与紧实黏结的下垫物质（岩石）之间的界面层，不能用铁铲挖开。本次调查的内蒙古自治区土系中，共计有两个土系存在石质接触面，均属于雏形土土纲。

4. 准石质接触面

土壤与连续黏结的下垫物质（一般为部分固结的砂岩、粉砂岩、页岩或泥灰岩等沉积岩）之间的界面层，湿时用铁铲可勉强挖开。本次调查的内蒙古自治区土系中，共计有15个土系存在准石质接触面，分别属于均腐土、雏形土和新成土土纲。

5. 土壤水分状况

土壤水分状况受气候条件、水文条件和土壤质地条件的综合影响。土壤水分状况是指在年周期某些时间内土壤中或特定土层中地下水或以<1500 kPa张力保持的水的有无。就维持大多数中生植物存活而言，以≥1500 kPa张力保持的水是不可利用的。当土层的水分张力≥1500 kPa时，视为干燥；当0 <张力<1500 kPa时，视为湿润。土壤水分状况可分为干旱、半干润、湿润、常湿润、滞水、人为滞水和潮湿7个等级，内蒙古自治区有干旱、半干润、湿润、人为滞水和潮湿5种土壤水分状况。

（1）干旱土壤水分状况。

干旱和少数半干旱气候下的土壤水分状况。大多数年份50 cm深处土温＞5 ℃时，土壤水分控制层段的全部每年累计有一半天数是干燥的；而且50 cm深处土温＞8 ℃时，水分控制层段某些部分或其全部连续湿润时间不超过90d。

（2）半干润土壤水分状况。

介于干旱和湿润之间的土壤水分状况。处于这种水分状况的土壤，水分是有限的，但在条件适合植物生长的时期仍有水分存在。对于内蒙古而言，土表以下 50 cm 深处年平均土温 < 22 ℃，其水分状况的表现：50 cm 深处夏季平均土温与冬季平均土温之差≥6 ℃，土壤水分控制层段（水分控制层段的上、下界可按土壤物质的粒径组成大致决定，即细壤质、粗粉质、细粉质或黏质者为 10～30 cm；粗壤质为 20～60 cm；砂质为 30～90 cm）的某些部分或其全部在常态年中累计干燥时间≥90 d；但在 50 cm 深处土温 > 5 ℃期间累计有一半以上的日数全部层段是不干燥的。如果在常态年中，全部水分控制层段在冬至后 4 个月内连续≥45 d 是湿润的，则全部层段在夏至后 4 个月内连续干燥的日数 < 45 d。

（3）湿润土壤水分状况。

土壤水分控制层段的任何部分在常态年中只要累计 90 d 不干燥，即全部层段累计湿润日数≥90 d，就称为湿润土壤水分状况。如果在土表以下 50 cm 深处年平均土温 < 22 ℃，且有夏季平均土温与冬季平均土温之差≥6 ℃，则全部土壤水分控制层段在常态年夏至后 4 个月内连续干燥的日数 < 45 d。当土温 > 5 ℃时，除短期外，土壤水分控制层段的一部分或全部应具有固、液、气三相体系。

湿润气候地区的土壤通常是湿润土壤水分状况。常态年中的某些时间，水分可下渗通过整个土壤。

（4）人为滞水土壤水分状况。

人为滞水土壤水分状况为水耕条件下由于缓透水犁底层的存在，耕作层被灌溉水饱和的土壤水分状况。常态年中土温>5 ℃期间，耕作层和犁底层至少有 3 个月时间被灌溉水饱和，并呈还原状态。其中的还原态铁锰可通过犁底层淋溶至非水分饱和的心土层中氧化淀积。在地势低平地区，水稻生长季节地下水位抬高的土壤中人为滞水可能与地下水相连。

（5）潮湿土壤水分状况。

潮湿土壤水分状况为大多数年份土温>5 ℃ 时的某一时期，全部或某些土层被地下水或毛管水饱和并呈还原状态的土壤水分状况。若地下水始终位于或接近地表（如潮汐沼地、封闭洼地），则可称为“常潮湿土壤水分状况”。

本次调查的内蒙古自治区 205 个土系中，不同类型土壤水分状况的土系个数统计结果见表 2-22，其中 1 个土系（敖林阿伯系）同时具有人为滞水土壤水分状况和潮湿土壤水分状况。

表 2-22 土壤水分状况统计

水分状况	干旱土壤水分状况	半干润土壤水分状况	湿润土壤水分状况	人为滞水土壤水分状况	潮湿土壤水分状况	合计
土系数量/个	28	123	11	1	43	205

6. 潜育特征

潜育特征为长期被水饱和，导致土壤发生强烈还原的特征。表现为：50%以上的土壤基质（按体积计）的色调比 7.5Y 更绿或更蓝，或为无彩色（N）；或色调 5YR～10YR，但润态明度值较高，润态彩度值较低；还原基质内外的土体中可以有少量锈斑纹、铁锰凝团、结核或铁锰管状物。

本次调查的内蒙古自治区土系中，共计有 6 个土系存在潜育特征，它们分别是齐奇岭系、哈克北系、十家子系、宜里系、西阿都沁系和敖木罕查系，分别属于潜育土和雏形土土纲。

7. 氧化还原特征

氧化还原特征是由于潮湿水分状况、滞水水分状况或人为滞水水分状况的影响，大多数年份某一时期土壤受季节性水分饱和，发生氧化-还原交替作用而形成的特征。表现为：有锈斑纹，或兼有由脱潜而残留的不同程度的还原离铁基质；或有硬质或软质铁锰凝团、结核和 / 或铁锰斑块或铁磐；或无斑纹，但土壤结构体表面或土壤基质中占优势的润态彩度≤2；或还原基质按体积计 ＜30%。

本次调查的内蒙古自治区土系中，共计有 69 个土系存在氧化还原特征，分别属于人为土、干旱土、盐成土、潜育土、均腐土、淋溶土、雏形土和新成土土纲。

8. 土壤温度状况

土壤温度状况指土表下 50 cm 深处或浅于 50 cm 的石质或准石质接触面处的土壤温度。土壤温度状况分为永冻、寒冻、寒性、冷性、温性、热性和高热性 7 个类别，内蒙古自治区土壤温度状况涉及永冻、寒冻、寒性、冷性和温性 5 个类别。

（1）永冻土壤温度状况：土温常年≤0 ℃，包括湿冻与干冻。

（2）寒冻土壤温度状况：年平均土温≤0 ℃，冻结时有湿冻与干冻。

（3）寒性土壤温度状况：年平均土温 ＞ 0 ℃，但 ＜ 8 ℃，并有如下特征：①矿质土壤中夏季平均土温。若某时期土壤水分不饱和，无 O 层者 ＜15 ℃；有 O 层者 ＜8 ℃。若某时期土壤水分饱和，无 O 层者 ＜ 13 ℃；有 O 层者 ＜ 6 ℃。②有机土壤中，大多数年份，夏至后两个月土壤中某些部位或土层出现冻结，或大多数年份 5cm 深度之下不冻结，也就是土壤温度全年均低，但因海洋气候影响，并不冻结。

（4）冷性土壤温度状况：年平均土温 ＜8 ℃，但夏季平均土温高于具寒性土壤温度状况土壤的夏季平均土温。

（5）温性土壤温度状况：8 ℃≤年平均土温 ＜15 ℃。

由于目前缺乏土表下 50 cm 深处或浅于 50 cm 的石质或准石质接触面处土壤温度的实际观测值，本次土系调查中土壤温度状况是参考史学正和邓西海（1993）的估测结果确定的。本次调查的内蒙古自治区土系中，共计有 2 个土系属永冻土壤温度状况，1 个土系属寒冻土壤温度状况，19 个土系属寒性土壤温度状况，147 个土系属冷性土壤温度状况，36 个土系属温性土壤温度状况。土壤温度状况统计如表 2-23 所示。

表 2-23　土壤温度状况统计

温度状况	永冻土壤温度状况	寒冻土壤温度状况	寒性土壤温度状况	冷性土壤温度状况	温性土壤温度状况	合计
土系数量/个	2	1	19	147	36	205

9. 永冻层次

永冻层次指土表至 200 cm 范围内土温常年≤ 0 ℃的层次。湿冻者结持坚硬，干冻者结持疏松。它与永冻温度状况的区别，在于可见 0～200 cm 内任何深度。

本次调查的内蒙古自治区土系中，有 1 个土系（巴彦库仁系）存在永冻层次，属于雏形土土纲。

10. 冻融特征

冻融特征指冻融交替作用在地表或土层中形成的形态特征。它具有下列一个或一个以上条件：①地表具有石环、冻胀丘等冷冻扰动形态；②A 层或 B 层的部分亚层，具有鳞片状结构；③在薄片中可见有冻融团聚体或水平方向延长的断续蠕虫状孔隙、大量纤维状光性定向黏粒、粗、细颗粒的层次分选、＞0.01 mm 粗骨颗粒的聚集；④具昼夜冻融现象，全年正负温度交替日数占全年总日数的 70 %或以上。

本次调查的内蒙古自治区土系中，有 1 个土系（巴彦库仁系）存在冻融特征，属于雏形土土纲。

11. 均腐殖质特性

草原或森林草原中腐殖质的生物积累深度较大，有机质的剖面分布随草本植物根系分布深度中数量的减少而逐渐减少，无陡减现象的特性，并具有以下条件：①土表至 20 cm 与土表至 100 cm 的腐殖质储量比（Rh）≤0.4；若 50～100 cm 出现石质、准石质接触面，则按相应比例计算，也应 Rh≤0.4；②单个土体上部无有机现象，且有机质的 C/N ＜17。

本次调查的内蒙古自治区土系中，共计有 34 个土系存在均腐殖质特性，主要分布于均腐土土纲。

12. 铁质特性

铁质特性指在成土过程中，土壤中游离氧化铁非晶质部分的浸润和赤铁矿、针铁矿微晶的形成，并充分分散于土壤基质内使土壤红化，表现为土壤基质色调为 5YR 或更红，或游离铁含量高。

本次调查的内蒙古自治区土系中，共计有 3 个土系存在铁质特性，分别属于淋溶土、雏形土土纲。

13. 钠质特性

钠质特性指交换性钠饱和度（ESP） ≥ 30 %和交换性 Na^+ ≥ 2cmol/kg，或交换性钠加镁的饱和度 ≥ 50 %的特性。

本次调查的内蒙古自治区土系中，有 1 个土系存在钠质特性，即大柴滩西系，属于干旱土土纲。

14. *石灰性*

石灰性由土壤中含有 $CaCO_3$ 相当物所致，表现为 0～50 cm 范围内所有亚层中 $CaCO_3$ 相当物均≥10 g/kg，用 1∶3 HCl 处理有泡沫反应。

若某亚层中 $CaCO_3$ 相当物比其上、下亚层高时，则绝对增量不超过 20 g/kg，即低于钙积现象的下限。

本次调查的内蒙古自治区土系中，共计有 105 个土系存在石灰性，分别属于人为土、干旱土、盐成土、潜育土、均腐土、淋溶土、雏形土、新成土土纲。

第3章　土 壤 分 类

3.1　土壤分类历史回顾

内蒙古自治区的土壤调查与分类是在全国性工作的背景下开展的，全国的土壤调查始于20世纪20年代末30年代初期，以后各个年代均进行过一些工作。近一个世纪以来，多位专家学者在自治区范围内开展了大量的土壤或土地资源调查工作。既有全区性的，也有局部范围的，或某些土壤类型的；既有综合性资源考察，又有某些行业的（如林业、水利）专题调查。李绍良（1997）曾对内蒙古自治区土壤调查与分类的历史概括进行过简短回顾。这里进一步加以修改完善，以便读者能对内蒙古自治区的土壤调查及分类历史有全面系统的了解。

3.1.1　20世纪初至1949年前的土壤分类

我国现代土壤学起步于20世纪30年代（张甘霖等，2008）。为了吸取国外经验开展土壤调查工作，时任中央地质调查所所长的翁文灏先生主持筹建土壤研究室并兼任首届土壤室主任，并首先敦请美国土壤学家潘德顿（Robert. L. Pendleton）（1930～1933年），接着续请梭颇（J. Thorp）（1933～1936年）做土壤室的主任技师，在这7年中侯光炯、陈伟、周昌云、李连捷、陈恩凤、朱莲青、李庆逵、熊毅、马溶之、宋达泉、刘海蓬等我国第一代土壤学家全力以赴，除西藏和新疆外，足迹遍及全国，进行了前所未有的土壤概查。

20世纪30年代初期，潘德顿等先后在萨拉齐至包头及察哈尔附近进行土壤调查，大致区域范围是：北至大青山山麓，南至黄河，东至察素齐，西至磴口附近。将这一地区的土壤分为4个土系，即绥远系（黄河冲积平原上的土壤）、萨拉齐系（山麓冲积扇形地上的土壤）、陶思浩（讨十号）系（面积很小的有机质土壤）和残留土系（山麓陡坡上薄层土壤）。调查结果发表在《绥远萨拉齐区土壤报告（土壤专报，第4号）》上（潘德顿等，1932）。

随着J. 梭颇的到来，美国马伯特（C. F. Marbat）土壤分类被引进（张甘霖等，2008）。1934年夏和初秋，J. 梭颇、侯光炯等进行了我国北部及西北部的土壤调查，其中绥远、山西、察哈尔部分由J. 梭颇、周昌芸、李庆逵、马溶之负责。调查范围是原绥远省的中部及东部，包括包头、萨拉齐、托克托、归化（现呼和浩特市）、山西北部及察哈尔的中部与南部（现河北省北部及锡林郭勒盟南部）。调查结果发表于1935年《中国北部及西北部之土壤（土壤专报，第12号）》上（梭颇和侯光炯，1935）。他们将调查区土壤分为钙层土（包括栗钙土、黑钙土、漠境钙土）、盐土及碱土（钠质土）、淋余土。

为加强土壤改良及促进土地合理利用，1946年朱莲青曾开展宁夏土壤调查，调查范围包括现在的阿拉善左旗、阿拉善右旗、额济纳旗及磴口县的一部分。将宁夏土壤分为

9 个土类，20 个土科，29 个土系。属于内蒙古自治区部分的主要有棕土、盐土及灰钙土，其中以灰钙土面积最大，棕土次之，盐土只分布在磴口县、额济纳旗一带，面积很小。成果包括论文、土壤概图（1∶5 万）及土地利用现状图，发表在中央地质调查所《土壤季刊》上（朱莲青，1946）。

1949 年以前，除我国土壤学家做过少量工作外，日本帝国主义为掠夺我国资源在 20 世纪 20～40 年代对内蒙古部分地区也进行过土壤调查，其中比较重要的有（李绍良，1997）：洮南—王爷庙（乌兰浩特）—索伦—罕达盖—满洲里路线调查（1925 年）；白音太来（通辽）—开鲁—林西，大板上—西乌珠穆沁王府路线调查（1926 年）；呼伦贝尔盟额尔古纳右旗土壤调查（1938 年）等。1939 年，日本为了开发掠夺铁道沿线资源的需要，曾沿南至满洲里一线做了农业调查，其中有土壤调查内容，沿线挖了许多剖面，并做了有机质、全氮、全磷、全钾、碳酸钙、pH、水分和质地等室内分析，按质地类型绘出土壤图。质地分出砂土、壤质砂土、砂质壤土、壤土、黏壤土、黏土六级。1941 年，日本《农业与园艺》杂志上刊有大杉繁“北支、蒙古联盟及中支地方土壤”调查报告，讨论范围包括现在的乌兰察布市，锡林郭勒盟的贝子庙、苏尼特左旗、苏尼特右旗、正镶白旗，呼和浩特市，有 29 个土壤剖面描述资料及化验数据。

3.1.2　20 世纪 50～70 年代的土壤分类

中华人民共和国成立之后，内蒙古土壤分类有了迅速发展。1950 年，开展了内蒙古呼纳盟的土壤调查，目的是研究该区土壤分布规律及土地合理利用。参加人员有宋达泉、陈恩凤、侯学煜、高尔捷也夫、热尔纳阔夫、严钦尚、吴志华、文振旺、王方维，调查范围包括海拉尔、满洲里、额尔古纳旗、新巴尔虎旗、牙克石、博克图、兴安、扎兰屯，绘制了 1∶50 万路线土壤图，以后又参考 1∶50 万地形图，编制土壤约测图，将调查区土壤分为黑钙土、栗钙土、准黑钙土、灰化土、灰棕壤、盐土、盐碱土、湿土、冲积土、风积土、石质土 11 个土类，在调查基础上，提出划分农区、林区、牧区和半农半牧区。成果发表在《土壤专报》第 25 号上（宋达泉等，1951）。

1951 年，为了调查可能种植橡胶草的土壤，席承藩、王遵亲等来到归绥（呼和浩特市），并应绥远省人民政府农林厅之邀对全省土壤做一般的了解。调查重点区是归绥至巴盟太阳庙，并曾向北至达茂旗百灵庙，向南至和林格尔和托克托等县。根据调查结果，作者完成“绥远中部土壤概要”一文，并附 1∶75 万土壤概图及土壤性态检索表各一份，作者将调查区土壤划分为 13 个土类，27 个土系。土类有黑钙土、暗栗钙土、栗钙土、森林栗钙土、山地草原土、棕钙土、灰钙土、红色土、石灰性紫色土、埋藏泥炭土、盐碱土（盐碱土及碱土）、盐质石灰性冲积土、风积沙土。进一步根据表土质地划分土系。

1953 年 5 月，中国科学院南京土壤研究所进行了热河省土壤调查，参加工作的有文振旺、汪安球、苏炳勋、刘文生、阮成勋、王隆谢等，调查区包括现在赤峰市西拉木伦河以南的全部、克什克腾、多伦县，最西到达正蓝旗的黄旗大营子。本区土壤分类系统设有土类、亚类、土种三级，其中土类有栗钙土、褐土、砂土、生草碳酸盐土、沼泽土、盐渍土、冲积土、山地棕壤（文振旺，1957）。

1956 年文振旺、徐琪、李锦、蔡蔚祺、方文哲等对内蒙古中西部地区做了土壤路线调查，并根据前人的调查资料，对内蒙古自治区土壤做了区划。“内蒙古自治区土壤区划”一文将大兴安岭北段的棕色针叶林土、暗棕壤、灰色森林土全划为生草灰化土；栗钙土只分出暗栗钙土和淡栗钙土，而未分典型栗钙土亚类（文振旺，1959）。

1956～1957 年，中国科学院南京土壤研究所文振旺、徐琪、李锦、蔡蔚祺、方文哲等，为了完成全国土壤区划任务，进行了内蒙古自治区土壤地理区划，在综合分析自然条件的基础上，对土壤类型进行组合区划。作者采用的分组系统共有 5 个等级，即土壤气候带、土壤生物气候地区、土壤地带或亚地带、土壤省和土壤区。全区分为寒温带、温带和暖温带 3 个土壤气候带；寒温带泰加林地区、温带森林草原和草原地区、温带半荒漠和荒漠地区、暖温带旱生森林和灌木森林草原地区 4 个生物气候地区。其下再分 6 个亚地带、22 个土壤省和 42 个土壤区，土类有灰化土、沼泽土、黑土、灰色森林土、草甸土、盐渍土、栗钙土、褐土、棕钙土、灰棕色荒漠土、棕色森林土、龟裂土。凡山地土壤均冠以“山地”二字，如山地草甸土等，这一分类系统基本上是在过去研究工作的基础上，用地理发生学理论加以分析归纳的，土壤地带性分布规律是很清晰的，反映了当时土壤科学研究的进展及水平，对于全面了解自治区土壤和农林牧业区划都是很有帮助的。

1956～1958 年，由熊毅、席承藩等对内蒙古土默特平原和河套平原进行了底图为 1∶5 万的土壤调查及水文地质调查。调查到变种，最后编绘成 1∶20 万比例尺的土壤图、地下水埋深图、地下水矿化度图、地下水质图等，对内蒙古开发、改良利用河套灌区土壤提供了重要科学依据。

宋达泉等（1958）根据多年调查结果，对东北及内蒙古东部地区的土壤区划进行了研究。

1958～1978 年，内蒙古自治区林业科学研究所在达拉特旗展旦召治沙站开展“治沙造林成效的研究”，探讨库布齐沙漠东段流沙的移动规律，开展沙地水分、沙生灌木观察测定，试种乔、灌、草及果树 32 种。经过 20 年工作，研究区内营造了 5000 多亩（1 亩≈666.7 m^2）的固沙林，试验区内中、小型流动沙丘被固定或拉平，林木覆盖率达 40%～76%，原来的流沙形成结皮，逐渐向成土过程发育（雷・额尔德尼，2013）。

1959 年内蒙古农业厅根据全国第一次土壤普查要求，领导并组织开展了内蒙古第一次土壤普查，调查范围包括农区、半农半牧区 56 个旗（县），采取领导、群众、技术人员三结合的方法进行调查，广泛收集和总结了群众在识土、改土和用土等方面的丰富经验和科学资料，并对调查区的土壤类型分布、形成演变及其同自然条件、人为生产活动的关系等资料，进行了初步的分析整理，编写成《内蒙古自治区农区、半农平牧区土壤志》一书（内蒙古农业厅土地利用局，1967）。书中的资料还包括了 1954～1958 年自治区荒地土壤调查、国营农牧场的土壤概测和详测，以及 1960 年全区查土查荒和 1962 年对某些土壤特征和生产性能的补充调查。土壤分类除考虑自然条件外，把人为因素的作用也作为依据，以群众的土壤分类为基础，分析整理和提炼，尽可能保留民间的土名，采用土类、 亚类、土组、土种 4 级系统，在土类以上归纳为丘陵坡地、平原、山地、风积沙地 4 种类型，共划出 18 个土类，30 个亚类，64 个土组，123 个土种。第一次土壤普查分类以群众识土为基础，通过比土评土、归纳整理、逐级汇总而成，土壤名称通俗易懂，简单明了，易为农民所接受，但作为分类系统还存在不少问题，如大多数土壤以颜色为主，或颜色加质地，不易看出类型之间的关系及肥力水平上的差异，同土异名或异名同土现象严重，无法规范化，因此未能得到普遍应用（陈玉舟和高正华，1989；李绍良，1997）。

1961～1964 年，中国科学院组织了内蒙古宁夏综合考察队，涉及 50 个专业，共 100 余人，对内蒙古、宁夏地区进行了综合考察，其中包括土壤和土地资源考察，重点是调查和总结草原地区的土壤和土地资源，1973 年继续进行考察，1978 年正式出版《内蒙古自治区与东北西部地区土壤地理》一书，并附 1∶400 万土壤图。该书系统阐述了草原地区土壤的形成、分类、地理分布、基本性质，以及草原地区土地资源质量评价和土地资源的合理利用。他们采取的是路线调查方法，土壤分类采用五级分类制，即土类、亚类、土属、土种、变种，书内所附土壤图多以亚类、土属上图，共划分出 25 个土类，51 个亚类，128 个土属。这个分类方法的特点：一是按发生学原则将人为影响深刻的、成土过程明显、形态及属性有深刻变化的土壤独立作为土类，并与自然土壤并列；二是沙土、黄土、石质土、冲积土均划为幼年土壤。

20 世纪 60 年代初，宋达泉组织同仁，特别是中青年科技工作者集体撰著《中国东北土壤》。该书尽管在“文化大革命”期间屡遭劫难，但最终于 1980 年付梓（中国科学院林业土壤研究所，1980）。该书是反映中国东北地区土壤资源的第一部专著，包括了内蒙古自治区东部 4 盟（市）。

20 世纪 70 年代初，周恩来总理曾亲自部署向“北大荒”要粮的任务。以中国科学院南京土壤研究所赵其国为考察队队长，其带领数百名科技人员，对黑龙江省宜农荒地资源进行考察，连续工作 8 年，出版专著《黑龙江省与内蒙古自治区东北部土壤资源》一书（中国科学院南京土壤研究所黑龙江队，1982）。

20 世纪 70 年代，在以竺可桢副院长为主任的中国科学院《中国自然地理》编辑委员会的组织下，根据当时的资料编著了《中国自然地理 · 土壤地理》一书，作为“中国自然地理”丛书的组成部分，于 1981 年正式出版（中国科学院《中国自然地理》编辑委员会，1981）。该书将内蒙古自治区划分为 20 个土壤区，分别为大兴安岭中北部漂灰土区，大兴安岭西坡黑钙土、灰黑土区，松嫩平原西南部栗钙土、盐土区，西辽河平原风沙土、灌淤土区，呼伦贝尔高原暗栗钙土区，昭盟北部锡盟东部栗钙土区，小腾格里风沙土区，乌盟中部、锡盟南部栗钙土区，乌拉山-大青山栗钙土、灰褐土区，狼山-色尔腾山棕钙土、栗钙土区，贺兰山灰钙土、灰褐土区，二连、白云鄂博棕钙土区，前山丘陵盆地黄绵土、栗钙土区，河套灌淤土、盐土区，银川平原灌淤土、盐土区，东胜-准格尔栗钙土区，鄂托克棕钙土区，毛乌素风沙土区，库布齐风沙土区，黄土高原西北部灰钙土、风沙土区。

此外，众多科研单位针对自治区的某些土壤类型或某一特定区域开展了土壤调查工作，比较重要的论著有《内蒙古自治区与东北西部地区土壤地理》（中国科学院内蒙古宁夏综考队，1978）、《毛乌素沙区自然条件及其改良利用》（北京大学地理系等，1983）、《内蒙古东部地区风沙干旱综合治理》（曹新孙，1984）、《科尔沁沙地碱化土壤分级初步研究》（王汝庸等，1988）、《内蒙古土壤侵蚀研究》（赵羽等，1989）和《中国东北西部退化土地治理》（王春裕和陈宣庆，1995）等。

3.1.3 第二次全国土壤普查时期的土壤分类

为了合理利用土壤资源，根据国务院〔1979〕111 号文件精神，内蒙古自治区从 1979 年开始进行全区第二次土壤普查试点，1980～1988 年分期分批完成了旗（县）级土壤普查任务。按照全国统一分类要求，根据内蒙古的实际情况制定了自治区土壤工作分类系统供实际普查工作中应用。经过旗（县）级普查，旗（县）和盟（市）级汇总，做了适当增减。1989 年底，有 11 个盟市完成了盟（市）级土壤普查资料汇总。1990 年在盟（市）级土壤普查成果资料的基础上，开展了自治区级土壤普查成果资料汇总工作。土壤普查成果汇总时，根据全国最后确定的土壤分类系统，又补做了一些土样分析，经过评土比土，对原土壤工作分类做了部分改动，而形成内蒙古自治区土壤分类系统。全区共划分出 10 个土纲，17 个亚纲，29 个土类，87 个亚类，303 个土属，660 个土种。1991 年 9 月完成了成果汇总初稿。各种成果经过修改后，于 1992 年 4 月提交全国土壤普查办公室验收和鉴定。

内蒙古自治区第二次土壤普查完成的成果，文字部分有《内蒙古土壤》《中国内蒙古土种志》《内蒙古土壤普查成果应用专题选编》；图件部分有 1∶150 万内蒙古自治区土壤分布图及其他图件 16 种；数据资料汇编部分有全区各土壤类型的土壤化验数据数理统计资料；标本部分有全区亚类土壤整段标本，土属、土种纸盒标本和部分植物、岩石标本。

全国土壤普查办公室根据业已编成的各省、自治区、直辖市土种志，经过反复评比、提炼，选择其中个体单元清晰、资料信息齐全的土种，以全国各大区为单位，出版了《中国土种志》（共分 6 卷），内蒙古的主要土种集中列在该书的第四卷中。

3.1.4 20 世纪 90 年代后的土壤系统分类研究

随着国际交往日增，美国“土壤系统分类”（诊断分类）的思想和方法也逐渐被我国土壤学家了解，并对我国现代土壤分类产生了重大影响。从 1984 年起，中国科学院南京土壤研究所先后联合国内 30 多所高校和科研院所，进行新的中国土壤系统分类（定量诊断分类）的研究。在吸收国内外土壤分类研究经验和中国土壤分类与土壤调查成果的基础上，不断修改补充，于 1985 年完成“中国土壤系统分类初拟”后，1991 年完成了《中国土壤系统分类（首次方案）》，这标志着中国土壤分类从定性向定量转变。但方案的致命弱点是，旧形式新内容的命名方法在国内应用和国外交流中带来不少问题。于是根据国内外土壤系统分类的研究进展，又对命名系统进行了重大改革。其中，高以信（1994）针对新疆、内蒙古地区灰漠土分类和命名进行了修订尝试；胡双熙等（1994）对我国西北地区（包括内蒙古西南部）钙积正常干旱土的系统分类进行了研究；吴万里和黄润华（1994）在野外调查和室内分析工作的基础上，对以内蒙古阴山山脉为代表的温带草原地区山地土壤进行了系统分类研究，并针对《中国土壤系统分类（首次方案）》存在的问题，提出设置始成土纲的建议。中国科学院南京土壤研究所土壤系统分类课题组和中国土壤系统分类课题研究协作组 1995 年完成了《中国土壤系统分类（修订方案）》，1999 年出版了总结性专著《中国土壤系统分类——理论·方法·实践》（龚子同，1999），于 2001

年完成了《中国土壤系统分类检索》(第三版)。中国土壤系统分类为多级分类系统，共六级，即土纲、亚纲、土类、亚类、土族和土系。前四级为高级分类级别，主要供中小比例尺土壤图确定制图单元用；后两级为基层分类级别，主要供大比例尺土壤图确定制图单元用。

进入 21 世纪，在孙鸿烈院士领导下组成“中国自然地理系列专著”编辑委员会，编辑出版了 10 本专著。龚子同（2014）主编的《中国土壤地理》是该丛书之一。该书应用以定量化为主要特征的中国土壤系统分类理论基础和研究成果，全面系统地介绍了中国土壤的主要类型、地理分布规律、重要土壤属性的空间变异、土壤资源与分区。在该书中，内蒙古自治区土壤被划分为 3 个土壤区域、4 个土壤地区和 11 个土壤区。东部湿润土壤区域由北向南划分为大兴安岭北部寒冻简育正常灰土、暗瘠寒冻雏形土、有机永冻潜育土壤区，大、小兴安岭冷凉湿润雏形土、简育湿润均腐土区，松嫩平原西部暗沃干润均腐土、暗色潮湿雏形土、碱积盐成土区，西辽河平原潮湿砂质新成土、淡色潮湿雏形土、钙积干润均腐土区 4 个土壤区；中部干润土壤区域集中在中温带干润均腐土、干润砂质新成土地区，划分为大兴安岭西侧暗厚干润均腐土、黏化简育干润均腐土区，内蒙古高原东部钙积干润均腐土、干润砂质新成土区，阴山、贺兰山钙积正常干旱土、钙积干润均腐土、简育干润淋溶土区，河套平原灌淤旱耕人为土、潮湿正常盐成土区，鄂尔多斯高原干润砂质新成土、钙积干润均腐土、钙积正常干旱土区；西北部干旱土壤区域划分为中温带正常干旱土、砂质新成土地区，细分为内蒙古高原西部钙积正常干旱土、干旱砂质新成土区，阿拉善高平原干旱砂质新成土、钙积正常干旱土区 2 个土壤区。

2009 年开始，在中国科学院南京土壤研究所张甘霖研究员的带领下，中国开始了大规模的土系调查工作，首先对我国东部 16 个省（自治区、直辖市）的土系进行调查，第二批又对中西部省（自治区、直辖市）的土系进行调查，内蒙古的土系调查包括在其中。本书正是这次土系调查成果的集中体现。

3.2　本次土系调查

3.2.1　依托项目

本次土系调查主要依托科技部基础性工作专项“我国土系调查与《中国土系志（中西部卷)》编制”(2014FY110200，2014～2018 年)。根据项目组安排，内蒙古自治区的土系调查，西部阿拉善盟由中国科学院南京土壤研究所负责完成，东部兴安盟、呼伦贝尔市由中国科学院东北地理与农业生态研究所负责完成，其余 9 盟（市）由沈阳农业大学负责；《中国土系志 · 内蒙古卷》的编制由课题主持人沈阳农业大学王秋兵统一协调完成。该项目于 2014 年 7 月 12～14 日在南京召开启动会。2014 年 11 月 22～25 日在长沙召开研讨会，针对典型单个土体布点技术与方法、野外工作技术与方法、土族与土系建立标准、样品分析测试技术等问题进行了深入研讨和系统培训，并通过野外考察对湖南省典型亚热带地区的 4 个土壤剖面的观察与描述、高级土壤分类单元划分和土族、土系的确定进行了现场讲解和分类研讨。

项目启动后，沈阳农业大学课题组分别在沈阳市和通辽市对参加野外调查和土系划分的师生进行培训。会议研讨和实地培训，对提升整体调查工作质量起到了重要作用。在此基础上，沈阳农业大学分4个小组分头分区调查，进一步增强了年轻骨干教师与学生对土系调查的直观和深刻认识。

在实施过程的关键节点，项目组多次召开不同类型的会议，如交流会（2015年12月11～13日，四川成都）、中期汇报会和学术委员会会议（2016年11月3～4日，江苏南京）、研讨会（2018年7月9～11日，陕西杨凌）、土系志专著审稿会（2019年5月9～12日，云南昆明）等，及时了解不同阶段的进展，查找问题，统一思想，完善规范，保证质量。

另外，为高质量完成任务，课题组邀请项目首席专家张甘霖研究员和骨干成员（中国科学院南京土壤研究所李德成研究员、华南农业大学卢瑛教授等）于2018年7月31日～8月6日对内蒙古东部的通辽市、锡林郭勒盟、兴安盟、呼伦贝尔市土壤进行专题调研，历时7d，行程约5000 km，实地考察8个土壤剖面。通过实地考察，对已确定的土壤高级分类单元和拟划分的土族土系进行了验证，并结合实地观察研究，提出了在《中国土壤系统分类检索》新版修订中拟增加"有机湿润正常新成土"亚类的建议。

"我国土系调查与《中国土系志·内蒙古卷》编制"课题于2019年11月27日在北京通过验收。

3.2.2 调查方法

1. 单个土体位置确定与调查方法

单个土体调查点的布置，主要是在综合考虑全区气候、地质地貌、成土母质、植被和土地利用等成土要素的基础上，遵循重要性（农林牧业利用价值大）、主要性（分布广，面积大）、独特性（分布面积虽小，但类型独特）、相对均匀性（全区各地尽量均匀）等原则，力图涵盖尽可能多的土壤类型，反映全区土壤类型分布特征。在全区各地布置了210多个调查观察点，从中选择了209个代表性典型单个土体建立土系。本次土系调查典型单个土体空间分布见图3-1，覆盖了内蒙古自治区的所有地级市（盟）和绝大多数县（旗、区）。

2. 野外单个土体调查和描述、土壤样品测定、系统分类归属的依据

对调查土壤剖面的地理位置、成土条件、性态特征进行了全面的描述，野外单个土体调查和描述依据中国科学院南京土壤研究所编著的《野外土壤描述与采样手册》，土壤颜色比色依据《中国土壤标准色卡》（中国科学院南京土壤研究所和中国科学院西安光学精密机械研究所，1989）。根据系统分类检索需要，对采集样品的发生学性质进行了全面的分析，包括分层土样的pH、有机质、CEC、交换性酸、交换性盐基、氧化铁形态（游离氧化铁和无定形氧化铁）、颗粒组成，部分土壤的黏土矿物类型、养分含量等。土样测定分析依据《土壤调查实验室分析方法》（张甘霖和龚子同，2012），土壤系统分类高级单元确定依据《中国土壤系统分类检索》（第三版）（中国科学院南京土壤研究所土壤系

统分类课题组和中国土壤系统分类课题研究协作组，2001)，土族和土系建立依据《中国土壤系统分类土族与土系划分标准》(张甘霖等，2013)。每一单个土体均有一套完整的景观照片、剖面照片和剖面记载表，某些剖面的特殊土层还拍摄了新生体、结构体等照片，获得大量第一手调查资料，并建立了规范的数据库。

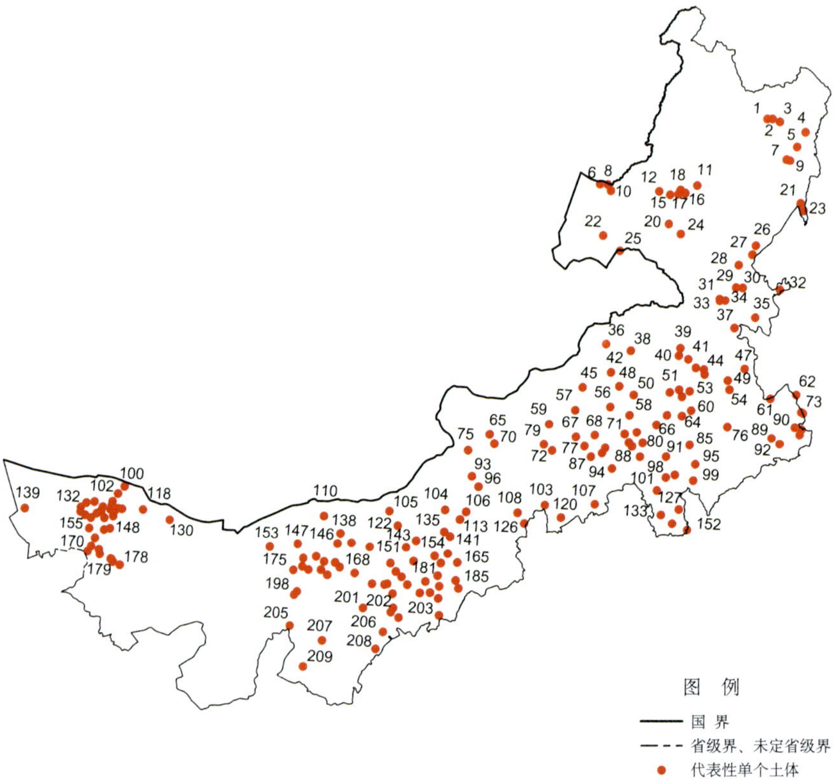

图 3-1　内蒙古自治区土系调查典型单个土体空间分布

3.2.3　土系建立情况

本次土系调查经过筛选和归并，共建立 205 个土系，涉及 8 个土纲，18 个亚纲，38 个土类，57 个亚类，126 个土族（表 3-1）。各典型土系的系统分类表见表 3-2，它们与第二次土壤普查土种的参比结果见附录。需要说明的是，由于本次土系调查采用的是土壤系统分类，其分类原则、方法和标准与第二次全国土壤普查所采用的土壤发生学分类体系有明显差别，土系与土种并非一一对应关系，二者的参比是粗略的，或大致相当的，不可能完全一致。各典型土系的详细信息见“下篇　区域典型土系”。

表 3-1　内蒙古自治区土系分布统计

序号	土纲	亚纲	土类	亚类	土族	土系
1	人为土	1	2	3	4	4
2	干旱土	1	4	8	15	22

续表

序号	土纲	亚纲	土类	亚类	土族	土系
3	盐成土	2	3	4	5	10
4	潜育土	2	4	4	4	4
5	均腐土	2	4	7	23	33
6	淋溶土	2	2	3	3	3
7	雏形土	4	12	18	57	112
8	新成土	4	7	10	15	17
合计		18	38	57	126	205

表 3-2 内蒙古自治区各典型土系的系统分类

土纲	亚纲	土类	亚类	土族	土系	典型剖面编号
人为土	旱耕人为土	灌淤旱耕人为土	斑纹灌淤旱耕人为土	黏壤质混合型石灰性冷性-斑纹灌淤旱耕人为土	永记系	15-154
				壤质混合型石灰性冷性-斑纹灌淤旱耕人为土	美星系	15-130
			普通灌淤旱耕人为土	黏壤质混合型石灰性温性-普通灌淤旱耕人为土	渠西系	15-163
		土垫旱耕人为土	斑纹土垫旱耕人为土	壤质混合型石灰性冷性-斑纹土垫旱耕人为土	韩五系	15-131
干旱土	正常干旱土	钙积正常干旱土	钠质钙积正常干旱土	砂质盖粗骨砂质硅质混合型温性-钠质钙积正常干旱土	大柴滩西系	Pln-021
			石膏钙积正常干旱土	粗骨砂质硅质混合型温性-石膏钙积正常干旱土	嘎顺扎德系	YZ-030
					吴忠乌苏系	YZ-027
					喜桂图系	HH-060
				砂质盖粗骨质硅质混合型温性-石膏钙积正常干旱土	呼布音系	HH-061
				砂质硅质混合型温性-石膏钙积正常干旱土	呼德特勃系	YG-027
					乌兰格日系	YG-026
		盐积正常干旱土	钠质盐积正常干旱土	粗骨砂质硅质混合型石灰性温性-钠质盐积正常干旱土	桑格音乌系	DC-012
			石膏盐积正常干旱土	粗骨黏壤质混合型石灰性温性-石膏盐积正常干旱土	哈墩呼舒系	HH-062
		石膏正常干旱土	斑纹石膏正常干旱土	砂质硅质混合型石灰性温性-斑纹石膏正常干旱土	吉日格日系	Pln-002
			普通石膏正常干旱土	粗骨砂质硅质混合型石灰性温性-普通石膏正常干旱土	考勒巴系	Pln-010
				粗骨质硅质混合型石灰性温性-普通石膏正常干旱土	巴拉吉日系	YZ-034
				砂质硅质混合型石灰性温性-普通石膏正常干旱土	吉格德阿系	YZ-031
				黏壤质硅质混合型石灰性温性-普通石膏正常干旱土	推日木图系	LF-024
		简育正常干旱土	弱石膏简育正常干旱土	粗骨砂质硅质混合型石灰性冷性-弱石膏简育正常干旱土	策克嘎查系	YZ-032
			普通简育正常干旱土	粗骨砂质硅质混合型石灰性温性-普通简育正常干旱土	嘛尼查干系	HH058
				砂质盖粗骨质硅质混合型石灰性温性-普通简育正常干旱土	东风镇系	YG-031
					藏查干系	LF-025
				砂质硅质混合型石灰性温性-普通简育正常干旱土	额很合热系	Pln-009
					哈日波日系	Pln-027
					浩雅呼都系	YG-029
					呼舒乌拉系	Pln-028

续表

土纲	亚纲	土类	亚类	土族	土系	典型剖面编号
盐成土	碱积盐成土	潮湿碱积盐成土	弱盐潮湿碱积盐成土	砂质硅质混合型石灰性冷性-弱盐潮湿碱积盐成土	准巴嘎系	15-002
	正常盐成土	干旱正常盐成土	普通干旱正常盐成土	粗骨质盖砂质硅质混合型石灰性温性-普通干旱正常盐成土	三白滩系	YZ-HT
				黏壤质硅质混合型石灰性温性-普通干旱正常盐成土	准乌素系	Pln-005
		潮湿正常盐成土	结壳潮湿正常盐成土	砂质硅质混合型石灰性温性-结壳潮湿正常盐成土	阿给音系	YG-034
					杭盖音系	YZ-025
					老奔系	LF-027
					木吉湖系	LF-026
					沙尔高脑系	LF-028
					扎兰乃系	YG-035
			普通潮湿正常盐成土	壤质硅质混合型石灰性温性-普通潮湿正常盐成土	赛汉陶来系	HH-059
潜育土	永冻潜育土	有机永冻潜育土	纤维有机永冻潜育土	黏壤质混合型酸性-纤维有机永冻潜育土	兴安岭系	15-084
		简育永冻潜育土	普通简育永冻潜育土	黏壤质混合型酸性-普通简育永冻潜育土	齐奇岭系	15-086
	正常潜育土	暗沃正常潜育土	石灰暗沃正常潜育土	壤质混合型寒性-石灰暗沃正常潜育土	哈克北系	15-056
		简育正常潜育土	石灰简育正常潜育土	砂质硅质混合型冷性-石灰简育正常潜育土	十家子系	15-101
均腐土	干润均腐土	寒性干润均腐土	钙积寒性干润均腐土	粗骨壤质混合型-钙积寒性干润均腐土	灵泉系	15-078
				黏壤质混合型-钙积寒性干润均腐土	牙克石系	15-061
				壤质混合型-钙积寒性干润均腐土	风毛台系	15-058
					海拉尔系	15-055
					满洲里系	15-080
					哈克东系	15-057
					巴音塔拉系	15-076
			普通寒性干润均腐土	粉壤质混合型石灰性-普通寒性干润均腐土	伊敏河系	15-082
		暗厚干润均腐土	钙积暗厚干润均腐土	砂质混合型冷性-钙积暗厚干润均腐土	宝格德乌拉系	15-077
				黏壤质混合型冷性-钙积暗厚干润均腐土	上徒亥系	15-114
			普通暗厚干润均腐土	砂质硅质混合型石灰性冷性-普通暗厚干润均腐土	白音锡勒系	15-033
				砂质硅质混合型非酸性冷性-普通暗厚干润均腐土	浩勒图系	15-026
					老盘道系	15-019
				黏质混合型非酸性冷性-普通暗厚干润均腐土	乌兰格系	15-074
				黏壤质混合型非酸性冷性-普通暗厚干润均腐土	乌宝力格系	15-018
					查木罕系	15-017
					扎兰屯系	15-052

续表

土纲	亚纲	土类	亚类	土族	土系	典型剖面编号
均腐土	干润均腐土	简育干润均腐土	普通简育干润均腐土	粗骨壤质混合型非酸性冷性-普通简育干润均腐土	白辛系	15-067
				黏壤质盖粗骨砂质混合型非酸性冷性-普通简育干润均腐土	索伦系	15-072
				黏壤质混合型石灰性冷性-普通简育干润均腐土	白音敖包系	15-170
					哈新山系	15-022
					可汗山系	15-102
				壤质盖粗骨质混合型非酸性冷性-普通简育干润均腐土	乌罕达巴系	15-104
				壤质混合型石灰性冷性-普通简育干润均腐土	宝昌系	15-150
					元恒永系	15-121
	湿润均腐土	简育湿润均腐土	斑纹简育湿润均腐土	砂质硅质混合型非酸性冷性-斑纹简育湿润均腐土	巴彦查干系	15-007
				黏质混合型非酸性冷性-斑纹简育湿润均腐土	雅尔根楚系	15-053
				黏壤质混合型非酸性冷性-斑纹简育湿润均腐土	汉古尔河系	15-088
				壤质混合型石灰性冷性-斑纹简育湿润均腐土	朱尔圪岱系	15-133
			普通简育湿润均腐土	粗骨壤质混合型非酸性寒性-普通简育湿润均腐土	鄂伦春系	15-063
				黏质混合型非酸性冷性-普通简育湿润均腐土	尼尔基系	15-087
				黏壤质混合型非酸性寒性-普通简育湿润均腐土	古里系	15-062
				壤质盖粗骨质混合型石灰性冷性-普通简育湿润均腐土	巴仁太本系	15-066
淋溶土	冷凉淋溶土	简育冷凉淋溶土	斑纹简育冷凉淋溶土	砂质混合型石灰性-斑纹简育冷凉淋溶土	大青山系	15-116
			普通简育冷凉淋溶土	黏壤质混合型石灰性-普通简育冷凉淋溶土	浩尧尔音系	15-153
	干润淋溶土	简育干润淋溶土	普通简育干润淋溶土	黏质混合型石灰性冷性-普通简育干润淋溶土	新房村系	15-189
雏形土	寒冻雏形土	永冻寒冻雏形土	普通永冻寒冻雏形土	黏壤质混合型非酸性-普通永冻寒冻雏形土	巴彦库仁系	15-083
		潮湿寒冻雏形土	暗色潮湿寒冻雏形土	壤质盖粗骨质混合型非酸性-暗色潮湿寒冻雏形土	巴岱系	15-075
		暗沃寒冻雏形土	石灰暗沃寒冻雏形土	砂质混合型-石灰暗沃寒冻雏形土	胪膑系	15-079
			普通暗沃寒冻雏形土	黏质混合型非酸性-普通暗沃寒冻雏形土	大杨树系	15-065
		简育寒冻雏形土	普通简育寒冻雏形土	粗骨壤质混合型非酸性-普通简育寒冻雏形土	阿里河系	15-085
	潮湿雏形土	暗色潮湿雏形土	普通暗色潮湿雏形土	黏壤质混合型非酸性寒性-普通暗色潮湿雏形土	宜里系	15-064
		淡色潮湿雏形土	水耕淡色潮湿雏形土	壤质混合型石灰性冷性-水耕淡色潮湿雏形土	敖林阿伯系	15-003
			弱盐淡色潮湿雏形土	砂质硅质混合型石灰性冷性-弱盐淡色潮湿雏形土	西阿都沁系	15-004
				砂质硅质混合型石灰性温性-弱盐淡色潮湿雏形土	毛川吉系	YG-028

续表

土纲	亚纲	土类	亚类	土族	土系	典型剖面编号
雏形土	潮湿雏形土	淡色潮湿雏形土	弱盐淡色潮湿雏形土	黏质混合型石灰性冷性-弱盐淡色潮湿雏形土	景杨林系	15-136
				黏壤质混合型石灰性冷性-弱盐淡色潮湿雏形土	敖木罕查系	15-107
				壤质混合型石灰性冷性-弱盐淡色潮湿雏形土	希热吐系	15-115
					达里诺尔系	15-021
			石灰淡色潮湿雏形土	砂质硅质混合型冷性-石灰淡色潮湿雏形土	布迪系	15-001
				砂质硅质混合型温性-石灰淡色潮湿雏形土	吉日嘎朗系	YZ-033
				黏质混合型冷性-石灰淡色潮湿雏形土	东哈家系	15-128
				黏壤质混合型冷性-石灰淡色潮湿雏形土	五分子系	15-172
					塔尔湖系	15-134
					王玉营系	15-140
					新元系	15-138
					元井系	15-155
				壤质混合型冷性-石灰淡色潮湿雏形土	白脑包系	15-157
					官将系	15-129
					黑柳子系	15-135
			普通淡色潮湿雏形土	黏质混合型非酸性冷性-普通淡色潮湿雏形土	吉日根系	15-070
	干润雏形土	灌淤干润雏形土	斑纹灌淤干润雏形土	黏质混合型石灰性冷性-斑纹灌淤干润雏形土	大井壕系	15-166
				黏壤质混合型石灰性冷性-斑纹灌淤干润雏形土	隆兴昌系	15-132
		铁质干润雏形土	石质铁质干润雏形土	壤质混合型石灰性冷性-石质铁质干润雏形土	巴音敖包系	15-144
		底锈干润雏形土	石灰底锈干润雏形土	砂质硅质混合型冷性-石灰底锈干润雏形土	哈素海系	15-126
					乃林高勒系	15-176
				黏壤质盖粗骨质混合型冷性-石灰底锈干润雏形土	军马场系	15-108
				黏壤质混合型冷性-石灰底锈干润雏形土	布尔台系	15-035
					达林台系	15-178
					沙尔呼热系	15-103
				壤质混合型冷性-石灰底锈干润雏形土	大佘太系	15-139
					小林坝系	15-120
			暗沃底锈干润雏形土	黏壤质混合型石灰性温性-暗沃底锈干润雏形土	大庙系	15-184
		暗沃干润雏形土	钙积暗沃干润雏形土	黏壤质混合型冷性-钙积暗沃干润雏形土	谢尔塔拉系	15-059
			普通暗沃干润雏形土	粗骨壤质混合型非酸性冷性-普通暗沃干润雏形土	哈多河系	15-051
				砂质盖粗骨质混合型石灰性冷性-普通暗沃干润雏形土	哈日陶勒盖系	15-036
				黏质盖粗骨质混合型石灰性冷性-普通暗沃干润雏形土	沙布尔台系	15-009
				黏壤质盖粗骨砂质混合型非酸性冷性-普通暗沃干润雏形土	前景阳系	15-069
				黏壤质盖粗骨质混合型非酸性冷性-普通暗沃干润雏形土	摩天岭系	15-122
				黏壤质混合型石灰性冷性-普通暗沃干润雏形土	白音乌拉系	15-025
				黏壤质混合型非酸性冷性-普通暗沃干润雏形土	阿拉达尔系	15-073

续表

土纲	亚纲	土类	亚类	土族	土系	典型剖面编号
雏形土	干润雏形土	暗沃干润雏形土	普通暗沃干润雏形土	壤质混合型石灰性冷性-普通暗沃干润雏形土	西马拉沁系	15-113
					二道系	15-188
				壤质混合型非酸性冷性-普通暗沃干润雏形土	西山根系	15-023
		简育干润雏形土	钙积简育干润雏形土	粗骨砂质盖粗骨质硅质混合型冷性-钙积简育干润雏形土	郭尔奔系	15-046
				粗骨砂质硅质混合型冷性-钙积简育干润雏形土	布鲁特黑系	15-050
				粗骨壤质混合型冷性-钙积简育干润雏形土	耳字壕系	15-164
				砂质硅质混合型冷性-钙积简育干润雏形土	巴音杭盖系	15-147
					巴音温都系	15-156
					巴音希勒系	15-047
					额尔登系	15-042
					毛忽洞系	15-125
					赛乌素系	15-158
					西桃花湾系	15-143
					古城系	15-168
				黏壤质混合型冷性-钙积简育干润雏形土	玛尼图系	15-008
					木头沟系	15-180
					喜挂图系	15-030
				壤质盖粗骨质混合型冷性-钙积简育干润雏形土	高家梁子系	15-182
				壤质混合型冷性-钙积简育干润雏形土	塔本呼都系	15-031
					乌兰忽洞系	15-141
			普通简育干润雏形土	粗骨砂质硅质混合型石灰性冷性-普通简育干润雏形土	查干呼舒系	15-043
					满代沟系	15-142
				粗骨砂质混合型石灰性冷性-普通简育干润雏形土	扎哈音乌拉系	15-040
				粗骨壤质混合型石灰性冷性-普通简育干润雏形土	夏日哈达系	15-049
				砂质盖粗骨质硅质混合型石灰性冷性-普通简育干润雏形土	温更系	15-148
				砂质硅质混合型石灰性冷性-普通简育干润雏形土	巴彦查干系	15-151
					察汗淖尔系	15-171
					都兰敖包系	15-038
					甘珠日庙系	15-175
					耗来沟系	15-152
					哈勒拉哈音系	15-149
					海日罕乌拉系	15-034
					葫芦素系	15-173
					热水塘系	15-020
					赛汉塔拉系	15-045
					陶勒盖系	15-041
					乌兰宝拉格系	15-039
					乌呼楞楚鲁系	15-146
					陕坝系	15-159
					森林屯系	15-013

续表

土纲	亚纲	土类	亚类	土族	土系	典型剖面编号
雏形土	干润雏形土	简育干润雏形土	普通简育干润雏形土	砂质硅质混合型非酸性冷性-普通简育干润雏形土	道特淖尔系	15-032
					萨麦系	15-029
				黏质盖粗骨质混合型石灰性冷性-普通简育干润雏形土	毕克齐系	15-124
				壤质盖粗骨壤质混合型石灰性冷性-普通简育干润雏形土	石哈河系	15-145
				黏质混合型石灰性冷性-普通简育干润雏形土	黑里河系	15-190
				黏壤质混合型石灰性冷性-普通简育干润雏形土	宝力根系	15-027
					大窑系	15-118
					蒙海系	15-161
					神山沟系	15-179
					添漫沟系	15-177
					希尼乌素系	15-169
				黏壤质混合型非酸性冷性-普通简育干润雏形土	白音诺尔系	15-016
					宝林系	15-024
					浩尔吐系	15-011
				壤质混合型石灰性冷性-普通简育干润雏形土	白沙泉系	15-119
					查干楚鲁系	15-112
					大沙湾系	15-181
					地猫土塔系	15-127
					关碾房系	15-162
					花根壕系	15-123
					赛音呼都系	15-137
					上瓦房系	15-186
					塔沙系	15-048
					西莫瑞系	15-109
					羊房滩系	15-117
				壤质混合型石灰性温性-普通简育干润雏形土	南羊场系	15-167
	湿润雏形土	冷凉湿润雏形土	暗沃冷凉湿润雏形土	粗骨黏壤质混合型非酸性冷性-暗沃冷凉湿润雏形土	葛根敖包系	15-071
新成土	砂质新成土	寒冻砂质新成土	石灰寒冻砂质新成土	硅质混合型-石灰寒冻砂质新成土	古伊敏河系	15-060
			普通寒冻砂质新成土	硅质混合型非酸性-普通寒冻砂质新成土	红花尔基系	15-081
		干旱砂质新成土	石灰干旱砂质新成土	硅质混合型冷性-石灰干旱砂质新成土	嘎朗图系	15-160
		干润砂质新成土	石灰干润砂质新成土	硅质混合型冷性-石灰干润砂质新成土	旧地系	15-165
	冲积新成土	潮湿冲积新成土	石灰潮湿冲积新成土	砂质硅质混合型冷性-石灰潮湿冲积新成土	吉仁高勒系	15-028
				黏壤质混合型冷性-石灰潮湿冲积新成土	东山湾系	15-174
				壤质混合型寒性-石灰潮湿冲积新成土	巴彦嵯岗系	15-054

续表

土纲	亚纲	土类	亚类	土族	土系	典型剖面编号
新成土	干润新成土	砂质干润新成土	普通砂质干润新成土	硅质混合型非酸性冷性-普通砂质干润新成土	卓伦系	15-037
	正常新成土	干旱正常新成土	石灰干旱正常新成土	砂质硅质混合型温性-石灰干旱正常新成土	巴彦宝格德系	YG-032
					桑格音达系	YG-030
		干润正常新成土	石质干润正常新成土	粗骨质硅质混合型石灰性冷性-石质干润正常新成土	呼拉延系	15-044
				砂质盖粗骨质混合型非酸性冷性-石质干润正常新成土	巴彦胡硕系	15-106
				黏质混合型非酸性冷性-石质干润正常新成土	边墙里系	15-014
				黏壤质混合型石灰性冷性-石质干润正常新成土	三合系	15-012
			石灰干润正常新成土	砂质硅质混合型冷性-石灰干润正常新成土	艾勒系	15-111
					巴雅尔图系	15-105
			普通干润正常新成土	砂质硅质混合型非酸性冷性-普通干润正常新成土	新井系	15-015

下篇　区域典型土系

第4章 人 为 土

4.1 斑纹灌淤旱耕人为土

4.1.1 永记系（Yongji Series）[①]

土 族：黏壤质混合型石灰性冷性-斑纹灌淤旱耕人为土

拟定者：贾树海，王洪志，杜 蒙，张国建，孙仲秀，王秋兵

分布与环境条件 主要分布于内蒙古自治区巴彦淖尔市中西部一带，河套平原，海拔介于1022～1050 m，母质为冲积物，旱地，温带大陆性季风气候，年均气温约7.5 ℃，年均降水量约135.2 mm，年均日照时数约3220 h，无霜期为120～128 d。

永记系典型景观

土壤性状与特征变幅 诊断层包括灌淤表层；诊断特性包括潮湿土壤水分状况、冷性土壤温度状况、氧化还原特征和石灰性。土体厚度1 m以上，藻淤表层厚度约24 cm，通体存在石灰反应，深24 cm以下出现氧化还原特征，有机碳含量为3.0～12.0 g/kg，容重为1.85～1.95 g/cm^3，pH为8.0～8.4，层次质地构型为粉质黏壤土-黏壤土-砂质黏壤土-砂质壤土，砂粒含量为60～610 g/kg。

对比土系 美星系，同一亚类不同土族，颗粒大小级别不同，为壤质。

---

① 括号内为土系的英文名。土系英文名命名原则为土系名汉字拼音加Series。

利用性能综述　地势平坦，土层较厚，砂粒含量较高，养分含量较低。应注意用养结合，科学施用有机肥并秸秆还田覆盖地表，培肥地力并防止沙化；合理灌溉，防止土壤盐渍化。

参比土种　壤质盐化灌淤土。

代表性单个土体　位于内蒙古自治区巴彦淖尔市杭锦后旗团结镇永记圪旦，坐标为41°07′59.70″N，107°11′21.60″E，海拔为1022 m，较平坦平原，母质为冲积物，水浇地，种植玉米，年均气温为7.5 ℃，年均降水量为135.2 mm，野外调查采样日期为2015年10月4日，编号15-154。

永记系代表性单个土体剖面

Apu：0～24 cm，浊黄棕色（10YR 5/4，干），浊黄棕色（10YR 5/3，润），粉质黏壤土，发育强的团粒状结构，疏松，中量根系，有木炭，强石灰反应，向下层波状清晰过渡。

Bkr1：24～51 cm，浊黄橙色（10YR 6/4，干），浊黄棕色（10YR 5/4，润），黏壤土，发育强的片状结构，极疏松，少量根系，少量锈纹锈斑和碳酸钙结核，强石灰反应，向下层平滑清晰过渡。

Bkr2：51～90 cm，浊黄橙色（10YR 7/4，干），浊黄橙色（10YR 6/4，润），砂质黏壤土，块状结构，极疏松，很少量根系，少量锈纹锈斑，强石灰反应，向下层平滑清晰过渡。

Ckr：90～133 cm，浊黄橙色（10YR 6/4，干），浊黄棕色（10YR 5/4，润），砂质壤土，块状结构，疏松，少量锈纹锈斑，强石灰反应。

永记系代表性单个土体物理性质

土层	深度/cm	细土颗粒组成(粒径：mm)/(g/kg)			质地	容重/(g/cm³)
		砂粒 2～0.05	粉粒 0.05～0.002	黏粒 ＜0.002		
Apu	0～24	62	612	326	粉质黏壤土	1.87
Bkr1	24～51	393	244	363	黏壤土	1.90
Bkr2	51～90	514	164	322	砂质黏壤土	1.85
Ckr	90～133	605	234	162	砂质壤土	1.95

永记系代表性单个土体化学性质

深度/cm	pH (H_2O)	有机碳/(g/kg)	全氮(N)/(g/kg)	全磷(P)/(g/kg)	全钾(K)/(g/kg)	CEC/(cmol/kg)	$CaCO_3$/(g/kg)	BS/%
0～24	8.4	11.4	0.90	0.63	26.5	64.0	77.7	91
24～51	8.4	5.0	0.43	0.52	25.0	63.1	95.6	99
51～90	8.4	4.4	0.22	0.38	23.6	52.5	26.4	98
90～133	8.0	3.3	0.22	0.40	26.5	61.6	72.6	94

4.1.2　美星系（Meixing Series）

土　族：壤质混合型石灰性冷性-斑纹灌淤旱耕人为土
拟定者：贾树海，王洪志，杜　蒙，张国建，孙仲秀，王秋兵

分布与环境条件　主要分布于内蒙古自治区巴彦淖尔市中部一带，平原，海拔为 900～1500m，母质为冲积物，旱地，引黄灌溉，温带大陆性季风气候，年均气温约 7.3 ℃，年均降水量约 191.3 mm，年均日照时数约 3263 h，无霜期为 117～136 d。

美星系典型景观

土壤性状与特征变幅　诊断层包括灌淤表层和雏形层；诊断特性包括潮湿土壤水分状况、冷性土壤温度状况、氧化还原特征和石灰性。土体厚度 1 m 以上，通体存在石灰反应，深 95 cm 以下出现氧化还原特征，有机碳含量为 0.0～9.0 g/kg，容重为 1.62～1.71 g/cm^3，碳酸钙含量为 7～40 g/kg，pH 为 8.4～8.5，层次质地构型为粉壤土-粉质黏土，砂粒含量为 2～22 g/kg。

对比土系　永记系，同一亚类不同土族，颗粒大小级别不同，为黏壤质。

利用性能综述　地势平坦，土层较厚，透水性好，土壤养分含量偏低，应增强有机物料的投入，实行秸秆还田，增加耕层厚度，改善土壤物理性状；合理灌溉，防止土壤盐渍化。

参比土种　壤质石灰性草甸土。

代表性单个土体　位于内蒙古自治区巴彦淖尔市五原县胜丰镇美星村，坐标为

40°56′47.10″N，108°20′20.50″E，海拔为 1013 m，平原，母质为冲积物，旱地，引黄灌溉，种植玉米和向日葵，年均气温为 7.3 ℃，年均降水量为 191.3 mm，野外调查采样日期为 2015 年 10 月 2 日，编号 15-130。

美星系代表性单个土体剖面

Apuk：0～20 cm，棕色（10YR 4/4，干），浊黄棕色（10YR 4/3，润），粉壤土，团粒状结构，疏松，少量根系，有木炭，中度石灰反应，向下层波状清晰过渡。

ABuk：20～62 cm，淡黄色（2.5Y 7/4，干），浊黄棕色（10YR 5/4，润），粉壤土，块状结构，疏松，很少量根系，有木炭，中度石灰反应，向下层平滑清晰过渡。

Bwk：62～95 cm，淡黄色（2.5Y 7/4，干），浊黄棕色（10YR 5/4，润），粉壤土，块状结构，疏松，很少量根系，强石灰反应，向下层平滑清晰过渡。

Bkr：95～124 cm，棕色（10YR 4/6，干），橄榄棕色（2.5Y 4/6，润），粉质黏土，块状结构，稍坚实，可见锈纹锈斑，强石灰反应。

美星系代表性单个土体物理性质

土层	深度 /cm	细土颗粒组成(粒径：mm)/(g/kg)			质地	容重 /(g/cm³)
		砂粒 2～0.05	粉粒 0.05～0.002	黏粒 <0.002		
Apuk	0～20	22	735	242	粉壤土	1.54
ABuk	20～62	2	837	161	粉壤土	1.62
Bwk	62～95	3	797	200	粉壤土	1.64
Bkr	95～124	5	544	451	粉质黏土	1.71

美星系代表性单个土体化学性质

深度 /cm	pH (H_2O)	有机碳 /(g/kg)	全氮(N) /(g/kg)	全磷(P) /(g/kg)	全钾(K) /(g/kg)	CEC /(cmol/kg)	$CaCO_3$ /(g/kg)
0～20	8.4	8.8	0.65	0.59	22.6	28.3	39.5
20～62	8.5	7.0	0.31	0.55	21.2	25.7	10.6
62～95	8.5	1.0	0.22	0.36	22.2	27.9	7.2
95～124	8.4	0.7	0.21	0.34	23.8	24.2	13.6

4.2　普通灌淤旱耕人为土

4.2.1　渠西系（Quxi Series）

土　族：黏壤质混合型石灰性温性-普通灌淤旱耕人为土

拟定者：边振兴，高建飞，孙　雪，刚　晨

分布与环境条件　主要分布于内蒙古自治区西部，地处乌兰布和沙漠东部边缘，高原，海拔为1010～2046 m，母质为冲积物，旱地，暖温带大陆性季风气候，年均气温约8.4 ℃，年均降水量约151.1 mm，年均日照时数约3300 h，无霜期约130 d。

渠西系典型景观

土壤性状与特征变幅　诊断层包括灌淤表层；诊断特性包括温性土壤温度状况、半干润土壤水分状况和石灰性。土体厚度1 m以上，通体存在石灰反应，有机碳含量为2.0～12.0 g/kg，容重为1.55～1.67 g/cm^3，pH为7.7～8.4，层次质地构型为黏壤土-粉壤土-壤质砂土，砂粒含量为28～825 g/kg。

对比土系　美星系和永记系具有氧化还原特征，为斑纹灌淤旱耕人为土，与本土系属于同一土类不同亚类。

利用性能综述　地势平坦，土层深厚，底砂，土壤养分含量较低，尤其土壤全氮含量较低，干旱缺水，生产上需要根据种植作物需求适当补充氮肥等措施培肥地力；合理灌溉，防止土壤盐渍化。

参比土种　壤质潮灌淤土。

代表性单个土体　位于内蒙古自治区巴彦淖尔市磴口县渡口镇渠西村，坐标为 40°21′23.62″N，107°02′58.76″E，海拔为 1010 m，高原，母质为冲积物，耕地，种植玉米，年均气温为 8.4 ℃，年均降水量为 151.1 mm，野外调查采样日期为 2015 年 10 月 4 日，编号 15-163。

渠西系代表性单个土体剖面

Aupk：0～27 cm，淡黄橙色（10YR 7/3，干），黄棕色（10YR 5/6，润），黏壤土，团块状结构，疏松，中量根系，有木炭，强石灰反应，向下层平滑渐变过渡。

ABuk：27～62 cm，浊黄橙色（10YR 7/4，干），黄棕色（10YR 5/6，润），粉壤土，片状结构，稍坚实，少量根系，有木炭，强石灰反应，向下层平滑清晰过渡。

BCk：62～100 cm，浊黄橙色（10YR 7/4，干），黄棕色（10YR 5/6，润），粉壤土，块状结构，稍坚实，少量根系，强石灰反应，向下层平滑清晰过渡。

Ck：100～126 cm，淡黄橙色（10YR 8/4，干），亮黄棕色（10YR 6/6，润），壤质砂土，无结构，松散，极少量根系，中度石灰反应。

渠西系代表性单个土体物理性质

土层	深度 /cm	细土颗粒组成 (g/kg) (粒径：mm)			质地	容重 /(g/cm³)
		砂粒 2～0.05	粉粒 0.05～0.002	黏粒 <0.002		
Aupk	0～27	189	551	260	黏壤土	1.55
ABuk	27～62	28	627	345	粉壤土	1.67
BCk	62～100	26	634	340	粉壤土	1.62
Ck	100～126	821	139	40	壤质砂土	1.61

渠西系代表性单个土体化学性质

深度 /cm	pH (H_2O)	有机碳 /(g/kg)	全氮(N) /(g/kg)	全磷(P) /(g/kg)	全钾(K) /(g/kg)	CEC /(cmol/kg)	$CaCO_3$ /(g/kg)	BS /%
0～27	8.1	11.2	0.05	1.21	38.6	31.9	57.7	95
27～62	8.4	5.6	0.03	0.55	35.4	55.2	55.5	87
62～100	8.3	2.5	0.02	0.52	33.4	52.2	55.5	80
100～126	7.7	2.4	0.05	0.24	21.5	5.4	65.3	89

4.3 斑纹土垫旱耕人为土

4.3.1 韩五系（Hanwu Series）

土 族：壤质混合型石灰性冷性-斑纹土垫旱耕人为土

拟定者：边振兴，高建飞，孙 雪，刚 晨

分布与环境条件 主要分布于内蒙古自治区包头市九原区麻池镇一带，冲积平原，海拔为980～1200 m，母质为冲积物，水浇地，北温带大陆性季风气候，年均气温约6.9 ℃，年均降水量约289.3 mm，年均日照时数约3177 h，无霜期约165 d。

韩五系典型景观

土壤性状与特征变幅 诊断层包括堆垫表层和雏形层；诊断特性包括冷性土壤温度状况、潮湿土壤水分状况、氧化还原特征和石灰性。土体厚度1 m以上，堆垫表层厚度87 cm，雏形层厚度约43 cm，通体存在石灰反应，深20 cm以下出现氧化还原特征，有机碳含量为8.0～21.0 g/kg，容重为1.68～2.59 g/cm^3，pH为8.1～8.2，层次质地构型为壤土-粉壤土-砂质壤土，砂粒含量为260～520 g/kg。

对比土系 美星系和永记系具有灌淤表层，为斑纹灌淤旱耕人为土，与本土系属于同一亚纲不同土类。

利用性能综述 地势平坦，土层深厚，灌溉条件良好，应注意灌溉方式，防止大水漫灌造成的次生盐渍化。

参比土种　壤质潮灌淤土。

代表性单个土体　位于内蒙古自治区包头市九原区麻池镇韩五村，坐标为40°33′58.72″N，109°49′34.60″E，海拔为981 m，冲积平原，母质为冲积物，水浇地，年均气温为6.9 ℃，年均降水量为289.3 mm，野外调查采样日期为2015年10月1日，编号15-131。

韩五系代表性单个土体剖面

Aupk：0～20 cm，浊黄橙色（10YR 7/3，干），浊黄棕色（10YR 5/3，润），壤土，发育强的小团粒状结构，疏松，中量根系，强石灰反应，向下层平滑渐变过渡。

ABkr1：20～36 cm，浊黄橙色（10YR 7/3，干），浊黄棕色（10YR 5/4，润），粉壤土，发育强的小团粒状结构，稍坚实，少量根系，少量锈纹锈斑，中度石灰反应，向下层平滑渐变过渡。

ABkr2：36～87 cm，浊黄橙色（10YR 7/3，干），浊黄棕色（10YR 5/4，润），粉壤土，发育中等的小块状结构，稍坚实，少量根系，少量锈纹锈斑，中度石灰反应，向下层平滑渐变过渡。

Bkr：87～130 cm，亮黄棕色（10YR 7/6，干），浊黄橙色（10YR 6/4，润），砂质壤土，稍坚实，发育中等的块状结构，少量锈纹锈斑，中度石灰反应。

韩五系代表性单个土体物理性质

土层	深度 /cm	细土颗粒组成(粒径：mm)/(g/kg)			质地	容重 /(g/cm^3)
		砂粒 2～0.05	粉粒 0.05～0.002	黏粒 <0.002		
Aupk	0～20	430	451	120	壤土	1.68
ABkr1	20～36	325	635	40	粉壤土	1.85
ABkr2	36～87	266	654	80	粉壤土	2.59
Bkr	87～130	520	400	80	砂质壤土	2.00

韩五系代表性单个土体化学性质

深度 /cm	pH (H_2O)	有机碳 /(g/kg)	全氮(N) /(g/kg)	全磷(P) /(g/kg)	全钾(K) /(g/kg)	CEC /(cmol/kg)	$CaCO_3$ /(g/kg)
0～20	8.1	20.9	1.10	0.58	5.3	9.2	49.6
20～36	8.2	8.5	0.21	0.80	5.6	15.3	55.0
36～87	8.2	15.3	0.08	0.81	7.6	25.9	55.5
87～130	8.2	8.0	0.07	0.81	7.5	23.0	55.0

第5章　干　旱　土

5.1　钠质钙积正常干旱土

5.1.1　大柴滩西系（Dachaitanxi Series）

土　族：砂质盖粗骨砂质硅质混合型温性-钠质钙积正常干旱土

拟定者：李德成，张甘霖，赵玉国

分布与环境条件　主要分布于内蒙古自治区阿拉善盟额济纳旗一带，洪积平原，海拔介于820～1020 m，母质为洪积物，戈壁，中温带大陆性季风气候，年均气温约8.2 ℃，年均降水量约46.4 mm，年均日照时数为2600～3500 h，无霜期为138～150 d。

大柴滩西系典型景观

土壤性状与特征变幅　诊断层包括干旱表层和钙积层；诊断特性包括温性土壤温度状况、干旱土壤水分状况、钠质特性和石灰性。地表遍布粗碎块，土体厚度约50 cm，通体有石灰反应，干旱结皮厚度为1～4 cm，干旱表层厚度为5～15 cm，具有钠质特性，钙积层出现在地表下10 cm，厚度40 cm以上，碳酸钙含量为50～230 g/kg，pH为7.3～9.7，层次质地构型为砂质壤土-砂土，砂粒含量为770～950 g/kg，砾石含量为5%～60%。

对比土系　嘎顺扎德系、吴忠乌苏系、喜桂图系、呼德特勃系和乌兰格日系，同一土类不同亚类，为石膏钙积正常干旱土。准乌素系，空间相邻，但为不同土纲，准乌素系具有盐积层，为盐成土。桑格音达系，空间相邻，但为不同土纲，桑格音达系为新成土。

利用性能综述 地势平坦，土体较厚，砾石较多，养分含量低，干旱缺水，植被盖度极低。应封境，有水源条件的可育草育灌，逐步改善生态环境。

参比土种 氯化物碱化灰棕漠土。

代表性单个土体 位于内蒙古自治区阿拉善盟额济纳旗赛汉陶来苏木准乌素南，大柴滩西，坐标为 41°48′20.79″N，99°55′15.59″E，海拔为 921 m，洪积平原，母质为洪积物，裸地，年均气温为 8.2 ℃，年均降水量为 46.4 mm，野外调查采样日期为 2012 年 8 月 18 日，编号 Pln-021。

大柴滩西系代表性单个土体剖面

K： +2～0 cm，干旱结皮。

A： 0～10 cm，浊橙色（7.5YR 7/4，干），灰棕色（7.5YR 5/2，润），5%砾石，砂质壤土，发育弱的粒状-小片状结构，松散-坚硬，有宽约 2 mm 裂隙，中度石灰反应，向下层波状渐变过渡。

Bzk1：10～26 cm，50%浊橙色（7.5YR 7/4，干），灰棕色（7.5YR 5/2，润），50%淡黄橙色（7.5YR 8/3，干），灰棕色（7.5YR 6/2，润），5%砾石，砂土，发育弱的中块状结构，坚硬，有宽约 2 mm 裂隙，可见碳酸钙粉末，强石灰反应，向下层波状渐变过渡。

Bzk2：26～50 cm，80%浊橙色（7.5YR 7/4，干），灰棕色（7.5YR 5/2，润），20%淡黄橙色（7.5YR 8/3，干），灰棕色（7.5YR 6/2，润），5%砾石，砂土，发育弱的中块状结构，坚硬，有宽约 2 mm 裂隙，可见碳酸钙粉末和残留的冲积层理，强石灰反应，向下层平滑清晰过渡。

C：50～90 cm，浊橙色（7.5YR 7/4，干），灰棕色（7.5YR 5/2，润），50%砾石，砂土，发育弱的小块状结构，坚硬，可见残遗冲积层理，中度石灰反应。

大柴滩西系代表性单个土体物理性质

土层	深度/cm	砾石(>2mm，体积分数)/%	细土颗粒组成(粒径：mm)/(g/kg)			质地	容重/(g/cm^3)
			砂粒 2～0.05	粉粒 0.05～0.002	黏粒 <0.002		
A	0～10	5	779	94	127	砂质壤土	1.63
Bzk1	10～26	5	907	19	74	砂土	1.77
Bzk2	26～50	5	941	13	46	砂土	1.78
C	50～90	50	928	26	46	砂土	1.78

大柴滩西系代表性单个土体化学性质

深度/cm	pH(H_2O)	有机碳/(g/kg)	全氮(N)/(g/kg)	全磷(P)/(g/kg)	全钾(K)/(g/kg)	CEC/(cmol/kg)	$CaCO_3$/(g/kg)	交换性钠镁饱和度/%
0～10	8.0	0.8	0.08	0.33	14.1	3.0	54.8	64.8
10～26	9.7	0.6	0.05	0.26	11.9	1.6	220.9	5.2
26～50	9.4	0.4	0.05	0.23	11.0	0.7	185.4	3.8
50～90	7.3	0.4	0.03	0.20	11.2	0.9	80.6	3.2

5.2　石膏钙积正常干旱土

5.2.1　嘎顺扎德系（Gashunzhade Series）

土　族：粗骨砂质硅质混合型温性-石膏钙积正常干旱土

拟定者：李德成，张甘霖，赵玉国

分布与环境条件　主要分布于内蒙古自治区阿拉善盟额济纳旗地区，剥蚀高平原，海拔为 890～1100 m，母质为黄土和砾石交错洪-冲积物，戈壁，中温带大陆性季风气候，年均气温约 9.0 ℃，年均降水量约 51.3 mm，年均日照时数为 2600～3500 h，无霜期为 138～150 d。

嘎顺扎德系典型景观

土壤性状与特征变幅　诊断层包括干旱表层、石膏层和钙积层；诊断特性包括温性土壤温度状况、干旱土壤水分状况和石灰性。地表遍布粗碎块，土体厚度 1 m 以上，干旱结皮厚度为 1～4 cm，干旱表层厚度为 5～15 cm，30～60 cm 土体可见残留的冲积层理，通体有石灰反应，通体可见石膏粉末，石膏含量为 80～130 g/kg，钙积层出现上界约 10 cm，厚度为 50～70 cm，钙积层的碳酸钙含量为 150～180 g/kg，pH 为 7.8～9.5，层次质地构型为砂质壤土-砂质黏壤土，砂粒含量为 510～790 g/kg，砾石含量为 20%～70%。

对比土系　吴忠乌苏系和喜桂图系，同一土族，但层次质地构型不同，吴忠乌苏系为砂质黏壤土-壤质砂土-砂土，喜桂图系为砂质壤土-壤质砂土。哈墩呼舒系，空间相邻，不同土类，为石膏盐积正常干旱土。

利用性能综述　地势平坦，土体深厚，砾石较多，干旱缺水，植被盖度极低。应封境育草育灌，逐步改善生态环境。

参比土种　砂砾质石膏灰棕漠土。

代表性单个土体　位于内蒙古自治区阿拉善盟额济纳旗温图高勒苏木嘎顺扎德盖西南，坐标为 41°49′56.29″N，102°49′10.73″E，海拔为 1013 m，剥蚀高平原，母质为黄土和砾石交错洪-冲积物，裸地，年均气温为 9.0 ℃，年均降水量为 51.3 mm，野外调查采样日期为 2013 年 7 月 30 日，编号 YZ-030。

K:　+2～0 cm，干旱结皮。

Ay:　0～10 cm，橙色（7.5YR 7/6，干），浊棕色（7.5YR 5/4，润），50%砾石，砂质壤土，发育弱的粒状-小块状结构，松散-坚硬，强石灰反应，可见石膏粉末，向下层平滑清晰过渡。

Byk1：10～30 cm，浊橙色（7.5YR 6/4，干），浊棕色（7.5YR 5/3，润），50%砾石，砂质壤土，发育弱的中块状结构，坚硬，强石灰反应，可见石膏粉末，向下层波状清晰过渡。

Byk2：30～56 cm，浊橙色（7.5YR 7/4，干），浊棕色（7.5YR 5/3，润），70%砾石，砂质壤土，发育弱的小块状结构，坚硬，强石灰反应，可见石膏粉末和残留的冲积层理，向下层平滑清晰过渡。

By1：56～76 cm，浊橙色（7.5YR 7/3，干），灰棕色（7.5YR 4/2，润），20%砾石，砂质黏壤土，发育弱的大块状结构，坚硬，可见石膏晶体和粉末，强石灰反应，向下层波状渐变过渡。

嘎顺扎德系代表性单个土体剖面

By2：76～110 cm，浊棕色（7.5YR 6/3，干），灰棕色（7.5YR 4/2，润），20%砾石，砂质黏壤土，发育弱的大块状结构，坚硬，可见石膏晶体和粉末，强石灰反应。

嘎顺扎德系代表性单个土体物理性质

土层	深度/cm	砾石(>2mm，体积分数)/%	细土颗粒组成(粒径：mm)/(g/kg)			质地	容重/(g/cm^3)
			砂粒 2～0.05	粉粒 0.05～0.002	黏粒 <0.002		
Ay	0～10	50	788	54	158	砂质壤土	1.52
Byk1	10～30	50	688	115	197	砂质壤土	1.46
Byk2	30～56	70	560	286	154	砂质壤土	1.50
By1	56～76	20	548	230	222	砂质黏壤土	1.59
By2	76～110	20	510	256	234	砂质黏壤土	1.72

嘎顺扎德系代表性单个土体化学性质

深度/cm	pH (H_2O)	有机碳/(g/kg)	全氮(N)/(g/kg)	全磷(P)/(g/kg)	全钾(K)/(g/kg)	CEC/(cmol/kg)	$CaCO_3$/(g/kg)	石膏/(g/kg)
0～10	7.8	1.5	0.22	0.45	16.9	5.5	98.2	105.9
10～30	7.9	2.1	0.26	0.42	17.3	6.6	154.3	129.7
30～56	7.8	1.7	0.23	0.21	11.2	3.8	183.5	129.1
56～76	8.1	1.1	0.18	0.38	21.3	6.8	128.3	97.8
76～110	9.5	0.5	0.14	0.43	18.8	6.7	113.3	83.5

5.2.2　吴忠乌苏系（Wuzhongwusu Series）

土　族：粗骨砂质硅质混合型温性-石膏钙积正常干旱土

拟定者：李德成，张甘霖，赵玉国

分布与环境条件　主要分布于内蒙古自治区阿拉善盟额济纳旗一带，剥蚀高平原，海拔为 890～1050 m，母质为黄土和砾石交错洪-冲积物，戈壁，中温带大陆性季风气候，年均气温约 8.8 ℃，年均降水量约 46.5 mm，年均日照时数为 2600～3500 h，无霜期为 138～150 d。

吴忠乌苏系典型景观

土壤性状与特征变幅　诊断层包括干旱表层、石膏层和钙积层；诊断特性包括温性土壤温度状况、干旱土壤水分状况和石灰性。地表遍布粗碎块，土体厚度 1 m 以上，干旱结皮厚度为 1～4 cm，干旱表层厚度为 5～15 cm，深 20 cm 以下可见残留的冲积层理，通体有石灰反应，通体可见石膏粉末，石膏含量为 70～130 g/kg，钙积层出现上界约 50 cm，厚约 20 cm，钙积层的碳酸钙含量为 100～120 g/kg，pH 为 8.3～10.0，层次质地构型为砂质黏壤土-壤质砂土-砂土，砂粒含量为 640～920 g/kg，砾石含量为 15%～80%。

对比土系　嘎顺扎德系和喜桂图系，同一土族，但层次质地构型不同，嘎顺扎德系为砂质壤土-砂质黏壤土，喜桂图系为砂质壤土-壤质砂土。木吉湖系，空间相邻，不同土纲，为盐成土。哈日波日系，空间相邻，不同土类，为普通简育正常干旱土。

利用性能综述　地势平坦，土体较薄，砾石较多，养分含量低，干旱缺水，植被盖度极低。应封境，有水源条件的，可育草育灌，逐步改善生态环境。

参比土种　砂砾质石膏灰棕漠土。

代表性单个土体　位于内蒙古自治区阿拉善盟额济纳旗巴彦宝格德苏木吴忠乌苏东北，温多尔桃莱东，草井聂日木格东南，坐标为 41°26′36.78″N，100°45′47.34″E，海拔为 952 m，剥蚀高平原，母质为黄土和砾石交错洪-冲积物，裸地，灌木覆盖度<2%，年均气温为 8.8 ℃，年均降水量为 46.5 mm，野外调查采样日期为 2013 年 7 月 28 日，编号 YZ-027。

吴忠乌苏系代表性单个土体剖面

K：　+2～0 cm，干旱结皮。

Ahy：0～8 cm，淡黄橙色（7.5YR 8/3，干），灰棕色（7.5YR 6/2，润），20%砾石，砂质黏壤土，发育弱的粒状-小块状结构，松散-坚硬，可见石膏粉末，强石灰反应，向下层平滑清晰过渡。

By1：8～20 cm，浊橙色（7.5YR 7/4，干），浊棕色（7.5YR 5/3，润），15%砾石，壤质砂土，发育弱的中块状结构，坚硬，可见石膏粉末，中度石灰反应，向下层平滑清晰过渡。

By2：20～50 cm，浊橙色（7.5YR 7/3，干），灰棕色（7.5YR 5/2，润），50%砾石，壤质砂土，发育弱的小块状结构，坚硬，可见石膏粉末和残留的冲积层理，中度石灰反应，向下层波状清晰过渡。

Byk：50～70 cm，浊橙色（7.5YR 7/3，干），灰棕色（7.5YR 5/2，润），50%砾石，砂土，发育弱的中块状结构，坚硬，可见石膏粉末和残留冲积层理，强石灰反应，向下层平滑清晰过渡。

Cy：70～110cm，淡棕灰色（10YR 7/2，干），棕灰色（10YR 5/1，润），80%砾石，砂土，无结构，坚硬，可见石膏粉末和残留冲积层理，轻度石灰反应。

吴忠乌苏系代表性单个土体物理性质

土层	深度/cm	砾石(>2mm，体积分数)/%	细土颗粒组成(粒径：mm)/(g/kg)			质地	容重/(g/cm³)
			砂粒 2～0.05	粉粒 0.05～0.002	黏粒 <0.002		
Ahy	0～8	20	645	145	210	砂质黏壤土	1.48
By1	8～20	15	840	26	134	壤质砂土	1.52
By2	20～50	50	847	50	103	壤质砂土	1.53
Byk	50～70	50	915	17	68	砂土	1.61
Cy	70～110	80	915	37	48	砂土	1.73

吴忠乌苏系代表性单个土体化学性质

深度 /cm	pH (H_2O)	有机碳 /(g/kg)	全氮(N) /(g/kg)	全磷(P) /(g/kg)	全钾(K) /(g/kg)	CEC /(cmol/kg)	$CaCO_3$ /(g/kg)	石膏 /(g/kg)
0～8	8.3	1.9	0.24	0.51	15.8	4.9	78.2	101.7
8～20	9.0	1.6	0.22	0.41	17.3	3.4	49.7	119.6
20～50	9.4	1.5	0.21	0.28	17.3	2.5	63.1	121.3
50～70	9.9	1.0	0.18	0.33	14.0	1.7	109.9	85.5
70～110	10.0	0.5	0.14	0.17	12.8	1.1	39.7	73.2

5.2.3　喜桂图系（Xiguitu Series）

土　族：粗骨砂质硅质混合型温性-石膏钙积正常干旱土

拟定者：李德成，张甘霖，赵玉国

分布与环境条件　主要分布于内蒙古自治区阿拉善盟额济纳旗一带，冲洪积平原，海拔为 890～1000 m，母质为黄土和砾石交错洪-冲积物，戈壁，中温带大陆性季风气候，年均气温约 8.1 ℃，年均降水量约 44.6 mm，年均日照时数为 2600～3500 h，无霜期为 138～150 d。

喜桂图系典型景观

土壤性状与特征变幅　诊断层包括干旱表层、石膏层和钙积层；诊断特性包括温性土壤温度状况、干旱土壤水分状况和石灰性。地表遍布粗碎块，土体厚度为 50～60 cm，干旱结皮厚度为 1～4 cm，干旱表层厚度为 5～15 cm，之下为洪积砾石层，通体有石灰反应，通体可见石膏粉末，石膏含量为 120～150 g/kg，钙积层可见碳酸钙粉末和残留的冲积层理，碳酸钙含量为 50～240 g/kg，pH 为 8.1～8.6，层次质地构型为砂质壤土-壤质砂土，砂粒含量为 740～900 g/kg，砾石含量为 15%～70%。

对比土系　嘎顺扎德系和吴忠乌苏系，同一土族，但层次质地构型不同，嘎顺扎德系为砂质壤土-砂质黏壤土，吴忠乌苏系为砂质黏壤土-壤质砂土-砂土。呼布音系，空间相邻，同一亚类不同土族，颗粒大小级别为砂质盖粗骨质。准乌素系，空间相邻，不同土纲，为盐成土。

利用性能综述　地势平坦，土体较薄，砾石较多，干旱缺水，植被盖度极低。应封境育草育灌，逐步改善生态环境。

参比土种　砂砾质石膏灰棕漠土。

代表性单个土体　位于内蒙古自治区阿拉善盟额济纳旗赛汉陶来苏木喜桂图南，玛木音白兴西北，马木乌素西南，坐标为 42°01′31.94″N，100°04′46.20″E，海拔为 895 m，洪积平原，母质为洪-冲积物，裸地，灌木盖度<2%，年均气温为 8.1 ℃，年均降水量为 44.6 mm，野外调查采样日期为 2013 年 7 月 29 日，编号 HH-060。

K：　+2～0 cm，干旱结皮。

Ay：　0～10 cm，浊橙色（7.5YR 7/4，干），浊棕色（7.5YR 5/3），15%砾石，砂质壤土，发育弱的粒状-小块状结构，松散-坚硬，可见石膏粉末，中度石灰反应，向下层波状渐变过渡。

Byk1：10～35 cm，浊橙色（7.5YR 7/4，干），浊棕色（7.5YR 5/3），50%砾石，壤质砂土，发育弱的中块状结构，坚硬，石膏胶结，可见碳酸钙粉末，轻度石灰反应，向下层波状渐变过渡。

Byk2：35～60 cm，橙白色（7.5YR 8/2，干），棕灰色（7.5YR 6/1，润），70%砾石，壤质砂土，发育弱的中块状结构，坚硬，石膏胶结，可见碳酸钙粉末，轻度石灰反应，向下层波状渐变过渡。

喜桂图系代表性单个土体剖面

Ck：　60～75 cm，橙白色（7.5YR 8/1，干），棕灰色（7.5YR 8/1，润），70%砾石，壤质砂土，单粒，松散，强石灰反应。

喜桂图系代表性单个土体物理性质

土层	深度 /cm	砾石 (>2mm，体积分数)/%	细土颗粒组成(粒径：mm)/(g/kg)			质地	容重 /(g/cm^3)
			砂粒 2～0.05	粉粒 0.05～0.002	黏粒 ＜0.002		
Ay	0～10	15	747	78	176	砂质壤土	1.60
Byk1	10～35	50	887	19	94	壤质砂土	1.70
Byk2	35～60	70	893	18	89	壤质砂土	1.71

喜桂图系代表性单个土体化学性质

深度 /cm	pH (H_2O)	有机碳 /(g/kg)	全氮(N) /(g/kg)	全磷(P) /(g/kg)	全钾(K) /(g/kg)	CEC /(cmol/kg)	$CaCO_3$ /(g/kg)	石膏 /(g/kg)
0～10	8.1	1.0	0.18	0.48	16.0	3.9	50.4	125.7
10～35	8.6	0.6	0.15	0.23	12.9	1.7	236	138.5
35～60	8.6	0.5	0.14	0.22	12.7	1.7	240	149.2

5.2.4 呼布音系（Hubuyin Series）

土　族：砂质盖粗骨质硅质混合型温性-石膏钙积正常干旱土

拟定者：李德成，张甘霖，赵玉国

分布与环境条件　主要分布于内蒙古自治区阿拉善盟额济纳旗一带，洪积低台地，海拔介于 890～1030 m，母质为洪-冲积物，戈壁，中温带大陆性季风气候，年均气温约 8.2 ℃，年均降水量约 42.5 mm，年均日照时数为 2600～3500 h，无霜期为 138～150 d。

呼布音系典型景观

土壤性状与特征变幅　诊断层包括干旱表层、石膏层和钙积层；诊断特性包括温性土壤温度状况、干旱土壤水分状况和石灰性。地表遍布粗碎块，土体厚度 1 m 以上，干旱结皮厚度为 1～4 cm，干旱表层厚度为 5～15 cm，通体有石灰反应，通体可见石膏粉末，石膏含量为 70～130 g/kg，钙积层出现上界为 5～15 cm，厚度为 10～15 cm，可见碳酸钙粉末，钙积层的碳酸钙含量为 20～160 g/kg，深 40 cm 以下土体可见残留的冲积层理，pH 为 7.9～8.8，层次质地构型为砂质壤土-砂土，砂粒含量为 710～930 g/kg，砾石含量为 10%～80%。

对比土系　嘎顺扎德系、吴忠乌苏系、喜桂图系、呼德特勃系和乌兰格日系属于同一亚类，主要差异在于颗粒大小级别不同，嘎顺扎德系、吴忠乌苏系、喜桂图系为粗骨砂质，呼德特勃系和乌兰格日系为砂质。

利用性能综述　地势平坦，土体深厚，砾石较多，干旱缺水，植被盖度很低，有水源条件的，可封境育草育灌，逐步改善生态环境。

参比土种　石膏灰棕漠土。

代表性单个土体　位于内蒙古自治区阿拉善盟额济纳旗赛汉陶来苏木呼布音乌素西南，敖包乌苏西北，马木乌苏东，坐标为 42°4′12.60″N，100°20′17.14″E，海拔为 930 m，洪积低台地，母质为洪-冲积物，裸地，灌木盖度<2%，年均气温为 8.2 ℃，年均降水量为 42.5 mm，野外调查采样日期为 2013 年 7 月 29 日，编号 HH-061。

K：　+2～0 cm，干旱结皮。

Ay：　0～10 cm，浊橙色（7.5YR 7/4，干），浊棕色（7.5YR 5/3，润），10%砾石，砂质壤土，发育弱的粒状-小块状结构，松散-坚硬，可见石膏粉末，轻度石灰反应，向下层波状渐变过渡。

Byk1：10～28 cm，淡黄橙色（7.5YR 8/4，干），浊棕色（7.5YR 5/3，润），10%砾石，砂质壤土，发育弱的中块状结构，坚硬，可见碳酸钙粉末和石膏粉末，强石灰反应，向下层波状清晰过渡。

Byk2：28～40 cm，淡黄橙色（7.5YR 8/3，干），灰棕色（7.5YR 5/2，润），20%砾石，砂土，发育弱的中块状结构，坚硬，可见石膏粉末和残留的冲积层理，中度石灰反应，向下层波状清晰过渡。

Byk3：40～70 cm，淡黄橙色（7.5YR 8/3，干），灰棕色（7.5YR 5/2，润），80%砾石，砂土，发育弱的小块状结构，坚硬，可见碳酸钙粉末、石膏粉末和残留的冲积层理，中度石灰反应，向下层波状清晰过渡。

呼布音系代表性单个土体剖面

Byk4：70～120 cm，淡黄橙色（7.5YR 8/3，干），灰棕色（7.5YR 5/2，润），80%砾石，砂土，发育弱的小块状结构，坚硬，可见石膏粉末和残留的冲积层理，中度石灰反应。

呼布音系代表性单个土体物理性质

土层	深度 /cm	砾石 (>2mm，体积分数)/%	细土颗粒组成(粒径：mm)/(g/kg)			质地	容重 / (g/cm^3)
			砂粒 2～0.05	粉粒 0.05～0.002	黏粒 <0.002		
Ay	0～10	10	716	101	183	砂质壤土	1.53
Byk1	10～28	10	781	75	144	砂质壤土	1.56
Byk2	28～40	20	907	2	91	砂土	1.60
Byk3	40～70	80	907	12	81	砂土	1.59
Byk4	70～120	80	924	10	66	砂土	1.68

呼布音系代表性单个土体化学性质

深度 /cm	pH (H_2O)	有机碳 / (g/kg)	全氮(N) / (g/kg)	全磷(P) / (g/kg)	全钾(K) / (g/kg)	CEC /(cmol/kg)	$CaCO_3$ / (g/kg)	石膏 / (g/kg)
0～10	7.9	1.5	0.21	0.46	17.7	5.1	22.1	120.5
10～28	8.2	1.3	0.20	0.42	18.8	3.4	101.7	110.4
28～40	8.5	1.0	0.18	0.34	14.6	2.2	76.9	109.1
40～70	8.6	1.0	0.18	0.29	14.1	1.7	157.6	80.2
70～120	8.8	0.7	0.15	0.27	12.9	1.2	99.9	79.7

5.2.5 呼德特勃系（Hudetebo Series）

土 族：砂质硅质混合型温性-石膏钙积正常干旱土

拟定者：李德成，张甘霖，赵玉国

分布与环境条件 主要分布于内蒙古自治区阿拉善盟额济纳旗一带，洪积平原，海拔为890～1000 m，母质为黄土和砾石交错洪积物，戈壁，中温带大陆性季风气候，年均气温约8.9 ℃，年均降水量约37.9 mm，年均日照时数为2600～3500 h，无霜期为138～150 d。

呼德特勃系典型景观

土壤性状与特征变幅 诊断层包括干旱表层、石膏层和钙积层；诊断特性包括温性土壤温度状况、干旱土壤水分状况、氧化还原特征和石灰性。地表遍布粗碎块，土体厚度1 m以上，通体有石灰反应，干旱结皮厚度为1～4 cm，干旱表层厚度为5～15 cm，钙积层出现上界为40～45 cm，厚度为50～70 cm，钙积层的碳酸钙含量为100～170 g/kg，pH为8.0～8.7，层次质地构型为壤质砂土-砂质壤土，砂粒含量为620～890 g/kg，砾石含量为5%～30%。

对比土系 乌兰格日系，同一土族，土体中部深26～46 cm为粗骨砂质层，较薄（约20 cm厚），下部深46 cm以下为砂土，含少量砾石。

利用性能综述 地势平坦，土体深厚，地表碎石含量较高，干旱缺水，植被盖度很低，有水源条件的，可封境育草育灌，逐步改善生态环境。

参比土种　戈壁盖砂质石膏灰棕漠土。

代表性单个土体　位于内蒙古自治区阿拉善盟额济纳旗赛汉陶来苏木可可敖包东，呼德特勃西北，新呼都格西南，坐标为 41°56′21.61″N，100°53′11.58″E，海拔为 895 m，洪积平原，母质为黄土和砾石交错洪积物，裸地，灌木盖度<5%，年均气温为 8.9 ℃，年均降水量为 37.9 mm，野外调查采样日期为 2012 年 8 月 17 日，编号 YG-027。

呼德特勃系代表性单个土体剖面

K：　+2～0 cm，干旱结皮。

A：　0～14 cm，浊黄橙色（10YR 7/3，干），浊黄棕色（10YR 4/3，润），10%砾石，壤质砂土，发育弱的粒状-小块状结构，松散-稍坚硬，少量灌木根系，轻度石灰反应，向下层平滑清晰过渡。

By：　14～45 cm，浊黄橙色（10YR 7/3，干），浊黄棕色（10YR 4/3，润），20%砾石，壤质砂土，发育弱的小块状结构，坚硬，轻度石灰反应，向下层平滑清晰过渡。

Byk1：45～72 cm，橙白色（10YR 8/2，干），灰黄棕色（10YR 6/2，润），30%砾石，壤质砂土，发育弱的小块状结构，坚硬，可见碳酸钙粉末和石膏粉末，可见残留冲积层理，强石灰反应，向下层平滑清晰过渡。

Byk2：72～96 cm，50%橙白色（10YR 8/2，干），灰黄棕色（10YR 6/2，润），10%砾石，砂质壤土，发育弱的小块状结构，坚硬，可见碳酸钙粉末和石膏粉末，可见残留冲积层理，强石灰反应，向下层平滑清晰过渡。

BCr：96～135 cm，50%橙白色（10YR 8/2，干），灰黄棕色（10YR 6/2，润），50%浊黄橙色（10YR 7/3，干），浊黄棕色（10YR 4/3，润），5%砾石，壤质砂土，发育弱的小块状结构，坚硬，可见残遗的铁锰斑纹和冲积层理，轻度石灰反应。

呼德特勃系代表性单个土体物理性质

土层	深度/cm	砾石(>2mm，体积分数)/%	细土颗粒组成(粒径：mm)/(g/kg)			质地	容重/(g/cm^3)
			砂粒 2～0.05	粉粒 0.05～0.002	黏粒 <0.002		
A	0～14	10	860	50	90	壤质砂土	1.56
By	14～45	20	889	26	85	壤质砂土	1.54
Byk1	45～72	30	869	52	79	壤质砂土	1.64
Byk2	72～96	10	626	226	148	砂质壤土	1.64
BCr	96～135	5	845	72	83	壤质砂土	1.65

呼德特勃系代表性单个土体化学性质

深度 /cm	pH (H_2O)	有机碳 /(g/kg)	全氮(N) /(g/kg)	全磷(P) /(g/kg)	全钾(K) /(g/kg)	CEC /(cmol/kg)	$CaCO_3$ /(g/kg)
0～14	8.0	1.2	0.06	0.30	12.4	2.1	29.30
14～45	8.0	1.4	0.06	0.25	11.7	2.3	17.20
45～72	8.3	0.8	0.04	0.22	12.2	1.7	107.10
72～96	8.7	0.8	0.06	0.19	11.2	1.6	167.80
96～135	8.7	0.8	0.05	0.36	12.9	3.1	28.50

5.2.6 乌兰格日系（Wulangeri Series）

土　族：砂质硅质混合型温性-石膏钙积正常干旱土

拟定者：李德成，张甘霖，赵玉国

分布与环境条件　主要分布于内蒙古自治区阿拉善盟额济纳旗一带，冲洪积平原，海拔为890～1100 m，母质为冲-洪积物，戈壁，有稀疏灌木，中温带大陆性季风气候，年均气温约 9.0 ℃，年均降水量约 36.8 mm，年均日照时数为 2600～3500 h，无霜期为 138～150 d。

乌兰格日系典型景观

土壤性状与特征变幅　诊断层包括干旱表层、石膏层和钙积层；诊断特性包括温性土壤温度状况、干旱土壤水分状况和石灰性。地表遍布粗碎块，土体厚度 1 m 以上，干旱结皮厚度为 1～4 cm，干旱表层厚度为 5～15 cm，通体有石灰反应，通体可见石膏粉末，深 40 cm 以下可见片状石膏斑纹，石膏含量为 70～130 g/kg，钙积层出现上界在 5～15 cm，厚度为 10～15 cm，可见碳酸钙粉末，钙积层的碳酸钙含量为 120～150 g/kg，pH 为 8.0～8.7，层次质地构型为壤质砂土-砂土，砂粒含量为 820～930 g/kg，砾石含量为 0～20%。

对比土系　呼德特勃系，同一土族，通体砾石含量较高，土体中部为粗骨砂质层，较厚（30 cm 以上）。嘛尼查干系，空间相邻，不同土类，为简育正常干旱土。

利用性能综述　稀疏灌木，地势平坦，地表遍布碎石，之下土体深厚，养分含量低，干旱缺水，植被盖度很低。应封境育灌育草，逐步改善生态环境。

参比土种　砂质石膏灰棕漠土。

代表性单个土体　位于内蒙古自治区阿拉善盟额济纳旗达来呼布镇乌兰格日勒嘎查西南，坐标为 41°55′13.68″N，101°1′57.47″E，海拔为 931 m，冲积平原河流低阶地，母质为冲-洪积物，裸地，灌木盖度<5%，年均气温为 9.0 ℃，年均降水量为 36.8 mm，野外调查采样日期为 2012 年 8 月 17 日，编号 YG-026。

乌兰格日系代表性单个土体剖面

K：　+2～0 cm，干旱结皮。

Ahy：0～12 cm，浊黄橙色（10YR 7/3，干），灰黄棕色（10YR 5/2，润），20%砾石，壤质砂土，发育弱的粒状-小块状结构，松散-坚硬，可见石膏粉末，中度石灰反应，向下层平滑清晰过渡。

Byk1：12～26 cm，浊黄橙色（10YR 7/3），灰黄棕色（10YR 5/2，润），壤质砂土，发育弱的中块状结构，坚硬，可见石膏粉末，强石灰反应，向下层波状清晰过渡。

By1：26～46 cm，浊黄橙色（10YR 6/4，干），浊黄棕色（10YR 4/3，润），20%砾石，砂土，发育弱的小块状结构，坚硬，可见石膏粉末，轻度石灰反应，向下层不规则清晰过渡。

Byk2：46～60 cm，橙白色（10YR 8/1，干），棕灰色（10YR 6/1，润），砂土，发育弱的中块状结构，坚硬，可见石膏晶体和粉末，强石灰反应，向下层波状渐变过渡。

Byk3：60～110 cm，橙白色（10YR 8/1，干），棕灰色（10YR 6/1，润），5%砾石，壤质砂土，发育弱的中块状结构，坚硬，可见石膏晶体和粉末，强石灰反应，向下层波状渐变过渡。

乌兰格日系代表性单个土体物理性质

土层	深度 /cm	砾石 /(>2mm，体积分数)/%	细土颗粒组成(粒径：mm) /(g/kg)			质地	容重 /(g/cm³)
			砂粒 2～0.05	粉粒 0.05～0.002	黏粒 <0.002		
Ahy	0～12	20	871	34	95	壤质砂土	1.58
Byk1	12～26	0	827	65	108	壤质砂土	1.55
By1	26～46	20	920	17	63	砂土	1.61
Byk2	46～60	0	896	30	74	砂土	1.62
Byk3	60～110	5	883	35	82	壤质砂土	1.62

乌兰格日系代表性单个土体化学性质

深度 /cm	pH (H_2O)	有机碳 /(g/kg)	全氮(N) /(g/kg)	全磷(P) /(g/kg)	全钾(K) /(g/kg)	CEC /(cmol/kg)	$CaCO_3$ /(g/kg)	石膏 /(g/kg)
0～12	8.0	1.1	0.06	0.21	12.0	2.1	47.2	125.8
12～26	8.3	1.3	0.06	0.35	12.7	2.2	124.9	80.2
26～46	8.2	1.0	0.04	0.22	12.3	1.2	39.1	75.3
46～60	8.3	0.9	0.04	0.26	12.0	1.0	146.0	82.2
60～110	8.7	0.9	0.04	0.22	11.4	1.3	128.2	74.5

5.3　钠质盐积正常干旱土

5.3.1　桑格音乌系（Sanggeyinwu Series）

土　族：粗骨砂质硅质混合型石灰性温性-钠质盐积正常干旱土

拟定者：李德成，张甘霖，赵玉国

分布与环境条件　主要分布于内蒙古自治区阿拉善盟额济纳旗地区，洪积平原，海拔为890～1050 m，母质为黄土与砾石混杂洪积物，戈壁，中温带大陆性季风气候，年均气温约 8.6 ℃，年均降水量为 42.4 mm，年均日照时数为 2600～3500 h，无霜期为 138～150 d。

桑格音乌系典型景观

土壤性状与特征变幅　诊断层包括干旱表层和石膏层；诊断特性包括温性土壤温度状况、干旱土壤水分状况和石灰性。地表遍布粗碎块，土体厚度 1 m 以上，干旱结皮厚度为 1～4 cm，干旱表层厚度为 10～20 cm，通体有石灰反应，碳酸钙含量为 40～60 g/kg，通体可见石膏粉末，石膏含量为 60～110 g/kg，之下的石膏层可见残留的冲积层理，pH 为 7.7～9.9，层次质地构型为砂质壤土-壤质砂土，砂粒含量为 660～900 g/kg，砾石含量为 20%～50%。

对比土系　哈墩呼舒系，同一土类不同亚类，母质为砾岩风化残积物，存在盐积层，且砾石含量更高，层次质地构型为砂质壤土-砂质黏壤土。

利用性能综述　地势平坦，地表遍布砾石，土体较厚，干旱缺水，植被盖度极低。应封境育草育灌，逐步改善生态环境。

参比土种　石膏灰棕漠土。

代表性单个土体　位于内蒙古自治区阿拉善盟额济纳旗赛汉陶来苏木吉日格陶来西北，桑格音乌素南，哈尔敖包西南，坐标为 41°48′28.41″N，100°27′12.56″E，海拔为 915 m，冲-洪积平原，母质为黄土与砾石混杂洪积物，戈壁，灌木盖度<5%，年均气温为 8.6 ℃，年均降水量为 42.4 mm，野外调查采样日期为 2012 年 8 月 18 日，编号 DC-012。

K：　+3～0 cm，干旱结皮。

Ay：　0～15 cm，浊黄橙色（10YR 7/3，干），灰黄棕色（10YR 5/2，润），20%砾石，砂质壤土，发育弱的粒状-小块状结构，松散-坚硬，可见石膏粉末，中度石灰反应，向下层波状渐变过渡。

By1：15～40 cm，浊黄橙色（10YR 7/3，干），灰黄棕色（10YR 5/2，润），50%砾石，壤质砂土，发育弱的中块状结构，坚硬，可见石膏结晶，中度石灰反应，向下层波状渐变过渡。

By2：40～85 cm，浊黄橙色（10YR 6/3，干），灰黄棕色（10YR 4/2，润），50%砾石，壤质砂土，发育弱的中块状结构，坚硬，可见石膏粉末，强石灰反应，向下层波状清晰过渡。

C：　85～100 cm，灰黄棕色（10YR 6/2，干），棕灰色（10YR 4/1，润），85%砾石，砂土，无结构，松散，轻度石灰反应。

桑格音乌系代表性单个土体剖面

桑格音乌系代表性单个土体物理性质

土层	深度 /cm	砾石 (>2mm，体积分数)/%	细土颗粒组成(粒径：mm)/(g/kg)			质地	容重 / (g/cm³)
			砂粒 2～0.05	粉粒 0.05～0.002	黏粒 <0.002		
Ay	0～15	20	663	177	160	砂质壤土	1.56
By1	15～40	50	854	41	105	壤质砂土	1.67
By2	40～85	50	893	19	88	壤质砂土	1.67

桑格音乌系代表性单个土体化学性质

深度 /cm	pH (H_2O)	有机碳 / (g/kg)	全氮(N) / (g/kg)	全磷(P) / (g/kg)	全钾(K) / (g/kg)	CEC /(cmol/kg)	$CaCO_3$ / (g/kg)	石膏 / (g/kg)
0～15	7.7	1.2	0.11	0.42	14.1	4.8	50.0	108.7
15～40	9.7	0.7	0.06	0.30	13.6	2.5	40.3	81.4
40～85	9.9	0.7	0.06	0.28	13.0	1.9	54.8	64.7

5.4　石膏盐积正常干旱土

5.4.1　哈墩呼舒系（Hadunhushu Series）

土　族：粗骨黏壤质混合型石灰性温性-石膏盐积正常干旱土

拟定者：李德成，张甘霖，赵玉国

分布与环境条件　主要分布于内蒙古自治区阿拉善盟额济纳旗一带，剥蚀低台地，海拔为 890～1100 m，母质为砾岩风化残积物，戈壁，中温带大陆性季风气候，年均气温约 9.0 ℃，年均降水量约 43.3 mm，年均日照时数为 2600～3500 h，无霜期为 138～150 d。

哈墩呼舒系典型景观

土壤性状与特征变幅　诊断层包括干旱表层、盐积层和石膏层；诊断特性包括温性土壤温度状况、干旱土壤水分状况和石灰性。地表粗碎块面积为 50%～70%，土体厚度 1 m 以上，干旱结皮厚度为 1～3 cm，干旱表层厚度为 5～10 cm，通体有石灰反应，碳酸钙含量为 10～40 g/kg，石膏含量约 130 g/kg，深 20 cm 以下盐积程度较高，电导率约 40 dS/m，pH 为 8.0～8.1，层次质地构型为砂质壤土-砂质黏壤土，砂粒含量为 500～650 g/kg，砾石含量为 50 %。

对比土系　桑格音乌系，位于洪积平原，母质为洪积物，同一土类不同亚类，为钠质盐积正常干旱土。嘎顺扎德系和吉格德阿系，空间相邻，不同土类，分别为石膏钙积正常干旱土和普通石膏正常干旱土。三白滩系，空间相近，洪积平原，不同土纲，为盐成土。

利用性能综述 地势平坦，土体深厚，砾石较多，干旱缺水，植被盖度极低。应封境育草育灌，逐步改善生态环境。

参比土种 砾质化壤质石膏灰棕漠土。

代表性单个土体 位于内蒙古自治区阿拉善盟额济纳旗温图高勒苏木哈墩呼舒西北，哈尔敖包西南，坐标为 42°1′1.03″N，101°54′55.00″E，海拔为 954 m，剥蚀低台地，母质为砾岩风化残积物，裸地，灌木盖度<2%，年均气温为 9.0 ℃，年均降水量为 43.3 mm，野外调查采样日期为 2013 年 7 月 30 日，编号 HH-062。

K： +2～0 cm，干旱结皮。

Ay： 0～5 cm，橙色（2.5YR 7/8，干），亮红棕色（10R 5/6，润），50%砾石，砂质壤土，发育弱的粒状-小块状结构，松散-坚硬，可见石膏粉末，轻度石灰反应，向下层波状清晰过渡。

By： 5～20 cm，橙色（2.5YR 7/8，干），亮红棕色（10R 5/6，润），50%砾石，砂质黏壤土，发育弱的中块状结构，坚硬，可见石膏晶体和粉末，轻度石灰反应，向下层波状清晰过渡。

Byz：20～70 cm，橙色（2.5YR 7/8，干），亮红棕色（10R 5/6，润），50%砾石，砂质黏壤土，发育弱的中块状结构，坚硬，可见石膏晶体和粉末，轻度石灰反应。

哈墩呼舒系代表性单个土体剖面

哈墩呼舒系代表性单个土体物理性质

土层	深度 /cm	砾石 (>2mm，体积分数)/%	细土颗粒组成(粒径：mm)/(g/kg)			质地	容重 / (g/cm^3)
			砂粒 2～0.05	粉粒 0.05～0.002	黏粒 <0.002		
Ay	0～5	50	645	180	175	砂质壤土	1.59
By	5～20	50	508	264	228	砂质黏壤土	1.60
Byz	20～70	50	515	262	223	砂质黏壤土	1.53

哈墩呼舒系代表性单个土体化学性质

深度 /cm	pH (H_2O)	有机碳 / (g/kg)	全氮(N) / (g/kg)	全磷(P) / (g/kg)	全钾(K) / (g/kg)	CEC /(cmol/kg)	$CaCO_3$ / (g/kg)	石膏 / (g/kg)
0～5	8.1	1.1	0.18	0.42	16.1	9.3	10.5	131.1
5～20	8.0	1.0	0.18	0.34	16.9	10.4	15.5	133.6
20～70	8.0	1.5	0.21	0.39	15.1	14.4	38.1	134.0

5.5　斑纹石膏正常干旱土

5.5.1　吉日格日系（Jirigeri Series）

土　族：砂质硅质混合型石灰性温性-斑纹石膏正常干旱土

拟定者：李德成，张甘霖，赵玉国

分布与环境条件　主要分布于内蒙古自治区阿拉善盟额济纳旗一带，冲湖积平原，海拔介于 890～1000 m，母质为冲-湖积物，戈壁，中温带大陆性季风气候，年均气温约 8.8 ℃，年均降水量约 37.6 mm，年均日照时数为 2600～3500 h，无霜期为 138～150 d。

吉日格日系典型景观

土壤性状与特征变幅　诊断层包括干旱表层和石膏层；诊断特性包括温性土壤温度状况、干旱土壤水分状况、氧化还原特征；诊断现象包括钙积现象。地表粗碎块面积为 60%～80%，土体厚度 1 m 以上，干旱结皮厚度为 1～4 cm，干旱表层厚度为 8～15 cm，通体有石灰反应，碳酸钙含量为 30～100 g/kg，石膏含量为 20～80 g/kg，之下的石膏层可见石膏粉末和铁锰斑纹，pH 为 8.3～9.1，层次质地构型为砂质壤土-砂土-黏壤土，砂粒含量为 420～940 g/kg，砾石含量为 0～5%。

对比土系　巴拉吉日系、考勒巴系、吉格德阿系和推日木图系，与本土系属于同一土类不同亚类，土体无氧化还原特征，为普通石膏正常干旱土。额很合热系，空间相邻，不同土类，为普通简育正常干旱土。

利用性能综述 地势平坦，地表遍布碎石，土体深厚，养分含量低，干旱缺水，植被盖度较低。应封境育灌育草，逐步改善生态环境。

参比土种 砂砾质石膏灰棕漠土。

代表性单个土体 位于内蒙古自治区阿拉善盟额济纳旗赛汉陶来苏木吉日格日陶来西南，嘎顺陶来东南，坐标为 42°01′43.77″N，100°54′14.86″E，海拔为 897 m，冲湖积平原，母质为冲-湖积物，戈壁，胡杨和灌木盖度约 10%，年均气温为 8.8 ℃，年均降水量为 37.6 mm，野外调查采样日期为 2012 年 8 月 17 日，编号 Pln-002。

K： +3～0 cm，干旱结皮。

Ah： 0～13 cm，浊黄橙色（10YR 7/3，干），灰黄棕色（10YR 5/2，润），砂质壤土，发育弱的粒状-小块状结构，松散-稍坚硬，中量灌木根系，中度石灰反应，向下层平滑清晰过渡。

Byr1：13～50 cm，浊黄橙色（10YR 6/3，干），灰黄棕色（10YR 4/2，润），砂质壤土，发育弱的中块状结构，坚硬，少量灌木根系，可见石膏粉末和铁锰斑纹，强石灰反应，向下层波状清晰过渡。

Byr2：50～86 cm，浊黄橙色（10YR 7/3，干），灰黄棕色（10YR 5/2，润），5%砾石，砂土，发育弱的中块状结构，坚硬，可见石膏粉末和铁锰斑纹，中度石灰反应，向下层波状清晰过渡。

Byr3：86～120 cm，浊黄橙色（10YR 7/3，干），灰黄棕色（7.5YR 5/2），黏壤土，发育弱的小块状结构，坚硬，可见石膏粉末和铁锰斑纹，中度石灰反应。

吉日格日系代表性单个土体剖面

吉日格日系代表性单个土体物理性质

土层	深度 /cm	砾石 (>2mm，体积分数)/%	细土颗粒组成(粒径：mm)/(g/kg) 砂粒 2～0.05	粉粒 0.05～0.002	黏粒 <0.002	质地	容重 / (g/cm³)
Ah	0～13	0	754	134	112	砂质壤土	1.52
Byr1	13～50	0	592	274	134	砂质壤土	1.69
Byr2	50～86	5	936	12	52	砂土	1.69
Byr3	86～120	0	420	240	340	黏壤土	1.45

吉日格日系代表性单个土体化学性质

深度 /cm	pH (H_2O)	有机碳 / (g/kg)	全氮(N) / (g/kg)	全磷(P) / (g/kg)	全钾(K) / (g/kg)	CEC /(cmol/kg)	$CaCO_3$ / (g/kg)	石膏 / (g/kg)
0～13	8.7	3.2	0.13	0.33	13.1	2.0	38.7	22.4
13～50	9.1	2.1	0.16	0.41	14.9	3.2	83.0	75.1
50～86	9.0	0.7	0.06	0.26	12.9	3.1	43.5	67.2
86～120	8.3	2.0	0.28	0.48	18.0	13.7	90.5	77.7

5.6 普通石膏正常干旱土

5.6.1 考勒巴系（Kaoleba Series）

土 族：粗骨砂质硅质混合型石灰性温性-普通石膏正常干旱土

拟定者：李德成，张甘霖，赵玉国

分布与环境条件 主要分布于内蒙古自治区阿拉善盟额济纳旗一带，冲洪积平原，海拔为890～1100 m，母质为冲-洪积物，戈壁，中温带大陆性季风气候，年均气温约8.6 ℃，年均降水量约60 mm，年均日照时数为2600～3500 h，无霜期为138～150 d。

考勒巴系典型景观

土壤性状与特征变幅 诊断层包括干旱表层和石膏层；诊断特性包括温性土壤温度状况、干旱土壤水分状况和石灰性。地表遍布粗碎块，土体厚度约70 cm，干旱结皮厚度为1～4 cm，干旱表层厚度为5～15 cm，通体有石灰反应，碳酸钙含量为60 g/kg左右，通体可见石膏粉末，石膏含量为100～140 g/kg，之下的石膏层可见残留的冲积层理，pH约8.1，层次质地构型为砂质壤土，砂粒含量为590～730 g/kg，砾石含量为20%～50%。

对比土系 本亚类中的巴拉吉日系、吉格德阿系和推日木图系，同一亚类不同土族，土族控制层段的颗粒大小级别差别明显，分别为粗骨质、砂质和黏壤质。哈日波日系，空间相邻，不同土类，为普通简育正常干旱土。

利用性能综述 地势平坦，地表遍布砾石，土体较厚，干旱缺水，植被盖度极低。应封境育草育灌，逐步改善生态环境。

参比土种　石膏灰棕漠土。

代表性单个土体　位于内蒙古自治区阿拉善盟额济纳旗古日乃苏木哈日波日格音巴润东南，考勒巴乌苏西，坐标为40°52′51.06″N，100°43′55.62″E，海拔为986 m，冲洪积平原，母质冲-洪积物，裸地，灌木盖度<2%，年均气温为8.6 ℃，年均降水量为60.0 mm，野外调查采样日期为2012年8月20日，编号Pln-010。

考勒巴系代表性单个土体剖面

K：+3～0 cm，干旱结皮。

Ay：0～10 cm，浊黄橙色（10YR 7/3，干），灰黄棕色（10YR 4/2），20%砾石，砂质壤土，发育弱的粒状-小块状结构，松散-坚硬，可见石膏粉末，中度石灰反应，向下层波状清晰过渡。

By1：10～30 cm，浊黄橙色（10YR 6/3，干），棕灰色（10YR 4/1），50%砾石，砂质壤土，发育弱的中块状结构，坚硬，可见石膏粉末，中度石灰反应，向下层波状渐变过渡。

By2：30～70 cm，浊黄橙色（10YR 6/3，干），棕灰色（10YR 4/1），50%砾石，砂质壤土，发育弱的中块状结构，坚硬，可见石膏粉末和残留的冲积层理，中度石灰反应，向下层波状清晰过渡。

C：70～90 cm，浊黄橙色（10YR 6/3，干），棕灰色（10YR 4/1），50%砾石，粗砂，无结构。

考勒巴系代表性单个土体物理性质

土层	深度 /cm	砾石 (>2mm，体积分数)/%	细土颗粒组成(粒径：mm)/(g/kg)			质地	容重 / (g/cm^3)
			砂粒 2～0.05	粉粒 0.05～0.002	黏粒 <0.002		
Ay	0～10	20	591	215	194	砂质壤土	1.41
By1	10～30	50	707	127	166	砂质壤土	1.68
By2	30～70	50	720	124	156	砂质壤土	1.68

考勒巴系代表性单个土体化学性质

深度 /cm	pH (H_2O)	有机碳 / (g/kg)	全氮(N) / (g/kg)	全磷(P) / (g/kg)	全钾(K) / (g/kg)	CEC /(cmol/kg)	$CaCO_3$ / (g/kg)	石膏 / (g/kg)
0～10	8.1	1.0	0.12	0.45	13.5	3.8	61.3	109.5
10～30	8.1	0.9	0.11	0.42	15.7	3.5	61.2	130.7
30～70	8.1	0.9	0.11	0.41	15.6	3.5	60.5	113.4

5.6.2 巴拉吉日系（Balajiri Series）

土 族：粗骨质硅质混合型石灰性温性-普通石膏正常干旱土

拟定者：李德成，张甘霖，赵玉国

分布与环境条件 主要分布于内蒙古自治区阿拉善盟额济纳旗一带，冲-洪积平原，海拔为 890～1000 m，母质为冲-洪积物，戈壁，中温带大陆性季风气候，年均气温约 8.6 ℃，年均降水量约 48.3 mm，年均日照时数为 2600～3500 h，无霜期为 138～150 d。

巴拉吉日系典型景观

土壤性状与特征变幅 诊断层包括干旱表层和石膏层；诊断特性包括温性土壤温度状况、干旱土壤水分状况和石灰性。地表遍布粗碎块，土体厚度 40 cm，干旱结皮厚度为 1～4 cm，干旱表层厚度为 8～15 cm，通体有石灰反应，碳酸钙含量为 50～70 g/kg，石膏含量为 90～130 g/kg，之下的石膏层可见残留的冲积层理，pH 为 8.1～9.5，层次质地构型为砂质壤土-砂土，砂粒含量为 820～920 g/kg，砾石含量为 40%～90%。

对比土系 本亚类中的考勒巴系、吉格德阿系、推日木图系，同一亚类不同土族，土族控制层段的颗粒大小级别明显，分别为粗骨砂质、砂质和黏壤质。浩雅呼都系，空间相邻，不同土类，为普通简育正常干旱土。桑格音达系，空间相邻，不同土纲，为新成土。

利用性能综述 地势平坦，土体较薄，砾石较多，养分含量低，干旱缺水，植被盖度极低。应封境育草育灌，逐步改善生态环境。

参比土种 粗骨壤质石膏灰棕漠土。

代表性单个土体　位于内蒙古自治区阿拉善盟额济纳旗巴彦宝格德苏木巴拉吉日敖包音，坐标为 41°26′23.87″N，100°16′59.07″E，海拔为 929 m，洪积平原，母质为冲-洪积物，裸地，年均气温为 8.6 ℃，年均降水量为 48.3 mm，野外调查采样日期为 2013 年 7 月 29 日，编号 YZ-034。

巴拉吉日系代表性单个土体剖面

K：+2～0 cm，干旱结皮。

Ay：0～10 cm，淡黄橙色（7.5YR 8/3，干），浊棕色（7.5YR 5/3，润），40%砾石，砂质壤土，发育弱的粒状-小块状结构，松散-坚硬，可见石膏粉末，中度石灰反应，向下层波状渐变过渡。

By：10～35 cm，淡黄橙色（7.5YR 8/3，干），浊棕色（7.5YR 5/3，润），50%砾石，砂土，发育弱的小块状结构，坚硬，可见石膏粉末，中度石灰反应，向下层平滑清晰过渡。

Cy1：35～52 cm，浊橙色（7.5YR 7/4，干），棕色（7.5YR 4/4，润），90%砾石，砂土，发育弱的小块状结构，坚硬，可见石膏粉末，中度石灰反应，向下层平滑清晰过渡。

Cy2：52～120 cm，浊橙色（7.5YR 7/4，干），棕色（7.5YR 4/4，润），90%砾石，砂土，发育弱的小块状结构，坚硬，可见石膏粉末，中度石灰反应。

巴拉吉日系代表性单个土体物理性质

土层	深度 /cm	砾石 (>2mm，体积分数)/%	细土颗粒组成(粒径：mm)/(g/kg)			质地	容重 /(g/cm^3)
			砂粒 2～0.05	粉粒 0.05～0.002	黏粒 <0.002		
Ay	0～10	40	823	27	150	砂质壤土	1.58
By	10～35	50	890	30	80	砂土	1.52
Cy1	35～52	90	908	40	52	砂土	1.62
Cy2	52～120	90	912	34	54	砂土	1.70

巴拉吉日系代表性单个土体化学性质

深度 /cm	pH (H_2O)	有机碳 /(g/kg)	全氮(N) /(g/kg)	全磷(P) /(g/kg)	全钾(K) /(g/kg)	CEC /(cmol/kg)	$CaCO_3$ /(g/kg)	石膏 /(g/kg)
0～10	8.1	1.1	0.19	0.48	17.9	4.0	57.2	102.4
10～35	8.2	1.5	0.21	0.38	16.9	2.8	69.3	125.1
35～52	9.5	0.9	0.17	0.22	14.2	1.5	55.4	107.2
52～120	9.5	0.6	0.15	0.26	14.5	1.4	50.2	95.4

5.6.3 吉格德阿系（Jigede'a Series）

土 族：砂质硅质混合型石灰性温性-普通石膏正常干旱土

拟定者：李德成，张甘霖，赵玉国

分布与环境条件 主要分布于内蒙古自治区阿拉善盟额济纳旗一带，洪积平原，海拔为 890～1100 m，母质为洪积物，戈壁，中温带大陆性季风气候，年均气温约 9.0 ℃，年均降水量约 37.8 mm，年均日照时数为 2600～3500 h，无霜期为 138～150 d。

吉格德阿系典型景观

土壤性状与特征变幅 诊断层包括干旱表层和石膏层；诊断特性包括温性土壤温度状况、干旱土壤水分状况和石灰性。地表遍布粗碎块，土体厚度 1 m 以上，干旱结皮厚度为 1～4 cm，干旱表层厚度为 5～20 cm，之下为石膏层，通体有石灰反应，碳酸钙含量为 120～150 g/kg，通体可见石膏粉末，石膏含量为 80～140 g/kg， pH 为 8.1～9.0，层次质地构型为砂质壤土，砂粒含量为 640～710 g/kg，砾石含量约 20%。

对比土系 本亚类中的巴拉吉日系、考勒巴系和推日木图，同一亚类不同土族，土族控制层段的颗粒大小级别差异明显，分别为粗骨质、粗骨砂质和黏壤质。吉日嘎朗系，空间相邻，不同土类，为石灰淡色潮湿锥形土。

利用性能综述 地势平坦，土体较厚，砾石较多，养分含量低，干旱缺水，植被盖度极低。应封境育草育灌，逐步改善生态环境。

参比土种 粗骨壤质石膏灰棕漠土。

代表性单个土体 位于内蒙古自治区阿拉善盟额济纳旗巴彦陶来苏木吉格德阿玛东南，

那木亥乌苏西，哈日楚伦西南，坐标为 41°58′51.00″N，101°15′1.00″E，海拔为 959 m，洪积平原，母质为洪积物，裸地，年均气温为 9.0 ℃，年均降水量为 37.8 mm，野外调查采样日期为 2013 年 7 月 30 日，编号 YZ-031。

吉格德阿系代表性单个土体剖面

K：+2～0 cm，干旱结皮。

Ay：0～18 cm，橙色（2.5YR 6/8，干），亮红棕色（2.5YR 5/6，润），20%砾石，砂质壤土，发育弱的粒状-小块状结构，松散-坚硬，可见石膏粉末，强石灰反应，向下层波状渐变过渡。

By1：18～40 cm，橙色（2.5YR 6/8，干），亮红棕色（2.5YR 5/6，润），20%砾石，砂质壤土，发育中块状结构，坚硬，可见大量石膏晶体和粉末，强石灰反应，向下层波状渐变过渡。

By2：40～70 cm，橙色（2.5YR 6/8，干），亮红棕色（2.5YR 5/6，润），20%砾石，砂质壤土，发育中块状结构，很坚硬，可见大量石膏晶体和粉末，强石灰反应，向下层波状渐变过渡。

By3：70～90 cm，橙色（2.5YR 6/8，干），亮红棕色（2.5YR 5/6，润），20%砾石，砂质壤土，发育中块状结构，坚硬，可见石膏晶体和粉末，中度石灰反应，向下层波状渐变过渡。

By4：90～110 cm，橙色（2.5YR 6/8，干），亮红棕色（2.5YR 5/6，润），20%砾石，砂质壤土，发育大块状结构，极坚硬，可见中量石膏晶体和粉末，中度石灰反应，向下层波状渐变过渡。

吉格德阿系代表性单个土体物理性质

土层	深度/cm	砾石(>2mm，体积分数)/%	细土颗粒组成(粒径：mm)/(g/kg)			质地	容重/(g/cm³)
			砂粒 2～0.05	粉粒 0.05～0.002	黏粒 <0.002		
Ay	0～18	20	652	196	152	砂质壤土	1.55
By1	18～40	20	648	178	174	砂质壤土	1.57
By2	40～70	20	663	209	128	砂质壤土	1.63
By3	70～90	20	695	159	146	砂质壤土	1.61
By4	90～110	20	703	146	151	砂质壤土	1.62

吉格德阿系代表性单个土体化学性质

深度/cm	pH(H_2O)	有机碳/(g/kg)	全氮(N)/(g/kg)	全磷(P)/(g/kg)	全钾(K)/(g/kg)	CEC/(cmol/kg)	$CaCO_3$/(g/kg)	石膏/(g/kg)
0～18	9.0	1.3	0.20	0.19	17.4	12.7	130.1	80.3
18～40	8.1	1.2	0.19	0.14	14.4	12.5	138.8	126.3
40～70	8.5	0.8	0.17	0.11	14.7	13.1	135.3	132.8
70～90	8.5	1.0	0.18	0.40	14.9	14.3	124.9	105.5
90～110	9.0	0.9	0.17	0.13	15.7	17.0	143.1	101.0

5.6.4　推日木图系（Tuirimutu Series）

土　族：黏壤质硅质混合型石灰性温性-普通石膏正常干旱土
拟定者：李德成，张甘霖，赵玉国

分布与环境条件　主要分布于内蒙古自治区阿拉善盟额济纳旗一带，冲积平原河漫滩，海拔为890～1050 m，母质为冲积物，灌木林地，中温带大陆性季风气候，年均气温约8.7 ℃，年均降水量约40 mm，年均日照时数为2600～3500 h，无霜期为138～150 d。

推日木图系典型景观

土壤性状与特征变幅　诊断层包括干旱表层和石膏层；诊断特性包括温性土壤温度状况、干旱土壤水分状况和石灰性。土体厚度1 m以上，干旱结皮厚度为1～4 cm，干旱表层厚度为5～15 cm，之下为石膏层，通体有石灰反应，碳酸钙含量为70～110 g/kg，通体可见石膏粉末，石膏含量为50～100 g/kg，pH为8.1～9.2，层次质地构型为黏壤土-粉质黏壤土，粉粒含量430～610 g/kg，砾石含量为0～30%。

对比土系　本亚类中的巴拉吉日系、考勒巴系和吉格德阿系，同一亚类不同土族，土族控制层段的颗粒大小级别差异明显，分别为粗骨质、粗骨砂质和砂质。吉日格日系，空间相邻，不同亚类，为斑纹石膏正常干旱土。呼德特勃系，空间相邻，不同土类，为石膏钙积正常干旱土。

利用性能综述　灌木林，地势平坦，土体较厚，养分含量低，干旱缺水，植被盖度较低。应封境育灌育草，逐步改善生态环境。

参比土种　壤质石膏灰棕漠土。

代表性单个土体　位于内蒙古自治区阿拉善盟额济纳旗赛汉陶来苏木推日木图西，古腊布吉格德南，乌日金乌素东，坐标为41°58′41.69″N，100°37′50.37″E，海拔为954 m，冲积平原，母质为冲积物，灌木林地，灌木盖度约20%，年均气温为8.7 ℃，年均降水量为40.0 mm，野外调查采样日期为2012年8月18日，编号LF-024。

推日木图系代表性单个土体剖面

K：+3～0 cm，干旱结皮。

Ahy：0～8 cm，橙白色（10YR 8/2，干），棕灰色（10YR 6/1，润），黏壤土，发育弱的粒状-小块状结构，松散-坚硬，少量根系，可见石膏粉末，强石灰反应，向下层波状渐变过渡。

By1：8～20 cm，浊黄橙色（10YR 7/2，干），棕灰色（10YR 5/1，润），粉质黏壤土，发育弱的中块状结构，坚硬，少量灌木根系，可见石膏粉末，有宽约3 mm的裂隙，强石灰反应，向下层波状清晰过渡。

By2：20～60 cm，浊黄橙色（10YR 7/3，干），棕灰色（7.5YR 5/1，润），黏壤土，发育弱的中块状结构，坚硬，有宽约3 mm的裂隙，可见石膏粉末，强石灰反应，向下层波状渐变过渡。

By3：60～80 cm，浊黄橙色（7.5YR 6/3，干），棕灰色（7.5YR 4/1，润），30%砾石，黏壤土，发育弱的小块状结构，稍坚硬，可见石膏粉末，强石灰反应，向下层平滑清晰过渡。

C：80～100 cm，浊黄橙色（7.5YR 6/3，干），棕灰色（7.5YR 4/1，润），80%砾石，单粒，强石灰反应。

推日木图系代表性单个土体物理性质

土层	深度/cm	砾石(>2mm，体积分数)/%	细土颗粒组成(粒径：mm)/(g/kg)			质地	容重/(g/cm³)
			砂粒 2～0.05	粉粒 0.05～0.002	黏粒 <0.002		
Ahy	0～8	0	293	432	275	黏壤土	1.23
By1	8～20	0	79	609	312	粉质黏壤土	1.19
By2	20～60	0	275	462	263	黏壤土	1.43
By3	60～80	30	293	432	275	黏壤土	1.23

推日木图系代表性单个土体化学性质

深度/cm	pH (H_2O)	有机碳/(g/kg)	全氮(N)/(g/kg)	全磷(P)/(g/kg)	全钾(K)/(g/kg)	CEC/(cmol/kg)	$CaCO_3$/(g/kg)	石膏/(g/kg)
0～8	8.1	6.9	0.54	0.53	16.3	9.2	109.2	92.0
8～20	8.6	8.7	0.60	0.62	17.4	15.6	107.8	73.1
20～60	9.2	2.4	0.18	0.44	14.9	6.8	84.6	75.5
60～80	8.5	7.1	0.17	0.43	15.9	6.8	78.6	55.7

5.7　弱石膏简育正常干旱土

5.7.1　策克嘎查系(Cekegacha Series)

土　族：粗骨砂质硅质混合型石灰性冷性-弱石膏简育正常干旱土

拟定者：李德成，张甘霖，赵玉国

分布与环境条件　主要分布于内蒙古自治区阿拉善盟额济纳旗一带，洪积低台地，海拔为 890～1000 m，母质为冲-洪积物，戈壁，中温带大陆性季风气候，年均气温约 8.5 ℃，年均降水量约 40.2 mm，年均日照时数为 2600～3500 h，无霜期为 138～150 d。

策克嘎查系典型景观

土壤性状与特征变幅　诊断层包括干旱表层和雏形层；诊断特性包括冷性土壤温度状况、干旱土壤水分状况和石灰性；诊断现象包括石膏现象。地表粗碎块面积为 60%～80%，土体厚度 1 m 以上，干旱结皮厚度为 1～4 cm，干旱表层厚度为 8～10 cm，通体有石灰反应，碳酸钙含量为 20～90 g/kg，通体具有石膏现象，石膏含量为 20～50 g/kg，pH 为 8.0～8.2，层次质地构型为砂质壤土-砂质黏壤土-壤土，砂粒含量为 450～840 g/kg，砾石含量为 5%～40%。

对比土系　巴拉吉日系、考勒巴系、吉格德阿系和推日木图系，土体中石膏含量较本土系高，属于同一土类不同亚类，为普通石膏正常干旱土。呼舒乌拉系，空间相邻，不同亚类，为普通简育正常干旱土。

利用性能综述　地势平坦，土体较薄，砾石较多，干旱缺水，植被盖度极低。应封境育草育灌，逐步改善生态环境。

参比土种　灰棕漠土。

代表性单个土体　位于内蒙古自治区阿拉善盟额济纳旗苏泊淖尔苏木策克嘎查西南，坐标为 42°30′8.96″N，101°14′56.17″E，海拔为 905 m，洪积低台地，母质为冲-洪积物，裸地，年均气温为 8.5 ℃，年均降水量为 40.2 mm，野外调查采样日期为 2013 年 7 月 31 日，编号 YZ-032。

策克嘎查系代表性单个土体剖面

K：　+2～0 cm，干旱结皮。

Ay：　0～8 cm，淡黄橙色（7.5YR 8/4，干），棕色（7.5YR 4/4，润），5%砾石，砂质壤土，发育弱的粒状-小块状结构，松散-坚硬，可见石膏粉末，中度石灰反应，向下层波状渐变过渡。

By1：8～30 cm，橙色（7.5YR 6/6，干），棕色（7.5YR 4/4，润），30%砾石，砂质黏壤土，发育弱的中块状结构，坚硬，有宽约 2 mm 的裂隙，可见石膏粉末，中度石灰反应，向下层波状渐变过渡。

By2：30～47 cm，橙色（7.5YR 6/6，干），棕色（7.5YR 4/4，润），40%砾石，砂质黏壤土，发育弱的中块状结构，坚硬，有宽约 2 mm 的裂隙，可见石膏粉末，中度石灰反应，向下层波状清晰过渡。

By3：47～102 cm，橙色（7.5YR 6/6，干），棕色（7.5YR 4/4，润），40%砾石，砂质壤土，发育弱的中块状结构，坚硬，有宽约 2 mm 的裂隙，可见石膏粉末，轻度石灰反应，向下层波状渐变过渡。

By4：102～110 cm，橙色（7.5YR 6/6，干），棕色（7.5YR 4/4，润），40%砾石，壤土，发育弱的中块状结构，坚硬，可见石膏粉末，中度石灰反应。

策克嘎查系代表性单个土体物理性质

土层	深度/cm	砾石(>2mm，体积分数)/%	细土颗粒组成(粒径：mm)/(g/kg)			质地	容重/(g/cm³)
			砂粒 2～0.05	粉粒 0.05～0.002	黏粒 <0.002		
Ay	0～8	5	816	41	143	砂质壤土	1.43
By1	8～30	30	757	39	204	砂质黏壤土	1.52
By2	30～47	40	665	55	280	砂质黏壤土	1.49
By3	47～102	40	835	15	150	砂质壤土	1.46
By4	102～110	40	451	344	205	壤土	1.53

策克嘎查系代表性单个土体化学性质

深度 /cm	pH (H_2O)	有机碳 / (g/kg)	全氮(N) / (g/kg)	全磷(P) / (g/kg)	全钾(K) / (g/kg)	CEC /(cmol/kg)	$CaCO_3$ / (g/kg)	石膏 / (g/kg)
0～8	8.1	2.5	0.29	0.18	18.6	5.2	41.6	20.4
8～30	8.0	1.6	0.22	0.47	17.9	7.2	39.0	21.2
30～47	8.1	1.8	0.24	0.55	20.3	12.6	45.0	23.7
47～102	8.1	2.1	0.26	0.30	17.7	8.7	20.7	40.5
102～110	8.2	1.5	0.21	0.36	16.7	13.4	83.2	35.3

5.8 普通简育正常干旱土

5.8.1 嘛尼查干系（Manichagan Series）

土 族：粗骨砂质硅质混合型石灰性温性-普通简育正常干旱土

拟定者：李德成，张甘霖，赵玉国

分布与环境条件 主要分布于内蒙古自治区阿拉善盟额济纳旗一带，洪积平原，海拔为890～1000 m，母质为黄土和砾石混杂洪积物，戈壁，中温带大陆性季风气候，年均气温约 9.0 ℃，年均降水量约 39.1 mm，年均日照时数为 2600～3500 h，无霜期为 138～150 d。

嘛尼查干系典型景观

土壤性状与特征变幅 诊断层包括干旱表层；诊断特性包括温性土壤温度状况、干旱土壤水分状况和石灰性。地表遍布粗碎块，土体厚度约 50 cm，通体有石灰反应，碳酸钙含量 20～40 g/kg，干旱结皮厚度为 1～4 cm，干旱表层厚度为 5～15 cm，之下土体可见残留的冲积层理，有机碳含量为 1.1～1.2 g/kg，容重为 1.56～1.59 g/cm^3，pH 为 7.3～8.9，层次质地构型为砂质壤土-壤质砂土，砂粒含量为 760～880 g/kg，土体中砾石含量为20%～50%。

对比土系 与本亚类中其他土系的差异在于颗粒大小级别不同，其他土系为砂质盖粗骨质或砂质。乌兰格日系，空间相邻，不同土类，为钙积正常干旱土。毛川吉系，空间相邻，不同土纲，为雏形土。

利用性能综述 地势平坦，土体较薄，砾石较多，干旱缺水，植被盖度低。应封境育草育灌，逐步改善生态环境。

参比土种 砂砾质灰棕漠土。

代表性单个土体 位于内蒙古自治区阿拉善盟额济纳旗巴彦宝格德苏木嘛尼查干东北，桐格音乌素西，牛仑木格东南，坐标为41°47′16.73″N，100°59′59.42″E，海拔为906 m，洪积平原，母质为黄土和砾石混杂洪积物，戈壁，灌木盖度<2%，年均气温为9.0 ℃，年均降水量为39.1 mm，野外调查采样日期为2013年7月28日，编号HH-058。

K: +2～0 cm，干旱结皮。

A: 0～20 cm，淡黄橙色（7.5YR 8/6，干），浊橙色（7.5YR 6/4，润），20%砾石，砂质壤土，发育弱的粒状-小块状结构，松散-坚硬，中度石灰反应，向下层不规则渐变过渡。

AB: 20～50 cm，淡黄橙色（7.5YR 8/6，干），浊橙色（7.5YR 6/4，润），50%砾石，壤质砂土，发育弱的小块状结构，坚硬，可见残留的冲积层理，向下层平滑清晰过渡。

C: 50～120 cm，淡黄橙色（7.5YR 8/6，干），浊橙色（7.5YR 6/4，润），70%砾石，单粒，可见残留的冲积层理。

嘛尼查干系代表性单个土体剖面

嘛尼查干系代表性单个土体物理性质

土层	深度/cm	砾石(>2mm，体积分数)/%	细土颗粒组成(粒径：mm)/(g/kg) 砂粒 2～0.05	粉粒 0.05～0.002	黏粒 <0.002	质地	容重/(g/cm³)
A	0～20	20	767	60	172	砂质壤土	1.56
AB	20～50	50	880	14	107	壤质砂土	1.59

嘛尼查干系代表性单个土体化学性质

深度/cm	pH (H_2O)	有机碳/(g/kg)	全氮(N)/(g/kg)	全磷(P)/(g/kg)	全钾(K)/(g/kg)	CEC/(cmol/kg)	$CaCO_3$/(g/kg)
0～20	7.3	1.2	0.19	0.41	17.0	3.7	43.7
20～50	8.9	1.1	0.18	0.24	18.1	2.5	27.7

5.8.2 东风镇系（Dongfengzhen Series）

土　族：砂质盖粗骨质硅质混合型石灰性温性-普通简育正常干旱土
拟定者：李德成，张甘霖，赵玉国

分布与环境条件　主要分布于内蒙古自治区阿拉善盟额济纳旗一带，冲积平原河漫滩，海拔为 890～1100m，母质为黄土和砾石交错冲积物，灌木林地，温带大陆性季风气候，年均气温约 8.7 ℃，年均降水量约 51.3 mm，年均日照时数为 2600～3500 h，无霜期为 138～150 d。

东风镇系典型景观

土壤性状与特征变幅　诊断层包括干旱表层和雏形层；诊断特性包括冷性土壤温度状况、干旱土壤水分状况；诊断特性包括钙积现象。地表粗碎块面积为 60%～80%，土体厚度为 80～100 cm，干旱结皮厚度为 1～4 cm，干旱表层厚度为 8～20 cm，之下为洪积砾石层，可见残留的冲积层理，通体有石灰反应，碳酸钙含量为 10～110 g/kg，pH 为 7.9～9.2，层次质地构型为砂质黏壤土-砂质壤土-壤质砂土，砂粒含量为 580～890 g/kg，砾石含量为 5%～75%。

对比土系　藏查干系，同一亚类不同土族，土体呈黄灰色，深 85 cm 以下土体有较多铁锰斑纹，土体中部夹约 30 cm 厚粗骨质层（57～86 cm）。巴彦宝格德系，空间相邻，不同土纲，为新成土。

利用性能综述　地势平坦，土体较厚，砾石较多，养分含量低，干旱缺水，植被盖度一般。应封境育灌育草，逐步改善生态环境。

参比土种 砂砾质灰棕漠土。

代表性单个土体 位于内蒙古自治区阿拉善盟额济纳旗东风镇西北，珠斯林桃莱东北，图古日格查干西南，坐标为 41°14′0.09″N，100°30′31.25″E，海拔为 982 m，冲积平原河漫滩，母质为黄土和砾石交错冲积物，荒地，灌木盖度约 10%，年均气温为 8.7 ℃，年均降水量为 51.3 mm，野外调查采样日期为 2012 年 8 月 19 日，编号 YG-031。

K：+3～0 cm，干旱结皮。

Ah：0～10 cm，淡黄橙色（7.5YR 8/3，干），浊棕色（7.5YR 5/3，润），5%砾石，砂质黏壤土，发育弱的粒状-小块状结构，松散-坚硬，少量根系，强石灰反应，向下层平滑清晰过渡。

Bw：10～45 cm，浊橙色（7.5YR 6/4，干），棕色（7.5YR 4/3，润），10%砾石，砂质壤土，发育弱的中块状结构，坚硬，少量根系，可见残留的冲积层理，中度石灰反应，向下层平滑清晰过渡。

C1：45～86 cm，浊橙色（7.5YR 6/4，干），棕色（7.5YR 4/3，润），75%砾石，壤质砂土，单粒，松散，可见残留的冲积层理，轻度石灰反应，向下层波状渐变过渡。

C2：86～120 cm，淡棕灰色（7.5YR 7/2，干），棕灰色（7.5YR 5/1，润），75%砾石，壤质砂土，单粒，松散，可见残留的冲积层理，轻度石灰反应，向下层波状渐变过渡。

东风镇系代表性单个土体剖面

东风镇系代表性单个土体物理性质

土层	深度 /cm	砾石 (>2mm，体积分数)/%	细土颗粒组成(粒径：mm)/(g/kg)			质地	容重 /(g/cm³)
			砂粒 2～0.05	粉粒 0.05～0.002	黏粒 <0.002		
Ah	0～10	5	586	205	209	砂质黏壤土	1.54
Bw	10～45	10	813	49	138	砂质壤土	1.59
C1	45～86	75	885	17	98	壤质砂土	1.64
C2	86～120	75	879	28	93	壤质砂土	1.63

东风镇系代表性单个土体化学性质

深度 /cm	pH (H_2O)	有机碳 /(g/kg)	全氮(N) /(g/kg)	全磷(P) /(g/kg)	全钾(K) /(g/kg)	CEC /(cmol/kg)	$CaCO_3$ /(g/kg)
0～10	7.9	1.4	0.13	0.42	14.9	4.2	100.6
10～45	9.1	1.1	0.09	0.32	14.2	3.8	48.8
45～86	9.2	0.8	0.07	0.26	14.7	2.8	13.1
86～120	9.1	0.9	0.06	0.27	13.5	1.7	22.9

5.8.3　藏查干系（Zangchagan Series）

土　族：砂质盖粗骨质硅质混合型石灰性温性-普通简育正常干旱土
拟定者：李德成，张甘霖，赵玉国

分布与环境条件　主要分布于内蒙古自治区阿拉善盟额济纳旗一带，冲积平原河流低阶地，海拔为 890～1100 m，母质为洪-冲积物，稀疏灌丛，中温带大陆性季风气候，年均气温约 8.7 ℃，年均降水量约 41 mm，年均日照时数为 2600～3500 h，无霜期为 138～150 d。

藏查干系典型景观

土壤性状与特征变幅　诊断层包括干旱表层和雏形层；诊断特性包括温性土壤温度状况、干旱土壤水分状况、氧化还原特征和石灰性。地表遍布粗碎块，土体厚度 1 m 以上，干旱结皮厚度为 1～4 cm，干旱表层厚度为 8～12 cm，之下的雏形层可见残留的冲积层理，雏形层出现上界约 85 cm，可见铁锰斑纹，通体有石灰反应，碳酸钙含量为 30～80 g/kg，pH 为 7.9～9.8，层次质地构型为砂质黏壤土-壤质砂土，砂粒含量为 540～860 g/kg，砾石含量为 5%～80%。

对比土系　东风镇系，同一亚类不同土族，土体下部无铁锰斑纹，土体深 45 cm 以下均为粗骨质。赛汉陶来系，空间相邻，不同土纲，为盐成土。

利用性能综述　地势平坦，土体较厚，养分含量低，干旱缺水，植被盖度较低。应封境育灌育草，逐步改善生态环境。

参比土种　砂砾质灰棕漠土。

代表性单个土体　位于内蒙古自治区阿拉善盟额济纳旗赛汉陶来苏木藏查干北，哈劳敖包东，坐标为 41°52′13.47″N，100°34′53.49″E，海拔为 965 m，冲积平原河流低阶地，母质为洪-冲积物，稀疏灌丛，灌木盖度约 20%，年均气温为 8.7 ℃，年均降水量为 41.0 mm，野外调查采样日期为 2012 年 8 月 18 日，编号 LF-025。

K：　+2～0 cm，干旱结皮。

Ah：　0～10 cm，浊黄橙色（10YR 7/2，干），灰黄棕色（10YR 4/2，润），5%砾石，砂质黏壤土，发育弱的粒状-小块状结构，松散-坚硬，少量灌木根系，强石灰反应，向下层平滑清晰过渡。

Bw1：10～30 cm，浊黄橙色（10YR 7/2，干），灰黄棕色（10YR 4/2，润），10%砾石，砂质黏壤土，发育弱的中块状结构，坚硬，少量灌木根系，强石灰反应，向下层波状清晰过渡。

Bw2：30～57 cm，浊黄橙色（10YR 7/2，干），灰黄棕色（10YR 4/2，润），10%砾石，壤质砂土，发育弱的小块状结构，坚硬，可见残留的冲积层理，中度石灰反应，向下层波状清晰过渡。

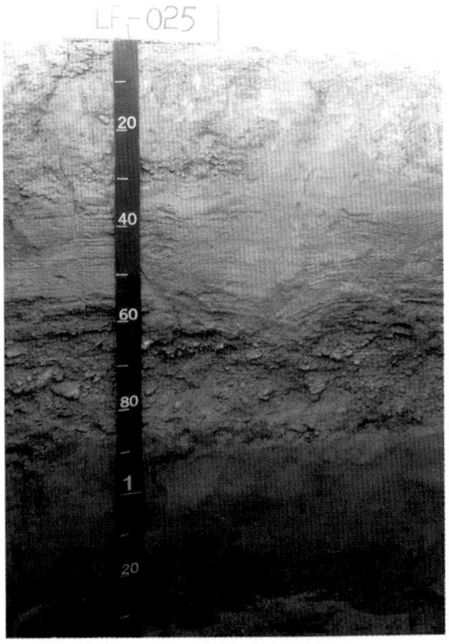

藏查干系代表性单个土体剖面

C：　57～86 cm，浊黄橙色（10YR 7/2，干），灰黄棕色（10YR 4/2，润），80%砾石，壤质砂土，单粒，松散，轻度石灰反应，向下层平滑清晰过渡。

Cr：　86～120 cm，浊黄橙色（10YR 6/3，干），灰黄棕色（10YR 4/2，润），黏壤土，单粒，疏松，可见冲积层理和铁锰斑纹，轻度石灰反应。

藏查干系代表性单个土体物理性质

土层	深度/cm	砾石(>2mm，体积分数)/%	细土颗粒组成(粒径：mm)/(g/kg)			质地	容重/ (g/cm^3)
			砂粒 2～0.05	粉粒 0.05～0.002	黏粒 <0.002		
Ah	0～10	5	544	250	206	砂质黏壤土	1.62
Bw1	10～30	10	573	200	227	砂质黏壤土	1.77
Bw2	30～57	10	860	55	85	壤质砂土	1.66
C	57～86	80	858	82	60	壤质砂土	1.62

藏查干系代表性单个土体化学性质

深度/cm	pH (H_2O)	有机碳/(g/kg)	全氮(N)/(g/kg)	全磷(P)/(g/kg)	全钾(K)/(g/kg)	CEC/(cmol/kg)	$CaCO_3$/(g/kg)
0～10	8.0	2.2	0.21	0.49	15.8	6.1	75.9
10～30	8.3	1.4	0.15	0.43	15.0	6.3	71.1
30～57	7.9	1.0	0.05	0.34	12.6	2.1	31.4
57～86	9.8	0.8	0.03	0.32	13.6	1.2	33.0

5.8.4 额很合热系（Ehenhere Series）

土　族：砂质硅质混合型石灰性温性-普通简育正常干旱土

拟定者：李德成，张甘霖，赵玉国

分布与环境条件 主要分布于内蒙古自治区阿拉善盟额济纳旗一带，冲积平原低阶地，海拔为 890～1000 m，母质为黄土和砾石混杂冲积物，戈壁，中温带大陆性季风气候，年均气温约 8.8 ℃，年均降水量约 37.5 mm，年均日照时数为 2600～3500 h，无霜期为 138～150 d。

额很合热系典型景观

土壤性状与特征变幅 诊断层包括干旱表层和雏形层；诊断特性包括温性土壤温度状况、干旱土壤水分状况和石灰性。地表遍布粗碎块，土体厚度 1 m 以上，干旱结皮厚度为 1～4 cm，干旱表层厚度为 10～20 cm，通体有石灰反应，碳酸钙含量为 20～50 g/kg，之下土体可见残留的冲积层理，pH 为 8.0～9.1，层次质地构型为壤质砂土-砂土，砂粒含量为 810～920 g/kg，砾石含量 20%左右。

对比土系 哈日波日系、浩雅呼都系和呼舒乌拉系，同一土族。哈日波日系表层为砂质壤土，表土砾石含量较低；浩雅呼都系表层为砂质壤土，通体含少量砾石；呼舒乌拉系表层为壤土，通体砾石含量较少。

利用性能综述 地势平坦，土体较厚，砾石较多，干旱缺水，植被盖度很低。可封境育草育灌，逐步改善生态环境。

参比土种 砂砾质灰棕漠土。

代表性单个土体 位于内蒙古自治区阿拉善盟额济纳旗苏泊淖尔苏木额很合热图东南，七号山东，阿腊布勒格西北，坐标为42°7′39.55″N，100°55′25.32″E，海拔为921 m，冲积平原低阶地，母质为黄土和砾石混杂冲积物，戈壁，灌木盖度约5%，年均气温为8.8 ℃，年均降水量为37.5 mm，野外调查采样日期为2012年8月17日，编号Pln-009。

K： +3～0 cm，干旱结皮。

A： 0～18 cm，浊黄橙色（10YR 7/3，干），灰黄棕色（10YR 4/2，润），20%砾石，壤质砂土，发育弱的粒状-小块状结构，松散-坚硬，中度石灰反应，向下层平滑清晰过渡。

Bw1： 18～35 cm，浊黄橙色（10YR 7/3，干），灰黄棕色（10YR 4/2，润），20%砾石，壤质砂土，发育弱的小块状结构，坚硬，可见残留的冲积层理，中度石灰反应，向下层平滑清晰过渡。

Bw2： 35～110 cm，浊黄橙色（10YR 7/3，干），灰黄棕色（10YR 4/2，润），20%砾石，砂土，发育弱的小块状结构，坚硬，可见残留的冲积层理，轻度石灰反应。

额很合热系代表性单个土体剖面

额很合热系代表性单个土体物理性质

土层	深度/cm	砾石(>2mm，体积分数)/%	细土颗粒组成(粒径：mm)/(g/kg)			质地	容重/(g/cm³)
			砂粒 2～0.05	粉粒 0.05～0.002	黏粒 <0.002		
A	0～18	20	861	56	83	壤质砂土	1.60
Bw1	18～35	20	811	89	100	壤质砂土	1.57
Bw2	35～110	20	920	24	56	砂土	1.64

额很合热系代表性单个土体化学性质

深度/cm	pH (H_2O)	有机碳/(g/kg)	全氮(N)/(g/kg)	全磷(P)/(g/kg)	全钾(K)/(g/kg)	CEC/(cmol/kg)	$CaCO_3$/(g/kg)
0～18	8.0	1.0	0.08	0.31	13.8	1.8	40.3
18～35	8.6	1.2	0.07	0.30	14.7	2.2	41.9
35～110	9.1	0.8	0.04	0.28	13.2	0.8	29.0

5.8.5 哈日波日系（Haribori Series）

土　族：砂质硅质混合型石灰性温性-普通简育正常干旱土
拟定者：李德成，张甘霖，赵玉国

分布与环境条件　主要分布于内蒙古自治区阿拉善盟额济纳旗一带，剥蚀高平原，海拔为 890～1150 m，母质为黄土和砾石混杂冲积物，戈壁，中温带大陆性季风气候，年均气温约 8.6 ℃，年均降水量约 57.6 mm，年均日照时数为 2600～3500 h，无霜期为 138～150 d。

哈日波日系典型景观

土壤性状与特征变幅　诊断层包括干旱表层和雏形层；诊断特性包括温性土壤温度状况、干旱土壤水分状况和石灰性。地表遍布粗碎块，土体厚度 1 m 以上，干旱结皮厚度为 1～4 cm，干旱表层厚度为 5～15 cm，通体有石灰反应，碳酸钙含量为 30～80 g/kg，深 40 cm 以下土体可见残留的冲积层理，pH 为 7.7～9.2，层次质地构型为砂质壤土-砂土-壤质砂土，砂粒含量为 620～930 g/kg，砾石含量为 5%～20%。

对比土系　额很合热系、浩雅呼都系和呼舒乌拉系，同一土族。额很合热系表层为壤质砂土，砾石含量较高；浩雅呼都系表层为砂质壤土，通体含少量砾石；呼舒乌拉系表层为壤土，通体砾石含量较少。

利用性能综述　地势平坦，土体较薄，砾石较多，干旱缺水，植被盖度极低。应封境育草育灌，逐步改善生态环境。

参比土种 戈壁盖壤质砂底灰棕漠土。

代表性单个土体 位于内蒙古自治区阿拉善盟额济纳旗巴彦宝格德苏木哈日波日格音巴润裸地东北，坐标为 40°58′46.19″N，100°41′06.20″E，海拔为 986 m，剥蚀高平原，母质为黄土和砾石混杂冲积物，裸地，灌木盖度<2%，年均气温为 8.6 ℃，年均降水量为 57.6 mm，野外调查采样日期为 2012 年 8 月 20 日，编号 Pln-027。

K： +3～0 cm，干旱结皮。

A： 0～10 cm，浊黄橙色（10YR 7/3，干），灰黄棕色（10YR 4/2，润），5%砾石，砂质壤土，发育弱的粒状-小块状结构，松散-坚硬，中度石灰反应，向下层波状渐变过渡。

Bw1：10～35 cm，浊黄橙色（10YR 7/3，干），灰黄棕色（10YR 4/2，润），10%砾石，砂质壤土，发育弱的中块状结构，坚硬，中度石灰反应，向下层波状渐变过渡。

Bw2：35～70 cm，浊黄橙色（10YR 6/3，干），棕灰色（10YR 4/1，润），20%砾石，砂土，发育弱中块状结构，坚硬，可见残留的冲积层理，轻度石灰反应，向下层平滑清晰过渡。

Bw3：70～90 cm，浊黄橙色（10YR 6/3，干），棕灰色（10YR 4/1，润），20%砾石，壤质砂土，发育弱的小块状结构，坚硬，可见残留的冲积层理，中度石灰反应。

哈日波日系代表性单个土体剖面

哈日波日系代表性单个土体物理性质

土层	深度 /cm	砾石 (>2mm，体积分数)/%	细土颗粒组成(粒径：mm)/(g/kg)			质地	容重 /(g/cm^3)
			砂粒 2～0.05	粉粒 0.05～0.002	黏粒 <0.002		
A	0～10	5	622	200	178	砂质壤土	1.44
Bw1	10～35	10	783	67	150	砂质壤土	1.54
Bw2	35～70	20	922	10	68	砂土	1.66
Bw3	70～90	20	873	41	86	壤质砂土	1.64

哈日波日系代表性单个土体化学性质

深度 /cm	pH (H_2O)	有机碳 /(g/kg)	全氮(N) /(g/kg)	全磷(P) /(g/kg)	全钾(K) /(g/kg)	CEC /(cmol/kg)	$CaCO_3$ /(g/kg)
0～10	7.7	1.1	0.12	0.49	12.8	4.5	70.3
10～35	8.4	1.1	0.09	0.34	13.5	3.4	45.7
35～70	8.0	0.7	0.06	0.29	12.7	1.3	34.6
70～90	9.2	0.8	0.04	0.35	16.7	1.5	52.0

5.8.6 浩雅呼都系（Haoyahudu Series）

土　族：砂质硅质混合型石灰性温性-普通简育正常干旱土
拟定者：李德成，张甘霖，赵玉国

分布与环境条件　主要分布于内蒙古自治区阿拉善盟额济纳旗一带，洪-冲积平原，海拔为 890～1050 m，母质为黄土洪-冲积物，戈壁，中温带大陆性季风气候，年均气温约 8.5 ℃，年均降水量约 44.6 mm，年均日照时数为 2600～3500 h，无霜期为 138～150 d。

浩雅呼都系典型景观

土壤性状与特征变幅　诊断层包括干旱表层和雏形层；诊断特性包括温性土壤温度状况、干旱土壤水分状况和石灰性。地表遍布粗碎块，土体厚度 1 m 以上，干旱结皮厚度为 1～4 cm，干旱表层厚度为 5～15 cm，通体有石灰反应，碳酸钙含量为 10～50 g/kg，pH 为 7.9～9.2，层次质地构型为砂质壤土-壤质砂土，砂粒含量为 680～880 g/kg，砾石含量为 5%～20%。

对比土系　额很合热系、哈日波日系和呼舒乌拉系，同一土族。额很合热系表层为壤质砂土，砾石含量较高；哈日波日系表层为砂质壤土，通体砾石含量较高；呼舒乌拉系表层为壤土，通体砾石含量较少。

利用性能综述　地势平坦，地表遍布砾石，土体深厚，干旱缺水，植被盖度极低。应封境育草育灌，逐步改善生态环境。

参比土种　砂砾质灰棕漠土。

代表性单个土体　位于内蒙古自治区阿拉善盟额济纳旗赛汉陶来苏木浩雅日呼都格北，浩伊尔呼都格东南，坐标为 41°41′48.78″N，100°17′22.19″E，海拔为 942 m，洪-冲积平原，母质为黄土洪-冲积物，戈壁，灌木盖度<5%，年均气温为 8.5 ℃，年均降水量为 44.6 mm，野外调查采样日期为 2012 年 8 月 18 日，编号 YG-029。

浩雅呼都系代表性单个土体剖面

K:　+3～0 cm，干旱结皮。

A:　0～10 cm，浊黄橙色（10YR 7/3，干），灰黄棕色（10YR 5/2，润），5%砾石，砂质壤土，发育弱的粒状-小块状结构，松散-稍坚硬，中度石灰反应，向下层平滑清晰过渡。

Bwk1：10～52 cm，浊黄橙色（10YR 6/3，干），灰黄棕色（10YR 4/2，润），20%砾石，砂质壤土，发育弱的中块状结构，坚硬，中度石灰反应，向下层波状渐变过渡。

Bwk2：52～85 cm，浊黄橙色（10YR 6/4，干），灰黄棕色（10YR 4/2，润），5%砾石，壤质砂土，发育弱的中块状结构，坚硬，中度石灰反应，向下层波状渐变过渡。

Bwk3：85～105 cm，浊黄橙色（10YR 6/4，干），灰黄棕色（10YR 4/2，润），5%砾石，壤质砂土，发育弱的中块状结构，坚硬，轻度石灰反应。

浩雅呼都系代表性单个土体物理性质

土层	深度 /cm	砾石 (>2mm，体积分数)/%	细土颗粒组成(粒径：mm)/(g/kg)			质地	容重 /(g/cm³)
			砂粒 2～0.05	粉粒 0.05～0.002	黏粒 <0.002		
A	0～10	5	688	138	174	砂质壤土	1.54
Bwk1	10～52	20	779	111	110	砂质壤土	1.63
Bwk2	52～85	5	841	54	105	壤质砂土	1.64
Bwk3	85～105	5	879	32	89	壤质砂土	1.62

浩雅呼都系代表性单个土体化学性质

深度 /cm	pH (H_2O)	有机碳 /(g/kg)	全氮(N) /(g/kg)	全磷(P) /(g/kg)	全钾(K) /(g/kg)	CEC /(cmol/kg)	$CaCO_3$ /(g/kg)
0～10	7.9	1.4	0.12	0.44	14.2	3.9	40.7
10～52	9.2	0.8	0.05	0.32	14.6	1.8	35.8
52～85	8.4	0.8	0.05	0.25	13.5	1.7	40.3
85～105	9.1	0.9	0.05	0.19	13.1	1.8	18.3

5.8.7　呼舒乌拉系（Hushuwula Series）

土　族：砂质硅质混合型石灰性温性-普通简育正常干旱土

拟定者：李德成，张甘霖，赵玉国

分布与环境条件　主要分布于内蒙古自治区阿拉善盟额济纳旗一带，冲湖积平原，海拔为 890～1000 m，母质为冲-洪积物，半固定沙地，中温带大陆性季风气候，年均气温约 8.6 ℃，年均降水量约 38.6 mm，年均日照时数为 2600～3500 h，无霜期为 138～150 d。

呼舒乌拉系典型景观

土壤性状与特征变幅　诊断层包括干旱表层和雏形层；诊断特性包括温性土壤温度状况、干旱土壤水分状况；诊断现象包括钙积现象。土体厚度 1 m 以上，干旱结皮厚度为 1～4 cm，干旱表层厚度为 10～20 cm，通体有石灰反应，碳酸钙含量为 70～120 g/kg，pH 为 8.2～9.3，层次质地构型为壤土-粉质黏壤土-砂质壤土，砂粒含量为 160～760 g/kg。

对比土系　额很合热系、哈日波日系和浩雅呼都系，同一土族。额很合热系表层为壤质砂土，砾石含量较高；哈日波日系表层为砂质壤土，砾石含量较高；浩雅呼都系表层为砂质壤土，通体含少量砾石。

利用性能综述　地势较为平坦，土体深厚，养分含量低，干旱缺水，植被盖度低，风蚀强烈。应封境育草育灌，逐步改善生态环境。

参比土种　砂质灰棕漠土。

代表性单个土体　位于内蒙古自治区阿拉善盟额济纳旗苏泊淖尔苏木呼舒乌拉东北，阿敦呼布西，沙拉音陶来东，坐标为 42°19′20.88″N，101°03′54.61″E，海拔为 904 m，冲湖积平原，母质为冲-洪积物，灌木盖度约 10%，年均气温为 8.6 ℃，年均降水量为 38.6 mm，野外调查采样日期为 2012 年 8 月 17 日，编号 Pln-028。

K： +3～0 cm，干旱结皮。

Ahk： 0～18 cm，橙白色（10YR 8/1，干），棕灰色（10YR 5/1，润），壤土，发育弱的粒状-小块状结构，松散-坚硬，中量根系，强石灰反应，向下层平滑渐变过渡。

Bwk1：18～30 cm，橙白色（10YR 8/1，干），棕灰色（10YR 5/1，润），粉质黏壤土，发育弱的中块状结构，坚硬，少量根系，可见残留的冲积层理，强石灰反应，向下层平滑渐变过渡。

Bwk2：30～120 cm，橙白色（10YR 8/1，干），棕灰色（10YR 5/1，润），砂质壤土，发育弱的中块状结构，坚硬，有宽约 3 mm 的裂隙，可见残留的冲积层理，强石灰反应。

呼舒乌拉系代表性单个土体剖面

呼舒乌拉系代表性单个土体物理性质

土层	深度/cm	细土颗粒组成(粒径：mm)/(g/kg)			质地	容重/(g/cm³)
		砂粒 2～0.05	粉粒 0.05～0.002	黏粒 <0.002		
Ahk	0～18	358	418	224	壤土	1.20
Bwk1	18～30	165	529	306	粉质黏壤土	1.17
Bwk2	30～120	756	135	109	砂质壤土	1.49

呼舒乌拉系代表性单个土体化学性质

深度/cm	pH (H_2O)	有机碳/(g/kg)	全氮(N)/(g/kg)	全磷(P)/(g/kg)	全钾(K)/(g/kg)	CEC/(cmol/kg)	$CaCO_3$/(g/kg)
0～18	9.3	8.1	0.63	0.50	16.0	10.3	112.4
18～30	8.3	9.7	0.50	0.54	18.7	23.8	115.6
30～120	8.2	1.8	0.13	0.40	14.6	1.9	74.3

第6章　盐　成　土

6.1　弱盐潮湿碱积盐成土

6.1.1　准巴嘎系（Zhunbaga Series）

土　族：砂质硅质混合型石灰性冷性-弱盐潮湿碱积盐成土

拟定者：边振兴，高建飞，孙　雪，刚　晨

分布与环境条件　主要分布于内蒙古自治区东部，东辽平原西部一带，冲积平原，海拔为89～308 m，母质为冲积物，草地，温带大陆性季风气候，年均气温约7.2 ℃，年均降水量450～550 mm，年均日照时数约2889 h，无霜期为140～150 d。

准巴嘎系典型景观

土壤性状与特征变幅　诊断层包括淡薄表层和碱积层；诊断特性包括潮湿土壤水分状况、冷性土壤温度状况、氧化还原特征和钙积现象。土体厚度1 m以上，深23 cm以下出现氧化还原特征，有机碳含量为2.0～18.0 g/kg，容重为1.45～1.58 g/cm^3，pH为8.9～10.1，层次质地构型为壤土-砂质黏壤土-砂质壤土，砂粒含量为290～760 g/kg。

对比土系　布迪系，空间相邻，不同土纲，为雏形土，无弱盐和碱积层。

利用性能综述 地势平坦，土体较厚，地下水埋深较浅，矿化度高。若垦为耕地，应采取措施降低地下水位，防止土壤盐渍化。

参比土种 壤质苏打草甸碱土。

代表性单个土体 位于内蒙古自治区通辽市科尔沁左翼后旗甘旗卡准巴嘎塔拉嘎查，坐标为43°12′29.45″N，122°14′33.44″E，海拔为209 m，冲积平原，母质为冲积物，草地，草被盖度约20%，年均气温为7.2 ℃，年均降水量为468.3 mm，野外调查采样日期为2015年5月21日，编号15-002。

Az：0～10 cm，淡棕灰色（7.5YR 7/1，干），棕灰色（7.5YR 6/1，润），壤土，发育弱的中棱柱状结构，疏松，多量根系，向下层波状清晰过渡。

Bn：10～23 cm，棕灰色（10YR 6/1，干），棕灰色（10YR 5/1，润），壤土，发育弱的中棱柱状结构，稍坚实，少量根系。

Br：23～41 cm，淡灰色（10YR 7/1，干），棕灰色（10YR 6/1，润），砂质黏壤土，发育弱的中棱块状结构，稍坚实，极少量根系，少量锈纹锈斑，向下层波状清晰过渡。

BCr：41～58 cm，淡棕灰色（7.5YR 7/1，干），棕灰色（7.5YR 5/1，润），砂质壤土，粒状结构，疏松，少量锈纹锈斑，向下层波状清晰过渡。

Cr：58～80 cm，橙白色（10YR 8/2，干），灰黄棕色（10YR 6/2，润），砂质壤土，发育弱的粒状结构，松散，少量锈纹锈斑。

准巴嘎系代表性单个土体剖面

准巴嘎系代表性单个土体物理性质

土层	深度/cm	细土颗粒组成(粒径：mm)/(g/kg)			质地	容重/(g/cm³)
		砂粒 2～0.05	粉粒 0.05～0.002	黏粒 <0.002		
Az	0～10	292	504	204	壤土	1.45
Bn	10～23	438	316	246	壤土	1.52
Br	23～41	513	280	206	砂质黏壤土	1.53
BCr	41～58	631	205	165	砂质壤土	1.55
Cr	58～80	758	160	82	砂质壤土	1.58

准巴嘎系代表性单个土体化学性质

深度/cm	pH (H_2O)	有机碳/(g/kg)	全氮(N)/(g/kg)	全磷(P)/(g/kg)	全钾(K)/(g/kg)	CEC/(cmol/kg)	$CaCO_3$/(g/kg)	交换性钠饱和度/%
0～10	10.1	17.5	0.06	0.50	21.2	17.6	45.1	76
10～23	10.1	10.0	0.70	0.99	18.4	15.0	94.5	70
23～41	9.9	5.9	0.17	0.38	11.5	15.5	4.8	88
41～58	9.5	8.3	0.08	0.13	22.7	16.7	67.6	32
58～80	8.9	2.5	0.41	0.44	21.0	24.1	47.4	16

6.2 普通干旱正常盐成土

6.2.1 三白滩系（Sanbaitan Series）

土　族：粗骨质盖砂质硅质混合型石灰性温性-普通干旱正常盐成土

拟定者：李德成，张甘霖，赵玉国

分布与环境条件 主要分布于内蒙古自治区阿拉善盟额济纳旗一带，洪积平原，海拔介于890～1130 m，母质为黄土和砾石交错洪积物，戈壁，中温带大陆性季风气候，年均气温约8.5 ℃，年均降水量约59.6 mm，年均日照时数为2600～3500 h，无霜期为138～150 d。

三白滩系典型景观

土壤性状与特征变幅 诊断层包括盐积层和钙积层；诊断特性包括温性土壤温度状况、干旱土壤水分状况和石灰性。地表遍布粗碎块，土体厚度1 m以上，盐积层厚度为15～25 cm，电导率为2～40 dS/m，通体有石灰反应，钙积层上界出现在深50 cm以下，钙积层的碳酸钙含量为220 g/kg以上，可见残留的冲积层理，pH为7.9～10.1，层次质地构型为砂质黏壤土-壤质砂土-砂土，砂粒含量为600～920 g/kg，砾石含量为10%～80%。

对比土系 准乌素系，同一亚类不同土族，表层土壤为砂土，下部土壤为黏壤土，砾石含量较少。巴彦宝格德系，空间相邻，不同土纲，为新成土。

利用性能综述 地势平坦，土体较薄，砾石较多，养分含量低，干旱缺水，植被盖度低。应封境育草，保护生态。

参比土种　壤质氯化物硫酸盐漠境盐土。

代表性单个土体　位于内蒙古自治区阿拉善盟额济纳旗巴彦宝格德苏木，坐标为40°54′45.62″N，100°20′0.82″E，海拔为1028 m，洪积平原，母质为黄土和砾石交错洪积物，戈壁，年均气温为8.5 ℃，年均降水量为59.6 mm，野外调查采样日期为2013年8月1日，编号YZ-HT。

三白滩系代表性单个土体剖面

Az1：0～10 cm，浊黄橙色（10YR 6/4，干），浊黄棕色（10YR 4/3，润），10%砾石，砂质黏壤土，发育弱的粒状-小块状结构，松散-坚硬，强石灰反应，向下层波状渐变过渡。

Az2：10～25 cm，浊黄橙色（10YR 6/4，干），浊黄棕色（10YR 4/3，润），20%砾石，砂质黏壤土，发育弱的小块状结构，坚硬，中度石灰反应，向下层波状渐变过渡。

C：25～53 cm，浊黄橙色（10YR 7/3，干），灰黄棕色（10YR 5/2，润），80%砾石，壤质砂土，单粒，松散，轻度石灰反应，向下层波状渐变过渡。

Bkb：53～120 cm，浊黄橙色（10YR 7/3，干），灰黄棕色（10YR 5/2，润），20%砾石，砂土，发育弱的小块状结构，坚硬，可见碳酸钙粉末和残留的冲积层理，强石灰反应。

三白滩系代表性单个土体物理性质

土层	深度/cm	砾石(>2mm，体积分数)/%	细土颗粒组成(粒径：mm)/(g/kg) 砂粒 2～0.05	粉粒 0.05～0.002	黏粒 <0.002	质地	容重/(g/cm^3)
Az1	0～10	10	686	108	206	砂质黏壤土	1.55
Az2	10～25	20	607	189	204	砂质黏壤土	1.46
C	25～53	80	839	62	99	壤质砂土	1.59
Bkb	53～120	20	916	17	67	砂土	1.61

三白滩系代表性单个土体化学性质

深度/cm	pH(H_2O)	有机碳/(g/kg)	全氮(N)/(g/kg)	全磷(P)/(g/kg)	全钾(K)/(g/kg)	CEC/(cmol/kg)	$CaCO_3$/(g/kg)	电导率/(dS/m)
0～10	7.9	1.3	0.20	0.48	17.5	4.5	74.5	39.2
10～25	8.0	2.1	0.26	0.29	17.7	5.3	58.9	31.4
25～53	9.2	1.1	0.18	0.18	15.5	1.7	31.1	5.5
53～120	10.1	0.9	0.17	0.28	12.2	1.1	229.0	2.4

6.2.2 准乌素系（Zhunwusu Series）

土 族：黏壤质硅质混合型石灰性温性-普通干旱正常盐成土

拟定者：李德成，张甘霖，赵玉国

分布与环境条件 主要分布于内蒙古自治区阿拉善盟额济纳旗一带，湖积平原，海拔介于 890～1000 m，母质为湖积黄土，戈壁，中温带大陆性季风气候，年均气温约 8.1 ℃，年均降水量约 46.1 mm，年均日照时数为 2600～3500 h，无霜期为 138～150 d。

准乌素系典型景观

土壤性状与特征变幅 诊断层包括盐积层、钙积层和雏形层；诊断特性包括温性土壤温度状况和干旱土壤水分状况。地表粗碎块为 20%～50%，土体厚度 1 m 以上，盐积层厚度为 15～25 cm，电导率为 9～38 dS/m，盐积层之下土体有石灰反应，钙积层上界出现在深 50 cm 以下，钙积层的碳酸钙含量 130 g/kg 以上，pH 为 7.8～8.9，层次质地构型为砂土-砂质壤土-粉质黏壤土，砂粒含量为 55～901 g/kg。

对比土系 三白滩系，同一亚类不同土族，表层土壤为砂质黏壤土，中部砾石含量较高，夹有约 30 cm 厚的粗骨质层，底部土壤为少砾砂土。

利用性能综述 地势平坦，土体深厚，养分含量低，干旱缺水，植被盖度低。应封境育草，保护生态。

参比土种 砂质壤土底漠境盐土。

代表性单个土体 位于内蒙古自治区阿拉善盟额济纳旗赛汉陶来苏木准乌素东北，波日格音乌素东南，绍布格日波日格西，坐标为 41°54′44.36″N，99°55′13.48″E，海拔为 890 m，湖积平原，母质为湖积黄土，戈壁，盐芦苇盖度约 10%，年均气温为 8.1 ℃，年均降水量为 46.1 mm，野外调查采样日期为 2012 年 8 月 28 日，编号 Pln-005。

准乌素系代表性单个土体剖面

Az1：0～10 cm，淡黄橙色（10YR 8/3，干），灰黄棕色（10YR 6/2，润），5%砾石，砂土，发育弱的粒状-小块状结构，松散-坚硬，中量根系，向下层波状渐变过渡。

Az2：10～25 cm，淡黄橙色（10YR 8/3，干），灰黄棕色（10YR 6/2，润），5%砾石，砂质壤土，发育弱的中块状结构，坚硬，少量根系，向下层平滑清晰过渡。

Bw：25～53 cm，浊黄橙色（10YR 7/3，干），灰黄棕色（10YR 5/2，润），粉质黏壤土，发育弱的大块状结构，坚硬，少量根系，中度石灰反应，向下层波状清晰过渡。

Bk：53～120 cm，浊黄橙色（10YR 7/3，干），灰黄棕色（10YR 5/2，润），粉质黏壤土，发育弱的大块状结构，坚硬，强石灰反应。

准乌素系代表性单个土体物理性质

土层	深度/cm	砾石(>2mm，体积分数)/%	细土颗粒组成(粒径：mm)/(g/kg)			质地	容重/(g/cm^3)
			砂粒 2～0.05	粉粒 0.05～0.002	黏粒 <0.002		
Az1	0～10	5	901	29	70	砂土	1.68
Az2	10～25	5	565	279	156	砂质壤土	1.29
Bw	25～53	0	197	516	287	粉质黏壤土	1.43
Bk	53～120	0	55	569	376	粉质黏壤土	1.42

准乌素系代表性单个土体化学性质

深度/cm	pH(H_2O)	有机碳/(g/kg)	全氮(N)/(g/kg)	全磷(P)/(g/kg)	全钾(K)/(g/kg)	CEC/(cmol/kg)	$CaCO_3$/(g/kg)	电导率/(dS/m)
0～10	8.1	1.2	0.05	0.30	15.7	1.6	6.5	37.3
10～25	7.8	0.9	0.08	0.22	11.2	3.0	6.9	30.1
25～53	8.4	2.4	0.33	0.47	17.0	4.2	59.7	16.4
53～120	8.9	2.1	0.28	0.49	20.6	14.8	132.2	9.8

6.3 结壳潮湿正常盐成土

6.3.1 阿给音系（Ageiyin Series）

土 族：砂质硅质混合型石灰性温性-结壳潮湿正常盐成土
拟定者：李德成，张甘霖，赵玉国

分布与环境条件 主要分布于内蒙古自治区阿拉善盟额济纳旗一带，湖积平原，海拔介于 890～1100 m，母质为湖积物，盐碱地，中温带大陆性季风气候，年均气温约 8.6 ℃，年均降水量约 63.3 mm，年均日照时数为 2600～3500 h，无霜期为 138～150 d。

阿给音系典型景观

土壤性状与特征变幅 诊断层包括盐结壳、盐积层和雏形层；诊断特性包括温性土壤温度状况、潮湿土壤水分状况、氧化还原特征和石灰性。地表遍布盐斑，土体厚度 1 m 以上，盐结壳厚度为 8～15 cm，盐积层厚度为 18～25 cm，盐积层的电导率为 30～40 dS/m，盐积层之下土体可见铁锰斑纹，60 cm 以上土体有石灰反应，碳酸钙含量为 10～25 g/kg，地下水位约 1.0 m 以下，pH 为 8.7～10.0，层次质地构型为壤土-砂质壤土-壤质砂土，砂粒含量为 360～880 g/kg。

对比土系 与本亚类中的杭盖音系、老奔系、木吉湖系、沙尔高脑系和扎兰乃系属于同一土族。杭盖音系表层盐结壳较厚（8～15 cm 左右），中部出现埋藏 A 层；老奔系土体表层盐结壳较薄（5～8 cm 左右），中部出现埋藏 A 层；木吉湖系表层盐结壳较薄（5～8 cm 左右）；沙尔高脑系表层盐结壳厚达 20 cm；扎兰乃系表层盐结壳较薄（2～5 cm 左右），40 cm 深左右有一厚 2～5 mm 的埋藏盐结壳层。

利用性能综述　土体深厚，盐分含量高，养分含量低。应封境育灌育草，提高植被盖度，防止沙化。

参比土种　壤质氯化物硫酸盐漠境盐土。

代表性单个土体　位于内蒙古阿拉善盟额济纳旗古日乃苏木沙尔高脑北，阿给音乌素东南，扎兰乃乌素东北，杭盖音嘎顺东，坐标为 40°46′46.04″N，101°7′33.24″E，海拔为 974 m，湖积平原，母质为湖积物，盐碱地，年均气温为 8.6 ℃，年均降水量为 63.3 mm，野外调查采样日期为 2012 年 8 月 20 日，编号 YG-034。

阿给音系代表性单个土体剖面

Kz：0～12 cm，盐结壳，壤土，发育弱的小片状结构，稍坚硬，轻度石灰反应，向下层波状清晰过渡。

Bz：12～33 cm，浊黄橙色（10YR 7/3，干），灰黄棕色（10YR 5/2，润），砂质壤土，发育弱的小片状-中块状结构，疏松-稍坚硬，轻度石灰反应，向下层波状渐变过渡。

Br：33～58 cm，浊黄橙色（10YR 7/3，干），灰黄棕色（10YR 5/2，润），砂质壤土，发育弱的中块状结构，稍坚硬，可见铁锰斑纹，轻度石灰反应，向下层波状清晰过渡。

Cr1：58～68 cm，黄橙色（10YR 7/8，干），黄棕色（7.5YR 5/6，润），砂质壤土，无结构，疏松，可见铁锰斑纹，轻度石灰反应，向下层波状清晰过渡。

Cr2：68～100 cm，浊黄橙色（10YR 7/3，干），灰黄棕色（10YR 5/2，润），壤质砂土，无结构，疏松，可见铁锰斑纹和冲积层理，中度石灰反应，向下层波状清晰过渡。

Cr3：100～115 cm，浊黄橙色（10YR 7/3，干），灰黄棕色（10YR 5/2，润），壤质砂土，糊泥状，无结构。

阿给音系代表性单个土体物理性质

土层	深度/cm	细土颗粒组成(粒径：mm)/(g/kg)			质地	容重/(g/cm³)
		砂粒 2～0.05	粉粒 0.05～0.002	黏粒 ＜0.002		
Kz	0～12	363	466	171	壤土	1.17
Bz	12～33	536	310	154	砂质壤土	1.47
Br	33～58	552	299	149	砂质壤土	1.52
Cr1	58～68	699	182	119	砂质壤土	1.48
Cr2	68～100	872	40	88	壤质砂土	1.63

阿给音系代表性单个土体化学性质

深度 /cm	pH (H_2O)	有机碳 / (g/kg)	全氮(N) / (g/kg)	全磷(P) / (g/kg)	全钾(K) / (g/kg)	CEC /(cmol/kg)	$CaCO_3$ / (g/kg)	电导率 / (dS/m)
0～12	9.1	4.2	0.41	0.40	13.9	7.2	24.7	218.7
12～33	8.7	1.4	0.20	0.36	13.9	3.4	21.3	37.2
33～58	9.1	1.5	0.22	0.36	13.8	3.5	13.8	2.8
58～68	9.7	0.9	0.17	0.28	13.5	2.2	49.7	2.4
68～100	10.0	0.6	0.15	0.26	13.1	2.2	85.4	1.3
100～115	9.6	0.5	0.14	0.22	14.7	3.2	1.6	1.9

6.3.2　杭盖音系（Hanggaiyin Series）

土　族：砂质硅质混合型石灰性温性-结壳潮湿正常盐成土

拟定者：李德成，张甘霖，赵玉国

分布与环境条件　主要分布于内蒙古自治区阿拉善盟额济纳旗一带，湖积平原，海拔介于 890～1100 m，母质为湖积物，盐碱地，中温带大陆性季风气候，年均气温约 8.6 ℃，年均降水量约 62.1 mm，年均日照时数为 2600～3500 h，无霜期为 138～150 d。

杭盖音系典型景观

土壤性状与特征变幅　诊断层包括盐结壳、盐积层和雏形层；诊断特性包括温性土壤温度状况、潮湿土壤水分状况、氧化还原特征；诊断现象包括钙积现象。地表遍布盐斑，土体厚度 1 m 以上，盐结壳厚度为 8～15 cm，盐积层厚度为 15～20 cm，盐积层的电导率为 30～40 dS/m，1 m 以上土体有石灰反应，碳酸钙含量为 1～90 g/kg，雏形层可见铁锰斑纹，地下水位 1.3 m 以下，pH 为 8.7～10.0，层次质地构型为壤土-砂质壤土-壤质砂土-砂土，砂粒含量为 470～910 g/kg。

对比土系　与本亚类中的阿给音系、老奔系、木吉湖系、沙尔高脑系和扎兰乃系属于同一土族。阿给音系表层盐结壳较厚（8～15 cm 左右）；老奔系土体表层盐结壳较薄（5～8 cm 左右），中部出现埋藏 A 层；木吉湖系表层盐结壳较薄（5～8 cm 左右）；沙尔高脑系表层盐结壳厚达 20 cm；扎兰乃系表层盐结壳较薄（2～5 cm 左右），40 cm 深左右有一厚 2～5 mm 的埋藏盐结壳层。

利用性能综述　土体深厚，盐分含量高，养分含量低。应封境育灌育草，提高植被盖度，

防止沙化。

参比土种 壤质砂土底氯化物硫酸盐漠境盐土。

代表性单个土体 位于内蒙古阿拉善盟额济纳旗古日乃苏木沙尔高脑北，阿给音乌素东南，扎兰乃乌素东北，杭盖音嘎顺东，坐标为 40°48′16.71″N，101°05′15.76″E，海拔为 969 m，湖积平原，母质为湖积物，盐碱地，盐芦苇盖度约 30%，年均气温为 8.6 ℃，年均降水量为 62.1 mm，野外调查采样日期为 2013 年 8 月 1 日，编号 YZ-025。

Kz：0～11 cm，盐结壳，壤土，发育弱的小片状结构，稍坚硬，轻度石灰反应，向下层波状清晰过渡。

Bz：11～26 cm，橙白色（10YR 8/2，干），棕灰色（10YR 6/1，润），壤土，发育弱的小块状结构，疏松，少量根系，轻度石灰反应，向下层波状清晰过渡。

Br1：26～38 cm，淡黄橙色（10YR 8/3，干），灰黄棕色（10YR 6/2，润），砂质壤土，发育弱的中块状结构，疏松，少量根系，可见铁锰斑纹，轻度石灰反应，向下层波状清晰过渡。

Ab：38～50 cm，橙白色（10YR 8/2，干），棕灰色（10YR 6/1，润），壤质砂土，发育弱的中块状结构，疏松，少量根系，轻度石灰反应，向下层波状清晰过渡。

Br2：50～120 cm，浊黄橙色（10YR 8/3，干），灰黄棕色（10YR 5/2，润），砂土，发育弱的小块状结构，疏松，少量根系，可见铁锰斑纹，中度石灰反应，向下层波状清晰过渡。

杭盖音系代表性单个土体剖面

Cr：120～150 cm，浊黄橙色（10YR 7/4，干），浊黄棕色（10YR 4/3，润），砂土，糊泥状，无结构。

杭盖音系代表性单个土体物理性质

土层	深度/cm	细土颗粒组成(粒径：mm)/(g/kg)			质地	容重/(g/cm^3)
		砂粒 2～0.05	粉粒 0.05～0.002	黏粒 <0.002		
Kz	0～11	478	367	155	壤土	1.33
Bz	11～26	478	367	155	壤土	1.33
Br1	26～38	713	165	122	砂质壤土	1.54
Ab	38～50	804	102	94	壤质砂土	1.52
Br2	50～120	906	14	80	砂土	1.62
Cr	120～150	903	30	67	砂土	1.70

杭盖音系代表性单个土体化学性质

深度/cm	pH (H_2O)	有机碳/(g/kg)	全氮(N)/(g/kg)	全磷(P)/(g/kg)	全钾(K)/(g/kg)	CEC/(cmol/kg)	$CaCO_3$/(g/kg)	电导率/(dS/m)
0～11	9.1	4.2	0.41	0.40	13.9	7.2	24.7	218.7
11～26	8.7	1.4	0.20	0.36	13.9	3.4	21.3	37.2
26～38	9.1	1.5	0.22	0.36	13.8	3.5	13.8	2.8
38～50	9.7	0.9	0.17	0.28	13.5	2.2	49.7	2.4
50～120	10.0	0.6	0.15	0.26	13.1	2.2	85.4	1.3
120～150	9.6	0.5	0.14	0.22	14.7	3.2	1.6	1.9

6.3.3　老奔系（Laoben Series）

土　族：砂质硅质混合型石灰性温性-结壳潮湿正常盐成土

拟定者：李德成，张甘霖，赵玉国

分布与环境条件　主要分布于内蒙古自治区阿拉善盟额济纳旗一带，湖积平原，海拔介于 890～1150 m，母质为湖积物，盐碱地，中温带大陆性季风气候，年均气温约 8.7 ℃，年均降水量约 65.7 mm，年均日照时数为 2600～3500 h，无霜期为 138～150 d。

老奔系典型景观

土壤性状与特征变幅　诊断层包括盐结壳、盐积层、钙积层和雏形层；诊断特性包括温性土壤温度状况、潮湿土壤水分状况、氧化还原特征和石灰性。地表遍布盐斑，土体厚度 1 m 以上，通体有石灰反应，碳酸钙含量为 80～330 g/kg，盐结壳厚度为 5～8 cm 深，盐积层厚度为 15～20 cm，盐积层的电导率为 40～90 dS/m，深 50～60 cm 以下为埋藏表层，钙积层出现上界在 80～100 cm 深以下，pH 为 9.4～10.1，层次质地构型为砂质壤土-壤土，砂粒含量为 500～680 g/kg。

对比土系　与本亚类中的阿给音系、杭盖音系、木吉湖系、沙尔高脑系和扎兰乃系属于同一土族。阿给音系表层盐结壳较厚（8～15 cm 左右）；杭盖音系表层盐结壳较厚（8～15 cm 左右），中部出现埋藏 A 层；木吉湖系表层盐结壳较薄（5～8 cm 左右）；沙尔高脑系表层盐结壳厚达 20 cm；扎兰乃系表层盐结壳较薄（2～5 cm 左右），40 cm 深左右有一厚 2～5 mm 的埋藏盐结壳层。

利用性能综述　土体深厚，盐分含量高，养分含量低。应封境育灌育草，提高植被盖度，

防止沙化。

参比土种　壤质氯化物硫酸盐漠境盐土。

代表性单个土体　位于内蒙古阿拉善盟额济纳旗古日乃苏木老奔村南，乌力吉图东北，楚伦呼都格西南，坐标为40°40′45.74″N，101°23′57.65″E，海拔为1042 m，湖积平原，母质为湖积黄土，盐碱地，植被盖度约60%，年均气温为8.7 ℃，年均降水量为65.7 mm，野外调查采样日期为2012年8月20日，编号LF-027。

老奔系代表性单个土体剖面

Kz：0～3 cm，盐结壳，砂质壤土，发育弱的小片状结构，稍坚硬，中度石灰反应，向下层波状清晰过渡。

Bz：3～20 cm，浊黄橙色（10YR 7/2，干），灰黄棕色（10YR 5/2，润），壤土，发育弱的中块状结构，稍坚硬，中量根系，强石灰反应，向下层平滑清晰过渡。

Br：20～55 cm，浊黄橙色（10YR 7/2，干），灰黄棕色（10YR 5/2，润），壤土，发育弱的中块状结构，稍坚硬，少量根系，强石灰反应，向下层波状清晰过渡。

Abk：55～85 cm，灰黄棕色（10YR 5/2，干），黑棕色（10YR 3/1，润），砂质壤土，发育弱的小块状结构，稍坚硬，中量根系，可见碳酸钙粉末，强石灰反应，向下层波状清晰过渡。

Bk：85～118 cm，淡灰色（10YR 7/1，干），棕灰色（10YR 5/1，润），砂质壤土，发育弱的中块状结构，坚硬，中量根系，可见碳酸钙粉末，强石灰反应。

老奔系代表性单个土体物理性质

土层	深度/cm	细土颗粒组成(粒径：mm)/(g/kg)			质地	容重/(g/cm³)
		砂粒 2～0.05	粉粒 0.05～0.002	黏粒 <0.002		
Kz	0～3	527	324	149	砂质壤土	1.40
Bz	3～20	512	333	155	壤土	1.42
Br	20～55	507	315	178	壤土	1.47
Abk	55～85	550	294	156	砂质壤土	1.24
Bk	85～118	672	200	128	砂质壤土	1.39

老奔系代表性单个土体化学性质

深度 /cm	pH (H_2O)	有机碳 / (g/kg)	全氮(N) / (g/kg)	全磷(P) / (g/kg)	全钾(K) / (g/kg)	CEC /(cmol/kg)	$CaCO_3$ / (g/kg)	电导率 / (dS/m)
0～3	10.1	2.8	0.28	0.26	12.9	6.2	85.7	70.1
3～20	10.1	2.7	0.25	0.21	12.3	4.5	91.1	87.1
20～55	9.9	2.0	0.16	0.18	10.8	3.8	89.6	12.5
55～85	9.9	6.8	0.39	0.25	13.6	7.1	160.6	5.3
85～118	9.4	3.0	0.24	0.13	10.1	3.2	327.4	13.3

6.3.4　木吉湖系（Mujihu Series）

土　族：砂质硅质混合型石灰性温性-结壳潮湿正常盐成土
拟定者：李德成，张甘霖，赵玉国

分布与环境条件　主要分布于内蒙古自治区阿拉善盟额济纳旗一带，湖积平原，海拔为 890～1100 m，母质为湖积黄土，盐碱地，中温带大陆性季风气候，年均气温约 8.9 ℃，年均降水量约 45 mm，年均日照时数为 2600～3500 h，无霜期为 138～150 d。

木吉湖系典型景观

土壤性状与特征变幅　诊断层包括盐结壳、盐积层和雏形层；诊断特性包括温性土壤温度状况、潮湿土壤水分状况、氧化还原特征；诊断现象包括钙积现象。地表盐斑面积为 30%～60%，土体厚度 1 m 以上，盐结壳厚度为 5～8 cm，盐积层厚度为 20～25 cm，盐积层的电导率为 30～40 dS/m，雏形层可见铁锰斑纹，通体有石灰反应，碳酸钙含量为 48～210 g/kg，地下水位约为 1 m，pH 为 9.1～10.0，层次质地构型为壤土-砂质壤土-壤质砂土-砂土，砂粒含量为 340～900 g/kg。

对比土系　与本亚类中的阿给音系、杭盖音系、老奔系、沙尔高脑系和扎兰乃系属于同一土族。阿给音系表层盐结壳较厚（8～15 cm 左右）；杭盖音系表层盐结壳较厚（8～15 cm 左右），中部出现埋藏 A 层；老奔系土体表层盐结壳较薄（5～8 cm 左右），中部出现埋藏 A 层；沙尔高脑系表层盐结壳厚达 20 cm；扎兰乃系表层盐结壳较薄（2～5 cm 左右），40 cm 深左右有一厚 2～5 mm 的埋藏盐结壳层。

利用性能综述　土体深厚，盐分含量高，养分含量低。应封境育灌育草，提高植被盖度，

防止沙化。

参比土种　壤质砂土底氯化物硫酸盐漠境盐土。

代表性单个土体　位于内蒙古阿拉善盟额济纳旗巴彦宝格德苏木木吉湖东，呼和陶勒盖西南，坐标为41°29′25.47″N，100°56′47.95″E，海拔为987 m，湖积平原，母质为湖积黄土，盐碱地，植被盖度约70%，年均气温为8.9 ℃，年均降水量为45.0 mm，野外调查采样日期为2012年8月19日，编号LF-026。

Kz：0～4 cm，盐结壳，壤土，发育弱的小片状结构，稍坚硬，强石灰反应，向下层波状清晰过渡。

Bzk：4～27 cm，淡黄橙色（10YR 8/3，干），浊黄棕色（10YR 5/3，润），壤土，发育弱的小块状结构，稍坚硬，中量根系，可见铁锰斑纹，强石灰反应，向下层波状渐变过渡。

Bkr1：27～67 cm，淡黄橙色（10YR 8/3，干），浊黄棕色（10YR 5/3，润），砂质壤土，发育弱的中块状结构，稍坚硬，中量根系，可见铁锰斑纹，强石灰反应，向下层波状渐变过渡。

Bkr2：67～85 cm，浊黄橙色（10YR 7/3，干），浊黄棕色（10YR 5/3，润），壤质砂土，发育弱的中块状结构，稍坚硬，少量根系，可见铁锰斑纹，强石灰反应，向下层波状渐变过渡。

木吉湖系代表性单个土体剖面

Ckr1：85～100 cm，浊黄橙色（10YR 7/3，干），浊黄棕色（10YR 5/3，润），壤质砂土，单粒，疏松，可见铁锰斑纹，中度石灰反应，向下层波状渐变过渡。

Ckr2：100～120 cm，棕灰色（10YR 6/1，干），棕灰色（10YR 4/1，润），砂土，单粒，疏松，可见铁锰斑纹，中度石灰反应。

木吉湖系代表性单个土体物理性质

土层	深度/cm	细土颗粒组成(粒径：mm)/(g/kg)			质地	容重/(g/cm³)
		砂粒 2～0.05	粉粒 0.05～0.002	黏粒 <0.002		
Kz	0～4	495	368	137	壤土	1.16
Bzk	4～27	340	480	181	壤土	1.30
Bkr1	27～67	729	164	106	砂质壤土	1.63
Bkr2	67～85	820	78	102	壤质砂土	1.62
Ckr1	85～100	871	47	82	壤质砂土	1.72
Ckr2	100～120	898	37	65	砂土	1.76

木吉湖系代表性单个土体化学性质

深度/cm	pH (H_2O)	有机碳/(g/kg)	全氮(N)/(g/kg)	全磷(P)/(g/kg)	全钾(K)/(g/kg)	CEC/(cmol/kg)	$CaCO_3$/(g/kg)	电导率/(dS/m)
0～4	9.7	10.2	0.44	0.53	14.6	12.2	209.3	403.0
4～27	10.0	9.3	0.52	0.68	17.0	14.8	91.7	34.0
27～67	9.6	3.6	0.26	0.60	16.0	10.0	121.9	1.4
67～85	9.3	2.6	0.19	0.52	14.3	11.2	106.0	0.7
85～100	9.1	1.4	0.08	0.36	13.5	5.2	48.9	0.5
100～120	9.4	0.6	0.05	0.35	13.6	5.2	52.9	0.4

6.3.5　沙尔高脑系（Shaergaonao Series）

土　族：砂质硅质混合型石灰性温性-结壳潮湿正常盐成土
拟定者：李德成，张甘霖，赵玉国

分布与环境条件　主要分布于内蒙古自治区阿拉善盟额济纳旗一带，湖积平原，海拔为 890～1150 m，母质为湖积黄土，盐碱地，中温带大陆性季风气候，年均气温约 8.6 ℃，年均降水量约 64.6 mm，年均日照时数为 2600～3500 h，无霜期为 138～150 d。

沙尔高脑系典型景观

土壤性状与特征变幅　诊断层包括盐结壳、盐积层和雏形层；诊断特性包括温性土壤温度状况、潮湿土壤水分状况、氧化还原特征和石灰性；诊断特性包括钙积现象。地表盐斑遍布，土体厚度 1 m 以上，盐结壳和盐积层厚度均约 20 cm，盐积层电导率为 30～40 dS/m，通体有石灰反应，碳酸钙含量为 10～70 g/kg，钙积层出现上界在 80 cm 深左右，厚度为 5～10cm，雏形层可见铁锰斑纹，pH 为 7.8～8.5，层次质地构型为壤土-砂质壤土-砂质黏壤土，砂粒含量为 430～760 g/kg。

对比土系　与本亚类中的阿给音系、杭盖音系、老奔系、木吉湖系和扎兰乃系属于同一土族。阿给音系表层盐结壳较厚（8～15 cm 左右）；杭盖音系表层盐结壳较厚（8～15 cm 左右），中部出现埋藏 A 层；老奔系土体表层盐结壳较薄（5～8 cm 左右），中部出现埋藏 A 层；木吉湖系表层盐结壳较薄（5～8 cm 左右）；扎兰乃系表层盐结壳较薄（2～5 cm 左右），40 cm 深左右有一厚 2～5 mm 的埋藏盐结壳层。

利用性能综述　土体深厚，盐分含量高。应封境育灌育草，提高植被盖度，防止沙化。

参比土种　壤质氯化物硫酸盐漠境盐土。

代表性单个土体　位于内蒙古阿拉善盟额济纳旗古日乃苏木沙尔高脑北，额勒布格乌素西，扎兰乃乌素东北，杭盖音嘎顺东，坐标为 40°44′24.86″N，101°10′11.13″E，海拔为 1016 m，湖积平原，母质为湖积黄土，盐碱地，年均气温为 8.6 ℃，年均降水量为 64.6 mm，野外调查采样日期为 2012 年 8 月 20 日，编号 LF-028。

沙尔高脑系代表性单个土体剖面

Kzk：0～20 cm，盐结壳，壤土，发育弱的小片状结构，稍坚硬，轻度石灰反应，向下层波状清晰过渡。

Bzk：20～40 cm，橙白色（10YR 8/2，干），棕灰色（10YR 5/1，润），砂质壤土，发育弱的小块状结构，稍坚硬，可见铁锰斑纹和冲积层理，轻度石灰反应，向下层波状渐变过渡。

Brk：40～80 cm，橙白色（10YR 8/2，干），棕灰色（10YR 5/1，润），砂质壤土，发育弱的中块状结构，稍坚硬，可见铁锰斑纹和冲积层理，有一厚 5～8 cm 的不规则的可见碳酸钙粉末的层次，可见铁锰斑纹，强石灰反应，向下层波状渐变过渡。

Crk：80～115 cm，淡灰色（10YR 7/1，干），棕灰色（10YR 4/1，润），砂质黏壤土，单粒，疏松，可见铁锰斑纹，中度石灰反应。

沙尔高脑系代表性单个土体物理性质

土层	深度/cm	细土颗粒组成(粒径：mm)/(g/kg)			质地	容重/(g/cm³)
		砂粒 2～0.05	粉粒 0.05～0.002	黏粒 ＜0.002		
Kzk	0～20	436	406	158	壤土	1.54
Bzk	20～40	594	269	137	砂质壤土	1.49
Brk	40～80	643	240	117	砂质壤土	1.52
Crk	80～115	754	14	232	砂质黏壤土	1.60

沙尔高脑系代表性单个土体化学性质

深度/cm	pH (H_2O)	有机碳/(g/kg)	全氮(N)/(g/kg)	全磷(P)/(g/kg)	全钾(K)/(g/kg)	CEC/(cmol/kg)	$CaCO_3$/(g/kg)	电导率/(dS/m)
0～20	7.8	1.4	0.07	0.29	9.9	0.8	10.0	910.5
20～40	8.1	1.8	0.10	0.42	13.8	3.1	10.1	32.8
40～80	8.0	1.5	0.07	0.44	13.6	3.1	17.8	15.5
80～115	8.5	1.0	0.02	0.28	14.1	2.1	68.5	9.0

6.3.6 扎兰乃系（Zhalannai Series）

土 族：砂质硅质混合型石灰性温性-结壳潮湿正常盐成土

拟定者：李德成，张甘霖，赵玉国

分布与环境条件 主要分布于内蒙古自治区阿拉善盟额济纳旗一带，湖积平原，海拔为890～1200 m，母质为湖积黄土，盐碱地，中温带大陆性季风气候，年均气温约8.6 ℃，年均降水量约62.1 mm，年均日照时数为2600～3500 h，无霜期为138～150 d。

扎兰乃系典型景观

土壤性状与特征变幅 诊断层包括盐结壳、盐积层和雏形层；诊断特性包括温性土壤温度状况、潮湿土壤水分状况、氧化还原特征；诊断现象包括钙积现象。地表盐斑面积为20%～40%，土体厚度1 m以上，盐结壳厚度为2～5 cm，盐积层厚度为15～30 cm，电导率为1～245 dS/m，通体有石灰反应，碳酸钙含量为20～60 g/kg，深40 cm以下可见铁锰斑纹，pH为7.3～9.1，层次质地构型为砂质壤土-壤质砂土，砂粒含量为530～880 g/kg。

对比土系 与本亚类中的阿给音系、杭盖音系、老奔系、木吉湖系和沙尔高脑系属于同一土族。阿给音系表层盐结壳较厚（8～15 cm左右）；杭盖音系表层盐结壳较厚（8～15 cm左右），中部出现埋藏A层；老奔系土体表层盐结壳较薄（5～8 cm左右），中部出现埋藏A层；木吉湖系表层盐结壳较薄（5～8 cm左右）；沙尔高脑系表层盐结壳厚达20 cm。

利用性能综述 土体深厚，盐分含量高，养分含量低。应封境育灌育草，提高植被盖度，防止沙化。

参比土种　壤质氯化物硫酸盐漠境盐土。

代表性单个土体　位于内蒙古阿拉善盟额济纳旗古日乃苏木沙尔高脑北，阿给音乌素东南，扎兰乃乌素东北，杭盖音嘎顺东，坐标为 40°47′39.20″N，101°06′05.92″E，海拔为 966 m，湖积平原，母质为湖积黄土，盐碱地，植被盖度约 30%，年均气温为 8.6 ℃，年均降水量为 62.1 mm，野外调查采样日期为 2012 年 8 月 20 日，编号 YG-035。

扎兰乃系代表性单个土体剖面

Kzk：0～3 cm，盐结壳，砂质壤土，发育弱的小片状结构，稍坚硬，中度石灰反应，向下层波状清晰过渡。

Bzk：3～18 cm，橙白色（10YR 8/2，干），灰黄棕色（10YR 6/2，润），砂质壤土，发育弱的小片状-小块状结构，疏松-稍坚硬，多量根系，中度石灰反应，向下层平滑清晰过渡。

Bwk：18～45 cm，橙白色（10YR 8/2，干），灰黄棕色（10YR 5/2，润），砂质壤土，发育弱的中块状结构，稍坚硬，40 cm 深左右有一厚 2～5 mm 的埋藏盐结壳表层，少量根系，轻度石灰反应，向下层平滑清晰过渡。

Brk1：45～120 cm，橙白色（10YR 8/2，干），灰黄棕色（10YR 6/2，润），砂质壤土，发育弱的中块状结构，稍坚硬，多量根系，可见铁锰斑纹，中度石灰反应，向下层平滑清晰过渡。

Brk2：120～145 cm，亮黄棕色（10YR 7/6，干），浊黄棕色（10YR 5/4，润），壤质砂土，发育弱的小块状结构，疏松，可见铁锰斑纹，轻度石灰反应。

扎兰乃系代表性单个土体物理性质

土层	深度/cm	细土颗粒组成(粒径：mm)/(g/kg)			质地	容重/(g/cm³)
		砂粒 2～0.05	粉粒 0.05～0.002	黏粒 <0.002		
Kzk	0～3	536	310	154	砂质壤土	1.29
Bzk	3～18	536	310	154	砂质壤土	1.29
Bwk	18～45	553	299	148	砂质壤土	1.45
Brk1	45～120	699	182	119	砂质壤土	1.51
Brk2	120～145	872	40	88	壤质砂土	1.64

扎兰乃系代表性单个土体化学性质

深度/cm	pH (H_2O)	有机碳/(g/kg)	全氮(N)/(g/kg)	全磷(P)/(g/kg)	全钾(K)/(g/kg)	CEC/(cmol/kg)	$CaCO_3$/(g/kg)	电导率/(dS/m)
0～3	8.7	5.1	0.20	0.48	13.9	5.5	56.5	244.8
3～18	8.7	5.1	0.20	0.34	11.1	4.8	56.5	39.4
18～45	9.1	2.2	0.11	0.42	14.1	3.5	30.0	3.5
45～120	7.9	1.6	0.09	0.23	12.4	1.8	43.3	2.8
120～145	7.3	0.8	0.03	0.42	18.6	12.3	23.0	1.8

6.4　普通潮湿正常盐成土

6.4.1　赛汉陶来系（Saihantaolai Series）

土　族：壤质硅质混合型石灰性温性-普通潮湿正常盐成土

拟定者：李德成，张甘霖，赵玉国

分布与环境条件　主要分布于内蒙古自治区阿拉善盟额济纳旗一带，冲积平原低洼地，海拔为 890～1150 m，母质为冲积黄土，天然牧草地，中温带大陆性季风气候，年均气温约 8.7 ℃，年均降水量约 41 mm，年均日照时数为 2600～3500 h，无霜期为 138～150 d。

赛汉陶来系典型景观

土壤性状与特征变幅　诊断层包括盐积层和雏形层；诊断特性包括温性土壤温度状况、潮湿土壤水分状况、氧化还原特征；诊断现象包括钙积现象。地表盐斑面积为 10%～20%，土体厚度 1 m 以上，盐积层厚度为 15～20 cm，盐积层的电导率为 30～45 dS/m，通体有石灰反应，碳酸钙含量为 40～100 g/kg，雏形层可见铁锰斑纹，pH 为 8.8～9.5，层次质地构型为壤土-粉壤土-砂质壤土，粉粒含量 290～550 g/kg。

对比土系　毛川吉系，空间相邻，地形和成土母质类似，但不同土纲，为雏形土。藏查干系，空间相邻，不同土纲，为干旱土。

利用性能综述　土体深厚，盐分含量高，养分含量低。应封境育灌育草，提高植被盖度，防止沙化。若垦为耕地，应排盐。

参比土种　硫酸盐盐化林灌草甸土。

代表性单个土体 位于内蒙古自治区阿拉善盟额济纳旗赛汉陶来苏木藏查干东北，哈劳敖包东，坐标为41°51′33″N，100°35′51″E，海拔为951 m，冲积平原低洼地，母质为冲积黄土，草地，植被盖度约80%，年均气温为8.7 ℃，年均降水量为41.0 mm，野外调查采样日期为2013年7月29日，编号HH-059。

Ahzk：0～18 cm，淡黄橙色（10YR 8/3，干），灰黄棕色（10YR 5/2，润），壤土，发育弱的粒状-小块状结构，松散-稍坚实，多量根系，中度石灰反应，向下层波状渐变过渡。

Ahk：18～49 cm，淡黄橙色（10YR 8/3，干），灰黄棕色（10YR 5/2，润），粉壤土，发育弱的小块状结构，稍坚实，多量根系，强石灰反应，向下层平滑清晰过渡。

Brk1：49～65 cm，淡黄橙色（10YR 8/3，干），灰黄棕色（10YR 5/2，润），砂质壤土，发育弱的小块状结构，坚实，中量根系，可见铁锰斑纹，强石灰反应，向下层波状渐变过渡。

Brk2：65～94 cm，浊黄橙色（10YR 7/3，干），灰黄棕色（10YR 5/2，润），壤土，发育弱的小块状结构，坚实，少量根系，可见铁锰斑纹，强石灰反应，向下层波状渐变过渡。

Brk3：94～140 cm，浊黄橙色（10YR 7/3，干），灰黄棕色(10YR 5/2，润)，粉壤土，发育弱的小块状结构，坚实，可见铁锰斑纹，强石灰反应。

赛汉陶来系代表性单个土体剖面

赛汉陶来系代表性单个土体物理性质

土层	深度/cm	细土颗粒组成(粒径：mm)/(g/kg)			质地	容重/(g/cm³)
		砂粒 2～0.05	粉粒 0.05～0.002	黏粒 ＜0.002		
Ahzk	0～18	443	411	146	壤土	1.15
Ahk	18～49	292	546	162	粉壤土	1.25
Brk1	49～65	573	295	132	砂质壤土	1.20
Brk2	65～94	424	444	132	壤土	1.48
Brk3	94～140	299	501	200	粉壤土	1.42

赛汉陶来系代表性单个土体化学性质

深度/cm	pH (H_2O)	有机碳/(g/kg)	全氮(N)/(g/kg)	全磷(P)/(g/kg)	全钾(K)/(g/kg)	CEC/(cmol/kg)	$CaCO_3$/(g/kg)	电导率/(dS/m)
0～18	8.8	6.5	0.58	0.49	16.5	6.7	49.0	40.9
18～49	9.1	3.3	0.35	0.59	17.0	5.4	96.4	4.9
49～65	9.5	2.6	0.29	0.52	16.9	2.5	79.6	1.0
65～94	9.2	2.9	0.31	0.54	16.9	7.4	94.6	2.2
94～140	9.2	3.8	0.38	0.55	17.9	7.1	96.4	1.7

第7章　潜　育　土

7.1　纤维有机永冻潜育土

7.1.1　兴安岭系 (Xing'anling Series)

土　族：黏壤质混合型酸性-纤维有机永冻潜育土

拟定者：隋跃宇，焦晓光，陈一民

分布与环境条件　主要分布在大兴安岭东部山谷低地、河流的低河漫滩、牛轭湖的边缘、已脱水的湖迹洼地等，地下水位高出地表，地表长年或季节性积水的地段，海拔为 380～470 m，母质为洪-冲积物，湿草地，植被以莎草、薹草、沼柳等喜湿植物为主，寒温带大陆性季风气候，年均气温约–0.6 ℃，年均降水量约 500.3 mm，年均日照时数约 2493 h，无霜期为 85～130 d。

兴安岭系典型景观

土壤性状与特征变幅　本土系的诊断层有潜育层；诊断特性有有机土壤物质、氧化还原特征、永冻土壤温度状况和潮湿土壤水分状况。本土系的主要土地利用类型是草地，表层为低分解或未分解的有机表层。除有机表层外，其他层次都具有氧化还原特征，出现锈纹锈斑和铁锰结核等新生体。表层有大量半分解的植物根系，土壤容重小，为

0.37 g/cm^3，整个土体的土壤容重变幅为 0.37～1.62 g/cm^3。无石灰反应。细土质地以粉质壤土为主。

对比土系　齐奇岭系，属于同一亚纲不同土类。齐奇岭系分布地势略高，已被开垦为农田，丧失植物残体丰富的表层，表层纤维根系较少，潜育层相对较薄。而本土系分布区域地势较低，植被为典型的沼生植物，表层中有大量未分解或半分解的植物根系，潜育层较厚。

利用性能综述　地势低洼，土层较厚，潜在养分丰富，地下水位较高，排水较差，土温较低，对农业利用有较大障碍。

参比土种　厚腐壤质沼泽土。

代表性单个土体　位于内蒙古自治区呼伦贝尔市鄂伦春自治旗加北村，坐标为 50°27.09′N，124°08.10′E，海拔为 407 m，山间洼地，成土母质为洪-冲积物，湿草地，年均气温为–0.6 ℃，年均降水量为 500.3 mm，野外调查采样日期为 2016 年 7 月 24 日，编号 15-084。

兴安岭系代表性单个土体剖面

Oi：0～20 cm，黑棕色（10YR 2/2，干），黑色（10YR 1.7/1，润），粉质壤土，无结构，极疏松，大量根系，向下层模糊波状过渡。

Ahg：20～31 cm，暗棕色（10YR 3/3，干），黑棕色（10YR 2/2，润），粉质壤土，发育程度弱的块状结构，疏松，大量根系，向下层清晰平滑过渡。

Bg1：31～47 cm，灰黄棕色（10YR 5/2，干），黑棕色（10YR 3/2，润），壤土，发育程度中等的块状结构，很坚实，少量根系，大量铁锰结核，结构体表面有大量的锈纹锈斑，向下层渐变波状过渡。

Bg2：47～99 cm，浊黄棕色（10YR 5/4，干），棕色（10YR 4/6，润），粉质壤土，发育程度弱的块状结构，很坚实，很少根系，大量铁锰结核，结构体表面有大量的锈纹锈斑，向下层模糊波状过渡。

BCg：99～110 cm，黄棕色（10YR 5/6，干），棕色（10YR 4/6），壤土，发育程度弱的块状结构，很坚实，少量铁锰结核，无根系，结构体表面有大量的锈纹锈斑。

兴安岭系代表性单个土体物理性质

土层	深度/cm	砾石(>2mm，体积分数)/%	细土颗粒组成(粒径：mm)/(g/kg)			质地	容重/(g/cm³)
			砂粒 2～0.05	粉粒 0.05～0.002	黏粒 <0.002		
Oi	0～20	0	284	579	137	粉质壤土	0.37
Ahg	20～31	18	285	507	208	粉质壤土	1.58
Bg1	31～47	13	352	387	261	壤土	1.48
Bg2	47～99	6	262	515	223	粉质壤土	1.56
BCr	99～110	16	318	444	238	壤土	1.62

兴安岭系代表性单个土体化学性质

深度/cm	pH(H_2O)	有机碳/(g/kg)	全氮(N)/(g/kg)	全磷(P)/(g/kg)	全钾(K)/(g/kg)	CEC/(cmol/kg)
0～20	5.2	229.8	17.52	2.38	5.2	42.2
20～31	5.4	47.1	4.07	0.92	11.0	41.7
31～47	5.7	9.1	0.87	0.25	11.4	37.3
47～99	5.8	9.9	0.87	0.41	7.0	35.3
99～110	5.9	4.3	0.69	0.47	10.5	41.4

7.2　普通简育永冻潜育土

7.2.1　齐奇岭系（Qiqiling Series）

土　族：黏壤质混合型酸性-普通简育永冻潜育土

拟定者：隋跃宇，焦晓光，陈一民，侯　萌

分布与环境条件　主要分布于内蒙古自治区呼伦贝尔市鄂伦春自治旗一带，河谷平原，海拔为 400～470 m，母质为冲-洪积物，农田，寒温带大陆性季风气候，年均气温约–1.0 ℃，年均降水量约 503.5 mm，年均日照时数约 2493 h，无霜期为 100～130 d。

齐奇岭系典型景观

土壤性状与特征变幅　本土系的诊断层有潜育层；诊断特性有潜育特征、氧化还原特征、永冻土壤温度状况和潮湿土壤水分状况。本土系由沼泽地退化后开垦为农田，潜育层在耕层以下，位于 13～28 cm。土壤通体无石灰反应。细土质地以粉质壤土为主。

对比土系　兴安岭系，属于同一亚纲不同土类。兴安岭系分布地势较低，植被为典型的沼生植物，表层中有大量未分解或半分解的植物根系，潜育层较厚。而本土系分布地势略高，已被开垦为农田，丧失植物残体丰富的表层，表层纤维根系较少，潜育层相对较薄。

利用性能综述　土层较厚，耕性较好，潜在养分丰富，地下水位较高，排水较差，土温较低，对农业利用有较大障碍。

参比土种　砂底壤黑草甸土。

代表性单个土体　位于内蒙古自治区鄂伦春自治旗齐奇岭东北，坐标为 50°33.22′N，123°53.45′E，海拔为 415 m，山间低洼谷地，成土母质为冲–洪积物，原为沼泽地，植被为小叶樟、茅草等，地势较高的地方已开垦为农田，种植大豆，年均气温为–1.0 ℃，年均降水量为 503.5 mm，野外调查采样日期为 2016 年 7 月 26 日，编号 15-086。

齐奇岭系代表性单个土体剖面

Ah：0～13 cm，暗棕色（10YR 3/3，干），黑棕色（（10YR2/2，润），壤土，小团粒状结构，很疏松，大量细根，向下层平滑清晰过渡。

Bg1：13～28 cm，浊黄棕色（10YR 5/3，干），黑棕色（10YR 2/3，润），粉质壤土，小块状结构，稍坚实，中量细根，向下层波状清晰过渡。

Bg2：28～59 cm，浊黄橙色（10YR 6/3，干），黑棕色（10YR 3/2，润），粉质壤土，块状结构，坚实，中量细根，少量石灰结核，向下层不规则模糊过渡。

Bg3：59～72cm，浊黄橙色（10YR 6/3，干），黑棕色（10YR 3/2，润），黏壤土，小块状结构，坚实，无根系，2%砾石，向下层波状渐变过渡。

BC：72～98 cm，明黄棕色（10YR 7/6，干），黄棕色（10YR 5/6，润），壤土，小块状结构，坚实，无根系，3%砾石。

齐奇岭系代表性单个土体物理性质

土层	深度/cm	砾石(>2mm，体积分数)/%	细土颗粒组成(粒径：mm)/(g/kg)			质地	容重/(g/cm³)
			砂粒 2～0.05	粉粒 0.05～0.002	黏粒 <0.002		
Ah	0～13	12	289	498	213	壤土	0.63
Bg1	13～28	5	228	561	211	粉质壤土	0.99
Bg2	28～59	6	214	516	270	粉质壤土	1.15
Bg3	59～72	2	204	509	287	黏壤土	1.45
BC	72～98	3	351	499	150	壤土	1.51

齐奇岭系代表性单个土体化学性质

深度/cm	pH(H_2O)	有机碳/(g/kg)	全氮(N)/(g/kg)	全磷(P)/(g/kg)	全钾(K)/(g/kg)	CEC/(cmol/kg)
0～13	5.3	102.1	8.60	1.21	9.0	38.4
13～28	5.2	52.5	4.88	1.01	12.0	36.3
28～59	5.1	21.7	2.07	0.89	8.1	35.4
59～72	5.3	25.8	2.33	0.88	10.9	36.9
72～98	5.8	5.5	0.76	0.28	11.0	33.8

7.3　石灰暗沃正常潜育土

7.3.1　哈克北系（Hakebei Series）

土　族：壤质混合型寒性-石灰暗沃正常潜育土

拟定者：隋跃宇，陈一民，焦晓光

分布与环境条件　主要分布于内蒙古自治区呼伦贝尔市海拉尔区、牙克石市、陈巴尔虎旗一带，山间低洼谷地，海拔为 550～700 m，母质为黄土状物质，草地，中温带半干旱大陆性季风气候，年均气温约–1.8 ℃，年均降水量约 407.5 mm，年均日照时数约 2800 h，无霜期约 95 d。

哈克北系典型景观

土壤性状与特征变幅　本土系的诊断层有暗沃表层；诊断特性有潮湿土壤水分状况、冷性土壤温度状况、潜育特征、氧化还原特征和石灰性。本土系的主要土地利用类型是草地，本土系暗沃表层达 76 cm 深左右。土壤通体都具有氧化还原特征，出现锈纹锈斑等新生体。整个土体的土壤容重变幅为 0.88～1.59 g/cm^3。具有石灰反应。细土质地以粉质壤土为主。

对比土系　十家子系，属于同一亚纲不同土类。十家子系具淡薄表层，而本土系具暗沃表层。

利用性能综述　地势平坦，土层较厚，水源条件丰富，养分丰富，植被覆盖度较高，排水条件较差，土温较低，农业利用时应注意排水。

参比土种　厚层黑锈草甸黑钙土。

代表性单个土体　位于内蒙古自治区海拉尔区哈克乡 16 号屯东北，坐标为 49°11.35′N，120°20.35′E，海拔为 622 m，地势平坦，母质为黄土状物质，草地，植被为羊草、地榆等，年均气温为–1.8 ℃，年均降水量为 407.5 mm，野外调查采样日期为 2014 年 10 月 1 日，编号 15-056。

哈克北系代表性单个土体剖面

Ahr：0～41 cm，黑棕色（10YR 3/2，干），黑色（10YR 3/2，润），壤土，粒状结构，坚实，大量细根，少量锈纹锈斑，中度石灰反应，向下层波状渐变过渡。

Abgr：41～76 cm，黄棕色（10YR 5/4，干），黑棕色（10YR 4/2，润），壤土，粒状结构，疏松，少量细根，土体内有垂直方向裂隙，少量锈纹锈斑，中度石灰反应，向下层波状渐变过渡。

BCr：76～115 cm，棕灰色（10YR 7/4，干），棕灰色（10YR 4/4，润），黏壤土，块状结构，疏松，土体内有垂直方向裂隙，中量锈纹锈斑，中度石灰反应，向下层平滑清晰过渡。

Cr：115～160 cm，浅黄橙色（10YR 7/3，干），浊黄棕色（10YR 5/4，润），壤土，块状结构，疏松，土体内有垂直方向裂隙，中量锈纹锈斑，少量铁锰结核，轻度石灰反应。

哈克北系代表性单个土体物理性质

土层	深度 /cm	细土颗粒组成(粒径：mm)/(g/kg)			质地	容重 /(g/cm^3)
		砂粒 2～0.05	粉粒 0.05～0.002	黏粒 <0.002		
Ahr	0～41	359	443	198	壤土	0.88
Abgr	41～76	315	433	252	壤土	1.47
BCr	76～115	261	429	310	黏壤土	1.59
Cr	115～160	340	461	199	壤土	1.46

哈克北系代表性单个土体化学性质

深度 /cm	pH (H_2O)	有机碳 /(g/kg)	全氮(N) /(g/kg)	全磷(P) /(g/kg)	全钾(K) /(g/kg)	CEC /(cmol/kg)	$CaCO_3$ /(g/kg)
0～41	8.2	44.6	5.45	0.42	9.6	42.7	102.39
41～76	8.2	11.2	0.55	0.80	11.9	27.2	95.11
76～115	8.0	7.4	0.37	0.36	11.7	25.4	53.32
115～160	8.1	3.3	0.32	0.45	13.0	16.5	80.40

7.4　石灰简育正常潜育土

7.4.1　十家子系（Shijiazi Series）

土　族：砂质硅质混合型冷性-石灰简育正常潜育土

拟定者：边振兴，高建飞，孙　雪，刚　晨

分布与环境条件　主要分布于内蒙古自治区通辽市扎鲁特旗一带，丘陵，海拔为 179～444 m，母质为冲积物，天然牧草地，中温带大陆性季风气候，年均气温约 2.8 ℃，年均降水量约 325.4 mm，年均日照时数约 2883 h，无霜期约 139 d。

十家子系典型景观

土壤性状与特征变幅　诊断层包括淡薄表层；诊断特性包括潮湿土壤水分状况、冷性土壤温度状况、潜育特征、氧化还原特征和石灰性。土体厚度 1 m 以上，深 50 cm 内有潜育特征，通体存在石灰反应，深 11 cm 以下出现氧化还原特征，有机碳含量为 0.3～16.9 g/kg，容重为 1.52～1.66 g/cm^3，pH 为 8.4～8.6，层次质地构型为黏壤土-砂质壤土-壤土，砂粒含量为 220～660 g/kg。

对比土系　哈克北系，属于同一亚纲不同土类。哈克北系具暗沃表层，而本土系具淡薄表层。

利用性能综述　地势起伏，土层深厚，养分含量较低，土壤呈碱性。应用养结合，防止水土流失，保护生态。

参比土种　壤质砂体石灰性草甸土。

代表性单个土体　位于内蒙古自治区通辽市扎鲁特旗十家子分厂，坐标为43°23′06.40″N，116°42′43.60″E，海拔为331 m，丘陵，坡度小于0.5°，母质为冲积物，天然牧草地，草被盖度约80%，年均气温为2.8 ℃，年均降水量为325.4 mm，野外调查采样日期为2015年7月25日，编号15-101。

十家子系代表性单个土体剖面

Ah：0～11 cm，橄榄黑色（5Y 3/1，干），黄灰色（2.5Y 4/1，润），黏壤土，发育弱的团粒状结构，疏松，很少量根系，中度石灰反应，向下层平滑清晰过渡。

Bgk：11～24 cm，橄榄棕色（2.5Y 4/4，干），暗灰黄色（2.5Y 4/2，润），砂质壤土，发育弱的粒状结构，稍坚硬，很少量根系，少量锈纹锈斑，强石灰反应，向下层平滑清晰过渡。

Ahrb：24～54 cm，淡黄色（2.5Y 7/4，干），浊黄色（2.5Y 6/3，润），砂质壤土，发育弱的粒状结构，稍坚硬，很少量根系，少量锈纹锈斑，弱石灰反应，向下层平滑清晰过渡。

Bg：54～90 cm，浅淡黄色（2.5Y 7/3，干），灰黄色（2.5Y 7/2，润），砂质壤土，块状结构，稍坚硬，少量锈纹锈斑，弱石灰反应，向下层不规则清晰过渡。

Bgk：90～124 cm，浅淡黄色（2.5Y 7/3，干），灰黄色（2.5Y 7/2，润），砂质壤土，块状结构，松软，少量锈纹锈斑、碳酸钙粉末和碳酸钙结核，中度石灰反应，向下层平滑清晰过渡。

BCkr：124～140 cm，淡黄色（2.5Y 7/4，干），浊黄色（2.5Y 6/4，润），壤土，发育弱的屑粒状结构，松软，少量锈纹锈斑、碳酸钙粉末和碳酸钙结核，强石灰反应。

十家子系代表性单个土体物理性质

土层	深度/cm	细土颗粒组成(粒径：mm)/(g/kg)			质地	容重/(g/cm³)
		砂粒 2～0.05	粉粒 0.05～0.002	黏粒 ＜0.002		
Ah	0～11	222	414	364	黏壤土	1.52
Bgk	11～24	558	274	168	砂质壤土	1.63
Ahrb	24～54	557	274	169	砂质壤土	1.63
Bg	54～90	653	224	123	砂质壤土	1.66
Bgk	90～124	568	267	165	砂质壤土	1.62
BCkr	124～140	422	413	165	壤土	1.59

十家子系代表性单个土体化学性质

深度 /cm	pH (H_2O)	有机碳 /(g/kg)	全氮(N) /(g/kg)	全磷(P) /(g/kg)	全钾(K) /(g/kg)	CEC /(cmol/kg)	$CaCO_3$ /(g/kg)	BS /%
0～11	8.4	16.9	0.4	0.3	17.3	24.6	52.3	64
11～24	8.4	5.3	0.05	0.25	21.2	20.8	58.1	72
24～54	8.5	3.7	0.03	0.48	18.9	17	48.3	87
54～90	8.5	1.6	0.11	1.21	19.8	19.8	43.8	96
90～124	8.5	5.9	0.11	1.21	23.1	12.8	54.1	83
124～140	8.6	0.3	0.23	1.31	21.9	15.7	80.1	94

第8章 均 腐 土

8.1 钙积寒性干润均腐土

8.1.1 灵泉系（Lingquan Series）

土 族：粗骨壤质混合型-钙积寒性干润均腐土

拟定者：隋跃宇，焦晓光，陈一民，王耀

分布与环境条件 主要分布于内蒙古自治区海拉尔区、满洲里市、鄂温克族自治旗一带，剥蚀残丘顶部，海拔为500～600 m，残坡积母质，草地，温带大陆性季风气候，年均气温约-0.4 ℃，年均降水量约284.9 mm，年均日照时数为2500～2700 h，无霜期为95～110 d。

灵泉系典型景观

土壤性状与特征变幅 本土系的诊断层有暗沃表层和钙积层；诊断特性有均腐殖质特性、寒性土壤温度状况和半干润土壤水分状况。腐殖质层厚达40 cm左右，砂粒含量为530～590 g/kg，黏粒含量为160～200 g/kg，细土质地以砂质壤土为主，中下部砾石含量为30%～60%，土壤中下部具有极强石灰反应。

对比土系 牙克石系、风毛台系、海拉尔系、满洲里系、哈克东系和巴音塔拉系，属于同一亚类不同土族。牙克石系、风毛台系、海拉尔系、满洲里系、哈克东系和巴音塔拉系为壤质。而本土系为粗骨壤质。

利用性能综述　地势起伏，土层深厚，养分含量丰富，砾石含量较高，干旱缺水。应封境育草，保护生态。

参比土种　泥页岩暗栗钙土。

代表性单个土体　位于内蒙古自治区满洲里市灵泉电厂东北，坐标为 49°24.26′N，117°39.07′E，海拔为 594 m，成土母质为泥页岩坡积物，牧草地，植被为羊草、苍术、委陵菜等，年均气温为–0.4 ℃，年均降水量为 284.9 mm，野外调查采样日期为 2015 年 7 月 12 日，编号 15-078。

Ah1：0～15 cm，浊黄棕色（10YR 4/3，干），黑棕色（10YR 3/2，润），砂质壤土，粒状结构，疏松，中量细根，15%砾石，向下层平滑渐变过渡。

Ah2：15～42 cm，暗棕色（10YR 3/3，干），黑棕色（10YR 3/2，润），砂质壤土，粒状结构，疏松，中量细根，20%砾石，向下层波状渐变过渡。

ABk：42～62 cm，橙白色（10YR 8/2，干），浊黄橙色（10YR 6/3，润），砂质壤土，块状结构，坚实，少量细根，30%砾石，少量石灰结核，极强石灰反应，向下层平滑渐变过渡。

Bk：62～110 cm，灰白色（10YR 8/2，干），浊黄橙色（10YR 6/3，润），砂质壤土，块状结构，坚实，60%砾石，少量石灰结核，极强石灰反应。

灵泉系代表性单个土体剖面

灵泉系代表性单个土体物理性质

土层	深度 /cm	砾石 (>2mm，体积分数)/%	细土颗粒组成(粒径：mm)/(g/kg) 砂粒 2～0.05	粉粒 0.05～0.002	黏粒 <0.002	质地
Ah1	0～15	15	587	248	165	砂质壤土
Ah2	15～42	20	574	231	195	砂质壤土
ABk	42～62	30	531	292	177	砂质壤土
Bk	62～110	60	565	244	191	砂质壤土

灵泉系代表性单个土体化学性质

深度 /cm	pH (H_2O)	有机碳 /(g/kg)	全氮(N) /(g/kg)	全磷(P) /(g/kg)	全钾(K) /(g/kg)	CEC /(cmol/kg)	$CaCO_3$ /(g/kg)
0～15	6.8	19.7	2.48	0.17	11.9	12.1	23.76
15～42	7.4	11.0	2.13	0.94	11.9	7.8	24.72
42～62	8.4	7.7	1.32	0.27	15.7	3.0	260.10
62～110	8.7	6.4	0.83	0.07	13.7	2.6	286.28

8.1.2 牙克石系（Yakeshi Series）

土 族：黏壤质混合型-钙积寒性干润均腐土

拟定者：隋跃宇，王 耀，焦晓光

分布与环境条件 主要分布于内蒙古自治区呼伦贝尔市海拉尔区、牙克石市一带，大兴安岭西麓低山丘陵，海拔为600～800 m，母质为残坡积物，草地，中温带半干旱大陆性季风气候，年均气温约–2.4 ℃，年均降水量约437.8 mm，年均日照时数为2378～2720 h，无霜期约91 d。

牙克石系典型景观

土壤性状与特征变幅 本土系的诊断层有暗沃表层、钙积层；诊断特性有均腐殖质特性、氧化还原特征、寒性土壤温度状况和半干润土壤水分状况。腐殖质层厚37 cm，质地为壤土，砂粒为250～430 g/kg，黏粒为80～350 g/kg。容重为1.23～1.70 g/cm^3，pH为8.0～8.8。

对比土系 风毛台系、海拉尔系、满洲里系、哈克东系，属于同一亚类。风毛台系暗沃表层厚达60 cm，钙积层有少量碳酸钙结核；海拉尔系暗沃表层厚度为26 cm，钙积层无碳酸钙结核；满洲里系暗沃表层厚度为28 cm，钙积层有大量碳酸钙结核；哈克东系暗沃表层厚度为32 cm，钙积层有少量碳酸钙结核。而本土系暗沃表层厚度为37 cm，钙积层有少量碳酸钙结核，深1 m以下有氧化还原特征。

利用性能综述 地势起伏，土层深厚。利用上以草场为主，适度利用，应加强草场建设。对放牧场要实行划区轮牧，控制草场退化。若开垦为农业用地，应注意农田防护林建设，防止风蚀沙化。

参比土种　薄层黄土质黑钙土。

代表性单个土体　位于内蒙古自治区牙克石农场北，新政府大楼东北，坐标为49°19.22′N，120°47.89′E，海拔为643 m，残坡积物母质。牧草地，植被为羊草、薹草、针茅等，年均气温为–2.4 ℃，年均降水量为437.8 mm，野外调查采样日期为2014年10月4日，编号15-061。

牙克石系代表性单个土体剖面

Ah：0～37 cm，灰黄棕色（10YR 4/2，干），黑棕色（10YR 3/1，润），壤土，团粒状结构，疏松，大量细根，轻度石灰反应，向下层波状清晰过渡。

ABkr：37～63 cm，浊黄橙色（10YR 6/3，干），浊黄棕色（10YR 5/3，润），粉质壤土，团块状结构，坚实，少量细根，少量锈纹锈斑，少量铁锰结核，强石灰反应，向下层波状渐变过渡。

Bk：63～99 cm，浊黄橙色（10YR 7/3，干），浊黄棕色（10YR 5/3，润），黏壤土，块状结构，很坚实，少量细根，少量碳酸钙结核，强石灰反应，向下层平滑清晰过渡。

Bkr：99～122 cm，浊黄橙色（10YR 7/2，干），浊黄棕色（10YR 5/3，润），黏壤土，块状结构，坚实，少量细根，中量锈纹锈斑，少量铁锰结核，中度石灰反应，向下层平滑清晰过渡。

Brk：122～169 cm，浊黄橙色（10YR 7/3，干），浊黄橙色（10YR 6/3，润），壤土，块状结构，坚实，中量锈纹锈斑，轻度石灰反应，向下层波状渐变过渡。

Crk：169～196 cm，浊黄橙色（10YR 7/3，干），黄棕色（10YR 5/6，润），壤土，块状结构，松散，中量锈纹锈斑，轻度石灰反应。

牙克石系代表性单个土体物理性质

土层	深度/cm	细土颗粒组成(粒径：mm)/(g/kg)			质地	容重/(g/cm³)
		砂粒 2～0.05	粉粒 0.05～0.002	黏粒 <0.002		
Ah	0～37	331	401	268	壤土	1.23
ABkr	37～63	301	613	86	粉质壤土	1.37
Bk	63～99	313	355	332	黏壤土	1.61
Bkr	99～122	257	401	342	黏壤土	1.54
Brk	122～169	289	447	264	壤土	1.60
Crk	169～196	421	395	184	壤土	1.70

牙克石系代表性单个土体化学性质

深度/cm	pH (H_2O)	有机碳/(g/kg)	全氮(N)/(g/kg)	全磷(P)/(g/kg)	全钾(K)/(g/kg)	CEC/(cmol/kg)	$CaCO_3$/(g/kg)
0～37	8.5	16.2	0.28	0.24	12.2	14.0	18.30
37～63	8.6	13.6	0.45	0.46	12.3	21.0	212.90
63～99	8.8	11.4	0.34	0.34	11.5	18.0	174.02
99～122	8.8	7.9	0.41	0.45	11.5	22.4	99.07
122～169	8.1	5.0	0.38	0.48	12.7	19.7	89.41
169～196	8.0	3.4	0.29	0.46	11.4	32.8	90.30

8.1.3 风毛台系（Fengmaotai Series）

土　族：壤质混合型-钙积寒性干润均腐土

拟定者：隋跃宇，焦晓光，侯　萌，陈一民

分布与环境条件　主要分布于内蒙古自治区呼伦贝尔市，高平原低丘缓坡区域，海拔为550～700 m，黄土母质，属温带大陆性季风气候，年均气温约–1.7 ℃，年均降水量约403.3 mm，冬季寒冷漫长，夏季温凉短促，春季干燥风大，秋季气温骤降霜冻早，热量不足，昼夜温差大，有效积温利用率高，年均降水量约 400 mm，无霜期短。

风毛台系典型景观

土壤性状与特征变幅　本土系的诊断层有暗沃表层和钙积层；诊断特性有均腐殖质特性、寒性土壤温度状况、半干润土壤水分状况。腐殖质层厚达 60 cm，土体以粉粒为主，砂粒为 190～370 g/kg，黏粒为 220～235 g/kg，细土质地为壤土。容重为 1.08～1.37 g/cm^3，pH 为 6.8～9.1。

对比土系　海拉尔系、满洲里系、哈克东系，属于同一土族。与牙克石系属于同一亚类，不同土族。牙克石系暗沃表层厚度为 37 cm，钙积层有少量碳酸钙结核，深 1 m 以下有氧化还原特征；海拉尔系暗沃表层厚度为 26 cm，钙积层无碳酸钙结核；满洲里系暗沃表层厚度为 28 cm，钙积层有大量碳酸钙结核；哈克东系暗沃表层厚度为 32 cm，钙积层有少量碳酸钙结核。而本土系暗沃表层厚达 60 cm，钙积层有少量碳酸钙结核。

利用性能综述　地势起伏，土层深厚。利用上以草场为主，适度利用，应加强草场建设。对放牧场要实行划区轮牧，控制草场退化。若开垦为农业用地，应注意农田防护林建设，防止风蚀沙化。

参比土种　黑黄栗钙土。

代表性单个土体　位于内蒙古自治区呼伦贝尔市哈克镇三号地风毛台，坐标为 49°13.38′N，120°13.65′E，海拔为 664 m，黄土母质，牧草地，植被为羊草、针茅等，年均气温为–1.7 ℃，年均降水量为 403.3 mm，野外调查采样日期为 2014 年 10 月 2 日，编号 15-058。

Ah1：0～23 cm，灰棕色（10YR 4/2，干），黑棕色（10YR 3/1，润），粉质壤土，粒状结构，疏松，大量细根，向下层平滑渐变过渡。

Ah2：23～60 cm，灰棕色（10YR 4/2，干），黑棕色（10YR 3/1，润），壤土，块状结构，疏松，大量细根，中度石灰反应，向下层波状清晰过渡。

Bk：60～119 cm，浊黄橙色（10YR 7/3，干），灰黄棕色（10YR 4/2，润），壤土，块状结构，坚实少量细根，大量假菌丝体，少量碳酸钙结核，强石灰反应，向下层平滑渐变过渡。

Ck：119～155 cm，浊橙色（10YR 7/3，干），浊黄棕色（10YR 5/4，润），壤土，块状结构，坚实，大量假菌丝体，少量碳酸钙结核，强石灰反应。

风毛台系代表性单个土体剖面

风毛台系代表性单个土体物理性质

土层	深度/cm	细土颗粒组成(粒径：mm)/(g/kg) 砂粒 2～0.05	粉粒 0.05～0.002	黏粒 <0.002	质地	容重/(g/cm³)
Ah1	0～23	196	577	227	粉质壤土	1.16
Ah2	23～60	356	413	231	壤土	1.08
Bk	60～119	285	492	223	壤土	1.37
Ck	119～155	364	405	231	壤土	1.31

风毛台系代表性单个土体化学性质

深度/cm	pH (H_2O)	有机碳/(g/kg)	全氮(N)/(g/kg)	全磷(P)/(g/kg)	全钾(K)/(g/kg)	CEC/(cmol/kg)	$CaCO_3$/(g/kg)
0～23	6.8	25.10	2.44	0.78	10.9	29.1	36.40
23～60	7.8	12.27	1.40	0.53	10.7	9.4	38.26
60～119	8.3	6.35	0.73	0.42	10.5	18.5	152.90
119～155	9.1	6.22	0.50	0.46	10.3	18.3	166.46

8.1.4　海拉尔系（Haila’er Series）

土　族：壤质混合型-钙积寒性干润均腐土

拟定者：焦晓光，王　耀，隋跃宇

分布与环境条件　主要分布于内蒙古自治区呼伦贝尔市陈巴尔虎旗、鄂温克族自治旗、海拉尔区、牙克石市，兴安盟科尔沁右翼前旗、乌兰浩特市一带，大兴安岭山地及山前丘陵，海拔为 500～700 m，母质为黄土状物质，草地，中温带半干旱大陆性季风气候，年均气温约–1.8 ℃，年均降水量约 407.5 mm，年均日照时数约 2800 h，无霜期约 95 d。

海拉尔系典型景观

土壤性状与特征变幅　本土系的诊断层有暗沃表层和钙积层；诊断特性有均腐殖质特性、寒性土壤温度状况和半干润土壤水分状况。腐殖质层厚达 26 cm，土体砂粒、粉砂为主，黏粒为 70～190 g/kg。容重为 1.44～1.55 g/cm^3，pH 为 7.4～9.3。

对比土系　风毛台系、满洲里系、哈克东系，属于同一土族。与牙克石系属于同一亚类，不同土族。牙克石系暗沃表层厚度为 37 cm，钙积层有少量碳酸钙结核，深 1 m 以下有氧化还原特征；风毛台系暗沃表层厚达 60 cm，钙积层有少量碳酸钙结核；满洲里系暗沃表层厚度为 28 cm，钙积层有大量碳酸钙结核；哈克东系暗沃表层厚度为 32 cm，钙积层有少量碳酸钙结核。而本土系暗沃表层厚度为 26 cm，钙积层无碳酸钙结核。

利用性能综述　地势起伏，土层深厚。利用上以草场为主，适度利用，应加强草场建设。对放牧场要实行划区轮牧，控制草场退化。若开垦为农业用地，应注意农田防护林建设，防止风蚀沙化。

参比土种 薄黑黄栗钙土。

代表性单个土体 位于内蒙古自治区海拉尔区哈克镇 16 号屯东北，坐标为 49°11.20′N，120°20.49′E，海拔为 624 m，母质为黄土状物质，草地，植被为羊草、线叶菊等，年均气温为–1.8 ℃，年均降水量为 407.5 mm，野外调查采样日期为 2014 年 10 月 1 日，编号 15-055。

Ah：0～26 cm，浊黄棕色（10YR 5/3，干），黑棕色（10YR 3/2，润），壤土，粒状结构，坚实，中量细根，少量砾石，向下层波状渐变过渡。

ABk：26～68 cm，浅黄橙色（10YR 8/3，干），浊黄橙色（10YR 6/4，润），壤土，粒状结构，坚实，少量细根，中度石灰反应，向下层平滑渐变过渡。

Bk：68～130 cm，灰白色（10YR 8/2，干），浊黄橙色（10YR 6/4，润），壤土，块状结构，坚实，强石灰反应，向下层平滑渐变过渡。

Ck：130～160 cm，浅黄橙色（10YR 8/4，干），明黄棕色（10YR 6/6，润），砂质壤土，块状结构，坚实，强石灰反应。

海拉尔系代表性单个土体剖面

海拉尔系代表性单个土体物理性质

土层	深度/cm	细土颗粒组成(粒径：mm)/(g/kg)			质地	容重/(g/cm^3)
		砂粒 2～0.05	粉粒 0.05～0.002	黏粒 <0.002		
Ah	0～26	481	330	189	壤土	1.44
ABk	26～68	486	353	161	壤土	1.54
Bk	68～130	498	357	145	壤土	1.55
Ck	130～160	554	372	74	砂质壤土	1.48

海拉尔系代表性单个土体化学性质

深度/cm	pH(H_2O)	有机碳/(g/kg)	全氮(N)/(g/kg)	全磷(P)/(g/kg)	全钾(K)/(g/kg)	CEC/(cmol/kg)	$CaCO_3$/(g/kg)
0～26	7.4	8.8	0.55	0.31	12.9	15.9	16.33
26～68	8.5	3.6	0.28	0.25	12.4	11.1	86.47
68～130	9.0	2.9	0.20	0.40	12.1	10.3	111.64
130～160	9.3	1.5	0.17	0.21	11.9	6.5	172.62

8.1.5 满洲里系（Manzhouli Series）

土　族：壤质混合型-钙积寒性干润均腐土

拟定者：焦晓光，侯　萌，隋跃宇

分布与环境条件　主要分布于满洲里市及中俄边境一带，低丘缓坡、波状高平原，海拔为 600～800 m，母质为河湖相沉积物，草地，温带大陆性季风气候，年均气温约–0.4 ℃，年均降水量约 286.8 mm，年均日照时数为 2500～2700 h，无霜期为 95～110 d。

满洲里系典型景观

土壤性状与特征变幅　本土系的诊断层有暗沃表层、钙积层；诊断特性有均腐殖质特性、寒性土壤温度状况和半干润土壤水分状况。腐殖质层厚达 28 cm，质地为壤土，砂粒为 350～490 g/kg，黏粒为 85～260 g/kg。容重为 1.57～1.74 g/cm^3，pH 为 7.5～9.3。

对比土系　风毛台系、海拉尔系、哈克东系，属于同一土族。与牙克石系属于同一亚类，不同土族。牙克石系暗沃表层厚度为 37 cm，钙积层有少量碳酸钙结核，深 1 m 以下有氧化还原特征；风毛台系暗沃表层厚达 60 cm，钙积层有少量碳酸钙结核；海拉尔系暗沃表层厚度为 26 cm，钙积层无碳酸钙结核；哈克东系暗沃表层厚度为 32 cm，钙积层有少量碳酸钙结核。而本土系暗沃表层厚度为 28 cm，钙积层有大量碳酸钙结核。

利用性能综述　地势起伏，土层深厚。利用上以草场为主，适度利用，应加强草场建设。对放牧场要实行划区轮牧，控制草场退化。若开垦为农业用地，应注意农田防护林建设，防止风蚀沙化。

参比土种 中层黄土质暗栗钙土。

代表性单个土体 位于内蒙古自治区满洲里市机场西北（查干湖南），坐标为 49°34.73′N，117°18.19′E，海拔为 660 m，湖积平原，母质为河湖相沉积物，牧草地，植被为羊草、针茅、地榆等，年均气温为–0.4 ℃，年均降水量为 286.8 mm，野外调查采样日期为 2015 年 7 月 13 日，编号 15-080。

Ah：0～28 cm，黑棕色（10YR 3/3，干），黑棕色（10YR 2/2，润），壤土，块状结构，疏松，大量细根，很少量砾石，向下层不规则渐变过渡。

AB：28～44 cm，浊黄橙色（10YR 6/3，干），浊黄棕色（10YR 5/3，润），壤土，块状结构，坚实，少量细根，很少量砾石，强石灰反应，向下层波状渐变过渡。

Bk：44～90 cm，灰白色（10YR 8/1，干），浊黄橙色（10YR 6/3，润），粉质壤土，块状结构，很坚实，很少量细根，碳酸钙结核，极强石灰反应，向下层波状渐变过渡。

C：90～120 cm，浊黄橙色（10YR 7/2，干），浊黄橙色（10YR 6/4，润），壤土，块状结构，坚实，很少量砾石，轻度石灰反应。

满洲里系代表性单个土体剖面

满洲里系代表性单个土体物理性质

土层	深度/cm	砾石(>2mm，体积分数)/%	细土颗粒组成(粒径：mm)/(g/kg)			质地	容重/(g/cm³)
			砂粒 2～0.05	粉粒 0.05～0.002	黏粒 <0.002		
Ah	0～28	4	490	319	191	壤土	1.65
AB	28～44	5	432	308	260	壤土	1.57
Bk	44～90	3	352	559	89	粉质壤土	1.58
C	90～120	3	375	379	246	壤土	1.74

满洲里系代表性单个土体化学性质

深度/cm	pH(H_2O)	有机碳/(g/kg)	全氮(N)/(g/kg)	全磷(P)/(g/kg)	全钾(K)/(g/kg)	CEC/(cmol/kg)	$CaCO_3$/(g/kg)
0～28	7.5	14.7	1.62	0.48	13.3	22.4	35.84
28～44	8.5	13.3	1.59	0.41	12.9	16.2	46.93
44～90	8.7	4.5	0.89	0.34	13.3	21.1	319.20
90～120	9.3	2.2	0.40	0.28	13.9	18.8	250.30

8.1.6　哈克东系（Hakedong Series）

土　族：壤质混合型-钙积寒性干润均腐土

拟定者：隋跃宇，焦晓光，陈一民

分布与环境条件　主要分布于内蒙古自治区呼伦贝尔市海拉尔区、牙克石市、陈巴尔虎旗一带，局部地势较高，海拔为 550～750m，二元母质，上部为黄土状物质，下部为酸性岩残积物，中温带半干旱大陆性季风气候，年均气温约–1.5 ℃，年均降水量约 393 mm，年均日照时数约 2800 h，无霜期约 95 d。

哈克东系典型景观

土壤性状与特征变幅　本土系的诊断层有暗沃表层；诊断特性有均腐殖质特性、寒性土壤温度状况、半干润土壤水分状况和钙积现象。腐殖质层厚达 32 cm，质地为壤土，砂粒为 410～510 g/kg，黏粒为 130～180 g/kg。容重为 1.24～1.45 g/cm^3，pH 为 7.3～8.1。

对比土系　风毛台系、海拉尔系、满洲里系，属于同一土族。与牙克石系属于同一亚类，不同土族。牙克石系暗沃表层厚度为 37 cm，钙积层有少量碳酸钙结核，深 1 m 以下有氧化还原特征；风毛台系暗沃表层厚达 60 cm，钙积层有少量碳酸钙结核；海拉尔系暗沃表层厚度为 26 cm，钙积层无碳酸钙结核；满洲里系暗沃表层厚度为 28 cm，钙积层有大量碳酸钙结核。而本土系暗沃表层厚度为 32 cm，钙积层有少量碳酸钙结核。

利用性能综述　地势起伏，土层深厚。利用上以草场为主，适度利用，应加强草场建设。对放牧场要实行划区轮牧，控制草场退化。若开垦为农业用地，应注意农田防护林建设，防止风蚀沙化。

参比土种 结晶岩暗栗钙土。

代表性单个土体 位于内蒙古自治区呼伦贝尔市哈克镇哈克屯，坐标为 49°11.13′N，120°04.94′E，海拔为 602m，二元母质，上部为黄土状物质，下部为酸性岩残积物，草地，植被为羊草、冰草等，年均气温为–1.5 ℃，年均降水量为 393.0 mm，野外调查采样日期为 2014 年 10 月 2 日，编号 15-057。

Ah1：0～9 cm，棕色（7.5YR 4/3，干），暗棕色（7.5YR 3/3，润），壤土，团粒状结构，疏松，中量细根，向下层平滑清晰过渡。

Ah2：9～32 cm，灰棕色（7.5YR 4/2，干），黑棕色（7.5YR 3/2，润），壤土，团块状结构，坚实，很少量细根系，向下层波状渐变过渡。

AB：32～61 cm，棕色（7.5YR 4/3，干），灰棕色（7.5YR 4/2，润），壤土，块状结构，坚实，向下层波状渐变过渡。

Bk：61～97 cm，浊橙色（7.5YR 7/3，干），浊棕色（7.5YR 5/4，润），壤土，块状结构，坚实，少量碳酸钙结核，强石灰反应，向下层波状清晰过渡。

2Ck：97～115 cm，浊赤棕色（7.5YR 5/3，干），暗赤棕色（7.5YR 3/3，润），大量砾石，强石灰反应。

哈克东系代表性单个土体剖面

哈克东系代表性单个土体物理性质

土层	深度 /cm	砾石 (>2mm，体积分数)/%	细土颗粒组成(粒径：mm)/(g/kg)			质地	容重 /(g/cm³)
			砂粒 2～0.05	粉粒 0.05～0.002	黏粒 <0.002		
Ah1	0～9	0	475	394	131	壤土	1.24
Ah2	9～32	0	421	426	153	壤土	1.36
AB	32～61	0	412	415	173	壤土	1.32
Bk	61～97	0	508	336	156	壤土	1.45
2Ck	97～115	—	—	—	—	—	—

哈克东系代表性单个土体化学性质

深度 /cm	pH (H_2O)	有机碳 /(g/kg)	全氮(N) /(g/kg)	全磷(P) /(g/kg)	全钾(K) /(g/kg)	CEC /(cmol/kg)	$CaCO_3$ /(g/kg)
0～9	7.7	21.5	1.78	0.60	10.9	17.0	35.51
9～32	7.6	16.7	1.41	0.38	8.3	17.9	26.44
32～61	7.3	9.0	0.63	0.17	12.2	14.9	11.23
61～97	8.1	7.2	0.46	0.30	10.5	23.5	63.34
97～115	—	—	—	—	—	—	—

8.1.7　巴音塔拉系（Bayintala Series）

土　族：壤质混合型-钙积寒性干润均腐土

拟定者：隋跃宇，焦晓光，陈一民

分布与环境条件　主要分布于中蒙边境、内蒙古自治区新巴尔虎左旗和新巴尔虎右旗一带，低平地、河流阶地，海拔为450～650 m，母质为洪-冲积物，草地，温带大陆性季风气候，年均气温约0.3 ℃，年均降水量约266.5 mm，年均日照时数为2500～2700 h，无霜期为95～110 d。

巴音塔拉系典型景观

土壤性状与特征变幅　本土系的诊断层有暗沃表层和钙积层；诊断特性有均腐殖质特性、氧化还原特征、寒性土壤温度状况和半干润土壤水分状况。腐殖质层厚45 cm，质地为砂质壤土-砂质黏壤土，砂粒为560～660 g/kg，黏粒为120～220 g/kg。容重为1.44～1.70 g/cm^3，pH为8.3～10.0。

对比土系　风毛台系、海拉尔系、满洲里系、哈克东系和灵泉系，属于同一亚类不同土族。风毛台系、海拉尔系、满洲里系和哈克东系为壤质，灵泉系为粗骨壤质。本土系也为壤质。

利用性能综述　地势平坦，土层深厚。利用上以草场为主，适度利用，应加强草场建设。对放牧场要实行划区轮牧，控制草场退化。若开垦为农业用地，应注意农田防护林建设，防止风蚀沙化。

参比土种 砂质淤积草甸栗钙土。

代表性单个土体 位于内蒙古自治区中蒙边界巴音塔拉苏木，坐标为 48°2.71′N，117°48.73′E，海拔为 588 m，地势为低阶地的平缓部位，成土母质为洪-冲积物。牧草地，植被为针茅、羊草、薹草、地榆及莎草等，年均气温为 0.3 ℃，年均降水量为 266.5 mm，野外调查采样日期为 2015 年 7 月 11 日，编号 15-076。

Ahk1：0～17 cm，灰黄棕色（10YR 5/2，干），黑棕色（10YR 3/2，润），砂质壤土，团粒状结构，坚实，大量细根，轻度石灰反应，向下层平滑清晰过渡。

Ahk2：17～45 cm，灰黄棕色（10YR 5/2，干），暗棕色（10YR 3/3，润），砂质黏壤土，块状结构，坚实，中量细根，强石灰反应，向下层不规则渐变过渡。

Bk：45～98 cm，灰白色（10YR 8/1，干），灰白色（10YR 7/1，润），砂质壤土，块状结构，疏松，少量细根，强石灰反应，向下层平滑清晰过渡。

Ckr：98～145 cm，浊黄橙色（10YR 7/3，干），浊黄橙色（10YR 6/4，润），砂质壤土，块状结构，极疏松，中量锈纹锈斑，少量铁锰结核，轻度石灰反应。

巴音塔拉系代表性单个土体剖面

巴音塔拉系代表性单个土体物理性质

土层	深度/cm	细土颗粒组成(粒径：mm)/(g/kg)			质地	容重/(g/cm³)
		砂粒 2～0.05	粉粒 0.05～0.002	黏粒 <0.002		
Ahk1	0～17	563	284	153	砂质壤土	1.48
Ahk2	17～45	583	204	213	砂质黏壤土	1.62
Bk	45～98	576	259	165	砂质壤土	1.44
Ckr	98～145	657	221	122	砂质壤土	1.70

巴音塔拉系代表性单个土体化学性质

深度/cm	pH(H_2O)	有机碳/(g/kg)	全氮(N)/(g/kg)	全磷(P)/(g/kg)	全钾(K)/(g/kg)	CEC/(cmol/kg)	$CaCO_3$/(g/kg)
0～17	8.4	19.6	2.20	0.38	11.9	17.0	75.54
17～45	10.0	14.6	0.52	0.16	9.9	12.1	286.78
45～98	9.0	10.7	0.32	0.17	9.9	10.5	308.78
98～145	8.3	3.8	0.27	0.16	9.3	10.2	68.77

8.2　普通寒性干润均腐土

8.2.1　伊敏河系（Yiminhe Series）

土　族：粉壤质混合型石灰性-普通寒性干润均腐土

拟定者：隋跃宇，焦晓光，陈一民，王　耀

分布与环境条件　主要分布于呼伦贝尔市鄂温克族自治旗一带，河流阶地，古河道，海拔为 500～800 m，母质为冲积物，草地，中温带大陆性季风气候，年均气温约–1.3 ℃，年均降水量约 352.7 mm，年均日照时数约 2900 h，无霜期为 100～120 d。

伊敏河系典型景观

土壤性状与特征变幅　本土系的诊断层有暗沃表层；诊断特性有均腐殖质特性、氧化还原特征、寒性土壤温度状况和半干润土壤水分状况。腐殖质层厚 30 cm，质地为粉质壤土，砂粒为 180～350 g/kg，黏粒为 65～310 g/kg。容重为 1.21～1.40 g/cm^3，pH 为 6.6～8.7。

对比土系　灵泉系、牙克石系、风毛台系、海拉尔系、满洲里系、哈克东系和巴音塔拉系，属于同一土类不同亚类。灵泉系、牙克石系、风毛台系、海拉尔系、满洲里系、哈克东系和巴音塔拉系具有钙积层，属于钙积寒性干润均腐土。而本土系无钙积层，属于普通寒性干润均腐土。

利用性能综述　地势平坦，土层深厚。利用上以草场为主，适度利用，应加强草场建设。

对放牧场要实行划区轮牧，控制草场退化。若开垦为耕地，应注意防止风蚀沙化。

参比土种 冲积黄土质暗栗钙土。

代表性单个土体 位于内蒙古自治区呼伦贝尔市鄂温克族自治旗伊敏河镇西，哈达图浑迪东南 4 km，坐标为 48°31.97′N，119°37.63′E，海拔为 775 m，古河道，母质为冲积物。牧草地，植被为针茅、羊草等，年均气温为–1.3 ℃，年均降水量为 352.7 mm，野外调查采样日期为 2015 年 7 月 13 日，编号 15-082。

伊敏河系代表性单个土体剖面

Ah1： 0～10 cm，灰黄棕色（10YR 4/2，干），黑棕色（10YR 3/2，润），粉质壤土，团粒状结构，疏松，大量细根，向下层平滑渐变过渡。

Ah2： 10～30 cm，灰黄棕色（10YR 4/2，干），黑棕色（10YR 3/1，润），壤土，团粒状结构，疏松，中量细根，向下层平滑渐变过渡。

AB： 30～65 cm，灰黄棕色（10YR 4/2，干），黑棕色（10YR 3/1，润），粉质壤土，块状结构，疏松，中量细根，向下层平滑渐变过渡。

BCrq1：65～94 cm，灰黄棕色（10YR 4/2，干），黑棕色（10YR 3/1，润），黏壤土，块状结构，疏松，少量锈纹锈斑，结构体内外有二氧化硅粉末，轻度石灰反应，向下层平滑渐变过渡。

BCrq2：94～115 cm，黑棕色（10YR 3/2，干），黑棕色（10YR 3/1，润），粉质壤土，块状结构，疏松，少量锈纹锈斑，结构体内外有中量二氧化硅粉末，中度石灰反应，向下层波状渐变过渡。

Crkq： 115～145 cm，浊黄橙色（10YR 6/3，干），浊黄棕色（10YR 5/4，润），粉质壤土，块状结构，疏松，有少量锈纹锈斑，结构体内外有少量二氧化硅粉末，强石灰反应。

伊敏河系代表性单个土体物理性质

土层	深度/cm	细土颗粒组成(粒径：mm)/(g/kg)			质地	容重/(g/cm³)
		砂粒 2～0.05	粉粒 0.05～0.002	黏粒 ＜0.002		
Ah1	0～10	289	501	210	粉质壤土	1.22
Ah2	10～30	342	411	247	壤土	1.21
AB	30～65	183	563	254	粉质壤土	1.40
BCrq1	65～94	287	410	303	黏壤土	1.24
BCrq2	94～115	208	648	144	粉质壤土	1.32
Crkq	115～145	283	652	65	粉质壤土	1.37

伊敏河系代表性单个土体化学性质

深度 /cm	pH (H_2O)	有机碳 /(g/kg)	全氮(N) /(g/kg)	全磷(P) /(g/kg)	全钾(K) /(g/kg)	CEC /(cmol/kg)
0～10	6.7	49.9	4.39	0.57	13.5	32.88
10～30	6.6	38.1	3.17	0.57	11.4	29.89
30～65	7.0	30.8	2.66	0.59	12.5	33.86
65～94	8.7	21.3	1.83	0.45	12.1	138.60
94～115	8.2	20.0	1.66	0.42	21.6	119.88
115～145	8.6	11.8	0.68	0.39	10.8	143.34

8.3　钙积暗厚干润均腐土

8.3.1　宝格德乌拉系（Baogedewula Series）

土　族：砂质混合型冷性-钙积暗厚干润均腐土

拟定者：隋跃宇，侯　萌，焦晓光

分布与环境条件　主要分布于新巴尔虎右旗、新巴尔虎左旗、陈巴尔虎旗一带，山谷的平坦底部、河流阶地以及河流交汇处的冲积平原，海拔为 500～700 m，母质为冲积物，草地，中温带大陆性干旱气候，年均气温约 0.9 ℃，年均降水量约 241.5 mm，年均日照时数约 3175 h，无霜期约 128 d。

宝格德乌拉系典型景观

土壤性状与特征变幅　本土系的诊断层有暗沃表层、钙积层；诊断特性有均腐殖质特性、冷性土壤温度状况和半干润土壤水分状况。腐殖质层厚 55 cm，质地为砂质壤土，砂粒为 600～640 g/kg，黏粒为 75～170 g/kg。容重为 1.58～1.80 g/cm^3，pH 为 7.5～8.9。

对比土系　上徒亥系，属于同一亚类不同土族。上徒亥系的土族控制层段内颗粒大小级别为黏壤质，钙积层中有少量假菌丝体，而本土系的土族控制层段内颗粒大小级别为砂质，钙积层中有大量碳酸钙结核。

利用性能综述　地势平坦，土层深厚。以牧业利用为主，应划区轮牧，减少草场载畜量；对已退化的草场要封育，对侵蚀严重的农田，应退耕还草，对现有的耕地要营造防护林，防止水土流失，并增施有机肥，平衡施肥。

参比土种　砾底壤质淤积草甸黑钙土。

代表性单个土体　位于内蒙古自治区新巴尔虎右旗宝格德乌拉苏木，坐标为 48°26.93′N，117°15.20′E，海拔为 616 m，成土母质为冲积物，牧草地，植被为羊草、地榆等，年均气温为 0.9 ℃，年均降水量为 241.5 mm，野外调查采样日期为 2015 年 7 月 11 日，编号 15-077。

宝格德乌拉系代表性单个土体剖面

Ah1：0～10 cm，浊黄棕色（10YR 5/4，干），暗棕色（10YR 3/3，润），砂质壤土，团粒结构，疏松，大量细根，5%砾石，向下层平滑清晰过渡。

Ah2：10～55 cm，棕色（10YR 4/4，干），暗棕色（10YR 3/3，润），砂质壤土，团粒结构，坚实，少量细根，2%砾石，向下层波状清晰过渡。

Bk：55～100 cm，灰白色（10YR 8/1，干），浅黄橙色（10YR 8/3，润），砂质壤土，块状结构，坚实，很少量细根，15%砾石，大量石灰结核，极强石灰反应，向下层波状清晰过渡。

Ck：100～140 cm，浊黄橙色（10YR 7/4，干），明黄棕色（10YR 6/6，润），砂质壤土，块状结构，26%砾石，疏松，极强石灰反应。

宝格德乌拉系代表性单个土体物理性质

土层	深度/cm	砾石(>2mm，体积分数)/%	细土颗粒组成(粒径：mm)/(g/kg)			质地	容重/(g/cm^3)
			砂粒 2～0.05	粉粒 0.05～0.002	黏粒 ＜0.002		
Ah1	0～10	5	606	316	78	砂质壤土	1.59
Ah2	10～55	2	614	289	97	砂质壤土	1.72
Bk	55～100	15	604	229	167	砂质壤土	1.58
Ck	100～140	26	638	287	75	砂质壤土	1.80

宝格德乌拉系代表性单个土体化学性质

深度/cm	pH(H_2O)	有机碳/(g/kg)	全氮(N)/(g/kg)	全磷(P)/(g/kg)	全钾(K)/(g/kg)	CEC/(cmol/kg)	$CaCO_3$/(g/kg)
0～10	7.5	8.7	1.04	0.18	12.8	9.3	4.74
10～55	8.2	7.6	0.80	0.13	11.4	9.1	3.34
55～100	8.7	6.3	0.69	0.11	13.4	11.3	179.48
100～140	8.9	1.0	0.26	0.08	12.2	8.1	77.52

8.3.2　上徒亥系（Shangtuhai Series）

土　族：黏壤质混合型冷性-钙积暗厚干润均腐土

拟定者：贾树海，王洪志，杜　蒙，张国建，孙仲秀，王秋兵

分布与环境条件　主要分布于内蒙古自治区武川县上徒亥乡一带，略起伏丘陵，海拔为1240～2327 m，母质为坡洪积物，旱地，中温带大陆性季风气候，年均气温约 3.6 ℃，年均降水量约 279.3 mm，年均日照时数约 2890 h，无霜期约 124 d。

上徒亥系典型景观

土壤性状与特征变幅　诊断层包括暗沃表层和钙积层；诊断特性包括半干润土壤水分状况、冷性土壤温度状况和均腐殖质特性。土体厚度 1 m 以上，Rh 为 0.27～0.30，C/N 为 7.1～15.5，暗沃表层厚度 52 cm，干态明度 3，润态明度 3，润态彩度 2，深 52 cm 以下出现钙积层，有机碳含量为 4.0～13.0 g/kg，容重为 1.42～1.65 g/cm^3，pH 为 8.0～8.7，层次质地构型为砂质黏壤土-粉壤土-砂质壤土，砂粒含量为 140～640 g/kg。

对比土系　宝格德乌拉系，属于同一亚类不同土族。宝格德乌拉系的土族控制层段内颗粒大小级别为砂质，钙积层中有大量碳酸钙结核，而本土系的土族控制层段内颗粒大小级别为黏壤质，钙积层中有少量假菌丝体。

利用性能综述　略起伏丘陵，土层较厚，砾石含量较高，养分含量较低。应增施有机肥，培肥地力，增加地表覆盖，防止水土流失。

参比土种　壤质坡-洪积栗钙土。

代表性单个土体　位于内蒙古自治区呼和浩特市武川县上徒亥乡西黑山村，坐标为41°12′12.80″N，111°16′54.90″E，海拔为1723 m，略起伏丘陵，母质为坡洪积物，耕地，种植马铃薯和油菜花，年均气温为3.6 ℃，年均降水量为279.3 mm，野外调查采样日期为2015年9月27日，编号15-114。

上徒亥系代表性单个土体剖面

Ap：0～20 cm，暗棕色（10YR 3/4，干），黑棕色（10YR 3/2，润），砂质黏壤土，发育强的团粒状结构，稍坚实，大量根系，向下层波状清晰过渡。

Ah：20～52 cm，暗棕色（10YR 3/4，干），黑棕色（10YR 3/2，润），砂质黏壤土，发育较强的块状结构，稍坚实，少量根系，向下层波状清晰过渡。

Bk：52～110 cm，浊黄橙色（10YR 7/4，干），浊黄橙色（10YR 6/4，润），10%岩石碎屑，粉壤土，发育中等的团块状结构，稍坚实，很少量根系，少量假菌丝体，强石灰反应，向下层波状清晰过渡。

BCk：110～136 cm，浊橙色（7.5YR 7/4，干），浊棕色（7.5YR 5/4，润），20%岩石碎屑，砂质壤土，发育中等的团块状结构，稍坚实，很少量根系，少量假菌丝体，强石灰反应。

上徒亥系代表性单个土体物理性质

土层	深度/cm	砾石(>2mm，体积分数)/%	细土颗粒组成(粒径：mm)/(g/kg) 砂粒 2～0.05	粉粒 0.05～0.002	黏粒 <0.002	质地	容重/(g/cm^3)
Ap	0～20	0	506	123	371	砂质黏壤土	1.42
Ah	20～52	0	500	130	370	砂质黏壤土	1.48
Bk	52～110	10	143	652	205	粉壤土	1.54
BCk	110～136	20	637	199	163	砂质壤土	1.65

上徒亥系代表性单个土体化学性质

深度/cm	pH(H_2O)	有机碳/(g/kg)	全氮(N)/(g/kg)	全磷(P)/(g/kg)	全钾(K)/(g/kg)	CEC/(cmol/kg)	$CaCO_3$/(g/kg)
0～20	8.2	12.2	0.97	0.68	21.9	23.0	0.0
20～52	8.0	11.2	0.90	0.60	20.9	22.0	0.0
52～110	8.3	4.5	0.63	0.49	20.8	68.0	122.6
110～136	8.7	1.7	0.11	0.40	22.1	49.9	121.3

8.4　普通暗厚干润均腐土

8.4.1　白音锡勒系（Baiyinxile Series）

土　族：砂质硅质混合型石灰性冷性-普通暗厚干润均腐土

拟定者：孙福军，潘　瑶，蒋卓东，曾　鸣

分布与环境条件　主要分布于内蒙古自治区中部的锡林浩特市一带，高平原，平均海拔约 989 m，母质为砂岩残积物，天然牧草地，中温带半干旱大陆性季风气候，年均气温约 2.7 ℃，年均降水量约 297.5 mm，年均日照时数约 2800 h，无霜期约 110 d。

白音锡勒系典型景观

土壤性状与特征变幅　诊断层包括暗沃表层；诊断特性包括冷性土壤温度状况、半干润土壤水分状况和均腐殖质特性。土体厚度约 1 m 以上，暗沃表层厚度约 50 cm，干态明度 4，润态明度 2，润态彩度 3，通体存在轻度石灰反应，碳酸钙含量为 10.2～14.0 g/kg，有机碳含量为 4～17.0 g/kg，容重为 1.56～1.77 g/cm^3，pH 为 7.5～8.6，层次质地构型为砂质黏壤土-砂质壤土-壤质砂土，砂粒含量为 566～879 g/kg。

对比土系　浩勒图系和老盘道系，属于同一亚类不同土族。浩勒图系和老盘道系无石灰反应；本土系具有石灰反应。

利用性能综述　土层深厚，土壤较肥沃，干旱缺水。以牧业为主，牧业用地以围封和人工种草相结合，恢复土地生产力；划区轮牧，防止过牧引起草场退化。

参比土种　壤质砂质底草甸栗钙土。

代表性单个土体　位于内蒙古自治区锡林郭勒盟锡林浩特市白音锡勒牧场希尔好土尔，坐标为 43°49′11.40″N，116°30′46.80″E，海拔为 1128 m，高平原，母质为砂岩残积物，天然牧草地，草被盖度为 50%～60%，年均气温为 2.7 ℃，年均降水量为 297.5 mm，野外调查采样日期为 2015 年 7 月 25 日，编号 15-033。

白音锡勒系代表性单个土体剖面

Ahk：0～19 cm，棕色（7.5YR 4/3，干），暗棕色（10YR 3/3，润），砂质黏壤土，发育中等的团块状结构，松软，少量根系，轻度石灰反应，向下层平滑清晰过渡。

ABk：19～50 cm，棕色（10YR 4/4，干），暗棕色（10YR 3/3，润），砂质壤土，发育弱的团块状结构，松散，少量根系，轻度石灰反应，向下层平滑渐变过渡。

Ck1：50～86 cm，黄棕色（10YR 5/6，干），棕色（10YR 4/6，润），砂质壤土，发育弱的粒状结构，松散，少量根系，轻度石灰反应，向下层不规则清晰过渡。

Ck2：86～110 cm，浊橙色（7.5YR 6/4，干），浊棕色（7.5YR 5/4，润），壤质砂土，单粒，松散，很少量根系，轻度石灰反应。

白音锡勒系代表性单个土体物理性质

土层	深度 /cm	细土颗粒组成(粒径：mm)/(g/kg)			质地	容重 /(g/cm^3)
		砂粒 2～0.05	粉粒 0.05～0.002	黏粒 ＜0.002		
Ahk	0～19	566	217	217	砂质黏壤土	1.76
ABk	19～50	677	202	121	砂质壤土	1.65
Ck1	50～86	676	243	81	砂质壤土	1.77
Ck2	86～110	879	40	80	壤质砂土	1.56

白音锡勒系代表性单个土体化学性质

深度 /cm	pH (H_2O)	有机碳 /(g/kg)	全氮(N) /(g/kg)	全磷(P) /(g/kg)	全钾(K) /(g/kg)	CEC /(cmol/kg)	$CaCO_3$ /(g/kg)	BS /%
0～19	8.0	17.0	1.16	0.37	21.1	18.2	10.7	70
19～50	7.9	16.0	1.11	0.35	21.0	18.7	10.4	56
50～86	8.6	7.1	0.39	0.22	18.9	10.8	10.2	65
86～110	7.5	4.9	0.06	0.16	17.4	10.7	14.0	82

8.4.2　浩勒图系（Haoletu Series）

土　族：砂质硅质混合型非酸性冷性-普通暗厚干润均腐土
拟定者：韩春兰，王英杰，付小梅，刘金宝，李鑫蕊

分布与环境条件　主要分布于内蒙古自治区锡林郭勒盟西乌珠穆沁旗一带，中山坡地，海拔为 835～1957 m，母质为风积物，天然牧草地，温带大陆性季风气候，年均气温约 2.7 ℃，年均降水量约 327.3 mm，年均日照时数约 2900 h，无霜期约 105 d。

浩勒图系典型景观

土壤性状与特征变幅　诊断层包括暗沃表层；诊断特性包括半干润土壤水分状况、冷性土壤温度状况和均腐殖质特性。土体厚度 1 m 以上，有机碳含量为 0.5～11.8 g/kg，暗沃表层厚度 70 cm，干态明度 3，润态明度为 2～3，润态彩度 2，pH 为 7.2～7.8，层次质地构型为砂质壤土-砂土，砂粒含量为 638～904 g/kg。

对比土系　老盘道系，属于同一土族。老盘道系具有枯枝落叶层，表层土壤质地为壤土；而本土系无枯枝落叶层，表层土壤质地为砂质壤土。

利用性能综述　地势起伏，土体深厚，质地砂黏适中，养分状况较好。应该合理放牧，防止草场退化。

参比土种　厚层风积淋溶黑钙土。

代表性单个土体　位于内蒙古自治区锡林郭勒盟西乌珠穆沁旗浩勒图高勒镇乌兰陶勒盖，坐标为 44°12′13.09″ N，117°41′47.82″ E，海拔为 1114 m，中山坡地，地形坡度为 2°～

5°，母质为风积沙，天然草地，植被盖度 80%，年均气温为 2.7 ℃，年均降水量为 327.3 mm，野外调查采样日期为 2015 年 7 月 22 日，编号 15-026。

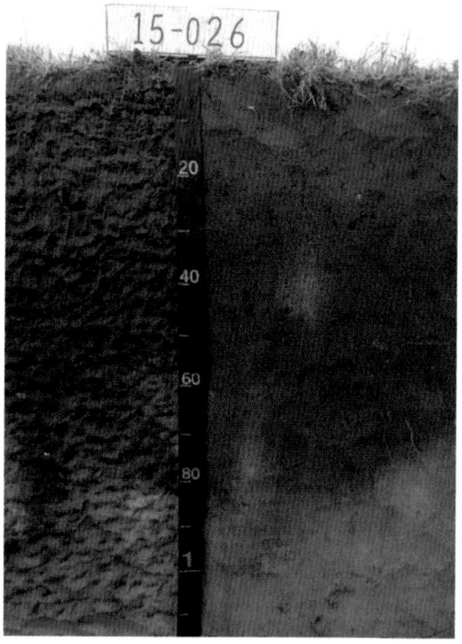

浩勒图系代表性单个土体剖面

Ah：0～16 cm，黑棕色（10YR 3/2，干），黑棕色（10YR 2/2，润），砂质壤土，发育强的小块状结构，松软，少量根系，向下层波状清晰过渡。

AB：16～70 cm，暗棕色（10YR 3/3，干），暗棕色（10YR 3/2，润），砂质壤土，发育强的小棱块结构，松散，向下层平滑模糊过渡。

BC：70～120 cm，浊黄橙色（10YR 5/4，干），黄棕色（10YR 5/8，润），砂土，发育弱的中、小棱块结构，松散。

浩勒图系代表性单个土体物理性质

土层	深度 /cm	细土颗粒组成(粒径：mm)/(g/kg)			质地	容重 /(g/cm^3)
		砂粒 2～0.05	粉粒 0.05～0.002	黏粒 ＜0.002		
Ah	0～16	638	233	129	砂质壤土	1.15
AB	16～70	764	145	91	砂质壤土	1.23
BC	70～120	904	68	28	砂土	1.38

浩勒图系代表性单个土体化学性质

深度 /cm	pH (H_2O)	有机碳 /(g/kg)	全氮(N) /(g/kg)	全磷(P) /(g/kg)	全钾(K) /(g/kg)	CEC /(cmol/kg)	BS /%
0～16	7.4	11.8	1.86	0.96	31.0	22.7	86
16～70	7.2	11.2	1.53	0.58	34.2	23.3	64
70～120	7.8	0.5	0.05	0.17	37.3	4.3	89

8.4.3 老盘道系（Laopandao Series）

土　族：砂质硅质混合型非酸性冷性-普通暗厚干润均腐土

拟定者：王秋兵，孙福军，孙仲秀

分布与环境条件　主要分布于内蒙古自治区东部、赤峰市西部的克什克腾旗，地处浑善达克和科尔沁两大沙地的结合部一带，山地坡中部，平均海拔约 1100 m，母质为风积物，林地，中温带大陆性季风气候，年均气温为 2～4℃，年均降水量为 250～500 mm，年均日照时数为 2600～2900 h，无霜期为 60～150 d。

老盘道系典型景观

土壤性状与特征变幅　诊断层包括暗沃表层；诊断特性包括半干润土壤水分状况、冷性土壤温度状况、均腐殖质特性和氧化还原特征。土体厚度 1 m 以上，有机碳含量为 0.2～25.0 g/kg，暗沃表层厚度 57 cm，干态明度 3，润态明度 2，润态彩度 1，pH 为 6.1～6.9，层次质地构型为壤土-壤质砂土-砂土，砂粒含量为 343～960 g/kg。

对比土系　浩勒图系，属于同一土族。浩勒图系无枯枝落叶层，表层土壤质地为砂质壤土；而本土系具有枯枝落叶层，表层土壤质地为壤土。

利用性能综述　土层深厚，质地适中，水分条件相对较好。不利因素是处于山地坡中部，坡度相对较大，需要注意地表植被保护，防止水土流失，保护生态。

参比土种　厚层风积灰色森林土。

代表性单个土体　位于内蒙古自治区赤峰市克什克腾旗黄岗梁老盘道，坐标为

43°33′44.70″N，117°36′34.30″E，海拔为 1686 m，地势起伏的山地，坡度小于 9°，母质为风积物，林地，植被盖度≥70%，年均气温为 3.7 ℃，年均降水量为 344.0 mm，野外调查采样日期为 2015 年 7 月 7 日，编号 15-019。

老盘道系代表性单个土体剖面

Oi：+3～0 cm，枯枝落叶层。

Ah：0～57 cm，黑棕色（2.5Y 3/1，干），黑色（2.5Y 2/1，润），壤土，发育强的团粒状结构，疏松，中量根系，向下层平滑清晰过渡。

BCr：57～84 cm，亮黄棕色（10YR 6/8，干），黄棕色（10YR 5/6，润），壤质砂土，发育中等的屑粒状结构，松散，很少量根系，向下层波状清晰过渡。

Cr：84～134 cm，浊黄橙色（10YR 7/3，干），浊黄橙色（10YR 6/4，润），砂土，单粒，松散，可见铁锰斑纹。

老盘道系代表性单个土体物理性质

土层	深度 /cm	细土颗粒组成(粒径：mm)/(g/kg)			质地	容重 /(g/cm^3)
		砂粒 2～0.05	粉粒 0.05～0.002	黏粒 <0.002		
Ah	0～57	343	452	205	壤土	1.52
BCr	57～84	839	40	121	壤质砂土	1.74
Cr	84～134	960	40	0	砂土	1.70

老盘道系代表性单个土体化学性质

深度 /cm	pH (H_2O)	有机碳 /(g/kg)	全氮(N) /(g/kg)	全磷(P) /(g/kg)	全钾(K) /(g/kg)	CEC /(cmol/kg)	BS /%
0～57	6.1	25.0	3.99	1.24	32.5	26.1	70
57～84	6.9	2.8	1.84	0.38	32.2	11.9	85
84～134	6.8	0.2	1.66	0.22	20.3	5.0	69

8.4.4 乌兰格系（Wulange Series）

土 族：黏质混合型非酸性冷性-普通暗厚干润均腐土
拟定者：陈一民，隋跃宇，焦晓光，王 耀

分布与环境条件 主要分布于内蒙古自治区呼伦贝尔市扎兰屯市、阿荣旗、莫力达瓦达斡尔族自治旗、鄂伦春自治旗，兴安盟扎赉特旗和科尔沁右翼前旗一带，低丘陵谷间低平地，海拔为 200～400 m，母质为洪积物，旱地，种植玉米，温带大陆性季风气候，年均气温约 2.0 ℃，年均降水量约 420 mm，年均日照时数约 2600 h，无霜期为 115～120 d。

乌兰格系典型景观

土壤性状与特征变幅 本土系的诊断层有暗沃表层；诊断特性有均腐殖质特性、冷性土壤温度状况和半干润土壤水分状况。深 110 cm 以下出现氧化还原现象，具有锈纹锈斑。腐殖质层厚 70 cm，质地主要为黏土，砂粒为 260～300 g/kg，黏粒为 340～430 g/kg。容重为 1.21～1.60 g/cm^3，pH 为 5.6～7.2。

对比土系 乌宝力格系、查木罕系和扎兰屯系，属于同一亚类不同土族。乌宝力格系、查木罕系和扎兰屯系的土族控制层段颗粒大小级别为黏壤质，而本土系为黏质。

利用性能综述 地势起伏，土层较厚，土壤养分含量较高，表土质地适中，耕性良好，保肥能力强，不利因素是地下水位高，土壤水分偏多，心底土较黏，通透性差，雨季易发生涝害，早春土壤温度低，养分转化慢，不发小苗，改良利用应以发展农业为主，要加强农田基本建设。

参比土种　厚层冲洪积草甸暗棕壤。

代表性单个土体　位于内蒙古自治区扎赉特旗巴达尔胡镇乌兰格日林场东南，坐标为46°52.83′N，122°33.02′E，海拔为308 m，成土母质为洪积物，旱田，种植玉米，年均气温为2.0 ℃，年均降水量为420 mm，野外调查采样日期为2015年7月9日，编号15-074。

乌兰格系代表性单个土体剖面

Ah：0～33 cm，暗棕色（10YR 3/3，干），黑棕色（10YR 2/3，润），黏土，团粒状结构，疏松，中量细根，中量砾石，向下层波状渐变过渡。

AB：33～68 cm，浊黄棕色（10YR 4/3，干），黑棕色（10YR 3/2，润），黏壤土，团粒状结构，疏松，少量细根，少量砾石，向下层波状渐变过渡。

BC：68～110 cm，浊黄棕色（10YR 5/4，干），棕色（10YR 4/4，润），黏土，块状结构，疏松，很少量砾石，向下层波状渐变过渡。

Cr：110～145 cm，浊黄橙色（10YR 6/4，干），黄棕色（10YR 5/6，润），黏壤土，块状结构，坚实，少量砾石，有少量锈纹锈斑，少量铁锰结核。

乌兰格系代表性单个土体物理性质

土层	深度/cm	砾石(>2mm，体积分数)/%	细土颗粒组成(粒径：mm)/(g/kg) 砂粒 2～0.05	粉粒 0.05～0.002	黏粒 <0.002	质地	容重/(g/cm^3)
Ah	0～33	23	266	309	425	黏土	1.21
AB	33～68	4	280	326	394	黏壤土	1.31
BC	68～110	2	268	329	403	黏土	1.44
Cr	110～145	6	294	363	343	黏壤土	1.60

乌兰格系代表性单个土体化学性质

深度/cm	pH(H_2O)	有机碳/(g/kg)	全氮(N)/(g/kg)	全磷(P)/(g/kg)	全钾(K)/(g/kg)	CEC/(cmol/kg)
0～33	5.6	31.6	3.00	0.69	10.9	36.1
33～68	6.7	16.8	1.60	0.40	10.0	33.3
68～110	7.0	9.0	1.02	0.30	11.3	31.1
110～145	7.2	3.9	0.53	0.38	12.0	36.3

8.4.5 乌宝力格系（Wubaolige Series）

土　族：黏壤质混合型非酸性冷性-普通暗厚干润均腐土

拟定者：韩春兰，王英杰，付小梅，刘金宝，李鑫蕊

分布与环境条件 主要分布于内蒙古自治区东部、赤峰市西部的克什克腾旗，地处浑善达克和科尔沁两大沙地的结合部一带，丘陵平原中山山间谷地，平均海拔约 1100 m，母质为坡积物，天然牧草地，中温带大陆性季风气候，年均气温为 2～4 ℃，年均降水量为 250～500 mm，年均日照时数为 2600～2900 h，无霜期为 60～150 d。

乌宝力格系典型景观

土壤性状与特征变幅 诊断层包括暗沃表层和雏形层；诊断特性包括冷性土壤温度状况、半干润土壤水分状况和均腐殖质特性。土体厚度 1 m 以上，暗沃表层厚度 25 cm，干态明度 4，润态明度 2，润态彩度 1，雏形层厚度约 86 cm，有机碳含量为 11.6～36.7 g/kg，容重为 1.15～1.30 g/cm^3，pH 为 6.6～6.9，层次质地构型为黏壤土-壤土，黏粒含量为 260～280 g/kg。

对比土系 查木罕系和扎兰屯系，属于同一土族。查木罕系表层土壤质地为壤土，土体中部出现二氧化硅粉末，底部有氧化还原特征；扎兰屯系表层土壤质地为黏壤土，通体无二氧化硅粉末，中下部有氧化还原特征。本土系表层土壤质地为黏壤土，通体无氧化还原特征，深 25 cm 以下土体有二氧化硅粉末。

利用性能综述 地势起伏，土体深厚，质地适中，有机质含量高。宜做放牧用地，应坚持合理放牧，防止放牧压力过大造成植被破坏，避免水土流失和土壤退化。

参比土种　壤质中层草甸土。

代表性单个土体　位于内蒙古自治区赤峰市克什克腾旗白音查干苏木乌宝力格嘎查，坐标为 43°46′30.06″N，117°29′35.69″E，海拔为 1512 m，丘陵平原中山山间谷地，地形坡度为 2°～5°，母质为坡积物，天然牧草地，草被盖度约 80%，年均气温为 3.4 ℃，年均降水量为 330.7 mm，野外调查采样日期为 2015 年 7 月 7 日，编号 15-018。

乌宝力格系代表性单个土体剖面

Ah：　0～25 cm，棕灰色（7.5YR 4/1，干），黑色（10YR 2/1，润），黏壤土，发育强的中、小棱块状结构，松软，多量根系，向下层平滑清晰过渡。

Bwq1：25～43 cm，灰棕色（7.5YR 4/2，干），黑棕色（10YR 2/2，润），5%岩石碎屑，壤土，发育强的中、小棱块状结构，松软，少量根系，可见二氧化硅粉末，向下层平滑清晰过渡。

Bwq2：43～111 cm，黑棕色（7.5YR 3/2，干），黑棕色（10YR 2/2，润），5%岩石碎屑，壤土，发育强的中、小棱块状结构，松软，少量根系，可见二氧化硅粉末，向下层波状清晰过渡。

BCq：111～150 cm，灰棕色（7.5Y 4/2，干），黑棕色（10YR 3/2，润），30%岩石碎屑，壤土，发育强的中、小棱块状结构，松软，少量根系，可见二氧化硅粉末。

乌宝力格系代表性单个土体物理性质

土层	深度 /cm	砾石 (>2mm，体积分数)/%	细土颗粒组成(粒径：mm)/(g/kg)			质地	容重 /(g/cm^3)
			砂粒 2～0.05	粉粒 0.05～0.002	黏粒 <0.002		
Ah	0～25	0	292	439	269	黏壤土	1.15
Bwq1	25～43	5	300	428	272	壤土	1.21
Bwq2	43～111	5	278	447	274	壤土	1.25
BCq	111～150	30	277	460	263	壤土	1.30

乌宝力格系代表性单个土体化学性质

深度 /cm	pH (H_2O)	有机碳 /(g/kg)	全氮(N) /(g/kg)	全磷(P) /(g/kg)	全钾(K) /(g/kg)	CEC /(cmol/kg)	BS /%
0～25	6.7	36.7	4.1	1.68	25.4	42.7	94
25～43	6.6	24.5	2.66	1.22	25.3	38.4	86
43～111	6.8	25.5	2.9	0.74	25.8	44.6	93
111～150	6.9	11.6	1.34	1.66	29.6	32.5	97

8.4.6 查木罕系（Chamuhan Series）

土 族：黏壤质混合型非酸性冷性-普通暗厚干润均腐土

拟定者：贾树海，王洪志，杜 蒙，张国建，孙仲秀，王秋兵

分布与环境条件 主要分布于内蒙古自治区东部、赤峰市西部的克什克腾旗，地处浑善达克和科尔沁两大沙地的接合部一带，高原坡地，海拔约 1100 m，母质为坡积物，天然牧草地，中温带大陆性季风气候，年均气温为 2～4 ℃，年均降水量为 250～500 mm，年均日照时数为 2600～2900 h，无霜期为 60～150 d。

查木罕系典型景观

土壤性状与特征变幅 诊断层包括暗沃表层和雏形层；诊断特性包括半干润土壤水分状况、冷性土壤温度状况、均腐殖质特性和氧化还原特征。土体厚度 1 m 以上，有机碳含量为 0.1～23.9 g/kg，暗沃表层厚度 65 cm，干态明度 2，润态明度 2，润态彩度 1，pH 为 6.5～7.3，层次质地构型为壤土-壤质砂土，黏粒含量为 80～250 g/kg。

对比土系 乌宝力格系和扎兰屯系，属于同一土族。乌宝力格系表层土壤质地为黏壤土，通体无氧化还原特征，深 25 cm 以下土体有二氧化硅粉末；扎兰屯系表层土壤质地为黏壤土，通体无二氧化硅粉末，中下部有氧化还原特征。而查木罕系表层土壤质地为壤土，土体中部出现二氧化硅粉末，底部有氧化还原特征。

利用性能综述 地势起伏，土体深厚，质地适中，除磷素外，养分含量充足。植被为天然牧草，不宜开垦为农田，宜做放牧用地。应防止过度放牧，避免水土流失和土壤退化。

参比土种 厚层坡积-黄土质灰色森林土。

代表性单个土体 位于内蒙古自治区赤峰市克什克腾旗查木罕，坐标为 43°44′4.34″N，117°28′57.51″E，海拔为 1499 m，高原坡地，坡度小于 3°，母质为坡积物，天然牧草地，草被盖度>80%，年均气温为 3.0 ℃，年均降水量为 354.5 mm，野外调查采样日期为 2015 年 7 月 7 日，编号 15-017。

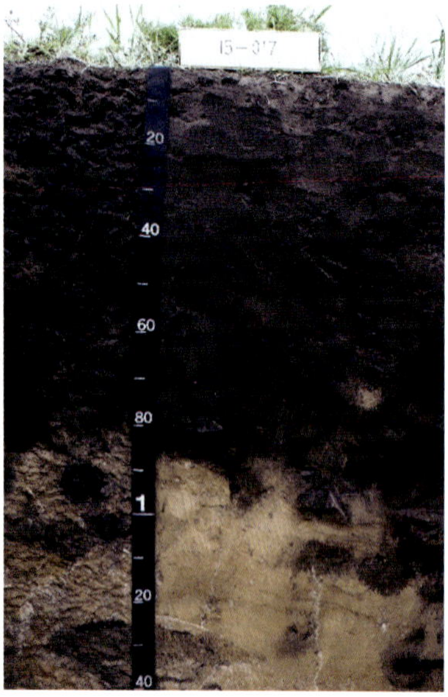

查木罕系代表性单个土体剖面

Ah：0～65 cm，黑色（2.5Y 2/1，干），黑色（2.5Y 2/1，润），壤土，发育强的团粒状结构，疏松，很少量根系，向下层平滑清晰过渡。

Bq：65～90 cm，淡黄色（2.5Y 7/4，干），亮黄棕色（2.5Y 6/6，润），10%～15%岩石碎屑，壤土，发育中等的团粒状结构，极疏松，很少量根系，可见二氧化硅粉末，向下波状清晰过渡。

Br：90～139 cm，浅淡黄色（2.5Y 8/4，干），橄榄棕色（2.5Y 4/6，润），壤质砂土，发育弱的屑粒状结构，松散，可见铁锰斑纹。

查木罕系代表性单个土体物理性质

土层	深度/cm	细土颗粒组成(粒径：mm)/(g/kg)			质地	容重/(g/cm^3)
		砂粒 2～0.05	粉粒 0.05～0.002	黏粒 ＜0.002		
Ah	0～65	374	418	209	壤土	1.37
Bq	65～90	342	411	247	壤土	1.75
Br	90～139	839	81	81	壤质砂土	1.63

查木罕系代表性单个土体化学性质

深度/cm	pH (H_2O)	有机碳/(g/kg)	全氮(N)/(g/kg)	全磷(P)/(g/kg)	全钾(K)/(g/kg)	CEC/(cmol/kg)	BS/%
0～65	7.3	23.9	6.36	1.58	31.2	15.7	92
65～90	6.5	7.6	1.61	0.73	23.5	5.2	86
90～139	7.0	0.1	1.61	0.38	23.9	5.1	82

8.4.7　扎兰屯系（Zhalantun Series）

土　族：黏壤质混合型非酸性冷性-普通暗厚干润均腐土

拟定者：隋跃宇，陈一民，焦晓光，侯　萌

分布与环境条件　主要分布于内蒙古自治区呼伦贝尔市扎兰屯市、阿荣旗、莫力达瓦达斡尔族自治旗、鄂伦春自治旗一带，丘间平地，海拔为 200～400 m，母质为洪-冲积物，旱地，种植大豆，中温带大陆性季风气候，年均气温约 3 ℃，年均降水量约 434 mm，年均日照时数为 2650～2900 h，无霜期为 114～121d。

扎兰屯系典型景观

土壤性状与特征变幅　诊断层有暗沃表层；诊断特性有半干润土壤水分状况、氧化还原特征、冷性土壤温度状况和均腐殖质特性。腐殖质层厚 74 cm，质地为黏壤土-粉质黏壤土，砂粒为 140～300 g/kg，黏粒为 290～400 g/kg。容重介于 1.27～1.58 g/cm^3，pH 为 5.5～6.5。

对比土系　乌宝力格系和查木罕系，属于同一土族。乌宝力格系表层土壤质地为黏壤土，通体无氧化还原特征，深 25 cm 以下土体有二氧化硅粉末；查木罕系表层土壤质地为壤土，土体中部出现二氧化硅粉末，底部有氧化还原特征；而本土系表层土壤质地为黏壤土，通体无二氧化硅粉末，中下部有氧化还原特征。

利用性能综述　地势平坦，土体深厚，结构良好，有较强的蓄水保肥能力；土壤养分除磷素不足外，其他养分基本能满足作物生长发育需要。主要问题是质地偏黏，通透性差，宜耕期短，时有内涝发生；早春因土壤温度低，养分转化慢，不发小苗。应加强基本农田建设，建立排灌体系，增施农家肥，不断培肥地力。

参比土种　薄层壤质草甸黑土。

代表性单个土体　位于内蒙古自治区扎兰屯市惠风川乡胜利村，坐标为 47°31.57′N，122°26.19′E，海拔为 354 m。母质为洪-冲积物，旱地，种植大豆，年均气温为 3.0 ℃，年均降水量为 434.0 mm，野外调查采样日期为 2014 年 9 月 29 日，编号 15-052。

扎兰屯系代表性单个土体剖面

Ap：0～28 cm，黑棕色（10YR 3/2，干），黑棕色（10YR 2/2，润），黏壤土，团粒状结构，疏松，大量细根，少量砾石，向下层波状渐变过渡。

AB：28～74 cm，浊黄棕色（10YR 5/4，干），暗棕色（10YR 3/3，润），黏壤土，块状结构，疏松，少量细根，少量砾石，向下层平滑渐变过渡。

Br：74～126 cm，浊黄棕色（10YR 5/3，干），棕色（10YR 4/4，润），粉质黏壤土，块状结构，疏松，少量砾石，少量锈纹锈斑，向下层平滑渐变过渡。

Cr：126～160 cm，浊黄橙色（10YR 6/4，干），浊黄棕色（10YR 4/6，润），黏壤土，块状结构，坚实，少量砾石，少量锈纹锈斑。

扎兰屯系代表性单个土体物理性质

土层	深度 /cm	砾石 (>2mm，体积分数)/%	细土颗粒组成(粒径：mm)/(g/kg)			质地	容重 /(g/cm³)
			砂粒 2～0.05	粉粒 0.05～0.002	黏粒 <0.002		
Ap	0～28	11	242	408	350	黏壤土	1.27
AB	28～74	11	203	403	394	黏壤土	1.28
Br	74～126	2	146	461	393	粉质黏壤土	1.58
Cr	126～160	10	297	407	296	黏壤土	—

扎兰屯系代表性单个土体化学性质

深度 /cm	pH (H_2O)	有机碳 /(g/kg)	全氮(N) /(g/kg)	全磷(P) /(g/kg)	全钾(K) /(g/kg)	CEC /(cmol/kg)
0～28	6.4	22.9	1.70	0.77	9.4	36.4
28～74	6.5	10.3	0.58	0.60	8.8	30.7
74～126	5.5	7.1	0.44	0.35	9.2	30.3
126～160	5.9	4.0	0.30	0.59	9.5	22.2

8.5　普通简育干润均腐土

8.5.1　白辛系（Baixin Series）

土　族：粗骨壤质混合型非酸性冷性-普通简育干润均腐土

拟定者：焦晓光，隋跃宇，王　耀

分布与环境条件　主要分布于内蒙古自治区呼伦贝尔市扎兰屯市、阿荣旗、莫力达瓦达斡尔族自治旗、鄂伦春自治旗，兴安盟科尔沁右翼前旗、科尔沁右翼中旗一带，低山丘陵，海拔为 400～600 m，母质为砂岩残积物，草地，温带大陆性季风气候，年均气温约 4.4 ℃，年均降水量约 408.6 mm，年均日照时数为 2500～2800 h，无霜期为 125～130 d。

白辛系典型景观

土壤性状与特征变幅　诊断层有暗沃表层；诊断特性有半干润土壤水分状况、冷性土壤温度状况和均腐殖质特性。土体厚度 1m 以上，暗沃表层厚 57 cm，质地为壤土-壤质砂土，砂粒为 30～830 g/kg，黏粒为 9～260 g/kg。容重为 1.30～1.56 g/cm^3，pH 为 6.5～7.3。

对比土系　元恒永系，属于同一亚类不同土族。元恒永系的土族控制层段内颗粒大小级别为壤质，通体有石灰反应。本土系的土族控制层段内颗粒大小级别为粗骨壤质，通体无石灰反应。

利用性能综述　质地偏重，具有较强的蓄水保肥能力，但坡度大，不宜辟为耕地。利用应以林为主，加强森林保护，防止滥伐，严禁开荒；对现有坡度较大的耕地，要退耕还林，恢复植被；对坡度较缓的耕地实行等高种植，采取挖水平沟等水保工程措施。

参比土种　厚层壤质砂底残积物暗棕壤。

代表性单个土体　位于内蒙古自治区乌兰浩特市科尔沁右翼前旗白辛乡团结村七队屯东北，坐标为 45°53.73′N，121°29.90′E，海拔为 482 m，母质为砂岩残积物，草地，植被为羊草、藜科植物等，年均气温为 4.4 ℃，年均降水量为 408.6 mm，野外调查采样日期为 2015 年 7 月 7 日，编号 15-067。

白辛系代表性单个土体剖面

Ah：0～17 cm，浊黄棕色（10YR 5/4，干），暗棕色（10YR 3/3，润），壤土，团块状结构，稍坚实，中量细根，3%砾石，向下层平滑渐变过渡。

AB：17～57 cm，浊黄棕色（10YR 4/3，干），暗棕色（10YR 3/3，润），壤土，块状结构，坚实，中量细根，少量砾石，向下层平滑渐变过渡。

BC：57～90 cm，浊黄棕色（10YR 5/4，干），浊黄棕色（10YR 4/3，润），壤土，团块状结构，疏松，很少量细根，少量砾石，向下层波状渐变过渡。

C1：90～120 cm，浊黄橙色（10YR 7/3，干），黄棕色（10YR 5/6，润），粉土，块状结构，疏松，少量砾石，向下层平滑渐变过渡。

C2：120～150 cm，浊黄橙色（10YR 7/3，干），黄棕色（10YR 5/6，润），壤质砂土，大量砾石。

白辛系代表性单个土体物理性质

土层	深度 /cm	砾石 (>2mm，体积分数)/%	细土颗粒组成(粒径：mm)/(g/kg)			质地	容重 /(g/cm³)
			砂粒 2～0.05	粉粒 0.05～0.002	黏粒 <0.002		
Ah	0～17	3	429	321	250	壤土	1.39
AB	17～57	6	390	357	253	壤土	1.33
BC	57～90	10	483	337	180	壤土	1.30
C1	90～120	15	37	924	39	粉土	1.56
C2	120～150	55	828	163	9	壤质砂土	—

白辛系代表性单个土体化学性质

深度 /cm	pH (H_2O)	有机碳 /(g/kg)	全氮(N) /(g/kg)	全磷(P) /(g/kg)	全钾(K) /(g/kg)	CEC /(cmol/kg)
0～17	6.5	14.0	1.54	0.87	20.5	22.4
17～57	7.0	13.8	1.44	0.81	18.0	25.3
57～90	7.2	5.5	0.66	0.76	17.8	15.3
90～120	7.2	1.5	0.28	0.91	17.9	10.3
120～150	7.3	0.6	0.18	1.28	17.3	6.4

8.5.2 索伦系（Suolun Series）

土 族：黏壤质盖粗骨砂质混合型非酸性冷性-普通简育干润均腐土

拟定者：隋跃宇，陈一民，王 耀

分布与环境条件 主要分布于内蒙古自治区兴安盟科尔沁右翼前旗、乌兰浩特市一带，丘陵低山山坡的中上部，海拔为 400～600 m，母质为洪积物，旱地，种植玉米，温带大陆性季风气候，年均气温约 2.1 ℃，年均降水量约 406.9 mm，年均日照时数为 2500～2800 h，无霜期约 114 d。

索伦系典型景观

土壤性状与特征变幅 本土系的诊断层有暗沃表层；诊断特性有均腐殖质特性、冷性土壤温度状况和半干润土壤水分状况。土体厚度 1 m 以上，上部细土层厚度不足 50 cm，Rh 为 0.37～0.39，C/N 为 9.7～10.7， pH 为 6.2～6.7，层次质地构型为黏壤土-砂质壤土，砂粒含量为 270～800 g/kg，底土层砾石含量为 60%～70%，暗沃表层厚度为 48～52 cm，有机碳含量为 8～27 g/kg。

对比土系 乌罕达巴系，属于同一亚类不同土族。乌罕达巴系为二元母质，剖面具有准石质接触面，土族控制层段内颗粒大小级别为壤质盖粗骨质。本土系的母质为洪积物，土壤颗粒更细，土族控制层段内颗粒大小级别为黏壤质盖粗骨砂质。

利用性能综述 土层浅薄，土体上部肥沃，深 50 cm 以下存在砂砾层，易漏水漏肥，应注意加强水肥管理。

参比土种　壤质砂砾底中层草甸土。

代表性单个土体　位于内蒙古自治区兴安盟科尔沁右翼前旗索伦镇中心小学正北，坐标为 46°37.96′N，121°6.78′E，海拔为 504 m，成土母质为洪积物，旱地，种植玉米，年均气温为 2.1 ℃，年均降水量为 406.9 mm，野外调查采样日期为 2015 年 7 月 8 日，编号 15-072。

索伦系代表性单个土体剖面

Ap：0～20 cm，暗棕色（10YR 3/3，干），黑棕色（10YR 2/3，润），黏壤土，团粒状结构，疏松，大量细根，少量砾石，向下层波状模糊过渡。

AB：20～48 cm，浊黄棕色（10YR 4/3，干），黑棕色（10YR 3/2，润），黏壤土，团块状结构，疏松，中量细根，少量砾石，向下层平滑清晰过渡。

C：48～65 cm，黄棕色（10YR 5/6，干），棕色（10YR 4/6，润），砂质壤土，大量砾石。

索伦系代表性单个土体物理性质

土层	深度/cm	砾石(>2mm，体积分数)/%	细土颗粒组成(粒径：mm)/(g/kg)			质地	容重/(g/cm³)
			砂粒 2～0.05	粉粒 0.05～0.002	黏粒 <0.002		
Ap	0～20	1	278	402	320	黏壤土	1.22
AB	20～48	10	309	385	306	黏壤土	1.50
C	48～65	65	796	23	181	砂质壤土	—

索伦系代表性单个土体化学性质

深度/cm	pH(H_2O)	有机碳/(g/kg)	全氮(N)/(g/kg)	全磷(P)/(g/kg)	全钾(K)/(g/kg)	CEC/(cmol/kg)
0～20	6.2	26.8	2.51	0.49	13.4	29.9
20～48	6.4	21.6	2.01	0.47	12.5	28.6
48～65	6.7	8.5	0.88	0.27	12.4	13.4

8.5.3 白音敖包系（Baiyin’aobao Series）

土 族：黏壤质混合型石灰性冷性-普通简育干润均腐土
拟定者：韩春兰，王英杰，付小梅，刘金宝，李鑫蕊

分布与环境条件 主要分布于内蒙古自治区赤峰市北部一带，平原，海拔为 394～1736 m，母质为冲积物，旱地，年均气温约 4.8 ℃，年均降水量为 310～400 mm，年均日照时数约 3000 h，无霜期为 110～130 d。

白音敖包系典型景观

土壤性状与特征变幅 诊断层包括暗沃表层；诊断特性包括半干润土壤水分状况、冷性土壤温度状况、均腐殖质特性和石灰性。土体厚度 1 m 以上，暗沃表层厚度为 36 cm，Rh 为 0.33，C/N 为 5.1～12.5，干态明度 4，润态明度 3，润态彩度 2～3，有机碳含量为 2.0～11.0 g/kg，容重为 1.23～1.60 g/cm^3，pH 为 8.3～8.8，层次质地构型为粉质黏壤土-粉壤土-壤土-砂质壤土，砂粒含量为 120～670 g/kg。

对比土系 哈新山系和可汗山系，属于同一土族。哈新山系暗沃表层厚 112 cm，土族控制层段内土壤以粉粒为主，砂粒含量很少，深 110 cm 以下砾石含量较高；可汗山系暗沃表层厚 35 cm，土族控制层段内土壤以砂粒为主，粉粒较少，通体砾石含量较少。本土系暗沃表层厚 36 cm，土族控制层段内土壤以粉粒为主，砂粒含量较少，深 70 cm 以下砾石含量较高。

利用性能综述 地势平坦，土层较厚，土温较低。秋收后地表裸露，应注意采取秸秆还田等措施增加地表覆盖，防止水土流失。

参比土种　壤质淤草甸暗栗钙土。

代表性单个土体　位于内蒙古自治区赤峰市巴林右旗巴彦琥硕镇白音敖包村，坐标为43°54′48.80″N，118°33′47.25″E，海拔为964 m，平原，母质为冲积物，耕地，种植玉米，年均气温为4.8 ℃，年均降水量为352.7 mm，野外调查采样日期为2015年10月9日，编号15-170。

白音敖包系代表性单个土体剖面

Ap：0～23 cm，棕色（10YR 4/4，干），暗棕色（10YR 3/3，润），2%砾石，粉质黏壤土，块状结构，松软，少量根系，向下层平滑模糊过渡。

Ah：23～36 cm，棕色（10YR 4/4，干），黑棕色（10YR 3/2，润），5%砾石，粉质黏壤土，块状结构，松软，少量根系，向下层平滑清晰过渡。

Bk1：36～65 cm，浊黄棕色（10YR 6/4，干），浊黄棕色（10YR 5/4，润），5%砾石，粉壤土，块状结构，松软，少量根系，可见假菌丝体，强石灰反应，向下层平滑清晰过渡。

Bk2：65～72 cm，浊黄棕色（10YR 7/6，干），亮黄棕色（10YR 6/6，润），15%砾石，壤土，块状结构，松软，少量根系，可见假菌丝体，强石灰反应，向下层平滑清晰过渡。

BCk：72～112 cm，亮黄棕色（10YR 7/4，干），亮黄棕色（10YR 6/6，润），25%砾石，壤土，块状结构，松散，少量根系， 可见假菌丝体，强石灰反应，向下层平滑清晰过渡。

Ck1：112～138 cm，亮黄棕色（10YR 7/4，干），亮黄棕色（10YR 6/6，润），30%砾石，砂质壤土，松散，可见假菌丝体，中度石灰反应，向下层平滑模糊过渡。

Ck2：138～158 cm，亮黄棕色（10YR 7/4，干），亮黄棕色（10YR 6/6，润），砂质壤土，松软，可见假菌丝体，强石灰反应。

白音敖包系代表性单个土体物理性质

土层	深度 /cm	砾石 (>2mm，体积分数)/%	细土颗粒组成(粒径：mm)/(g/kg)			质地	容重 /(g/cm^3)
			砂粒 2～0.05	粉粒 0.05～0.002	黏粒 ＜0.002		
Ap	0～23	2	160	562	278	粉质黏壤土	1.49
Ah	23～36	5	120	580	300	粉质黏壤土	1.39
Bk1	36～65	5	176	579	245	粉壤土	1.23
Bk2	65～72	15	272	472	256	壤土	1.41
BCk	72～112	25	300	460	240	壤土	1.60
Ck1	112～138	30	670	240	90	砂质壤土	1.33
Ck2	138～158	0	660	230	110	砂质壤土	1.33

白音敖包系代表性单个土体化学性质

深度 /cm	pH (H_2O)	有机碳 /(g/kg)	全氮(N) /(g/kg)	全磷(P) /(g/kg)	全钾(K) /(g/kg)	CEC /(cmol/kg)	$CaCO_3$ /(g/kg)	BS /%
0～23	8.3	10.4	1.19	1.06	26.0	25.1	23.4	94
23～36	8.3	9.8	1.69	0.70	31.3	25.1	24.0	92
36～65	8.4	7.9	0.14	3.06	31.1	24.0	23.7	88
65～72	8.5	3.6	0.41	0.38	31.6	23.0	24.3	89
72～112	8.8	2.7	2.45	0.69	30.4	22.0	31.0	88
112～138	8.7	3.0	0.24	0.31	28.2	22.3	22.5	89
138～158	8.3	2.6	0.61	1.00	25.2	20.0	23.1	93

8.5.4 哈新山系（Haxinshan Series）

土　族：黏壤质混合型石灰性冷性-普通简育干润均腐土

拟定者：韩春兰，王英杰，付小梅，刘金宝，李鑫蕊

分布与环境条件　主要分布于内蒙古自治区赤峰市克什克腾旗，地处浑善达克和科尔沁两大沙地接合部一带的火山口地区，平均海拔约 1100 m，母质为火山碎屑物，天然牧草地，中温带大陆性季风气候，年均气温为 2～4 ℃，年均降水量为 250～500 m，年均日照时数为 2600～2900 h，无霜期为 60～150 d。

哈新山系典型景观

土壤性状与特征变幅　诊断层包括暗沃表层；诊断特性包括半干润土壤水分状况、冷性土壤温度状况和均腐殖质特性。土体厚度 1 m 以上，暗沃表层厚度 25 cm，Rh 为 0.25～0.28，C/N 为 8.4～10.9，干态明度 2，润态明度 3，润态彩度 1，有机碳含量为 4.0～34.0 g/kg，容重为 1.02～1.34 g/cm^3，pH 为 6.7～7.0，层次质地构型为黏土-粉质黏壤土，黏粒含量为 310～605 g/kg。

对比土系　白音敖包系和可汗山系，属于同一土族。白音敖包系暗沃表层厚 36 cm，土族控制层段内土壤以粉粒为主，砂粒含量较少，深 70 cm 以下砾石含量较高；可汗山系暗沃表层厚 35 cm，土族控制层段内土壤以砂粒为主，粉粒较少，通体砾石含量较少。本土系暗沃表层厚 112 cm，土族控制层段内土壤以粉粒为主，砂粒含量很少，深 110 cm 以下砾石含量较高。

利用性能综述　土层深厚，养分含量较高。应划区轮牧，防止过牧引起草场沙化或退化。

对植被稀疏地块进行轮封轮牧，恢复植被，防止水土流失。

参比土种　壤质黄土质淋溶黑钙土。

代表性单个土体　位于内蒙古自治区赤峰市克什克腾旗哈新山乡，坐标为43°29′59.44″N，116°49′26.20″E，海拔为1495 m，火山口，地形坡度20°，母质为火山碎屑物，天然草地，草被盖度约40%，年均气温为2.9 ℃，年均降水量为322.6 mm，野外调查采样日期为2015年7月8日，编号15-022。

Oi：　+1～0 cm，枯枝落叶层。

Ahk1：0～25 cm，黑棕色（10YR 2/2，干），黑棕色（10YR 3/1，润），黏土，块状结构，松散，中量根系，强石灰反应，向下层平滑渐变过渡。

Ahk2：25～76 cm，黑棕色（10YR 3/1，干），黑棕色（10YR 3/2，润），粉质黏壤土，块状结构，松散，少量根系，中度石灰反应，向下层平滑渐变过渡。

2Ahk：76～112 cm，暗棕色（10YR 3/3，干），黑棕色（10YR 2/3，润），5%岩石碎屑，粉质黏壤土，块状结构，松软，少量根系，强石灰反应，向下层波状突变过渡。

BC：　112～150 cm，浊黄棕色（10Y4/3，干），棕色（10YR4/4，润），30%岩石碎屑，粉质黏壤土，块状结构，松软，少量根系，弱石灰反应。

哈新山系代表性单个土体剖面

哈新山系代表性单个土体物理性质

土层	深度/cm	砾石(>2mm，体积分数)/%	细土颗粒组成(粒径：mm)/(g/kg)			质地	容重/(g/cm^3)
			砂粒 2～0.05	粉粒 0.05～0.002	黏粒 ＜0.002		
Ahk1	0～25	0	9	389	601	黏土	1.02
Ahk2	25～76	0	2	687	312	粉质黏壤土	1.14
2Ahk	76～112	5	3	630	367	粉质黏壤土	1.21
BC	112～150	30	26	622	352	粉质黏壤土	1.34

哈新山系代表性单个土体化学性质

深度/cm	pH(H_2O)	有机碳/(g/kg)	全氮(N)/(g/kg)	全磷(P)/(g/kg)	全钾(K)/(g/kg)	CEC/(cmol/kg)	$CaCO_3$/(g/kg)	BS/%
0～25	6.7	34.0	3.20	1.22	25.2	54.7	107.7	90
25～76	6.8	22.6	2.08	1.28	29.5	38.8	80.1	92
76～112	6.7	12.7	1.49	0.96	31.1	35.2	122.8	96
112～150	7.0	4.7	0.56	0.66	28.4	27.7	46.7	90

8.5.5 可汗山系（Kehanshan Series）

土　族：黏壤质混合型石灰性冷性-普通简育干润均腐土

拟定者：贾树海，王洪志，杜　蒙，张国建，孙仲秀，王秋兵

分布与环境条件　主要分布于内蒙古自治区通辽市科尔沁草原腹地，略起伏丘陵，海拔为 870～1100 m，母质为黄土状物质，天然牧草地，半干旱大陆性季风气候，年均气温约 1.5 ℃，年均降水量约 358 mm，年均日照时数约 2920 h，无霜期约 139 d。

可汗山系典型景观

土壤性状与特征变幅　诊断层包括暗沃表层；诊断特性包括半干润土壤水分状况、冷性土壤温度状况、均腐殖质特性和石灰性。土体厚度 1 m 以上，暗沃表层厚度 35 cm，Rh 为 0.25，C/N 为 12.8～15.6，通体存在石灰反应，有机碳含量为 7.3～14.7 g/kg，容重为 1.65～1.75 g/cm^3，pH 为 7.7～8.2，层次质地构型为粉壤土-砂质黏壤土，砂粒含量为 330～590 g/kg。

对比土系　白音敖包系和哈新山系，属于同一土族。白音敖包系暗沃表层厚 36 cm，土族控制层段内土壤以粉粒为主，砂粒含量较少，深 70 cm 以下砾石含量较高；哈新山系暗沃表层厚 112 cm，土族控制层段内土壤以粉粒为主，砂粒含量很少，深 110 cm 以下砾石含量较高。本土系暗沃表层厚 35 cm，土族控制层段内土壤以砂粒为主，粉粒较少，通体砾石含量较少。

利用性能综述　地势起伏，土层深厚，腐殖质层薄，干时坚硬，透水性好，保水保肥性能差。植被为天然牧草，利用方向应以牧业为主，防止过度放牧引起草场沙化或退化。

围封和人工种草相结合，保持土地生产力。

参比土种　壤质厚层暗栗钙土。

代表性单个土体　位于内蒙古自治区霍林郭勒市可汗山，坐标为 45°37′20.00″N，119°35′23.40″E，海拔为 956 m，略起伏丘陵，坡度小于 3°，母质为黄土状物质，天然牧草地，草被盖度 55%，年均气温为 1.5 ℃，年均降水量为 358.0 mm，野外调查采样日期为 2015 年 7 月 26 日，编号 15-102。

Ahk：0～35 cm，灰黄棕色（10YR 5/2，干），黑棕色（10YR 3/2，润），3%岩石碎屑，粉壤土，发育强的团块状结构，疏松，大量根系，中度石灰反应，向下层平滑清晰过渡。

Bk1：35～107 cm，灰黄棕色（10YR 4/2，干），棕灰色（10YR 4/1，润），3%岩石碎屑，砂质黏壤土，发育强的团块状结构，疏松，少量根系，中度石灰反应，向下层平滑波状过渡。

Bk2：107～134 cm，棕色（10YR 4/4，干），浊黄棕色（10YR 4/3，润），很少量根系，砂质黏壤土，发育强的团块状结构，少量根系，中度石灰反应，向下层平滑波状过渡。

BCk：134～182 cm，棕色（10YR 4/4，干），浊黄棕色（10YR 4/3，润），10%岩石碎屑，砂质黏壤土，发育弱的团块状结构，很少量根系，可见假菌丝体，中度石灰反应。

可汗山系代表性单个土体剖面

可汗山系代表性单个土体物理性质

土层	深度/cm	砾石(>2mm，体积分数)/%	细土颗粒组成(粒径：mm)/(g/kg) 砂粒 2～0.05	粉粒 0.05～0.002	黏粒 <0.002	质地	容重/(g/cm³)
Ahk	0～35	3	332	568	100	粉壤土	1.74
Bk1	35～107	3	581	163	256	砂质黏壤土	1.65
Bk2	107～134	0	565	203	232	砂质黏壤土	1.68
BCk	134～182	10	459	205	337	砂质黏壤土	1.75

可汗山系代表性单个土体化学性质

深度/cm	pH (H_2O)	有机碳/(g/kg)	全氮(N)/(g/kg)	全磷(P)/(g/kg)	全钾(K)/(g/kg)	CEC/(cmol/kg)	$CaCO_3$/(g/kg)
0～35	7.7	14.7	0.84	0.48	21.3	42.7	56.2
35～107	7.8	9.2	0.53	0.37	21.4	23.6	46.7
107～134	8.1	7.4	0.36	0.40	20.5	20.8	45.2
134～182	8.2	7.3	0.37	0.36	20.3	19.9	56.1

8.5.6 乌罕达巴系（Wuhandaba Series）

土　族：壤质盖粗骨质混合型非酸性冷性-普通简育干润均腐土

拟定者：贾树海，王洪志，杜　蒙，张国建，孙仲秀，王秋兵

分布与环境条件 主要分布于内蒙古自治区通辽市北部地区，地处科尔沁草原腹地一带，山地，海拔为870～1100 m，二元母质，上部为风积物，下部为坡残积物，天然牧草地，中温带半干旱季风气候，年均气温约2.5 ℃，年均降水量约373.4 mm，年均日照时数约2883 h，无霜期约139 d。

乌罕达巴系典型景观

土壤性状与特征变幅 诊断层包括暗沃表层；诊断特性包括准石质接触面、半干润土壤水分状况、冷性土壤温度状况和均腐殖质特性。土体厚度1 m以上，Rh为0.35～0.39，C/N为6.2～14.2，pH为6.1～6.6，层次质地构型为壤土-砂质壤土，黏粒含量为80～130 g/kg，暗沃表层厚度为40～45 cm，干态明度为2～3，润态明度3，润态彩度1，有机碳含量为6.8～37.0 g/kg。

对比土系 索伦系，属于同一亚类不同土族。索伦系的母质为洪积物，土壤颗粒更细，土族控制层段内颗粒大小级别为黏壤质盖粗骨砂质。本土系为二元母质，剖面具有准石质接触面，土族控制层段内颗粒大小级别为壤质盖粗骨质。

利用性能综述 坡度较大，土层深厚，养分较高，易产生风蚀沙化和水土流失。应以牧业利用为主，划区轮牧，控制草场载畜量，对已退化的草场要封境育草，注意生态保护。

参比土种 壤质砂砾底中层草甸土。

代表性单个土体 位于内蒙古自治区霍林郭勒市乌罕达巴，坐标为 45°20′20.70″N，119°49′17.95″E，海拔为 1007 m，山地坡中下部，二元母质，上部为风积物，下部为坡残积物，天然牧草地，植被覆盖度>95%，年均气温为 2.5 ℃，年均降水量为 373.4 mm，野外调查采样日期为 2015 年 7 月 26 日，编号 15-104。

Ah：0～21 cm，橄榄黑色(5Y 3/2，干)，橄榄黑色(5Y 3/1，润)，壤土，发育强的团粒状结构，疏松，大量根系，向下层平滑清晰过渡。

AB：21～42 cm，橄榄黑色（5Y 2/2，干），橄榄黑色（5Y 3/1，润），壤土，发育强的团粒状结构，疏松，中量根系，向下层平滑清晰过渡。

2BC：42～82 cm，黄棕色（2.5Y 5/4，干），橄榄棕色（2.5Y 4/4，润），50%岩石碎屑，砂质壤土，发育中等的团块状结构，疏松，少量根系，向下平滑清晰过渡。

2C：82～100 cm，淡黄色（2.5Y 7/3，干），灰黄色(2.5Y 7/2，润)，70%岩石碎屑，砂质壤土，粒状结构。

乌罕达巴系代表性单个土体剖面

乌罕达巴系代表性单个土体物理性质

土层	深度/cm	砾石(>2mm，体积分数)/%	细土颗粒组成(粒径：mm)/(g/kg)			质地	容重/(g/cm^3)
			砂粒 2～0.05	粉粒 0.05～0.002	黏粒 <0.002		
Ah	0～21	0	492	381	127	壤土	1.39
AB	21～42	0	495	421	84	壤土	1.61
2BC	42～82	50	530	346	124	砂质壤土	1.62
2C	82～100	70	636	283	81	砂质壤土	1.75

乌罕达巴系代表性单个土体化学性质

深度/cm	pH (H_2O)	有机碳/(g/kg)	全氮(N)/(g/kg)	全磷(P)/(g/kg)	全钾(K)/(g/kg)	CEC/(cmol/kg)	BS/%
0～21	6.1	37.0	2.61	1.53	32.2	34.6	86
21～42	6.1	29.1	2.54	1.15	30.4	32.2	80
42～82	6.5	9.2	1.00	0.55	25.0	22.4	88
82～100	6.6	6.8	1.10	0.41	26.1	5.5	85

8.5.7　宝昌系（Baochang Series）

土　族：壤质混合型石灰性冷性-普通简育干润均腐土

拟定者：韩春兰，王英杰，付小梅，刘金宝，李鑫蕊

分布与环境条件　主要分布于内蒙古自治区锡林郭勒盟太仆寺旗宝昌镇一带，山地，海拔为 1300～1800 m，二元母质，上部为黄土状物质，下部为冲积物，天然牧草地，温带亚干旱大陆性季风气候，年均气温约 2.7 ℃，年均降水量约 365.9 mm，年均日照时数约 2800 h，无霜期约 100 d。

宝昌系典型景观

土壤性状与特征变幅　诊断层包括暗沃表层；诊断特性包括半干润土壤水分状况、冷性土壤温度状况、氧化还原特征、均腐殖质特性和石灰性。土体厚度 1 m 以上，暗沃表层厚度 17 cm，干态明度 4，润态明度 3，润态彩度 2，通体存在石灰反应，深 51 cm 以下出现氧化还原特征，Rh 为 0.23～0.26，C/N 为 9.0～11.7，pH 为 8.1～8.6，层次质地构型为粉壤土-壤质砂土，砂粒含量为 135～751 g/kg，有机碳含量为 0.9～17.9 g/kg，容重为 1.17～1.55 g/cm^3，碳酸钙含量为 30.6～50.5 g/kg。

对比土系　元恒永系，属于同一土族。元恒永系的母质为黄土坡积物，暗沃表层较厚（厚度为 32 cm）。本土系为二元母质，上部为黄土状物质，下部为冲积物，暗沃表层较薄（厚度为 17 cm）。

利用性能综述　土层较厚，干时坚硬，透水性好，保水保肥性能差，表层土壤较肥沃，深层土壤养分含量低。利用方向以牧业为主，应搞好草原建设和管理，保护好天然草原，

增加覆盖度和产草量；坚持用养结合，逐步改良土壤。

参比土种 砂质底壤质石灰性草甸土。

代表性单个土体 位于内蒙古自治区锡林郭勒盟太仆寺旗宝昌镇保胜村，坐标为41°57′58.71″N，115°16′38.03″E，海拔为1504 m，山地，地势起伏，二元母质，上部为黄土状物质，下部为冲积物，天然草地，草被盖度约85%，年均气温为2.7 ℃，年均降水量为365.9 mm，野外调查采样日期为2015年8月2日，编号15-150。

宝昌系代表性单个土体剖面

Ahk：0～17 cm，灰黄棕色（10YR 4/2，干），黑棕色（10YR 3/2，润），粉壤土，发育强的中、小棱块状结构，松软，少量根系，强石灰反应，向下层波状模糊过渡。

ABk：17～51 cm，灰黄棕色（10YR 4/2，干），黑棕色（10YR 3/2，润），粉壤土，发育强的中、小棱块状结构，稍坚硬，少量根系，可见假菌丝体，强石灰反应，向下层平滑清晰过渡。

Brk1：51～87 cm，灰黄棕色（10YR 5/2，干），黑棕色（10YR 2/3，润），粉壤土，发育强的中、小棱块状结构，稍坚硬，少量根系，可见碳酸钙粉末和锈纹锈斑，轻度石灰反应，向下层波状清晰过渡。

Brk2：87～112 cm，浊黄橙色（10YR 7/3，干），浊黄棕色（10YR 5/4，润），壤质砂土，发育强的中、小棱块状结构，稍坚硬，轻度石灰反应，可见碳酸钙粉末和锈纹锈斑。

宝昌系代表性单个土体物理性质

土层	深度 /cm	细土颗粒组成(粒径：mm)/(g/kg) 砂粒 2～0.05	粉粒 0.05～0.002	黏粒 <0.002	质地	容重 /(g/cm^3)
Ahk	0～17	135	675	190	粉壤土	1.25
ABk	17～51	163	651	187	粉壤土	1.17
Brk1	51～87	189	681	130	粉壤土	1.41
Brk2	87～112	751	195	55	壤质砂土	1.55

宝昌系代表性单个土体化学性质

深度 /cm	pH (H_2O)	有机碳 /(g/kg)	全氮(N) /(g/kg)	全磷(P) /(g/kg)	全钾(K) /(g/kg)	CEC /(cmol/kg)	$CaCO_3$ /(g/kg)
0～17	8.6	17.9	1.64	1.31	28.6	29.3	48.6
17～51	8.5	17.5	1.50	1.36	23.1	29.2	50.5
51～87	8.1	7.8	0.80	0.95	27.7	26.0	49.4
87～112	8.3	0.9	0.10	0.42	28.8	10.0	30.6

8.5.8　元恒永系（Yuanhengyong Series）

土　族：壤质混合型石灰性冷性-普通简育干润均腐土

拟定者：边振兴，高建飞，孙　雪，刚　晨

分布与环境条件　主要分布于内蒙古自治区包头市固阳县大庙乡一带，高原坡地中下部，海拔为 1240～2321 m，母质为坡积物，旱地，中温带半干旱大陆性季风气候，年均气温为 2～5 ℃，年均降水量为 225～375 mm，年均日照时数约 3130 h，无霜期为 120～155 d。

元恒永系典型景观

土壤性状与特征变幅　诊断层包括暗沃表层和雏形层；诊断特性包括冷性土壤温度状况、半干润土壤水分状况、均腐殖质特性和石灰性。土体厚度 1 m 以上，Rh 为 0.20～0.23，C/N 为 9.6～17.0，通体有石灰反应，pH 为 8.2～8.3，层次质地构型为粉壤土-壤土-壤质砂土，粉粒含量为 160～790 g/kg，暗沃表层厚度为 60～70 cm，有机碳含量为 1.7～24.7 g/kg，碳酸钙含量为 27.6～41.1 g/kg。

对比土系　宝昌系，属于同一土族。宝昌系为二元母质，上部为黄土状物质，下部为冲积物，暗沃表层较薄（厚度为 17 cm）。本土系的母质为黄土坡积物，暗沃表层较厚（厚度为 32 cm）。

利用性能综述　土层较厚，透水性强，保水保肥能力差，养分含量较高，易受风蚀，易干旱，作物产量不高。应抗旱保墒，培肥土壤，营造防风林，防风固沙。

参比土种 壤质砂砾底坡积黄土质栗钙土。

代表性单个土体 位于内蒙古自治区包头市固阳县大庙乡元恒永，坐标为 41°5′18″N，110°37′38″E，海拔为 1940 m，高原坡地中下部，母质为黄土坡积物，耕地，种植莜麦，年均气温为 4.8 ℃，年均降水量为 288.4 mm，野外调查采样日期为 2015 年 9 月 27 日，编号 15-121。

Apk：0～32 cm，灰黄棕色（10YR 5/2，干），黑棕色（10YR 3/2，润），粉壤土，发育中等的团粒状结构，疏松，大量根系，轻度石灰反应，向下层平滑突变过渡。

ABk：32～70 cm，灰黄棕色（10YR 5/2，干），灰黄棕色（10YR 4/2，润），粉壤土，发育中等的棱块状结构，稍坚实，大量根系，轻度石灰反应，向下不规则渐变过渡。

Bk：70～90 cm，浊黄橙色（10YR 6/3，干），浊黄棕色（10YR 5/3，润），粉壤土，发育弱的小棱块结构，坚实，少量根系，轻度石灰反应，向下层平滑渐变过渡。

BCk：90～112 cm，浊黄橙色（10YR 6/3，干），浊黄棕色（10YR 5/3，润），2%～5%岩石碎屑，壤土，松散，少量根系，轻度石灰反应。

Ck1：112～137 cm，浊黄橙色（10YR 7/3，干），灰黄棕色（10YR 6/2，润），15%～40%岩石碎屑，壤质砂土，松散，轻度石灰反应，平滑边界向下渐变过渡。

元恒永系代表性单个土体剖面

Ck2：137～180 cm，浊黄橙色（10YR 7/4，干），灰黄棕色（10YR 5/2，润），粉壤土，松软，少量根系，中度石灰反应。

元恒永系代表性单个土体物理性质

土层	深度/cm	细土颗粒组成(粒径：mm)/(g/kg)			质地	容重/(g/cm³)
		砂粒 2～0.05	粉粒 0.05～0.002	黏粒 <0.002		
Apk	0～32	136	783	81	粉壤土	1.21
ABk	32～70	151	768	81	粉壤土	1.22
Bk	70～90	184	776	40	粉壤土	1.36
BCk	90～112	365	514	121	壤土	1.55
Ck1	112～137	753	167	80	壤质砂土	1.70
Ck2	137～180	380	583	37	粉壤土	1.52

元恒永系代表性单个土体化学性质

深度/cm	pH (H_2O)	有机碳/(g/kg)	全氮(N)/(g/kg)	全磷(P)/(g/kg)	全钾(K)/(g/kg)	CEC/(cmol/kg)	$CaCO_3$/(g/kg)	BS/%
0～32	8.3	23.7	2.01	0.65	5.6	30.1	34.4	46
32～70	8.3	24.7	2.56	0.66	10.6	30.5	38.0	53
70～90	8.2	16.0	1.00	0.39	8.4	29.6	41.1	24
90～112	8.2	10.8	1.00	0.39	7.6	6.1	30.3	93
112～137	8.2	2.6	0.14	0.22	8.8	25.6	27.6	87
137～180	8.3	1.7	0.14	0.26	6.8	14.1	28.1	74

8.6　斑纹简育湿润均腐土

8.6.1　巴彦查干系（Bayanchagan Series）

土　族：砂质硅质混合型非酸性冷性-斑纹简育湿润均腐土

拟定者：贾树海，王洪志，杜　蒙，张国建，孙仲秀，王秋兵

分布与环境条件　主要分布于内蒙古自治区赤峰市阿鲁科尔沁旗一带，起伏丘陵，平均海拔约 430 m，母质为风积物，林地，温带半干旱大陆性季风气候，年均气温约 5.5 ℃，年均降水量为 300～400 mm，年均日照时数为 2767～3034 h，无霜期为 95～140 d。

巴彦查干系典型景观

土壤性状与特征变幅　诊断层包括暗沃表层；诊断特性包括湿润土壤水分状况、冷性土壤温度状况、氧化还原特征、均腐殖质特性和石灰性。土体厚度 1 m 以上，暗沃表层厚度为 50～55 cm，深 53 cm 之下存在石灰反应，并出现氧化还原特征， Rh 为 0.16～0.19，C/N 为 13.8～17.9，pH 为 7.2～7.4，层次质地构型为黏土-砂质黏壤土-砂壤土，砂粒含量为 342～817 g/kg，有机碳含量为 2.5～18.3 g/kg，容重为 1.32～1.61 g/cm^3，碳酸钙含量为 0～30 g/kg。

对比土系　雅尔根楚系和汉古尔河系，属于同一亚类不同土族。雅尔根楚系的土族控制层段内颗粒大小级别为黏质；汉古尔河系的土族控制层段内颗粒大小级别为黏壤质。本土系的土族控制层段内颗粒大小级别为砂质。

利用性能综述 土层较厚，质地偏黏，具有较强的蓄水保肥能力。应加强森林保护，防止滥伐，严禁开荒，保护生态，防止水土流失和土壤退化。

参比土种 林灌草甸土。

代表性单个土体 位于内蒙古自治区赤峰市阿鲁科尔沁旗巴彦查干，坐标为44°49′40.65″N，119°40′3.54″E，海拔为 471 m，起伏丘陵，坡中下部，母质为风积物，林地，年均气温为 5.5 ℃，年均降水量为 350 mm，野外调查采样日期为 2015 年 7 月 3 日，编号 15-007。

巴彦查干系代表性单个土体剖面

Ah1：0～11 cm，黑棕色（10YR 2/3，润），黑色（2.5Y 2/1，干），黏土，发育中等的团粒状结构，疏松，大量根系，向下层平滑清晰过渡。

Ah2：11～53 cm，暗棕色（10YR 3/4，润），黑棕色（2.5Y 3/1，干），砂质黏壤土，发育中等的团粒状结构，疏松，大量根系，向下层波状清晰过渡。

Bkr：53～92 cm，浊黄橙色（10YR 7/4，润），浊黄橙色（10YR 7/3，干），砂质黏壤土，发育中等的屑粒状结构，疏松，少量根系，少量锈纹锈斑，中度石灰反应，向下层平滑清晰过渡。

Ckr：92～123 cm，浊黄棕色（10YR 5/4，润），浊黄橙色（10YR 6/3，干），砂壤土，无结构，极疏松，少量根系，少量锈纹锈斑，强石灰反应。

巴彦查干系代表性单个土体物理性质

土层	深度 /cm	细土颗粒组成 (g/kg) (粒径：mm)			质地	容重 /(g/cm³)
		砂粒 2～0.05	粉粒 0.05～0.002	黏粒 < 0.002		
Ah1	0～11	342	51	607	黏土	1.32
Ah2	11～53	630	120	250	砂质黏壤土	1.53
Bkr	53～92	608	122	270	砂质黏壤土	1.60
Ckr	92～123	817	40	143	砂壤土	1.61

巴彦查干系代表性单个土体化学性质

深度 /cm	pH (H_2O)	有机碳 /(g/kg)	全氮(N) /(g/kg)	全磷(P) /(g/kg)	全钾(K) /(g/kg)	CEC /(cmol/kg)	$CaCO_3$ / (g/kg)	BS /%
0～11	7.4	18.3	1.21	2.45	28.57	38.63	0	96
11～53	7.3	16.4	1.19	2.63	27.67	19.67	4	93
53～92	7.2	2.7	0.16	0.87	26.08	17.58	20	93
92～123	7.4	2.5	0.14	0.82	27.32	13.85	30	94

8.6.2 雅尔根楚系（Ya’ergenchu Series）

土 族：黏质混合型非酸性冷性-斑纹简育湿润均腐土
拟定者：焦晓光，侯 萌，隋跃宇

分布与环境条件 主要分布于内蒙古自治区呼伦贝尔市扎兰屯市、兴安盟科尔沁右翼前旗、锡林郭勒盟多伦县一带，河谷阶地，海拔为 200～400 m，母质为冲-洪积物，旱地，种植大豆，中温带大陆性季风气候，年均气温约 2.9 ℃，年均降水量约 442.3 mm，年均日照时数为 2650～2900 h，无霜期约 110 d。

雅尔根楚系典型景观

土壤性状与特征变幅 本土系的诊断层有暗沃表层；诊断特性有潮湿土壤水分状况、冷性土壤温度状况、均腐殖质特性和氧化还原特征。土体厚度 1 m 以上，Rh 为 0.28～0.32，C/N 为 10.2～13.8，pH 为 5.3～7.0，层次质地构型为壤土-粉质黏土，黏粒含量为 250～490 g/kg，暗沃表层厚度为 50～65 cm，有机碳含量为 10.4～25.9 g/kg。

对比土系 巴彦查干系和汉古尔河系，属于同一亚类不同土族。巴彦查干系的土族控制层段内颗粒大小级别为砂质；汉古尔河系的土族控制层段内颗粒大小级别为黏壤质。本土系的土族控制层段内颗粒大小级别为黏质。

利用性能综述 地势平坦，土体深厚，质地黏重，养分含量丰富，保水保肥能力强，低洼易涝，春季土温低，应注意排水防涝。

参比土种 黏质中层草甸土。

代表性单个土体　位于内蒙古自治区扎兰屯市雅尔根楚乡水甸沟，坐标为 47°43.26′N，122°36.31′E，海拔为 301 m，河谷阶地，母质为冲-洪积物，旱田，种植大豆，年均气温为 2.9 ℃，年均降水量为 442.3 mm，野外调查采样时期为 2014 年 9 月 29 日，编号 15-053。

雅尔根楚系代表性单个土体剖面

Apr：0～21 cm，灰黄棕色（10YR 4/2，干），黑棕色（10YR 3/1，润），壤土，团粒状结构，疏松，大量细根，少量锈纹锈斑，向下层平滑渐变过渡。

Ahr：21～60 cm，棕灰色（10YR 4/1，干），黑棕色（10YR 3/1，润），粉质黏土，块状结构，坚实，中量细根，土体内垂直方向有裂隙，中量锈纹锈斑，向下层不规则渐变过渡。

Br：60～91 cm，黄棕色（10YR 5/6，干），浊黄棕色（10YR 4/3，润），粉质黏土，块状结构，坚实，少量细根，土体内垂直方向有裂隙，中量锈纹锈斑，向下层不规则渐变过渡。

Cr：91～135 cm，黄棕色（10YR 5/6，干），浊黄棕色（10YR 5/4，润），粉质黏土，块状结构，坚实，土体内有垂直方向的裂隙，中量锈纹锈斑。

雅尔根楚系代表性单个土体物理性质

土层	深度 /cm	细土颗粒组成(粒径：mm)/(g/kg)			质地	容重 /(g/cm³)
		砂粒 2～0.05	粉粒 0.05～0.002	黏粒 <0.002		
Apr	0～21	266	475	259	壤土	1.23
Ahr	21～60	135	413	452	粉质黏土	1.37
Br	60～91	137	422	441	粉质黏土	1.48
Cr	91～135	34	480	486	粉质黏土	1.45

雅尔根楚系代表性单个土体化学性质

深度 /cm	pH (H_2O)	有机碳 /(g/kg)	全氮(N) /(g/kg)	全磷(P) /(g/kg)	全钾(K) /(g/kg)	CEC /(cmol/kg)
0～21	5.3	25.9	1.88	0.73	8.8	32.7
21～60	7.0	13.7	0.64	0.32	13.3	36.0
60～91	6.4	11.4	0.50	0.32	12.1	33.0
91～135	6.5	10.4	0.46	0.40	10.4	34.4

8.6.3 汉古尔河系 (Hangu’erhe Series)

土 族：黏壤质混合型非酸性冷性-斑纹简育湿润均腐土

拟定者：焦晓光，隋跃宇，陈一民

分布与环境条件 主要分布于内蒙古自治区莫力达瓦达斡尔族自治旗嫩江右岸，冲积平原，海拔为 150～300 m，母质为河湖相沉积物，旱地，种植玉米，中温带大陆性季风气候，年均气温约 2.7 ℃，年均降水量为 400～500 mm，年均日照时数为 2500～2800 h，无霜期约 115 d。

汉古尔河系典型景观

土壤性状与特征变幅 诊断层有暗沃表层；诊断特性有湿润土壤水分状况、冷性土壤温度状况和均腐殖质特性。土体厚度 1 m 以上，Rh 为 0.32～0.35，C/N 为 9.3～10.2，pH 为 6.1～6.8，层次质地构型为黏壤土-砂质壤土，黏粒含量为 100～290 g/kg，暗沃表层厚度为 35～40 cm，有机碳含量为 3.7～12.2 g/kg。

对比土系 巴彦查干系和雅尔根楚系，属于同一亚类不同土族。巴彦查干系的土族控制层段内颗粒大小级别为砂质；雅尔根楚系的土族控制层段内颗粒大小级别为黏质。本土系的土族控制层段内颗粒大小级别为黏壤质。

利用性能综述 地势平坦，土体深厚，质地较黏，养分含量丰富，保水保肥能力强。

参比土种 洪冲积草甸黑土。

代表性单个土体 位于内蒙古自治区莫力达瓦达斡尔族自治旗汉古尔河镇额尔根浅村，

坐标为 48°18.68′N，124°27.73′E，海拔为 191 m，冲积平原，母质为河湖相沉积物，旱地，种植玉米，年均气温为 2.7 ℃，年均降水量为 466.2 mm，野外调查采样日期为 2016 年 7 月 29 日，编号 15-088。

汉古尔河系代表性单个土体剖面

Apr：0～19 cm，浊黄棕色（10YR 5/3，干），暗棕色（10YR 3/3，润），黏壤土，团粒状结构，稍坚实，大量细根系，少量铁锰结核，向下层波状渐变过渡。

Ahr：19～38 cm，浊黄棕色（10YR 5/3，干），黑棕色（10YR 2/3，润），黏壤土，团粒状结构，稍坚实，中量细根，少量铁锰结核，向下层平滑渐变过渡。

Br：38～62 cm，灰黄棕色（10YR 5/2，干），黑棕色（10YR 3/2，润），黏壤土，核块状结构，坚实，中量细根，少量铁锰结核，大量锈纹锈斑，少量砾石，向下层波状渐变过渡。

BCr：62～94 cm，浊黄棕色（10YR 5/3，干），黑棕色（10YR 3/2，润），黏壤土，块状结构，坚实，少量细根，少量铁锰结核，少量锈纹锈斑，少量砾石，向下层波状渐变过渡。

C：94～130 cm，黄棕色（10YR 5/6，干），棕色（10YR 4/6，润），砂质壤土，少量砾石。

汉古尔河系代表性单个土体物理性质

土层	深度 /cm	砾石 (>2mm，体积分数)/%	细土颗粒组成(粒径：mm)/(g/kg)			质地	容重 /(g/cm^3)
			砂粒 2～0.05	粉粒 0.05～0.002	黏粒 ＜0.002		
Apr	0～19	1	331	394	275	黏壤土	1.54
Ahr	19～38	1	312	409	279	黏壤土	1.34
Br	38～62	3	281	432	287	黏壤土	1.24
BCr	62～94	3	208	511	281	黏壤土	1.39
C	94～130	3	593	300	107	砂质壤土	—

汉古尔河系代表性单个土体化学性质

深度 /cm	pH (H_2O)	有机碳 /(g/kg)	全氮(N) /(g/kg)	全磷(P) /(g/kg)	全钾(K) /(g/kg)	CEC /(cmol/kg)
0～19	6.8	12.2	1.22	0.52	12.3	38.4
19～38	6.1	10.7	1.05	0.34	12.5	34.3
38～62	6.8	7.7	0.81	0.36	14.7	37.6
62～94	6.6	3.7	0.40	0.17	8.3	38.6
94～130	—	—	—	—	—	—

8.6.4 朱尔圪岱系（Zhuerqidai Series）

土 族：壤质混合型石灰性冷性-斑纹简育湿润均腐土

拟定者：边振兴，高建飞，孙 雪，刚 晨

分布与环境条件 主要分布于内蒙古中南部地区的土默特右旗一带，冲积平原，海拔为 970～1000 m，母质为冲积物，旱地，大陆性半干旱季风气候，年均气温约 6.1 ℃，年均降水量约 320.2 mm，年均日照时数约 3095 h，无霜期约 135 d。

朱尔圪岱系典型景观

土壤性状与特征变幅 诊断层包括暗沃表层；诊断特性包括潮湿土壤水分状况、冷性土壤温度状况、氧化还原特征、均腐殖质特性和石灰性。土体厚度 1 m 以上，暗沃表层厚度为 40～45 cm，干态明度 5，润态明度 3，润态彩度 2，通体存在石灰反应，深 51 cm 以下出现氧化还原特征，Rh 为 0.14～0.17，C/N 为 10.3～18.3，pH 为 8.0～8.1，层次质地构型为粉土-粉壤土，砂粒含量为 24～412 g/kg，有机碳含量为 4.3～26.0 g/kg，容重为 1.27～1.67 g/cm^3，碳酸钙含量为 48.3～58.6 g/kg。

对比土系 巴彦查干系、雅尔根楚系和汉古尔河系，属于同一亚类不同土族。巴彦查干系的土族控制层段内颗粒大小级别为砂质，为非酸性；汉古尔河系的土族控制层段内颗粒大小级别为黏壤质，为非酸性；雅尔根楚系的土族控制层段内颗粒大小级别为黏质，为非酸性。本土系的土族控制层段内颗粒大小级别为壤质，为石灰性。

利用性能综述 地势平坦，土层较厚，透水性好，土壤较肥沃。植被为玉米，应注意合理施肥；采取多施有机肥、秸秆还田等措施，加大耕层厚度，提高土壤基础肥力。

参比土种　壤质石灰性草甸土。

代表性单个土体　位于内蒙古自治区包头市土默特右旗朱尔圪岱村，坐标为40°32′35.44″N，110°26′43.12″E，海拔为976 m，冲积平原，母质为冲积物，耕地，种植玉米，年均气温为6.1 ℃，年均降水量为320.2 mm，野外调查采样日期为2015年10月1日，编号15-133。

朱尔圪岱系代表性单个土体剖面

Apk：0～25 cm，浊黄棕色（10YR 5/3，干），黑棕色（10YR 3/2，润），粉土，发育强的小团粒状结构，疏松，大量根系，强石灰反应，向下层平滑渐变过渡。

Ahk：25～43 cm，浊黄棕色（10YR 5/4，干），浊黄棕色（10YR 4/3，润），粉土，发育强的小团粒状结构，疏松，大量根系，强石灰反应，向下层平滑清晰过渡。

Bk：43～64 cm，浊黄橙色（10YR 6/4，干），浊黄棕色（10YR 4/3，润），粉土，发育中等的团粒状结构，稍坚实，中量根系，强石灰反应，向下层平滑清晰过渡。

BCkr：64～82 cm，浊黄橙色（10YR 6/4，干），浊黄棕色（10YR 5/3，润），粉土，发育强的片状结构，稍坚硬，中量根系，少量锈纹锈斑，强石灰反应，向下层平滑清晰过渡。

Ckr：82～105 cm，浊黄橙色（10YR 6/4，干），浊黄棕色（10YR 5/4，润），粉壤土，松散，少量根系，少量锈纹锈斑，强石灰反应，向下层平滑清晰过渡。

2Ahk：105～120 cm，浊黄橙色（10YR 6/4，干），浊黄棕色（10YR 5/4，润），粉土，发育中等的小棱块状结构，稍坚硬，极少量根系，强石灰反应。

朱尔圪岱系代表性单个土体物理性质

土层	深度 /cm	细土颗粒组成(粒径：mm)/(g/kg)			质地	容重 /(g/cm^3)
		砂粒 2～0.05	粉粒 0.05～0.002	黏粒 <0.002		
Apk	0～25	27	885	88	粉土	1.55
Ahk	25～43	30	930	41	粉土	1.57
Bk	43～64	52	867	81	粉土	1.44
BCkr	64～82	114	804	82	粉土	1.27
Ckr	82～105	412	548	40	粉壤土	1.31
2Ahk	105～120	24	935	41	粉土	1.67

朱尔圪岱系代表性单个土体化学性质

深度 /cm	pH (H_2O)	有机碳 /(g/kg)	全氮(N) /(g/kg)	全磷(P) /(g/kg)	全钾(K) /(g/kg)	CEC /(cmol/kg)	$CaCO_3$ /(g/kg)	BS /%
0～25	8.1	13.7	2.33	0.40	8.5	22.2	54.6	88
25～43	8.0	26.0	0.08	0.32	26.6	28.0	51.0	84
43～64	8.1	22.2	0.21	0.35	15.5	31.1	58.6	84
64～82	8.0	5.1	0.13	0.26	26.8	29.8	48.3	83
82～105	8.1	4.8	0.03	0.32	27.2	19.1	51.0	87
105～120	8.1	4.3	1.86	0.38	29.7	36.0	55.0	81

8.7　普通简育湿润均腐土

8.7.1　鄂伦春系（Elunchun Series）

土　族：粗骨壤质混合型非酸性寒性-普通简育湿润均腐土

拟定者：隋跃宇，王　耀，焦晓光

分布与环境条件　主要分布于内蒙古自治区阿荣旗、莫力达瓦达斡尔族自治旗、鄂伦春自治旗，兴安盟科尔沁右翼前旗、科尔沁右翼中旗一带，中低山及平缓丘陵（漫岗），海拔为 250～400 m，母质为坡积物，林地，中温带季风气候，年均气温约 0 ℃，年均降水量约 496.4 mm，年均日照时数为 3000～3200 h，无霜期为 75～85 d。

鄂伦春系典型景观

土壤性状与特征变幅　本土系的诊断层有暗沃表层；诊断特性有湿润土壤水分状况、寒性土壤温度状况和均腐殖质特性。土体厚度 1 m 以上，暗沃表层厚度为 44～46 cm，Rh 为 0.28～0.32，C/N 为 13.1～14.0，pH 为 5.8～7.2，层次质地构型为壤土-粉质壤土-黏土，砂粒含量为 220～300 g/kg，有机碳含量为 7.8～45.4 g/kg，容重为 1.28～1.57 g/cm^3。

对比土系　尼尔基系和古里系，属于同一亚类不同土族。尼尔基系的土族控制层段内颗粒大小级别为黏质；古里系具有准石质接触面，土族控制层段内颗粒大小级别为黏壤质。本土系的土族控制层段内颗粒大小级别为粗骨壤质。

利用性能综述　地势起伏，土层深厚，具有较强的蓄水保肥能力。应加强森林保护，防止滥伐，严禁开荒，注意生态保护，防止水土流失和土壤退化。

参比土种 中体壤质石质暗棕壤。

代表性单个土体 位于内蒙古自治区呼伦贝尔市鄂伦春自治旗宜里镇马鞍山村二队北，坐标为 49°31.31′N，124°16.33′E，海拔为 325 m，成土母质为坡积物，林地，植被为蒙古栎、榛子等灌木，年均气温为 0 ℃，年均降水量为 496.4 mm，野外调查采样日期为 2014 年 10 月 6 日，编号 15-063。

Ah：0～45 cm，暗棕色（10YR 3/3，干），黑棕色（10YR 2/3，润），壤土，团粒状结构，疏松，大量根系，中量砾石，向下层波状渐变过渡。

AB：45～93 cm，暗棕色（10YR 3/3，干），黑棕色（10YR 2/2，润），粉质壤土，团粒状结构，稍坚实，中量细根，中量砾石，向下层波状渐变过渡。

BC：93～120 cm，黄棕色（10YR 5/6，干），棕色（10YR 4/6，润），黏土，块状结构，坚实，少量细根，大量砾石。

鄂伦春系代表性单个土体剖面

鄂伦春系代表性单个土体物理性质

土层	深度 /cm	砾石 (>2mm，体积分数)/%	细土颗粒组成(粒径：mm)/(g/kg)			质地	容重 /(g/cm^3)
			砂粒 2～0.05	粉粒 0.05～0.002	黏粒 <0.002		
Ah	0～45	21	298	452	250	壤土	1.31
AB	45～93	31	231	611	158	粉质壤土	1.28
BC	93～120	40	222	373	405	黏土	1.57

鄂伦春系代表性单个土体化学性质

深度 /cm	pH (H_2O)	有机碳 /(g/kg)	全氮(N) /(g/kg)	全磷(P) /(g/kg)	全钾(K) /(g/kg)	CEC /(cmol/kg)
0～45	7.2	45.4	3.47	0.78	10.8	46.8
45～93	5.8	15.3	0.97	0.50	11.0	30.2
93～120	6.5	7.8	0.56	0.29	11.6	35.6

8.7.2　尼尔基系（Ni'erji Series）

土　族：黏质混合型非酸性冷性-普通简育湿润均腐土
拟定者：隋跃宇，陈一民，焦晓光，王　耀

分布与环境条件　主要分布于内蒙古自治区呼伦贝尔市莫力达瓦达斡尔族自治旗、阿荣旗、鄂伦春自治旗一带，低山陡坡、丘陵的坡顶及中部，海拔为 200～450 m，母质为坡积物，林地，中温带大陆性季风气候，年均气温约 2.3 ℃，年均降水量为 400～500mm，年均日照时数为 2500～2800 h，无霜期约 115 d。

尼尔基系典型景观

土壤性状与特征变幅　本土系的诊断层有暗沃表层；诊断特性有湿润土壤水分状况、冷性土壤温度状况和均腐殖质特性。土体厚度不足 1 m，暗沃表层厚度为 38～42 cm，Rh 为 0.25～0.27，C/N 为 10.1～11.2，pH 为 5.7～6.1，层次质地构型为黏壤土，砂粒含量为 270～300 g/kg，有机碳含量为 15.0～23.0 g/kg，容重为 1.25～1.45 g/cm^3。

对比土系　鄂伦春系和古里系，属于同一亚类不同土族。鄂伦春系的土族控制层段内颗粒大小级别为粗骨壤质；古里系具有准石质接触面，土族控制层段内颗粒大小级别为黏壤质。本土系的土族控制层段内颗粒大小级别为黏质。

利用性能综述　地势起伏，土层深厚。应加强森林保护，防止滥伐，严禁开荒，注意生态保护，防止出现水土流失和土壤退化问题。

参比土种　厚层壤质坡积暗棕壤。

代表性单个土体　位于内蒙古自治区呼伦贝尔市莫力达瓦达斡尔族自治旗尼尔基镇北，坐标为 48°29.54′N，124°23.35′E，海拔为 282 m，低山坡地，成土母质为坡积物，森林，植被为杨树、白桦、柞树等乔灌混交林，年均气温为 2.3 ℃，年均降水量为 473.6 mm，野外调查采样日期为 2016 年 7 月 28 日，编号 15-087。

Oi：+2～0 cm，浊黄棕色（10YR 5/3，干），黑棕色（10YR 3/2，润），疏松，大量细根，向下平滑清晰过渡。

Ah：0～40 cm，灰黄棕色（10YR 4/2，干），黑棕色（10YR 3/2，润），黏壤土，团粒状结构，稍坚实，中量细根，少量砾石，向下波状清晰过渡。

AB：40～59 cm，浊黄棕色（10YR 5/3，干），暗棕色（10YR 3/3，润），黏壤土，块状结构，稍坚实，中量细根，中量砾石，向下不规则模糊过渡。

BC：59～89 cm，浊黄棕色（10YR 5/4，干），棕色（10YR 4/6，润），黏壤土，坚实，少量细根，中量砾石。

尼尔基系代表性单个土体剖面

尼尔基系代表性单个土体物理性质

土层	深度/cm	砾石(>2mm，体积分数)/%	细土颗粒组成(粒径：mm)/(g/kg)			质地	容重/(g/cm^3)
			砂粒 2～0.05	粉粒 0.05～0.002	黏粒 <0.002		
Oi	+2～0	—	—	—	—	—	—
Ah	0～40	5	294	364	342	黏壤土	1.33
AB	40～59	15	273	357	370	黏壤土	1.25
BC	59～89	20	279	336	385	黏壤土	1.45

尼尔基系代表性单个土体化学性质

深度/cm	pH(H_2O)	有机碳/(g/kg)	全氮(N)/(g/kg)	全磷(P)/(g/kg)	全钾(K)/(g/kg)	CEC/(cmol/kg)	$CaCO_3$/(g/kg)
0～40	5.7	23.0	2.05	0.57	11.1	38.9	14.30
40～59	6.1	19.0	1.70	0.59	11.8	38.3	20.18
59～89	6.0	15.0	1.48	0.31	10.5	39.6	22.32

8.7.3 古里系（Guli Series）

土　族：黏壤质混合型非酸性寒性-普通简育湿润均腐土
拟定者：隋跃宇

分布与环境条件 主要分布于内蒙古自治区呼伦贝尔市鄂伦春自治旗一带，低山，海拔介于 200～800 m，母质为片麻岩风化残积物，旱地，寒温带半湿润大陆性季风气候，年均气温约–0.1 ℃，年均降水量为 450～500 mm，年均日照时数为 2439～2750 h，无霜期为 62～115 d。

古里系典型景观

土壤性状与特征变幅 诊断层包括暗沃表层；诊断特性包括准石质接触面、湿润土壤水分状况、寒性土壤温度状况和均腐殖质特性。土体厚度 80 cm 左右，之下为岩石碎屑，有机碳含量为 21.0～50.0 g/kg，暗沃表层厚度 40 cm，干态明度 3，润态明度 2，润态彩度 3，Rh 为 0.23～0.26，C/N 为 11.1～12.5，pH 为 6.0～6.2，层次质地构型为黏壤土-粉质黏壤土-黏土，黏粒含量为 300～410 g/kg，砾石含量为 7%～80%。

对比土系 鄂伦春系和尼尔基系，属于同一亚类不同土族。鄂伦春系的土族控制层段内颗粒大小级别为粗骨壤质；尼尔基系的土族控制层段内颗粒大小级别为黏质。本土系具有准石质接触面，土族控制层段内颗粒大小级别为黏壤质。

利用性能综述 地势平坦，土体较薄，砾石较多，养分含量较高。秋收后地表盖度低，应科学管理，用养结合，培肥地力。

参比土种　砂砾底壤质草甸暗棕壤。

代表性单个土体　位于内蒙古自治区呼伦贝尔市鄂伦春自治旗古里乡，坐标为 50°05′46.02″N，125°00′34.98″E，海拔为 325 m，低山，母质为片麻岩风化残积物，旱地，种植大豆，年均气温为–0.1 ℃，年均降水量为 496.9 mm，野外调查采样日期为 2014 年 10 月 5 日，编号 15-062。

Ap：0～15 cm，黑棕色（10YR 3/2，干），黑棕色（10YR 2/3，润），12%砾石，黏壤土，团粒状结构，疏松，中量根系，向下层平滑清晰过渡。

Ah：15～40 cm，黑棕色（10YR 3/2，干），黑棕色（10YR 2/3，润），7%砾石，粉质黏壤土，块状结构，疏松，少量根系，向下层平滑清晰过渡。

Bw：40～75 cm，黑棕色（10YR 3/2，干），黑棕色（10YR 2/3，润），15%砾石，黏土，块状结构，疏松，很少的根系，向下层波状清晰过渡。

C：　75～85 cm，80%砾石。

古里系代表性单个土体剖面

古里系代表性单个土体物理性质

土层	深度/cm	砾石(>2mm，体积分数)/%	细土颗粒组成(粒径：mm)/(g/kg)			质地	容重/(g/cm³)
			砂粒 2～0.05	粉粒 0.05～0.002	黏粒 <0.002		
Ap	0～15	12	272	422	306	黏壤土	0.82
Ah	15～40	7	164	468	368	粉质黏壤土	1.21
Bw	40～75	15	196	396	408	黏土	1.10
C	75～85	80	—	—	—	—	—

古里系代表性单个土体化学性质

深度/cm	pH (H_2O)	有机碳/(g/kg)	全氮(N)/(g/kg)	全磷(P)/(g/kg)	全钾(K)/(g/kg)	CEC/(cmol/kg)
0～15	6.2	49.3	3.93	1.41	8.0	55.8
15～40	6.2	32.2	2.90	1.72	10.6	51.5
40～75	6.0	21.9	1.84	1.46	10.8	54.2
75～85	—	—	—	—	—	—

8.7.4 巴仁太本系（Barentaiben Series）

土　族：壤质盖粗骨质混合型石灰性冷性-普通简育湿润均腐土

拟定者：隋跃宇

分布与环境条件　主要分布于内蒙古自治区兴安盟科尔沁右翼中旗一带，平原，海拔为150～1800 m，母质为冲积物，旱地，温带大陆性干旱季风气候，年均气温约 6.4 ℃，年均降水量约 396.3 mm，年均日照时数为 2580～2901 h，无霜期为 90～105 d。

巴仁太本系典型景观

土壤性状与特征变幅　诊断层包括暗沃表层；诊断特性包括潮湿土壤水分状况、冷性土壤温度状况和均腐殖质特性。土体厚度 1 m 以上，暗沃表层厚 70 cm，Rh 为 0.35，C/N 为 6.5～10.1，深 12 cm 以下具有石灰反应，有机碳含量为 1.3～11.1 g/kg，容重为 1.28～1.61 g/cm^3，pH 为 8.1～8.8，层次质地构型为砂质黏壤土-壤土-砂质壤土-砂土，砂粒含量介于 440～900 g/kg，砾石含量为 0～85%。

对比土系　鄂伦春系、尼尔基系和古里系，属于同一亚类不同土族。鄂伦春系的土族控制层段内颗粒大小级别为粗骨壤质；尼尔基系的土族控制层段内颗粒大小级别为黏质；古里系具有准石质接触面，土族控制层段内颗粒大小级别为黏壤质。本土系的土族控制层段内颗粒大小级别为壤质盖粗骨质，有石灰性。

利用性能综述　地势平坦，土层较薄，表层土壤较肥沃，深层土壤养分含量低，土体中夹杂着少量的砾石。应增施有机肥，加厚耕作层，注意耕作保墒，以弥补土壤缺水。

参比土种 中层壤质石灰性草甸土。

代表性单个土体 位于内蒙古自治区兴安盟科尔沁右翼中旗巴仁太本苏木，坐标为44°55′0.48″N，121°39′34.20″E，海拔为220 m，平原，母质为冲积物，旱地，种植向日葵，年均气温为6.4 ℃，年均降水量为396.3 mm，野外调查采样日期为2015年7月6日，编号15-066。

巴仁太本系代表性单个土体剖面

Ap： 0～12 cm，灰黄棕色（10YR 4/2，干），黑棕色（10YR 3/2，润），砂质黏壤土，发育中等的小粒状结构，疏松，中量根系，向下层平滑清晰过渡。

ABk1：12～34 cm，灰黄棕色（10YR 4/2，干），黑棕色（10YR 3/1，润），壤土，块状结构，坚实，少量根系，中度石灰反应，向下层平滑渐变过渡。

ABk2：34～50 cm，灰黄棕色（10YR 4/2，干），黑棕色（10YR 3/2，润），4%砾石，壤土，发育中等的中块状结构，疏松，很少的根系，中度石灰反应，向下层平滑清晰过渡。

BCkr：50～70 cm，灰黄棕色（10YR 5/2，干），棕灰色（10YR 4/1，润），30%砾石，砂质壤土，发育弱的小块状结构，疏松，很少的根系，中度石灰反应向下层波状清晰过渡。

C： 70～85 cm，85%砾石，砂土，单粒，松散，中量根系。

巴仁太本系代表性单个土体物理性质

土层	深度/cm	砾石(>2mm，体积分数)/%	细土颗粒组成(粒径：mm)/(g/kg)			质地	容重/(g/cm^3)
			砂粒 2～0.05	粉粒 0.05～0.002	黏粒 <0.002		
Ap	0～12	0	476	292	232	砂质黏壤土	1.28
ABk1	12～34	0	447	331	222	壤土	1.61
ABk2	34～50	4	481	339	180	壤土	1.49
BCkr	50～70	30	511	319	171	砂质壤土	1.47
C	70～85	85	891	15	94	砂土	—

巴仁太本系代表性单个土体化学性质

深度/cm	pH(H_2O)	有机碳/(g/kg)	全氮(N)/(g/kg)	全磷(P)/(g/kg)	全钾(K)/(g/kg)	CEC/(cmol/kg)	$CaCO_3$/(g/kg)
0～12	8.1	11.1	1.10	0.28	9.6	15.9	29.0
12～34	8.4	10.1	1.20	0.24	17.8	18.9	32.5
34～50	8.4	7.4	0.80	0.14	11.9	13.4	28.6
50～70	8.5	7.9	0.90	0.19	11.9	13.7	27.5
70～85	8.8	1.3	0.20	0.05	9.9	3.0	30.0

第9章　淋　溶　土

9.1　斑纹简育冷凉淋溶土

9.1.1　大青山系（Daqingshan Series）

土　族：砂质混合型石灰性-斑纹简育冷凉淋溶土

拟定者：王秋兵，孙福军，孙仲秀

分布与环境条件　主要分布于内蒙古自治区呼和浩特市武川县一带，高原，平均海拔1700 m，母质为新近纪红土，水浇地，中温带半干旱大陆性季风气候，年均气温约3.7 ℃，年均降水量约302 mm，年均日照时数约2890 h，无霜期约124 d。

大青山系典型景观

土壤性状与特征变幅　诊断层包括黏化层；诊断特性包括半干润土壤水分状况、冷性土壤温度状况、氧化还原特征、铁质特性和石灰性。土体厚度1 m以上，黏化层厚度约27 cm，黏化层黏粒含量约441 g/kg，深37 cm以下存在氧化还原特征，土壤基质色调为2.5YR～5YR，通体有机碳含量为2.0～11.0 g/kg，pH为8.1～8.4，层次质地构型为砂质壤土-砂质黏土-砂质黏壤土-壤质砂土，砂粒含量为475～805 g/kg。

对比土系　浩尧尔音系，属于同一土类不同亚类。浩尧尔音系无氧化还原特征，土族控制层段内颗粒大小级别为黏壤质。本土系具有氧化还原特征，土族控制层段内颗粒大小级别为砂质。

利用性能综述 略起伏丘陵，土层深厚，土壤中砂粒含量高，养分含量低。应通过增施有机肥等措施培肥地力。

参比土种 壤质淋溶灰褐土。

代表性单个土体 位于内蒙古自治区呼和浩特市武川县大青山乡西窑子村，坐标为 41°02′15.30″N，111°28′43″E，海拔为 1726 m，略起伏丘陵，母质为新近纪红土，水浇地，种植莜麦，年均气温为 3.7 ℃，年均降水量为 302.0 mm，野外调查采样日期为 2015 年 9 月 27 日，编号 15-116。

Ahk： 0～37 cm，红棕色（5YR 4/8，干），暗红棕色（5YR 3/6，润），砂质壤土，发育强的团粒状结构，极疏松，少量根系，中度石灰反应，向下层平滑清晰过渡。

Btkr1：37～64 cm，红棕色（2.5YR 4/6，干），暗红棕色（2.5YR 3/6，润），砂质黏土，发育强的团粒状结构，疏松，少量根系，可见铁锰胶膜和黏粒胶膜，中度石灰反应，向下层平滑渐变过渡。

Btkr2：64～87 cm，暗红棕色（2.5YR 3/4，干），暗红棕色（2.5YR 3/6，润），砂质黏壤土，发育中等的团块状结构，疏松，很少量根系，可见铁锰胶膜和黏粒胶膜，中度石灰反应，向下层平滑渐变过渡。

大青山系代表性单个土体剖面

BCkr：87～130 cm，暗红棕色（2.5YR 3/6，干），浊红棕色（2.5YR 4/4，润），2%～5%岩石碎屑，砂质黏壤土，发育中等的团块状结构，疏松，很少量根系，可见铁胶膜，中度石灰反应，向下层平滑渐变过渡。

Ckr： 130～148 cm，暗红棕色（2.5YR 3/6，干），暗红棕色（2.5YR 3/4，润），5%～10%岩石碎屑，壤质砂土，块状结构，极疏松，很少量根系，少量锈纹锈斑，中度石灰反应。

大青山系代表性单个土体物理性质

土层	深度/cm	细土颗粒组成(粒径：mm)/(g/kg)			质地	容重/(g/cm^3)
		砂粒 2～0.05	粉粒 0.05～0.002	黏粒 <0.002		
Ahk	0～37	684	203	114	砂质壤土	1.63
Btkr1	37～64	476	82	441	砂质黏土	1.76
Btkr2	64～87	608	163	230	砂质黏壤土	1.65
BCkr	87～130	575	122	303	砂质黏壤土	1.68
Ckr	130～148	805	85	110	壤质砂土	1.55

大青山系代表性单个土体化学性质

深度 /cm	pH (H_2O)	有机碳 /(g/kg)	全氮(N) /(g/kg)	全磷(P) /(g/kg)	全钾(K) /(g/kg)	CEC /(cmol/kg)	$CaCO_3$ /(g/kg)
0～37	8.4	10.2	0.80	0.78	22.4	33.4	41.2
37～64	8.1	9.1	0.22	0.62	21.0	31.4	41.6
64～87	8.1	4.9	0.22	0.55	23.2	31.2	42.0
87～130	8.1	2.1	0.22	0.57	22.6	26.4	43.0
130～148	8.1	2.6	0.16	0.45	23.7	23.0	40.0

9.2　普通简育冷凉淋溶土

9.2.1　浩尧尔音系（Haoyao'eryin Series）

土　族：黏壤质混合型石灰性-普通简育冷凉淋溶土

拟定者：孙福军，潘　瑶，蒋卓东，曾　鸣

分布与环境条件　主要分布于内蒙古自治区锡林郭勒盟正镶白旗一带，高原，海拔为 1200～1400 m，母质为黄土状坡积物，天然牧草地，中温带干旱大陆性季风气候，年均气温约 2.9 ℃，年均降水量约 311.1 mm，年均日照时数约 2889 h，无霜期为 110～130 d。

浩尧尔音系典型景观

土壤性状与特征变幅　诊断层包括淡薄表层和黏化层；诊断特性包括半干润土壤水分状况、冷性土壤温度状况和钙积现象、铁质特性。土体厚度 1 m 以上，淡薄表层以下为黏化层，厚度约 51 cm，黏化层黏粒含量约 271 g/kg，强石灰反应，通体有机碳含量为 1.0～19.0 g/kg，pH 为 8.2～9.4，层次质地构型为粉质壤土-粉质黏壤土，黏粒含量为 140～280 g/kg。

对比土系　大青山系，属于同一土类不同亚类。大青山系具有氧化还原特征，土族控制层段内颗粒大小级别为砂质。本土系无氧化还原特征，土族控制层段内颗粒大小级别为黏壤质。

利用性能综述　地势起伏，土层深厚，土壤黏重，植被盖度低，干旱缺水。应封境育草，保护生态。若放牧，应严格控制放牧强度，对植被稀疏地块进行轮封轮牧，恢复植被，也可在封闭地上人工种植优良牧草。

参比土种　薄层黄土质暗栗钙土。

代表性单个土体　位于内蒙古自治区锡林郭勒盟正镶白旗浩尧尔音敖包，坐标为42°17′07.60″N，114°46′39.50″E，海拔为 1277 m，高原，母质为黄土状坡积物，天然牧草地，草被盖度为 40%～50%，年均气温为 2.9 ℃，年均降水量为 311.1 mm，野外调查采样日期为 2015 年 8 月 2 日，编号 15-153。

浩尧尔音系代表性单个土体剖面

Ahk：0～15 cm，浊棕色（7.5YR 5/4，干），暗棕色（7.5YR 3/3，润），粉质壤土，发育中等的团块状结构，松软，中量根系，强石灰反应，向下层平滑清晰过渡。

Btk1：15～66 cm，浊橙色（5YR 6/4，干），棕色（10YR 4/6，润），粉质黏壤土，发育中等的团块状结构，松软，中量根系，可见黏粒胶膜和假菌丝体，强石灰反应，向下层平滑清晰过渡。

Btk2：66～100 cm，橙色（2.5YR 6/8，干），亮黄棕色（10YR 6/6，润），粉质黏壤土，发育中等的团块状结构，松软，很少量根系，可见黏粒胶膜和假菌丝体，强石灰反应。

浩尧尔音系代表性单个土体物理性质

土层	深度/cm	细土颗粒组成(粒径：mm)/(g/kg)			质地	容重/(g/cm^3)
		砂粒 2～0.05	粉粒 0.05～0.002	黏粒 ＜0.002		
Ahk	0～15	273	585	142	粉质壤土	1.44
Btk1	15～66	87	642	271	粉质黏壤土	1.49
Btk2	66～100	87	652	261	粉质黏壤土	1.52

浩尧尔音系代表性单个土体化学性质

深度/cm	pH (H_2O)	有机碳/(g/kg)	全氮(N)/(g/kg)	全磷(P)/(g/kg)	全钾(K)/(g/kg)	CEC/(cmol/kg)	$CaCO_3$/(g/kg)	BS/%
0～15	8.2	18.6	1.23	0.38	21.3	22.5	38.1	95
15～66	8.4	4.6	0.27	0.20	18.4	28.2	50.2	86
66～100	9.4	1.1	0.06	0.16	17.4	34.2	61.8	95

9.3 普通简育干润淋溶土

9.3.1 新房村系（Xinfangcun Series）

土 族：黏质混合型石灰性冷性-普通简育干润淋溶土

拟定者：韩春兰，王英杰，付小梅，刘金宝，李鑫蕊

分布与环境条件 主要分布于内蒙古自治区赤峰市宁城县五化镇一带，丘陵，平均海拔约 549 m，母质为黄土状物质，旱地，温带大陆性季风气候，年均气温约 7.7 ℃，年均降水量为 400～500 mm，年均日照时数为 2800～2900 h，无霜期为 140～150 d。

新房村系典型景观

土壤性状与特征变幅 诊断层包括淡薄表层和黏化层；诊断特性包括冷性土壤温度状况、半干润土壤水分状况和钙积现象。土体厚度 1 m 以上，黏化层厚度约 105 cm，通体存在石灰反应，有机碳含量为 3.3～7.7 g/kg，容重为 1.13～1.31 g/cm^3，碳酸钙含量为 69～146 g/kg，pH 为 8.0～8.6，层次质地构型为粉壤土-粉质黏壤土-粉质黏土，砂粒含量为 8～50 g/kg。

对比土系 黑里河系，属于不同土纲，空间相邻。黑里河系的母质为冲积物，无黏化层，为雏形土，土体厚度不足 100 cm，下部砾石较多。本土系的母质为黄土状物质，土体深厚，深 25 cm 以下出现黏化层，为淋溶土。浩尧尔音系，属于同一土纲不同亚纲，为冷凉淋溶土。

利用性能综述 土体深厚，土壤黏重，透水透气性较差，年均气温较低，干旱缺水。应采取秸秆还田等措施保温保墒。

参比土种 中绵黄土。

代表性单个土体 位于内蒙古自治区赤峰市宁城县五化镇新房村，坐标为41°22′35.25″N，119°14′08.39″E，海拔为536 m，丘陵，母质为黄土状物质，耕地，种植玉米，年均气温为7.7 ℃，年均降水量为453.6 mm，野外调查采样日期为2015年10月13日，编号15-189。

新房村系代表性单个土体剖面

Apk：0～12 cm，浊黄橙色（10YR 6/4，干），浊黄棕色（10YR 4/3，润），5%岩石碎屑，粉壤土，中、小棱块结构，稍坚硬，多量根系，轻度石灰反应，向下层平滑渐变过渡。

ABk：12～25 cm，浊黄棕色（10YR 5/4，干），暗棕色（10YR 3/4，润），5%岩石碎屑，粉质黏壤土，中、小棱块结构，坚硬，少量根系，轻度石灰反应，向下层波状清晰过渡。

Btk1：25～60 cm，棕色（10YR 4/4，干），黑棕色（10YR 3/2，润），粉质黏土，中、小棱块结构，坚硬，多量根系，可见黏粒胶膜，轻度石灰反应，向下层平滑模糊过渡。

Btk2：60～130 cm，浊黄棕色（10YR 5/4，干），黑棕色（10YR 3/2，润），粉质黏土，中、小棱块结构，稍坚硬，多量根系，可见黏粒胶膜，轻度石灰反应。

新房村系代表性单个土体物理性质

土层	深度/cm	细土颗粒组成(粒径：mm)/(g/kg)			质地	容重/(g/cm³)
		砂粒 2～0.05	粉粒 0.05～0.002	黏粒 <0.002		
Apk	0～12	33	718	249	粉壤土	1.15
ABk	12～25	23	610	368	粉质黏壤土	1.31
Btk1	25～60	8	587	405	粉质黏土	1.13
Btk2	60～130	50	448	502	粉质黏土	1.23

新房村系代表性单个土体化学性质

深度/cm	pH (H_2O)	有机碳/(g/kg)	全氮(N)/(g/kg)	全磷(P)/(g/kg)	全钾(K)/(g/kg)	CEC/(cmol/kg)	$CaCO_3$/(g/kg)	BS/%
0～12	8.0	7.7	0.15	8.34	27.2	19.9	100.0	86
12～25	8.6	6.2	0.79	1.35	27.0	17.9	146.0	98
25～60	8.3	3.3	5.30	0.94	27.4	23.6	69.0	95
60～130	8.3	6.5	0.66	1.15	25.7	20.5	98.0	89

第 10 章　雏　形　土

10.1　普通永冻寒冻雏形土

10.1.1　巴彦库仁系（Bayankuren Series）

土　族：黏壤质混合型非酸性-普通永冻寒冻雏形土

拟定者：隋跃宇

分布与环境条件　主要分布于内蒙古自治区陈巴尔虎旗一带，平原，海拔为 600～700 m，母质为冲积物，天然牧草地，中温带半湿润半干旱大陆性季风气候，年均气温为–5～–1.5 ℃，年均降水量约 338.1 mm，年均日照时数为 2700～3200 h，无霜期为 100～114 d。

巴彦库仁系典型景观

土壤性状与特征变幅　诊断层包括暗沃表层；诊断特性包括湿润土壤水分状况、寒冻土壤温度状况、永冻层次、冻融特征和氧化还原特征。土体厚度 1 m 以上，深 2 m 内有冻融特征，有机碳含量为 0.5～18.2 g/kg，通体存在氧化还原特征，暗沃表层厚度约 35 cm，干态明度为 4～5，润态明度为 2～3，润态彩度为 1，pH 为 6.8～7.5，层次质地构型为砂质壤土-砂质黏壤土-壤土，砂粒含量为 480～660 g/kg。

对比土系　巴岱系，属于同一亚纲不同土类。巴岱系无永冻层次，属于潮湿寒冻雏形土，土体较浅，土壤质地较粗，土族控制层段内颗粒大小级别为壤质盖粗骨质。本土系具有永冻层次，属于永冻寒冻雏形土，土体深厚，土壤质地较细，土族控制层段内颗粒大小级别为黏壤质。

利用性能综述　地势平坦，土体深厚，砂粒较多，养分含量低，气温较低，植被盖度较高。应用养结合，保护生态。

参比土种　砂底中层壤质草甸土。

代表性单个土体　位于内蒙古自治区陈巴尔虎旗巴彦库仁镇西养牛村，坐标为49°18′50.76″N，119°23′53.58″E，海拔为596 m，母质为冲积物，牧草地，草被盖度约80%，年均气温为–1.5 ℃，年均降水量为338.1 mm，野外调查采样日期为2015年7月15日，编号15-083。

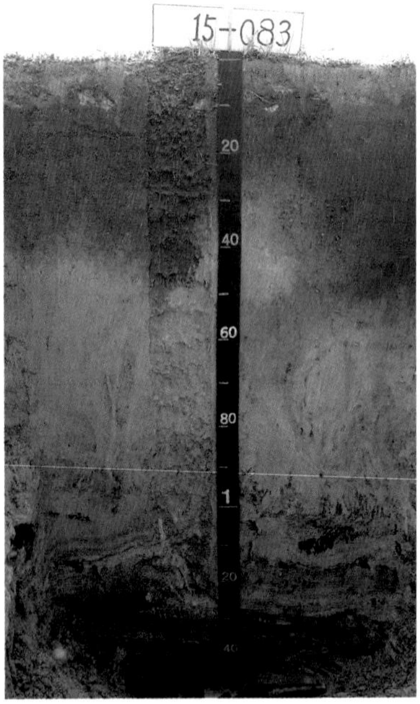

巴彦库仁系代表性单个土体剖面

Ahr1：0～8 cm，棕灰色（10YR 5/1，干），黑棕色（10YR 3/1，润），砂质壤土，块状结构，疏松，中量根系，少量锈纹锈斑，向下层平滑清晰过渡。

Ahr2：8～35 cm，棕灰色（10YR 4/1，干），黑色（10YR 2/1，润），砂质黏壤土，块状结构，疏松，中量根系，少量锈纹锈斑，向下层不规则渐变过渡。

Br：35～93 cm，浊黄橙色（10YR 7/2，干），灰黄棕色（10YR 6/2，润），砂质壤土，团粒状结构，极疏松，很少的根系，少量锈纹锈斑和铁锰结核，向下层波状清晰过渡。

BCdr：93～118 cm，灰白色（10YR 8/1，干），灰黄棕色（10YR 6/2，润），壤土，核块状结构，疏松，少量锈纹锈斑和铁锰结核，向下层波状清晰过渡。

Cdr1：118～130 cm，浊黄橙色（10YR 7/3，干），浊黄橙色（10YR 6/4，润），砂质壤土，粒状结构，松散，少量锈纹锈斑和锰结核，向下层波状清晰过渡。

Cdr2：130～150 cm，明黄棕色（10YR 7/6，干），明黄棕色（10YR 6/6，润），砂质壤土，粒状结构，松散，少量锈纹锈斑和铁锰结核。

巴彦库仁系代表性单个土体物理性质

土层	深度/cm	细土颗粒组成(粒径：mm)/(g/kg)			质地	容重/(g/cm^3)
		砂粒 2～0.05	粉粒 0.05～0.002	黏粒 <0.002		
Ahr1	0～8	535	328	136	砂质壤土	1.57
Ahr2	8～35	559	234	207	砂质黏壤土	1.51
Br	35～93	622	304	74	砂质壤土	1.72
BCdr	93～118	487	315	198	壤土	1.65
Cdr1	118～130	653	321	26	砂质壤土	1.66
Cdr2	130～150	588	392	20	砂质壤土	1.72

巴彦库仁系代表性单个土体化学性质

深度/cm	pH(H_2O)	有机碳/(g/kg)	全氮(N)/(g/kg)	全磷(P)/(g/kg)	全钾(K)/(g/kg)	CEC/(cmol/kg)
0～8	7.5	18.2	1.80	0.21	12.6	17.0
8～35	6.8	11.1	1.20	0.18	11.7	21.7
35～93	7.3	1.2	0.30	0.09	16.6	7.3
93～118	7.0	2.1	0.30	0.15	13.6	17.9
118～130	6.9	0.5	0.20	0.06	12.4	4.3
130～150	6.9	0.7	0.20	0.11	12.3	8.6

10.2　暗色潮湿寒冻雏形土

10.2.1　巴岱系（Badai Series）

土　族：壤质盖粗骨质混合型非酸性-暗色潮湿寒冻雏形土
拟定者：隋跃宇

分布与环境条件　主要分布于内蒙古自治区兴安盟扎赉特旗巴岱乡一带，冲积平原，海拔为 200～400 m，母质为洪-冲积物，天然牧草地，中温带大陆性干旱气候，年均气温约 0 ℃，年均降水量约 420 mm，年均日照时数为 2378～2720 h，无霜期为 110～115 d。

巴岱系典型景观

土壤性状与特征变幅　诊断层包括暗沃表层；诊断特性包括潮湿土壤水分状况、寒性土壤温度状况和氧化还原特征。土体厚度 50 cm，有机碳含量为 6.7～10.0 g/kg，暗沃表层厚度为 18 cm，干态明度 5，润态明度 3，润态彩度 3，pH 为 6.4～7.3，层次质地构型为壤土，黏粒含量为 180～190 g/kg。

对比土系　巴彦库仁系，属于同一亚纲不同土类。巴彦库仁系具有永冻层次，属于永冻寒冻雏形土，土体深厚，土壤质地较细，土族控制层段内颗粒大小级别为黏壤质。本土系无永冻层次，属于潮湿寒冻雏形土，土体较浅，土壤质地较粗，土族控制层段内颗粒大小级别为壤质盖粗骨质。

利用性能综述　地势平坦，土体较薄，砂砾较多，养分含量低，水分充足，植被盖度高。

应科学耕作，用养结合。

参比土种 砾石底壤质草甸土。

代表性单个土体 位于内蒙古自治区兴安盟扎赉特旗巴岱乡腰山村，坐标为46°36′10.62″N，123°13′0.66″E，海拔为155 m，河流冲积平原，母质为洪-冲积物，旱地，种植玉米，年均气温为0 ℃，年均降水量为420 mm，野外调查采样日期为2015年7月10日，编号15-075。

Apr：0～18 cm，浊黄棕色（10YR 5/3，干），暗棕色（10YR 3/3，润），<2%砾石，壤土，团粒状结构，疏松，中量根系，少量锈纹锈斑，向下层平滑清晰过渡。

ABr：18～38 cm，浊黄橙色（10YR 6/3，干），黑棕色（10YR 3/2，润），<2%砾石，壤土，块状结构，疏松，少量根系，少量锈纹锈斑，向下层平滑清晰过渡。

Ck：38～70 cm，80%砾石，砂土，无结构，坚实，很少根系。

巴岱系代表性单个土体剖面

巴岱系代表性单个土体物理性质

土层	深度/cm	细土颗粒组成(粒径：mm)/(g/kg)			质地	容重/(g/cm³)
		砂粒 2～0.05	粉粒 0.05～0.002	黏粒 <0.002		
Apr	0～18	428	383	190	壤土	1.31
ABr	18～38	428	392	180	壤土	1.32

巴岱系代表性单个土体化学性质

深度/cm	pH (H_2O)	有机碳/(g/kg)	全氮(N)/(g/kg)	全磷(P)/(g/kg)	全钾(K)/(g/kg)	CEC/(cmol/kg)
0～18	6.4	10.0	1.00	0.28	6.4	16.7
18～38	7.3	6.7	0.70	0.27	12.0	15.8

10.3　石灰暗沃寒冻雏形土

10.3.1　胪膑系（Lubin Series）

土　族：砂质混合型-石灰暗沃寒冻雏形土
拟定者：隋跃宇

分布与环境条件　主要分布于内蒙古自治区满洲里市，漫岗，海拔为 545～700 m，母质为坡积物，草地，温带半干旱大陆性季风气候，年均气温约–0.5 ℃，年均降水量约 291.3 mm，年均日照时数约 2800 h，无霜期约 110 d。

胪膑系典型景观

土壤性状与特征变幅　诊断层包括暗沃表层；诊断特性包括寒性土壤温度状况、半干润土壤水分状况、准石质接触面和石灰性。土体厚度不足 1 m，有机碳含量为 9.0～20.0 g/kg，暗沃表层厚度为 23 cm，干态明度为 4～5，润态明度为 3～4，润态彩度 3，深 50 cm 以下出现准石质接触面，pH 为 7.0～7.8，层次质地构型为砂质壤土，砂粒含量为 550～610 g/kg，砾石含量为 12%～15%。

对比土系　大杨树系，属于同一土类不同亚类。大杨树系无石灰性，为普通暗沃寒冻雏形土。而本土系有石灰性，为石灰暗沃寒冻雏形土。

利用性能综述　岗地，土体较薄，砾石较多，养分含量低，干旱缺水，温度低，植被盖度较好，长势较差。应封境育草，保护生态。

参比土种 中层壤质黄土-坡积物栗钙土。

代表性单个土体 位于内蒙古自治区满洲里市胪膑，坐标为 49°33′8.34″N，117°33′18.36″E，海拔为 677 m，母质为黄土状物质坡积物，牧草地，植被为牧草，草被盖度为 89%，年均气温为–0.5 ℃，年均降水量为 291.3 mm，野外调查采样日期为 2015 年 7 月 12 日，编号 15-079。

Ahk1：0～12 cm，棕色（10YR 4/4，干），暗棕色（10YR 3/3，润），14%岩石碎屑，砂质壤土，团粒状结构，疏松，中量根系，强石灰反应，向下层平滑清晰过渡。

Ahk2：12～23 cm，浊黄棕色（10YR 4/3，干），暗棕色（10YR 3/3，润），12%岩石碎屑，砂质壤土，团粒状结构，疏松，中量根系，强石灰反应，向下层平滑渐变过渡。

Bwk：23～37 cm，浊黄棕色（10YR 5/4，干），浊黄棕色（10YR 4/3，润），15%岩石碎屑，砂质壤土，块状结构，疏松，中量根系，强石灰反应，向下层平滑清晰过渡。

Ck：37～50 cm，60%岩石碎屑。

胪膑系代表性单个土体剖面

胪膑系代表性单个土体物理性质

土层	深度/cm	砾石(>2mm，体积分数)/%	细土颗粒组成(粒径：mm)/(g/kg)			质地	容重/(g/cm³)
			砂粒 2～0.05	粉粒 0.05～0.002	黏粒 ＜0.002		
Ahk1	0～12	14	557	278	165	砂质壤土	1.34
Ahk2	12～23	12	609	247	143	砂质壤土	1.35
Bwk	23～37	15	567	280	153	砂质壤土	1.32

胪膑系代表性单个土体化学性质

深度/cm	pH (H_2O)	有机碳/(g/kg)	全氮(N)/(g/kg)	全磷(P)/(g/kg)	全钾(K)/(g/kg)	CEC/(cmol/kg)	$CaCO_3$/(g/kg)
0～12	7.8	9.6	1.3	0.23	11.5	19.1	110.2
12～23	7.2	13.0	1.6	0.27	14.7	20.1	101.7
23～37	7.0	19.4	2.1	0.57	12.7	19.3	101.9

10.4 普通暗沃寒冻雏形土

10.4.1 大杨树系（Dayangshu Series）

土　族：黏质混合型非酸性-普通暗沃寒冻雏形土

拟定者：隋跃宇

分布与环境条件 主要分布于内蒙古自治区呼伦贝尔市扎兰屯市、阿荣旗、鄂伦春自治旗及兴安盟扎赉特旗一带，丘陵漫岗，海拔为200～800 m，母质为残坡积物，旱地，寒温带半湿润大陆性季风气候，年均气温约–0.1 ℃，年均降水量为450～500 mm，年均日照时数为2439～2750 h，无霜期为62～115 d。

大杨树系典型景观

土壤性状与特征变幅 诊断层包括暗沃表层和雏形层；诊断特性包括准石质接触面、湿润土壤水分状况和寒性土壤温度状况。土体厚度1 m以上，暗沃表层为20 cm，雏形层厚约44 cm，有机碳含量为2.8～35.4 g/kg，pH为5.5～5.8，层次质地构型为粉质黏土-黏土-黏壤土，黏粒含量为330～470 g/kg，砾石含量为0～16%。

对比土系 胪膑系，属于同一土类不同亚类，有石灰性，为石灰暗沃寒冻雏形土，而本土系无石灰性，为普通暗沃寒冻雏形土。

利用性能综述 地势平缓，土体较薄，黏重、坚实，结构不良，通透性差，土体下部砾石含量较高，不利于植物根系向下延伸。

参比土种　黄土-坡残积厚体薄层黑土。

代表性单个土体　位于内蒙古自治区呼伦贝尔市鄂伦春自治旗大杨树镇东方红农场，坐标为 49°48′10.08″N，124°37′7.02″E，海拔为 355 m，丘陵漫岗，母质为残坡积物，旱地，种植大豆，年均气温为–0.1 ℃，年均降水量为 496.0 mm，野外调查采样日期为 2014 年 10 月 6 日，编号 15-065。

Ap：0～25 cm，灰黄棕色（10YR 4/2，干），黑棕色（10YR 3/1，润），粉质黏土，团粒状结构，疏松，少量根系，向下层平滑清晰过渡。

Bw：25～69 cm，浊黄棕色（10YR 5/3，干），浊黄棕色（10YR 4/3，润），黏土，粒状结构，疏松，很少量根系，向下层波状渐变过渡。

C：69～120 cm，黄棕色（10YR 5/6，干），棕色（10YR 4/4，润），16%砾石，黏壤土，发育弱的小块状结构，坚实，中量根系。

大杨树系代表性单个土体剖面

大杨树系代表性单个土体物理性质

土层	深度 /cm	砾石 (>2mm，体积分数)/%	细土颗粒组成(粒径：mm)/(g/kg)			质地	容重 /(g/cm³)
			砂粒 2～0.05	粉粒 0.05～0.002	黏粒 <0.002		
Ap	0～25	0	121	431	448	粉质黏土	1.34
Bw	25～69	0	173	357	470	黏土	1.36
C	69～120	16	337	333	330	黏壤土	1.41

大杨树系代表性单个土体化学性质

深度 /cm	pH (H_2O)	有机碳 /(g/kg)	全氮(N) /(g/kg)	全磷(P) /(g/kg)	全钾(K) /(g/kg)	CEC /(cmol/kg)
0～25	5.5	35.4	3.08	1.31	8.6	42.6
25～69	5.8	8.5	0.69	0.32	10.5	41.0
69～120	5.7	2.8	0.42	2.59	10.2	44.8

10.5　普通简育寒冻雏形土

10.5.1　阿里河系（Alihe Series）

土　族：粗骨壤质混合型非酸性-普通简育寒冻雏形土

拟定者：隋跃宇

分布与环境条件　主要分布于内蒙古自治区鄂伦春自治旗阿里河镇一带，山地，海拔为200～800 m，母质为坡积物，林地，寒温带半湿润大陆性季风气候，年均气温约–1.2 ℃，年均降水量约 504.9 mm，年均日照时数为 2439～2750 h，无霜期为 62～115 d。

阿里河系典型景观

土壤性状与特征变幅　诊断层包括淡薄表层和雏形层；诊断特性包括准石质接触面、寒性土壤温度状况和湿润土壤水分状况。土体厚度 66 cm 左右，有机碳含量为 2.5～136.3 g/kg，容重为 0.65～1.47 g/cm^3，雏形层厚度约 43 cm，深 66 cm 之下为准石质接触面，pH 为 5.4～5.9，层次质地构型为壤土-砂质壤土，砂粒含量为 372～693 g/kg，砾石含量为 8%～67%。

对比土系　大杨树系，属于同一亚纲不同土类，为普通暗沃寒冻雏形土。大杨树系具有暗沃表层，土壤质地较细，表层土壤质地为粉质黏土，土族控制层段内颗粒大小级别为黏质，下部砾石含量较少。本土系具有淡薄表层，土壤质地较粗，表层土壤质地为壤土，土族控制层段内颗粒大小级别为粗骨壤质，土体下部砾石含量较高。

利用性能综述　土体较薄，砾石较多，养分含量低，土温较低。应防止乱砍滥伐，防止水土流失，保护生态。

参比土种　薄层壤质砾石体残坡积暗棕壤。

代表性单个土体　位于内蒙古自治区鄂伦春自治旗阿里河镇西，坐标为 50°34′29.94″N，123°41′47.46″E，海拔为 476 m，山地，母质为坡积物，林地，林被盖度约 85%，年均气温为–1.2 ℃，年均降水量为 504.9 mm，野外调查采样日期为 2016 年 7 月 25 日，编号 15-085。

Ah：0～9 cm，黑棕色（10YR 3/2，干），黑色（10YR 2/1，润），8%岩石碎屑，壤土，发育强的大屑粒状结构，稍坚硬，多量根系，向下层平滑清晰过渡。

Bw：9～52 cm，明黄棕色（10YR 6/6，干），黄棕色（10YR 5/6，润），42%岩石碎屑，壤土，发育中等的小块状结构，稍坚硬，中量根系，向下层波状模糊过渡。

C：52～66 cm，明黄棕色（10YR 7/6，干），明黄棕色（10YR 6/8，润），67%岩石碎屑，砂质壤土，发育弱的小块状结构，坚硬，少量根系，向下层波状渐变过渡。

阿里河系代表性单个土体剖面

阿里河系代表性单个土体物理性质

土层	深度/cm	砾石(>2mm，体积分数)/%	细土颗粒组成(粒径：mm)/(g/kg)			质地	容重/(g/cm³)
			砂粒 2～0.05	粉粒 0.05～0.002	黏粒 <0.002		
Ah	0～9	8	372	492	136	壤土	0.65
Bw	9～52	42	481	381	138	壤土	1.47
C	52～66	67	693	252	55	砂质壤土	1.45

阿里河系代表性单个土体化学性质

深度/cm	pH(H_2O)	有机碳/(g/kg)	全氮(N)/(g/kg)	全磷(P)/(g/kg)	全钾(K)/(g/kg)	CEC/(cmol/kg)
0～9	5.9	136.3	9.00	0.50	10.9	42.9
9～52	5.7	6.1	0.60	0.05	11.3	39.5
52～66	5.4	2.5	0.30	0.06	15.0	37.6

10.6　普通暗色潮湿雏形土

10.6.1　宜里系（Yili Series）

土　族：黏壤质混合型非酸性寒性-普通暗色潮湿雏形土

拟定者：隋跃宇

分布与环境条件　主要分布于内蒙古自治区扎兰屯市、阿荣旗、莫力达瓦达斡尔族自治旗、鄂伦春自治旗一带，丘间平地，海拔为 200～400 m，母质为黄土状物质，旱地，温带湿润大陆性季风气候，年均气温为–2.7～0.8 ℃，年均降水量约 497.5 mm，年均日照时数为 2439～2750 h，无霜期约 95 d。

宜里系典型景观

土壤性状与特征变幅　诊断层包括暗沃表层和雏形层；诊断特性有潮湿土壤水分状况、寒性土壤温度状况、潜育特征和氧化还原特征。土体厚度 1 m 以上，雏形层位于 25～138 cm，黏化层黏粒含量约 488 g/kg，通体有氧化还原特征，有机碳含量为 3.0～26.0 g/kg，pH 为 5.6～6.3，层次质地构型为黏壤土-粉质黏壤土-黏土，黏粒含量为 330～490 g/kg。

对比土系　吉日根系，属于同一亚纲不同土类。吉日根系具淡薄表层，为普通淡色潮湿雏形土，而本土系具暗沃表层，为普通暗色潮湿雏形土。

利用性能综述　地势平坦，土体深厚，质地黏重，养分含量低，土温较低。应科学合理施肥，培肥地力。

参比土种 薄层壤质黄土质草甸黑土。

代表性单个土体 位于内蒙古自治区呼伦贝尔市鄂伦春自治旗宜里农场，坐标为 49°33′34.86″N，124°09′6.54″E，海拔为 337 m，沟谷地，母质为黄土状物质，旱地，种植玉米，年均气温为–0.1 ℃，年均降水量为 497.5 mm，野外调查采样日期为 2014 年 10 月 6 日，编号 15-064。

Ap：0～25 cm，浊黄棕色（10YR 4/3，干），黑棕色（10YR 2/3，润），黏壤土，团块状结构，很坚实，少量根系，少量锈纹锈斑，向下层平滑清晰过渡。

Bwr1：25～94 cm，浊黄橙色（10YR 7/3，干），浊黄棕色（10YR 5/3，润），粉质黏壤土，发育中等的小块状结构，坚实，很少根系，少量锈纹锈斑和铁锰结核，向下层平滑渐变过渡。

Bwr2：94～138 cm，浊黄橙色（10YR 6/3，干），灰黄棕色（10YR 5/2，润），黏土，棱块状结构，很坚实，少量锈纹锈斑、铁锰结核，向下层波状渐变过渡。

Cr：138～148 cm，浊黄橙色（10YR 6/3，干），浊黄棕色（10YR 5/3，润），黏土，块状结构，很坚实，少量锈纹锈斑、铁锰结核。

宜里系代表性单个土体剖面

宜里系代表性单个土体物理性质

土层	深度 /cm	细土颗粒组成(粒径：mm)/(g/kg)			质地	容重 /(g/cm³)
		砂粒 2～0.05	粉粒 0.05～0.002	黏粒 <0.002		
Ap	0～25	179	421	400	黏壤土	1.40
Bwr1	25～94	96	568	336	粉质黏壤土	1.36
Bwr2	94～138	150	362	488	黏土	1.45
Cr	138～148	154	372	474	黏土	1.46

宜里系代表性单个土体化学性质

深度 /cm	pH (H_2O)	有机碳 /(g/kg)	全氮(N) /(g/kg)	全磷(P) /(g/kg)	全钾(K) /(g/kg)	CEC /(cmol/kg)	$CaCO_3$ /(g/kg)
0～25	5.9	25.6	2.13	0.89	11.1	36.8	—
25～94	5.6	4.7	0.43	0.27	8.8	33.5	—
94～138	6.2	3.4	0.38	0.29	11.1	33.5	54.4
138～148	6.3	4.4	0.42	0.30	10.2	32.4	79.5

10.7　水耕淡色潮湿雏形土

10.7.1　敖林阿伯系（Aolin'abo Series）

土　族：壤质混合型石灰性冷性-水耕淡色潮湿雏形土

拟定者：边振兴，高建飞，孙　雪，刚　晨

分布与环境条件　主要分布于内蒙古自治区东辽河平原西部一带，冲积平原，海拔为89～308 m，母质为冲积物，水稻田，温带大陆性季风气候，年均气温约7 ℃，年均降水量为450～550 mm，年均日照时数为2889 h，无霜期为140～150 d。

敖林阿伯系典型景观

土壤性状与特征变幅　诊断层包括淡薄表层、雏形层、水耕现象和钙积现象；诊断特性包括人为滞水土壤水分状况、潮湿土壤水分状况、氧化还原特征、冷性土壤温度状况和石灰性。土体厚度1 m以上，有机碳含量为1.5～23.0 g/kg，容重为1.28～1.35 g/cm^3，pH为7.7～8.1，层次质地构型为粉壤土-壤土，粉粒含量为450～690 g/kg。

对比土系　布迪系，同一土类不同亚类。布迪系，空间相邻，无水耕现象，为石灰淡色潮湿雏形土，而本土系具有水耕现象，为水耕淡色潮湿雏形土。

利用性能综述　地势平坦，土体较厚，养分含量低，底层土壤长期水饱和，植被盖度低。应封境育草，保护生态。

参比土种　壤质草甸土。

代表性单个土体　位于内蒙古自治区通辽市科尔沁左翼后旗甘旗卡镇敖林阿伯嘎查，坐标为 43°10′13.05″N，123°09′46.53″E，海拔为 141 m，冲积平原，母质为冲积物，水稻田，年均气温为 7.0 ℃，年均降水量为 478.8 mm，野外调查采样日期为 2015 年 5 月 22 日，编号 15-003。

Apk：0～21 cm，黄灰色（2.5Y 5/1，干），黄灰色（2.5Y 4/1，润），粉壤土，发育强的团块状结构，疏松，中量根系，少量锈纹锈斑，轻度石灰反应，向下层平滑清晰过渡。

Bkr：21～42 cm，黄灰色（2.5Y 4/1，干），黑棕色（2.5Y 3/1，润），粉壤土，发育中等的块状结构，松散，少量锈纹锈斑，中度石灰反应，向下层平滑清晰过渡。

Bwk：42～64 cm，黄灰色（2.5Y 5/1，干），黑棕色（2.5YR 3/2，润），壤土，发育中等的团块状结构，松散，很少量根系，有动物穴，中度石灰反应，向下层平滑突变过渡。

2Akr：64～100 cm，黑棕色（2.5Y 3/1，干），黑色（2.5Y 2/1，润），壤土，发育中等的团块状结构，松散，少量锈纹锈斑，中度石灰反应。

敖林阿伯系代表性单个土体剖面

敖林阿伯系代表性单个土体物理性质

土层	深度 /cm	细土颗粒组成(粒径：mm)/(g/kg)			质地	容重 /(g/cm^3)
		砂粒 2～0.05	粉粒 0.05～0.002	黏粒 ＜0.002		
Apk	0～21	147	683	169	粉壤土	1.28
Bkr	21～42	293	623	84	粉壤土	1.33
Bwk	42～64	333	500	167	壤土	1.35
2Akr	64～100	295	453	252	壤土	1.34

敖林阿伯系代表性单个土体化学性质

深度 /cm	pH (H_2O)	有机碳 /(g/kg)	全氮(N) /(g/kg)	全磷(P) /(g/kg)	全钾(K) /(g/kg)	CEC /(cmol/kg)	$CaCO_3$ /(g/kg)
0～21	7.7	4.6	3.6	0.87	26.0	20.3	38.4
21～42	7.9	22.1	1.47	1.85	26.9	11.7	67.6
42～64	8.0	2.7	1.43	1.47	19.4	22.7	89.1
64～100	8.1	1.5	0.14	1.06	40.2	17.3	45.1

10.8　弱盐淡色潮湿雏形土

10.8.1　西阿都沁系（Xi'aduqin Series）

土　族：砂质硅质混合型石灰性冷性-弱盐淡色潮湿雏形土

拟定者：边振兴，高建飞，孙　雪，刚　晨

分布与环境条件　主要分布于内蒙古自治区东部，东辽河平原西部一带，平原，海拔为 89～308 m，母质为冲积物，旱地，温带大陆性季风气候，年均气温约 7 ℃，年均降水量为 450～550 mm，年均日照时数为 2889 h，无霜期为 140～150 d。

西阿都沁系典型景观

土壤性状与特征变幅　诊断层包括淡薄表层和雏形层；诊断特性包括冷性土壤温度状况、潮湿土壤水分状况、潜育特征、氧化还原特征和钙积现象。土体厚度 1 m 以上，雏形层厚度约 51 cm，深 13 cm 以下出现氧化还原特征，有机碳含量为 2～10 g/kg，容重为 1.45～1.66 g/cm^3，pH 为 8.9～9.4，层次质地构型为壤土-砂质壤土-壤质砂土，砂粒含量为 400～830 g/kg。

对比土系　景杨林系和敖木罕查系，属于同一亚类不同土族。景杨林系的土族控制层段内颗粒大小级别和矿物学组成为黏质混合型；敖木罕查系的土族控制层段内颗粒大小级别和矿物学组成为黏壤质混合型。本土系的土族控制层段内颗粒大小级别和矿物学组成为砂质硅质混合型。

利用性能综述 地势平坦，土层深厚，砂粒含量较高，透水性好，保水保肥能力差，土壤养分含量偏低，植被为玉米，秋收后土地裸露存在风蚀沙化风险。应采取多施有机肥、秸秆还田覆盖等措施，加大耕层厚度和地表覆盖，提高土壤基础肥力并降低风蚀沙化风险。

参比土种 壤质砂体石灰性草甸土。

代表性单个土体 位于内蒙古自治区通辽市科尔沁左翼后旗甘旗卡镇西阿都沁村，坐标为43°22′00.90″N，123°02′02.25″E，海拔为162 m，冲积平原，母质为冲积物，旱地，种植玉米，年均气温为7.0 ℃，年均降水量为471.0 mm，野外调查采样日期为2015年5月22日，编号15-004。

Apkz：0～13 cm，淡黄色（2.5Y 7/3，干），浊黄色（2.5Y 6/4，润），壤土，发育强的块状结构，疏松，中量根系，可见碳酸钙粉末，向下层平滑清晰过渡。

Br1：13～36 cm，淡黄色（2.5Y 7/4，干），浊黄色（2.5Y 6/4，润），壤土，发育强的块状结构，松散，很少量根系，少量锈纹锈斑，向下层平滑清晰过渡。

Br2：36～64 cm，浅淡黄色（2.5Y 8/4，干），浊黄色（2.5Y 6/4，润），砂质壤土，发育中等的块状结构，松散，中量锈纹锈斑，向下层平滑清晰过渡。

BCg：64～116 cm，浅淡黄色（2.5Y 8/3，干），淡黄色（2.5Y 7/3，润），砂质壤土，块状结构，松散，少量铁锰斑纹，向下层平滑清晰过渡。

Cr：116～132 cm，淡黄色（2.5Y 7/4，干），浊黄色（2.5Y 6/4，润），壤质砂土，无结构，极松散，少量铁锰斑纹。

西阿都沁系代表性单个土体剖面

西阿都沁系代表性单个土体物理性质

土层	深度/cm	细土颗粒组成(粒径：mm)/(g/kg)			质地	容重/(g/cm^3)
		砂粒 2～0.05	粉粒 0.05～0.002	黏粒 <0.002		
Apkz	0～13	455	339	207	壤土	1.52
Br1	13～36	408	426	166	壤土	1.45
Br2	36～64	592	243	165	砂质壤土	1.58
BCg	64～116	718	200	83	砂质壤土	1.62
Cr	116～132	822	96	82	壤质砂土	1.66

西阿都沁系代表性单个土体化学性质

深度 /cm	pH (H_2O)	有机碳 /(g/kg)	全氮(N) /(g/kg)	全磷(P) /(g/kg)	全钾(K) /(g/kg)	CEC /(cmol/kg)	$CaCO_3$ /(g/kg)	全盐量 /(g/kg)
0～13	9.2	4.6	0.08	0.37	18.4	8.8	31.7	2.91
13～36	8.9	2.5	0.09	0.68	32.4	18.5	47.8	2.55
36～64	8.9	9.1	0.09	0.81	35.3	11.6	14.6	1.33
64～116	9.4	6.5	0.08	0.12	29.4	6.6	58.6	1.20
116～132	9.0	3.9	0.26	0.35	27.7	4.2	49.6	0.36

10.8.2 毛川吉系（Maochuanji Series）

土 族：砂质硅质混合型石灰性温性-弱盐淡色潮湿雏形土

拟定者：李德成，张甘霖，赵玉国

分布与环境条件 主要分布于内蒙古自治区阿拉善盟额济纳旗一带，冲积平原河流低阶地，海拔为898～1598 m，母质为冲积物，盐碱地，中温带大陆性季风气候，年均气温约8.8 ℃，年均降水量约41.6 mm，年均日照时数为2600~3500 h，无霜期为138~150 d。

毛川吉系典型景观

土壤性状与特征变幅 诊断层包括淡薄表层和雏形层；诊断特性包括温性土壤温度状况、潮湿土壤水分状况、氧化还原特征、盐积现象和钙积现象。地表遍布盐斑，土体厚度1 m以上，通体有石灰反应，碳酸钙含量为30～120 g/kg，盐积现象出现在表层，淡薄表层厚度为15～20 cm，之下的雏形层可见少量铁锰斑纹，地下水位为30～40 cm，pH为8.3～8.8，层次质地构型为砂质壤土-壤土-壤质砂土-砂土，砂粒含量为440～910 g/kg。

对比土系 西阿都沁系，属于同一亚类不同土族。西阿都沁系具冷性土壤温度状况，而本土系具温性土壤温度状况。

利用性能综述 地势平坦，土体深厚，养分含量低。应封境育灌育草，提高植被盖度，防止沙化。若垦为耕地，必须排盐和降低地下水的矿化度。

参比土种 壤质氯化物硫酸盐漠境盐土。

代表性单个土体 位于内蒙古自治区阿拉善盟额济纳旗赛汉陶来苏木毛川吉南，安都音高勒北，财很恩得楞西，坐标为 41°43′43.02″N，100°43′22.54″E，海拔为 920 m，冲积平原，母质为冲积物，盐碱地，灌木盖度约 30%，年均气温为 8.8 ℃，年均降水量为 41.6 mm，野外调查采样日期为 2012 年 8 月 17 日，编号 YG-028。

毛川吉系代表性单个土体剖面

Ahz1：0～10 cm，橙白色（10YR 8/1，干），浊黄橙色（10YR 6/3，润），砂质壤土，发育弱的粒状-小块状结构，松散-疏松，中量根系，强石灰反应，地表盐斑，向下层平滑清晰过渡。

Ahz2：10～20 cm，橙白色（10YR 8/1，干），浊黄橙色（10YR 6/3，润），壤土，发育弱的粒状-小块状结构，疏松，中量根系，强石灰反应，向下层波状渐变过渡。

Bwkr：20～40 cm，浊黄橙色（10YR 7/2，干），棕灰色（10YR 5/1，润），砂质壤土，发育弱的小块状结构，疏松，少量根系，可见铁锰斑纹，强石灰反应，向下层波状渐变过渡。

Abr：40～60 cm，50%浊黄橙色（10YR 7/2，干），棕灰色（10YR 5/1，润），50%黑棕色（10YR 3/2，干），黑色（10YR 2/1，润），壤质砂土，糊泥状，无结构，可见铁锰斑纹，中度石灰反应，向下层波状渐变过渡。

Cr：60～120 cm，60%浊黄橙色（10YR 7/2，干），棕灰色（10YR 5/1，润），40%黑棕色（10YR 3/2，干），黑色（10YR 2/1，润），砂土，糊泥状，无结构，可见铁锰斑纹，中度石灰反应。

毛川吉系代表性单个土体物理性质

土层	深度 /cm	细土颗粒组成(粒径：mm)/(g/kg)			质地	容重 /(g/cm^3)
		砂粒 2～0.05	粉粒 0.05～0.002	黏粒 <0.002		
Ahz1	0～10	501	343	156	砂质壤土	1.23
Ahz2	10～20	449	387	164	壤土	1.25
Bwkr	20～40	559	298	143	砂质壤土	1.39
Abr	40～60	883	35	82	壤质砂土	1.61
Cr	60～120	904	24	72	砂土	1.58

毛川吉系代表性单个土体化学性质

深度 /cm	pH (H_2O)	有机碳 /(g/kg)	全氮(N) /(g/kg)	全磷(P) /(g/kg)	全钾(K) /(g/kg)	CEC /(cmol/kg)	电导率 /(dS/m)	$CaCO_3$ /(g/kg)
0～10	8.8	7.0	0.44	0.50	16.0	7.5	18.6	116.8
10～20	8.5	6.3	0.55	0.52	14.3	8.7	5.7	96.6
20～40	8.6	3.0	0.3	0.44	14.9	4.8	1.4	113.7
40～60	8.4	1.0	0.07	0.28	12.6	1.2	1.0	43.1
60～120	8.3	1.1	0.07	0.27	13.1	1.1	0.7	39.1

10.8.3　景杨林系（Jingyanglin Series）

土　族：黏质混合型石灰性冷性-弱盐淡色潮湿雏形土

拟定者：贾树海，王洪志，杜　蒙，张国建，孙仲秀，王秋兵

分布与环境条件　主要分布于内蒙古自治区西部，巴彦淖尔市中部一带，平原，海拔为 900～1500 m，母质为冲积物，盐碱荒地，中温带大陆性季风气候，年均气温约 7.7 ℃，年均降水量约 164.3 mm，年均日照时数约 3263 h，无霜期为 117～136 d。

景杨林系典型景观

土壤性状与特征变幅　诊断层包括淡薄表层和雏形层；诊断特性包括冷性土壤温度状况、潮湿土壤水分状况、氧化还原特征、盐积现象和钙积现象。土体厚度 1 m 以上，雏形层厚度约 110 cm，通体存在石灰反应，深 20 cm 以下出现氧化还原特征，有机碳含量为 1.0～5.0 g/kg，容重为 1.61～1.66 g/cm^3，pH 为 8.0～8.5，层次质地构型为粉壤土-黏土-粉质黏土，黏粒含量为 240～610 g/kg。

对比土系　西阿都沁系和敖木罕查系，属于同一亚类不同土族。西阿都沁系的土族控制层段内颗粒大小级别和矿物学组成为砂质硅质混合型；敖木罕查系的土族控制层段内颗粒大小级别和矿物学组成为黏壤质混合型。本土系的土族控制层段内颗粒大小级别和矿物学组成为黏质混合型。

利用性能综述　地势平坦，土层深厚，质地黏重，透水透气性差，土壤呈碱性，植被盖度较低。应恢复植被，保护生态。

参比土种　壤质硫酸盐草甸盐土。

代表性单个土体　位于内蒙古自治区巴彦淖尔市五原县天吉泰镇景杨林村，坐标为40°52′41.10″N，107°45′35.50″E，海拔为 1023 m，平原，母质为冲积物，盐碱荒地，植被盖度<15%，年均气温为 7.7 ℃，年均降水量为 164.3 mm，野外调查采样日期为 2015 年 10 月 3 日，编号 15-136。

景杨林系代表性单个土体剖面

Ah：　0～20 cm，浊黄棕色（10YR 5/4，干），浊黄棕色（10YR 5/3，润），粉壤土，团块状结构，极疏松，少量根系，强石灰反应，向下层波状清晰过渡。

Bwkr1：20～67 cm，橄榄棕色（2.5Y 4/6，干），黄棕色（2.5Y 5/4，润），黏土，块状结构，疏松，很少量根系，少量锈纹锈斑，强石灰反应，向下层平滑清晰过渡。

Bwkr2：67～92 cm，棕色（10YR 4/4，干），浊黄棕色（10YR 5/4，润），黏土，块状结构，稍坚实，很少量根系，少量锈纹锈斑，强石灰反应，向下层平滑清晰过渡。

Bwkr3：92～130 cm，黄棕色（2.5Y 5/6，干），浊黄棕色（10YR 5/4，润），粉质黏土，块状结构，坚实，少量锈纹锈斑，强石灰反应。

景杨林系代表性单个土体物理性质

土层	深度 /cm	细土颗粒组成(粒径：mm)/(g/kg)			质地	容重 /(g/cm^3)
		砂粒 2～0.05	粉粒 0.05～0.002	黏粒 <0.002		
Ah	0～20	7	751	242	粉壤土	1.61
Bwkr1	20～67	34	360	605	黏土	1.63
Bwkr2	67～92	5	386	608	黏土	1.61
Bwkr3	92～130	58	539	404	粉质黏土	1.66

景杨林系代表性单个土体化学性质

深度 /cm	pH (H_2O)	有机碳 /(g/kg)	全氮(N) /(g/kg)	全磷(P) /(g/kg)	全钾(K) /(g/kg)	CEC /(cmol/kg)	$CaCO_3$ /(g/kg)	全盐量 /(g/kg)
0～20	8.5	4.7	0.43	0.44	25.2	72.9	77.7	2.33
20～67	8.3	2.9	0.32	0.34	24.8	69.2	137.9	2.16
67～92	8.0	2.1	0.11	0.37	26.0	63.6	126.4	1.01
92～130	8.4	1.3	0.10	0.36	21.4	41.3	62.3	1.04

10.8.4 敖木罕查系（Aomuhancha Series）

土 族：黏壤质混合型石灰性冷性-弱盐淡色潮湿雏形土

拟定者：边振兴，高建飞，孙 雪，刚 晨

分布与环境条件 主要分布于内蒙古自治区通辽市东端，地处大兴安岭东南边缘，是松辽平原向内蒙古高原的过渡地带，冲积平原，海拔为 120～215 m，母质为冲积物，草地，温带大陆性季风气候，年均气温约 6.7 ℃，年均降水量约 420.7 mm，年均日照时数约 2892 h，无霜期约 202 d。

敖木罕查系典型景观

土壤性状与特征变幅 诊断层包括淡薄表层、雏形层和盐积现象；诊断特性包括潮湿土壤水分状况、潜育特征、氧化还原特征、冷性土壤温度状况和石灰性。土体厚度 1 m 以上，雏形层厚度约 93 cm，深 35 cm 以下存在石灰反应，深 88 cm 以下出现氧化还原特征，有机碳含量为 4.0～15.0 g/kg，容重为 1.32～1.46 g/cm^3，碳酸钙含量为 28～64 g/kg，pH 为 9.1～9.2，层次质地构型为壤土-粉壤土-粉质黏土-黏壤土，砂粒含量为 70～330 g/kg。

对比土系 西阿都沁系和景杨林系，属于同一亚类不同土族。西阿都沁系的土族控制层段内颗粒大小级别和矿物学组成为砂质硅质混合型；景杨林系的土族控制层段内颗粒大小级别和矿物学组成为黏质混合型。本土系的土族控制层段内颗粒大小级别和矿物学组成为黏壤质混合型。

利用性能综述 地势平坦，土体深厚，草原退化较严重，草被盖度低，产草量低，质量差。应科学管理和建设草原，保护生态。

参比土种　中度苏打碱化草甸土。

代表性单个土体　位于内蒙古自治区通辽市科尔沁左翼中旗腰林毛都镇敖木罕查干嘎查，坐标为 44°7′57.00″N，122°22′34.00″E，海拔为 165 m，冲积平原，母质为冲积物，草地，草被盖度约 70%，年均气温为 6.7 ℃，年均降水量为 420.7 mm，野外调查采样日期为 2015 年 7 月 27 日，编号 15-107。

敖木罕查系代表性单个土体剖面

Ahz：0～13 cm，浊黄棕色（10YR 6/4，干），灰黄棕色（10YR 4/2，润），壤土，发育弱的小粒状结构，松软，多量根系，向下层平滑清晰过渡。

Bw：13～35 cm，浊黄橙色（10YR 5/4，干），灰黄棕色（10YR 4/2，润），粉壤土，发育强的小棱块状结构，稍硬，少量根系，向下层平滑清晰过渡。

Bwk：35～88 cm，浊黄棕色（10YR 5/3，干），灰黄棕色（10YR 4/2，润），粉壤土，发育强的小棱块状结构，松软，极少量根系，中度石灰反应，向下层平滑清晰过渡。

Bwkr：88～106 cm，淡黄棕色（10YR 5/4，干），灰黄橙色（10YR 4/2，润），粉质黏土，发育强的小棱块状结构，松软，少量锈纹锈斑，中度石灰反应，向下层平滑清晰过渡。

2Ah：106～122cm，棕灰色（10YR 4/1，干），黑棕色（10YR 3/3，润），黏壤土，发育弱的小棱块状结构，松软，向下层不规则清晰过渡。

2Bgk：122～147 cm，橙白色（10YR 8/2，干），淡灰色（10YR 7/1，润），粉壤土，发育弱的小棱块状结构，松软，轻度石灰反应。

敖木罕查系代表性单个土体物理性质

土层	深度/cm	细土颗粒组成(粒径：mm)/(g/kg)			质地	容重/(g/cm³)
		砂粒 2～0.05	粉粒 0.05～0.002	黏粒 ＜0.002		
Ahz	0～13	293	460	247	壤土	1.43
Bw	13～35	329	549	123	粉壤土	1.46
Bwk	35～88	126	667	207	粉壤土	1.34
Bwkr	88～106	70	476	454	粉质黏土	1.37
2Ah	106～122	238	415	347	黏壤土	1.33
2Bgk	122～147	115	720	165	粉壤土	1.32

敖木罕查系代表性单个土体化学性质

深度 /cm	pH (H_2O)	有机碳 /(g/kg)	全氮(N) /(g/kg)	全磷(P) /(g/kg)	全钾(K) /(g/kg)	CEC /(cmol/kg)	$CaCO_3$ /(g/kg)	全盐量 /(g/kg)
0～13	9.1	14.2	0.14	0.57	36.1	18.4	55.5	2.28
13～35	9.1	10.9	0.13	0.33	38.8	16.0	47.8	2.02
35～88	9.2	4.9	0.11	0.32	40.8	19.4	41.1	1.23
88～106	9.1	7.0	0.11	0.48	32.3	32.9	45.6	1.00
106～122	9.1	10.1	0.06	0.17	36.5	22.8	28.1	0.23
122～147	9.1	4.2	0.04	0.74	31.0	18.6	64.0	0.21

10.8.5　希热吐系（Xiretu Series）

土　族：壤质混合型石灰性冷性-弱盐淡色潮湿雏形土

拟定者：边振兴，高建飞，孙　雪，刚　晨

分布与环境条件　主要分布于内蒙古自治区通辽市东端，地处大兴安岭东南边缘，是松辽平原向内蒙古高原的过渡地带西辽河平原，冲积平原，海拔为 120～215 m，母质为风积沙，草地，温带大陆性季风气候，年均气温约 7 ℃，年均降水量约 473.6 mm，年均日照时数约 2892 h，无霜期约 202 d。

希热吐系典型景观

土壤性状与特征变幅　诊断层包括淡薄表层、雏形层和盐积现象；诊断特性包括潮湿土壤水分状况、氧化还原特征、冷性土壤温度状况和石灰性。土体厚度 1 m 以上，雏形层厚度约 48 cm，通体存在石灰反应，深 70 cm 以下出现氧化还原特征，有机碳含量为 5.5～10.5 g/kg，容重为 1.47～1.62 g/cm^3，碳酸钙含量为 25～46 g/kg，pH 为 8.2～9.9，层次质地构型为砂质壤土-壤土-粉壤土，砂粒含量为 100～580 g/kg。

对比土系　达里诺尔系，属于同一土族。达里诺尔系母质为湖积物，表土层和底土层土壤质地较细，分别为壤土和粉质黏壤土，出现氧化还原特征部位较浅（36 cm）。本土系母质为风积沙，表土层和底土层土壤质地较粗，分别为砂质壤土和粉壤土，出现氧化还原特征部位较深（70 cm）。

利用性能综述　地势平坦，土层较厚，透水性好，保水保肥能力差，土壤养分含量偏低。植被为玉米，改良措施为多施有机肥、秸秆还田等，加大耕层厚度，提高土壤基础肥力。

参比土种　壤质石灰性草甸土。

代表性单个土体　位于内蒙古自治区通辽市科尔沁左翼后旗金宝屯镇希热吐嘎查，坐标为 43°19′50.00″N，123°16′2.00″E，海拔为 138 m，沙丘间洼地，母质为风积沙，耕地，种植玉米，年均气温为 7.0 ℃，年均降水量为 473.6 mm，野外调查采样日期为 2015 年 7 月 28 日，编号 15-115。

Ahk：0～30 cm，灰黄色（2.5Y 7/2，干），暗灰黄色（2.5Y 5/2，润），砂质壤土，粒状结构，坚硬，多量根系，有动物孔洞，强石灰反应，向下层平滑清晰过渡。

ABk：30～50 cm，浊黄色（2.5Y 6/4，干），黄棕色（2.5Y 5/4，润），壤土，粒状结构，松软，少量根系，有动物孔洞，强石灰反应，向下层波状清晰过渡。

Bwk：50～70 cm，亮黄棕色（2.5Y 6/6，干），橄榄棕色（2.5Y 4/6，润），粉壤土，块状结构，松软，少量根系，强石灰反应，向下层波状清晰过渡。

Bwkr：70～85 cm，亮黄棕色（2.5Y 6/8，干），黄棕色（10Y 5/6，润），砂质壤土，块状结构，松软，少量根系，中度石灰反应，少量铁锰结核，向下层平滑清晰过渡。

Bwr：85～98 cm，黄色（2.5Y 7/8，干），亮黄棕色（2.5YR 6/8，润），粉壤土，块状结构，松软，极少量根系，中度石灰反应，少量铁锰结核和铁锰斑纹。

希热吐系代表性单个土体剖面

BCr：98～165 cm，灰白色（2.5Y 8/1，干），灰白色（2.5Y 8/2，润），粉壤土，块状结构，松软，中度石灰反应，少量铁锰斑纹。

希热吐系代表性单个土体物理性质

土层	深度/cm	细土颗粒组成(粒径：mm)/(g/kg)			质地	容重/(g/cm³)
		砂粒 2～0.05	粉粒 0.05～0.002	黏粒 ＜0.002		
Ahk	0～30	579	340	80	砂质壤土	1.62
ABk	30～50	430	490	80	壤土	1.56
Bwk	50～70	400	560	40	粉壤土	1.55
Bwkr	70～85	553	367	80	砂质壤土	1.61
Bwr	85～98	108	771	120	粉壤土	1.47
BCr	98～165	366	554	80	粉壤土	1.53

希热吐系代表性单个土体化学性质

深度 /cm	pH (H_2O)	有机碳 /(g/kg)	全氮(N) /(g/kg)	全磷(P) /(g/kg)	全钾(K) /(g/kg)	CEC /(cmol/kg)	$CaCO_3$ /(g/kg)	全盐量 /(g/kg)
0～30	9.9	5.9	1.47	0.36	43.3	22.2	44.2	2.21
30～50	9.2	9.6	1.14	0.55	32.4	26.8	45.6	2.05
50～70	8.8	10.5	0.81	0.15	34.1	13.4	32.6	1.13
70～85	8.7	8.0	0.22	0.25	27.6	28.8	32.1	1.10
85～98	8.6	6.0	0.19	1.01	10.2	18.4	25.4	0.26
98～165	8.2	5.5	0.18	0.80	11.8	15.4	33.5	0.25

10.8.6 达里诺尔系（Dalinuo'er Series）

土 族：壤质混合型石灰性冷性-弱盐淡色潮湿雏形土

拟定者：贾树海，王洪志，杜 蒙，张国建，孙仲秀，王秋兵

分布与环境条件 主要分布于内蒙古自治区赤峰市克什克腾旗地区，地处浑善达克和科尔沁两大沙地的接合部一带，平原，平均海拔约 1100 m，母质为湖积物，草地，中温带大陆性季风气候，年均气温约 7.2 ℃，年均降水量约 179.1 mm，年均日照时数为 2600～2900 h，无霜期为 60～150 d。

达里诺尔系典型景观

土壤性状与特征变幅 诊断层包括淡薄表层和雏形层；诊断特性包括冷性土壤温度状况、潮湿土壤水分状况、氧化还原特征、盐积现象和石灰性。土体厚度 1 m 以上，雏形层厚度约 70 cm，通体存在石灰反应，深 36 cm 以下出现氧化还原特征，有机碳含量为 1.7～7.0 g/kg，容重为 1.17～1.65 g/cm^3，pH 为 9.5～9.7，层次质地构型为壤土-粉壤土-粉质黏壤土，粉粒含量为 490～810 g/kg。

对比土系 希热吐系，属于同一土族。希热吐系母质为风积沙，表土层和底土层土壤质地较粗，分别为砂质壤土和粉壤土，出现氧化还原特征部位较深（70 cm）。而本土系母质为湖积物，表土层和底土层土壤质地较细，分别为壤土和粉质黏壤土，出现氧化还原特征部位较浅（36 cm）。

利用性能综述 地势平坦，土层较厚，透水性好，保水保肥能力差，土壤养分含量较低。应用养结合，防止沙化，保护生态。

参比土种　壤质苏打草甸盐土。

代表性单个土体　位于内蒙古自治区赤峰市克什克腾旗达里诺尔，坐标为 41°03′05.90″N，108°11′24.30″E，海拔为 1235 m，平原，母质为湖积物，天然牧草地，草被盖度为 65%，年均气温为 7.2 ℃，年均降水量为 179.1 mm，野外调查采样日期为 2015 年 7 月 8 日，编号 15-021。

达里诺尔系代表性单个土体剖面

Ahz：0～8 cm，橄榄棕色（2.5Y 4/3，干），暗橄榄棕色（2.5Y 3/3，润），壤土，疏松，发育强的棱柱状结构，少量根系，强石灰反应，向下层平滑清晰过渡。

Bwk：8～36 cm，浊黄色（2.5Y 6/4，干），黄棕色（2.5Y 5/3，润），粉壤土，发育强的团块状结构，疏松，很少量根系，强石灰反应，向下层平滑清晰过渡。

Bwkr：36～78 cm，橄榄棕色（2.5Y 4/4，干），黄棕色（2.5Y 5/3，润），粉壤土，发育中等的团块状结构，疏松，很少量根系，少量锈纹锈斑，强石灰反应，向下层平滑渐变过渡。

BCkr：78～114 cm，橄榄棕色（2.5Y 4/4，干），橄榄棕色（2.5Y 4/3，润），粉壤土，发育中等的团块状结构，疏松，很少量根系，少量锈纹锈斑，强石灰反应，向下层波状渐变过渡。

Ckr：114～129 cm，橄榄棕色（2.5Y 4/4，干），橄榄棕色（2.5Y 4/3，润），粉质黏壤土，发育弱的团块状结构，疏松，很少量根系，少量锈纹锈斑，强石灰反应。

达里诺尔系代表性单个土体物理性质

土层	深度/cm	细土颗粒组成(粒径：mm)/(g/kg)			质地	容重/(g/cm^3)
		砂粒 2～0.05	粉粒 0.05～0.002	黏粒 <0.002		
Ahz	0～8	305	491	204	壤土	1.17
Bwk	8～36	126	712	162	粉壤土	1.17
Bwkr	36～78	113	805	81	粉壤土	1.43
BCkr	78～114	114	682	204	粉壤土	1.65
Ckr	114～129	31	653	315	粉质黏壤土	1.58

达里诺尔系代表性单个土体化学性质

深度 /cm	pH (H_2O)	有机碳 /(g/kg)	全氮(N) /(g/kg)	全磷(P) /(g/kg)	全钾(K) /(g/kg)	CEC /(cmol/kg)	$CaCO_3$ /(g/kg)	全盐量 /(g/kg)
0～8	9.5	7.0	0.43	0.45	22.1	57.5	15.9	2.63
8～36	9.5	2.3	0.21	0.42	22.1	56.7	26.4	2.46
36～78	9.7	2.4	0.11	0.41	22.4	46.9	41.3	1.21
78～114	9.6	2.3	0.32	0.39	22	47.3	53.3	1.24
114～129	9.6	1.7	0.15	0.36	21.8	44.6	57.8	0.25

10.9　石灰淡色潮湿雏形土

10.9.1　布迪系（Budi Series）

土　族：砂质硅质混合型冷性-石灰淡色潮湿雏形土

拟定者：边振兴，高建飞，孙　雪，刚　晨

分布与环境条件　主要分布于内蒙古自治区东辽河平原西部一带，丘间洼地，海拔为89～308 m，母质为风积物，草地，温带大陆性季风气候，年均气温约 7.1 ℃，年均降水量约 485.4 mm，年均日照时数约 2889 h，无霜期为 140～150 d。

布迪系典型景观

土壤性状与特征变幅　诊断层包括淡薄表层和雏形层；诊断特性包括潮湿土壤水分状况、氧化还原特征、冷性土壤温度状况和石灰性。土体厚度约 1 m，通体存在氧化还原特征和石灰反应，有机碳含量为 4.7～12.9 g/kg，容重为 1.51～1.65 g/cm^3，pH 为 8.1～8.4，层次质地构型为砂质壤土-壤质砂土-砂土，砂粒含量为 595～902 g/kg。

对比土系　吉日嘎朗系，属于同一亚类不同土族。吉日嘎朗系为温性土壤温度状况，而本土系为冷性土壤温度状况。

利用性能综述　丘间洼地，土体较厚，砂粒含量较高，结构较差，保水保肥能力弱，土壤碱性，植被盖度低。应封境育草，保护生态。

参比土种　砂质草甸土。

代表性单个土体　位于内蒙古自治区通辽市科尔沁左翼后旗甘旗卡布迪嘎查，坐标为 41°50′03.91″N，123°34′24.08″E，海拔为 208 m，丘间洼地，坡度为 6°，母质为风积物，草地，草被盖度约 35%，年均气温为 7.1 ℃，年均降水量为 485.4 mm，野外调查采样日期为 2015 年 5 月 21 日，编号 15-001。

Ahr：0～20 cm，棕灰色（7.5YR 5/1，干），棕灰色（7.5YR 4/1，润），砂质壤土，团粒结构，疏松，很多根系，可见铁锰斑纹，中度石灰反应，向下层波状渐变过渡。

Bwr：20～35 cm，棕灰色（7.5YR 5/1，干），棕灰色（7.5YR 4/1，润），壤质砂土，粒状结构，疏松，中量根系，可见铁锈斑纹和铁锰结核，中度石灰反应，向下层波状渐变过渡。

Arb：35～69 cm，棕灰色（7.5YR 4/1，干），黑棕色（7.5YR 3/1，润），砂质壤土，粒状结构，疏松，少量根系，可见锰聚集和铁锰结核，中度石灰反应，向下层平滑清晰过渡。

ACr：69～100 cm，淡棕灰色（7.5YR 7/2，干），灰棕色（7.5YR 6/2，润），砂土，小粒状结构，疏松，极少量根系，可见铁锈斑纹和铁锰结核，中度石灰反应。

布迪系代表性单个土体剖面

布迪系代表性单个土体物理性质

土层	深度/cm	细土颗粒组成(粒径：mm)/(g/kg)			质地	容重/(g/cm^3)
		砂粒 2～0.05	粉粒 0.05～0.002	黏粒 <0.002		
Ahr	0～20	595	281	123	砂质壤土	1.51
Bwr	20～35	865	53	82	壤质砂土	1.61
Arb	35～69	688	189	123	砂质壤土	1.58
ACr	69～100	902	16	81	砂土	1.65

布迪系代表性单个土体化学性质

深度/cm	pH（H_2O）	有机碳/(g/kg)	全氮(N)/(g/kg)	全磷(P)/(g/kg)	全钾(K)/(g/kg)	CEC/(cmol/kg)	$CaCO_3$/(g/kg)	BS/%
0～20	8.1	12.9	0.88	0.16	34.1	7.4	38.4	67
20～35	8.4	11.5	0.10	0.28	26.1	8.3	47.4	84
35～69	8.4	12.9	0.11	0.17	26.8	7.8	42.9	87
69～100	8.4	4.7	0.10	0.63	34.2	2.0	45.1	53

10.9.2　吉日嘎朗系（Jirigalang Series）

土　族：砂质硅质混合型温性-石灰淡色潮湿雏形土

拟定者：李德成，张甘霖，赵玉国

分布与环境条件　主要分布于内蒙古阿拉善盟额济纳旗一带，冲积平原，海拔为 898～1598 m，母质为冲积物，林地，中温带大陆性季风气候，年均气温约 9.1℃，年均降水量约 36.6 mm，年均日照时数为 2600～3500 h，无霜期为 138～150 d。

吉日嘎朗系典型景观

土壤性状与特征变幅　诊断层包括淡薄表层和雏形层；诊断特性包括温性土壤温度状况、潮湿土壤水分状况、氧化还原特征和石灰性。土体厚度 1 m 以上，淡薄表层厚度为 5～15 cm，可见铁锰斑纹，通体有石灰反应，碳酸钙含量为 60～90 g/kg，pH 为 8.2～9.3，层次质地构型为壤质砂土-砂质壤土-砂土，砂粒含量为 640～920 g/kg。

对比土系　布迪系，属于同一亚类不同土族。布迪系为冷性土壤温度状况，而本土系为温性土壤温度状况。

利用性能综述　地势较为平坦，养分含量低，干旱缺水，植被盖度低。应封境育草，保护生态。

参比土种　硫酸盐盐化林灌草甸土。

代表性单个土体　位于内蒙古自治区阿拉善盟额济纳旗东北，达来呼布镇吉日嘎朗图苏木北，坐标为 41°59′2.87″N，101°7′10.79″E，海拔为 863 m，冲积平原，母质为冲积物，胡杨林，胡杨和草灌盖度约 80%，年均气温为 9.1 ℃，年均降水量为 36.6 mm，野外调查采样日期为 2013 年 7 月 31 日，编号 YZ-033。

Ah1：0～7 cm，橙白色（10YR 8/2，干），棕灰色（10YR 6/1，润），壤质砂土，发育弱的粒状-小块状结构，松散-稍坚硬，少量根系，强石灰反应，向下层平滑清晰过渡。

Ah2：7～12 cm，橙白色（10YR 8/2，干），棕灰色（10YR 6/1，润），砂质壤土，发育弱的小块状结构，稍坚硬，少量根系，强石灰反应，向下层平滑清晰过渡。

Bw：12～35 cm，橙白色（10YR 8/2，干），棕灰色（10YR 6/1，润），砂质壤土，发育弱的小块状结构，疏松，强石灰反应，向下层波状渐变过渡。

Cr1：35～72 cm，橙白色（10YR 8/2，干），棕灰色（10YR 6/1，润），砂土，单粒，疏松，强石灰反应，氧化还原斑纹，向下层波状清晰过渡。

Cr2：72～120 cm，橙白色（10YR 8/2，干），棕灰色（10YR 6/1，润），砂质壤土，单粒，疏松，可见铁锰斑纹，强石灰反应。

吉日嘎朗系代表性单个土体剖面

吉日嘎朗系代表性单个土体物理性质

土层	深度/cm	细土颗粒组成(粒径：mm)/(g/kg)			质地	容重/(g/cm³)
		砂粒 2～0.05	粉粒 0.05～0.002	黏粒 <0.002		
Ah1	0～7	819	84	97	壤质砂土	1.49
Ah2	7～12	642	231	127	砂质壤土	1.28
Bw	12～35	773	123	104	砂质壤土	1.40
Cr1	35～72	920	19	61	砂土	1.56
Cr2	72～120	720	187	93	砂质壤土	1.48

吉日嘎朗系代表性单个土体化学性质

深度/cm	pH (H_2O)	有机碳/(g/kg)	全氮(N)/(g/kg)	全磷(P)/(g/kg)	全钾(K)/(g/kg)	CEC/(cmol/kg)	$CaCO_3$/(g/kg)
0～7	8.5	1.8	0.23	0.44	14.5	1.7	67.6
7～12	8.2	5.3	0.50	0.44	14.5	4.2	76.3
12～35	9.0	3.0	0.32	0.35	14.5	1.6	60.7
35～72	9.3	1.2	0.20	0.40	12.9	1.2	67.6
72～120	9.1	1.9	0.24	0.39	14.2	1.7	81.5

10.9.3 东哈家系（Donghajia Series）

土　族：黏质混合型冷性-石灰淡色潮湿雏形土

拟定者：贾树海，王洪志，杜　蒙，张国建，孙仲秀，王秋兵

分布与环境条件　主要分布于内蒙古自治区包头市土默特右旗将军尧镇一带，冲积平原，海拔为987～1000 m，母质为冲积物，旱地，大陆性半干旱季风气候，年均气温约6.4 ℃，年均降水量约328 mm，年均日照时数约3095 h，无霜期约135 d。

东哈家系典型景观

土壤性状与特征变幅　诊断层包括淡薄表层和雏形层；诊断特性包括潮湿土壤水分状况、冷性土壤温度状况、氧化还原特征和石灰性。土体厚度1 m以上，淡薄表层以下为雏形层，厚度约82 cm，深30 cm以下存在氧化还原特征，有机碳含量为2.9～12.0 g/kg，通体有石灰反应，pH为8.3～9.3，层次质地构型为粉质黏壤土-粉质黏土，黏粒含量为280～500 g/kg。

对比土系　新元系，同一亚类但不同土族，颗粒大小级别为黏壤质。

利用性能综述　地势平坦，土层深厚，土壤黏重，透水透气性较差，养分含量较低。应科学合理施用有机肥，改良土壤结构，培肥地力。

参比土种　壤质石灰性草甸土。

代表性单个土体　位于内蒙古自治区包头市土默特右旗将军尧镇东哈家村，坐标为40°20′48.00″N，110°50′12.20″E，海拔为988 m，冲积平原，母质为冲积物，水浇地，种

植玉米，年均气温为 6.4 ℃，年均降水量为 328.0 mm，野外调查采样日期为 2015 年 10 月 1 日，编号 15-128。

Ap1：0～16 cm，浊黄橙色(10YR 6/3，干)，浊黄棕色(10YR 5/4，润)，粉质黏壤土，发育强的团粒状结构，极疏松，少量根系，可见腐殖质胶膜，中度石灰反应，向下层平滑清晰过渡。

Ap2：16～30 cm，淡黄色（2.5Y 7/3，干），浊黄棕色（10YR 5/4，润），粉质黏土，发育中等的片状结构，疏松，很少量根系，可见腐殖质胶膜，中度石灰反应，向下层平滑清晰过渡。

Abr：30～44 cm，浊黄色（2.5Y 6/3，干），灰黄棕色（10YR 5/2，润），粉质黏壤土，发育强的片状结构，疏松，很少量根系，少量锈纹锈斑，强石灰反应，向下层波状清晰过渡。

东哈家系代表性单个土体剖面

Bwr1：44～81 cm，淡黄色（2.5Y 7/3，干），棕色（10YR 4/4，润），粉质黏壤土，发育中等的团块状结构，疏松，很少量根系，少量锈纹锈斑，强石灰反应，向下层波状清晰过渡。

Bwr2：81～96 cm，浊黄色（2.5Y 6/3，干），黑棕色（10YR 2/3，润），粉质黏土，发育中等的团块状结构，疏松，少量锈纹锈斑，强石灰反应，向下层波状清晰过渡。

Bwr3：96～126 cm，浊黄色（2.5Y 6/4，干），棕色（10YR 4/4，润），粉质黏壤土，发育中等的团块状结构，极疏松，少量锈纹锈斑，强石灰反应。

东哈家系代表性单个土体物理性质

土层	深度 /cm	细土颗粒组成(粒径：mm)/(g/kg)			质地	容重 /(g/cm^3)
		砂粒 2～0.05	粉粒 0.05～0.002	黏粒 ＜0.002		
Ap1	0～16	21	697	282	粉质黏壤土	1.75
Ap2	16～30	5	505	490	粉质黏土	1.76
Abr	30～44	14	701	285	粉质黏壤土	1.75
Bwr1	44～81	4	631	365	粉质黏壤土	1.71
Bwr2	81～96	7	499	494	粉质黏土	1.74
Bwr3	96～126	3	672	324	粉质黏壤土	1.75

东哈家系代表性单个土体化学性质

深度 /cm	pH (H_2O)	有机碳 /(g/kg)	全氮(N) /(g/kg)	全磷(P) /(g/kg)	全钾(K) /(g/kg)	CEC /(cmol/kg)	$CaCO_3$ /(g/kg)	BS /%
0～16	8.3	12.0	0.49	0.64	20.9	77.9	98	98
16～30	8.6	10.7	0.27	0.59	20.3	37.4	97	97
30～44	8.7	7.8	0.16	0.78	20.8	37.8	90	90
44～81	8.8	4.5	0.11	0.45	20.3	41.9	96	96
81～96	9.1	3.2	0.22	0.4	21.1	57.2	100	100
96～126	9.3	2.9	0.22	0.41	22.9	42.3	98	98

10.9.4 五分子系（Wufenzi Series）

土 族：黏壤质混合型冷性-石灰淡色潮湿雏形土

拟定者：韩春兰，王英杰，付小梅，刘金宝，李鑫蕊

分布与环境条件 主要分布于内蒙古自治区赤峰市翁牛特旗一带，阶地，海拔为 500～1000 m，母质为冲积物，旱地，温带半干旱大陆性季风气候，年均气温约 6 ℃，年均降水量约 368.7 mm，年均日照时数为 2850～3000 h，无霜期为 90～140 d。

五分子系典型景观

土壤性状与特征变幅 诊断层包括淡薄表层、雏形层和钙积现象；诊断特性包括潮湿土壤水分状况、氧化还原特征和冷性土壤温度状况。土体厚度 1 m 以上，通体存在石灰反应，深 73 cm 以下出现氧化还原特征，有机碳含量为 3.0～6.0 g/kg，容重为 1.26～1.47 g/cm^3，碳酸钙含量为 20～170 g/kg，pH 为 8.0～8.3，层次质地构型为粉壤土，砂粒含量为 20～150 g/kg。

对比土系 塔尔湖系、王玉营系、新元系和元井系，属于同一土族。塔尔湖系有灌淤现象和钙积现象，表层为壤土；王玉营系有钙积现象，表层为粉壤土；新元系有灌淤现象和钙积现象，表层为粉质黏土；元井系有石灰性，表层为黏壤土。本土系有钙积现象，表层为粉壤土。

利用性能综述 地势平坦，土层深厚，透水性好，土壤养分含量低，保水保肥能力差。应增加有机物料的投入，实行秸秆还田，增加耕层厚度，改善土壤物理性状。

参比土种　砂质石灰性草甸土。

代表性单个土体　位于内蒙古自治区赤峰市翁牛特旗五分子镇东山村敖汉营子，坐标为 43°08′16.09″ N，118°46′25.56″ E，海拔为 605 m，阶地，母质为冲积物，耕地，种植黍子，年均气温为 6.0 ℃，年均降水量为 368.7 mm，野外调查采样日期为 2015 年 10 月 9 日，编号 15-172。

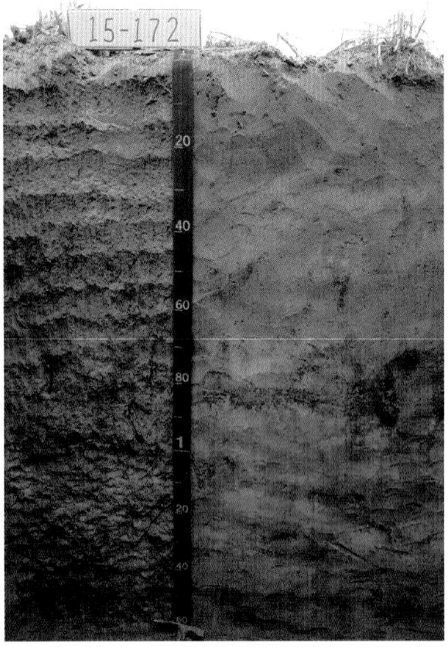

五分子系代表性单个土体剖面

Apk：0～22 cm，浊黄橙色（10YR 7/4，干），浊黄橙色（10YR 7/5，润），粉壤土，块状结构，松软，少量根系，中度石灰反应，向下层平滑清晰过渡。

Bwk1：22～49 cm，浊黄橙色（10YR 7/4，干），浊黄橙色（10YR 7/5，润），粉壤土，块状结构，松软，少量根系，中度石灰反应，向下层波状模糊过渡。

Bwk2：49～73 cm，浊黄橙色（10YR 7/3，干），浊黄橙色（10YR 7/4，润），粉壤土，块状结构，松软，少量根系，假菌丝体，强石灰反应，向下层波状清晰过渡。

Crk1：73～90 cm，淡黄棕色（10YR 5/3，干），暗棕色（10YR2/3，润），粉壤土，块状结构，稍坚硬，少量根系，中量假菌丝体和锈纹锈斑，强石灰反应，向下层平滑模糊过渡。

Crk2：90～117 cm，浊黄橙色（10YR 6/3，干），浊黄棕色（10YR 4/3，润），粉壤土，块状结构，稍坚硬，少量根系，大量假菌丝体和锈纹锈斑，强石灰反应，向下层波状模糊过渡。

Crk3：117～160 cm，淡黄色（2.5YR 7/3，干），淡黄色（2.5YR 6/3，润），粉壤土，块状结构，稍坚硬，大量假菌丝体和锈纹锈斑，强石灰反应。

五分子系代表性单个土体物理性质

土层	深度 /cm	细土颗粒组成(粒径：mm)/(g/kg)			质地	容重 /(g/cm³)
		砂粒 2～0.05	粉粒 0.05～0.002	黏粒 <0.002		
Apk	0～22	147	625	228	粉壤土	1.36
Bwk1	22～49	105	686	210	粉壤土	1.43
Bwk2	49～73	65	703	232	粉壤土	1.26
Crk1	73～90	21	782	197	粉壤土	1.32
Crk2	90～117	38	723	239	粉壤土	1.47
Crk3	117～160	51	723	226	粉壤土	1.45

五分子系代表性单个土体化学性质

深度 /cm	pH (H_2O)	有机碳 /(g/kg)	全氮(N) /(g/kg)	全磷(P) /(g/kg)	全钾(K) /(g/kg)	CEC /(cmol/kg)	$CaCO_3$ /(g/kg)
0～22	8.1	5.4	0.70	1.00	28.9	13.6	22.9
22～49	8.0	4.1	0.46	0.40	24.0	17.9	128.2
49～73	8.2	4.0	0.44	0.61	25.5	18.4	153.8
73～90	8.2	5.3	0.49	0.86	24.4	21.2	164.3
90～117	8.2	3.8	1.32	0.65	27.7	20.2	141.6
117～160	8.3	3.1	1.44	2.21	23.2	16.5	113.4

10.9.5　塔尔湖系（Ta'erhu Series）

土　族：黏壤质混合型冷性-石灰淡色潮湿雏形土

拟定者：贾树海，王洪志，杜　蒙，张国建，孙仲秀，王秋兵

分布与环境条件　主要分布于内蒙古自治区巴彦淖尔市五原县一带，平原，海拔为900～1500 m，母质为冲积物，水浇地，中温带大陆性季风气候，年均气温约7.2 ℃，年均降水量约166.9 mm，年均日照时数约3263 h，无霜期为117～136 d。

塔尔湖系典型景观

土壤性状与特征变幅　诊断层包括淡薄表层、雏形层、灌淤现象和钙积现象；诊断特性包括潮湿土壤水分状况、氧化还原特征和冷性土壤温度状况。土体厚度1 m以上，雏形层厚度约104 cm，通体存在石灰反应，深75 cm以下出现氧化还原特征，有机碳含量为7.0～13.0 g/kg，容重为1.80～1.96 g/cm^3，碳酸钙含量为0～105 g/kg，pH为8.3～8.8，层次质地构型为壤土-粉质黏壤土，砂粒含量为8～402 g/kg。

对比土系　五分子系、王玉营系、新元系和元井系，属于同一土族。五分子系有钙积现象，表层为粉壤土；王玉营系有钙积现象，表层为粉壤土；新元系有灌淤现象和钙积现象，表层为粉质黏土；元井系有石灰性，表层为黏壤土。本土系有灌淤现象和钙积现象，表层为壤土。

利用性能综述　地势平坦，土层较厚，质地为壤土，养分含量较低。应增施氮、磷肥，

适当深耕，结合施用有机肥，增厚耕层，提高土壤肥力。

参比土种 壤质潮灌淤土。

代表性单个土体 位于内蒙古自治区巴彦淖尔市五原县塔尔湖镇联丰村，坐标为41°04′13.00″N，107°50′49.40″E，海拔为1016 m，平原，母质为冲积物，水浇地，种植玉米和籽瓜，年均气温为7.2 ℃，年均降水量为166.9 mm，野外调查采样日期为2015年10月3日，编号15-134。

Apuk1：0～16 cm，棕色（10YR 4/4，干），浊黄棕色（10YR 4/3，润），壤土，团粒状结构，极疏松，少量根系，中度石灰反应，向下层平滑清晰过渡。

Apuk2：16～28 cm，棕色（10YR 4/4，干），浊黄棕色（10YR 4/3，润），壤土，片状结构，疏松，很少量根系，中度石灰反应，向下层平滑清晰过渡。

Bwk：28～75 cm，棕色（10YR 4/4，干），浊黄棕色（10YR 5/3，润），粉质黏壤土，块状结构，疏松，很少量根系，强石灰反应，向下层平滑清晰过渡。

Bwkr：75～132 cm，棕色（10YR 4/6，干），棕色（10YR 4/4，润），粉质黏壤土，块状结构，少量锈纹锈斑，疏松，强石灰反应。

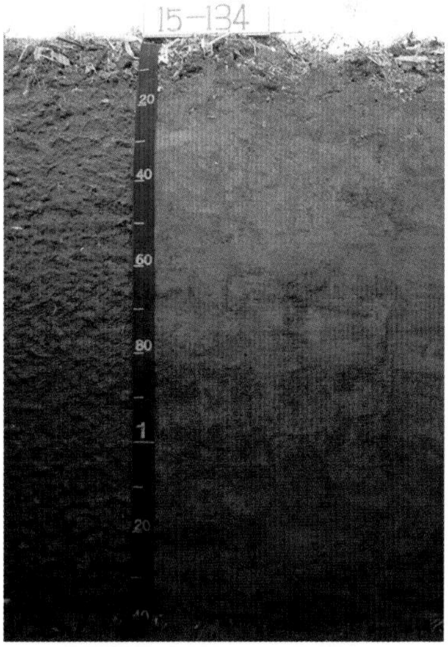

塔尔湖系代表性单个土体剖面

塔尔湖系代表性单个土体物理性质

土层	深度/cm	细土颗粒组成(粒径：mm)/(g/kg) 砂粒 2～0.05	粉粒 0.05～0.002	黏粒 <0.002	质地	容重/(g/cm^3)
Apuk1	0～16	402	355	243	壤土	1.80
Apuk2	16～28	398	359	243	壤土	1.88
Bwk	28～75	95	581	324	粉质黏壤土	1.96
Bwkr	75～132	8	665	327	粉质黏壤土	1.92

塔尔湖系代表性单个土体化学性质

深度/cm	pH (H_2O)	有机碳/(g/kg)	全氮(N)/(g/kg)	全磷(P)/(g/kg)	全钾(K)/(g/kg)	CEC/(cmol/kg)	$CaCO_3$/(g/kg)
0～16	8.5	12.8	0.75	0.58	20.3	28.6	10.6
16～28	8.8	9.0	0.53	0.49	21.8	24.4	0.6
28～75	8.8	7.8	0.21	0.37	20.4	26.3	32.8
75～132	8.3	7.8	0.00	0.34	24.6	29.6	104.6

10.9.6 王玉营系（Wangyuying Series）

土　族：黏壤质混合型冷性-石灰淡色潮湿雏形土

拟定者：贾树海，王洪志，杜　蒙，张国建，孙仲秀，王秋兵

分布与环境条件　主要分布于内蒙古自治区呼和浩特市托克托县一带，平原，海拔约 1132 m，母质为冲积物，水浇地，温带大陆性季风气候，年均气温约 6.2 ℃，年均降水量约 342.3 mm，年均日照时数约 3035 h，无霜期约 124 d。

王玉营系典型景观

土壤性状与特征变幅　诊断层包括淡薄表层、雏形层和钙积现象；诊断特性包括潮湿土壤水分状况、氧化还原特征和冷性土壤温度状况。土体厚度 1 m 以上，雏形层厚度约 36 cm，通体存在石灰反应，深 68 cm 之下出现氧化还原特征，有机碳含量为 3.0～13.0 g/kg，容重为 1.59～1.77 g/cm^3，碳酸钙含量为 20～90 g/kg，pH 为 8.3～8.6，层次质地构型为粉壤土-黏壤土-粉质黏壤土，砂粒含量为 50～200 g/kg。

对比土系　五分子系、塔尔湖系、新元系和元井系，属于同一土族。五分子系有钙积现象，表层为粉壤土；塔尔湖系有灌淤现象和钙积现象，表层为壤土；新元系有灌淤现象和钙积现象，表层为粉质黏土；元井系有石灰性，表层为黏壤土。本土系有钙积现象，表层为粉壤土。

利用性能综述　地势平坦，土层较厚，透水性好，表层土壤较肥沃，深层土壤养分含量低，土壤结构良好。植被为玉米，应增施有机肥料，科学合理施肥。

参比土种　壤质灌淤土。

代表性单个土体　位于内蒙古自治区呼和浩特市托克托县新营子镇王玉营村，坐标为 40°12′45.80″N，111°23′59.80″E，海拔为 1067 m，平原，母质为冲积物，水浇地，种植玉米，年均气温为 6.2 ℃，年均降水量为 342.3 mm，野外调查采样日期为 2015 年 10 月 8 日，编号 15-140。

Apk：0～16 cm，浊黄橙色（10YR 6/4，干），浊黄棕色（10YR 5/4，润），粉壤土，团粒状结构，稍坚实，少量根系，强石灰反应，向下层平滑清晰过渡。

ABk：16～32 cm，浊黄橙色（10YR 6/4，干），浊黄棕色（10YR 5/3，润），粉壤土，团粒状结构，极疏松，少量根系，强石灰反应，向下层平滑清晰过渡。

Bwk1：32～48 cm，浊黄橙色（10YR 7/4，干），浊黄橙色（10YR 6/4，润），黏壤土，团块状结构，极疏松，很少量根系，强石灰反应，向下层平滑清晰过渡。

Bwk2：48～68 cm，浊黄橙色（10YR 6/4，干），浊黄棕色（10YR 5/4，润），粉质黏壤土，块状结构，极疏松，少量根系，强石灰反应，向下层平滑清晰过渡。

BCkr：68～135 cm，浊黄橙色（10YR 7/4，干），浊黄橙色（10YR 6/4，润），粉壤土，块状结构，极疏松，很少量根系，少量锈纹锈斑，强石灰反应。

王玉营系代表性单个土体剖面

王玉营系代表性单个土体物理性质

土层	深度 /cm	细土颗粒组成(粒径：mm)/(g/kg) 砂粒 2～0.05	粉粒 0.05～0.002	黏粒 <0.002	质地	容重 /(g/cm^3)
Apk	0～16	55	700	245	粉壤土	1.60
ABk	16～32	71	766	163	粉壤土	1.77
Bwk1	32～48	198	480	322	黏壤土	1.64
Bwk2	48～68	92	626	282	粉质黏壤土	1.60
BCkr	68～135	55	728	216	粉壤土	1.59

王玉营系代表性单个土体化学性质

深度 /cm	pH (H_2O)	有机碳 /(g/kg)	全氮(N) /(g/kg)	全磷(P) /(g/kg)	全钾(K) /(g/kg)	CEC /(cmol/kg)	$CaCO_3$ /(g/kg)
0～16	8.3	12.8	0.42	0.73	25.7	35.6	20.8
16～32	8.5	6.4	0.22	0.55	23.3	28.3	89.6
32～48	8.6	5.3	0.27	0.45	22.0	20.8	37.2
48～68	8.4	5.1	0.21	0.43	23.7	20.2	33.4
68～135	8.4	3.7	0.22	0.44	20.6	18.2	24.9

10.9.7 新元系（Xinyuan Series）

土　族：黏壤质混合型冷性-石灰淡色潮湿雏形土

拟定者：贾树海，王洪志，杜　蒙，张国建，孙仲秀，王秋兵

分布与环境条件　主要分布于内蒙古自治区西部巴彦淖尔市临河区古城镇一带，河套平原腹地，海拔为 980～1209 m，母质为冲积物，水浇地，中温带半干旱大陆性季风气候，年均气温约 7 ℃，年均降水量约 155.6 mm，年均日照时数约 3230 h，无霜期约 130 d。

新元系典型景观

土壤性状与特征变幅　诊断层包括淡薄表层、雏形层、灌淤现象和钙积现象；诊断特性包括潮湿土壤水分状况、氧化还原特征和冷性土壤温度状况。土体厚度 1 m 以上，雏形层厚度约 65 cm，通体存在石灰反应，深 32 cm 以下出现氧化还原特征，有机碳含量为 5.0～10.0 g/kg，容重为 1.61～1.72 g/cm^3，pH 约为 8.4，层次质地构型为粉质黏土-粉壤土-粉质黏壤土，黏粒含量为 200～410 g/kg。

对比土系　五分子系、塔尔湖系、王玉营系和元井系，属于同一土族。五分子系有钙积现象，表层为粉壤土；塔尔湖系有灌淤现象和钙积现象，表层为壤土；王玉营系有钙积现象，表层为粉壤土；元井系有石灰性，表层为黏壤土。本土系有灌淤现象和钙积现象，表层为粉质黏土。

利用性能综述　地势平坦，土层深厚。应用养结合，增施有机肥，通过秸秆还田等增加地表覆盖，提升地力，防止沙化。

参比土种　壤质潮灌淤土。

代表性单个土体　位于内蒙古自治区巴彦淖尔市临河区新华镇新元村，坐标为41°10′50.40″N，107°35′52.00″E，海拔为985 m，平原，母质为冲积物，水浇地，种植向日葵，年均气温为7.0 ℃，年均降水量为155.6 mm，野外调查采样日期为2015年10月3日，编号15-138。

Aup1：0～16 cm，浊黄棕色（10YR 5/4，干），浊黄棕色（10YR 5/3，润），粉质黏土，发育强的团粒状结构，稍坚实，中量根系，有木炭，强石灰反应，向下层平滑清晰过渡。

Aup2：16～32 cm，浊黄棕色（10YR 5/4，干），浊黄棕色（10YR 5/3，润），粉壤土，发育强的片状结构，稍坚实，少量根系，有木炭，强石灰反应，向下层平滑清晰过渡。

Bkr1：32～58 cm，暗棕色（10YR 3/4，干），棕色（10YR 4/4，润），粉质黏壤土，发育中等的团块状结构，稍坚实，很少量根系，少量锈纹锈斑，强石灰反应，向下层平滑清晰过渡。

Bkr2：58～97 cm，浊黄棕色（10YR 4/3，干），浊黄棕色（10YR 5/3，润），粉壤土，发育中等的块状结构，疏松，少量锈纹锈斑，强石灰反应，向下层波状清晰过渡。

新元系代表性单个土体剖面

BCkr：97～128 cm，黄棕色（2.5Y 5/4，干），橄榄棕色（2.5Y 4/6，润），粉壤土，发育弱的棱块结构，疏松，少量锈纹锈斑，强石灰反应。

新元系代表性单个土体物理性质

土层	深度/cm	细土颗粒组成(粒径：mm)/(g/kg)			质地	容重/(g/cm³)
		砂粒 2～0.05	粉粒 0.05～0.002	黏粒 <0.002		
Aup1	0～16	14	576	410	粉质黏土	1.68
Aup2	16～32	16	738	246	粉壤土	1.72
Bkr1	32～58	14	700	286	粉质黏壤土	1.68
Bkr2	58～97	62	735	203	粉壤土	1.61
BCkr	97～128	49	751	200	粉壤土	1.64

新元系代表性单个土体化学性质

深度 /cm	pH (H_2O)	有机碳 /(g/kg)	全氮(N) /(g/kg)	全磷(P) /(g/kg)	全钾(K) /(g/kg)	CEC /(cmol/kg)	$CaCO_3$ /(g/kg)	BS /%
0～16	8.4	9.2	0.42	0.67	24.3	89.6	205.9	90
16～32	8.4	8.1	0.21	0.45	25.0	56.9	107.2	95
32～58	8.4	6.1	0.22	0.38	25.0	38.1	104.6	96
58～97	8.4	5.6	0.33	0.40	23.0	38.8	136.7	95
97～128	8.4	5.3	0.11	0.39	21.5	47.4	68.7	99

10.9.8　元井系（Yuanjing Series）

土　族：黏壤质混合型冷性-石灰淡色潮湿雏形土

拟定者：边振兴，高建飞，孙　雪，刚　晨

分布与环境条件　主要分布于内蒙古自治区巴彦淖尔市临河区一带，平原，海拔为1029～1045 m，母质为冲积物，旱地，温带半干旱大陆性季风气候，年均气温约 6.1 ℃，年均降水量约 320.2 mm，年均日照时数约 1781 h，无霜期约 130 d。

元井系典型景观

土壤性状与特征变幅　诊断层包括淡薄表层和雏形层；诊断特性包括潮湿土壤水分状况、氧化还原特征、冷性土壤温度状况和石灰性。土体厚度 1 m 以上，雏形层厚度约 44 cm，通体存在石灰反应，深 84 cm 以下出现氧化还原特征，有机碳含量为 1.8～7.6 g/kg，容重为 1.41～1.58 g/cm^3，碳酸钙含量为 61～65 g/kg，pH 为 7.9～8.2，层次质地构型为黏壤土-壤土，砂粒含量为 420～450 g/kg。

对比土系　五分子系、塔尔湖系、王玉营系和新元系，属于同一土族。五分子系有钙积现象，表层为粉壤土；塔尔湖系有灌淤现象和钙积现象，表层为壤土；王玉营系有钙积现象，表层为粉壤土；新元系有灌淤现象和钙积现象，表层为粉质黏土。本土系有石灰性，表层为黏壤土。

利用性能综述　地势平坦，土层较厚，透水性好，土壤养分含量低，保水保肥性能差。应注意施有机物料，改良土壤砂性；实行根茬秸秆还田，加厚耕作层；营造农田防护林，防风固沙，抗旱保墒。

参比土种　壤质潮灌淤土。

代表性单个土体　位于内蒙古自治区巴彦淖尔市临河区城关镇元井村，坐标为40°32′35.44″N，110°26′43.12″E，海拔为 1003 m，平原，母质为冲积物，耕地，种植向日葵，年均气温为 6.1 ℃，年均降水量为 320.2 mm，野外调查采样日期为 2015 年 10 月 3 日，编号 15-155。

元井系代表性单个土体剖面

Apk：0～20 cm，浊黄橙色（7.5YR 8/3，干），浊棕色（7.5YR 6/3，润），黏壤土，团粒状结构，疏松，大量根系，强石灰反应，向下层平滑渐变过渡。

ABk：20～40 cm，浊黄橙色（7.5YR 8/4，干），浊橙色（7.5YR 6/4，润），壤土，片状结构，疏松，大量根系，强石灰反应，向下层平滑清晰过渡。

Bwk：40～84 cm，浊黄棕色（7.5YR 8/3，干），浊棕色（7.5YR 6/3，润），黏壤土，片状结构，稍坚实，中量小麦根系和根系，少量树根，强石灰反应，向下层平滑清晰过渡。

Crk：84～110 cm，橙白色（7.5YR 8/2，干），浊棕色（7.5YR 7/3，润），壤土，片状结构，疏松，极少量根系，少量锈纹锈斑，强石灰反应。

元井系代表性单个土体物理性质

土层	深度/cm	细土颗粒组成(粒径：mm)/(g/kg)			质地	容重/(g/cm³)
		砂粒 2～0.05	粉粒 0.05～0.002	黏粒 ＜0.002		
Apk	0～20	426	241	333	黏壤土	1.41
ABk	20～40	440	307	253	壤土	1.56
Bwk	40～84	448	214	338	黏壤土	1.58
Crk	84～110	441	357	202	壤土	1.47

元井系代表性单个土体化学性质

深度/cm	pH (H_2O)	有机碳/(g/kg)	全氮(N)/(g/kg)	全磷(P)/(g/kg)	全钾(K)/(g/kg)	CEC/(cmol/kg)	$CaCO_3$/(g/kg)
0～20	7.9	7.6	0.28	0.35	24.6	23.2	61.3
20～40	8.2	3.9	0.66	0.79	34.1	25.2	64.9
40～84	8.2	4.2	0.96	0.64	35.5	38.8	62.6
84～110	8.2	1.8	0.29	0.78	25.5	25.6	63.5

10.9.9 白脑包系（Bainaobao Series）

土　族：壤质混合型冷性-石灰淡色潮湿雏形土
拟定者：边振兴，高建飞，孙　雪，刚　晨

分布与环境条件 主要分布于内蒙古自治区巴彦淖尔市临河区一带，平原，海拔为1029～1045 m，母质为冲积物，旱地，温带半干旱大陆性季风气候，年均气温约7.9 ℃，年均降水量为139～156 mm，年均日照时数约1781 h，无霜期约130 d。

白脑包系典型景观

土壤性状与特征变幅 诊断层包括淡薄表层、雏形层和灌淤现象；诊断特性包括潮湿土壤水分状况、氧化还原特征、冷性土壤温度状况和石灰性。土体厚度1 m以上，雏形层厚度约48 cm，通体存在石灰反应，深78 cm以下出现氧化还原特征，有机碳含量为0.5～5.6 g/kg，容重为1.38～2.06 g/cm^3，碳酸钙含量为40～70 g/kg，pH为8.2～8.5，层次质地构型为砂质壤土-粉壤土-壤土，砂粒含量为205～540 g/kg。

对比土系 官将系和黑柳子系，属于同一土族。官将系的表层为粉壤土，底层为粉土，深20 cm以下出现氧化还原特征；黑柳子系的表层和底层均为粉壤土，深50 cm以下出现氧化还原特征。本土系有灌淤现象，表层和底层均为砂质壤土，深78 cm以下出现氧化还原特征。

利用性能综述 地势平坦，土层深厚，透水性好，土壤养分含量低，保水保肥性能差。应增施有机肥料，科学合理施肥；营造农田防护林，防风固沙，抗旱保墒。

参比土种 壤质潮灌淤土。

代表性单个土体 位于内蒙古自治区巴彦淖尔市临河区白脑包镇水桐树村，坐标为40°52′22.39″N，107°22′4.53″E，海拔为1000 m，冲积平原，母质为冲积物，耕地，种植玉米，年均气温为7.9 ℃，年均降水量为141.1 mm，野外调查采样日期为2015年10月3日，编号15-157。

白脑包系代表性单个土体剖面

Apuk：0～30 cm，橙白色（10YR 8/2，干），浊黄橙色（10YR 6/4，润），砂质壤土，团粒状结构，疏松，多量根系，强石灰反应，向下层平滑清晰过渡。

Bwk1：30～61 cm，橙白色（10YR 8/2，干），浊黄橙色（10YR 7/3，润），粉壤土，团粒状结构，疏松，少量根系，强石灰反应，向下层平滑清晰过渡。

Bwk2：61～78 cm，橙白色（10YR 8/2，干），浊黄橙色（10YR 7/4，润），粉壤土，稍坚实，块状结构，中量根系，强石灰反应，向下层平滑渐变过渡。

Crk：78～120 cm，淡黄橙色（10YR 8/3，干），浊黄橙色（10YR 7/3，润），壤土，松散，中量根系，少量锈纹锈斑，强石灰反应，向下层平滑渐变过渡。

Ck：120～130 cm，淡黄橙色（10YR 8/3，干），浊黄橙色（10YR 7/3，润），砂质壤土，松散，极少量根系，强石灰反应。

白脑包系代表性单个土体物理性质

土层	深度/cm	细土颗粒组成(粒径：mm)/(g/kg)			质地	容重/(g/cm^3)
		砂粒 2～0.05	粉粒 0.05～0.002	黏粒 ＜0.002		
Apuk	0～30	540	260	199	砂质壤土	1.63
Bwk1	30～61	105	775	120	粉壤土	1.43
Bwk2	61～78	205	636	160	粉壤土	1.38
Crk	78～120	407	432	161	壤土	2.06
Ck	120～130	517	362	121	砂质壤土	1.46

白脑包系代表性单个土体化学性质

深度/cm	pH (H_2O)	有机碳/(g/kg)	全氮(N)/(g/kg)	全磷(P)/(g/kg)	全钾(K)/(g/kg)	CEC/(cmol/kg)	$CaCO_3$/(g/kg)
0～30	8.2	5.6	0.73	0.53	24.8	20.0	57.7
30～61	8.4	1.4	0.11	1.04	29.6	18.5	66.7
61～78	8.4	0.5	0.18	0.73	25.0	20.9	42.4
78～120	8.5	2.3	0.16	1.08	27.5	22.1	56.3
120～130	8.5	0.8	0.08	0.61	26.7	20.6	59.0

10.9.10 官将系（Guanjiang Series）

土 族：壤质混合型冷性-石灰淡色潮湿雏形土
拟定者：边振兴，高建飞，孙 雪，刚 晨

分布与环境条件 主要分布于内蒙古自治区包头市哈林格尔镇一带，冲积平原，海拔为970～1200 m，母质为冲积物，旱地，北温带大陆性季风气候，年均气温约 6.9 ℃，年均降水量约 287.2 mm，年均日照时数约 3177 h，无霜期约 165 d。

官将系典型景观

土壤性状与特征变幅 诊断层包括淡薄表层和雏形层；诊断特性包括潮湿土壤水分状况、氧化还原特征、冷性土壤温度状况和石灰性。土体厚度 1 m 以上，雏形层厚度约 20 cm，通体存在石灰反应，深 20 cm 以下出现氧化还原特征，有机碳含量为 7.0～18.0 g/kg，容重为 1.61～1.68 g/cm^3，pH 约 8.2，层次质地构型为粉壤土-粉土，粉粒含量为 600～900 g/kg。

对比土系 白脑包系和黑柳子系，属于同一土族。白脑包系有灌淤现象，表层和底层均为砂质壤土，深 78 cm 以下出现氧化还原特征；黑柳子系的表层和底层均为粉壤土，深 50 cm 以下出现氧化还原特征。本土系的表层为粉壤土，底层为粉土，深 20 cm 以下出现氧化还原特征。

利用性能综述 地势平坦，土层深厚，粉粒为主，养分含量较低。应科学施肥，培肥地力，增加地表覆盖，防止土壤沙化。

参比土种 壤质灌淤潮土。

代表性单个土体　位于内蒙古自治区包头市哈林格尔镇官将村，坐标为 40°32′49.24″N，109°43′59.47″E，海拔为 974 m，冲积平原，母质为冲积物，耕地，种植玉米，年均气温为 6.9 ℃，年均降水量为 287.2 mm，野外调查采样日期为 2015 年 10 月 1 日，编号 15-129。

官将系代表性单个土体剖面

Apk：0～20 cm，浊黄橙色（10YR 6/3，干），浊黄棕色（10YR 5/3，润），粉壤土，发育强的小团粒状结构，疏松，大量根系，中度石灰反应，向下层平滑清晰过渡。

ABkr：20～36 cm，浊黄橙色（10YR 6/4，干），浊黄棕色（10YR 5/3，润），粉壤土，发育强的小团粒状结构，疏松，大量根系，少量锈纹锈斑，中度石灰反应，向下层平滑渐变过渡。

Bwkr：36～56 cm，浊黄橙色（10YR 7/3，干），浊黄棕色（10YR 5/4，润），粉壤土，发育中等的团粒状结构，疏松，中量根系，少量锈纹锈斑，中度石灰反应，向下层平滑清晰过渡。

BCkr：56～87 cm，淡黄橙色（10YR 8/3，干），浊黄橙色（10YR 6/3，润），粉壤土，发育中等的团粒状结构，稍坚实，少量锈纹锈斑，中度石灰反应，向下层平滑清晰过渡。

Ckr：87～130 cm，浊黄橙色（10YR 7/3，干）浊黄橙色（10YR 6/4，润），粉土，发育中等的团粒状结构，疏松，少量锈纹锈斑，中度石灰反应。

官将系代表性单个土体物理性质

土层	深度 /cm	细土颗粒组成(粒径：mm)/(g/kg)			质地	容重 /(g/cm^3)
		砂粒 2～0.05	粉粒 0.05～0.002	黏粒 ＜0.002		
Apk	0～20	358	602	40	粉壤土	1.63
ABkr	20～36	211	710	80	粉壤土	1.61
Bwkr	36～56	163	757	80	粉壤土	1.64
BCkr	56～87	187	773	40	粉壤土	1.68
Ckr	87～130	26	893	81	粉土	1.62

官将系代表性单个土体化学性质

深度 /cm	pH (H_2O)	有机碳 /(g/kg)	全氮(N) /(g/kg)	全磷(P) /(g/kg)	全钾(K) /(g/kg)	CEC /(cmol/kg)	$CaCO_3$ /(g/kg)
0～20	8.2	8.9	0.23	0.74	5.8	16.0	37.1
20～36	8.2	17.6	0.05	0.34	4.1	15.5	41.1
36～56	8.2	7.7	0.11	0.66	5.9	16.2	54.1
56～87	8.2	7.0	0.08	0.80	6.7	24.8	53.7
87～130	8.2	8.2	0.71	0.75	6.7	9.1	70.7

10.9.11　黑柳子系（Heiliuzi Series）

土　族：壤质混合型冷性-石灰淡色潮湿雏形土

拟定者：边振兴，高建飞，孙　雪，刚　晨

分布与环境条件　主要分布于内蒙古自治区巴彦淖尔市乌拉特前旗一带，冲积平原，海拔约 1007 m，母质为冲积物，旱地，温带大陆性季风气候，年均气温为 3.5～7.2 ℃，年均降水量约 269.6 mm，年均日照时数约 3203 h，无霜期为 100～145 d。

黑柳子系典型景观

土壤性状与特征变幅　诊断层包括淡薄表层和雏形层；诊断特性包括潮湿土壤水分状况、氧化还原特征、冷性土壤温度状况和石灰性。土体厚度 1 m 以上，雏形层厚度约 37 cm，通体存在石灰反应，深 50 cm 以下出现氧化还原特征，有机碳含量为 3.3～3.8 g/kg，容重为 1.43～1.78 g/cm^3，碳酸钙含量为 52～65 g/kg，pH 为 8.1～8.7，层次质地构型为粉壤土-粉质黏壤土，砂粒含量为 7～284 g/kg。

对比土系　白脑包系和官将系，属于同一土族。白脑包系有灌淤现象，表层和底层均为砂质壤土，深 78 cm 以下出现氧化还原特征；官将系的表层为粉壤土，底层为粉土，深 20 cm 以下出现氧化还原特征。本土系的表层和底层均为粉壤土，深 50 cm 以下出现氧化还原特征。

利用性能综述　地势平坦，土层较厚，透水性好，土壤养分含量低，保水保肥性能差。应注意施有机物料，改良土壤砂性；营造农田防护林，防风固沙，抗旱保墒。

参比土种　壤质潮灌淤土。

代表性单个土体　位于内蒙古自治区巴彦淖尔市乌拉特前旗黑柳乡黑柳子树，坐标为40°33′50.00″N，109°20′54.00″E，海拔为983 m，平原，母质为冲积物，耕地，种植向日葵，年均气温为7.0 ℃，年均降水量为269.6 mm，野外调查采样日期为2015年10月2日，编号15-135。

黑柳子系代表性单个土体剖面

Apk：0～13 cm，浊黄橙色（10YR 7/3，干），浊黄棕色（10YR 5/4，润），粉壤土，团粒状结构，疏松，大量根系，强石灰反应，向下层平滑清晰过渡。

Bwk1：13～40 cm，浊黄橙色（10YR 7/3，干），浊黄棕色（10YR 5/4，润），粉质黏壤土，团块状结构，疏松，大量根系，强石灰反应，向下层平滑清晰过渡。

Bwk2：40～50 cm，浊黄橙色（10YR 7/3，干），浊黄橙色（10YR 6/4，润），粉壤土，团粒状结构，疏松，中量根系，强石灰反应，向下层平滑清晰过渡。

Ckr1：50～80 cm，淡黄橙色（10YR 8/3，干），浊黄橙色（10YR 6/4，润），粉壤土，松散，中量根系，少量锈纹锈斑，强石灰反应，向下层平滑清晰过渡。

Ckr2：80～110 cm，淡黄橙色（10YR 8/3，干），浊黄橙色（10YR 6/4，润），粉壤土，稍坚实，块状结构，少量根系，少量锈纹锈斑，强石灰反应。

黑柳子系代表性单个土体物理性质

土层	深度/cm	细土颗粒组成(粒径：mm)/(g/kg)			质地	容重/(g/cm³)
		砂粒 2～0.05	粉粒 0.05～0.002	黏粒 <0.002		
Apk	0～13	7	753	240	粉壤土	1.49
Bwk1	13～40	54	663	283	粉质黏壤土	1.78
Bwk2	40～50	91	749	160	粉壤土	1.57
Ckr1	50～80	102	739	160	粉壤土	1.43
Ckr2	80～110	284	636	80	粉壤土	1.48

黑柳子系代表性单个土体化学性质

深度/cm	pH(H_2O)	有机碳/(g/kg)	全氮(N)/(g/kg)	全磷(P)/(g/kg)	全钾(K)/(g/kg)	CEC/(cmol/kg)	$CaCO_3$/(g/kg)
0～13	8.6	3.5	0.05	0.86	26.0	22.7	60.8
13～40	8.7	3.6	0.07	0.81	24.5	22.1	64.9
40～50	8.7	3.8	0.36	1.09	23.8	22.8	52.8
50～80	8.1	3.3	0.08	0.46	18.2	19.2	58.6
80～110	8.1	3.5	0.04	0.39	24.7	19.3	59.5

10.10　普通淡色潮湿雏形土

10.10.1　吉日根系（Jirigen Series）

土　族：黏质混合型非酸性冷性-普通淡色潮湿雏形土

拟定者：隋跃宇

分布与环境条件　主要分布于内蒙古自治区呼伦贝尔市扎兰屯市、阿荣旗、莫力达瓦达斡尔族自治旗、鄂伦春自治旗，兴安盟扎赉特旗等一带，阶地，海拔为 200～450 m，母质为冲-洪积物，旱地，中温带大陆性季风气候，年均气温约 3 ℃，年均降水量约 416.5 mm，年均日照时数为 2662～2875 h，无霜期为 115～120 d。

吉日根系典型景观

土壤性状与特征变幅　诊断层包括淡薄表层和雏形层；诊断特性包括潮湿土壤水分状况、冷性土壤温度状况和氧化还原特征。土体厚度 1 m 以上，雏形层厚度约 88 cm，有机碳含量为 2.0～8.6 g/kg，容重为 1.45～1.58 g/cm^3，pH 为 6.3～6.6，层次质地构型为黏土-黏壤土，砂粒含量为 167～310 g/kg，砾石含量为 2%～25%。

对比土系　宜里系，属于同一亚纲不同土类。宜里系具暗沃表层，为普通暗色潮湿雏形土，而本土系具淡薄表层，为普通淡色潮湿雏形土。

利用性能综述　土层较厚，质地黏重，表土有机质含量高，保肥能力强。宜耕期短，水分过多，通透性差，土温低。在作物生长前期供肥不足，且易受低温早霜危害。应加强农田基本建设，逐步完善林渠沟路配套，建成能灌排的基本农田体系。应增施有机肥，防止地力减退。适时耕作，浅翻深松，增加土壤通透性。

参比土种 黏质草甸土。

代表性单个土体 位于内蒙古自治区兴安盟扎赉特旗吉日根林场西北，坐标为46°50′6.84″N，121°43′40.26″E，海拔为443 m，阶地，母质为冲-洪积物，旱地，种植玉米，年均气温为3.0 ℃，年均降水量为416.5 mm，野外调查采样日期为2015年7月9日，编号15-070。

吉日根系代表性单个土体剖面

Apr：0～19 cm，浊黄棕色（10YR 5/4，干），棕色（10YR 4/4，润），少量砾石，黏土，团块状结构，坚实，少量根系，向下层平滑渐变过渡。

ABr：19～40 cm，浊黄棕色（10YR 5/4，干），棕色（10YR 4/4，润），少量砾石，黏土，团块状结构，坚实，少量根系，少量锈纹锈斑和铁锰结核，向下层平滑渐变过渡。

Bwr：40～64 cm，浊黄棕色（10YR 5/4，干），棕色（10YR 4/4，润），少量砾石，黏壤土，块状结构，坚实，少量根系，少量锈纹锈斑和铁锰结核，向下层平滑渐变过渡。

Bw1：64～89 cm，浊黄棕色（10YR 5/4，干），浊黄棕色（10YR 4/3，润），少量砾石，黏壤土，块状结构，坚实，向下层平滑渐变过渡。

Bw2：89～107 cm，浊黄棕色（10YR 4/3，干），暗棕色（10YR 3/4，润），少量砾石，黏土，发育中等的中粒状结构，坚实，向下层平滑渐变过渡。

C：107～120 cm，浊黄橙色（10YR 6/4，干），浊黄棕色（10YR 5/4，润），中量砾石，黏壤土，块状结构，坚实。

吉日根系代表性单个土体物理性质

土层	深度/cm	砾石(>2mm，体积分数)/%	细土颗粒组成(粒径：mm)/(g/kg)			质地	容重/(g/cm³)
			砂粒 2～0.05	粉粒 0.05～0.002	黏粒 <0.002		
Apr	0～19	2	190	371	439	黏土	1.45
ABr	19～40	10	167	400	433	黏土	1.48
Bwr	40～64	5	230	372	399	黏壤土	1.51
Bw1	64～89	11	266	360	374	黏壤土	1.58
Bw2	89～107	9	226	358	416	黏土	—
C	107～120	25	310	337	353	黏壤土	—

吉日根系代表性单个土体化学性质

深度 /cm	pH (H_2O)	有机碳 /(g/kg)	全氮(N) /(g/kg)	全磷(P) /(g/kg)	全钾(K) /(g/kg)	CEC /(cmol/kg)
0～19	6.3	8.6	1.10	0.24	10.1	32.6
19～40	6.5	4.9	0.80	0.21	13.3	29.8
40～64	6.4	4.0	0.60	0.25	15.5	27.7
64～89	6.6	3.5	0.50	0.28	11.0	29.0
89～107	6.5	5.9	0.70	0.06	11.3	31.1
107～120	6.6	2.0	0.40	0.30	13.4	25.7

10.11 斑纹灌淤干润雏形土

10.11.1 大井壕系（Dajinghao Series）

土 族：黏质混合型石灰性冷性-斑纹灌淤干润雏形土

拟定者：贾树海，王洪志，杜 蒙，张国建，孙仲秀，王秋兵

分布与环境条件 主要分布于内蒙古自治区中部的土默川一带，冲积平原，平均海拔约 1132 m，母质为冲积物，旱地，中温带大陆性季风气候，年均气温约 6.4 ℃，年均降水量约 320 mm，年均日照时数约 3035 h，无霜期约 124 d。

大井壕系典型景观

土壤性状与特征变幅 诊断层包括暗沃表层、雏形层和灌淤现象；诊断特性包括冷性土壤温度状况、半干润土壤水分状况、氧化还原特征和钙积现象。土体厚度 1 m 以上，灌淤层厚度约 39 cm，通体存在石灰反应，深 16 cm 以下出现氧化还原特征，有机碳含量为 1.0～17.0 g/kg，容重为 1.50～2.10 g/cm^3，pH 为 8.9～9.9，层次质地构型为黏土-粉壤土-粉质黏壤土，黏粒含量为 240～750 g/kg。

对比土系 隆兴昌系，属于同一亚类不同土族。隆兴昌系土族控制层段内颗粒大小级别为黏壤质，而本土系土族控制层段内颗粒大小级别为黏质。

利用性能综述 地势较平坦，土层深厚，质地黏重，透水透气性较差。应采取秸秆还田等措施增加地表覆盖，改善土壤结构，减轻水土流失。

参比土种 壤质石灰性草甸土。

代表性单个土体 位于内蒙古自治区呼和浩特市托克托县五申镇大井壕村，坐标为 40°21′16.30″N，111°08′41.40″E，海拔为 982 m，较平坦平原，母质为冲积物，耕地，种植玉米，年均气温为 6.4 ℃，年均降水量为 320.0 mm，野外调查采样日期为 2015 年 10 月 8 日，编号 15-166。

Aupk：0～20 cm，暗棕色（10YR 3/3，干），黑棕色（10YR 3/2，润），黏土，团粒状结构，坚实，中量根系，强石灰反应，向下层平滑清晰过渡。

Aupkr：20～39 cm，黑棕色（10YR 3/2，干），黑棕色（10YR 3/2，润），黏土，片状结构，坚实，中量根系，少量锈纹锈斑，强石灰反应，向下层平滑清晰过渡。

Bwkr：39～57 cm，浊黄橙色（10YR 6/4，干），浊黄橙色（10YR 6/3，润），粉壤土，块状结构，稍坚实，很少量根系，少量锈纹锈斑，强石灰反应，向下层平滑清晰过渡。

BCkr：57～135 cm，浊黄棕色（10YR 5/4，干），浊黄棕色（10YR 5/3，润），粉质黏壤土，块状结构，疏松，少量锈纹锈斑，强石灰反应。

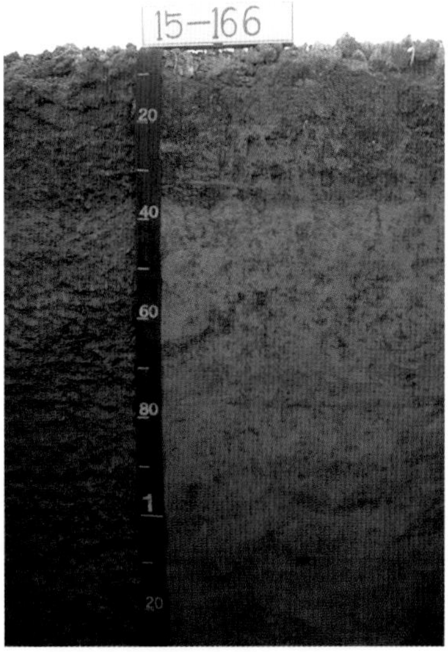

大井壕系代表性单个土体剖面

大井壕系代表性单个土体物理性质

土层	深度/cm	细土颗粒组成(粒径：mm)/(g/kg)			质地	容重/(g/cm³)
		砂粒 2～0.05	粉粒 0.05～0.002	黏粒 <0.002		
Aupk	0～20	25	312	663	黏土	1.50
Aupkr	20～39	4	250	746	黏土	1.85
Bwkr	39～57	6	749	245	粉壤土	1.97
BCkr	57～135	17	619	364	粉质黏壤土	2.08

大井壕系代表性单个土体化学性质

深度/cm	pH (H_2O)	有机碳/(g/kg)	全氮(N)/(g/kg)	全磷(P)/(g/kg)	全钾(K)/(g/kg)	CEC/(cmol/kg)	$CaCO_3$/(g/kg)	BS/%
0～20	8.9	16.7	1.41	0.65	27.4	26.7	17.5	88
20～39	9.3	13.1	0.92	0.41	26.4	24.8	59.8	93
39～57	9.9	6.4	0.33	0.40	26.7	29.8	103.3	100
57～135	9.9	1.2	0.28	0.36	25.7	25.2	62.3	85

10.11.2　隆兴昌系（Longxingchang Series）

土　族：黏壤质混合型石灰性冷性-斑纹灌淤干润雏形土

拟定者：贾树海，王洪志，杜　蒙，张国建，孙仲秀，王秋兵

分布与环境条件　主要分布于内蒙古自治区巴彦淖尔市中部一带，平原，海拔为 900～1500 m，母质为冲积物，水浇地，中温带大陆性季风气候，年均气温约 7.2 ℃，年均降水量约 179.1 mm，年均日照时数约 3263 h，无霜期为 117～136 d。

隆兴昌系典型景观

土壤性状与特征变幅　诊断层包括淡薄表层、雏形层和灌淤现象；诊断特性包括半干润土壤水分状况、冷性土壤温度状况、氧化还原特征和钙积现象。土体厚度 1 m 以上，通体存在石灰反应，有机碳含量为 3～11 g/kg，容重为 1.51～1.75 g/cm^3，pH 为 8.3～8.8，土壤颗粒组成以粉粒为主，层次质地构型为粉质黏壤土-粉壤土-砂质壤土，黏粒含量为 120～410 g/kg。

对比土系　大井壕系，属于同一亚类不同土族。大井壕系土族控制层段内颗粒大小级别为黏质，而本土系土族控制层段内颗粒大小级别为黏壤质。

利用性能综述　地势较平坦，土层深厚，粉粒较多，土壤呈碱性。应注意用养结合，增施有机肥，增加地表覆盖，合理灌溉，防止盐渍化。

参比土种　轻度硫酸盐盐化潮土。

代表性单个土体　位于内蒙古自治区巴彦淖尔市五原县隆兴昌镇荣誉村，坐标为

41°4′28.36″N，108°12′0.81″E，海拔为 1008 m，平原，母质为冲积物，水浇地，种植向日葵，年均气温为 7.2 ℃，年均降水量为 179.1 mm，野外调查采样日期为 2015 年 10 月 3 日，编号 15-132。

Aupk1：0～16 cm，浊黄橙色（10YR 5/3，干），浊黄棕色（10YR5/4，润），粉质黏壤土，团粒状结构，疏松，少量根系，中度石灰反应，向下层平滑清晰过渡。

Aupk2：16～38 cm，浊黄棕色（10YR 5/4，干），浊黄棕色（10YR 4/3，润），粉质黏壤土，片状结构，疏松，少量根系，中度石灰反应，向下层平滑清晰过渡。

Bwkr1：38～65 cm，淡黄色（2.5Y 7/3，干），黄棕色（2.5YR 5/3，润），粉壤土，片状结构，疏松，少量锈纹锈斑，中度石灰反应，向下层平滑清晰过渡。

Bwkr2：65～90 cm，黄棕色（2.5Y 5/3，干），橄榄棕色（2.5YR 4/6，润），粉质黏壤土，稍坚实，块状结构，少量锈纹锈斑，强石灰反应，向下层平滑清晰过渡。

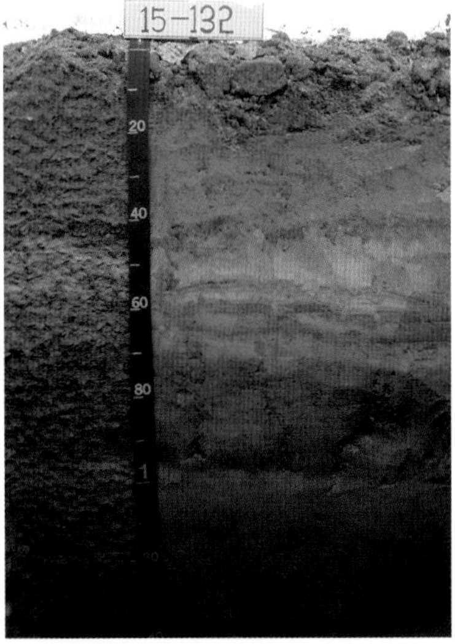

隆兴昌系代表性单个土体剖面

Ckr：　90～134 cm，淡黄色（2.5Y 7/4，干），橄榄棕色（2.5YR 4/6，润），砂质壤土，块状结构，松散，少量锈纹锈斑，强石灰反应。

隆兴昌系代表性单个土体物理性质

土层	深度 /cm	细土颗粒组成(粒径：mm)/(g/kg)			质地	容重 /(g/cm³)
		砂粒 2～0.05	粉粒 0.05～0.002	黏粒 <0.002		
Aupk1	0～16	76	600	324	粉质黏壤土	1.64
Aupk2	16～38	101	617	282	粉质黏壤土	1.75
Bwkr1	38～65	6	789	204	粉壤土	1.51
Bwkr2	65～90	53	539	408	粉质黏壤土	1.56
Ckr	90～134	515	365	120	砂质壤土	1.61

隆兴昌系代表性单个土体化学性质

深度 /cm	pH (H_2O)	有机碳 /(g/kg)	全氮(N) /(g/kg)	全磷(P) /(g/kg)	全钾(K) /(g/kg)	CEC /(cmol/kg)	$CaCO_3$ /(g/kg)	BS /%
0～16	8.3	10.8	0.63	0.68	21.6	58.7	103.3	97
16～38	8.6	6.8	0.27	0.63	22.1	67.9	63.0	98
38～65	8.8	6.7	0.22	0.29	22.9	51.3	113.3	98
65～90	8.4	5.0	0.17	0.39	22.9	31.3	31.6	97
90～134	8.6	3.8	0.10	0.34	22.1	41.3	49.5	97

10.12　石质铁质干润雏形土

10.12.1　巴音敖包系（Bayin’aobao Series）

土　族：壤质混合型石灰性冷性-石质铁质干润雏形土

拟定者：韩春兰，王英杰，付小梅，刘金宝，李鑫蕊

分布与环境条件　主要分布于内蒙古自治区巴彦淖尔市达尔罕茂明安联合旗一带，山地中山坡，海拔为 1058～1846 m，二元母质，上部为洪积物，下部为闪长岩残积物，草地，温带大陆性季风气候，年均气温约 4.6 ℃，年均降水量约 234.3 mm，年均日照时数为 3100～3300 h，无霜期为 95～217 d。

巴音敖包系典型景观

土壤性状与特征变幅　诊断层包括淡薄表层和雏形层；诊断特性包括准石质接触面、半干润土壤水分状况、冷性土壤温度状况、铁质特性和石灰性。土体厚度约 70 cm，雏形层厚度约 24 cm，通体存在石灰反应，32 cm 深以上土壤基质色调为 2.5YR～5YR，有机碳含量为 2.7～3.2 g/kg，容重为 1.46～1.49 g/cm^3，pH 为 8.4～8.8，层次质地构型为壤土-壤质砂土，砂粒含量为 250～770 g/kg。

对比土系　西桃花湾系，空间相邻，属于同一亚纲不同土类。西桃花湾系的母质为黄土状坡积物，为钙积简育干润雏形土，而本土系为二元母质，上部为洪积物，下部为闪长岩残积物，为石质铁质干润雏形土。

利用性能综述　土层薄，粉粒多，养分含量高，植被盖度低，土壤呈碱性。应封境育草或种植耐旱、养分需求量低的植物，施肥时要注重养分协调。

参比土种　薄层黄土质栗钙土。

代表性单个土体　位于内蒙古自治区巴彦淖尔市达尔罕茂明安联合旗巴音敖包苏木高腰湾嘎查，坐标为 41°55′28.64″N，110°07′21.02″E，海拔为 1430 m，山地中山坡，二元母质，上部为洪积物，下部为闪长岩残积物，天然草地，草被盖度约 20%，年均气温为 4.6 ℃，年均降水量为 234.3 mm，野外调查采样日期为 2015 年 7 月 30 日，编号 15-144。

Ah：0～8 cm，橙色（2.5YR 6/6，干），红棕色（5YR 4/8，润），2%岩石碎屑，壤土，块状结构，松散，少量根系，强石灰反应，向下层平滑模糊过渡。

Bw：8～32 cm，橙色（2.5YR 7/6，干），亮红棕色（5YR 5/8，润），5%岩石碎屑，壤土，块状结构，稍坚硬，少量根系，强石灰反应，向下层平滑突变过渡。

2C：32～70 cm，浊黄橙色（10YR 7/2，干），浊黄橙色（10YR 6/3，润），85%岩石碎屑，壤质砂土，稍坚硬，强石灰反应。

巴音敖包系代表性单个土体剖面

巴音敖包系代表性单个土体物理性质

土层	深度/cm	砾石(>2mm，体积分数)/%	细土颗粒组成(粒径：mm)/(g/kg) 砂粒 2～0.05	粉粒 0.05～0.002	黏粒 <0.002	质地	容重/(g/cm^3)
Ah	0～8	2	253	508	239	壤土	1.49
Bw	8～32	5	286	520	195	壤土	1.46
2C	32～70	85	770	149	80	壤质砂土	—

巴音敖包系代表性单个土体化学性质

深度/cm	pH (H_2O)	有机碳/(g/kg)	全氮(N)/(g/kg)	全磷(P)/(g/kg)	全钾(K)/(g/kg)	CEC/(cmol/kg)	$CaCO_3$/(g/kg)
0～8	8.6	3.2	0.42	0.66	23.1	22.3	106.1
8～32	8.4	2.7	0.32	0.26	22.1	22.4	153.0
32～70	—	—	—	—	—	—	—

10.13　石灰底锈干润雏形土

10.13.1　哈素海系（Hasuhai Series）

土　族：砂质硅质混合型冷性-石灰底锈干润雏形土

拟定者：贾树海，王洪志，杜　蒙，张国建，孙仲秀，王秋兵

分布与环境条件　主要分布于内蒙古自治区呼和浩特市土默特左旗一带，平原，海拔为1000～1100 m，母质为冲-洪积物，水浇地，温带大陆性季风气候，年均气温约 6.3 ℃，年均降水量为 307.2 mm，年均日照时数约 2952 h，无霜期约 133 d。

哈素海系典型景观

土壤性状与特征变幅　诊断层包括淡薄表层、钙积层和雏形层；诊断特性包括冷性土壤温度状况、半干润土壤水分状况和氧化还原特征。土体厚度 1 m 以上，雏形层厚度约 90 cm，通体存在石灰反应，深 105 cm 以下出现氧化还原特征，有机碳含量为 0.0～12.0 g/kg，容重为 1.55～1.76 g/cm^3，pH 为 8.6～9.2，层次质地构型为黏壤土-砂质壤土，砂粒含量为 290～810 g/kg。

对比土系　乃林高勒系，属于同一土族。乃林高勒系表土和底土均为壤质砂土，氧化还原特征出现在深 34 cm 以下。本土系表层为黏壤土，底土为砂质壤土，氧化还原特征出现在深 50 cm 以下。

利用性能综述　地势平坦，土层深厚，土壤呈碱性。应增施有机肥，培肥地力，增加地

表覆盖，防止水土流失和地表沙化。

参比土种　轻度苏打盐化潮土。

代表性单个土体　位于内蒙古自治区呼和浩特市土默特左旗哈素海前马群村，坐标为 40°36′58.4″N，111°00′19.2″E，海拔为 1002 m，平原，母质为冲-洪积物，水浇地，种植玉米，年均气温为 6.3 ℃，年均降水量为 307.2 mm，野外调查采样日期为 2015 年 10 月 1 日，编号 15-126。

Ap：0～15 cm，浊黄橙色（10YR 6/4，干），浊黄棕色（10YR 4/3，润），黏壤土，团块状结构，疏松，少量根系，中度石灰反应，向下层平滑清晰过渡。

Bkr：15～50 cm，浊黄橙色（10YR 6/3，干），浊黄棕色（10YR 5/3，润），黏壤土，块状结构，疏松，少量根系，中度石灰反应，向下层平滑清晰过渡。

Bwkr：50～105 cm，黄棕色（10YR 5/6，干），棕色（10YR 4/2，润），砂质壤土，块状结构，极疏松，很少量根系，少量锈纹锈斑，中度石灰反应，向下层平滑清晰过渡。

Ckr：105～123 cm，黄棕色（10YR 5/6，干），黄棕色（10YR 5/8，润），砂质壤土，块状结构，少量锈纹锈斑，强石灰反应。

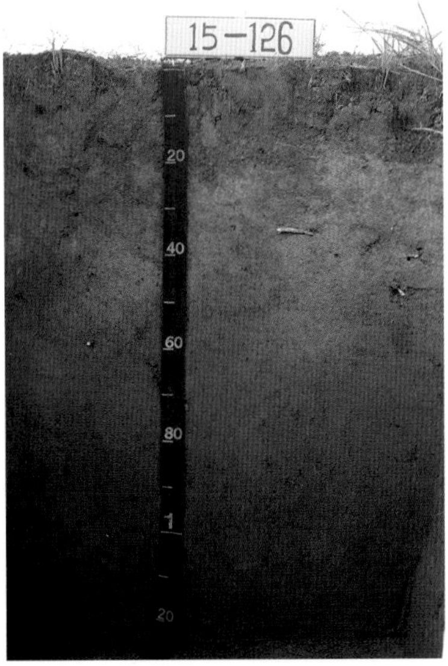

哈素海系代表性单个土体剖面

哈素海系代表性单个土体物理性质

土层	深度 /cm	细土颗粒组成(粒径：mm)/(g/kg) 砂粒 2～0.05	粉粒 0.05～0.002	黏粒 <0.002	质地	容重 /(g/cm³)
Ap	0～15	384	213	403	黏壤土	1.55
Bkr	15～50	291	428	281	黏壤土	1.56
Bwkr	50～105	702	178	120	砂质壤土	1.69
Ckr	105～123	803	37	160	砂质壤土	1.76

哈素海系代表性单个土体化学性质

深度 /cm	pH (H_2O)	有机碳 /(g/kg)	全氮(N) /(g/kg)	全磷(P) /(g/kg)	全钾(K) /(g/kg)	CEC /(cmol/kg)	$CaCO_3$ /(g/kg)
0～15	9.1	11.4	0.22	0.58	21.6	35.3	99.3
15～50	8.9	4.2	0.11	0.39	21.4	34.3	261.8
50～105	9.2	2.1	0.11	0.35	21.1	28.2	65.4
105～123	8.6	0.3	0	0.31	21.8	18.5	23.9

10.13.2　乃林高勒系（Nailingaole Series）

土族名称：砂质硅质混合型冷性-石灰底锈干润雏形土

拟定者：韩春兰，王英杰，付小梅，刘金宝，李鑫蕊

分布与环境条件　主要分布于内蒙古自治区赤峰市翁牛特旗一带，丘陵，海拔为 300～500 m，母质为二元母质，上部为风积物，下部为冲积物，旱地，中温带半干旱大陆性季风气候，年均气温约 6.9 ℃，年均降水量约 395.8 mm，年均日照时数为 2850～3000 h，无霜期为 90～140 d。

乃林高勒系典型景观

土壤性状与特征变幅　诊断层包括淡薄表层；诊断特性包括潮湿土壤水分状况、冷性土壤温度状况、氧化还原特征和石灰性。土体厚度约 1 m 以上，通体存在石灰反应，碳酸钙含量为 16～145 g/kg，有机碳含量为 1.6～3.8 g/kg，容重为 1.52～1.64 g/cm^3，pH 为 8.9～9.9，层次质地构型为壤质砂土-砂质壤土，砂粒含量为 500～820 g/kg。

对比土系　哈素海系，属于同一土族。哈素海系表层为黏壤土，底土为砂质壤土，氧化还原特征出现在深 50 cm 以下。本土系表土和底土均为壤质砂土，氧化还原特征出现在深 34 cm 以下。

利用性能综述　土层较厚，碱性较强，壤砂性较大，漏水漏肥，土壤养分含量低，植被为玉米。改良利用方向仍继续以农业利用为主，要注意施有机物料，改良土壤砂性，实行秸秆还田，增加耕层厚度，改善土壤物理性状；增加氮肥、磷肥的施用量，促进幼苗生长发育；营造农田防护林，防风固沙，抗旱保墒。

参比土种 砂质石灰性草甸土。

代表性单个土体 位于内蒙古自治区赤峰市翁牛特旗阿什罕苏木乃林高勒嘎查，坐标为42°52′50.39″N，119°41′31.37″E，海拔为436 m，丘陵，二元母质，上部为风积物，下部为冲积物，耕地，种植玉米，年均气温为6.9 ℃，年均降水量为395.8 mm，野外调查采样日期为2015年10月8日，编号15-176。

Ap：0～19 cm，浊黄橙色（10YR 7/3，干），浊黄橙色（10YR 6/3，润），壤质砂土，块状结构，松散，中量根系，轻度石灰反应，向下层平滑模糊过渡。

Bw：19～34 cm，浊黄橙色（10YR 7/4，干），浊黄棕色（10YR 5/4，润），壤质砂土，块状结构，稍坚硬，中量根系，轻度石灰反应，向下层平滑模糊过渡。

Cr1：34～61 cm，浊黄橙色（10YR 7/4，干），浊黄橙色（10YR 6/4，润），砂质壤土，单粒，稍坚硬，少量根系，少量锈纹锈斑，轻度石灰反应，向下层平滑清晰过渡。

Cr2：61～95 cm，浊黄橙色（10YR 7/3，干），浊黄橙色（10YR 6/4，润），壤质砂土，块状结构，松软，少量根系，少量锈纹锈斑，中度石灰反应，向下层平滑清晰过渡。

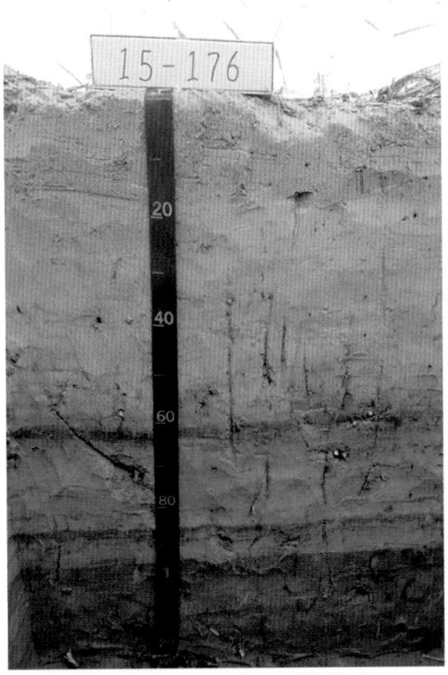

乃林高勒系代表性单个土体剖面

Cr3：95～125 cm，浊黄橙色（10YR 6/3，干），浊黄棕色（10YR 5/4，润），壤质砂土，块状结构，松软，少量根系，少量锈纹锈斑，轻度石灰反应。

乃林高勒系代表性单个土体物理性质

土层	深度 /cm	细土颗粒组成(粒径：mm)/(g/kg)			质地	容重 /(g/cm^3)
		砂粒 2～0.05	粉粒 0.05～0.002	黏粒 <0.002		
Ap	0～19	762	195	43	壤质砂土	1.52
Bw	19～34	802	168	30	壤质砂土	1.52
Cr1	34～61	500	433	67	砂质壤土	1.52
Cr2	61～95	776	174	51	壤质砂土	1.59
Cr3	95～125	818	134	48	壤质砂土	1.64

乃林高勒系代表性单个土体化学性质

深度 /cm	pH (H_2O)	有机碳 /(g/kg)	全氮(N) /(g/kg)	全磷(P) /(g/kg)	全钾(K) /(g/kg)	CEC /(cmol/kg)	$CaCO_3$ /(g/kg)
0～19	8.9	3.2	0.53	0.60	29.4	10.3	16.2
19～34	9.3	2.5	0.39	0.61	28.4	15.4	134.3
34～61	9.7	2.1	0.29	0.29	29.0	12.6	84.7
61～95	9.9	3.8	2.27	2.95	30.1	14.6	140.3
95～125	9.3	1.6	0.21	3.09	29.8	11.5	111.6

10.13.3　军马场系（Junmachang Series）

土　族：黏壤质盖粗骨质混合型冷性-石灰底锈干润雏形土

拟定者：贾树海，王洪志，杜　蒙，张国建，孙仲秀，王秋兵

分布与环境条件　主要分布于内蒙古自治区通辽市扎鲁特旗一带，略起伏丘陵，海拔介于 179～1444 m，母质为二元母质，上部为黄土状物质，下部为残积物，天然牧草地，中温带大陆性季风气候，年均气温约 4.4 ℃，年均降水量约 389 mm，年均日照时数约 2883 h，无霜期约 139 d。

军马场系典型景观

土壤性状与特征变幅　诊断层包括淡薄表层和雏形层；诊断特性包括半干润土壤水分状况、冷性土壤温度状况、氧化还原特征和钙积现象。土体厚度 1 m 以上，雏形层厚度约 19 cm，通体存在石灰反应，深 40 cm 以下出现氧化还原特征，有机碳含量介于 6.9～16.7 g/kg，容重介于 1.45～1.70 g/cm^3，pH 介于 7.9～8.4，层次质地构型为壤土-黏壤土-壤质砂土-砂土，砂粒含量介于 220～920 g/kg。

对比土系　布尔台系、达林台系和沙尔呼热系，属于同一亚类不同土族。布尔台系、达林台系和沙尔呼热系土族控制层段内颗粒大小级别为黏壤质，而本土系的母质为二元母质，上部为黄土状物质，下部为残积物，土族控制层段内颗粒大小级别为黏壤质盖粗骨质。

利用性能综述　地势起伏，土层较厚，砂砾较多，保水保肥能力较差。应注意水土保持，防止水土流失。

参比土种　壤质黄土-残积暗栗钙土。

代表性单个土体 位于内蒙古自治区扎鲁特旗格日朝鲁苏木军马场，坐标为44°55′57.20″N，120°19′06.40″E，海拔为 732 m，略起伏丘陵，母质上部为黄土状物质，下部为残积物，天然牧草地，草被盖度为 70%～80%，年均气温为 4.4 ℃，年均降水量为 389.0 mm，野外调查采样日期为 2015 年 7 月 27 日，编号 15-108。

军马场系代表性单个土体剖面

Ahk：0～21 cm，灰黄棕色（10YR 4/2，干），黑棕色（10YR 2/3，润），壤土，团块状结构，疏松，少量根系，中度石灰反应，向下层平滑清晰过渡。

Bwk：21～40 cm，浊黄棕色（10YR 5/3，干），灰黄棕色（10YR 4/2，润），黏壤土，团块状结构，疏松，很少量根系，中度石灰反应，向下层平滑波状过渡。

BCkr：40～67 cm，浊黄棕色（10YR 5/4，干），棕色（10YR 4/4，润），15%砾石，壤土，发育中等的团块状结构，疏松，少量锈纹锈斑，强石灰反应，向下层平滑清晰过渡。

2Ckr1：67～118 cm，亮黄棕色（10YR 6/6，干），浊黄棕色（10YR 5/4，润），85%砾石，壤质砂土，发育弱的屑粒状结构，少量锈纹锈斑，强石灰反应，向下层平滑清晰过渡。

2Ckr2：118～152 cm，亮黄棕色（10YR 6/8，干），亮黄棕色（10YR 7/6，润），85%砾石，砂土，发育弱的屑粒状结构，少量锈纹锈斑，强石灰反应。

军马场系代表性单个土体物理性质

土层	深度/cm	砾石(>2mm，体积分数)/%	细土颗粒组成(粒径：mm)/(g/kg)			质地	容重/(g/cm³)
			砂粒 2～0.05	粉粒 0.05～0.002	黏粒 <0.002		
Ahk	0～21	0	311	524	165	壤土	1.45
Bwk	21～40	0	220	368	412	黏壤土	1.51
BCkr	40～67	15	388	407	205	壤土	1.70
2Ckr1	67～118	85	858	60	82	壤质砂土	1.56
2Ckr2	118～152	85	919	41	40	砂土	1.62

军马场系代表性单个土体化学性质

深度/cm	pH(H_2O)	有机碳/(g/kg)	全氮(N)/(g/kg)	全磷(P)/(g/kg)	全钾(K)/(g/kg)	CEC/(cmol/kg)	$CaCO_3$/(g/kg)
0～21	8.2	16.7	0.87	0.54	22.8	29.5	5.6
21～40	8.3	14.5	1.14	0.42	24.3	27.8	46.5
40～67	8.3	8.8	0.65	0.54	21.5	20.8	86.7
67～118	8.4	7.2	0.11	0.45	21.4	18.8	75.1
118～152	7.9	6.9	0.05	0.50	19.9	15.2	88.0

10.13.4　布尔台系（Bu'ertai Series）

土　族：黏壤质混合型冷性-石灰底锈干润雏形土

拟定者：孙福军，潘　瑶，蒋卓东，曾　鸣

分布与环境条件　主要分布于内蒙古自治区赤峰市阿鲁科尔沁旗一带，高原，海拔为 261～1540 m，母质为沙黄土，草地，温带半干旱大陆性季风气候，年均气温约 2.5 ℃，年均降水量约 275.6 mm，年均日照时数为 2760～3030 h，无霜期为 95～140 d。

布尔台系典型景观

土壤性状与特征变幅　诊断层包括淡薄表层和雏形层；诊断特性包括半干润土壤水分状况、冷性土壤温度状况、氧化还原特征和石灰性。土体厚度 1 m 以上，雏形层厚度约 41 cm，通体存在石灰反应，深 29 cm 以下出现氧化还原特征，有机碳含量为 5.0～6.0 g/kg，容重为 1.25～1.46 g/cm^3，pH 为 8.1～8.4，层次质地构型为壤土，砂粒含量为 350～490 g/kg。

对比土系　达林台系和沙尔呼热系，属于同一土族。达林台系具有淡薄表层，表土为壤土，底土层为粉壤土，氧化还原特征出现在 19 cm 深以下；沙尔呼热系具有淡薄表层，表土为壤土，底土层为粉壤土，氧化还原特征出现在 69 cm 深以下。本土系具有淡薄表层，通体壤土，氧化还原特征出现在 29 cm 深以下。

利用性能综述　土层较厚，腐殖质层薄，土层干时坚硬，保水保肥性能差，养分含量低，土地沙化，草场退化。应围封和人工种草相结合，恢复土地生产力；划区轮牧，防止过牧引起草场沙化或退化。对植被稀疏地块进行轮封轮牧，恢复植被，也可在封闭地上人工种植优良牧草。

参比土种 砂质草甸栗钙土。

代表性单个土体 位于内蒙古自治区赤峰市阿鲁科尔沁旗东沙布尔台，坐标为43°49′11.70″N，115°53′15.70″E，海拔为 1145 m，高原，母质为沙黄土，草地，草被盖度为40%～50%，年均气温为2.5 ℃，年均降水量为275.6 mm，野外调查采样日期为2015年7月25日，编号15-035。

Ahk：0～29 cm，浊黄橙色（10YR 6/4，干），棕色（10YR 4/6，润），壤土，团块状结构，松软，大量根系，中度石灰反应，向下层平滑渐变过渡。

Bwkr：29～70 cm，浅淡黄色（2.5Y 8/4，干），棕色（7.5YR 4/4，润），壤土，块状结构，松软，少量根系，少量锈纹锈斑，强石灰反应，向下层平滑渐变过渡。

Ckr：70～110 cm，淡黄色（2.5Y 7/4，干），浊黄橙色（10YR 6/4，润），壤土，块状结构，松软，少量根系，少量锈纹锈斑，强石灰反应。

布尔台系代表性单个土体剖面

布尔台系代表性单个土体物理性质

土层	深度/cm	细土颗粒组成(粒径：mm)/(g/kg)			质地	容重/(g/cm³)
		砂粒 2～0.05	粉粒 0.05～0.002	黏粒 <0.002		
Ahk	0～29	383	353	264	壤土	1.46
Bwkr	29～70	486	342	171	壤土	1.25
Ckr	70～110	353	388	259	壤土	1.39

布尔台系代表性单个土体化学性质

深度/cm	pH (H_2O)	有机碳/(g/kg)	全氮(N)/(g/kg)	全磷(P)/(g/kg)	全钾(K)/(g/kg)	CEC/(cmol/kg)	$CaCO_3$/(g/kg)	BS/%
0～29	8.1	5.5	0.42	0.58	28.4	11.9	58.2	91
29～70	8.3	5.0	0.05	0.60	27.4	21.1	50.2	97
70～110	8.4	5.6	0.2	0.28	28.0	23.3	51.3	98

10.13.5　达林台系（Dalintai Series）

土　族：黏壤质混合型冷性-石灰底锈干润雏形土

拟定者：韩春兰，王英杰，付小梅，刘金宝，李鑫蕊

分布与环境条件　主要分布于内蒙古自治区赤峰市翁牛特旗海拉苏镇一带，丘陵，海拔为 400～1900 m，母质为黄土状物质，天然牧草地，温带大陆性季风气候，年均气温约 6.5 ℃，年均降水量约 375.8 mm，年均日照时数为 3000～3200 h，无霜期约 121 d。

达林台系典型景观

土壤性状与特征变幅　诊断层包括淡薄表层和钙积层；诊断特性包括半干润土壤水分状况、冷性土壤温度状况、氧化还原特征和石灰性。土体厚度 1 m 以上，钙积层厚度约 40 cm，可见碳酸钙白色粉末，通体存在石灰反应，有机碳含量为 2.6～5.1 g/kg，容重为 1.26～1.40 g/cm^3，碳酸钙含量为 67～245 g/kg，pH 为 8.5～8.6，层次质地构型为壤土-粉壤土，砂粒含量为 60～420 g/kg。

对比土系　布尔台系和沙尔呼热系，属于同一土族。布尔台系具有淡薄表层，通体壤土，氧化还原特征出现在 29 cm 深以下；沙尔呼热系具有淡薄表层，表土为壤土，底土层为粉壤土，氧化还原特征出现在 69 cm 深以下。本土系具有淡薄表层，表土为壤土，底土层为粉壤土，氧化还原特征出现在 19 cm 深以下。

利用性能综述　地势起伏，土层相对较厚，干时坚硬，养分含量低，地表覆盖度低，干旱缺水。应封境育草，保护生态，防止土地沙化。

参比土种　薄层黄土质栗钙土。

代表性单个土体　位于内蒙古自治区赤峰市翁牛特旗海拉苏镇达林台水库，坐标为 43°20′28.83″N，119°34′00.63″E，海拔为 444 m，丘陵，地形坡度为 3°，母质为黄土状物质，天然牧草地，草被盖度约 10%，年均气温为 6.5 ℃，年均降水量为 375.8 mm，野外调查采样日期为 2015 年 10 月 8 日，编号 15-178。

Ahk：0～19 cm，浊棕色（10YR 6/4，干），棕色（10YR 4/4，润），壤土，块状结构，松软，少量根系，强石灰反应，向下层平滑清晰过渡。

Bkr1：19～30 cm，淡黄橙色（2.5YR 8/3，干），浊黄橙色（2.5YR 6/4，润），粉壤土，块状结构，坚硬，少量根系，可见碳酸钙粉末和铁锰斑纹，强石灰反应，向下层平滑模糊过渡。

Bkr2：30～59 cm，淡黄橙色（2.5YR 8/3，干），淡黄橙色（2.5YR 8/3，干），粉壤土，块状结构，稍坚硬，少量根系，可见碳酸钙粉末和铁锰斑纹，强石灰反应，向下层平滑模糊过渡。

Bkr3：59～125 cm，浊黄橙色（10YR 7/4，干），浊黄橙色（10YR 6/4，润），粉壤土，块状结构，稍坚硬，少量根系，可见假菌丝体和铁锰斑纹，强石灰反应。

达林台系代表性单个土体剖面

达林台系代表性单个土体物理性质

土层	深度/cm	细土颗粒组成(粒径：mm)/(g/kg) 砂粒 2～0.05	粉粒 0.05～0.002	黏粒 <0.002	质地	容重/(g/cm³)
Ahk	0～19	420	392	187	壤土	1.40
Bkr1	19～30	100	634	266	粉壤土	1.35
Bkr2	30～59	61	685	253	粉壤土	1.27
Bkr3	59～125	74	688	239	粉壤土	1.26

达林台系代表性单个土体化学性质

深度/cm	pH (H_2O)	有机碳/(g/kg)	全氮(N)/(g/kg)	全磷(P)/(g/kg)	全钾(K)/(g/kg)	CEC/(cmol/kg)	$CaCO_3$/(g/kg)
0～19	8.5	5.1	0.76	0.41	31.3	15.4	67.4
19～30	8.5	3.2	0.61	5.23	22.7	20.5	225.1
30～59	8.6	2.8	0.61	1.00	23.8	19.3	244.9
59～125	8.6	2.6	0.81	2.91	26.1	21.0	185.5

10.13.6　沙尔呼热系（Sha'erhure Series）

土　族：黏壤质混合型冷性-石灰底锈干润雏形土

拟定者：边振兴，高建飞，孙　雪，刚　晨

分布与环境条件　主要分布于内蒙古自治区通辽市北部地区，地处科尔沁草原腹地一带，高原低丘阶地，海拔为 870～1100 m，母质为黄土状物质，草地，温带半干旱大陆性季风气候，年均气温约 1.8 ℃，年均降水量约 360.6 mm，年均日照时数约 2920 h，无霜期约 102 d。

沙尔呼热系典型景观

土壤性状与特征变幅　诊断层包括淡薄表层和雏形层；诊断特性包括半干润土壤水分状况、氧化还原特征、冷性土壤温度状况和石灰性。土体厚度 1 m 以上，雏形层厚度约 122 cm，通体存在石灰反应，深 69 cm 以下出现氧化还原特征，有机碳含量为 4.0～15 g/kg，容重为 1.51～1.61 g/cm^3，碳酸钙含量为 44～73 g/kg，pH 为 8.2～8.9，层次质地构型为壤土-粉质黏壤土-粉壤土，砂粒含量为 40～460 g/kg。

对比土系　布尔台系和达林台系，属于同一土族。布尔台系具有淡薄表层，通体壤土，氧化还原特征出现在 29 cm 深以下；达林台系具有淡薄表层，表土为壤土，底土层为粉壤土，氧化还原特征出现在 19 cm 深以下。本土系具有淡薄表层，表土为壤土，底土层为粉壤土，氧化还原特征出现在 69 cm 深以下。

利用性能综述　土层深厚，保水保肥能力差。应控制放牧强度，用养结合，合理轮牧，保护生态。

参比土种 中层黄土质暗栗钙土。

代表性单个土体 位于内蒙古自治区通辽市霍林郭勒市沙尔呼热镇霍林河社区，坐标为45°27′07.00″N，119°30′43.00″E，海拔为928 m，高原低丘阶地，母质为黄土状物质，草地，草被盖度约80%，年均气温为1.8 ℃，年均降水量为360.6 mm，野外调查采样日期为2015年7月26日，编号15-103。

沙尔呼热系代表性单个土体剖面

Ahk：0～20 cm，浊黄棕色（10YR 4/2，干），黑棕色（10YR 3/2，润），壤土，团粒状结构，疏松，多量根系，轻度石灰反应，向下层平滑清晰过渡。

ABk：20～41 cm，浊黄橙色（10YR 6/4，干），灰黄棕色（10YR 5/2，润），壤土，团块状结构，稍疏松，中量根系，轻度石灰反应，向下层平滑清晰过渡。

Bwk：41～69 cm，浊黄橙色（10YR 7/4，干），浊黄棕色（10YR 5/3，润），壤土，团块状结构，松软，极少量根系，中度石灰反应，向下层平滑清晰过渡。

Bkr1：69～116 cm，淡黄橙色（10YR 8/4，干），浊黄橙色（10YR 6/4，润），粉质黏壤土，块状结构，稍坚硬，可见假菌丝体和锈纹锈斑，强石灰反应，向下层平滑清晰过渡。

Bkr2：116～148 cm，淡黄橙色（10YR 8/3，干），浊黄橙色（10YR 7/3，润），粉壤土，块状结构，稍坚硬，少量锈纹锈斑，强石灰反应，向下层平滑清晰过渡。

Bkr3：148～163 cm，浊黄橙色（10YR 7/4，干），浊黄橙色（10YR 6/4，润），粉壤土，块状结构，稍坚硬，少量锈纹锈斑，中度石灰反应。

沙尔呼热系代表性单个土体物理性质

土层	深度/cm	细土颗粒组成(粒径：mm)/(g/kg)			质地	容重/(g/cm^3)
		砂粒 2～0.05	粉粒 0.05～0.002	黏粒 <0.002		
Ahk	0～20	364	469	167	壤土	1.58
ABk	20～41	401	435	164	壤土	1.59
Bwk	41～69	453	341	206	壤土	1.61
Bkr1	69～116	45	669	286	粉质黏壤土	1.51
Bkr2	116～148	57	687	255	粉壤土	1.52
Bkr3	148～163	210	581	209	粉壤土	1.55

沙尔呼热系代表性单个土体化学性质

深度 /cm	pH (H_2O)	有机碳 /(g/kg)	全氮(N) /(g/kg)	全磷(P) /(g/kg)	全钾(K) /(g/kg)	CEC /(cmol/kg)	$CaCO_3$ /(g/kg)
0～20	8.2	14.7	1.05	0.55	17.2	19.2	44.2
20～41	8.2	9.0	0.11	0.37	16.3	10.3	59.9
41～69	8.4	4.2	0.11	0.37	17.8	27.1	72.9
69～116	8.8	6.9	0.58	0.75	13.2	25.2	47.4
116～148	8.9	7.7	0.62	0.96	29.2	25.6	51.4
148～163	8.6	4.4	0.11	0.85	33.4	15.5	63.5

10.13.7 大佘太系（Dashetai Series）

土 族：壤质混合型冷性-石灰底锈干润雏形土

拟定者：边振兴，高建飞，孙 雪，刚 晨

分布与环境条件 主要分布于内蒙古自治区巴彦淖尔市东南部一带，冲积平原，平均海拔约 1007 m，母质为冲积物，旱地，中温带大陆性季风气候，年均气温为 3.5～7.2 ℃，年均降水量约 301.3 mm，年均日照时数约 3203 h，无霜期为 100～145 d。

大佘太系典型景观

土壤性状与特征变幅 诊断层包括淡薄表层；诊断特性包括冷性土壤温度状况、氧化还原特征、半干润土壤水分状况和石灰性。土体厚度约 1 m 以上，通体存在强石灰反应，碳酸钙含量为 57～73 g/kg，有机碳含量为 1.7～7.9 g/kg，容重为 1.48～1.66 g/cm^3，pH 为 8.3～8.4，层次质地构型为壤土-粉壤土-砂质壤土，砂粒含量为 310～600 g/kg。

对比土系 小林坝系，属于同一土族。小林坝系表土质地为壤土，底层为粉壤土，氧化还原特征出现在 97 cm 深以下。本土系 24 cm 深出现埋藏腐殖质层，表土质地为壤土，底层为砂质壤土，氧化还原特征出现在 73 cm 深以下。

利用性能综述 地势平坦，土层较厚，透水性好，养分含量偏低。应增施有机肥料，同时科学施用化肥调节氮、磷比例，满足作物生长需要；实行根茬秸秆还田，加厚耕作层；应注意耕作保墒，以弥补土壤缺水问题。

参比土种 轻度硫酸盐盐化草甸土。

代表性单个土体　位于内蒙古自治区巴彦淖尔市乌拉特前旗大佘太镇新建村，坐标为40°00′15.82″N，109°05′41.13″E，海拔为1022 m，冲积平原，母质为冲积物，耕地，年均气温为6.6 ℃，年均降水量为301.3 mm，野外调查采样日期为2015年10月3日，编号15-139。

大佘太系代表性单个土体剖面

Apk：0～24 cm，淡黄橙色（10YR 6/3，干），浊黄棕色（10YR 5/3，润），壤土，团粒状结构，疏松，大量根系，强石灰反应，向下层平滑渐变过渡。

Abk：24～40 cm，灰棕色（10YR 6/2，干），浊黄棕色（10YR 4/3，润），壤土，团块状结构，疏松，中量根系，强石灰反应，向下层平滑渐变过渡。

Bwk：40～73 cm，浊黄橙色（10YR 7/3，干），浊黄棕色（10YR 5/4，润），粉壤土，块状结构，坚实，中量根系，强石灰反应，向下层平滑渐变过渡。

2Ahkr：73～115 cm，浊黄橙灰色（10YR 7/3，干），灰黄棕色（10YR 6/2，润），砂质壤土，团块状结构，稍坚实，少量根系，可见铁锈斑纹，强石灰反应，向下层平滑渐变过渡。

2Ckr：115～130 cm，浊黄橙色（10YR 7/3，干），浊黄橙色（10YR 7/2，润），砂质壤土，块状结构，坚实，可见铁锈斑纹，强石灰反应。

大佘太系代表性单个土体物理性质

土层	深度/cm	细土颗粒组成(粒径：mm)/(g/kg)			质地	容重/(g/cm³)
		砂粒 2～0.05	粉粒 0.05～0.002	黏粒 <0.002		
Apk	0～24	310	491	199	壤土	1.53
Abk	24～40	363	477	160	壤土	1.66
Bwk	40～73	384	576	40	粉壤土	1.63
2Ahkr	73～115	594	246	160	砂质壤土	1.48
2Ckr	115～130	596	324	80	砂质壤土	1.56

大佘太系代表性单个土体化学性质

深度/cm	pH (H₂O)	有机碳/(g/kg)	全氮(N)/(g/kg)	全磷(P)/(g/kg)	全钾(K)/(g/kg)	CEC/(cmol/kg)	$CaCO_3$/(g/kg)
0～24	8.3	7.4	0.73	0.63	22.0	16.1	72.9
24～40	8.3	1.7	0.49	0.40	17.5	18.6	57.7
40～73	8.4	1.9	0.26	0.63	24.7	15.5	58.6
73～115	8.3	7.9	0.30	0.31	24.4	21.4	67.1
115～130	8.3	2.3	0.19	0.34	30.6	19.0	60.8

10.13.8　小林坝系（Xiaolinba Series）

土　族：壤质混合型冷性-石灰底锈干润雏形土

拟定者：贾树海，王洪志，杜　蒙，张国建，孙仲秀，王秋兵

分布与环境条件　主要分布于内蒙古自治区呼和浩特市黄合少镇一带，平原，海拔为986～2280 m，母质为黄土状物质，水浇地，中温带大陆性季风气候，年均气温约5.7 ℃，年均降水量约317.3 mm，年均日照时数约1600 h，无霜期约110 d。

小林坝系典型景观

土壤性状与特征变幅　诊断层包括淡薄表层和雏形层；诊断特性包括半干润土壤水分状况、冷性土壤温度状况、氧化还原特征和石灰性。土体厚度1 m以上，雏形层厚度约103 cm，通体存在石灰反应，深97 cm以下出现氧化还原特征，有机碳含量为6.0～12.0 g/kg，容重为1.44～1.65 g/cm^3，碳酸钙含量为13～26 g/kg，pH为7.9～8.4，层次质地构型为壤土-粉壤土，砂粒含量为120～480 g/kg。

对比土系　大佘太系，属于同一土族。大佘太系24 cm深出现埋藏腐殖质层，表土质地为壤土，底层为砂质壤土，氧化还原特征出现在73 cm深以下。本土系表土质地为壤土，底层为粉壤土，氧化还原特征出现在97 cm深以下。

利用性能综述　地势平坦，土层较深厚，养分含量总体不高，利用中应该加强培肥，通过增施有机肥、秸秆还田、复种绿肥和合理施用化肥等方式提高土壤肥力水平。应因地制宜发展农田水利措施，合理灌溉，防止产生次生盐渍化现象。

参比土种　壤质薄层脱潮土。

代表性单个土体　位于内蒙古自治区呼和浩特市黄合少镇公喇嘛乡小林坝村，坐标为 40°37′20.70″N，111°55′25.30″E，海拔为 1094 m，平原，母质为黄土状物质，水浇地，种植玉米，年均气温为 5.7 ℃，年均降水量为 317.3 mm，野外调查采样日期为 2015 年 9 月 28 日，编号 15-120。

小林坝系代表性单个土体剖面

Ap：　0～16 cm，棕色（10YR 4/4，干），浊黄棕色（10YR 4/3，润），壤土，团粒状结构，疏松，少量根系，可见假菌丝体，轻度石灰反应，向下层平滑清晰过渡。

ABk：16～32 cm，浊黄棕色（10YR 5/3，干），灰黄棕色（10YR 4/2，润），壤土，片状结构，疏松，很少量根系，可见假菌丝体，中度石灰反应，向下层平滑清晰过渡。

Bwk：32～97 cm，浊黄棕色（10YR 5/3，干），浊黄棕色（10YR 4/3，润），粉壤土，块状结构，疏松，很少量根系，可见假菌丝体，中度石灰反应，向下层平滑波状过渡。

Bwkr：97～135 cm，浊黄棕色（10YR 5/4，干），浊黄棕色（10YR 4/3，润），粉壤土，块状结构，疏松，很少量根系，可见假菌丝体和锈纹锈斑，中度石灰反应。

小林坝系代表性单个土体物理性质

土层	深度 /cm	细土颗粒组成（粒径：mm）/(g/kg)			质地	容重 /(g/cm^3)
		砂粒 2～0.05	粉粒 0.05～0.002	黏粒 <0.002		
Ap	0～16	480	439	80	壤土	1.61
ABk	16～32	387	532	81	壤土	1.65
Bwk	32～97	123	675	202	粉壤土	1.44
Bwkr	97～135	226	613	161	粉壤土	1.53

小林坝系代表性单个土体化学性质

深度 /cm	pH (H_2O)	有机碳 /(g/kg)	全氮(N) /(g/kg)	全磷(P) /(g/kg)	全钾(K) /(g/kg)	CEC /(cmol/kg)	$CaCO_3$ /(g/kg)
0～16	8.2	11.9	0.44	0.44	22.2	28.6	25.5
16～32	7.9	10.7	0.38	0.38	22.4	25.8	13.6
32～97	8.4	9.8	0.16	0.32	21.0	24.4	15.6
97～135	8.4	6.9	0.22	0.33	21.7	20.8	18.6

10.14 暗沃底锈干润雏形土

10.14.1 大庙系（Damiao Series）

土 族：黏壤质混合型石灰性温性-暗沃底锈干润雏形土

拟定者：韩春兰，王英杰，付小梅，刘金宝，李鑫蕊

分布与环境条件 主要分布于内蒙古自治区赤峰市松山区大庙镇一带，平原，海拔为600～1000 m，母质为冲积物，旱地，北温带半干旱大陆性季风气候，年均气温约5.7 ℃，年均降水量约405.2 mm，年均日照时数为2700～3100 h，无霜期约127 d。

大庙系典型景观

土壤性状与特征变幅 诊断层包括暗沃表层、雏形层和钙积现象；诊断特性包括半干润土壤水分状况、氧化还原特征和冷性土壤温度状况。土体厚度1 m以上，暗沃表层厚度为32 cm，干态明度为3～4，润态明度为3，润态彩度为3～4，雏形层厚度约70 cm，通体存在石灰反应，深32 cm以下出现氧化还原特征，有机碳含量为0.0～12.0 g/kg，容重为1.32～1.61 g/cm^3，pH为8.3～8.5，层次质地构型为粉壤土-粉质黏壤土，黏粒含量为190～290 g/kg。

对比土系 布尔台系、达林台系和沙尔呼热系，属于不同亚类，为石灰底锈干润雏形土。布尔台系具有淡薄表层，通体壤土，氧化还原特征出现在29 cm深以下；达林台系具有淡薄表层，表土为壤土，底土层为粉壤土，氧化还原特征出现在19 cm深以下；沙尔呼热系具有淡薄表层，表土为壤土，底土层为粉壤土，氧化还原特征出现在69 cm深以下。

本土系为暗沃底锈干润雏形土，具有暗沃表层，表土为粉壤土，底土层为粉质黏壤土，氧化还原特征出现在 32 cm 深以下。

利用性能综述　耕地，地势平坦，土层深厚。应增加地表覆盖，防止沙化。

参比土种　壤质坡-洪积暗栗钙土。

代表性单个土体　位于内蒙古自治区赤峰市松山区大庙镇张家营，坐标为 42°22′54.66″N，118°22′58.92″E，海拔为 767 m，平原，母质为冲积物，耕地，种植谷子、玉米，年均气温为 5.7 ℃，年均降水量为 405.2 mm，野外调查采样日期为 2015 年 10 月 11 日，编号 15-184。

大庙系代表性单个土体剖面

Apk：　0～18 cm，暗棕色（10YR 3/3，干），黑棕色（10YR 3/2，润），粉壤土，块状结构，松软，少量根系，中度石灰反应，平滑边界向下清晰过渡。

ABk：　18～32 cm，棕色（10YR 4/4，干），暗棕色（10YR 3/3，润），粉壤土，块状结构，松软，少量根系，强石灰反应，向下层平滑清晰过渡。

Bwkr1：32～56 cm，淡黄橙色（10YR 6/3，干），棕色（10YR 4/4，润），粉壤土，块状结构，松软，少量根系，少量锈纹锈斑，中度石灰反应，向下层平滑清晰过渡。

Bwkr2：56～102 cm，淡黄橙色（10YR 6/3，干），棕色（10YR 4/4，润），粉壤土，块状结构，松软，少量根系，少量锈纹锈斑，中度石灰反应，向下层平滑清晰过渡。

2Ak：　102～125 cm，棕色（10YR 4/6，干），暗棕色（10YR 3/3，润），粉质黏壤土，块状结构，松软，少量根系，中度石灰反应。

大庙系代表性单个土体物理性质

土层	深度/cm	细土颗粒组成(粒径：mm)/(g/kg)			质地	容重/(g/cm³)
		砂粒 2～0.05	粉粒 0.05～0.002	黏粒 <0.002		
Apk	0～18	42	698	260	粉壤土	1.42
ABk	18～32	60	703	237	粉壤土	1.43
Bwkr1	32～56	44	765	192	粉壤土	1.46
Bwkr2	56～102	56	703	241	粉壤土	1.61
2Ak	102～125	71	646	283	粉质黏壤土	1.32

大庙系代表性单个土体化学性质

深度 /cm	pH (H_2O)	有机碳 /(g/kg)	全氮(N) /(g/kg)	全磷(P) /(g/kg)	全钾(K) /(g/kg)	CEC /(cmol/kg)	$CaCO_3$ /(g/kg)
0～18	8.3	11.3	2.11	2.07	27.6	30.6	129.3
18～32	8.5	5.2	2.27	0.93	28.4	26.6	102.4
32～56	8.4	5.0	0.69	1.08	28.7	23.2	47.7
56～102	8.4	7.8	0.91	1.58	27.7	24.4	96.1
102～125	8.4	0.8	0.74	0.24	21.6	25.4	3.9

10.15　钙积暗沃干润雏形土

10.15.1　谢尔塔拉系（Xie’ertala Series）

土　族：黏壤质混合型冷性-钙积暗沃干润雏形土

拟定者：焦晓光，隋跃宇，陈一民

分布与环境条件　主要分布于内蒙古自治区呼伦贝尔市一带，波状高平原的缓坡、残丘或台地，海拔为 600～800 m，黄土母质，草地，中温带半干旱大陆性季风气候，年均气温约–1.7 ℃，年均降水量约 400.6 mm，年均日照时数约 2800 h，无霜期约 95 d。

谢尔塔拉系典型景观

土壤性状与特征变幅　本土系的诊断层有暗沃表层和钙积层；诊断特性包括半干润土壤水分状况、氧化还原特征和寒性土壤温度状况。腐殖质层厚 21 cm，质地为壤土-黏壤土，砂粒含量为 300～390 g/kg，黏粒含量为 220～300 g/kg。容重为 1.12～1.24 g/cm^3，pH 为 6.0～9.3。

对比土系　大庙系，属于同一亚纲不同土类。大庙系具有钙积现象，氧化还原特征出现在 32 cm 深以下，而本土系具有钙积层，氧化还原特征出现在 123 cm 深以下。

利用性能综述　地势略起伏，土层深厚。应加强草场建设，防止过度放牧造成草场退化。若开垦为农业用地，应注意农田防护林建设，防止风蚀沙化。

参比土种　厚层黄土质黑钙土。

代表性单个土体　位于内蒙古自治区呼伦贝尔市谢尔塔拉牧场一队铁锌矿厂西南，坐标为 49°16.51′N，120°10.99′E，海拔为 643 m，黄土母质，牧草地，植被为羊草、茅草、地榆等，年均气温为–1.7 ℃，年均降水量为 400.6 mm，调查时间 2014 年 10 月 2 日，编号 15-059。

Ah：　0～21 cm，浊黄棕色（10YR 5/3，干），黑棕色（10YR 3/2，润），壤土，团粒状结构，疏松，大量细根，中度石灰反应，向下层平滑渐变过渡。

ABk：　21～46 cm，浊黄棕色（10YR 5/3，干），暗棕色（10YR 3/3，润），黏壤土，块状结构，坚实，土体内有垂直方向裂隙，中量细根，中度石灰反应，向下层平滑渐变过渡。

Bk：　46～123 cm，灰白色（10YR 8/1，干），黄棕色（10YR 5/6，润），壤土，块状结构，很坚实，土体内有垂直方向裂隙，少量细根，有碳酸钙结核，强石灰反应，向下层平滑渐变过渡。

Ckr：　123～155 cm，灰白色（10YR 8/2，干），黄棕色（10YR 5/6，润），壤土，块状结构，坚实，有少量锈纹锈斑，强石灰反应。

谢尔塔拉系代表性单个土体剖面

谢尔塔拉系代表性单个土体物理性质

土层	深度/cm	细土颗粒组成(粒径：mm)/(g/kg)			质地	容重/(g/cm^3)
		砂粒 2～0.05	粉粒 0.05～0.002	黏粒 <0.002		
Ah	0～21	304	442	254	壤土	1.20
ABk	21～46	311	397	292	黏壤土	1.18
Bk	46～123	385	378	237	壤土	1.12
Ckr	123～155	377	396	227	壤土	1.24

谢尔塔拉系代表性单个土体化学性质

深度/cm	pH (H_2O)	有机碳/(g/kg)	全氮(N)/(g/kg)	全磷(P)/(g/kg)	全钾(K)/(g/kg)	CEC/(cmol/kg)	$CaCO_3$/(g/kg)
0～21	6.7	23.50	2.19	0.38	9.7	30.2	35.4
21～46	8.2	6.93	1.06	0.75	9.7	24.6	81.9
46～123	8.9	5.26	0.72	0.52	16.0	23.1	196.0
123～155	9.3	4.32	0.59	0.39	8.0	20.0	109.2

10.16　普通暗沃干润雏形土

10.16.1　哈多河系（Haduohe Series）

土　族：粗骨壤质混合型非酸性冷性-普通暗沃干润雏形土

拟定者：隋跃宇

分布与环境条件　主要分布于内蒙古自治区呼伦贝尔市扎兰屯市、阿荣旗、莫力达瓦达斡尔族自治旗、鄂伦春自治旗以及兴安盟科尔沁右翼前旗、扎赉特旗一带，山谷地，海拔为 500～2500 m，母质为坡积物，温带大陆性半湿润气候，年均气温约 2.5 ℃，年均降水量约 428.6 mm，年均日照时数为 2600～2900 h，无霜期为 86～132 d。

哈多河系典型景观

土壤性状与特征变幅　诊断层包括暗沃表层；诊断特性包括半干润土壤水分状况和冷性土壤温度状况。土体厚度 1 m 以上，有机碳含量为 1.1～25.6 g/kg，容重为 1.22～1.31 g/cm^3，层次质地构型为粉壤土-黏壤土-壤土，砂粒含量为 21～455 g/kg，砾石含量为 5%～70 %。

对比土系　阿拉达尔系，属于同一亚类不同土族。阿拉达尔系的土族控制层段内颗粒大小级别为黏壤质，而本土系的土族控制层段内颗粒大小级别为粗骨壤质。

利用性能综述　地势平缓，土层深厚，砾石含量较高，透水性好，表层土壤较肥沃，深层土壤养分含量低。应增施磷肥，调节氮、磷比例，满足作物生育对氮、磷养分的需要，同时增施有机肥料，实行根茬秸秆还田，加厚耕作层，注意耕作保墒，以弥补土壤缺水问题。

参比土种 砾质新积土（中黄黑土）。

代表性单个土体 位于内蒙古自治区扎兰屯市哈多河镇大阳坡村，坐标为 47°20′42.96″N，121°55′18.06″E，海拔为 553 m，坡积物，母质为花岗岩坡积物，旱地，种植大豆，年均气温为 2.5 ℃，年均降水量为 428.6 mm，野外调查采样日期为 2014 年 9 月 29 日，编号 15-051。

Ap：0～25 cm，浊黄棕色（10YR 4/3，干），黑棕色（10YR 3/2，润），5%砾石，粉壤土，团粒状结构，疏松，中量根系，向下层波状渐变过渡。

Bw：25～52 cm，浊黄橙色（10YR 7/4，干），棕色（10YR 4/4，润），30%砾石，粉壤土，屑粒状结构，坚实，很少的根系，向下层平滑渐变过渡。

BC：52～95 cm，浊黄橙色（10YR 7/4，干），棕色（10YR 4/4，润），35%砾石，黏壤土，块状结构，很坚实，很少的根系，向下层平滑渐变过渡。

C：95～110 cm，浊黄橙色（10YR 7/3，干），浊黄棕色（10YR 5/4，润），70%砾石，壤土，块状结构，很坚实。

哈多河系代表性单个土体剖面

哈多河系代表性单个土体物理性质

土层	深度/cm	砾石(>2mm，体积分数)/%	细土颗粒组成(粒径：mm)/(g/kg)			质地	容重/(g/cm³)
			砂粒 2～0.05	粉粒 0.05～0.002	黏粒 <0.002		
Ap	0～25	5	21	722	258	粉壤土	1.22
Bw	25～52	30	372	520	108	粉壤土	1.31
BC	52～95	35	356	332	312	黏壤土	—
C	95～110	70	455	360	185	壤土	—

哈多河系代表性单个土体化学性质

深度/cm	pH(H_2O)	有机碳/(g/kg)	全氮(N)/(g/kg)	全磷(P)/(g/kg)	全钾(K)/(g/kg)	CEC/(cmol/kg)	$CaCO_3$/(g/kg)
0～25	5.3	25.6	1.62	0.85	13.4	27.8	85.3
25～52	5.5	4.4	0.31	0.40	10.1	27.3	—
52～95	5.6	2.3	0.21	0.25	11.3	25.1	—
95～110	6.0	1.1	0.07	0.42	12.7	13.6	—

10.16.2 哈日陶勒盖系（Haritaolegai Series）

土 族：砂质盖粗骨质混合型石灰性冷性-普通暗沃干润雏形土

拟定者：韩春兰，王英杰，付小梅，刘金宝，李鑫蕊

分布与环境条件 主要分布于内蒙古自治区锡林郭勒盟锡林浩特市巴彦查干苏木一带的火山口附近，海拔为1000～1700 m，母质为火山碎屑，天然牧草地，中温带半干旱大陆性季风气候，年均气温约2.9 ℃，年均降水量约312.7 mm，年均日照时数约2800 h，无霜期约110 d。

哈日陶勒盖系典型景观

土壤性状与特征变幅 诊断层包括暗沃表层和雏形层；诊断特性包括半干润土壤水分状况、冷性土壤温度状况和石灰性。土体厚度不足1 m，暗沃表层厚度为19 cm，干态明度4，润态明度3，润态彩度3，雏形层厚度约28 cm，有机碳含量为3.0～19.0 g/kg，容重为1.15～1.16 g/cm^3，pH为8.4～8.6，层次质地构型为砂质壤土，砂粒含量为774～777 g/kg。

对比土系 沙布尔台系，属于同一亚类不同土族。沙布尔台系的土族控制层段内颗粒大小级别为黏质盖粗骨质，而本土系的土族控制层段内颗粒大小级别为砂质盖粗骨质。

利用性能综述 土层较薄，砂粒含量较高，养分较低。应防止过牧引起草场沙化或退化。对植被稀疏地块进行轮封，恢复植被，防止水土流失。

参比土种 壤质黄土（火山灰）暗栗钙土。

代表性单个土体　位于内蒙古自治区锡林郭勒盟锡林浩特市巴彦查干苏木巴彦门都嘎查，坐标为 43°19′24.40″N，116°20′25.31″E，海拔为 1405 m，火山口附近，地形坡度为 26°，母质为火山碎屑，天然草地，草被盖度约 70%，年均气温为 2.9 ℃，年均降水量为 312.7 mm，野外调查采样日期为 2015 年 7 月 25 日，编号 15-036。

Ah：0～19 cm，棕色（10YR 4/4，干），暗棕色（10YR 3/3，润），5%岩石碎屑，砂质壤土，团块状结构，松软，少量根系，中度石灰反应，向下层平滑模糊过渡。

Bw：19～47 cm，棕色（10YR 4/6，干），暗棕色（10YR 3/4，润），20%岩石碎屑，砂质壤土，团块状结构，松软，少量根系，中度石灰反应，向下层平滑清晰过渡。

C：47～80 cm，弱风化的玄武岩碎屑物。

哈日陶勒盖系代表性单个土体剖面

哈日陶勒盖系代表性单个土体物理性质

土层	深度/cm	砾石(>2mm，体积分数)/%	细土颗粒组成(粒径：mm)/(g/kg) 砂粒 2～0.05	粉粒 0.05～0.002	黏粒 <0.002	质地	容重/(g/cm^3)
Ah	0～19	5	777	98	125	砂质壤土	1.15
Bw	19～47	20	774	139	87	砂质壤土	1.16
C	47～80	85	—	—	—	—	—

哈日陶勒盖系代表性单个土体化学性质

深度/cm	pH(H_2O)	有机碳/(g/kg)	全氮(N)/(g/kg)	全磷(P)/(g/kg)	全钾(K)/(g/kg)	CEC/(cmol/kg)	$CaCO_3$/(g/kg)
0～19	8.4	16.0	2.08	1.13	32.0	30.6	58.4
19～47	8.5	18.1	2.37	0.02	29.5	45.1	49.7
47～80	8.6	3.3	—	—	—	—	—

10.16.3　沙布尔台系（Shabu’ertai Series）

土　族：黏质盖粗骨质混合型石灰性冷性-普通暗沃干润雏形土

拟定者：贾树海，王洪志，杜　蒙，张国建，孙仲秀，王秋兵

分布与环境条件　主要分布于内蒙古自治区赤峰市阿鲁科尔沁旗一带，丘陵，平均海拔约 430 m，母质为残坡积物，林地，温带半干旱大陆性季风气候，年均气温约 5.8 ℃，年均降水量为 300～400 mm，年均日照时数为 2767～3034 h，无霜期为 95～140 d。

沙布尔台系典型景观

土壤性状与特征变幅　诊断层包括暗沃表层和雏形层；诊断特性包括准石质接触面、半干润土壤水分状况、冷性土壤温度状况和石灰性。土体厚度 93 cm，雏形层厚度约 37 cm，有机碳含量为 0.6～14.0 g/kg，容重为 1.55～1.71 g/cm^3，碳酸钙含量为 0.0～15.0 g/kg，pH 为 7.2～8.0，层次质地构型为黏土-砂质黏壤土-砂质壤土，砂粒含量为 130～650 g/kg。

对比土系　哈日陶勒盖系，属于同一亚类不同土族。哈日陶勒盖系的土族控制层段内颗粒大小级别为砂质盖粗骨质，而本土系的土族控制层段内颗粒大小级别为黏质盖粗骨质。

利用性能综述　地势起伏，土层深厚，干时坚硬，腐殖质层较厚，下层养分含量低，土体中下部砾石含量较高，保水保肥能力差。利用方向以生态保护为主，由于具有一定坡度，应注意保持水土，防止开发引起土地退化。

参比土种　中层石质栗钙土。

代表性单个土体　位于内蒙古自治区赤峰市阿鲁科尔沁旗巴彦花镇东沙布尔台村，坐标为 44°08′13.30″N，119°44′23.20″E，海拔为 405 m，起伏丘陵，坡度为 8°，母质为残坡积物，林地，灌木盖度为 40%～60%，年均气温为 5.8 ℃，年均降水量为 372.3 mm，野外调查采样日期为 2015 年 7 月 4 日，编号 15-009。

Ah1：0～16 cm，浊黄棕色（10YR 4/3，干），暗棕色（10YR 3/3，润），黏土，团粒状结构，疏松，少量根系，向下层平滑清晰过渡。

Ah2：16～42 cm，棕色（10YR 4/4，干），暗棕色（10YR 3/3，润），10%岩石碎屑，黏土，团粒状结构，疏松，少量根系，向下层平滑清晰过渡。

Bwk：42～79 cm，棕色（10YR 4/6，干），浊黄棕色（10YR 5/4，润），20%岩石碎屑，砂质黏壤土，块状结构，疏松，很少量根系，中度石灰反应，向下层平滑清晰过渡。

Ck：79～93 cm，浊黄橙色（10YR 6/4，干），棕色（10YR 4/6，润），80%岩石碎屑，砂质壤土，屑粒状结构，疏松，很少量根系，强石灰反应。

沙布尔台系代表性单个土体剖面

沙布尔台系代表性单个土体物理性质

土层	深度 /cm	砾石 (>2mm，体积分数)/%	细土颗粒组成(粒径：mm)/(g/kg)			质地	容重 /(g/cm³)
			砂粒 2～0.05	粉粒 0.05～0.002	黏粒 <0.002		
Ah1	0～16	0	137	245	618	黏土	1.55
Ah2	16～42	10	249	246	504	黏土	1.69
Bwk	42～79	20	513	202	284	砂质黏壤土	1.69
Ck	79～93	80	642	242	116	砂质壤土	1.71

沙布尔台系代表性单个土体化学性质

深度 /cm	pH (H_2O)	有机碳 /(g/kg)	全氮(N) /(g/kg)	全磷(P) /(g/kg)	全钾(K) /(g/kg)	CEC /(cmol/kg)	$CaCO_3$ /(g/kg)	BS /%
0～16	7.3	13.8	1.10	0.54	22.6	37.2	0.0	93
16～42	8.0	9.1	0.98	0.40	22.1	28.9	0.0	93
42～79	7.2	0.8	0.37	0.34	21.2	26.2	11.6	98
79～93	7.2	0.6	0.27	0.36	20.7	26.2	15.0	98

10.16.4 前景阳系（Qianjingyang Series）

土　族：黏壤质盖粗骨砂质混合型非酸性冷性-普通暗沃干润雏形土

拟定者：隋跃宇，焦晓光，陈一民

分布与环境条件　分布于内蒙古自治区呼伦贝尔市阿荣旗、莫力达瓦达斡尔族自治旗，兴安盟科尔沁右翼前旗、科尔沁右翼中旗、扎赉特旗一带，山间或丘间宽谷阶地，海拔为 400～600 m，二元母质，上部为黄土状物质，下部为洪-冲积物，旱地，种植玉米，温带大陆性季风气候，年均气温约 2.6 ℃，年均降水量约 407.3 mm，年均日照时数为 2500～2800 h，无霜期约 114 d。

前景阳系典型景观

土壤性状与特征变幅　本土系的诊断层有暗沃表层；诊断特性有均腐殖质特性、冷性土壤温度状况和半干润土壤水分状况。腐殖质层厚 33 cm，质地主要为黏壤土-砂质壤土-壤土，砂粒含量为 270～770 g/kg，黏粒含量为 70～350 g/kg。容重为 1.29～1.40 g/cm^3，pH 为 6.7～7.0。

对比土系　摩天岭系，属于同一亚类不同土族。摩天岭系的母质为残坡积物，土体厚度不足 100 cm，土族控制层段内颗粒大小级别为黏壤质盖粗骨质。本土系的母质为二元母质，上部为黄土状物质，下部为洪-冲积物，土体厚度 100 cm 以上，土族控制层段内颗粒大小级别为黏壤质盖粗骨砂质。

利用性能综述　地势平坦，土层较厚，土性冷僵，早春不发幼苗。应适时耕翻，逐年加深耕作层，改善土壤通透性和提高地温。

参比土种　黄土质厚层栗钙土。

代表性单个土体　位于内蒙古自治区索伦镇前景阳，坐标为 46°34′27.42″N，121°17′90.30″E，海拔为 492 m，二元母质，上部为黄土状物质，下部为洪-冲积物，旱地，种植玉米，年均气温为 2.6 ℃，年均降水量为 407.3 mm，调查时间 2015 年 7 月 8 日，编号 15-069。

前景阳系代表性单个土体剖面

Ap：0～15 cm，浊黄棕色（10YR 4/3，干），暗棕色（10YR 3/3，润），黏壤土，团粒状结构，疏松，中量细根，少量砾石，向下层平滑渐变过渡。

Ah：15～33 cm，浊黄棕色（10YR 5/4，干），暗棕色（10YR 3/3，润），黏壤土，块状结构，疏松，中量细根，少量砾石，向下层波状渐变过渡。

Br：33～57 cm，浊黄橙色（10YR 6/4，干），浊黄棕色（10YR 5/3，润），黏壤土，块状结构，疏松，少量细根，少量砾石，少量铁锰结核，向下层平滑清晰过渡。

BC1：57～75 cm，浊黄橙色（10YR 6/3，干），棕色（10YR 4/6，润），砂质壤土，块状结构，疏松，很少量细根，中量砾石，向下层平滑清晰过渡。

BC2：75～88 cm，浊黄橙色（10YR 7/3，干），浊黄棕色（10YR 5/4，润），壤土，块状结构，坚实，少量砾石，向下层平滑清晰过渡。

2C：88～120 cm，浅黄橙色（10YR 8/4，干），明黄棕色（10YR 6/8，润），砂质壤土，无结构，松散，48%砾石。

前景阳系代表性单个土体物理性质

土层	深度/cm	砾石(>2mm，体积分数)/%	细土颗粒组成(粒径：mm)/(g/kg)			质地	容重/(g/cm³)
			砂粒 2～0.05	粉粒 0.05～0.002	黏粒 <0.002		
Ap	0～15	7	355	358	287	黏壤土	1.40
Ah	15～33	10	329	363	308	黏壤土	1.35
Br	33～57	1	270	385	345	黏壤土	1.29
BC1	57～75	17	761	130	109	砂质壤土	—
BC2	75～88	9	504	319	177	壤土	—
2C	88～120	48	712	217	71	砂质壤土	—

前景阳系代表性单个土体化学性质

深度 /cm	pH (H_2O)	有机碳 /(g/kg)	全氮(N) /(g/kg)	全磷(P) /(g/kg)	全钾(K) /(g/kg)	CEC /(cmol/kg)
0～15	6.7	23.1	2.19	0.54	13.2	26.2
15～33	6.9	15.7	1.83	0.36	13.1	26.4
33～57	7.0	4.3	0.68	0.17	12.9	24.1
57～75	6.8	1.7	0.35	0.31	15.8	10.3
75～88	6.7	1.9	0.37	0.25	14.6	15.4
88～120	6.8	1.3	0.38	0.52	13.6	5.1

10.16.5　摩天岭系（Motianling Series）

土　族：黏壤质盖粗骨质混合型非酸性冷性-普通暗沃干润雏形土

拟定者：贾树海，王洪志，杜　蒙，张国建，孙仲秀，王秋兵

分布与环境条件　主要分布于内蒙古自治区呼和浩特市和林格尔县黑老夭乡一带，海拔为 1000～1700 m，母质为残坡积物，林地，中温带半干旱大陆性季风气候，年均气温约 5.5℃，年均降水量约 336.6 mm，年均日照时数约 2942 mm，无霜期约 118 d。

摩天岭系典型景观

土壤性状与特征变幅　诊断层包括暗沃表层和雏形层；诊断特性包括准石质接触面、半干润土壤水分状况、冷性土壤温度状况和氧化还原特征。土体厚度不足 1 m，雏形层厚度约 18 cm，深 78 cm 处出现准石质接触面，深 20 cm 以下出现氧化还原特征，有机碳含量为 6.0～16.0 g/kg，容重为 1.29～1.67 g/cm^3，pH 为 7.4～8.4，层次质地构型为黏壤土-壤土，黏粒含量为 130～260 g/kg。

对比土系　前景阳系，属于同一亚类不同土族。前景阳系的母质为二元母质，上部为黄土状物质，下部为洪-冲积物，土体厚度 100 cm 以上，土族控制层段内颗粒大小级别为黏壤质盖粗骨砂质。本土系的母质为残坡积物，土体厚度不足 100 cm，土族控制层段内颗粒大小级别为黏壤质盖粗骨质。

利用性能综述　分布海拔较高，山地地形复杂，坡度较大，土壤发育相对较弱，土层薄，不宜开发利用。应该以保护现有林地为主，注意水土保持，防止水土流失。

参比土种　薄层砂砾质灰褐土。

代表性单个土体　位于内蒙古自治区呼和浩特市和林格尔县黑老夭乡摩天岭，坐标为 40°26′11.60″N，112°00′42.90″E，海拔为 1675 m，山地，母质为残坡积物，林地，植被盖度约 40%，年均气温为 5.5 ℃，年均降水量为 336.6 mm，野外调查采样日期为 2015 年 9 月 28 日，编号 15-122。

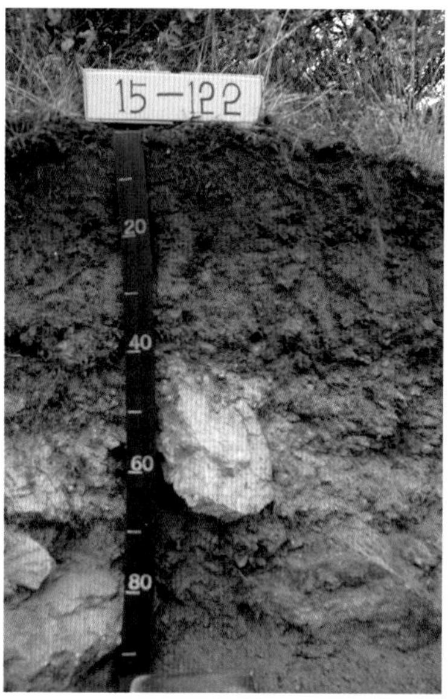

摩天岭系代表性单个土体剖面

Oi：+1～0 cm，枯枝落叶层。

Ah：0～20 cm，暗棕色（10YR 3/4，干），暗棕色（10YR 3/3，润），黏壤土，团粒状结构，疏松，中量根系，向下层平滑清晰过渡。

Bw：20～38 cm，棕色（10YR 4/4，干），浊黄棕色（10YR 4/3，润），5%岩石碎屑，黏壤土，块状结构，疏松，少量根系，向下层平滑清晰过渡。

BC：38～90 cm，浊黄棕色（10YR 5/4，干），棕色（10YR 4/6，润），80%岩石碎屑，壤土，块状结构，疏松，很少量根系。

摩天岭系代表性单个土体物理性质

土层	深度 /cm	砾石 (>2mm，体积分数)/%	细土颗粒组成(粒径：mm)/(g/kg)			质地	容重 /(g/cm³)
			砂粒 2～0.05	粉粒 0.05～0.002	黏粒 <0.002		
Ah	0～20	0	401	341	258	黏壤土	1.29
Bw	20～38	5	420	350	230	黏壤土	1.67
BC	38～90	80	454	408	136	壤土	1.55

摩天岭系代表性单个土体化学性质

深度 /cm	pH (H_2O)	有机碳 /(g/kg)	全氮(N) /(g/kg)	全磷(P) /(g/kg)	全钾(K) /(g/kg)	CEC /(cmol/kg)	$CaCO_3$ /(g/kg)	BS /%
0～20	8.3	15.7	0.53	0.82	21.6	50.9	2.1	98
20～38	8.4	6.7	0.22	0.34	21.1	40.4	0	96
38～90	7.4	6.9	0.16	0.36	22.0	15.6	0	96

10.16.6　白音乌拉系（Baiyinwula Series）

土　族：黏壤质混合型石灰性冷性-普通暗沃干润雏形土

拟定者：孙福军，潘　瑶，蒋卓东，曾　鸣

分布与环境条件　主要分布于内蒙古自治区西乌珠穆沁旗一带，高原，海拔为 1000～1300 m，母质为沙黄土，天然牧草地，温带干旱、半干旱大陆性季风气候，年均气温约 1.7 ℃，年均降水量约 319.4 mm，年均日照时数约 2900 h，无霜期约 105 d。

白音乌拉系典型景观

土壤性状与特征变幅　诊断层包括暗沃表层和雏形层；诊断特性包括半干润土壤水分状况、冷性土壤温度状况和钙积现象。土体厚度约 1 m 以上，暗沃表层厚度约 26 cm，干态明度 3，润态明度 2，干态彩度 2，之下土层出现钙积现象，通体存在石灰反应，碳酸钙含量为 0.6～95.5 g/kg，有机碳含量为 4.5～16.0 g/kg，容重为 1.42～1.44 g/cm^3，pH 为 6.9～8.2，层次质地构型为砂质壤土-粉质黏壤土，砂粒含量为 100～540 g/kg。

对比土系　西马拉沁系和二道系，属于同一亚类不同土族。西马拉沁系和二道系属于同一土族，土族控制层段内颗粒大小级别均为壤质，而本土系的土族控制层段内颗粒大小级别为黏壤质。

利用性能综述　土体深厚，表层砂粒为主，表下层粉粒为主，养分含量较高，干旱是主要生产限制条件。应控制放牧强度，以围封和人工种草相结合，恢复土地生产力，划区轮牧，防止草场沙化或退化。

参比土种　钙质粗骨土。

代表性单个土体　位于内蒙古自治区赤峰市西乌珠穆沁旗白音乌拉镇，坐标为44°39′57.70″N，117°53′14.70″E，海拔为1146 m，高原，母质为沙黄土，天然牧草地，草被盖度为70%～80%，年均气温为1.7 ℃，年均降水量为319.4 mm，野外调查采样日期为2015年7月22日，编号15-025。

白音乌拉系代表性单个土体剖面

Ahk：0～26 cm，黑棕色（10YR 3/2，干），黑棕色（7.5YR 2/2，润），砂质壤土，发育弱的棱块状结构，松散，中量根系，中度石灰反应，向下层波状清晰过渡。

Bk1：26～58 cm，浊黄橙色（10YR 6/3，干），棕色（7.5YR 4/3，润），粉质黏壤土，发育弱的棱块状结构，松散，少量根系，可见假菌丝体，强石灰反应，向下层平滑渐变过渡。

Bk2：58～110 cm，浊黄橙色（10YR 7/4，干），浊黄棕色（10YR 5/4，润），粉质黏壤土，发育弱的棱块状结构，松散，少量根系，可见假菌丝体，强石灰反应。

白音乌拉系代表性单个土体物理性质

土层	深度/cm	细土颗粒组成(粒径：mm)/(g/kg)			质地	容重/(g/cm^3)
		砂粒 2～0.05	粉粒 0.05～0.002	黏粒 <0.002		
Ahk	0～26	536	295	169	砂质壤土	1.43
Bk1	26～58	102	567	331	粉质黏壤土	1.44
Bk2	58～110	158	532	310	粉质黏壤土	1.42

白音乌拉系代表性单个土体化学性质

深度/cm	pH (H_2O)	有机碳/(g/kg)	全氮(N)/(g/kg)	全磷(P)/(g/kg)	全钾(K)/(g/kg)	CEC/(cmol/kg)	$CaCO_3$/(g/kg)
0～26	6.9	16.0	1.08	0.35	20.9	24.2	0.6
26～58	8.2	10.6	0.38	0.22	18.8	14.4	95.5
58～110	7.9	4.5	0.05	0.16	17.3	23.4	73.9

10.16.7 阿拉达尔系（Alada’er Series）

土 族：黏壤质混合型非酸性冷性-普通暗沃干润雏形土

拟定者：隋跃宇

分布与环境条件 主要分布于内蒙古自治区呼伦贝尔市扎兰屯市、阿荣旗、莫力达瓦达斡尔族自治旗、鄂伦春自治旗，兴安盟科尔沁右翼前旗、扎赉特旗和赤峰市克什克腾旗一带，漫岗地，海拔为200～400 m，母质为砂岩残积物，天然牧草地，中温带大陆性干旱气候，年均气温约3.5 ℃，年均降水量约415.9 mm，年均日照时数为2378～2720 h，无霜期为110～115 d。

阿拉达尔系典型景观

土壤性状与特征变幅 诊断层包括暗沃表层；诊断特性包括石质接触面、准石质接触面、半干润土壤水分状况和冷性土壤温度状况。土体厚度 65 cm, 有机碳含量为 3.0～20.0 g/kg，暗沃表层厚度为24 cm，干态明度4，润态明度3，润态彩度2，pH为6.2～6.6，层次质地构型为砂质黏壤土，黏粒含量为220～260 g/kg。

对比土系 哈多河系，属于同一亚类不同土族。哈多河系的土族控制层段内颗粒大小级别为粗骨壤质，而本土系的土族控制层段内颗粒大小级别为黏壤质。

利用性能综述 土层较薄，砂石含量较高，养分较低，土温较低。应注意水土保持，减少地表径流和土壤侵蚀，提倡营造农田防护林，改善生态环境。

参比土种 壤质厚层残坡积暗棕壤性土。

代表性单个土体　位于内蒙古自治区扎赉特旗阿拉达尔吐苏木，坐标为 46°47′59.76″N，121°57′28.86″E，海拔为 371 m，漫岗地，母质为砂岩残积物，牧草地，草被盖度约 30%，年均气温为 3.5 ℃，年均降水量为 415.9 mm，野外调查采样日期为 2015 年 7 月 9 日，编号 15-073。

阿拉达尔系代表性单个土体剖面

Ah：0～24 cm，灰黄棕色（10YR 4/2，干），黑棕色（10YR 3/2，润），15%岩石碎屑，砂质黏壤土，团块状结构，很坚实，中量根系，向下层平滑渐变过渡。

Bw：24～48 cm，浊黄棕色（10YR 4/3，干），暗棕色（10YR 3/3，润），20%岩石碎屑，砂质黏壤土，块状结构，很坚实，少量根系，向下层平滑渐变过渡。

BC：48～65 cm，黄棕色（10YR 5/6，干），棕色（10YR 4/6，润），60%岩石碎屑，砂质黏壤土，块状结构，很坚实，很少的根系，向下层平滑渐变过渡。

R：65 cm 以下，砂岩。

阿拉达尔系代表性单个土体物理性质

土层	深度 /cm	砾石 (>2mm，体积分数)/%	细土颗粒组成(粒径：mm)/(g/kg)			质地	容重 /(g/cm³)
			砂粒 2～0.05	粉粒 0.05～0.002	黏粒 <0.002		
Ah	0～24	15	505	268	227	砂质黏壤土	1.35
Bw	24～48	20	489	251	260	砂质黏壤土	1.45
BC	48～65	60	530	235	235	砂质黏壤土	—

阿拉达尔系代表性单个土体化学性质

深度 /cm	pH (H_2O)	有机碳 /(g/kg)	全氮(N) /(g/kg)	全磷(P) /(g/kg)	全钾(K) /(g/kg)	CEC /(cmol/kg)
0～24	6.2	19.3	1.80	0.28	10.3	21.9
24～48	6.6	7.9	0.80	0.24	12.0	20.6
48～65	6.2	3.1	0.40	0.08	11.4	15.6

10.16.8 西马拉沁系（Ximalaqin Series）

土 族：壤质混合型石灰性冷性-普通暗沃干润雏形土

拟定者：边振兴，高建飞，孙 雪，刚 晨

分布与环境条件 主要分布于内蒙古自治区通辽市东端，地处大兴安岭东南边缘，是松辽平原向内蒙古高原的过渡地带，平原，海拔为120～215 m，母质为风积沙，旱地，温带大陆性季风气候，年均气温约6.8 ℃，年均降水量约461.9 mm，年均日照时数约2892 h，无霜期约202 d。

西马拉沁系典型景观

土壤性状与特征变幅 诊断层包括暗沃表层和雏形层；诊断特性包括半干润土壤水分状况和冷性土壤温度状况。土体厚度1 m以上，暗沃表层厚度38 cm，Rh为0.19，但有机碳含量不随剖面深度递减，干态明度为3～4，润态明度2，润态彩度3，雏形层厚度约42 cm，有机碳含量为14～22 g/kg，容重为1.56～1.71 g/cm^3，pH为7.8～8.1，层次质地构型为砂质壤土-黏壤土-壤土，砂粒含量为300～610 g/kg。

对比土系 二道系，属于同一土族。二道系通体颜色较浅，含有砾石，剖面中部砾石含量较高，表土和底土均为粉壤土。本土系通体颜色较暗，有机质含量较高，砾石含量较少，表土为砂质壤土，底土为壤土。

利用性能综述 地势平坦，土层深厚，风积沙，保水保肥能力较差。应科学增施有机肥，改良土壤结构，培肥土壤，通过秸秆还田等措施增加地表覆盖，防止水土流失和土地沙化。

参比土种　壤质厚层石灰性草甸土。

代表性单个土体　位于内蒙古自治区通辽市科尔沁左翼中旗巴彦塔拉镇西马拉沁嘎查，坐标为 43°40′26.00″N，123°23′45.00″E，海拔为 146 m，略起伏平原，母质为风积沙，耕地，种植玉米，年均气温为 6.8 ℃，年均降水量为 461.9 mm，野外调查采样日期为 2015 年 7 月 28 日，编号 15-113。

西马拉沁系代表性单个土体剖面

Ahk：0～10 cm，棕色（10YR 4/4，干），黑棕色（10YR 2/3，润），砂质壤土，团粒状结构，松软，大量根系，有动物孔洞，中度石灰反应，向下层平滑渐变过渡。

ABk：10～38 cm，暗棕色（10YR 3/4，干），黑棕色（10YR 2/3，润），黏壤土，团块状结构，稍坚硬，少量根系，有动物孔洞，中度石灰反应，向下层平滑渐变过渡。

Abk：38～80 cm，暗棕色（10YR 3/3，干），黑棕色（10YR 2/3，润），壤土，团块状结构，坚硬，少量根系，中度石灰反应，向下层平滑渐变过渡。

ABk：80～113 cm，灰黄棕色（10YR 4/2，干），黑棕色（10YR 3/2，润），壤土，团块状结构，坚硬，轻度石灰反应，向下层平滑渐变过渡。

Bw：113～143 cm，浊黄棕色（10YR 4/3，干），黑棕色（10YR 3/2，润），壤土，松散。

西马拉沁系代表性单个土体物理性质

土层	深度 /cm	细土颗粒组成(粒径：mm)/(g/kg)			质地	容重 /(g/cm^3)
		砂粒 2～0.05	粉粒 0.05～0.002	黏粒 ＜0.002		
Ahk	0～10	606	314	80	砂质壤土	1.71
ABk	10～38	356	484	160	黏壤土	1.59
Abk	38～80	304	534	162	壤土	1.57
ABk	80～113	362	477	162	壤土	1.61
Bw	113～143	352	480	169	壤土	1.56

西马拉沁系代表性单个土体化学性质

深度 /cm	pH (H_2O)	有机碳 /(g/kg)	全氮(N) /(g/kg)	全磷(P) /(g/kg)	全钾(K) /(g/kg)	CEC /(cmol/kg)	$CaCO_3$ /(g/kg)
0～10	7.8	18.1	1.74	0.49	33.2	25.0	51.0
10～38	7.9	15.9	1.12	0.37	37.2	10.0	41.1
38～80	7.9	21.9	1.65	0.29	46.1	12.8	38.0
80～113	8.1	16.6	1.19	0.36	42.7	18.4	43.3
113～143	8.0	14.6	1.09	0.26	41.2	15.4	41.3

10.16.9 二道系（Erdao Series）

土 族：壤质混合型石灰性冷性-普通暗沃干润雏形土

拟定者：韩春兰，王英杰，付小梅，刘金宝，李鑫蕊

分布与环境条件 主要分布于内蒙古自治区赤峰市元宝山区一带，山前平原，海拔为500～700 m，母质为坡洪积物，旱地，中温带半干旱大陆性季风气候，年均气温约 7.5 ℃，年均降水量约 417.4 mm，年均日照时数为 2700～3000 h，无霜期为 140～150 d。

二道系典型景观

土壤性状与特征变幅 诊断层包括暗沃表层和雏形层；诊断特性包括半干润土壤水分状况、冷性土壤温度状况和钙积现象。土体厚度约 90 cm，暗沃表层厚度 28 cm，干态明度 5，润态明度 4，润态彩度 3，雏形层厚度约 13 cm，通体存在石灰反应，有机碳含量为 0.2～7.2 g/kg，容重为 1.37～1.55 g/cm^3，pH 为 7.8～8.3，层次质地构型为粉壤土-壤土-砂质壤土，砂粒含量为 150～640 g/kg。

对比土系 西马拉沁系，属于同一土族。西马拉沁系通体颜色较暗，有机质含量较高，砾石含量较少，表土为砂质壤土，底土为壤土。本土系通体颜色较浅，含有砾石，剖面中部砾石含量较高，表土和底土均为粉壤土。

利用性能综述 土层较厚，砾石含量较高，养分含量较低。应科学增施有机肥，提升地力，采取秸秆还田等措施，增加地表覆盖，防止水土流失和土地沙化。

参比土种 壤质坡-洪积暗栗钙土。

代表性单个土体　位于内蒙古自治区赤峰市元宝山区西桥镇二道村，坐标为41°52′44.58″N，119°01′35.61″E，海拔为619 m，山前平原，母质为坡洪积物，耕地，种植玉米，年均气温为7.5 ℃，年均降水量为417.4 mm，野外调查采样日期为2015年10月12日，编号15-188。

二道系代表性单个土体剖面

Apk：0～13 cm，浊黄棕色（10YR 5/4，干），暗棕色（10YR 3/3，润），5%砾石，粉壤土，块状结构，稍坚硬，多量根系，可见假菌丝体，强石灰反应，向下层波状清晰过渡。

ABk：13～28 cm，浊黄棕色（10YR 5/4，干），暗棕色（10YR 3/3，润），5%砾石，壤土，块状结构，稍坚硬，多量根系，可见假菌丝体，强石灰反应，向下层波状清晰过渡。

Bw：28～41 cm，黄棕色（10YR 5/6，干），棕色（10YR 4/6，润），60%砾石，砂质壤土，块状结构，松软，多量根系，可见假菌丝体，轻度石灰反应，平滑边界向下清晰过渡。

Ck1：41～56 cm，亮黄棕色（10YR 7/6，干），亮黄棕色（10YR 6/6，润），15%砾石，粉壤土，松散，少量根系，可见假菌丝体，轻度石灰反应，向下层平滑清晰过渡。

Ck2：56～90 cm，黄棕色（10YR 5/5，干），棕色（10YR 4/6，润），5%砾石，粉壤土，块状结构，稍坚硬，少量根系，可见假菌丝体，轻度石灰反应。

二道系代表性单个土体物理性质

土层	深度/cm	砾石(>2mm，体积分数)/%	细土颗粒组成(粒径：mm)/(g/kg)			质地	容重/(g/cm^3)
			砂粒 2～0.05	粉粒 0.05～0.002	黏粒 <0.002		
Apk	0～13	5	252	555	193	粉壤土	1.51
ABk	13～28	5	473	425	102	壤土	1.52
Bw	28～41	60	638	292	70	砂质壤土	1.37
Ck1	41～56	15	177	646	177	粉壤土	1.52
Ck2	56～90	5	153	596	251	粉壤土	1.55

二道系代表性单个土体化学性质

深度/cm	pH (H_2O)	有机碳/(g/kg)	全氮(N)/(g/kg)	全磷(P)/(g/kg)	全钾(K)/(g/kg)	CEC/(cmol/kg)	$CaCO_3$/(g/kg)	BS/%
0～13	7.8	7.2	0.95	1.15	27.1	20.7	114.6	92
13～28	8.3	6.4	1.29	1.08	27.5	19.2	107.3	92
28～41	8.3	1.9	0.39	1.01	31.9	8.6	32.4	88
41～56	8.1	2.6	0.27	1.15	27.2	15.2	30.3	91
56～90	8.0	0.2	0.26	0.18	13.7	15.8	0.3	93

10.16.10 西山根系（Xishangen Series）

土 族：壤质混合型非酸性冷性-普通暗沃干润雏形土

拟定者：孙福军，潘 瑶，蒋卓东，曾 鸣

分布与环境条件 主要分布于内蒙古自治区赤峰市北部一带，丘陵，海拔为700～1000 m，母质为风积沙，林地，中温带半干旱大陆性季风气候，年均气温为1～5 ℃，年均降水量约356.5 mm，年均日照时数约2966 h，无霜期为120～130 d。

西山根系典型景观

土壤性状与特征变幅 诊断层包括暗沃表层；诊断特性包括半干润土壤水分状况和冷性土壤温度状况。土体厚度1 m以上，有机碳含量为5.0～10.0 g/kg，容重为1.38～1.63 g/cm^3，pH为7.2～8.0，层次质地构型为壤土-砂质壤土，砂粒含量为350～640 g/kg。

对比土系 白音乌拉系，属于同一亚类不同土族。白音乌拉系的土系控制层段内颗粒大小级别为黏壤质，具有石灰性。本土系的土系控制层段内颗粒大小级别为壤质，具有非酸性。

利用性能综述 地势起伏，土体深厚，土壤较肥沃，不利因素是春季大风干旱，土壤侵蚀严重。应以牧业为主，农、牧、林结合，牧业利用应控制畜量，进行合理轮牧，建立人工草地，防止草场退化，农业应营造防护林带，控制水土流失，增施有机肥料，配合使用化肥，提高土壤肥力。

参比土种 中层黄土质暗栗钙土。

代表性单个土体　位于内蒙古自治区赤峰市林西县十二吐乡西山根村东北，坐标为43°31′28.80″N，118°03′05.50″E，海拔为 897 m，丘陵，母质为风积沙，林地，植被盖度为 40%～60%，年均气温为 5.0 ℃，年均降水量为 356.5 mm，野外调查采样日期为 2015 年 7 月 22 日，编号 15-023。

西山根系代表性单个土体剖面

Ah1：0～8 cm，浊黄棕色（10YR 5/4，干），暗棕色（7.5YR 3/3，润），壤土，团粒结构，松散，中量根系，向下层平滑清晰过渡。

Ah2：8～25 cm，棕色（7.5YR 4/4，干），暗棕色（7.5YR 3/3，润），砂质壤土，团粒状结构，松散，少量根系，向下层平滑清晰过渡。

Bk：25～53 cm，棕色（10YR 4/4，干），黑棕色（7.5YR 2/2，润），壤土，块状结构，松软，少量根系，向下层平滑清晰过渡。

2ABk：53～76 cm，棕色（10YR 4/6，干），极暗棕色（7.5YR 2/3，润），壤土，块状结构，松软，很少量根系，向下层不规则渐变过渡。

2BCk：76～110 cm，棕色（10YR 4/6，干），暗棕色（7.5YR 3/3，润），砂质壤土，块状结构，松软，很少量根系。

西山根系代表性单个土体物理性质

土层	深度/cm	细土颗粒组成(粒径：mm)/(g/kg)			质地	容重/(g/cm^3)
		砂粒 2～0.05	粉粒 0.05～0.002	黏粒 ＜0.002		
Ah1	0～8	358	441	200	壤土	1.38
Ah2	8～25	638	242	121	砂质壤土	1.48
Bk	25～53	481	359	160	壤土	1.50
2ABk	53～76	437	402	161	壤土	1.61
2BCk	76～110	501	389	111	砂质壤土	1.63

西山根系代表性单个土体化学性质

深度/cm	pH (H_2O)	有机碳/(g/kg)	全氮(N)/(g/kg)	全磷(P)/(g/kg)	全钾(K)/(g/kg)	CEC/(cmol/kg)
0～8	7.4	7.1	0.27	0.20	18.4	11.3
8～25	7.9	9.7	0.27	0.20	18.4	12.7
25～53	7.3	7.3	0.22	0.19	18.1	15.1
53～76	8.0	8.4	0.34	0.21	18.6	17.2
76～110	7.2	5.3	0.12	0.17	17.7	15.5

10.17 钙积简育干润雏形土

10.17.1 郭尔奔系（Guo'erben Series）

土 族：粗骨砂质盖粗骨质硅质混合型冷性-钙积简育干润雏形土

拟定者：韩春兰，王英杰，付小梅，刘金宝，李鑫蕊

分布与环境条件 主要分布于内蒙古自治区锡林郭勒盟苏尼特右旗阿尔善镇一带，高原，海拔为900～1400 m，母质为二元母质，上部为风积物，下部为砂岩风化物，草地，北温带干旱性大陆性季风气候，年均气温约4.8 ℃，年均降水量约194.7 mm，年均日照时数约3206 h，无霜期约135 d。

郭尔奔系典型景观

土壤性状与特征变幅 诊断层包括淡薄表层和雏形层；诊断特性包括准石质接触面、半干润土壤水分状况、冷性土壤温度状况和石灰性。土体厚度90 cm，雏形层厚度约13 cm，通体存在石灰反应，有机碳含量为1.5～9. 5 g/kg，容重为1.44～1.89 g/cm^3，碳酸钙含量为29～110 g/kg，pH为8.3～8.9，层次质地构型为砂质壤土-壤质砂土，砂粒含量为570～850 g/kg。

对比土系 耳字壕系，属于同一亚类不同土族。耳字壕系的土族控制层段内颗粒大小级别为粗骨壤质，而本土系的土族控制层段内颗粒大小级别为粗骨砂质盖粗骨质。

利用性能综述 地势平坦，土层相对较厚，干时坚硬，养分含量低，干旱缺水，土地沙

化。应封境育草，保护生态。

参比土种　薄层黄土质-坡积淡栗钙土。

代表性单个土体　位于内蒙古自治区锡林郭勒盟苏尼特右旗阿尔善镇郭尔奔村，坐标为43°02′15.57″N，112°27′54.92″E，海拔为1087 m，山地中山坡，母质上部为风积物，下部为砂岩残积物，天然草地，草被盖度约15%，年均气温为 4.8 ℃，年均降水量为194.7 mm，野外调查采样日期为2015年7月28日，编号15-046。

郭尔奔系代表性单个土体剖面

Ah：　0～16 cm，浊棕色（7.5YR 5/4，干），棕色（10YR 4/6，润），5%岩石碎屑，砂质壤土，块状结构，稍坚硬，少量根系，轻度石灰反应，向下层平滑明显过渡。

Bwk：16～29 cm，浊橙色（7.5YR 6/4，干），棕色（10YR 4/6，润），20%岩石碎屑，砂质壤土，块状结构，稍坚硬，少量根系，中度石灰反应，向下层平滑清晰过渡。

Bkb：　29～42 cm，橙白色（7.5YR 8/1，干），浊黄橙色（10YR 6/4，润），30%岩石碎屑，砂质壤土，块状结构，坚硬，可见碳酸钙粉末，强石灰反应，向下层波状清晰过渡。

2BCk1：42～70 cm，淡棕灰色（7.5YR 7/1，干），亮黄棕色（10YR 6/6，润），85%岩石碎屑，壤质砂土，块状结构，坚硬，可见碳酸钙粉末，强石灰反应，向下层平滑清晰过渡。

2BCk2：70～90 cm，浊橙色（7.5YR 7/3，干），浊橙色（7.5YR 6/4，润），90%岩石碎屑，砂质壤土，块状结构，坚硬，轻度石灰反应。

郭尔奔系代表性单个土体物理性质

土层	深度/cm	砾石(>2mm，体积分数)/%	细土颗粒组成(粒径：mm)/(g/kg)			质地	容重/(g/cm³)
			砂粒 2～0.05	粉粒 0.05～0.002	黏粒 <0.002		
Ah	0～16	5	571	232	197	砂质壤土	1.44
Bwk	16～29	20	638	154	207	砂质壤土	1.63
Bkb	29～42	30	794	100	107	砂质壤土	1.76
2BCk1	42～70	85	846	71	83	壤质砂土	1.79
2BCk2	70～90	90	827	70	104	砂质壤土	1.89

郭尔奔系代表性单个土体化学性质

深度 /cm	pH (H_2O)	有机碳 /(g/kg)	全氮(N) /(g/kg)	全磷(P) /(g/kg)	全钾(K) /(g/kg)	CEC /(cmol/kg)	$CaCO_3$ /(g/kg)
0～16	8.3	7.6	1.07	0.71	31.0	23.4	29.7
16～29	8.4	9.3	1.29	0.66	28.0	27.3	37.1
29～42	8.4	6.7	1.24	0.77	23.4	24.1	106.1
42～70	8.9	2.9	0.90	1.26	24.0	22.3	84.1
70～90	8.9	1.5	0.85	1.04	27.2	16.1	34.0

10.17.2　布鲁特黑系（Bulutehei Series）

土　族：粗骨砂质硅质混合型冷性-钙积简育干润雏形土

拟定者：韩春兰，王英杰，付小梅，刘金宝，李鑫蕊

分布与环境条件　主要分布于内蒙古自治区乌兰察布市四子王旗一带，高原，海拔约 1300 m，母质为半成岩含砾冲积物，天然牧草地，中温带大陆性季风气候，年均气温约 3.9 ℃，年均降水量为 150～300 mm，年均日照时数约 3062 h，无霜期约 120 d。

布鲁特黑系典型景观

土壤性状与特征变幅　诊断层包括淡薄表层、雏形层和钙积层；诊断特性包括半干润土壤水分状况和冷性土壤温度状况。土体厚度 1 m 以上，雏形层厚度约 97 cm，通体存在石灰反应，有机碳含量为 1.9～4.6 g/kg，容重为 1.43～1.57 g/cm^3，碳酸钙含量为 40～138 g/kg，pH 为 8.1～8.8，层次质地构型为砂质壤土-壤质砂土，砂粒含量为 710～800 g/kg。

对比土系　高家梁子系，属于同一亚类不同土族。高家梁子系为二元母质，上部为黄土状物质，下部为玄武岩残积物，土族控制层段内颗粒大小级别为壤质盖粗骨质，矿物类型为混合型。本土系的母质为半成岩含砾冲积物，土族控制层段内颗粒大小级别为粗骨砂质，矿物类型硅质混合型。

利用性能综述　地势平坦，土层相对较厚，干时坚硬，养分含量低，地表覆盖度低，干旱缺水。应封境育草，保护生态，防止土地沙化。

参比土种　薄层坡洪积淡栗钙土。

代表性单个土体　位于内蒙古自治区乌兰察布市四子王旗希拉穆仁镇布鲁特黑，坐标为 41°45′24.94″N，111°35′06.30″E，海拔为 1419 m，高原，母质为半成岩含砾冲积物，天然草地，植被盖度约 15%，年均气温为 3.9 ℃，年均降水量为 229.1 mm，野外调查采样日期为 2015 年 7 月 29 日，编号 15-050。

Ahk：0～18 cm，浊黄橙色（10YR 7/4，干），棕色（10YR 4/6，润），40%岩石碎屑，砂质壤土，块状结构，松散，少量根系，强石灰反应，向下层波状清晰过渡。

Bk：18～50 cm，橙白色（10YR 8/2，干），棕色（10YR 4/6，润），30%岩石碎屑，砂质壤土，块状结构，坚硬，可见碳酸钙粉末，强石灰反应，向下层平滑渐变过渡。

Bwk1：50～100 cm，橙白色（10YR 8/2，干），黄棕色（10YR 5/6，润），30%岩石碎屑，砂质壤土，块状结构，坚硬，可见碳酸钙粉末，强石灰反应，向下层平滑渐变过渡。

Bwk2：100～147 cm，浊黄橙色（10YR 7/4，干），棕色（10YR 4/6，润），30%岩石碎屑，壤质砂土，块状结构，坚硬，可见碳酸钙粉末，强石灰反应。

布鲁特黑系代表性单个土体剖面

布鲁特黑系代表性单个土体物理性质

土层	深度 /cm	砾石 (>2mm，体积分数)/%	细土颗粒组成(粒径：mm)/(g/kg) 砂粒 2～0.05	粉粒 0.05～0.002	黏粒 <0.002	质地	容重 /(g/cm^3)
Ahk	0～18	40	748	162	90	砂质壤土	1.43
Bk	18～50	30	711	189	100	砂质壤土	1.48
Bwk1	50～100	30	733	162	105	砂质壤土	1.52
Bwk2	100～147	30	792	125	83	壤质砂土	1.57

布鲁特黑系代表性单个土体化学性质

深度 /cm	pH (H_2O)	有机碳 /(g/kg)	全氮(N) /(g/kg)	全磷(P) /(g/kg)	全钾(K) /(g/kg)	CEC /(cmol/kg)	$CaCO_3$ /(g/kg)
0～18	8.6	4.5	0.76	1.10	26.4	21.0	66.9
18～50	8.6	4.6	0.87	0.25	21.3	28.2	137.1
50～100	8.1	3.7	0.72	0.56	22.3	26.9	39.6
100～147	8.8	1.9	0.56	0.43	27.9	22.6	43.9

10.17.3 耳字壕系（Erzihao Series）

土　族：粗骨壤质混合型冷性-钙积简育干润雏形土

拟定者：贾树海，王洪志，杜　蒙，张国建，孙仲秀，王秋兵

分布与环境条件　主要分布于内蒙古自治区西南部的鄂尔多斯市达拉特旗一带，高原，海拔为 1000～1500 m，母质为残积物，林地，温带大陆性季风气候，年均气温为 6.1～7.1 ℃，年均降水量为 240～360 mm，年均日照时数约 3000 h，无霜期为 135～150 d。

耳字壕系典型景观

土壤性状与特征变幅　诊断层包括淡薄表层和钙积层；诊断特性包括半干润土壤水分状况和冷性土壤温度状况。土体厚度 1 m 以上，钙积层厚度 40 cm，通体存在石灰反应，有机碳含量为 0.0～6.0 g/kg，容重为 1.72～1.91 g/cm^3，碳酸钙含量为 39～195 g/kg，pH 为 7.9～8.5，层次质地构型为砂质壤土-壤土-砂质黏壤土，砂粒含量为 420～630 g/kg。

对比土系　郭尔奔系，属于同一亚类不同土族。郭尔奔系的土族控制层段内颗粒大小级别为粗骨砂质盖粗骨质，而本土系为粗骨壤质。

利用性能综述　土层较薄，砂性强，易干旱，养分含量低，干旱缺水，植被盖度低。应封境育草，保护生态，防止土地沙化。

参比土种　中层石质栗钙土。

代表性单个土体　位于内蒙古自治区鄂尔多斯市达拉特旗树林召镇耳字壕村，坐标为 40°00′22.50″N，110°01′07.60″E，海拔为 1377 m，高原，母质为残积物，草灌盖度为 30%～

40%，年均气温为 6.4 ℃，年均降水量为 356.5 mm，野外调查采样日期为 2015 年 10 月 7 日，编号 15-164。

Ac：0～0.5 cm，结皮层。

Ahk：0.5～10 cm，浊黄橙色（10YR 6/3，干），浊黄棕色（10YR 5/4，润），砂质壤土，团块状结构，疏松，少量根系，中度石灰反应，向下层波状清晰过渡。

Bk1：10～32 cm，浊黄橙色（10YR 6/4，干），浊黄棕色（10YR 5/4，润），3%岩石碎屑，壤土，块状结构，疏松，很少量根系， 强石灰反应，向下层平滑清晰过渡。

Bk2：32～72 cm，橙白色（10YR 8/2，干），浊黄橙色（10YR 7/3，润），40%岩石碎屑，砂质黏壤土，块状结构，稍坚实， 强石灰反应，向下层波状清晰过渡。

Ck：72～110 cm，橙白色（10YR 8/1，干），浊黄橙色（10YR 7/2，润），65%岩石碎屑，砂质壤土，发育弱的棱块状结构，稍坚实，强石灰反应。

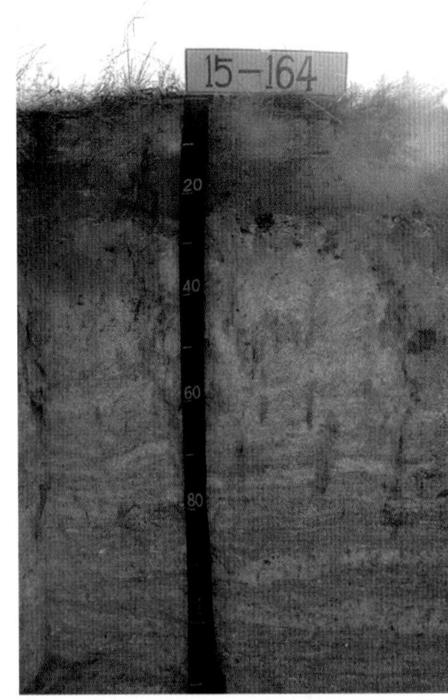

耳字壕系代表性单个土体剖面

耳字壕系代表性单个土体物理性质

土层	深度/cm	砾石(>2mm，体积分数)/%	细土颗粒组成(粒径：mm)/(g/kg)			质地	容重/(g/cm^3)
			砂粒 2～0.05	粉粒 0.05～0.002	黏粒 <0.002		
Ahk	0.5～10	0	624	253	122	砂质壤土	1.72
Bk1	10～32	3	421	416	163	壤土	1.89
Bk2	32～72	40	629	81	290	砂质黏壤土	1.88
Ck	72～110	65	505	303	192	砂质壤土	1.91

耳字壕系代表性单个土体化学性质

深度/cm	pH(H_2O)	有机碳/(g/kg)	全氮(N)/(g/kg)	全磷(P)/(g/kg)	全钾(K)/(g/kg)	CEC/(cmol/kg)	$CaCO_3$/(g/kg)
0.5～10	8.1	6.0	0.27	0.49	21.6	163.3	128.2
10～32	7.9	4.9	0.31	0.41	20.7	27.3	39.3
32～72	8.4	4.7	0.11	0.39	21.1	98.2	194.3
72～110	8.5	0.0	0.11	0.43	20.8	103.5	79.2

10.17.4　巴音杭盖系（Bayinhanggai Series）

土　族：砂质硅质混合型冷性-钙积简育干润雏形土

拟定者：孙福军，潘　瑶，蒋卓东，曾　鸣

分布与环境条件　主要分布于内蒙古自治区巴彦淖尔市西北部一带，高原，海拔为1150～1350 m，母质为砂岩，草地，大陆性干旱气候，年均气温为3～6.8 ℃，年均降水量为115～250 mm，年均日照时数为3098～3250 h，无霜期为99～129 d。

巴音杭盖系典型景观

土壤性状与特征变幅　诊断层包括淡薄表层和钙积层；诊断特性包括半干润土壤水分状况和冷性土壤温度状况。土体厚度 90 cm，钙积层厚度约 50 cm，可见碳酸钙白色粉末，通体存在石灰反应，有机碳含量为 5.0～18.0 g/kg，容重为 1.49～1.61 g/cm^3，碳酸钙含量为 48～253 g/kg，pH 为 8.0～8.9，层次质地构型为砂质黏壤土-壤土-砂质壤土，砂粒含量为 400～660 g/kg。

对比土系　巴音温都系、巴音希勒系、额尔登系、毛忽洞系、赛乌素系、西桃花湾系和古城系，属于同一土族。巴音温都系的腐殖质层厚度为 5 cm，表土为砂质壤土，钙积层出现在 5 cm 深以下，厚度约 95 cm，有大量碳酸钙结核；巴音希勒系的腐殖质层厚度为 20 cm，表土为砂质壤土，钙积层出现在 40 cm 深以下，厚度约 40 cm，有大量石灰斑块；额尔登系的腐殖质层厚度为 12 cm，表土为砂质壤土，钙积层出现在 12 cm 深以下，厚度约 58 cm，有大量碳酸钙粉末；毛忽洞系的腐殖质层厚度为 31 cm，表土为砂质黏壤土，底土为壤质砂土，钙积层出现在 31 cm 深以下，厚度约 50 cm，有大量碳酸钙粉末；赛乌素系的腐殖质层厚度为 17 cm，表土为壤土，底土为壤质砂土，钙积层出现在 17 cm 深以下，厚度约 57 cm，有少量碳酸钙结核；西桃花湾系的腐殖质层厚度为 20 cm，表土为壤土，钙积层出现在 20 cm 深以下，厚度约 45 cm，有少量假菌丝体；古城系的腐殖质层厚度为 13 cm，表土为砂质黏壤土，钙积层出现在 13 cm 深以下，厚度约 46 cm。本土系的腐殖质层厚度为 20 cm，表土为砂质黏壤土，钙积层出现在 42 cm 深以下，厚度约 50 cm，有大量碳酸钙粉末。

利用性能综述 地势平坦，土层相对较厚，干时坚硬，养分含量低，干旱缺水。应封境育草，保护生态，防止土地沙化。

参比土种 风积砂棕钙土。

代表性单个土体 位于内蒙古自治区巴彦淖尔市乌拉特中旗巴音杭盖苏木巴彦查干，坐标为 42°07′42.10″N，107°46′36.20″E，海拔为 1257 m，高原，母质为砂岩，天然牧草地，草被盖度为 5%～10%，年均气温为 5.8 ℃，年均降水量为 144.2 mm，野外调查采样日期为 2015 年 7 月 31 日，编号 15-147。

Ahk：0～20 cm，亮黄棕色（10YR 6/6，干），亮棕色（7.5YR 5/6，润），7%岩石碎屑，砂质黏壤土，块状结构，松软，少量根系，极强石灰反应，向下层平滑渐变过渡。

Bwk1：20～42 cm，浊橙色（7.5YR 6/4，干），棕色（7.5YR 4/6，润），8%岩石碎屑，壤土，块状结构，松软，很少量根系，极强石灰反应，向下层平滑渐变过渡。

Bwk2：42～67 cm，暗棕色（10YR 3/4，干），橙色（7.5YR 7/6，润），40%岩石碎屑，砂质壤土，块状结构，松软，很少量根系，大量碳酸钙粉末，极强石灰反应，向下层平滑渐变过渡。

BCk：67～90 cm，暗棕色（10YR 3/3，干），浊橙色（7.5YR 7/4，润），40%岩石碎屑，块状结构，很少量根系，大量碳酸钙粉末，极强石灰反应。

巴音杭盖系代表性单个土体剖面

巴音杭盖系代表性单个土体物理性质

土层	深度 /cm	砾石 (>2mm，体积分数)/%	细土颗粒组成(粒径：mm)/(g/kg) 砂粒 2～0.05	粉粒 0.05～0.002	黏粒 <0.002	质地	容重 /(g/cm³)
Ahk	0～20	7	588	206	206	砂质黏壤土	1.56
Bwk1	20～42	8	409	380	211	壤土	1.49
Bwk2	42～67	40	660	170	170	砂质壤土	1.55
BCk	67～90	40	—	—	—	—	1.61

巴音杭盖系代表性单个土体化学性质

深度 /cm	pH (H_2O)	有机碳 /(g/kg)	全氮(N) /(g/kg)	全磷(P) /(g/kg)	全钾(K) /(g/kg)	CEC /(cmol/kg)	$CaCO_3$ /(g/kg)
0～20	8.0	6.8	0.69	0.28	19.9	23.0	48.7
20～42	8.6	5.0	0.22	0.19	18.1	22.0	77.4
42～67	8.9	17.6	0.38	0.22	18.8	25.8	190.2
67～90	—	—	—	—	—	—	252.3

10.17.5　巴音温都系（Bayinwendu Series）

土　族：砂质硅质混合型冷性-钙积简育干润雏形土

拟定者：贾树海，王洪志，杜　蒙，张国建，孙仲秀，王秋兵

分布与环境条件　主要分布于内蒙古自治区巴彦淖尔市乌拉特后旗一带，略起伏丘陵，海拔为 1500～2365 m，母质为坡积物，戈壁，温带大陆性季风气候，年均气温约 6 ℃，年均降水量为 96～109 mm，年均日照时数约 3200 h，无霜期约 113 d。

巴音温都系典型景观

土壤性状与特征变幅　诊断层包括淡薄表层和钙积层；诊断特性包括半干润土壤水分状况和冷性土壤温度状况。土体厚度 1 m 以上，钙积层厚度约 95 cm，通体存在石灰反应，中上部有大量碳酸钙结核，有机碳含量为 0. 0～5.8 g/kg，容重为 1.49～1.53 g/cm^3，碳酸钙含量为 69～290 g/kg，pH 为 8.0～9.6，层次质地构型为砂质壤土，砂粒含量为 620～730 g/kg。

对比土系　巴音杭盖系、巴音希勒系、额尔登系、毛忽洞系、赛乌素系、西桃花湾系和古城系，属于同一土族。巴音杭盖系的腐殖质层厚度为 20 cm，表土为砂质黏壤土，钙积层出现在 42 cm 深以下，厚度约 50 cm，有大量碳酸钙粉末；巴音希勒系的腐殖质层厚度为 20 cm，表土为砂质壤土，钙积层出现在 40 cm 深以下，厚度约 40 cm，有大量石灰斑块；额尔登系的腐殖质层厚度为 12 cm，表土为砂质壤土，钙积层出现在 12 cm 深以下，厚度约 58 cm，有大量碳酸钙粉末；毛忽洞系的腐殖质层厚度为 31 cm，表土为砂质黏壤土，底土为壤质砂土，钙积层出现在 31 cm 深以下，厚度约 50 cm，有大量碳酸

钙粉末；赛乌素系的腐殖质层厚度为 17 cm，表土为壤土，底土为壤质砂土，钙积层出现在 17 cm 深以下，厚度约 57 cm，有少量碳酸钙结核；西桃花湾系的腐殖质层厚度为 20 cm，表土为壤土，钙积层出现在 20 cm 深以下，厚度约 45 cm，有少量假菌丝体；古城系的腐殖质层厚度为 13 cm，表土为砂质黏壤土，钙积层出现在 13 cm 深以下，厚度约 46 cm。本土系的腐殖质层厚度 5 cm，表土为砂质壤土，钙积层出现在 5 cm 深以下，厚度约 95 cm，有大量碳酸钙结核。

利用性能综述　地势略起伏，土层较厚，砂性强，漏水漏肥，易干旱，呈碱性，养分含量低，干旱缺水。应封境育草，保护生态，防止土地沙化。

参比土种　红土质钙质灰漠土。

代表性单个土体　位于内蒙古自治区巴彦淖尔市乌拉特后旗巴音温都尔苏木，坐标为 41°22′38.90″N，106°05′44.40″E，海拔为 1203 m，略起伏丘陵，母质为红砂岩坡积物，裸地，草被盖度<15%，年均气温为 6.0 ℃，年均降水量为 105.7 mm，野外调查采样日期为 2015 年 10 月 5 日，编号 15-156。

巴音温都系代表性单个土体剖面

Ah：0～5 cm，红棕色（5YR 4/6，干），红棕色（5YR 4/8，润），2%岩石碎屑，砂质壤土，屑粒状结构，松散，很少量根系，中量碳酸钙结核，中度石灰反应，向下层波状清晰过渡。

Bk：5～36 cm，橙色（7.5YR 6/6，干），浊棕色（7.5YR 5/4，润），2%岩石碎屑，砂质壤土，块状结构，疏松，大量碳酸钙结核，强石灰反应，向下层平滑清晰过渡。

BCk1：36～100 cm，橙色（5YR 6/6，干），亮红棕色（5YR 5/8，润），35%岩石碎屑，砂质壤土，块状结构，极坚硬，大量碳酸钙结核，强石灰反应，向下层平滑清晰过渡。

BCk2：100～132 cm，亮红棕色（5YR 5/6，干），暗红棕色（5YR 3/6，润），40%岩石碎屑，砂质壤土，块状结构，极坚硬，强石灰反应。

巴音温都系代表性单个土体物理性质

土层	深度/cm	砾石(>2mm，体积分数)/%	细土颗粒组成(粒径：mm)/(g/kg)			质地	容重/(g/cm^3)
			砂粒 2～0.05	粉粒 0.05～0.002	黏粒 <0.002		
Ah	0～5	2	628	234	138	砂质壤土	1.53
Bk	5～36	2	623	206	171	砂质壤土	1.49
BCk1	36～100	35	653	189	158	砂质壤土	1.51
BCk2	100～132	40	653	175	172	砂质壤土	1.50

巴音温都系代表性单个土体化学性质

深度 /cm	pH (H_2O)	有机碳 /(g/kg)	全氮(N) /(g/kg)	全磷(P) /(g/kg)	全钾(K) /(g/kg)	CEC /(cmol/kg)	$CaCO_3$ /(g/kg)
0～5	8.0	5.8	0.33	0.38	22.1	79.2	150.7
5～36	8.5	0.6	0.27	0.34	21.6	78.9	281.0
36～100	9.1	0.6	0.11	0.35	21.0	67.0	266.7
100～132	9.6	5.7	0.16	0.29	20.7	28.6	69.7

10.17.6　巴音希勒系（Bayinxile Series）

土　族：砂质硅质混合型冷性-钙积简育干润雏形土

拟定者：孙福军，潘　瑶，蒋卓东，曾　鸣

分布与环境条件　主要分布于内蒙古自治区乌兰察布市四子王旗一带，高原，平均海拔约 1300 m，母质为砂岩，天然牧草地，温带大陆性季风气候，年均气温约 4.6 ℃，年均降水量约 221.1 mm，年均日照时数约 3062 h，无霜期约 120 d。

巴音希勒系典型景观

土壤性状与特征变幅　诊断层包括淡薄表层和钙积层；诊断特性包括半干润土壤水分状况和冷性土壤温度状况。土体厚度为 100 cm，钙积层厚度约 40 cm，可见碳酸钙白色粉末，通体存在石灰反应，有机碳含量为 3.0～11.0 g/kg，容重为 1.63～1.76 g/cm^3，碳酸钙含量为 4～262 g/kg，pH 为 8.0～8.3，层次质地构型为砂质壤土-砂质黏壤土，砂粒含量为 515～800 g/kg。

对比土系　巴音杭盖系、巴音温都系、额尔登系、毛忽洞系、赛乌素系、西桃花湾系和古城系，属于同一土族。巴音杭盖系的腐殖质层厚度为 20 cm，表土为砂质黏壤土，钙积层出现在 42 cm 深以下，厚度约 50 cm，有大量碳酸钙粉末；巴音温都系的腐殖质层厚度为 5 cm，表土为砂质壤土，钙积层出现在 5 cm 深以下，厚度约 95 cm，有大量碳酸钙结核；额尔登系的腐殖质层厚度为 12 cm，表土为砂质壤土，钙积层出现在 12 cm 深以下，厚度约 58 cm，有大量碳酸钙粉末；毛忽洞系的腐殖质层厚度为 31 cm，表土为砂质黏壤土，底土为壤质砂土，钙积层出现在 31 cm 深以下，厚度约 50 cm，有大量碳酸钙粉末；赛乌素系的腐殖质层厚度为 17 cm，表土为壤土，底土为壤质砂土，钙积层出现在 17 cm 深以下，厚度约 57 cm，有少量碳酸钙结核；西桃花湾系的腐殖质层厚度为 20 cm，表土为壤土，钙积层出现在 20 cm 深以下，厚度约 45 cm，有少量假菌丝体；古城系的腐殖质层厚度为 13 cm，表土为砂质黏壤土，钙积层出现在 13 cm 深以下，厚度约 46 cm。本土系的腐殖质层厚度为 20 cm，表土为砂质壤土，钙积层出现在 40 cm 深以下，厚度约 40 cm，有大量石灰斑块。

利用性能综述 地势平坦，土层深厚，土层干时坚硬，养分含量低，干旱缺水，地表植被覆盖度低。应封境育草，保护生态，防止土地沙化。

参比土种 中层砂砾质栗钙土。

代表性单个土体 位于内蒙古自治区乌兰察布市四子王旗巴音希勒嘎查，坐标为 42°13′05.50″N，112°16′17.00″E，海拔为 1266 m，高原，母质为砂岩，天然牧草地，草被盖度为 30%～40%，年均气温为 4.6 ℃，年均降水量为 221.1 mm，野外调查采样日期为 2015 年 7 月 28 日，编号 15-047。

Ahk： 0～20 cm，浊棕色（7.5YR 5/4，干），浊红棕色（5YR 4/4，润），2%岩石碎屑，砂质壤土，团块状结构，疏松，少量根系，轻度石灰反应，向下层平滑清晰过渡。

Bwk1： 20～40 cm，橄榄棕色（2.5Y 4/6，干），棕色（7.5YR 4/4，润），3%岩石碎屑，砂质黏壤土，团块状结构，疏松，少量根系，中度石灰反应，向下层平滑清晰过渡。

Bwk2：40～80 cm，浊棕色（7.5YR 6/3，干），浊橙色（7.5YR 6/4，润），5%岩石碎屑，砂质黏壤土，块状结构，疏松，很少量根系，石灰斑块，极强石灰反应，向下层不规则清晰过渡。

BCk： 80～100 cm，浊橙色（7.5YR 6/4，干），浊橙色（7.5YR 7/4，润），5%岩石碎屑，砂质壤土，块状结构，极疏松，很少量根系，极强石灰反应。

巴音希勒系代表性单个土体剖面

巴音希勒系代表性单个土体物理性质

土层	深度/cm	砾石(>2mm，体积分数)/%	细土颗粒组成(粒径：mm)/(g/kg)			质地	容重/(g/cm³)
			砂粒 2～0.05	粉粒 0.05～0.002	黏粒 <0.002		
Ahk	0～20	2	676	203	122	砂质壤土	1.64
Bwk1	20～40	3	551	245	204	砂质黏壤土	1.63
Bwk2	40～80	5	515	242	242	砂质黏壤土	1.74
BCk	80～100	5	797	81	122	砂质壤土	1.76

巴音希勒系代表性单个土体化学性质

深度 /cm	pH (H_2O)	有机碳 /(g/kg)	全氮(N) /(g/kg)	全磷(P) /(g/kg)	全钾(K) /(g/kg)	CEC /(cmol/kg)	$CaCO_3$ /(g/kg)
0～20	8.0	10.7	1.01	0.34	20.7	17.1	4.9
20～40	8.0	7.6	0.69	0.28	19.9	14.7	10.4
40～80	8.3	8.8	0.72	0.28	20.0	18.5	262.0
80～100	8.2	3.2	0.24	0.19	18.2	22.1	66.4

10.17.7　额尔登系（E'erdeng Series）

土　族：砂质硅质混合型冷性-钙积简育干润雏形土

拟定者：韩春兰，王英杰，付小梅，刘金宝，李鑫蕊

分布与环境条件　主要分布于内蒙古自治区锡林郭勒盟苏尼特左旗一带，高原，海拔为927～1400 m，母质为砂岩，天然牧草地，温带半干旱大陆性季风气候，年均气温约3.3 ℃，年均降水量为150～200 mm，年均日照时数约3196 h，无霜期为130～145 d。

额尔登系典型景观

土壤性状与特征变幅　诊断层包括淡薄表层和钙积层；诊断特性包括半干润土壤水分状况和冷性土壤温度状况。土体厚度1 m以上，钙积层厚度约58 cm，通体存在石灰反应，有机碳含量为1.0～8.0 g/kg，容重为1.46～1.78 g/cm^3，pH为8.3～8.8，层次质地构型为砂质壤土-壤质砂土，砂粒含量为710～830 g/kg。

对比土系　巴音杭盖系、巴音温都系、巴音希勒系、毛忽洞系、赛乌素系、西桃花湾系和古城系，属于同一土族。巴音杭盖系的腐殖质层厚度为20 cm，表土为砂质黏壤土，钙积层出现在42 cm深以下，厚度约50 cm，有大量碳酸钙粉末；巴音温都系的腐殖质层厚度为5 cm，表土为砂质壤土，钙积层出现在5 cm深以下，厚度约95 cm，有大量碳酸钙结核；巴音希勒系的腐殖质层厚度为20 cm，表土为砂质壤土，钙积层出现在40 cm深以下，厚度约40 cm，有大量石灰斑块；毛忽洞系的腐殖质层厚度为31 cm，表土为砂质黏壤土，底土为壤质砂土，钙积层出现在31 cm深以下，厚度约50 cm，有大量碳酸钙粉末；赛乌素系的腐殖质层厚度为17 cm，表土为壤土，底土为壤质砂土，钙积层出

现在 17 cm 深以下，厚度约 57 cm，有少量碳酸钙结核；西桃花湾系的腐殖质层厚度为 20 cm，表土为壤土，钙积层出现在 20 cm 深以下，厚度约 45 cm，有少量假菌丝体；古城系的腐殖质层厚度为 13 cm，表土为砂质黏壤土，钙积层出现在 13 cm 深以下，厚度约 46 cm。本土系的腐殖质层厚度为 12 cm，表土为砂质壤土，钙积层出现在 12 cm 深以下，厚度约 58 cm，有大量碳酸钙粉末。

利用性能综述　地势平坦，土层相对较厚，干时坚硬，养分含量低，干旱缺水。应封境育草，保护生态，防止土地沙化。

参比土种　薄层砂砾质淡栗钙土。

代表性单个土体　位于内蒙古自治区锡林郭勒盟苏尼特左旗塔木其音塔拉额尔登山头，坐标为 43°46′41.12″N，113°12′04.16″E，海拔为 1026 m，高原，母质为砂岩，年均气温为 3.3 ℃，年均降水量为 192.4 mm，野外调查采样日期为 2015 年 7 月 27 日，编号 15-042。

额尔登系代表性单个土体剖面

Ahk：0～12 cm，棕色（10YR 4/6，干），棕色（7.5YR 4/6，润），5%岩石碎屑，砂质壤土，块状结构，稍坚硬，少量根系，可见假菌丝体，轻度石灰反应，向下层波状渐变过渡。

Bk1：12～37 cm，浊黄橙色（10YR 7/4，干），浊黄橙色（10YR 7/4，润），10%岩石碎屑，砂质壤土，块状结构，坚硬，少量根系，大量碳酸钙粉末，强石灰反应，向下层间断突变过渡。

Bk2：37～70 cm，淡黄橙色（10YR 8/3，干），亮棕色（7.5YR 5/6，润），15%岩石碎屑，砂质壤土，块状结构，稍坚硬，大量碳酸钙粉末，强石灰反应，向下层平滑清晰过渡。

BCk：70～100 cm，亮黄棕色（10YR 7/6，干），亮黄棕色（7.5YR 3/3，润），壤质砂土，块状结构，稍坚硬，中度石灰反应。

额尔登系代表性单个土体物理性质

土层	深度/cm	砾石(>2mm，体积分数)/%	细土颗粒组成(粒径：mm)/(g/kg)			质地	容重/(g/cm^3)
			砂粒 2～0.05	粉粒 0.05～0.002	黏粒 <0.002		
Ahk	0～12	5	767	136	98	砂质壤土	1.46
Bk1	12～37	10	717	114	169	砂质壤土	1.51
Bk2	37～70	15	744	118	138	砂质壤土	1.63
BCk	70～100	0	823	97	80	壤质砂土	1.78

额尔登系代表性单个土体化学性质

深度 /cm	pH (H_2O)	有机碳 /(g/kg)	全氮(N) /(g/kg)	全磷(P) /(g/kg)	全钾(K) /(g/kg)	CEC /(cmol/kg)	$CaCO_3$ /(g/kg)
0～12	8.8	5.3	1.51	0.65	35.8	24.2	20
12～37	8.3	7.9	0.98	1.75	16.9	23.3	457
37～70	8.5	3.7	0.92	0.87	26.9	14.0	139
70～100	8.6	1.0	0.89	1.51	34.1	11.7	51

10.17.8　毛忽洞系（Maohudong Series）

土　族：砂质硅质混合型冷性-钙积简育干润雏形土

拟定者：边振兴，高建飞，孙　雪，刚　晨

分布与环境条件　主要分布于内蒙古自治区固阳县九分子乡一带，丘陵坡上部，海拔为1240～1500 m，二元母质，上部为坡积物，下部为坡洪积物，草地，中温带半干旱大陆性气候，年均气温约 5.4 ℃，年均降水量约 282.2 mm，年均日照时数约 3130 h，无霜期为 95～110 d。

毛忽洞系典型景观

土壤性状与特征变幅　诊断层包括淡薄表层和钙积层；诊断特性包括半干润土壤水分状况和冷性土壤温度状况。土体厚度 1 m 以上，通体存在石灰反应，碳酸钙含量为 50～200 g/kg，有机碳含量为 2～25 g/kg，容重为 1.49～1.65 g/cm^3，pH 为 7.7～7.9，层次质地构型为砂质黏壤土-砂质壤土-壤质砂土，砂粒含量为 650～810 g/kg，砾石含量为 3%～40%。

对比土系　巴音杭盖系、巴音温都系、巴音希勒系、额尔登系、赛乌素系、西桃花湾系和古城系，属于同一土族。巴音杭盖系的腐殖质层厚度为 20 cm，表土为砂质黏壤土，钙积层出现在 42 cm 深以下，厚度约 50 cm，有大量碳酸钙粉末；巴音温都系的腐殖质层厚度为 5 cm，表土为砂质壤土，钙积层出现在 5 cm 深以下，厚度约 95 cm，有大量碳酸钙结核；巴音希勒系的腐殖质层厚度为 20 cm，表土为砂质壤土，钙积层出现在 40 cm 深以下，厚度约 40 cm，有大量石灰斑块；额尔登系的腐殖质层厚度为 12 cm，表土为砂质壤土，钙积层出现在 12 cm 深以下，厚度约 58 cm，有大量碳酸钙粉末；赛乌素系的腐殖质层厚度为 17 cm，表土为壤土，底土为壤质砂土，钙积层出现在 17 cm 深以下，厚度约 57 cm，有少量碳酸钙结核；西桃花湾系的腐殖质层厚度为 20 cm，表土为壤土，钙积层出现在 20 cm 深以下，厚度约 45 cm，有少量假菌丝体；古城系的腐殖质层厚度为 13 cm，表土为砂质黏壤土，钙积层出现在 13 cm 深以下，厚度约 46 cm。本土系的腐殖质层厚度为 31 cm，表土为砂质黏壤土，底土为壤质砂土，钙积层出现在 31 cm 深以下，厚度约 50 cm，有大量碳酸钙粉末。

利用性能综述　土层深厚，土壤沙化，弱碱性，养分含量低，漏水漏肥。植被为天然牧草。目前草原退化较严重，产草量低，质量差。应以保护为主，适当发展牧业，保护植被，防风固沙，防止沙化面积扩大。

参比土种　壤质薄层坡积淡栗钙土。

代表性单个土体　位于内蒙古自治区固阳县九分子乡毛忽洞，坐标为 41°2′59.00″N，109°54′47.00″E，海拔为 1403 m，中山坡低部，坡度为 6°，二元母质，上部为坡积物，下部为坡洪积物，草地，草被盖度约 20%，年均气温为 5.4 ℃，年均降水量为 282.2 mm，野外调查采样日期为 2015 年 9 月 29 日，编号 15-125。

Ahk：0～31 cm，浊黄橙色（10YR 6/4，干），棕色（10YR 4/6，润），砂质黏壤土，团粒状结构，松软，很多根系，中度石灰反应，向下层平滑渐变过渡。

Bk：31～61 cm，橙白色（10YR 8/2，干），浊黄橙色（10YR 7/4，润），3%砾石，砂质壤土，块状结构，稍坚实，中量根系，大量碳酸钙粉末，强石灰反应，向下层平滑渐变过渡。

Ck：61～80 cm，橙白色（10YR 8/2，干），浊黄橙色（10YR 7/3，润），40%砾石，砂质壤土，单粒，稍坚实，极少量根系，大量碳酸钙粉末，强石灰反应，向下层平滑渐变过渡。

2C：80～143 cm，黄棕灰色（10YR 5/8，干），棕色（10YR 4/6，润），40%砾石，壤质砂土，单粒，稍坚硬。

毛忽洞系代表性单个土体剖面

毛忽洞系代表性单个土体物理性质

土层	深度/cm	砾石(＞2mm，体积分数)/%	细土颗粒组成(粒径：mm)/(g/kg)			质地	容重/(g/cm^3)
			砂粒 2～0.05	粉粒 0.05～0.002	黏粒 ＜0.002		
Ahk	0～31	0	652	108	240	砂质黏壤土	1.49
Bk	31～61	3	721	199	80	砂质壤土	1.52
Ck	61～80	40	747	173	80	砂质壤土	1.57
2C	80～143	40	865	55	80	壤质砂土	1.65

毛忽洞系代表性单个土体化学性质

深度/cm	pH(H_2O)	有机碳/(g/kg)	全氮(N)/(g/kg)	全磷(P)/(g/kg)	全钾(K)/(g/kg)	CEC/(cmol/kg)	$CaCO_3$/(g/kg)
0～31	7.7	17.9	1.47	0.75	18.3	6.1	64.0
31～61	7.7	24.5	1.37	0.78	6.5	19.5	194.5
61～80	7.8	8.4	0.70	0.81	8.3	18.6	160.6
80～143	7.9	2.9	0.13	0.69	12.0	17.7	56.8

10.17.9 赛乌素系（Saiwusu Series）

土 族：砂质硅质混合型冷性-钙积简育干润雏形土

拟定者：贾树海，王洪志，杜 蒙，张国建，孙仲秀，王秋兵

分布与环境条件 主要分布于内蒙古自治区巴彦淖尔市乌拉特后旗一带，略起伏丘陵，海拔为1500～2365 m，二元母质，上部为风积物，下部为冲积物，戈壁，温带大陆性季风气候，年均气温约6 ℃，年均降水量约133.2 mm，年均日照时数约3200 h，无霜期约113 d。

赛乌素系典型景观

土壤性状与特征变幅 诊断层包括淡薄表层和钙积层；诊断特性包括半干润土壤水分状况和冷性土壤温度状况。土体厚度1 m以上，钙积层厚度约57 cm，通体存在石灰反应，有机碳含量为1.8～8.5 g/kg，容重为1.75～1.84 g/cm^3，碳酸钙含量为2～101 g/kg，pH为8.6～9.1，层次质地构型为壤土-砂质壤土-壤质砂土，砂粒含量为460～840 g/kg，砾石含量为0%～20 %。

对比土系 巴音杭盖系、巴音温都系、巴音希勒系、额尔登系、毛忽洞系、西桃花湾系和古城系，属于同一土族。巴音杭盖系的腐殖质层厚度为20 cm，表土为砂质黏壤土，钙积层出现在42 cm深以下，厚度约50 cm，有大量碳酸钙粉末；巴音温都系的腐殖质层厚度为5 cm，表土为砂质壤土，钙积层出现在5 cm深以下，厚度约95 cm，有大量碳酸钙结核；巴音希勒系的腐殖质层厚度为20 cm，表土为砂质壤土，钙积层出现在40 cm深以下，厚度约40 cm，有大量石灰斑块；额尔登系的腐殖质层厚度为12 cm，表土为砂质壤土，钙积层出现在12 cm深以下，厚度约58 cm，有大量碳酸钙粉末；毛忽洞系的

腐殖质层厚度为 31 cm，表土为砂质黏壤土，底土为壤质砂土，钙积层出现在 31 cm 深以下，厚度约 50 cm，有大量碳酸钙粉末；西桃花湾系的腐殖质层厚度为 20 cm，表土为壤土，钙积层出现在 20 cm 深以下，厚度约 45 cm，有少量假菌丝体；古城系的腐殖质层厚度为 13 cm，表土为砂质黏壤土，钙积层出现在 13 cm 深以下，厚度约 46 cm。本土系的腐殖质层厚度为 17 cm，表土为壤土，底土为壤质砂土，钙积层出现在 17 cm 深以下，厚度约 57 cm，有少量碳酸钙结核。

利用性能综述　地势略起伏，土层较厚，砂性强，养分含量低，干旱缺水。应封境育草，保护生态，防止土地沙化。

参比土种　砂砾盖坡洪积淡棕钙土。

代表性单个土体　位于内蒙古自治区巴彦淖尔市乌拉特后旗潮格温都尔镇赛乌素，坐标为 41°27′22.90″N，106°59′18.50″E，海拔为 1620 m，略起伏丘陵，二元母质，上部为风积物，下部为冲积物，裸地，草被盖度<15%，年均气温为 6.0 ℃，年均降水量为 133.2 mm，野外调查采样日期为 2015 年 10 月 5 日，编号 15-158。

赛乌素系代表性单个土体剖面

Ah：0～17 cm，黄棕色（10YR 5/6，干），棕色（7.5YR 4/3，润），壤土，团块状结构，极疏松，很少量根系，中度石灰反应，向下层波状清晰过渡。

Bk：17～74 cm，灰黄棕色（10YR 6/2，干），浊黄棕色（10YR 5/4，润），砂质壤土，块状结构，稍坚实，很少量根系，可见碳酸钙结核，强石灰反应，向下层波状清晰过渡。

Ck：74～106 cm，浊黄橙色（10YR 7/4，干），棕色（10YR 4/4，润），砂质壤土，块状结构，疏松，很少量根系，中度石灰反应，向下层平滑清晰过渡。

2Ck：106～144 cm，亮黄棕色（10YR 6/6，干），黄棕色（10YR 5/6，润），20%砾石，壤质砂土，无结构，松散，中度石灰反应。

赛乌素系代表性单个土体物理性质

土层	深度 /cm	砾石 (>2mm，体积分数)/%	细土颗粒组成(粒径：mm)/(g/kg)			质地	容重 /(g/cm^3)
			砂粒 2～0.05	粉粒 0.05～0.002	黏粒 <0.002		
Ah	0～17	0	469	329	202	壤土	1.82
Bk	17～74	0	599	361	40	砂质壤土	1.75
Ck	74～106	0	759	121	120	砂质壤土	1.79
2Ck	106～144	20	838	42	120	壤质砂土	1.84

赛乌素系代表性单个土体化学性质

深度 /cm	pH (H_2O)	有机碳 /(g/kg)	全氮(N) /(g/kg)	全磷(P) /(g/kg)	全钾(K) /(g/kg)	CEC /(cmol/kg)	$CaCO_3$ /(g/kg)
0～17	8.7	8.5	0.34	0.36	22.5	87.9	2.1
17～74	8.6	4.3	0.21	0.36	21.5	57.7	100.3
74～106	9.1	3.1	0.27	0.32	21.5	86.8	58.4
106～144	8.8	1.8	0.33	0.30	22.0	76.7	40.5

10.17.10　西桃花湾系（Xitaohuawan Series）

土　族：砂质硅质混合型冷性-钙积简育干润雏形土

拟定者：孙福军，潘　瑶，蒋卓东，曾　鸣

分布与环境条件　主要分布于内蒙古自治区包头市达尔罕茂明安联合旗一带，高原，海拔为1058～1846 m，母质为黄土状坡积物，天然牧草地，中温带半干旱大陆性季风气候，年均气温约4.3 ℃，年均降水量约253.7 mm，年均日照时数为3100～3300 h，无霜期约121 d。

西桃花湾系典型景观

土壤性状与特征变幅　诊断层包括淡薄表层、雏形层和钙积层；诊断特性包括半干润土壤水分状况和冷性土壤温度状况。土体厚度1 m以上，通体存在石灰反应，钙积层厚度约45 cm，碳酸钙含量为50～140 g/kg，有机碳含量为1～18 g/kg，容重为1.36～1.79 g/cm^3，pH为7.9～8.2，层次质地构型为壤土-砂质壤土，砂粒含量为270～650 g/kg。

对比土系　巴音杭盖系、巴音温都系、巴音希勒系、额尔登系、毛忽洞系、赛乌素系和古城系，属于同一土族。巴音杭盖系的腐殖质层厚度为20 cm，表土为砂质黏壤土，钙积层出现在42 cm深以下，厚度约50 cm，有大量碳酸钙粉末；巴音温都系的腐殖质层厚度为5 cm，表土为砂质壤土，钙积层出现在5 cm深以下，厚度约95 cm，有大量碳酸钙结核；巴音希勒系的腐殖质层厚度为20 cm，表土为砂质壤土，钙积层出现在40 cm深以下，厚度约40 cm，有大量石灰斑块；额尔登系的腐殖质层厚度为12 cm，表土为砂质壤土，钙积层出现在12 cm深以下，厚度约58 cm，有大量碳酸钙粉末；毛忽洞系的腐殖质层厚度为31 cm，表土为砂质黏壤土，底土为壤质砂土，钙积层出现在31 cm深以下，厚度约50 cm，有大量碳酸钙粉末；赛乌素系的腐殖质层厚度为17 cm，表土为壤土，底土为壤质砂土，钙积层出现在 17 cm 深以下，厚度约 57 cm，有少量碳酸钙结核；古城系的腐殖质层厚度为 13 cm，表土为砂质黏壤土，钙积层出现在 13 cm 深以下，厚度约 46 cm。本土系的腐殖质层厚度为 20 cm，表土为壤土，钙积层出现在为 20 cm 深以下，厚度约 45 cm，有少量假菌丝体。

利用性能综述　土层相对较厚，干时坚硬，养分含量低，地表覆盖度低。应封境育草，保护生态，防止土地沙化。

参比土种　中层黄土质栗钙土。

代表性单个土体　位于内蒙古自治区包头市达尔罕茂明安联合旗石宝镇坤兑滩村西桃花湾，坐标为 41°33′49.10″N，110°42′19.20″E，海拔为 1451 m，高原，母质为黄土状坡积物，天然牧草地，草被盖度为 30%～40%，年均气温为 4.3 ℃，年均降水量为 253.7 mm，野外调查采样日期为 2015 年 7 月 30 日，编号 15-143。

Ahk：0～20 cm，浊橙色（7.5YR 7/3，干），浊红橙色（5YR 4/4，润），壤土，团块状结构，松软，少量根系，强石灰反应，向下层平滑清晰过渡。

Bk1：20～48 cm，浊黄橙色（10YR 7/3，干），浊棕色（7.5YR 5/4，润），壤土，块状结构，松软，少量根系，可见假菌丝体，强石灰反应，向下层平滑渐变过渡。

Bk2：48～65 cm，浊黄橙色（10YR 7/3，干），浊橙色（7.5YR 5/4，润），砂质壤土，块状结构，稍坚硬，很少量根系，可见假菌丝体，强石灰反应，向下层平滑清晰过渡。

BCk1：65～90 cm，浊橙色（7.5YR 5/4，干），黄棕色（10YR 5/6，润），砂质壤土，块状结构，稍坚硬，很少量根系，可见假菌丝体，强石灰反应，向下层平滑清晰过渡。

BCk2：90～110 cm，浊黄橙色（10YR 7/4，干），亮棕色（7.5YR 5/6，润），壤土，块状结构，松软，很少量根系，可见假菌丝体，强石灰反应。

西桃花湾系代表性单个土体剖面

西桃花湾系代表性单个土体物理性质

土层	深度/cm	细土颗粒组成(粒径：mm)/(g/kg) 砂粒 2～0.05	粉粒 0.05～0.002	黏粒 <0.002	质地	容重/(g/cm³)
Ahk	0～20	326	405	270	壤土	1.36
Bk1	20～48	423	355	222	壤土	1.52
Bk2	48～65	646	265	88	砂质壤土	1.77
BCk1	65～90	619	212	169	砂质壤土	1.79
BCk2	90～110	277	468	255	壤土	1.71

西桃花湾系代表性单个土体化学性质

深度 /cm	pH (H_2O)	有机碳 /(g/kg)	全氮(N) /(g/kg)	全磷(P) /(g/kg)	全钾(K) /(g/kg)	CEC /(cmol/kg)	$CaCO_3$ /(g/kg)
0～20	8.0	17.6	1.70	0.46	22.2	23.5	115.2
20～48	7.9	7.7	0.84	0.31	20.3	23.2	139.0
48～65	8.1	2.3	0.05	0.16	17.3	17.6	113.5
65～90	8.2	1.2	0.22	0.19	18.2	20.2	51.9
90～110	8.1	2.8	0.06	0.16	17.4	21.5	57.5

10.17.11 古城系（Gucheng Series）

土 族：砂质硅质混合型冷性-钙积简育干润雏形土

拟定者：贾树海，王洪志，杜 蒙，张国建，孙仲秀，王秋兵

分布与环境条件 主要分布于内蒙古自治区中部的土默川平原上，地势平坦，平均海拔约 1132 m，母质为风积物，天然牧草地，中温带大陆性季风气候，年均气温约 6.3 ℃，年均降水量约 313.8 mm，年均日照时数为 1261～1463 h，无霜期约 131 d。

古城系典型景观

土壤性状与特征变幅 诊断层包括淡薄表层和钙积层；诊断特性包括冷性土壤温度状况和半干润土壤水分状况。土体厚度 1 m 以上，钙积层厚度约 46 cm，通体存在石灰反应，有机碳含量为 0.7～7.2 g/kg，容重为 1.53～1.71 g/cm^3，碳酸钙含量为 12～106 g/kg，pH 为 8.4～9.4，层次质地构型为砂质黏壤土-砂质黏土-粉壤土，砂粒含量为 180～800 g/kg。

对比土系 巴音杭盖系、巴音温都系、巴音希勒系、额尔登系、毛忽洞系、赛乌素系和西桃花湾系，属于同一土族。巴音杭盖系的腐殖质层厚度为 20 cm，表土为砂质黏壤土，钙积层出现在 42 cm 深以下，厚度约 50 cm，有大量碳酸钙粉末；巴音温都系的腐殖质层厚度为 5 cm，表土为砂质壤土，钙积层出现在 5 cm 深以下，厚度约 95 cm，有大量碳酸钙结核；巴音希勒系的腐殖质层厚度为 20 cm，表土为砂质壤土，钙积层出现在 40 cm 深以下，厚度约 40 cm，有大量石灰斑块；额尔登系的腐殖质层厚度为 12 cm，表土为砂质壤土，钙积层出现在 12 cm 深以下，厚度约 58 cm，有大量碳酸钙粉末；毛忽洞系的腐殖质层厚度为 31 cm，表土为砂质黏壤土，底土为壤质砂土，钙积层出现在 31 cm 深

以下，厚度约 50 cm，有大量碳酸钙粉末；赛乌素系的腐殖质层厚度为 17 cm，表土为壤土，底土为壤质砂土，钙积层出现在 17 cm 深以下，厚度约 57 cm，有少量碳酸钙结核；西桃花湾系的腐殖质层厚度为 20 cm，表土为壤土，钙积层出现在 20 cm 深以下，厚度约 45 cm，有少量假菌丝体。本土系的腐殖质层厚度为 13 cm，表土为砂质黏壤土，钙积层出现在 13 cm 深以下，厚度约 46 cm。

利用性能综述　地势相对平坦，土体深厚，质地适中，养分含量低。植被为天然牧草，不宜开垦为农田，宜做放牧用地。应坚持合理放牧，防止放牧压力过大造成植被破坏，避免水土流失和土壤退化。

参比土种　壤质风积-冲积潮栗褐土。

代表性单个土体　位于内蒙古自治区呼和浩特市托克托县古城镇，坐标为 40°29′53.30″N，111°25′27.30″E，海拔为 1002 m，地势平坦，母质为风积物，天然牧草地，草被盖度为 40%～50%，年均气温为 6.3 ℃，年均降水量为 313.8 mm，野外调查采样日期为 2015 年 10 月 8 日，编号 15-168。

古城系代表性单个土体剖面

Ah：　0～13 cm，浊橙色（7.5YR 6/4，干），棕色（7.5YR 4/4，润），砂质黏壤土，发育中等的团块状结构，极疏松，少量根系，中度石灰反应，向下层平滑清晰过渡。

ABk：13～42 cm，浊橙色（7.5YR 7/4，干），浊棕色（7.5YR 6/3，润），砂质黏土，发育中等的团块状结构，极疏松，很少量根系，中度石灰反应，向下层波状清晰过渡。

Bk：　42～88 cm，淡黄色（2.5Y 7/3，干），浊黄色（2.5Y 6/4，润），砂质壤土，发育中等的棱块状结构，稍坚实，很少量根系，强石灰反应，向下层平滑清晰过渡。

BCk：88～126 cm，淡黄色（2.5Y 7/4，干），黄棕色（2.5Y 5/4，润），粉壤土，发育弱的棱块状结构，极疏松，强石灰反应。

古城系代表性单个土体物理性质

土层	深度/cm	细土颗粒组成(粒径：mm)/(g/kg)			质地	容重/(g/cm^3)
		砂粒 2～0.05	粉粒 0.05～0.002	黏粒 <0.002		
Ah	0～13	571	186	243	砂质黏壤土	1.56
ABk	13～42	499	181	320	砂质黏土	1.69
Bk	42～88	798	82	120	砂质壤土	1.53
BCk	88～126	186	734	80	粉壤土	1.71

古城系代表性单个土体化学性质

深度/cm	pH (H_2O)	有机碳/(g/kg)	全氮(N)/(g/kg)	全磷(P)/(g/kg)	全钾(K)/(g/kg)	CEC/(cmol/kg)	$CaCO_3$/(g/kg)	BS/%
0～13	8.4	7.2	0.53	0.38	22.2	38.4	12.6	51
13～42	8.4	2.7	0.44	0.35	22.1	37.0	50.5	53
42～88	8.8	2.1	0.33	0.32	21.6	37.0	105.9	87
88～126	9.4	0.7	0.27	0.33	21.5	26.2	68.7	86

10.17.12　玛尼图系（Manitu Series）

土　族：黏壤质混合型冷性-钙积简育干润雏形土

拟定者：韩春兰，王英杰，付小梅，刘金宝，李鑫蕊

分布与环境条件　主要分布于内蒙古自治区赤峰市阿鲁科尔沁旗一带，丘陵，海拔约430 m，母质为黄土状物质，天然牧草地，温带半干旱大陆性季风气候，年均气温约 4.5 ℃，年均降水量为 300～400 mm，年均日照时数为 2767～3034 h，无霜期为 95～140 d。

玛尼图系典型景观

土壤性状与特征变幅　诊断层包括淡薄表层和钙积层；诊断特性包括半干润土壤水分状况和冷性土壤温度状况。土体厚度 1 m 以上，钙积层厚度约 80 cm，深 18 cm 以下存在石灰反应，有机碳含量为6～14 g/kg，容重为1.22～1.34 g/cm^3，碳酸钙含量为5～219 g/kg，pH 为 7.6～8.6，层次质地构型为壤土-砂质壤土，砂粒含量为 320～660 g/kg。

对比土系　木头沟系和喜挂图系，属于同一土族。木头沟系的腐殖质层厚度为 11 cm，表土为粉壤土，28 cm 出现埋藏腐殖质层，钙积层出现在 48 cm 深以下，厚度约 53 cm，有少量碳酸钙粉末和假菌丝体；喜挂图系的腐殖质层厚度为 17 cm，表土为粉质黏壤土，钙积层出现在 42 cm 深以下，厚度约 71 cm，有少量假菌丝体。本土系的腐殖质层厚度为 18 cm，表土为壤土，钙积层出现在 18 cm 深以下，厚度约 80 cm，有少量假菌丝体。

利用性能综述　土层深厚，春季地温回升慢，干时坚硬，透水性差，地表覆盖度低。在生产中应严禁超载放牧，防止土壤沙化。可实行人工围封草场、更新草场等措施，用养结合。

参比土种　中层黄土质暗栗钙土。

代表性单个土体　位于内蒙古自治区赤峰市阿鲁科尔沁旗巴彦温都尔苏木玛尼图嘎查，坐标为 44°35′38.75″N，119°45′16.62″E，海拔为 569 m，丘陵，地形坡度为 5°，母质为黄土状物质，天然牧草地，草被盖度约 30%，年均气温为 4.5 ℃，年均降水量为 380.7 mm，野外调查采样日期为 2015 年 7 月 3 日，编号 15-008。

Ah：0～18 cm，浊黄棕色（10YR 5/3，干），浊黄棕色（10YR 5/3，润），壤土，块状结构，松软，少量根系，向下层平滑模糊过渡。

Bk1：18～71 cm，浊黄橙色（10YR 6/4，干），浊黄棕色（10YR 5/4，润），壤土，块状结构，松软，少量根系，可见假菌丝体，轻度石灰反应，向下层平滑模糊过渡。

Bk2：71～98 cm，浊黄橙色（10YR 7/3，干），浊黄棕色（10YR 5/3，润），壤土，块状结构，稍坚硬，少量根系，可见假菌丝体，中度石灰反应，向下层平滑模糊过渡。

Bk3：98～140 cm，橙白色（10Y 8/1，干），浊黄橙色（10YR 6/3，润），砂质壤土，块状结构，松软，少量根系，可见假菌丝体，强石灰反应。

玛尼图系代表性单个土体剖面

玛尼图系代表性单个土体物理性质

土层	深度 /cm	细土颗粒组成(粒径：mm)/(g/kg)			质地	容重 /(g/cm³)
		砂粒 2～0.05	粉粒 0.05～0.002	黏粒 <0.002		
Ah	0～18	389	403	208	壤土	1.27
Bk1	18～71	320	460	219	壤土	1.22
Bk2	71～98	420	379	201	壤土	1.26
Bk3	98～140	653	221	126	砂质壤土	1.34

玛尼图系代表性单个土体化学性质

深度 /cm	pH (H_2O)	有机碳 /(g/kg)	全氮(N) /(g/kg)	全磷(P) /(g/kg)	全钾(K) /(g/kg)	CEC /(cmol/kg)	$CaCO_3$ /(g/kg)
0～18	7.6	13.4	2.59	0.75	24.3	23.1	5.7
18～71	8.4	9.4	1.45	0.74	26.2	19.2	119.7
71～98	8.5	8.6	1.39	0.53	25.6	18.8	218.9
98～140	8.6	6.4	0.61	0.61	24.7	10.3	25.7

10.17.13　木头沟系（Mutougou Series）

土　族：黏壤质混合型冷性-钙积简育干润雏形土

拟定者：韩春兰，王英杰，付小梅，刘金宝，李鑫蕊

分布与环境条件　主要分布于内蒙古自治区东部地区赤峰市翁牛特旗一带，丘陵，海拔为 500～1000 m，母质为黄土状物质，旱地，中温带半干旱大陆性季风气候，年均气温约 6.7 ℃，年均降水量约 380.3 mm，年均日照时数为 2850～3000 h，无霜期为 90～140 d。

木头沟系典型景观

土壤性状与特征变幅　诊断层包括淡薄表层、雏形层和钙积层；诊断特性包括半干润土壤水分状况和冷性土壤温度状况。土体厚度 1 m 以上，雏形层厚度约 17 cm，钙积层厚度约 53 cm，可见碳酸钙白色粉末，通体存在石灰反应，有机碳含量为 0.0～12.0 g/kg，容重为 1.23～1.36 g/cm^3，碳酸钙含量为 58～250 g/kg，pH 为 8.2～8.5，层次质地构型为粉壤土-粉质黏壤土，砂粒含量为 4～36 g/kg。

对比土系　玛尼图系和喜挂图系，属于同一土族。玛尼图系的腐殖质层厚度为 18 cm，表土为壤土，钙积层出现在 18 cm 深以下，厚度约 80 cm，有少量假菌丝体；喜挂图系的腐殖质层厚度为 17 cm，表土为粉质黏壤土，钙积层出现在 42 cm 深以下，厚度约 71 cm，有少量假菌丝体。本土系的腐殖质层厚度为 11 cm，表土为粉壤土，28 cm 出现埋藏腐殖质层，钙积层出现在 48 cm 深以下，厚度约 53 cm，有少量碳酸钙粉末和假菌丝体。

利用性能综述　地势平坦，土层深厚，粉壤质地，保肥性能差。应增施有机肥，培肥地

力，增加秸秆等地表覆盖，防止土地沙化。

参比土种 薄层黄土质栗钙土。

代表性单个土体 位于内蒙古自治区赤峰市翁牛特旗木头沟乡三道沟村，坐标为42°41′14.73″N，119°00′39.50″E，海拔为629 m，丘陵，母质为黄土状物质，耕地，种植向日葵、谷子，年均气温为6.7 ℃，年均降水量为380.3 mm，野外调查采样日期为2015年10月10日，编号15-180。

木头沟系代表性单个土体剖面

Apk：0～11 cm，浊黄橙色（10YR 6/3，干），棕色（10YR 4/4，润），粉壤土，块状结构，松散，少量根系，强石灰反应，向下层平滑清晰过渡。

Bwk：11～28 cm，浊黄橙色（10YR 6/3，干），棕色（10YR 4/4，润），2%岩石碎屑，粉壤土，块状结构，松散，少量根系，强石灰反应，向下层平滑清晰过渡。

Ahkb：28～48 cm，灰黄棕色（10YR 6/2，干），暗棕色（10YR 3/3，润），5%岩石碎屑，粉壤土，块状结构，稍坚硬，少量根系，强石灰反应，向下层平滑渐变过渡。

Bk1：48～71 cm，浅淡黄色（2.5YR 8/3，干），淡黄色（2.5YR 4/6，润），2%岩石碎屑，粉壤土，块状结构，稍坚硬，少量根系，可见碳酸钙粉末和假菌丝体，强石灰反应，边界向下层平滑模糊过渡。

Bk2：71～101 cm，浅淡黄色（2.5YR 8/4，干），淡黄色（2.5YR 7/4，润），粉壤土，块状结构，稍坚硬，少量根系，可见碳酸钙粉末和假菌丝体，强石灰反应，向下层平滑模糊过渡。

BCk：101～142 cm，浅淡黄色（2.5YR 8/4，干），黄棕色（2.5YR 5/6，润），粉质黏壤土，块状结构，稍坚硬，可见假菌丝体，强石灰反应。

木头沟系代表性单个土体物理性质

土层	深度/cm	砾石(>2mm，体积分数)/%	细土颗粒组成(粒径：mm)/(g/kg)			质地	容重/(g/cm³)
			砂粒 2～0.05	粉粒 0.05～0.002	黏粒 <0.002		
Apk	0～11	0	36	718	246	粉壤土	1.31
Bwk	11～28	2	19	707	275	粉壤土	1.31
Ahkb	28～48	5	10	753	236	粉壤土	1.24
Bk1	48～71	2	4	738	258	粉壤土	1.23
Bk2	71～101	0	14	752	234	粉壤土	1.36
BCk	101～142	0	15	678	307	粉质黏壤土	1.34

木头沟系代表性单个土体化学性质

深度 /cm	pH (H_2O)	有机碳 /(g/kg)	全氮(N) /(g/kg)	全磷(P) /(g/kg)	全钾(K) /(g/kg)	CEC /(cmol/kg)	$CaCO_3$ /(g/kg)
0～11	8.3	6.7	4.50	3.69	26.7	26.7	176.8
11～28	8.2	12.0	3.93	11.07	26.1	26.3	208.2
28～48	8.2	6.6	1.09	0.59	22.4	25.6	194.3
48～71	8.3	4.0	0.71	8.86	23.5	23.4	249.2
71～101	8.5	3.9	0.51	9.55	23.0	22.5	216.6
101～142	8.5	0.3	0.31	0.18	13.4	20.1	58.0

10.17.14　喜挂图系（Xiguatu Series）

土　族：黏壤质混合型冷性-钙积简育干润雏形土

拟定者：韩春兰，王英杰，付小梅，刘金宝，李鑫蕊

分布与环境条件　主要分布于内蒙古自治区锡林郭勒盟东乌珠穆沁旗一带，高原，海拔为800～1000 m，母质为黄土状物质，天然牧草地，北温带大陆性季风气候，年均气温约1.5 ℃，年均降水量约264.8 mm，年均日照时数约2975 h，无霜期约120 d。

喜挂图系典型景观

土壤性状与特征变幅　诊断层包括淡薄表层、雏形层和钙积层；诊断特性包括半干润土壤水分状况和冷性土壤温度状况。土体厚度1 m以上，钙积层厚度71 cm，之下为雏形层，雏形层厚度约71 cm，通体存在石灰反应，有机碳含量为0.0～16.0 g/kg，容重为1.26～1.38 g/cm^3，碳酸钙含量为80～250 g/kg，pH为8.3～9.5，层次质地构型为粉质黏壤土-壤土，砂粒含量为60～480 g/kg。

对比土系　玛尼图系和木头沟系，属于同一土族。玛尼图系的腐殖质层厚度为18 cm，表土为壤土，钙积层出现在18 cm深以下，厚度约80 cm，有少量假菌丝体；木头沟系的腐殖质层厚度为11 cm，表土为粉壤土，28 cm出现埋藏腐殖质层，钙积层出现在48 cm深以下，厚度约53 cm，有少量碳酸钙粉末和假菌丝体。本土系的腐殖质层厚度为17 cm，表土为粉质黏壤土，钙积层出现在42 cm深以下，厚度约71 cm，有少量假菌丝体。

利用性能综述　地势较平坦，土层深厚，干时土体比较紧实，养分总体上不高，基本用于牧业生产，在生产中应严禁超载放牧，防止土壤沙化。可实行人工围封草库伦、更新

草场等措施，用养结合。

参比土种　壤质薄层残坡积暗栗钙土。

代表性单个土体　位于内蒙古自治区锡林郭勒盟东乌珠穆沁旗翁图苏木喜挂图嘎查，坐标为 45°15′00.41″N，117°11′45.18″E，海拔为 850 m，高原，地形坡度为 1°～2°，母质为黄土状物质，天然草地，植被盖度约 70%，年均气温为 1.5 ℃，年均降水量为 264.8 mm，野外调查采样日期为 2015 年 7 月 23 日，编号 15-030。

喜挂图系代表性单个土体剖面

Ahk：0～17 cm，浊黄棕色（10YR 4/3，干），暗棕色（10YR 3/4，润），5%砾石，粉质黏壤土，块状结构，稍坚硬，少量根系，强石灰反应，向下层平滑渐变过渡。

Bk1：17～42 cm，浊黄棕色（10YR 5/3，干），棕色（10YR 4/4，润），10%砾石，粉质黏壤土，块状结构，坚硬，少量根系，可见假菌丝体，强石灰反应，向下层波状逐渐过渡。

Bk2：42～70 cm，橙白色（10YR 8/2，干），浊黄橙色（10YR 7/3，润），10%砾石，粉质黏壤土，块状结构，坚硬，少量根系，强石灰反应，可见假菌丝体，向下层平滑渐变过渡。

Bk3：70～113 cm，淡橙黄色（10YR 8/3，干），浊黄橙色（10YR 6/3，润），10%砾石，壤土，块状结构，坚硬，强石灰反应，向下层平滑渐变过渡。

BC：113～135 cm，淡橙黄色（10YR 8/3，干），浊黄橙色（10YR 6/3，润），15%砾石，壤土，块状结构，坚硬。

喜挂图系代表性单个土体物理性质

土层	深度/cm	砾石(>2mm，体积分数)/%	细土颗粒组成(粒径：mm)/(g/kg)			质地	容重/(g/cm^3)
			砂粒 2～0.05	粉粒 0.05～0.002	黏粒 <0.002		
Ahk	0～17	5	87	553	359	粉质黏壤土	1.29
Bk1	17～42	10	66	579	355	粉质黏壤土	1.31
Bk2	42～70	10	152	534	314	粉质黏壤土	1.26
Bk3	70～113	10	402	372	227	壤土	1.28
BC	113～135	15	478	312	210	壤土	1.38

喜挂图系代表性单个土体化学性质

深度/cm	pH (H_2O)	有机碳 /(g/kg)	全氮(N) /(g/kg)	全磷(P) /(g/kg)	全钾(K) /(g/kg)	CEC /(cmol/kg)	$CaCO_3$ /(g/kg)
0～17	8.3	15.1	1.80	0.81	30.5	34.8	82.1
17～42	8.4	9.7	1.34	0.62	27.5	30.4	92.1
42～70	8.9	5.5	0.71	0.65	25.4	23.7	244.2
70～113	9.5	0.6	0.30	1.01	34.0	14.6	180.9
113～135	8.9	0.4	0.31	1.00	36.0	12.6	170.9

10.17.15　高家梁子系（Gaojialiangzi Series）

土　族：壤质盖粗骨质混合型冷性-钙积简育干润雏形土

拟定者：韩春兰，王英杰，付小梅，刘金宝，李鑫蕊

分布与环境条件　主要分布于内蒙古自治区赤峰市松山区一带，丘陵，海拔为500～1000 m，二元母质，上部为黄土状物质，下部为玄武岩残积物，旱地，温带大陆性季风气候，年均气温约 6 ℃，年均降水量约 390.6 mm，年均日照时数为 2850～3000 h，无霜期为 90～140 d。

高家梁子系典型景观

土壤性状与特征变幅　诊断层包括淡薄表层和钙积层；诊断特性包括半干润土壤水分状况和冷性土壤温度状况。土体厚度 1 m 以上，钙积层厚度约 41 cm，通体存在石灰反应，有机碳含量为 4.0～5.0 g/kg，容重为 1.15～1.55 g/cm^3，pH 为 8.0～8.1，层次质地构型为粉壤土-砂质壤土，砂粒含量为 18～500 g/kg，砾石含量为 0～80%。

对比土系　布鲁特黑系，属于同一亚类不同土族。布鲁特黑系的母质为半成岩含砾冲积物，土族控制层段内颗粒大小级别为粗骨砂质，矿物类型硅质混合型。本土系为二元母质，上部为黄土状物质，下部为玄武岩残积物，土族控制层段内颗粒大小级别为壤质盖粗骨质，矿物类型为混合型。

利用性能综述　地势平坦，土层深厚，粉壤质地，保肥性能差。应增施有机肥，培肥地力，增加秸秆等地表覆盖，防止土地沙化。

参比土种　薄层黄土质栗钙土。

代表性单个土体　位于内蒙古自治区赤峰市翁牛特旗广德公镇高家梁子村，坐标为 42°39′25.51″N，118°42′43.82″E，海拔为 853 m，丘陵，二元母质，上部为黄土状物质，下部为玄武岩残积物，耕地，种植绿豆，年均气温为 6.0 ℃，年均降水量为 390.6 mm，野外调查采样日期为 2015 年 10 月 11 日，编号 15-182。

Apk：0～20 cm，浊黄棕色（10YR 5/4，干），棕色（10YR 4/6，润），粉壤土，块状结构，松软，少量根系，强石灰反应，向下层平滑模糊过渡。

Bk1：20～41 cm，浊黄橙色（10YR 6/4，干），浊黄棕色（10YR 5/4，润），2%岩石碎屑，粉壤土，发育强的中、小棱块结构，稍坚硬，少量根系，可见假菌丝体，强石灰反应，向下层波状模糊过渡。

Bk2：41～68 cm，浊黄棕色（10YR 5/4，干），棕色（10YR 4/4，润），10%岩石碎屑，砂质壤土，块状结构，稍坚硬，少量根系，可见假菌丝体，强石灰反应，向下层平滑模糊过渡。

2Ck：68～110 cm，橙白色（10YR 8/1，干），浊黄橙色（10YR 6/3，润），80%岩石碎屑，坚硬，可见碳酸钙粉末，强石灰反应。

高家梁子系代表性单个土体剖面

高家梁子系代表性单个土体物理性质

土层	深度/cm	砾石(>2mm，体积分数)/%	细土颗粒组成(粒径：mm)/(g/kg) 砂粒 2～0.05	粉粒 0.05～0.002	黏粒 <0.002	质地	容重/(g/cm³)
Apk	0～20	0	43	736	221	粉壤土	1.15
Bk1	20～41	2	18	758	225	粉壤土	1.27
Bk2	41～68	10	500	387	113	砂质壤土	1.32
2Ck	68～110	80	—	—	—	—	1.55

高家梁子系代表性单个土体化学性质

深度/cm	pH(H_2O)	有机碳/(g/kg)	全氮(N)/(g/kg)	全磷(P)/(g/kg)	全钾(K)/(g/kg)	CEC/(cmol/kg)	$CaCO_3$/(g/kg)
0～20	8.1	5.0	0.95	3.82	24.0	25.6	255.9
20～41	8.1	5.0	0.85	1.56	22.6	24.5	203.9
41～68	8.1	4.4	2.17	0.73	21.6	22.4	48.3
68～110	8.0	—	—	0.00	0.0	—	—

10.17.16　塔本呼都系（Tabenhudu Series）

土　族：壤质混合型冷性-钙积简育干润雏形土

拟定者：孙福军，潘瑶，蒋卓东，曾　鸣

分布与环境条件　主要分布于内蒙古自治区锡林浩特市一带，高原，海拔约 989 m，母质为冲洪积物，天然牧草地，温带半干旱大陆性季风气候，年均气温约 2 ℃，年均降水量约 269.4 mm，年均日照时数约 2800 h，无霜期约 110 d。

塔本呼都系典型景观

土壤性状与特征变幅　诊断层包括淡薄表层和钙积层；诊断特性包括半干润土壤水分状况和冷性土壤温度状况。土体厚度约 1 m 以上，深 30 cm 以下存在强石灰反应，钙积层厚度 70 cm，可见碳酸钙白色粉末，碳酸钙含量为 0～307 g/kg，有机碳含量为 5～17 g/kg，容重为 1.54～1.75 g/cm^3，pH 为 7.2～8.6，层次质地构型为壤土-砂质黏壤土-砂质壤土，砂粒含量为 385～709 g/kg。

对比土系　乌兰忽洞系，属于同一土族。乌兰忽洞系的腐殖质层厚度为 28 cm，表土为砂质壤土，钙积层出现在 28 cm 深以下，厚度约 37 cm，有大量碳酸钙粉末。本土系的腐殖质层厚度为 30 cm，表土为壤土，钙积层出现在 30 cm 深以下，厚度约 70 cm，有大量碳酸钙粉末。

利用性能综述　土层较薄，碱性，养分含量较低，土地轻微沙化，表层浅薄。改良利用方向以牧业为主，加速植被恢复，轮封轮牧，种植固沙植物，防止沙化加剧。

参比土种　中层黄土质暗栗钙土。

代表性单个土体　位于内蒙古自治区锡林浩特市塔本呼都嘎查，坐标为 44°26′36.40″N，115°54′57.40″E，海拔为 1025 m，高原，地形为平原，母质为冲洪积物，天然牧草地和灌木丛，植被盖度为 60%～70%，年均气温为 2.0 ℃，年均降水量为 269.4 mm，野外调查采样日期为 2015 年 7 月 24 日，编号 15-031。

Ah1：0～14 cm，棕色（10YR 4/6，干），暗红棕色（5YR 3/3，润），壤土，团粒状结构，松软，少量根系，向下层平滑清晰过渡。

Ah2：14～30 cm，浊黄橙色（10YR 6/4，干），浊红棕色（5YR 5/4，润），砂质黏壤土，块状结构，松软，很少量根系，向下层波状清晰过渡。

Bk1：30～40 cm，浊黄橙色（10YR 7/4，干），浊橙色（7.5YR 6/4，润），壤土，块状结构，稍坚硬，很少量根系，有大量碳酸钙粉末，强石灰反应，向下层波状清晰过渡。

Bk2：40～80 cm，橙白色（10YR 8/1，干），浊黄橙色（10YR 7/3，润），砂质壤土，块状结构，稍坚硬，有大量碳酸钙粉末，强石灰反应，向下层波状清晰过渡。

BCk：80～100 cm，暗棕色（7.5Y 3/4，干），黑棕色（7.5YR 3/2，润），砂质壤土，块状结构，坚硬，有大量碳酸钙粉末，强石灰反应。

塔本呼都系代表性单个土体剖面

塔本呼都系代表性单个土体物理性质

土层	深度/cm	细土颗粒组成 (粒径：mm)/(g/kg) 砂粒 2～0.05	粉粒 0.05～0.002	黏粒 <0.002	质地	容重/(g/cm³)
Ah1	0～14	408	351	241	壤土	1.65
Ah2	14～30	513	251	237	砂质黏壤土	1.69
Bk1	30～40	385	388	227	壤土	1.54
Bk2	40～80	651	271	79	砂质壤土	1.71
BCk	80～100	709	201	90	砂质壤土	1.75

塔本呼都系代表性单个土体化学性质

深度/cm	pH (H_2O)	有机碳/(g/kg)	全氮(N)/(g/kg)	全磷(P)/(g/kg)	全钾(K)/(g/kg)	CEC/(cmol/kg)	$CaCO_3$/(g/kg)
0～14	7.2	16.8	1.05	0.34	20.9	21.7	0.0
14～30	8.0	9.5	0.10	0.17	17.6	19.2	0.0
30～40	8.3	9.1	0.54	0.25	19.4	16.8	172.1
40～80	8.3	8.1	0.18	0.18	18.0	28.6	252.3
80～100	8.6	5.6	0.12	0.15	17.1	12.8	306.8

10.17.17　乌兰忽洞系（Wulanhudong Series）

土　族：壤质混合型冷性-钙积简育干润雏形土

拟定者：孙福军，潘　瑶，蒋卓东，曾　鸣

分布与环境条件　主要分布于内蒙古自治区包头市达尔罕茂明安联合旗乌兰忽洞乡一带，高原，海拔为 1058～1864 m，母质为黄土状物质，旱地，温带大陆性季风气候，年均气温约 4.5 ℃，年均降水量约 270.7 mm，年均日照时数为 3100～3300 h，无霜期为 95～217 d。

乌兰忽洞系典型景观

土壤性状与特征变幅　诊断层包括淡薄表层和钙积层；诊断特性包括半干润土壤水分状况和冷性土壤温度状况。土体厚度 1 m 以上，钙积层厚度约 37 cm，通体存在石灰反应，可见碳酸钙白色粉末，有机碳含量为 4～15 g/kg，容重为 1.40～1.61 g/cm^3，碳酸钙含量为 22～190 g/kg，pH 为 7.7～8.1，层次质地构型为砂质壤土-壤土，砂粒含量为 300～760 g/kg。

对比土系　塔本呼都系，属于同一土族。塔本呼都系的腐殖质层厚度为 30 cm，表土为壤土，钙积层出现在 30 cm 深以下，厚度约 70 cm，有大量碳酸钙粉末。本土系的腐殖质层厚度为 28 cm，表土为砂质壤土，钙积层出现在 28 cm 深以下，厚度约 37 cm，有大量碳酸钙粉末。

利用性能综述　地势平坦，土层相对较厚，干时坚硬，养分含量低，土地沙化，地表覆盖度低，腐殖质层薄，保水保肥性能差。应封境育草，保护生态，对于必要的耕地应种植柠条、沙蒿及沙打旺等固沙植物防护带，秸秆还田增加地表覆盖等。

参比土种 中层砂砾质栗钙土。

代表性单个土体 位于内蒙古自治区包头市达尔罕茂明安联合旗乌兰忽洞乡，坐标为 41°24′52.80″N， 110°23′27.10″E，海拔为 1561 m，高原，母质为黄土状物质，旱地，种植荞麦，年均气温为 4.5 ℃，年均降水量为 270.7 mm，野外调查采样日期为 2015 年 7 月 29 日，编号 15-141。

Apk：0～20 cm，棕色（10YR 4/4，干），暗红棕色（5YR 3/3，润），砂质壤土，团块状结构，稍坚硬，中量根系，极强石灰反应，向下层平滑清晰过渡。

Ahk：20～28 cm，浊棕色（7.5YR 5/3），灰棕色（7.5YR 4/2，润），砂质壤土，团块状结构，稍坚硬，少量根系，可见假菌丝体，极强石灰反应，向下层平滑清晰过渡。

Bk： 28～65 cm，浊黄橙色（10YR 7/3，干），棕色（7.5YR 4/3，润），壤土，块状结构，松软，很少量根系，有大量碳酸钙粉末，极强石灰反应，向下层平滑清晰过渡。

Ck： 65～110 cm，亮红棕色（2.5Y 5/6，干），浊橙色（7.5YR 6/4，润），壤土，屑粒状结构，松软，极强石灰反应。

乌兰忽洞系代表性单个土体剖面

乌兰忽洞系代表性单个土体物理性质

土层	深度/cm	细土颗粒组成(粒径：mm)/(g/kg) 砂粒 2～0.05	粉粒 0.05～0.002	黏粒 ＜0.002	质地	容重/(g/cm^3)
Apk	0～20	753	123	123	砂质壤土	1.61
Ahk	20～28	620	254	127	砂质壤土	1.43
Bk	28～65	307	462	231	壤土	1.40
Ck	65～110	387	488	125	壤土	1.40

乌兰忽洞系代表性单个土体化学性质

深度/cm	pH (H_2O)	有机碳/(g/kg)	全氮(N)/(g/kg)	全磷(P)/(g/kg)	全钾(K)/(g/kg)	CEC/(cmol/kg)	$CaCO_3$/(g/kg)
0～20	7.9	9.0	0.79	0.29	20.1	18.7	22.0
20～28	7.7	14.7	1.41	0.41	21.6	25.1	83.0
28～65	8.0	7.7	0.62	0.27	19.6	35.3	189.4
65～110	8.1	4.6	0.17	0.18	17.9	24.7	95.7

10.18　普通简育干润雏形土

10.18.1　查干呼舒系（Chaganhushu Series）

土　族：粗骨砂质硅质混合型石灰性冷性-普通简育干润雏形土

拟定者：孙福军，潘　瑶，蒋卓东，曾　鸣

分布与环境条件　主要分布于内蒙古自治区赤峰市克什克腾旗达日罕乌拉苏木查干呼舒一带，高原，平均海拔约 1100 m，母质为砂砾岩风化物，天然牧草地，中温带大陆性季风气候，年均气温为 2～4 ℃，年均降水量约 185.6 mm，年均日照时数为 2600～2900 h，无霜期为 60～150 d。

查干呼舒系典型景观

土壤性状与特征变幅　诊断层包括淡薄表层和雏形层；诊断特性包括冷性土壤温度状况、半干润土壤水分状况和石灰性。土体厚度 90 cm 左右，雏形层厚度约 42 cm，通体存在石灰性，有机碳含量为 3.0～12.0 g/kg，容重为 1.52～1.56 g/cm^3，pH 为 8.0～8.5，层次质地构型为壤土-砂质壤土，砂粒含量为 480～690 g/kg，砾石含量为 30%～70%。

对比土系　满代沟系，属于同一土族。满代沟系的腐殖质层厚度为 40 cm，表土为砂质壤土，且砾石含量较低。本土系的腐殖质层厚度为 20 cm，表土为壤土，且砾石含量较高。

利用性能综述　土层较厚，干时非常坚硬，腐殖质层薄，保水保肥性能差，植被覆盖度较低，土地沙化严重。应封境育草，保护生态。

参比土种　砂砾盖壤质残积棕钙土。

代表性单个土体　位于内蒙古自治区赤峰市克什克腾旗达日罕乌拉苏木查干呼舒，坐标为 44°00′13.20″N，113°03′11.10″E，海拔为 963 m，高原，母质为砂砾岩风化物，天然牧草地，草被盖度为 10%～20%，年均气温为 3.1 ℃，年均降水量为 185.6 mm，野外调查采样日期为 2015 年 7 月 27 日，编号 15-043。

Ahk：0～20 cm，浊黄棕色（10YR 4/3，干），暗棕色（10YR 3/4，润），70%岩石碎屑，壤土，发育弱的棱块状结构，坚硬，很少量根系，轻度石灰反应，向下层波状清晰过渡。

Bk：20～62 cm，棕色（10YR 4/4，干），暗棕色（10YR 3/3，润），30%岩石碎屑，发育弱的棱块状结构，坚硬，强石灰反应，向下层不规则清晰过渡。

BCk：62～90 cm，橄榄棕色（2.5Y 4/6，干），黄棕色（2.5Y 5/4，润），40%岩石碎屑，极坚硬，强石灰反应。

查干呼舒系代表性单个土体剖面

查干呼舒系代表性单个土体物理性质

土层	深度/cm	砾石(>2mm，体积分数)/%	细土颗粒组成(粒径：mm)/(g/kg)			质地	容重/(g/cm^3)
			砂粒 2～0.05	粉粒 0.05～0.002	黏粒 <0.002		
Ahk	0～20	70	488	369	143	壤土	1.52
Bk	20～62	30	688	260	52	砂质壤土	1.56
BCk	62～90	40	690	283	27	砂质壤土	1.53

查干呼舒系代表性单个土体化学性质

深度/cm	pH(H_2O)	有机碳/(g/kg)	全氮(N)/(g/kg)	全磷(P)/(g/kg)	全钾(K)/(g/kg)	CEC/(cmol/kg)	$CaCO_3$/(g/kg)
0～20	8.0	11.6	0.27	0.15	17.1	23.1	60.8
20～62	8.2	4.6	0.17	0.11	16.5	18.4	80.5
62～90	8.5	3.6	0.13	0.14	15.8	15.6	76.4

10.18.2　满代沟系（Mandaigou Series）

土　族：粗骨砂质硅质混合型石灰性冷性-普通简育干润雏形土

拟定者：韩春兰，王英杰，付小梅，刘金宝，李鑫蕊

分布与环境条件　主要分布于内蒙古自治区巴彦淖尔市乌拉特前旗巴音花镇一带，高原，海拔为 1100～1300 m，母质为半成岩冲积物，草地，中温带大陆性季风气候，年均气温约 5.3 ℃，年均降水量约 192.5 mm，年均日照时数约 3202 h，无霜期为 100～145 d。

满代沟系典型景观

土壤性状与特征变幅　诊断层包括淡薄表层和雏形层；诊断特性包括半干润土壤水分状况、冷性土壤温度状况和石灰性。土体厚度 1 m 以上，雏形层厚度约 50 cm，通体存在石灰反应，有机碳含量为 0.8～5.6 g/kg，容重为 1.55～1.88 g/cm^3，碳酸钙含量为 38～77 g/kg，pH 为 8.6～9.2，层次质地构型为砂质壤土-壤质砂土-砂土，砂粒含量为 740～900 g/kg。

对比土系　查干呼舒系，属于同一土族。查干呼舒系的腐殖质层厚度为 20 cm，表土为壤土，且砾石含量较高。本土系的腐殖质层厚度为 40 cm，表土为砂质壤土，且砾石含量较低。

利用性能综述　地势平坦，土层深厚，干时土体极坚硬，养分总体上不高，由于干旱，地表植被覆盖较差。应以生态保护为主，适当发展牧业生产，但在生产中要严禁超载放牧，防止土壤沙化。

参比土种　壤质中层黄土-冲积暗栗钙土。

代表性单个土体　位于内蒙古自治区巴彦淖尔市乌拉特前旗巴音花镇满代沟，坐标为42°15′31.53″N，109°50′52.80″E，海拔为1158 m，高原，母质为半成岩冲积物，天然草地，植被盖度约15%，年均气温为5.3 ℃，年均降水量为192.5 mm，野外调查采样日期为2015年7月30日，编号15-142。

满代沟系代表性单个土体剖面

Ahk1：0～10 cm，浊棕色（7.5YR 5/4，干），棕色（7.5YR 4/6，润），5%岩石碎屑，砂质壤土，块状结构，松散，少量根系，中度石灰反应，向下层平滑模糊过渡。

Ahk2：10～35 cm，棕色（7.5YR 4/4，干），棕色（7.5YR 4/4，润），30%岩石碎屑，砂质壤土，块状结构，松散，少量根系，可见假菌丝体，中度石灰反应，向下层平滑模糊过渡。

Bk：35～88 cm，浊橙色（7.5YR 6/4，干），亮棕色（7.5YR 5/6，润），50%岩石碎屑，壤质砂土，块状结构，稍坚硬，少量根系，中度石灰反应，向下层波状清晰过渡。

BCk1：88～113 cm，浊橙色（7.5YR 7/4，干），橙色（7.5YR 6/6，润），40%岩石碎屑，砂土，块状结构，松散，强石灰反应，向下层平滑清晰过渡。

BCk2：113～157 cm，淡黄橙色（7.5YR 8/3，干），浊橙色（7.5YR 6/4，润），40%岩石碎屑，砂土，块状结构，稍坚硬，可见假菌丝体，强石灰反应。

满代沟系代表性单个土体物理性质

土层	深度/cm	砾石(>2mm，体积分数)/%	细土颗粒组成(粒径：mm)/(g/kg)			质地	容重/(g/cm^3)
			砂粒 2～0.05	粉粒 0.05～0.002	黏粒 <0.002		
Ahk1	0～10	5	744	140	116	砂质壤土	1.59
Ahk2	10～35	30	756	141	103	砂质壤土	1.55
Bk	35～88	50	855	67	78	壤质砂土	1.79
BCk1	88～113	40	896	61	43	砂土	1.74
BCk2	113～157	40	881	68	51	砂土	1.88

满代沟系代表性单个土体化学性质

深度/cm	pH(H_2O)	有机碳/(g/kg)	全氮(N)/(g/kg)	全磷(P)/(g/kg)	全钾(K)/(g/kg)	CEC/(cmol/kg)	$CaCO_3$/(g/kg)
0～10	8.6	5.6	0.90	0.69	30.0	10.0	38.8
10～35	8.7	4.6	0.71	0.58	28.3	6.8	48.3
35～88	8.8	3.6	0.41	0.78	18.72	5.4	74.7
88～113	9.1	1.4	0.31	0.38	25.9	3.2	45.4
113～157	9.2	0.8	0.12	0.27	32.3	3.3	76.6

10.18.3 扎哈音乌拉系（Zhahayinwula Series）

土　族：粗骨砂质混合型石灰性冷性-普通简育干润雏形土

拟定者：韩春兰，王英杰，付小梅，刘金宝，李鑫蕊

分布与环境条件 主要分布于内蒙古自治区锡林郭勒盟阿巴嘎旗别力古台镇一带，熔岩台地，海拔为 1040～1380 m，母质为火山喷出物，天然牧草地，中温带半干旱大陆性季风气候，年均气温约 1.7 ℃，年均降水量约 245 mm，年均日照时数为 2930～3350 h，无霜期约 103 d。

扎哈音乌拉系典型景观

土壤性状与特征变幅 诊断层包括淡薄表层和雏形层；诊断特性包括石质接触面、半干润土壤水分状况、冷性土壤温度状况和石灰性。土体厚度为 50 cm，雏形层厚度约 21 cm，通体存在石灰反应，有机碳含量为 22.0～25.0 g/kg，容重为 1.20～1.32 g/cm^3，碳酸钙含量为 143～150 g/kg，pH 为 8.4～8.5，层次质地构型为砂质壤土-壤质砂土，砂粒含量为 751～831 g/kg。

对比土系 夏日哈达系、黑里河系和南羊场系，属于同一亚类不同土族。夏日哈达系的土族控制层段内颗粒大小级别为粗骨壤质；黑里河系的土族控制层段内颗粒大小级别为黏质；南羊场系的土族控制层段内颗粒大小级别为壤质。本土系的土族控制层段内颗粒大小级别为粗骨砂质。

利用性能综述 土层薄，腐殖质层薄，质地松散，透水性强，保水保肥能力差。另外，土体中夹有小块砾石。应以牧业为主，恢复植被，坚持用养结合，防止草场牲畜超载，

利用中求改善，达到逐步改良的目的。

参比土种　壤质薄层残积栗钙土。

代表性单个土体　位于内蒙古自治区锡林郭勒盟阿巴嘎旗别力古台镇扎哈音乌拉，坐标为44°09′49.60″N，115°01′30.20″E，海拔为1325 m，熔岩台地，地形坡度为7°，母质为火山喷出物，天然草地，植被盖度约85%，年均气温为1.7 ℃，年均降水量为245.0 mm，野外调查采样日期为2015年7月26日，编号15-040。

Ahk：0～12 cm，棕色（10YR 4/4，干），暗棕色（10YR 3/4，润），20%岩石碎屑，砂质壤土，发育强的中、小棱块结构，松散，多量根系，强石灰反应，向下层平滑清晰过渡。

Bwk：12～33 cm，浊黄橙色（10YR 6/3，干），棕色（10YR 4/6，润），50%岩石碎屑，壤质砂土，发育强的中、小棱块结构，松散，多量根系，中度石灰反应，向下层平滑明显过渡。

2R：33～50 cm，弱风化的玄武岩岩石碎屑。

扎哈音乌拉系代表性单个土体剖面

扎哈音乌拉系代表性单个土体物理性质

土层	深度/cm	砾石(>2mm，体积分数)/%	细土颗粒组成(粒径：mm)/(g/kg) 砂粒 2～0.05	粉粒 0.05～0.002	黏粒 <0.002	质地	容重/(g/cm³)
Ahk	0～12	20	751	137	112	砂质壤土	1.20
Bwk	12～33	50	831	117	52	壤质砂土	1.32

扎哈音乌拉系代表性单个土体化学性质

深度/cm	pH (H_2O)	有机碳/(g/kg)	全氮(N)/(g/kg)	全磷(P)/(g/kg)	全钾(K)/(g/kg)	CEC/(cmol/kg)	$CaCO_3$/(g/kg)
0～12	8.4	22.0	3.29	1.20	29.8	35.2	143.8
12～33	8.5	24.1	3.34	3.71	23.3	36.8	149.7

10.18.4 夏日哈达系（Xiarihada Series）

土　族：粗骨壤质混合型石灰性冷性-普通简育干润雏形土

拟定者：孙福军，潘　瑶，蒋卓东，曾　鸣

分布与环境条件　主要分布于内蒙古自治区乌兰察布市西北部一带，丘陵，海拔为1000～2100 m，母质为花岗岩风化物，天然牧草地，中温带大陆性季风气候，年均气温为1～6 ℃，年均降水量约228.2 mm，年均日照时数为3084～3286 h，无霜期约108 d。

夏日哈达系典型景观

土壤性状与特征变幅　诊断层包括淡薄表层和雏形层；诊断特性包括半干润土壤水分状况、冷性土壤温度状况和石灰性。土体厚度约1 m以上，通体存在石灰反应，碳酸钙含量为5～70 g/kg，有机碳含量为4.5～27.0 g/kg，容重为1.49～1.67 g/cm^3，pH为7.6～8.2，层次质地构型为壤土-砂质壤土，砂粒含量为373～711 g/kg，砾石含量为10%～40%。

对比土系　扎哈音乌拉系、黑里河系和南羊场系，属于同一亚类不同土族。扎哈音乌拉系的土族控制层段内颗粒大小级别为粗骨砂质；黑里河系的土族控制层段内颗粒大小级别为黏质；南羊场系的土族控制层段内颗粒大小级别为壤质。本土系的土族控制层段内颗粒大小级别为粗骨壤质。

利用性能综述　大多为花岗岩基岩裸露，土层浅薄，植被覆盖度低，养分含量低，含较多砾石，不适宜农、牧、林利用。

参比土种　薄层砂砾质暗栗钙土。

代表性单个土体　位于内蒙古自治区乌兰察布市四子王旗王府苏木 5 队夏日哈达花岗岩奇峰景区，坐标为 112°4′51.26″N，42°2′47.75″E，海拔为 1520 m，丘陵，母质为花岗岩风化物，天然牧草地，草被盖度为 20%～30%，年均气温为 4.2 ℃，年均降水量为 228.2 mm，野外调查采样日期为 2015 年 7 月 29 日，编号 15-049。

Ahk：0～23 cm，浊红棕色（5YR 4/4，干），棕色（7.5YR 4/3，润），10%岩石碎屑，壤土，发育很弱的团块状结构，松软，少量根系，可见假菌丝体，轻度石灰反应，向下层平滑渐变过渡。

ABk：23～60 cm，棕色（10YR 4/6，干），黑棕色（10YR 3/2，润），20%岩石碎屑，壤土，块状结构，松软，少量根系，可见假菌丝体，中度石灰反应，向下层平滑渐变过渡。

Bwk：60～85 cm，浊橙色（7.5YR 6/4，干），暗红棕色（5YR 3/3，润），25%岩石碎屑，壤土，发育弱的棱块状结构，少量根系，可见假菌丝体，中度石灰反应，向下不规则渐变过渡。

BCk：85～100 cm，橙白色（7.5YR 8/2，干），浊黄橙色（10YR 7/4，润），40%岩石碎屑，砂质壤土，发育弱的棱块状结构，很少量根系，可见假菌丝体，极强石灰反应。

夏日哈达系代表性单个土体剖面

夏日哈达系代表性单个土体物理性质

土层	深度/cm	砾石(>2mm，体积分数)/%	细土颗粒组成(粒径：mm)/(g/kg) 砂粒 2～0.05	粉粒 0.05～0.002	黏粒 <0.002	质地	容重/(g/cm³)
Ahk	0～23	10	373	418	209	壤土	1.49
ABk	23～60	20	500	333	167	壤土	1.55
Bwk	60～85	25	438	346	216	壤土	1.65
BCk	85～100	40	711	165	124	砂质壤土	1.67

夏日哈达系代表性单个土体化学性质

深度/cm	pH (H_2O)	有机碳/(g/kg)	全氮(N)/(g/kg)	全磷(P)/(g/kg)	全钾(K)/(g/kg)	CEC/(cmol/kg)	$CaCO_3$/(g/kg)
0～23	8.0	27.0	2.37	0.59	23.3	21.5	5.6
23～60	8.2	20.8	0.61	0.26	19.6	25.5	17.9
60～85	7.6	8.4	0.88	0.31	20.4	27.0	12.7
85～100	8.0	4.5	0.31	0.21	18.5	32.8	69.7

10.18.5 温更系（Wengeng Series）

土　族：砂质盖粗骨质硅质混合型石灰性冷性-普通简育干润雏形土

拟定者：韩春兰，王英杰，付小梅，刘金宝，李鑫蕊

分布与环境条件　主要分布于内蒙古自治区西部，巴彦淖尔市西北部一带，高平原，海拔为 1150～1350 m，母质为冲积物，草地，大陆性干旱气候，年均气温为 3～6.8 ℃，年均降水量为 115～250 mm，年均日照时数为 3098～3250 h，无霜期为 99～129 d。

温更系典型景观

土壤性状与特征变幅　诊断层包括淡薄表层和雏形层；诊断特性包括冷性土壤温度状况、半干润土壤水分状况和石灰性。土体厚度 1 m 以上，雏形层厚度约 22 cm，通体存在石灰反应，有机碳含量为 1.4～8.3 g/kg，容重为 1.50～1.86 g/cm^3，碳酸钙含量为 32～76 g/kg，pH 为 8.4～9.0，层次质地构型为壤土-砂质壤土-壤质砂土，砂粒含量为 420～860 g/kg，砾石含量为 2%～80%。

对比土系　毕克齐系和石哈河系，属于同一亚类不同土族。毕克齐系的土族控制层段内颗粒大小级别为黏质盖粗骨质；石哈河系的土族控制层段内颗粒大小级别为壤质盖粗骨壤质。本土系的土族控制层段内颗粒大小级别为砂质盖粗骨质。

利用性能综述　地势平坦，土层深厚，干时土体极坚硬，含有较多砾石，养分含量较低，由于干旱，地表植被覆盖较差。应以生态保护为主，适当发展牧业生产，在生产中要严禁超载放牧，防止土壤沙化。

参比土种 薄层壤质坡冲积淡栗钙土。

代表性单个土体 位于内蒙古自治区巴彦淖尔市乌拉特中旗温更镇舒呼日，坐标为 41°29′20.22″N，108°14′38.58″E，海拔为 1297 m，高平原，地形坡度为 2°，母质为冲积物，天然草地，草被盖度约 20%，年均气温为 5.9 ℃，年均降水量为 184.0 mm，野外调查采样日期为 2015 年 7 月 31 日，编号 15-148。

Ahk：0～15 cm，浊棕色（7.5YR 5/4，干），棕色（10YR 4/6，润），2%岩石碎屑，壤土，块状结构，稍坚硬，少量根系， 轻度石灰反应，向下层波状清晰过渡。

Bwk：15～37 cm，淡黄橙色（7.5YR 8/3，干），黄棕色（10YR 5/6，润），10%岩石碎屑，砂质壤土，发育强的中、小棱块结构，稍坚硬，少量根系，可见碳酸钙粉末，强石灰反应，向下层波状清晰过渡。

Ck：37～112 cm，浊橙色（7.5YR 7/4，干），亮黄棕色（10YR 6/8，润），80%岩石碎屑，壤质砂土，发育弱的小粒状结构，松散，少量根系， 强石灰反应，可见碳酸钙粉末。

温更系代表性单个土体剖面

温更系代表性单个土体物理性质

土层	深度/cm	砾石(>2mm，体积分数)/%	细土颗粒组成(粒径：mm)/(g/kg)			质地	容重/(g/cm³)
			砂粒 2～0.05	粉粒 0.05～0.002	黏粒 <0.002		
Ahk	0～15	2	426	361	213	壤土	1.50
Bwk	15～37	10	558	259	184	砂质壤土	1.56
Ck	37～112	80	856	93	51	壤质砂土	1.86

温更系代表性单个土体化学性质

深度/cm	pH (H_2O)	有机碳/(g/kg)	全氮(N)/(g/kg)	全磷(P)/(g/kg)	全钾(K)/(g/kg)	CEC/(cmol/kg)	$CaCO_3$/(g/kg)
0～15	8.5	8.3	1.39	1.00	31.2	33.0	36.4
15～37	8.4	7.6	1.02	1.19	23.3	24.3	75.3
37～112	9.0	1.4	0.20	1.79	30.7	11.6	32.5

10.18.6　巴彦查干系（Bayanchagan Series）

土　族：砂质硅质混合型石灰性冷性-普通简育干润雏形土
拟定者：孙福军，潘　瑶，蒋卓东，曾　鸣

分布与环境条件　主要分布于内蒙古自治区锡林郭勒盟西南镶黄旗一带，高原，平均海拔约 1300 m，母质为冲-洪积物，天然牧草地，中温带半干旱大陆性季风气候，年均气温约 3.5℃，年均降水量约 283.2 mm，年均日照时数约 3000 h，无霜期约 130 d。

巴彦查干系典型景观

土壤性状与特征变幅　诊断层包括淡薄表层和雏形层；诊断特性包括半干润土壤水分状况、冷性土壤温度状况和石灰性。土体厚度在 1 m 以上，雏形层厚度约 41 cm，21 cm 深以下土体存在石灰反应，有机碳含量为 5.0～24.0 g/kg，容重为 1.51～1.64 g/cm^3，碳酸钙含量为 53～86 g/kg，pH 为 7.5～8.5，层次质地构型为砂质黏壤土-砂质壤土，砂粒含量为 460～670 g/kg。

对比土系　察汗淖尔系、都兰敖包系、甘珠日庙系、哈勒拉哈音系、海日罕乌拉系、葫芦素系、热水塘系、赛汉塔拉系、陕坝系、陶勒盖系、乌呼楞楚鲁系和乌兰宝拉格系，属于同一土族。察汗淖尔系、热水塘系和哈勒拉哈音系的腐殖质层厚度为 25～30 cm；赛汉塔拉系、陶勒盖系和乌兰宝拉格系的腐殖质层厚度为 15～20 cm；甘珠日庙系和乌呼楞楚鲁系的腐殖质层厚度为 10～15 cm；葫芦素系的腐殖质层厚度<10 cm。本土系的腐殖质层厚度与都兰敖包系、海日罕乌拉系及陕坝系均为 20～25 cm。都兰敖包系表土的有机碳含量为 9.3 g/kg，表土为砂质壤土，底土为砂土，有中度石灰反应；海日罕乌

拉系通体砾石含量较高，表土的有机碳含量为 7.7 g/kg，表土、底土均为砂质壤土，有强石灰反应；陕坝系表土的有机碳含量为 1.4 g/kg，表土、底土均为砂质壤土，有强石灰反应；而本土系表土的有机碳含量为 5.99 g/kg，表土为砂质黏壤土，底土为砂质壤土，有轻度石灰反应。

利用性能综述 土层深厚，腐殖质层薄，干时坚硬，透水性好，另外，土体中夹有少量小块砾石，保水保肥性能差，养分含量低。应围封和人工种草相结合，恢复土地生产力。划区轮牧，防止过牧引起草场沙化或退化。

参比土种 壤质薄层黄土质-坡积栗钙土。

代表性单个土体 位于内蒙古自治区锡林郭勒盟镶黄旗新宝拉格镇巴彦查干嘎查，坐标为 42°08′24.00″N，113°53′24.00″E，海拔为 1466 m，高原，母质为冲-洪积物，天然牧草地，草被盖度约 30%，年均气温为 3.5 ℃，年均降水量为 283.2 mm，野外调查采样日期为 2015 年 8 月 2 日，编号 15-151。

Ah：0～21 cm，棕色（7.5YR 4/4，干），棕色（7.5YR 4/3，润），砂质黏壤土，发育中等的团块状结构，坚硬，中量根系，向下层平滑渐变过渡。

ABk：21～44 cm，棕色（7.5YR 4/3，干），黑棕色（10YR 3/2，润），2%～5%岩石碎屑，砂质壤土，稍坚硬，中量根系，可见假菌丝体，轻度石灰反应，向下层平滑渐变过渡。

Bk1：44～63 cm，灰棕色（7.5YR 5/2，干），黑棕色（7.5Y 2/2，润），砂质壤土，发育中等的团块状结构，稍坚硬，中量根系，可见假菌丝体，轻度石灰反应，向下层平滑渐变过渡。

Bk2：63～85 cm，浊红棕色（2.5YR 4/3，干），黑棕色（10YR 2/3，润），砂质壤土，发育中等的团块状结构，稍坚硬，少量根系，可见假菌丝体，中度石灰反应，向下层不规则清晰过渡。

巴彦查干系代表性单个土体剖面

Ck：85～119 cm，灰红色（2.5YR 5/2，干），黑棕色（10YR 2/3，润），5%～15%岩石碎屑，砂质壤土，发育弱的团块结构，坚硬，很少量根系，极强石灰反应。

巴彦查干系代表性单个土体物理性质

土层	深度 /cm	细土颗粒组成(粒径：mm)/(g/kg)			质地	容重 /(g/cm³)
		砂粒 2～0.05	粉粒 0.05～0.002	黏粒 ＜0.002		
Ah	0～21	465	288	247	砂质黏壤土	1.58
ABk	21～44	632	204	164	砂质壤土	1.64
Bk1	44～63	607	196	196	砂质壤土	1.57
Bk2	63～85	555	283	162	砂质壤土	1.52
Ck	85～119	666	211	123	砂质壤土	1.51

巴彦查干系代表性单个土体化学性质

深度 /cm	pH (H_2O)	有机碳 /(g/kg)	全氮(N) /(g/kg)	全磷(P) /(g/kg)	全钾(K) /(g/kg)	CEC /(cmol/kg)	$CaCO_3$ /(g/kg)
0～21	7.8	5.99	1.96	1.17	27.30	26.22	54.27
21～44	8.5	23.06	1.87	1.14	27.13	25.47	53.32
44～63	7.8	13.42	1.00	0.77	24.98	17.66	60.13
63～85	8.0	12.06	0.87	0.71	24.55	17.98	77.17
85～119	7.5	10.21	0.78	0.67	24.26	26.64	85.16

10.18.7　察汗淖尔系（Chahannao’er Series）

土　族：砂质硅质混合型石灰性冷性-普通简育干润雏形土

拟定者：边振兴，高建飞，孙　雪，刚　晨

分布与环境条件　主要分布于内蒙古自治区鄂尔多斯市鄂托克旗察汗淖尔苏木一带，高原，海拔为 1100～1600 m，母质为风积沙，草地，温带大陆性季风气候，年均气温约 7.5 ℃，年均降水量约 270.7 mm，年均日照时数约 2800 h，无霜期约 173 d。

察汗淖尔系典型景观

土壤性状与特征变幅　诊断层包括淡薄表层；诊断特性包括半干润土壤水分状况、冷性土壤温度状况和石灰性。土体厚度 1 m 以上，通体存在强石灰反应，碳酸钙含量为 52～67 g/kg，有机碳含量为 5.1～7.4 g/kg，容重为 1.59～1.80 g/cm^3，pH 为 8.2～8.3，层次质地构型为砂质壤土，砂粒含量为 590～670 g/kg。

对比土系　巴彦查干系、都兰敖包系、甘珠日庙系、哈勒拉哈音系、海日罕乌拉系、葫芦素系、热水塘系、赛汉塔拉系、陕坝系、陶勒盖系、乌呼楞楚鲁系和乌兰宝拉格系，属于同一土族。巴彦查干系、都兰敖包系、海日罕乌拉系和陕坝系的腐殖质层厚度为 20～25 cm；赛汉塔拉系、陶勒盖系和乌兰宝拉格系的腐殖质层厚度为 15～20 cm；甘珠日庙系和乌呼楞楚鲁系的腐殖质层厚度为 10～15 cm；葫芦素系的腐殖质层厚度<10 cm。本土系的腐殖质层厚度与热水塘系及哈勒拉哈音系的腐殖质层厚度均为 25～30 cm。热水塘系表土的有机碳含量为 3.5 g/kg，表土、底土均为砂质壤土，100 cm 深以下出现埋藏腐殖质层，轻度石灰反应；哈勒拉哈音系表土的有机碳含量为 3.1 g/kg，表土为砂质壤

土，底土为砂质黏壤土，中度石灰反应。本土系表土的有机碳含量为 7.1 g/kg，表土、底土均为砂质壤土，强石灰反应。

利用性能综述　土层较厚，土壤沙化，养分含量低，漏水漏肥。草原退化较严重，产草量低，质量差。应搞好草原建设和管理，保护好天然草原，增加覆盖度和产草量，防止过度放牧。

参比土种　轻度沙化棕钙土。

代表性单个土体　位于内蒙古自治区鄂尔多斯市鄂托克旗察汗淖尔苏木，坐标为 39°14′31.65″N，107°53′36.11″E，海拔为 1356 m，高原，母质为风积沙，草地，草被盖度约 40%，年均气温为 7.5 ℃，年均降水量为 270.7 mm，野外调查采样日期为 2015 年 10 月 5 日，编号 15-171。

察汗淖尔系代表性单个土体剖面

Ahk：0～26 cm，浊黄橙色（10YR 7/4，干），黄棕色（10YR 5/6，润），砂质壤土，团块状结构，疏松，多量根系，强石灰反应，向下层平滑清晰过渡。

Bk1：26～50 cm，黄棕色（10YR 5/8，润），黄棕色（10YR 5/6，润），砂质壤土，块状结构，稍硬，少量根系，强石灰反应，向下层平滑清晰过渡。

Bk2：50～80 cm，浊黄橙色（10YR 6/4，润），浊黄橙色（10YR 6/3，润），砂质壤土，块状结构，稍硬，少量根系，强石灰反应，向下层平滑清晰过渡。

Ck：80～105 cm，橙白色（10YR 8/1，干），浊黄橙色（10YR 7/4，润），砂质壤土，块状结构，坚硬，极少量根系，强石灰反应。

察汗淖尔系代表性单个土体物理性质

土层	深度/cm	细土颗粒组成(粒径：mm)/(g/kg)			质地	容重/(g/cm³)
		砂粒 2～0.05	粉粒 0.05～0.002	黏粒 ＜0.002		
Ahk	0～26	595	325	81	砂质壤土	1.80
Bk1	26～50	592	328	80	砂质壤土	1.68
Bk2	50～80	582	335	83	砂质壤土	1.67
Ck	80～105	669	251	81	砂质壤土	1.59

察汗淖尔系代表性单个土体化学性质

深度/cm	pH（H_2O）	有机碳/(g/kg)	全氮(N)/(g/kg)	全磷(P)/(g/kg)	全钾(K)/(g/kg)	CEC/(cmol/kg)	$CaCO_3$/(g/kg)
0～26	8.2	7.1	0.07	0.62	26.7	25.1	52.3
26～50	8.3	7.4	0.04	0.31	26.2	17.8	57.7
50～80	8.2	6.2	0.03	0.35	25.2	16.8	56.8
80～105	8.3	5.1	0.07	0.88	21.8	24.0	66.2

10.18.8　都兰敖包系（Dulan'aobao Series）

土　族：砂质硅质混合型石灰性冷性-普通简育干润雏形土

拟定者：韩春兰，王英杰，付小梅，刘金宝，李鑫蕊

分布与环境条件　主要分布于内蒙古自治区锡林浩特市都兰敖包一带，山地，海拔为1000～1300 m，母质为火山喷出物，天然牧草地，中温带半干旱大陆性季风气候，年均气温约 2.8 ℃，年均降水量约 294.1 mm，年均日照时数约 2750 h，无霜期约 90 d。

都兰敖包系典型景观

土壤性状与特征变幅　诊断层包括淡薄表层和雏形层；诊断特性包括半干润土壤水分状况、冷性土壤温度状况和石灰性。土体厚度 1 m 以上，雏形层厚度约 77 cm，有机碳含量为 1.0～9.3 g/kg，容重为 1.41～1.59 g/cm^3，碳酸钙含量为 48.0～79.0 g/kg，pH 为 8.1～8.9，层次质地构型为砂质壤土-壤质砂土-砂土，砂粒含量为 759～933 g/kg。

对比土系　巴彦查干系、察汗淖尔系、甘珠日庙系、哈勒拉哈音系、海日罕乌拉系、葫芦素系、热水塘系、赛汉塔拉系、陕坝系、陶勒盖系、乌呼楞楚鲁系和乌兰宝拉格系，属于同一土族。察汗淖尔系、热水塘系和哈勒拉哈音系的腐殖质层厚度为 25～30 cm；赛汉塔拉系、陶勒盖系和乌兰宝拉格系的腐殖质层厚度为 15～20 cm；甘珠日庙系和乌呼楞楚鲁系的腐殖质层厚度为 10～15 cm；葫芦素系的腐殖质层厚度<10 cm。本土系的腐殖质层厚度与巴彦查干系、海日罕乌拉系及陕坝系均为 20～25 cm。巴彦查干系表土的有机碳含量为 5.99 g/kg，表土为砂质黏壤土，底土为砂质壤土，有轻度石灰反应；海日罕乌拉系通体砾石含量较高，表土的有机碳含量为 7.7 g/kg，表土、底土均为砂质壤

土，有强石灰反应；陕坝系表土的有机碳含量为 1.4 g/kg，表土、底土均为砂质壤土，有强石灰反应；而本土系表土的有机碳含量为 9.3 g/kg，表土为砂质壤土，底土为砂土，有中度石灰反应。

利用性能综述　地势起伏，土层深厚，干时土体比较紧实，养分总体上不高。在生产中应严禁超载放牧，注意保护植被，防止产生水土流失和土壤沙化。可实行人工围封轮牧、更新草场等措施，用养结合。

参比土种　壤质厚层残积-黄土暗栗钙土。

代表性单个土体　位于内蒙古自治区锡林郭勒盟锡林浩特市都兰敖包，坐标为 43°35′01.05″N，116°08′53.08″E，海拔为 1269 m，山地，地形坡度为 7°，母质为火山喷出物，天然草地，植被盖度约 80%，年均气温为 2.8 ℃，年均降水量为 294.1 mm，野外调查采样日期为 2015 年 7 月 25 日，编号 15-038。

Ahk：0～23 cm，浊黄棕色（10YR 5/4，干），棕色（10YR 4/6，润），砂质壤土，团块状结构，松软，少量根系，中度石灰反应，向下层平滑模糊过渡。

Bk1：23～75 cm，浊黄棕色（10YR 4/3，干），棕色（10YR 4/6，润），2%岩石碎屑，壤质砂土，块状结构，松软，少量根系，中度石灰反应，向下层波状清晰过渡。

Bk2：75～100 cm，棕色（10YR 4/4，干），棕色（10YR 4/4，润），10%岩石碎屑，壤质砂土，块状结构，稍坚硬，少量根系，中度石灰反应，向下层波状清晰过渡。

Ck：100～133 cm，淡黄橙色（10YR 8/3，干），浊黄色（2.5YR 6/3，润），砂土，松软，中度石灰反应。

都兰敖包系代表性单个土体剖面

都兰敖包系代表性单个土体物理性质

土层	深度 /cm	砾石 (>2mm，体积分数)/%	细土颗粒组成(粒径：mm)/(g/kg)			质地	容重 /(g/cm³)
			砂粒 2～0.05	粉粒 0.05～0.002	黏粒 <0.002		
Ahk	0～23	0	759	117	125	砂质壤土	1.41
Bk1	23～75	2	833	69	99	壤质砂土	1.56
Bk2	75～100	10	837	74	90	壤质砂土	1.52
Ck	100～133	0	933	13	54	砂土	1.59

都兰敖包系代表性单个土体化学性质

深度 /cm	pH (H_2O)	有机碳 /(g/kg)	全氮(N) /(g/kg)	全磷(P) /(g/kg)	全钾(K) /(g/kg)	CEC /(cmol/kg)	$CaCO_3$ /(g/kg)
0～23	8.1	9.3	2.02	0.75	33.6	27.9	62.8
23～75	8.2	8.5	0.80	0.52	34.1	25.4	78.1
75～100	8.3	4.3	0.51	1.10	33.8	19.2	48.8
100～133	8.9	1.0	0.22	0.11	36.5	9.4	63.2

10.18.9 甘珠日庙系（Ganzhurimiao Series）

土　族：砂质硅质混合型石灰性冷性-普通简育干润雏形土

拟定者：边振兴，高建飞，孙　雪，刚　晨

分布与环境条件　主要分布于内蒙古自治区西南部鄂尔多斯市伊金霍洛旗一带，中山坡上部，海拔为1070～1556 m，母质为残积物，草地，温带半干旱大陆性季风气候，年均气温约6.6 ℃，年均降水量为340～420 mm，年均日照时数为2740～3100 h，无霜期为130～140 d。

甘珠日庙系典型景观

土壤性状与特征变幅　诊断层包括淡薄表层和雏形层；诊断特性包括准石质接触面、半干润土壤水分状况、冷性土壤温度状况和石灰性。土体厚度为80 cm，雏形层厚度约32 cm，通体存在石灰反应，有机碳含量为7.0～13.0 g/kg，容重为1.52～1.85 g/cm^3，碳酸钙含量为57～65 g/kg，pH为8.0～8.2，层次质地构型为砂质壤土-壤质砂土，砂粒含量为511～833 g/kg。

对比土系　巴彦查干系、察汗淖尔系、都兰敖包系、哈勒拉哈音系、海日罕乌拉系、葫芦素系、热水塘系、赛汉塔拉系、陕坝系、陶勒盖系、乌呼楞楚鲁系和乌兰宝拉格系，属于同一土族。察汗淖尔系、热水塘系和哈勒拉哈音系的腐殖质层厚度为25～30 cm；巴彦查干系、都兰敖包系、海日罕乌拉系和陕坝系的腐殖质层厚度为20～25 cm；赛汉塔拉系、陶勒盖系和乌兰宝拉格系的腐殖质层厚度为15～20 cm；葫芦素系的腐殖质层厚度<10 cm。本土系的腐殖质层厚度与乌呼楞楚鲁系均为15～20 cm。乌呼楞楚鲁系表土为砂质壤土，有机碳含量为1.9 g/kg，底土为壤质砂土。本土系表土为砂质壤土，有

机碳含量为 12.9 g/kg。

利用性能综述 土层较厚，腐殖质层薄，保水保肥性能差。土层干时坚硬，土体中夹有少量小块砾石，养分含量低。改良利用方向以牧业为主，营造农田防护林，防风固沙，坚持用养结合，达到逐步改良的目的。

参比土种 壤质残积栗钙土性土。

代表性单个土体 位于内蒙古自治区鄂尔多斯市伊金霍洛旗伊金霍洛镇甘珠日庙村，坐标为 39°27′21.95″N，109°43′38.21″E，海拔为 1300 m，中山坡上部，母质为砂岩风化残积物，草地，植被盖度约 80%，年均气温为 6.6 ℃，年均降水量为 350.9 mm，野外调查采样日期为 2015 年 10 月 6 日，编号 15-175。

甘珠日庙系代表性单个土体剖面

Ahk：0～12 cm，亮棕色（7.5YR 5/6，干），浊棕色（7.5YR 5/4，润），砂质壤土，松散，发育弱的小粒状结构，多量根系，中度石灰反应，向下层平滑清晰过渡。

Bk：12～44 cm，亮棕色（7.5YR 5/8，干），亮棕色（7.5YR 5/6，润），砂质壤土，稍坚实，少量根系，中度石灰反应，向下层平滑清晰过渡。

Ck：44～80 cm，亮棕色（7.5YR 5/8，干），亮棕色（7.5YR 5/8，润），壤质砂土，松散，极少量根系，轻度石灰反应。

甘珠日庙系代表性单个土体物理性质

土层	深度 /cm	细土颗粒组成(粒径：mm)/(g/kg)			质地	容重 /(g/cm^3)
		砂粒 2～0.05	粉粒 0.05～0.002	黏粒 ＜0.002		
Ahk	0～12	511	448	41	砂质壤土	1.52
Bk	12～44	570	389	41	砂质壤土	1.62
Ck	44～80	833	85	81	壤质砂土	1.85

甘珠日庙系代表性单个土体化学性质

深度 /cm	pH (H_2O)	有机碳 /(g/kg)	全氮(N) /(g/kg)	全磷(P) /(g/kg)	全钾(K) /(g/kg)	CEC /(cmol/kg)	$CaCO_3$ /(g/kg)
0～12	8.0	12.9	0.08	0.00	0.0	28.0	62.2
12～44	8.0	10.0	0.03	0.47	28.2	22.0	57.7
44～80	8.2	7.6	0.01	0.30	27.6	22.2	64.9

10.18.10 耗来沟系（Haolaigou Series）

土 族：砂质硅质混合型石灰性冷性-普通简育干润雏形土
拟定者：韩春兰，王英杰，付小梅，刘金宝，李鑫蕊

分布与环境条件 主要分布于内蒙古自治区锡林郭勒盟多伦县耗来沟乡一带，山地中山坡，海拔介于1150～1400 m，母质为风积-坡积物，草地，温带半干旱大陆性季风气候，年均气温约2.7 ℃，年均降水量约376.7 mm，年均日照时数约2943 h，无霜期为82～140 d。

耗来沟系典型景观

土壤性状与特征变幅 诊断层包括淡薄表层和雏形层；诊断特性包括半干润土壤水分状况、冷性土壤温度状况和石灰性。土体厚度1 m以上，雏形层厚度约110 cm，有机碳含量介于2.0～7. 0 g/kg，容重介于1.46～1.60 g/cm^3，碳酸钙含量介于19～31 g/kg，pH介于7.7～8.1，层次质地构型为砂质壤土，砂粒含量介于660～740 g/kg。

对比土系 森林屯系，属于同一土族。森林屯系的腐殖质层厚度为35 cm，表土为砂质黏壤土，底土为砂质壤土。本土系的腐殖质层厚度为18 cm，通体为砂质壤土。

利用性能综述 地势平坦，土层深厚，养分总体上不高，基本用于牧业生产，生产中应严禁超载放牧，防止土壤沙化。可实行人工围封轮牧、更新草场等措施，用养结合。

参比土种 壤质风积坡积淡黑钙土。

代表性单个土体 位于内蒙古自治区锡林郭勒盟多伦县耗来沟乡北滩，坐标为

42°12′32.51″N，116°22′39.92″E，海拔为 1323 m，山地中山坡，母质为风积-坡积物，天然草地，植被盖度约 70%，年均气温为 2.7 ℃，年均降水量为 376.7 mm，野外调查采样日期为 2015 年 8 月 2 日，编号 15-152。

耗来沟系代表性单个土体剖面

Ah：0～18 cm，浊棕色（7.5YR 5/4，干），棕色（10YR 4/6，润），砂质壤土，块状结构，疏松，少量根系，向下层平滑清晰过渡。

ABk：18～35 cm，浊棕色（7.5YR 5/4，干），棕色（10YR 4/6，润），5%岩石碎屑，砂质壤土，块状结构，疏松，少量根系，轻度石灰反应，向下层波状模糊过渡。

Bk1：35～91 cm，浊棕色（7.5YR 5/4，干），黄棕色（10YR 5/6，润），10%岩石碎屑，砂质壤土，块状结构，疏松，少量根系，轻度石灰反应，向下层波状模糊过渡。

Bk2：91～145 cm，棕色（7.5YR 4/6，干），棕色（10YR 4/6，润），砂质壤土，块状结构，疏松，少量根系。

耗来沟系代表性单个土体物理性质

土层	深度/cm	细土颗粒组成(粒径：mm)/(g/kg)			质地	容重/(g/cm³)
		砂粒 2～0.05	粉粒 0.05～0.002	黏粒 ＜0.002		
Ah	0～18	693	242	65	砂质壤土	1.46
ABk	18～35	735	223	42	砂质壤土	1.56
Bk1	35～91	668	267	65	砂质壤土	1.58
Bk2	91～145	678	253	69	砂质壤土	1.60

耗来沟系代表性单个土体化学性质

深度/cm	pH(H_2O)	有机碳/(g/kg)	全氮(N)/(g/kg)	全磷(P)/(g/kg)	全钾(K)/(g/kg)	CEC/(cmol/kg)	$CaCO_3$/(g/kg)
0～18	7.7	6.1	0.94	0.35	29.3	16.9	19.1
18～35	7.7	4.2	1.00	0.51	28.6	15.8	25.0
35～91	8.1	3.1	0.49	0.21	30.9	12.2	23.0
91～145	8.1	2.1	0.34	2.01	32.4	15.1	30.2

10.18.11　哈勒拉哈音系(Halelahayin Series)

土　族：砂质硅质混合型石灰性冷性-普通简育干润雏形土

拟定者：孙福军，潘　瑶，蒋卓东，曾　鸣

分布与环境条件　主要分布于内蒙古自治区巴彦淖尔市中部一带，高原，海拔为1300～1500 m，母质为风积沙，草地，中温带大陆性季风气候，年均气温约5.5 ℃，年均降水量约181.6 mm，年均日照时数约3263 h，无霜期为117～136 d。

哈勒拉哈音系典型景观

土壤性状与特征变幅　诊断层包括淡薄表层和雏形层；诊断特性包括冷性土壤温度状况、半干润土壤水分状况和石灰性。土体厚度1 m以上，雏形层厚度约26 cm，通体存在石灰反应，有机碳含量为3.1～4.3 g/kg，容重为1.46～1.68 g/cm^3，碳酸钙含量为14.6～23.0 g/kg，pH为8.1～9.3，层次质地构型为砂质壤土-砂质黏壤土，砂粒含量为545～675 g/kg。

对比土系　巴彦查干系、察汗淖尔系、都兰敖包系、甘珠日庙系、海日罕乌拉系、葫芦素系、热水塘系、赛汉塔拉系、陕坝系、陶勒盖系、乌呼楞楚鲁系和乌兰宝拉格系，属于同一土族。巴彦查干系、都兰敖包系、海日罕乌拉系和陕坝系的腐殖质层厚度为20～25 cm；赛汉塔拉系、陶勒盖系和乌兰宝拉格系的腐殖质层厚度为15～20 cm；甘珠日庙系和乌呼楞楚鲁系的腐殖质层厚度为10～15 cm；葫芦素系的腐殖质层厚度<10 cm。本土系的腐殖质层厚度与察汗淖尔系及热水塘系的腐殖质层厚度均为25～30 cm。察汗淖尔系表土的有机碳含量为7.1 g/kg，表土、底土均为砂质壤土，强石灰反应；热水塘系

表土的有机碳含量为 3.5 g/kg，表土、底土均为砂质壤土，深 100 cm 以下出现埋藏腐殖质层，轻度石灰反应。本土系表土的有机碳含量为 3.1 g/kg，表土为砂质壤土，底土为砂质黏壤土，中度石灰反应。

利用性能综述　土层相对较厚，腐殖质层薄，干时较硬，养分含量低，沙化严重，保水保肥性能差。改良利用方向以生态保护为主，适当发展牧业。

参比土种　壤质厚层黄土质淡栗钙土。

代表性单个土体　位于内蒙古自治区巴彦淖尔市五原县哈拉图嘎查哈勒拉哈音敖包附近，坐标为 41°43′25.20″N，108°19′06.10″E，海拔为 1399 m，高原，母质为风积沙，天然牧草地，草被盖度为 15%～30%，年均气温为 5.5 ℃，年均降水量为 181.6 mm，野外调查采样日期为 2015 年 7 月 31 日，编号 15-149。

哈勒拉哈音系代表性单个土体剖面

Ahk：0～30 cm，浊橙色（7.5YR 7/3，干），亮棕色（7.5YR 5/6，润），砂质壤土，弱发育块状结构，稍坚硬，中量根系，中度石灰反应，向下层平滑清晰过渡。

ABk：30～59 cm，亮黄棕色（10YR 7/6，干），亮黄棕色（10YR 6/6，润），砂质壤土，发育中等的团块状结构，坚实，少量根系，中度石灰反应，向下层平滑清晰过渡。

Bk：59～85 cm，棕色（10YR 5/8，干），棕色（7.5YR 4/3，润），砂质黏壤土，发育弱的团块状结构，很坚实，很少量根系，中度石灰反应，向下层平滑清晰过渡。

Ck：85～115 cm，黄棕色（10YR 5/8，干），棕色（10YR 4/4，润），砂质黏壤土，发育弱的团块结构，很坚实，很少量根系，中度石灰反应。

哈勒拉哈音系代表性单个土体物理性质

土层	深度/cm	细土颗粒组成(粒径：mm)/(g/kg)			质地	容重/(g/cm³)
		砂粒 2～0.05	粉粒 0.05～0.002	黏粒 <0.002		
Ahk	0～30	675	162	162	砂质壤土	1.68
ABk	30～59	626	183	191	砂质壤土	1.53
Bk	59～85	588	201	211	砂质黏壤土	1.46
Ck	85～115	545	249	206	砂质黏壤土	1.57

哈勒拉哈音系代表性单个土体化学性质

深度 /cm	pH (H_2O)	有机碳 /(g/kg)	全氮(N) /(g/kg)	全磷(P) /(g/kg)	全钾(K) /(g/kg)	CEC /(cmol/kg)	$CaCO_3$ /(g/kg)	BS /%
0～30	8.3	3.1	0.20	0.18	18.0	13.3	14.9	91
30～59	8.1	3.9	0.08	0.17	17.5	9.3	14.6	83
59～85	9.1	4.1	0.20	0.19	18.0	29.2	23.0	77
85～115	9.3	4.3	0.18	0.18	18.0	22.4	14.6	89

10.18.12 海日罕乌拉系（Hairihanwula Series）

土　族：砂质硅质混合型石灰性冷性-普通简育干润雏形土

拟定者：韩春兰，王英杰，付小梅，刘金宝，李鑫蕊

分布与环境条件 主要分布于内蒙古自治区锡林郭勒盟东乌珠穆沁旗一带，高原，海拔为 800～1500 m，母质为砂岩，天然牧草地，北温带大陆性季风气候，年均气温约 1.7 ℃，年均降水量约 261.3 mm，年均日照时数约 2975 h，无霜期约 120 d。

海日罕乌拉系典型景观

土壤性状与特征变幅 诊断层包括淡薄表层和雏形层；诊断特性包括准石质接触面、半干润土壤水分状况、冷性土壤温度状况和石灰性。土体厚度 1 m 以上，雏形层厚度约 101 cm，通体存在石灰反应，有机碳含量为 2.2～7.7 g/kg，容重为 1.37～1.56 g/cm^3，碳酸钙含量为 52.4～59.5 g/kg，pH 为 6.9～8.4，层次质地构型为砂质壤土，砂粒含量为 726～773 g/kg。

对比土系 巴彦查干系、察汗淖尔系、都兰敖包系、甘珠日庙系、哈勒拉哈音系、葫芦素系、热水塘系、赛汉塔拉系、陕坝系、陶勒盖系、乌呼楞楚鲁系和乌兰宝拉格系，属于同一土族。察汗淖尔系、热水塘系和哈勒拉哈音系的腐殖质层厚度为 25～30 cm；赛汉塔拉系、陶勒盖系和乌兰宝拉格系的腐殖质层厚度为 15～20 cm；甘珠日庙系和乌呼楞楚鲁系的腐殖质层厚度为 10～15 cm；葫芦素系的腐殖质层厚度<10 cm。本土系的腐殖质层厚度与巴彦查干系、都兰敖包系及陕坝系均为 20～25 cm。巴彦查干系表土的有机碳含量为 5.99 g/kg，表土为砂质黏壤土，底土为砂质壤土，有轻度石灰反应；都兰敖

包系表土的有机碳含量为 9.3 g/kg，表土为砂质壤土，底土为砂土，有中度石灰反应；陕坝系表土的有机碳含量为 1.4 g/kg，表土、底土均为砂质壤土，有强石灰反应。本土系通体砾石含量较高，表土的有机碳含量为 7.7 g/kg，表土、底土均为砂质壤土，有强石灰反应。

利用性能综述 土层深厚，土壤砂性较大，漏水漏肥，土体中夹有小块砾石，养分含量低。改良利用方向以牧业为主，同时要严格控制放牧强度，防风固沙，防止土壤沙化。

参比土种 中度沙化栗钙土。

代表性单个土体 位于内蒙古自治区锡林郭勒盟东乌珠穆沁旗额吉淖日镇额和宝力格苏木，坐标为44°57′52.23″N，116°11′51.17″E，海拔为858 m，高原，母质为砂岩，天然草地，草被盖度约30%，年均气温为1.7 ℃，年均降水量为261.3 mm，野外调查采样日期为2015年7月24日，编号15-034。

Ahk：0～22 cm，浊黄橙色（10YR 6/4，干），棕色（10YR 4/6，润），10%岩石碎屑，砂质壤土，块状结构，稍坚硬，少量根系，强石灰反应，向下层波状清晰过渡。

Bk1：22～71 cm 棕色（7.5YR 4/4，干），棕色（10YR 4/6，润），5%岩石碎屑，砂质壤土，根系，强石灰反应，向下层波状渐变过渡。

Bk2：71～123 cm，浊黄橙色（10YR 7/4，干），棕色（10YR 4/4，润），15%岩石碎屑，砂质壤土，块状结构，坚硬，少量根系，强石灰反应，向下层波状清晰过渡。

Ck：123～148 cm，浅淡黄色（2.5Y 8/4，干），浊黄色（10YR 6/3，润），砂质壤土，稍坚硬，强石灰反应。

海日罕乌拉系代表性单个土体剖面

海日罕乌拉系代表性单个土体物理性质

土层	深度/cm	砾石(>2mm，体积分数)/%	细土颗粒组成(粒径：mm)/(g/kg)			质地	容重/(g/cm³)
			砂粒 2～0.05	粉粒 0.05～0.002	黏粒 <0.002		
Ahk	0～22	10	738	128	133	砂质壤土	1.37
Bk1	22～71	5	735	141	124	砂质壤土	1.42
Bk2	71～123	15	726	125	148	砂质壤土	1.46
Ck	123～148	0	773	117	110	砂质壤土	1.56

海日罕乌拉系代表性单个土体化学性质

深度 /cm	pH (H_2O)	有机碳 /(g/kg)	全氮(N) /(g/kg)	全磷(P) /(g/kg)	全钾(K) /(g/kg)	CEC /(cmol/kg)	$CaCO_3$ /(g/kg)
0～22	8.2	7.7	1.00	0.42	38.0	28.5	59.5
22～71	6.9	6.6	0.90	0.43	39.0	14.6	52.6
71～123	7.0	3.5	0.61	0.63	38.3	24.5	56.8
123～148	8.4	2.2	0.56	0.29	35.7	26.6	52.4

10.18.13 葫芦素系（Hulusu Series）

土 族：砂质硅质混合型石灰性冷性-普通简育干润雏形土

拟定者：边振兴，高建飞，孙 雪，刚 晨

分布与环境条件 主要分布于内蒙古自治区鄂尔多斯市乌审旗图克镇一带，河套平原，海拔为 1032～1050 m，母质为冲积物，灌丛草地，温带大陆性季风气候，年均气温约 6.9 ℃，年均降水量约 360.4 mm，年均日照时数约 3220 h，无霜期约 135 d。

葫芦素系典型景观

土壤性状与特征变幅 诊断层包括淡薄表层和雏形层；诊断特性包括半干润土壤水分状况、冷性土壤温度状况和石灰性。土体厚度约 1 m 以上，通体存在石灰反应，碳酸钙含量为 38～51 g/kg，有机碳含量为 1.7～8.0 g/kg，容重为 1.51～1.74 g/cm^3，pH 为 8.1～8.4，层次质地构型为壤质砂土-砂质壤土-砂土，砂粒含量为 600～910 g/kg。

对比土系 巴彦查干系、察汗淖尔系、都兰敖包系、甘珠日庙系、哈勒拉哈音系、海日罕乌拉系、热水塘系、赛汉塔拉系、陕坝系、陶勒盖系、乌呼楞楚鲁系和乌兰宝拉格系，属于同一土族。察汗淖尔系、热水塘系和哈勒拉哈音系的腐殖质层厚度为 25～30 cm；巴彦查干系、都兰敖包系、海日罕乌拉系和陕坝系的腐殖质层厚度为 20～25 cm；赛汉塔拉系、陶勒盖系和乌兰宝拉格系的腐殖质层厚度为 15～20 cm；甘珠日庙系和乌呼楞楚鲁系的腐殖质层厚度为 10～15 cm。本土系的腐殖质层厚度<10 cm，表土为壤质砂土，有机碳含量为 5.4 g/kg，底土为砂土。

利用性能综述 土层深厚，弱碱性，土壤沙化，养分含量低，漏水漏肥。草原退化较严重，产草量低。改良利用应搞好草原建设和管理，增加覆盖度和产草量；同时防止草场牲畜超载，防止过牧引起草场沙化或退化。

参比土种　半固定荒漠风沙土。

代表性单个土体　位于内蒙古自治区鄂尔多斯市乌审旗图克镇葫芦素，坐标为39°03′28.83″N，109°30′34.69″E，海拔为 1266 m，母质为冲积物，灌丛草地，年均气温为6.9 ℃，年均降水量为360.4 mm，野外调查采样日期为2015年10月6日，编号15-173。

葫芦素系代表性单个土体剖面

Ahk：0～7 cm，浊黄棕色（10YR 5/4，干），棕色（10YR 4/4，润），壤质砂土，单粒，松散，多量根系，强石灰反应，向下层平滑清晰过渡。

Bk：7～50 cm，亮黄棕色（10YR 6/6，干），黄棕色（10YR 5/6，润），壤质砂土，粒状结构，松散，少量根系，轻度石灰反应，向下层平滑清晰过渡。

Ck1：50～76 cm，亮黄棕色（10YR 6/8，干），亮黄棕色（10YR 6/6，润），砂质壤土，粒状结构，松散，少量根系，轻度石灰反应，向下层平滑渐变过渡。

Ck2：76～106 cm，黄棕灰色（10YR 5/8，干），棕色（10YR 4/6，润），壤质砂土，单粒，松散，少量根系，轻度石灰反应，向下层平滑清晰过渡。

Ck3：106～117 cm，黄棕色（10YR 5/6，干），浊黄棕色（10YR 5/4，润），砂土，单粒，松散，极少量根系，中度石灰反应。

葫芦素系代表性单个土体物理性质

土层	深度/cm	细土颗粒组成(粒径：mm)/(g/kg)			质地	容重/(g/cm³)
		砂粒 2～0.05	粉粒 0.05～0.002	黏粒 <0.002		
Ahk	0～7	831	88	82	壤质砂土	1.51
Bk	7～50	799	120	81	壤质砂土	1.72
Ck1	50～76	606	354	40	砂质壤土	1.58
Ck2	76～106	836	123	40	壤质砂土	1.74
Ck3	106～117	901	59	40	砂土	1.70

葫芦素系代表性单个土体化学性质

深度/cm	pH (H_2O)	有机碳/(g/kg)	全氮(N)/(g/kg)	全磷(P)/(g/kg)	全钾(K)/(g/kg)	CEC/(cmol/kg)	$CaCO_3$/(g/kg)
0～7	8.1	5.4	0.07	0.96	25.2	14.5	50.1
7～50	8.3	4.7	0.07	0.63	38.6	9.9	40.7
50～76	8.3	8.0	0.01	0.47	31.5	8.0	43.8
76～106	8.3	3.0	0.01	0.45	25.6	11.5	38.4
106～117	8.4	1.7	0.03	0.63	25.3	10.7	41.5

10.18.14 热水塘系（Reshuitang Series）

土 族：砂质硅质混合型石灰性冷性-普通简育干润雏形土

拟定者：韩春兰，王英杰，付小梅，刘金宝，李鑫蕊

分布与环境条件 主要分布于内蒙古自治区赤峰市克什克腾旗，丘陵，平均海拔约1100 m，母质风积沙，草地，中温带大陆性季风气候，年均气温约2～4 ℃，年均降水量为250～500 mm，年均日照时数为2600～2900 h，无霜期为60～150 d。

热水塘系典型景观

土壤性状与特征变幅 诊断层包括淡薄表层和雏形层；诊断特性包括冷性土壤温度状况、半干润土壤水分状况和石灰性。土体厚度1 m以上，雏形层厚度约73 cm，通体存在石灰反应，有机碳含量为2.6～5.6 g/kg，容重为1.32～1.42 g/cm^3，碳酸钙含量为10.3～14.6 g/kg，pH为8.1～8.4，层次质地构型为砂质壤土，砂粒含量为538～736 g/kg。

对比土系 巴彦查干系、察汗淖尔系、都兰敖包系、甘珠日庙系、哈勒拉哈音系、海日罕乌拉系、葫芦素系、赛汉塔拉系、陕坝系、陶勒盖系、乌呼楞楚鲁系和乌兰宝拉格系，属于同一土族。巴彦查干系、都兰敖包系、海日罕乌拉系和陕坝系的腐殖质层厚度为20～25 cm；赛汉塔拉系、陶勒盖系和乌兰宝拉格系的腐殖质层厚度为15～20 cm；甘珠日庙系和乌呼楞楚鲁系的腐殖质层厚度为10～15 cm；葫芦素系的腐殖质层厚度<10 cm。本土系的腐殖质层厚度与察汗淖尔系及哈勒拉哈音系的腐殖质层厚度均为25～30 cm。察汗淖尔系表土的有机碳含量为7.1 g/kg，表土、底土均为砂质壤土，强石灰反应；哈勒拉哈音系表土的有机碳含量为3.1 g/kg，表土为砂质壤土，底土为砂质黏壤土，中度石

灰反应。本土系表土的有机碳含量为 3.5 g/kg，表土和底土均为砂质壤土，深 100 cm 以下出现埋藏腐殖质层，轻度石灰反应。

利用性能综述　地势起伏，土层深厚，干时土体比较紧实，养分总体上不高。在生产中应注意合理施肥，开展保护性耕作，防止土壤沙化。

参比土种　壤质薄层风积黄土质栗钙土。

代表性单个土体　位于内蒙古自治区赤峰市克什克腾旗热水塘镇上四地村，坐标为 43°28′17.95″N，117°42′04.00″E，海拔为 1123 m，丘陵，母质为风积沙，草地，草被盖度约 60%，年均气温为 4.0 ℃，年均降水量为 352.0 mm，野外调查采样日期为 2015 年 7 月 7 日，编号 15-020。

热水塘系代表性单个土体剖面

Ahk：0～27 cm，浊黄棕色（10YR 5/4，干），棕色（10YR 4/4，润），砂质壤土，团块状结构，松散，大量根系，轻度石灰反应，向下层平滑模糊过渡。

Bk1：27～62 cm，浊黄橙色（10YR 6/4，干），棕色（10YR 4/4，润），砂质壤土，块状结构，松散，少量根系，轻度石灰反应，向下层平滑模糊过渡。

Bk2：62～100 cm，浊黄橙色（10YR 6/4，干），棕色（10YR 4/4，润），砂质壤土，块状结构，稍坚硬，少量根系，可见假菌丝体，轻度石灰反应，向下层平滑模糊过渡。

2Ak1：100～118 cm，棕色（10YR 4/4，干），暗棕色（10YR 3/3，润），砂质壤土，块状结构，坚硬，少量根系，可见假菌丝体，轻度石灰反应，向下层平滑渐变过渡。

2Ak2：118～150 cm，暗棕色（10YR 3/4，干），暗棕色（10YR 3/4，润），砂质壤土，块状结构，坚实，少量根系，可见假菌丝体，轻度石灰反应。

热水塘系代表性单个土体物理性质

土层	深度 /cm	细土颗粒组成(粒径：mm)/(g/kg)			质地	容重 /(g/cm³)
		砂粒 2～0.05	粉粒 0.05～0.002	黏粒 <0.002		
Ahk	0～27	736	153	111	砂质壤土	1.32
Bk1	27～62	728	163	109	砂质壤土	1.34
Bk2	62～100	733	162	105	砂质壤土	1.38
2Ak1	100～118	600	245	155	砂质壤土	1.37
2Ak2	118～150	538	292	170	砂质壤土	1.42

热水塘系代表性单个土体化学性质

深度 /cm	pH (H_2O)	有机碳 /(g/kg)	全氮(N) /(g/kg)	全磷(P) /(g/kg)	全钾(K) /(g/kg)	CEC /(cmol/kg)	$CaCO_3$ /(g/kg)
0～27	8.1	3.5	0.61	0.14	23.9	14.6	14.1
27～62	8.3	2.8	0.56	0.33	31.5	17.4	14.6
62～100	8.3	2.6	0.61	1.95	32.9	15.6	12.5
100～118	8.4	5.4	1.00	0.47	30.1	17.3	10.3
118～150	8.4	5.6	0.90	0.39	29.4	19.1	13.2

10.18.15　赛汉塔拉系（Saihantala Series）

土　族：砂质硅质混合型石灰性冷性-普通简育干润雏形土
拟定者：孙福军，潘　瑶，蒋卓东，曾　鸣

分布与环境条件　主要分布于内蒙古自治区锡林郭勒盟苏尼特右旗一带，高原，海拔为900～1400 m，母质为砂岩，天然牧草地，温带干旱大陆性季风气候，年均气温约 5.1 ℃，年均降水量约 209 mm，年均日照时数约 3232 h，无霜期约 130 d。

赛汉塔拉系典型景观

土壤性状与特征变幅　诊断层包括淡薄表层和雏形层；诊断特性包括半干润土壤水分状况、冷性土壤温度状况和钙积现象。土体厚度 80 cm 以上，雏形层厚度约 35 cm，通体存在石灰反应，有机碳含量为 1.0～12.0 g/kg，容重为 1.54～1.66 g/cm^3，碳酸钙含量为 5～91 g/kg，pH 为 7.2～8.2，层次质地构型为砂质黏壤土-砂质壤土，砂粒含量为 590～680 g/kg。

对比土系　巴彦查干系、察汗淖尔系、都兰敖包系、甘珠日庙系、哈勒拉哈音系、海日罕乌拉系、葫芦素系、热水塘系、陕坝系、陶勒盖系、乌呼楞楚鲁系和乌兰宝拉格系，属于同一土族。察汗淖尔系、热水塘系和哈勒拉哈音系的腐殖质层厚度为 25～30 cm；巴彦查干系、都兰敖包系、海日罕乌拉系和陕坝系的腐殖质层厚度为 20～25 cm；甘珠日庙系和乌呼楞楚鲁系的腐殖质层厚度为 10～15 cm；葫芦素系的腐殖质层厚度<10 cm。本土系的腐殖质层厚度与陶勒盖系及乌兰宝拉格系均为 15～20 cm。陶勒盖系表土为砂质壤土，有机碳含量为 11.1 g/kg；乌兰宝拉格系通体有少量砾石，表土为砂质壤土，有

机碳含量为 14.6 g/kg。本土系表土为砂质黏壤土，有机碳含量为 11.4 g/kg。

利用性能综述　地势平坦，土层深厚，土层干时坚硬，养分含量低，干旱缺水，土地沙化，地表覆盖度低。应封境育草，保护生态。

参比土种　薄层风积砂栗钙土。

代表性单个土体　位于内蒙古自治区锡林郭勒盟苏尼特右旗赛汉塔拉镇，坐标为 42° 44′ 21.89″N，112° 36′39.51″E，海拔为 1096 m，高原，母质为砂岩，天然牧草地，草被盖度为 20%～30%，年均气温为 5.1 ℃，年均降水量为 209.0 mm，野外调查采样日期为 2015 年 7 月 28 日，编号 15-045。

Ahk：0～17 cm，亮红色（5YR 5/6，干），红棕色（5YR 4/6，润），砂质黏壤土，团块状结构，坚硬，少量根系，中度石灰反应，向下层平滑渐变过渡。

Bk1：17～45 cm，黄棕色（10YR 5/6，干），浊黄棕色（7.5YR 5/4，润），砂质壤土，块状结构，稍坚硬，很少量根系，中度石灰反应，向下层平滑渐变过渡。

Bk2：45～80 cm，浅淡黄色（2.5Y 8/3，干），浊橙色（7.5YR 7/3，润），砂质壤土，块状结构，稍坚硬，很少量根系，强石灰反应，向下层平滑清晰过渡。

BCk：80～100 cm，浊橙色（7.5YR 6/4，干），亮棕色（7.5YR 5/6，润），砂质壤土，块状结构，稍坚硬，中度石灰反应。

赛汉塔拉系代表性单个土体剖面

赛汉塔拉系代表性单个土体物理性质

土层	深度/cm	细土颗粒组成(粒径：mm)/(g/kg)			质地	容重/(g/cm³)
		砂粒 2～0.05	粉粒 0.05～0.002	黏粒 <0.002		
Ahk	0～17	592	204	204	砂质黏壤土	1.54
Bk1	17～45	674	204	122	砂质壤土	1.58
Bk2	45～80	676	200	124	砂质壤土	1.66
BCk	80～100	674	163	163	砂质壤土	1.66

赛汉塔拉系代表性单个土体化学性质

深度 /cm	pH (H_2O)	有机碳 /(g/kg)	全氮(N) /(g/kg)	全磷(P) /(g/kg)	全钾(K) /(g/kg)	CEC /(cmol/kg)	$CaCO_3$ /(g/kg)
0～17	7.2	11.4	0.93	0.32	20.5	20.8	5.50
17～45	8.0	6.6	0.72	0.28	20.0	21.1	21.50
45～80	8.0	2.4	0.24	0.19	18.2	23.0	90.26
80～100	8.2	1.5	0.03	0.15	17.2	15.3	30.88

10.18.16 陶勒盖系（Taolegai Series）

土 族：砂质硅质混合型石灰性冷性-普通简育干润雏形土

拟定者：孙福军，潘 瑶，蒋卓东，曾 鸣

分布与环境条件 主要分布于内蒙古自治区苏尼特左旗一带，高原，海拔约 1127 m，母质为坡残积物，天然牧草地，半干旱大陆性季风气候，年均气温约 3.1 ℃，年均降水量约 317.1 mm，年均日照时数约 3196 h，无霜期为 130～145 d。

陶勒盖系典型景观

土壤性状与特征变幅 诊断层包括淡薄表层和雏形层；诊断特性包括半干润土壤水分状况和冷性土壤温度状况。土体厚度约 85 cm，通体存在石灰反应，碳酸钙含量为 20.8～21.1 g/kg，有机碳含量为 6～12 g/kg，容重为 1.48～1.74 g/cm^3，pH 为 8.0～8.1，层次质地构型为砂质壤土-壤土，砂粒含量为 480～680 g/kg。

对比土系 巴彦查干系、察汗淖尔系、都兰敖包系、甘珠日庙系、哈勒拉哈音系、海日罕乌拉系、葫芦素系、热水塘系、赛汉塔拉系、陕坝系、乌呼楞楚鲁系和乌兰宝拉格系，属于同一土族。察汗淖尔系、热水塘系和哈勒拉哈音系的腐殖质层厚度为 25～30 cm；巴彦查干系、都兰敖包系、海日罕乌拉系和陕坝系的腐殖质层厚度为 20～25 cm；甘珠日庙系和乌呼楞楚鲁系的腐殖质层厚度为 10～15 cm；葫芦素系的腐殖质层厚度<10 cm。本土系的腐殖质层厚度与赛汉塔拉系及乌兰宝拉格系均为 15～20 cm。赛汉塔拉系表土为砂质黏壤土，有机碳含量为 11.4 g/kg；乌兰宝拉格系通体有少量砾石，表土为砂质壤土，有机碳含量为 14.6 g/kg。本土系表土为砂质壤土，有机碳含量为 11.1 g/kg。

利用性能综述　土层较厚，腐殖质层薄，保水保肥性能差，土层干时坚硬，养分含量低，土地沙化。利用方向以牧业为主，以围封和人工种草相结合，恢复土地生产力；划区轮牧，防止过牧引起草场沙化或退化。对植被稀疏地块进行轮封轮牧，恢复植被，也可在封闭地上人工种植优良牧草，加速植被建设。

参比土种　薄层砂砾淡栗钙土。

代表性单个土体　位于内蒙古自治区苏尼特左旗昌图锡力苏木敖伦陶勒盖，坐标为41°53′06.10″N，114°05′43.20″E，海拔为1072 m，高原，母质为坡残积物，天然牧草地，草被盖度为20%～30%，年均气温为3.1 ℃，年均降水量为317.1 mm，野外调查采样日期为2015年7月27日，编号15-041。

陶勒盖系代表性单个土体剖面

Ahk：0～16 cm，浊棕色（7.5YR 5/3，干），棕色（10YR 4/4，润），砂质壤土，块状结构，稍坚硬，少量根系，轻度石灰反应，向下层平滑清晰过渡。

Bk：16～59 cm，暗棕色（10YR 5/8，干），棕色（7.5YR 4/6，润），砂质壤土，块状结构，稍坚硬，少量根系，轻度石灰反应，向下层平滑清晰过渡。

BCk：59～85 cm，浊黄橙色（10YR 7/3，干），黄棕色（10YR 5/8，润），壤土，块状结构，稍坚硬，很少量根系，轻度石灰反应，向下层平滑清晰过渡。

陶勒盖系代表性单个土体物理性质

土层	深度/cm	细土颗粒组成(粒径：mm)/(g/kg)			质地	容重/(g/cm^3)
		砂粒 2～0.05	粉粒 0.05～0.002	黏粒 ＜0.002		
Ahk	0～16	676	202	121	砂质壤土	1.74
Bk	16～59	594	244	163	砂质壤土	1.64
BCk	59～85	480	320	200	壤土	1.48

陶勒盖系代表性单个土体化学性质

深度/cm	pH（H_2O）	有机碳/(g/kg)	全氮(N)/(g/kg)	全磷(P)/(g/kg)	全钾(K)/(g/kg)	CEC/(cmol/kg)	$CaCO_3$/(g/kg)
0～16	8.1	11.1	0.56	0.25	19.5	16.4	21.1
16～59	8.0	8.8	1.06	0.34	20.9	19.4	20.8
59～85	8.0	6.1	0.60	0.26	19.6	18.3	21.0

10.18.17　乌兰宝拉格系（Wulanbaolage Series）

土　族：砂质硅质混合型石灰性冷性-普通简育干润雏形土

拟定者：孙福军，潘　瑶，蒋卓东，曾　鸣

分布与环境条件　主要分布于内蒙古自治区锡林郭勒盟阿巴嘎旗一带，高原，海拔约 1127 m，母质为砂岩风化物，天然牧草地，温带半干旱大陆性季风气候，年均气温约 2.4 ℃，年均降水量约 249.9 mm，年均日照时数约 3126 h，无霜期约 103 d。

乌兰宝拉格系典型景观

土壤性状与特征变幅　诊断层包括淡薄表层和雏形层；诊断特性包括半干润土壤水分状况、冷性土壤温度状况和石灰性。土体厚度约 90 cm，通体存在石灰反应，碳酸钙含量介于 41.5～43.8 g/kg，有机碳含量介于 6.0～15.3 g/kg，容重介于 1.60～1.75 g/cm^3，pH 介于 7.8～8.1，层次质地构型为砂质壤土，砂粒含量介于 509～717 g/kg。

对比土系　巴彦查干系、察汗淖尔系、都兰敖包系、甘珠日庙系、哈勒拉哈音系、海日罕乌拉系、葫芦素系、热水塘系、赛汉塔拉系、陕坝系、陶勒盖系和乌呼楞楚鲁系，属于同一土族。察汗淖尔系、热水塘系和哈勒拉哈音系的腐殖质层厚度为 25～30 cm；巴彦查干系、都兰敖包系、海日罕乌拉系和陕坝系的腐殖质层厚度为 20～25 cm；甘珠日庙系和乌呼楞楚鲁系的腐殖质层厚度为 10～15 cm；葫芦素系的腐殖质层厚度<10 cm。本土系的腐殖质层厚度与赛汉塔拉系及陶勒盖系均为 15～20 cm。赛汉塔拉系表土为砂质黏壤土，有机碳含量为 11.4 g/kg；陶勒盖系表土为砂质壤土，有机碳含量为 11.1 g/kg。本土系通体有少量砾石，表土为砂质壤土，有机碳含量为 14.6 g/kg。

利用性能综述　土层深厚，腐殖质层薄，土层干时坚硬，养分含量低，土地沙化严重，保水保肥性能差。利用方向以牧业为主，以围封和人工种草相结合，恢复土地生产力；划区轮牧，防止过牧引起草场沙化或退化。对植被稀疏地块进行轮封轮牧，恢复植被，也可在封闭地上人工种植优良牧草，加速植被建设。

参比土种　薄层砂砾质栗钙土。

代表性单个土体　位于内蒙古自治区锡林郭勒盟阿巴嘎旗查干淖尔镇乌兰宝拉格嘎查，坐标为 43°41′53.10″N，114°49′19.70″E，海拔为 1187 m，高原，母质为砂岩风化物，天然牧草地，草被盖度为 40%～60%，年均气温为 2.4 ℃，年均降水量为 249.9 mm，野外调查采样日期为 2015 年 7 月 26 日，编号 15-039。

乌兰宝拉格系代表性单个土体剖面

Ahk：0～18 cm，浊黄棕色（10YR 5/4，干），棕色（10YR 4/6，润），3%岩石碎屑，砂质壤土，发育弱的棱状结构，稍坚硬，少量根系，可见假菌丝体，中度石灰反应，向下层平滑清晰过渡。

Ahkb：18～35 cm，暗棕色（10YR 3/4，干），棕色（7.5YR 4/4，润），<2%岩石碎屑，砂质壤土，发育弱的团块状结构，稍坚硬，少量根系，可见假菌丝体，强石灰反应，向下层平滑清晰过渡。

Bk：35～70 cm，浊棕色（7.5Y 5/4，干），棕色（10Y 4/6，润），4%岩石碎屑，砂质壤土，单粒，坚硬，少量根系，可见假菌丝体，强石灰反应。

BCk：70～90 cm，浊棕色（7.5Y 5/4，干），棕色（10Y 4/6，润），5%岩石碎屑，砂质壤土，单粒，坚硬，少量根系，可见假菌丝体，强石灰反应。

乌兰宝拉格系代表性单个土体物理性质

土层	深度/cm	砾石(>2mm，体积分数)/%	细土颗粒组成(粒径：mm)/(g/kg)			质地	容重/(g/cm^3)
			砂粒 2～0.05	粉粒 0.05～0.002	黏粒 <0.002		
Ahk	0～18	3	509	327	164	砂质壤土	1.75
Ahkb	18～35	1	676	162	162	砂质壤土	1.64
Bk	35～70	4	717	121	162	砂质壤土	1.60
BCk	70～90	5	700	131	169	砂质壤土	1.65

乌兰宝拉格系代表性单个土体化学性质

深度/cm	pH (H_2O)	有机碳/(g/kg)	全氮(N)/(g/kg)	全磷(P)/(g/kg)	全钾(K)/(g/kg)	CEC/(cmol/kg)	$CaCO_3$/(g/kg)
0～18	7.9	14.6	1.07	0.34	20.9	17.0	43.8
18～35	7.8	15.3	1.17	0.37	21.1	18.7	42.9
35～70	8.0	6.0	0.82	0.30	20.2	8.2	41.8
70～90	8.1	6.2	0.52	0.20	22.2	7.1	41.5

10.18.18　乌呼楞楚鲁系（Wuhulengchulu Series）

土　族：砂质硅质混合型石灰性冷性-普通简育干润雏形土

拟定者：韩春兰，王英杰，付小梅，刘金宝，李鑫蕊

分布与环境条件　主要分布于内蒙古自治区巴彦淖尔市西北部一带，高原，海拔介于 1150～1350 m，母质为冲积物，草地，大陆性干旱气候，年均气温为 3～6.8 ℃，年均降水量为 115～250 mm，年均日照时数为 3098～3250 h，无霜期为 99～129 d。

乌呼楞楚鲁系典型景观

土壤性状与特征变幅　诊断层包括淡薄表层和雏形层；诊断特性包括冷性土壤温度状况、半干润土壤水分状况和石灰性。土体厚度 1 m 以上，雏形层厚度约 26 cm，通体存在石灰反应，有机碳含量介于 0.8～3.2 g/kg，容重介于 1.41～1.65 g/cm^3，碳酸钙含量介于 32～39 g/kg，pH 介于 8.7～9.1，层次质地构型为砂质壤土-壤质砂土，砂粒含量介于 500～870 g/kg。

对比土系　巴彦查干系、察汗淖尔系、都兰敖包系、甘珠日庙系、哈勒拉哈音系、海日罕乌拉系、葫芦素系、热水塘系、赛汉塔拉系、陕坝系、陶勒盖系和乌兰宝拉格系，属于同一土族。察汗淖尔系、热水塘系和哈勒拉哈音系的腐殖质层厚度为 25～30 cm；巴彦查干系、都兰敖包系、海日罕乌拉系和陕坝系的腐殖质层厚度为 20～25 cm；赛汉塔拉系、陶勒盖系和乌兰宝拉格系的腐殖质层厚度为 15～20 cm；葫芦素系的腐殖质层厚度<10 cm。本土系的腐殖质层厚度与甘珠日庙系为 10～15 cm。甘珠日庙系表土为砂质壤土，有机碳含量为 12.9 g/kg。本土系表土为砂质壤土，有机碳含量为 1.9 g/kg，底土

为壤质砂土。

利用性能综述　土层深厚，腐殖质层薄，养分含量低，保水保肥性能差，沙化严重，植被覆盖度较低。改良利用方向以生态保护为主，适当发展牧业。牧业用地以围封和人工种草相结合，恢复土地生产力。划区轮牧，防止过牧引起草场沙化或退化。对植被稀疏地块进行轮封轮牧，恢复植被。

参比土种　壤质薄层冲积-风积栗钙土。

代表性单个土体　位于内蒙古自治区巴彦淖尔市乌拉特中旗乌梁素太乡机耕队，坐标为41°30′45.03″N，108°40′40.31″E，海拔为 1263 m，高平原，地形坡度为 1°，母质为冲积物，天然草地，草被盖度约 10%，年均气温为 5.6 ℃，年均降水量为 201.2 mm，野外调查采样日期为 2015 年 7 月 31 日，编号 15-146。

Ahk：0～12 cm，棕色（10YR 4/6，干），棕色（10YR 4/6，润），砂质壤土，块状结构，稍坚硬，少量根系，中度石灰反应，向下层平滑模糊过渡。

Bk：12～38 cm，黄棕色（10YR 5/6，干），棕色（10YR 4/6，润），砂质壤土，块状结构，稍坚硬，少量根系，可见假菌丝体，中度石灰反应，向下层平滑清晰过渡。

Akb：38～76 cm，浊黄棕色（10YR 5/4，干），棕色（10YR 4/6，润），砂质壤土，块状结构，松散，少量根系，可见假菌丝体和碳酸钙粉末，中度石灰反应，向下层平滑模糊过渡。

BCk1：76～117 cm，浊黄橙色（10YR 7/3，干），棕色（10YR 4/6，润），壤质砂土，块状结构，松散，少量根系，可见碳酸钙粉末，中度石灰反应，向下层平滑清晰过渡。

乌呼楞楚鲁系代表性单个土体剖面

BCk2：117～135 cm，浊黄橙色（10YR 7/3，干），浊黄棕色（10YR 5/4，润），壤质砂土，块状结构，松散，可见碳酸钙粉末，强石灰反应。

乌呼楞楚鲁系代表性单个土体物理性质

土层	深度/cm	细土颗粒组成(粒径：mm)/(g/kg)			质地	容重/(g/cm³)
		砂粒 2～0.05	粉粒 0.05～0.002	黏粒 ＜0.002		
Ahk	0～12	758	165	77	砂质壤土	1.41
Bk	12～38	500	349	151	砂质壤土	1.52
Akb	38～76	753	175	72	砂质壤土	1.52
BCk1	76～117	850	103	47	壤质砂土	1.61
BCk2	117～135	866	90	44	壤质砂土	1.65

乌呼楞楚鲁系代表性单个土体化学性质

深度 /cm	pH (H_2O)	有机碳 /(g/kg)	全氮(N) /(g/kg)	全磷(P) /(g/kg)	全钾(K) /(g/kg)	CEC /(cmol/kg)	$CaCO_3$ /(g/kg)
0～12	8.7	1.9	0.51	2.10	26.9	15.9	35.2
12～38	8.8	2.0	0.42	1.91	27.2	16.9	33.2
38～76	8.9	3.2	0.42	1.95	28.4	15.0	33.6
76～117	9.1	1.1	0.12	2.00	27.4	17.9	32.3
117～135	9.1	0.8	0.12	2.11	28.7	0.7	38.1

10.18.19 陕坝系（Shanba Series）

土 族：砂质硅质混合型石灰性冷性-普通简育干润雏形土

拟定者：边振兴，高建飞，孙 雪，刚 晨

分布与环境条件 主要分布于内蒙古自治区巴彦淖尔市中西部一带，河套平原，海拔介于990～1050 m，母质为冲积物，旱地，温带大陆性季风气候，年均气温约7.8 ℃，年均降水量约133.4 mm，年均日照时数约3220 h，无霜期为120～128 d。

陕坝系典型景观

土壤性状与特征变幅 诊断层包括淡薄表层和雏形层；诊断特性包括冷性土壤温度状况、半干润土壤水分状况和石灰性。土体厚度1 m以上，雏形层厚度约86 cm，通体存在石灰反应，有机碳含量介于1.4～2.2 g/kg，容重介于1.29～1.46 g/cm^3，pH介于7.9～8.2，层次质地构型为砂质壤土，砂粒含量介于610～660 g/kg。

对比土系 巴彦查干系、察汗淖尔系、都兰敖包系、甘珠日庙系、哈勒拉哈音系、海日罕乌拉系、葫芦素系、热水塘系、赛汉塔拉系、陕坝系、陶勒盖系、乌呼楞楚鲁系和乌兰宝拉格系，属于同一土族。察汗淖尔系、热水塘系和哈勒拉哈音系的腐殖质层厚度为25～30 cm；赛汉塔拉系、陶勒盖系和乌兰宝拉格系的腐殖质层厚度为15～20 cm；甘珠日庙系和乌呼楞楚鲁系的腐殖质层厚度为10～15 cm；葫芦素系的腐殖质层厚度<10 cm。本土系的腐殖质层厚度与巴彦查干系、都兰敖包系及海日罕乌拉系均为20～25 cm。巴彦查干系表土的有机碳含量为5.99 g/kg，表土为砂质黏壤土，底土为砂质壤土，有轻度石灰反应；都兰敖包系表土的有机碳含量为9.3 g/kg，表土为砂质壤土，底土为砂土，

有中度石灰反应；海日罕乌拉系通体砾石含量较高，表土的有机碳含量为 7.7 g/kg，表土和底土均为砂质壤土，有强石灰反应。本土系表土的有机碳含量为 1.4 g/kg，表土和底土均为砂质壤土，有强石灰反应。

利用性能综述　土层较厚，表土较疏松，质地比较适中，有引黄灌溉水源，但是有机质含量不高。地下水位相对较高，应注意灌溉方式，避免引起盐渍化现象；大风季节容易产生风蚀，应建造防风护田林带。

参比土种　壤质石灰性草甸土。

代表性单个土体　位于内蒙古自治区巴彦淖尔市杭锦后旗陕坝镇账房村，坐标为 40°56′15.35″N，107°10′39.07″E，海拔为 997 m，平原，母质为冲积物，耕地，种植玉米，年均气温为 7.8 ℃，年均降水量为 133.4 mm，野外调查采样日期为 2015 年 10 月 4 日，编号 15-159。

陕坝系代表性单个土体剖面

Apk：0～23 cm，浊黄橙色（10YR 7/3，干），浊黄橙色（10YR 6/4，润），砂质壤土，发育弱的小团粒状结构，疏松，多量根系，强石灰反应，向下层平滑渐变过渡。

Bk1：23～93 cm，浊黄橙色（10YR 7/3，干），浊黄橙色（10YR 6/4，润），砂质壤土，发育弱的小团块状结构，疏松，少量根系，强石灰反应，向下层平滑清晰过渡。

Bk2：93～109 cm，浊黄橙色（10YR 7/3，干），浊黄橙色 10YR 6/4，润），砂质壤土，发育弱的团块状结构，疏松，中量根系，中度石灰反应，向下层平滑清晰过渡。

Ck：109～160 cm，橙白色（10YR 8/2，干），浊黄橙色（10YR 6/4，润），砂质壤土，无结构，极疏松，少量根系，中度石灰反应。

陕坝系代表性单个土体物理性质

土层	深度/cm	细土颗粒组成(粒径：mm)/(g/kg)			质地	容重/(g/cm³)
		砂粒 2～0.05	粉粒 0.05～0.002	黏粒 <0.002		
Apk	0～23	620	219	161	砂质壤土	1.29
Bk1	23～93	659	181	159	砂质壤土	1.35
Bk2	93～109	613	307	80	砂质壤土	1.46
Ck	109～160	648	272	80	砂质壤土	1.46

陕坝系代表性单个土体化学性质

深度/cm	pH (H_2O)	有机碳/(g/kg)	全氮(N)/(g/kg)	全磷(P)/(g/kg)	全钾(K)/(g/kg)	CEC/(cmol/kg)	$CaCO_3$/(g/kg)
0～23	7.9	1.4	0.06	0.19	27.1	23.0	56.3
23～93	8.1	2.2	0.03	0.26	28.1	21.8	57.2
93～109	8.2	1.8	0.05	0.53	26.3	18.0	55.0
109～160	8.2	2.1	0.03	0.23	25.8	25.8	53.2

10.18.20　森林屯系（Senlintun Series）

土　族：砂质硅质混合型石灰性冷性-普通简育干润雏形土

拟定者：贾树海，王洪志，杜　蒙，张国建，孙仲秀，王秋兵

分布与环境条件　主要分布于内蒙古自治区赤峰市北部一带，起伏丘陵，海拔介于 394～700 m，母质为风积沙，草地，中温带半干旱气候，年均气温约 5.5 ℃，年均降水量为 310～400 mm，年均日照时数约 3000 h，无霜期为 110～130 d。

森林屯系典型景观

土壤性状与特征变幅　诊断层包括淡薄表层和雏形层；诊断特性包括半干润土壤水分状况、冷性土壤温度状况和石灰性。土体厚度 1 m 以上，雏形层厚度约 37 cm，通体存在石灰反应，有机碳含量介于 1.0～6.5 g/kg，容重介于 1.50～1.68 g/cm^3，碳酸钙含量介于 40.0～63.0 g/kg，pH 介于 8.1～8.6，层次质地构型为砂质黏壤土-砂质黏土-砂质壤土，砂粒含量介于 490～630 g/kg。

对比土系　耗来沟系，属于同一土族。耗来沟系的腐殖质层厚度为 18 cm，通体为砂质壤土。本土系的腐殖质层厚度为 35 cm，表土为砂质黏壤土，底土为砂质壤土。

利用性能综述　土层深厚，干时坚硬，透水性好，养分含量低，腐殖质层薄，保水保肥性能差。利用以牧业为主，应以围封和人工种草相结合，恢复土地生产力；划区轮牧，防止过牧引起草场沙化或退化。

参比土种　中层砂质栗钙土。

代表性单个土体　位于内蒙古自治区赤峰市巴林左旗宝力罕吐乡森林屯，坐标为44°02′26.50″N，119°25′8.10″E，海拔为 518 m，波状起伏丘陵，坡度约为 6°，母质为风积沙，林地，植被盖度为 85%，年均气温为 5.5 ℃，年均降水量为 361.3 mm，野外调查采样日期为 2015 年 7 月 6 日，编号 15-013。

Ahk：　0～17 cm，浊棕色（7.5YR 5/4，干），棕色（7.5YR 4/4，润），砂质黏壤土，团粒状结构，疏松，少量根系，轻度石灰反应，边界向下层平滑清晰过渡。

Ahkb：17～35 cm，棕色（7.5YR 4/6，干），棕色（7.5YR 4/3，润），砂质黏壤土，团粒状结构，疏松，少量根系，轻度石灰反应，向下层平滑清晰过渡。

Bk：　35～72 cm，橙色（7.5YR 6/6，干），棕色（7.5YR 4/6，润），砂质黏壤土，块状结构，疏松，少量根系，中度石灰反应，向下层平滑清晰过渡。

BCk：72～104 cm，浊橙色（7.5YR 6/4，干），棕色（7.5YR 4/6，润），砂质黏土，块状结构，疏松，很少量根系，中度石灰反应，向下层平滑清晰过渡。

Ck：　104～140 cm，浊橙色（7.5YR 7/4，干），棕色（7.5YR 4/6，润），块状结构，疏松，很少量根系，中度石灰反应。

森林屯系代表性单个土体剖面

森林屯系代表性单个土体物理性质

土层	深度/cm	细土颗粒组成(粒径：mm)/(g/kg) 砂粒 2～0.05	粉粒 0.05～0.002	黏粒 <0.002	质地	容重/(g/cm³)
Ahk	0～17	621	126	253	砂质黏壤土	1.68
Ahkb	17～35	594	160	246	砂质黏壤土	1.66
Bk	35～72	593	121	287	砂质黏壤土	1.59
BCk	72～104	496	81	423	砂质黏土	1.57
Ck	104～140	596	83	321	砂质壤土	1.50

森林屯系代表性单个土体化学性质

深度/cm	pH (H_2O)	有机碳/(g/kg)	全氮(N)/(g/kg)	全磷(P)/(g/kg)	全钾(K)/(g/kg)	CEC/(cmol/kg)	$CaCO_3$/(g/kg)	BS/%
0～17	8.6	5.5	0.22	0.42	21.9	16.4	62.1	87
17～35	8.1	6.1	0.11	0.38	20.7	12.8	40.1	87
35～72	8.4	5.0	0.42	0.36	20.1	12.5	51.6	92
72～104	8.3	1.8	0.16	0.40	20.8	17.6	63.0	57
104～140	8.3	1.7	0.16	0.34	20.8	9.3	54.0	91

10.18.21　道特淖尔系（Daotenao'er Series）

土　族：砂质硅质混合型非酸性冷性-普通简育干润雏形土
拟定者：韩春兰，王英杰，付小梅，刘金宝，李鑫蕊

分布与环境条件　主要分布于内蒙古自治区锡林郭勒盟东乌珠穆沁旗一带，高原，海拔介于 800～1000 m，母质为风积沙，天然牧草地，北温带大陆性季风气候，年均气温约 0.8 ℃，年均降水量约 286.3 mm，年均日照时数约 2975 h，无霜期约 120 d。

道特淖尔系典型景观

土壤性状与特征变幅　诊断层包括淡薄表层和雏形层；诊断特性包括半干润土壤水分状况和冷性土壤温度状况。土体厚度 1 m 以上，雏形层厚度约 112 cm，有机碳含量介于 1.6～8.4 g/kg，容重介于 1.36～1.66 g/cm^3，pH 介于 7.4～7.6，层次质地构型为壤质砂土，砂粒含量介于 806～853 g/kg。

对比土系　萨麦系，属于同一土族。萨麦系的腐殖质层厚度为 22 cm，表土为砂质壤土。本土系的腐殖质层厚度为 6 cm，通体为壤质砂土。

利用性能综述　土层深厚，透水性好，土壤弱碱性，肥力低下。应以发展牧业为主，避免过度放牧，恢复植被，防止土壤沙化。

参比土种　砂质薄层风积暗栗钙土。

代表性单个土体　位于内蒙古自治区锡林郭勒盟东乌珠穆沁旗道特淖尔镇巴彦淖尔嘎查，坐标为 45°41′59.48″N，117°54′50.02″E，海拔为 866 m，高原，母质为风积沙，天然

草地，植被盖度约 70%，年均气温为 0.8 ℃，年均降水量为 286.3 mm，野外调查采样日期为 2015 年 7 月 24 日，编号 15-032。

Ah：0～6 cm，浊黄棕色（10YR 5/4，干），暗棕色（10YR 3/4，润），壤质砂土，团块结构，松散，大量根系，向下层平滑模糊过渡。

Bw1：6～83 cm，棕色（10YR 4/4，干），暗棕色（10YR 3/4，润），壤质砂土，块状结构，松散，少量根系，向下层波状清晰过渡。

Bw2：83～118 cm，浊黄橙色（10YR 6/4，干），浊黄棕色（10YR 5/3，润），壤质砂土，块状结构，松散，少量根系，向下层波状清晰过渡。

BC：118～142 cm，浊黄棕色（10YR 5/4，干），棕色（10YR 4/4，润），壤质砂土，块状结构，稍坚硬。

道特淖尔系代表性单个土体剖面

道特淖尔系代表性单个土体物理性质

土层	深度/cm	细土颗粒组成(粒径：mm)/(g/kg)			质地	容重/(g/cm^3)
		砂粒 2～0.05	粉粒 0.05～0.002	黏粒 <0.002		
Ah	0～6	812	123	64	壤质砂土	1.36
Bw1	6～83	853	99	48	壤质砂土	1.59
Bw2	83～118	821	108	71	壤质砂土	1.54
BC	118～142	806	105	89	壤质砂土	1.66

道特淖尔系代表性单个土体化学性质

深度/cm	pH (H_2O)	有机碳/(g/kg)	全氮(N)/(g/kg)	全磷(P)/(g/kg)	全钾(K)/(g/kg)	CEC/(cmol/kg)
0～6	7.4	8.4	1.59	0.59	34.6	10.6
6～83	7.4	4.4	0.71	0.48	39.4	8.7
83～118	7.4	4.5	0.81	0.59	35.2	16.3
118～142	7.6	1.6	0.32	0.43	36.0	11.7

10.18.22　萨麦系（Samai Series）

土　族：砂质硅质混合型非酸性冷性-普通简育干润雏形土

拟定者：孙福军，潘　瑶，蒋卓东，曾　鸣

分布与环境条件　主要分布于内蒙古自治区锡林郭勒盟东乌珠穆沁旗一带，平原，海拔介于 800～1500 m，母质为风沙土，天然牧草地，温带大陆性季风气候，年均气温约 1.1 ℃，年均降水量约 248.4 mm，年均日照时数约 2975 h，无霜期约 120 d。

萨麦系典型景观

土壤性状与特征变幅　诊断层包括淡薄表层；诊断特性包括冷性土壤温度状况和半干润土壤水分状况。土体厚度约 1 m 以上，有机碳含量介于 6～15 g/kg，容重介于 1.62～1.68 g/cm^3，pH 介于 7.3～7.5，层次质地构型为砂质壤土-壤质砂土，砂粒含量介于 710～840 g/kg。

对比土系　道特淖尔系，属于同一土族。道特淖尔系的腐殖质层厚度为 6 cm，通体为壤质砂土。本土系的腐殖质层厚度为 22 cm，表土为砂质壤土。

利用性能综述　地势平坦，土体深厚，砂粒多，腐殖质层薄，保水保肥性能差，养分含量低，土地轻微沙化，植被盖度低。牧业用地以围封和人工种草相结合，恢复土地生产力，划区轮牧，防止过牧引起草场沙化或退化。对植被稀疏地块进行轮封轮牧，恢复植被，也可在封闭地上人工种植优良牧草，加速植被建设。

参比土种　草原固定风沙土。

代表性单个土体 位于内蒙古自治区锡林郭勒盟东乌珠穆沁旗萨麦苏木白音淖尔嘎查，坐标为45°55′01.70″N，117°05′32.20″E，海拔为1035 m，高原，母质为风沙土，天然牧草地，草被盖度为50%～60%，年均气温为1.1 ℃，年均降水量为248.4 mm，野外调查采样日期为2015年7月24日，编号15-029。

Ah1：0～11 cm，暗棕色（10YR 3/4，干），棕色（7.5YR 4/3，润），砂质壤土，团粒状结构，松软，很少量根系，向下层平滑清晰过渡。

Ah2：11～22 cm，棕色（7.5YR 4/3，干），浊红棕色（5YR 4/3，润），砂质壤土，团粒状结构，松散，很少量根系，向下层平滑清晰过渡。

Bw：22～42 cm，浊黄色（2.5Y 6/4，干），橄榄棕色（2.5YR 4/6，润），壤质砂土，块状结构，松散，很少量根系，向下层平滑清晰过渡。

Ab：42～68 cm，暗棕色（10YR 3/3，干），暗棕色（7.5YR 3/3，润），壤质砂土，块状结构，松散，很少量根系，向下层平滑渐变过渡。

C：68～100 cm，橄榄棕色（2.5Y 4/4，干），暗红棕色（5YR 3/4，润），壤质砂土，单粒，松散，很少量根系。

萨麦系代表性单个土体剖面

萨麦系代表性单个土体物理性质

土层	深度/cm	细土颗粒组成(粒径：mm)/(g/kg)			质地	容重/(g/cm)
		砂粒 2～0.05	粉粒 0.05～0.002	黏粒 ＜0.002		
Ah1	0～11	744	153	103	砂质壤土	1.68
Ah2	11～22	718	121	161	砂质壤土	1.64
Bw	22～42	798	121	81	壤质砂土	1.66
Ab	42～68	837	122	41	壤质砂土	1.64
C	68～100	838	81	81	壤质砂土	1.62

萨麦系代表性单个土体化学性质

深度/cm	pH (H_2O)	有机碳/(g/kg)	全氮(N)/(g/kg)	全磷(P)/(g/kg)	全钾(K)/(g/kg)	CEC/(cmol/kg)
0～11	7.3	14.4	0.77	0.29	20.1	10.2
11～22	7.4	10.6	0.44	0.23	19.0	8.2
22～42	7.5	6.6	0.29	0.20	18.4	5.6
42～68	7.5	8.1	0.67	0.27	19.8	12.1
68～100	7.5	11.4	0.46	0.24	19.1	9.9

10.18.23 毕克齐系（Bikeqi Series）

土　族：黏质盖粗骨质混合型石灰性冷性-普通简育干润雏形土

拟定者：贾树海，王洪志，杜　蒙，张国建，孙仲秀，王秋兵

分布与环境条件　主要分布于内蒙古自治区中部的呼和浩特市土默特左旗毕克齐镇一带，平原，海拔介于 1000～1100 m，母质为冲-洪积物，水浇地，温带大陆性季风气候，年均气温约 6.1℃，年均降水量约 297.7 mm，年均日照时数约 2952 h，无霜期约 133 d。

毕克齐系典型景观

土壤性状与特征变幅　诊断层包括淡薄表层和雏形层；诊断特性包括半干润土壤水分状况、冷性土壤温度状况和石灰性。土体厚度为 76 cm，雏形层厚度约 26 cm，有机碳含量介于 7.0～13.0 g/kg，容重介于 1.53～1.67 g/cm^3，碳酸钙含量介于 1～21 g/kg，pH 介于 8.2～8.3，层次质地构型为壤土-砂质黏土-黏壤土，砂粒含量介于 390～440 g/kg。

对比土系　温更系和石哈河系，属于同一亚类不同土族。温更系的土族控制层段内颗粒大小级别为砂质盖粗骨质；石哈河系的土族控制层段内颗粒大小级别为壤质盖粗骨壤质。本土系的土族控制层段内颗粒大小级别为黏质盖粗骨质。

利用性能综述　地势平坦，土层较深厚，养分含量总体不高，利用中应该加强培肥，通过增施有机肥、合理施用化肥等方式提高土壤肥力水平。应因地制宜发展农田水利措施，合理灌溉，防止产生次生盐渍化现象。

参比土种　壤质中层砂砾底石灰性草甸土。

代表性单个土体　位于内蒙古自治区呼和浩特市土默特左旗毕克齐镇毕克齐村，坐标为 40°44′42.90″N，111°22′49.00″E，海拔为 1026 m，平原，母质为冲-洪积物，水浇地，种植玉米，年均气温为 6.1 ℃，年均降水量为 297.7 mm，野外调查采样日期为 2015 年 9 月 30 日，编号 15-124。

Apk1：0～16 cm，浊黄棕色（10YR 4/3，干），暗棕色（10YR 3/4，润），壤土，发育强的团粒状结构，疏松，很少量根系，轻度石灰反应，向下层平滑清晰过渡。

Apk2：16～27 cm，浊黄棕色（10YR 5/4，干），棕色（10YR 4/4，润），砂质黏土，发育强的片状结构，疏松，很少量根系，轻度石灰反应，10%砾石，向下层平滑清晰过渡。

Bw：27～53 cm，暗棕色（10YR 3/3，干），黑棕色（10YR 3/2，润），黏壤土，发育中等的团块状结构，疏松，很少量根系，5%砾石，向下层平滑清晰过渡。

C：53～76 cm，85%砾石，无结构。

毕克齐系代表性单个土体剖面

毕克齐系代表性单个土体物理性质

土层	深度/cm	砾石(>2mm，体积分数)/%	细土颗粒组成(粒径：mm)/(g/kg)			质地	容重/(g/cm³)
			砂粒 2～0.05	粉粒 0.05～0.002	黏粒 <0.002		
Apk1	0～16	0	432	407	162	壤土	1.53
Apk2	16～27	10	437	81	482	砂质黏土	1.67
Bw	27～53	5	399	205	395	黏壤土	1.66
C	53～76	85	—	—	—	—	—

毕克齐系代表性单个土体化学性质

深度/cm	pH(H_2O)	有机碳/(g/kg)	全氮(N)/(g/kg)	全磷(P)/(g/kg)	全钾(K)/(g/kg)	CEC/(cmol/kg)	$CaCO_3$/(g/kg)	BS/%
0～16	8.3	12.2	0.77	0.73	22.9	66.0	20.6	92
16～27	8.3	7.2	0.54	0.67	22.0	51.2	13.9	95
27～53	8.2	10.1	0.65	0.72	23.2	36.0	1.2	98
53～76	8.2	7.8	0.43	0.43	20.7	35.2	—	97

10.18.24　石哈河系（Shihahe Series）

土　族：壤质盖粗骨壤质混合型石灰性冷性-普通简育干润雏形土

拟定者：孙福军，潘　瑶，蒋卓东，曾　鸣

分布与环境条件　主要分布于内蒙古自治区巴彦淖尔市乌拉特中旗石哈河镇一带，中山坡上部，海拔介于 1400～1600 m，母质为冲-洪积物，天然牧草地，温带干旱大陆性季风气候，年均气温为 3～6.8 ℃，年均降水量为 115～250 mm，年均日照时数为 3098～3250 h，无霜期约 125 d。

石哈河系典型景观

土壤性状与特征变幅　诊断层包括淡薄表层；诊断特性包括半干润土壤水分状况、冷性土壤温度状况和石灰性。土体厚度 1 m 以上，通体存在石灰反应，有机碳含量介于 8.4～16.9 g/kg，容重介于 1.15～1.31 g/cm^3，pH 介于 7.6～7.9，层次质地构型为粉壤土-壤土-砂质壤土，砂粒含量介于 177～534 g/kg。

对比土系　温更系和毕克齐系，属于同一亚类不同土族。温更系的土族控制层段内颗粒大小级别为砂质盖粗骨质；毕克齐系的土族控制层段内颗粒大小级别为黏质盖粗骨质。本土系的土族控制层段内颗粒大小级别为壤质盖粗骨壤质。

利用性能综述　土层相对较厚，养分含量低，腐殖质层薄，土体中存在砾石层，保水保肥性能差，土地沙化严重。应以生态保护为主，适当发展牧业，以围封和人工种草相结合，恢复土地生产力；划区轮牧，防止过牧引起草场沙化或退化。

参比土种 薄层砂砾质栗钙土。

代表性单个土体 位于内蒙古自治区巴彦淖尔市乌拉特中旗石哈河镇先锋村，坐标为41°25′28.70″N，109°14′51.40″E，海拔为 1491 m，中山坡上部，母质为冲-洪积物，天然牧草地，草被盖度为 20%～30%，年均气温为 5.5 ℃，年均降水量为 225.0 mm，野外调查采样日期为 2015 年 7 月 30 日，编号 15-145。

Ahk：0～22 cm，棕色（10YR 4/4，干），暗棕色（10YR 3/4，润），粉壤土，团块状结构，稍坚硬，少量根系，强石灰反应，向下层平滑清晰过渡。

Bwk：22～68 cm，浊黄棕色（10YR 5/4，干），暗棕色（10YR 3/3，润），壤土，团块状结构，稍坚硬，少量根系，强石灰反应，向下层平滑清晰过渡。

BCk：68～120 cm，浊黄橙色（10YR 6/3，干），暗棕色（7.5YR 3/4，润），60%砾石，砂质壤土，团块状结构，稍坚硬，很少量根系，强石灰反应。

石哈河系代表性单个土体剖面

石哈河系代表性单个土体物理性质

土层	深度 /cm	砾石 (>2mm，体积分数)/%	细土颗粒组成(粒径：mm)/(g/kg)			质地	容重 /(g/cm³)
			砂粒 2～0.05	粉粒 0.05～0.002	黏粒 <0.002		
Ahk	0～22	0	177	563	260	粉壤土	1.27
Bwk	22～68	0	444	428	128	壤土	1.15
BCk	68～120	60	534	297	170	砂质壤土	1.31

石哈河系代表性单个土体化学性质

深度 /cm	pH (H_2O)	有机碳 /(g/kg)	全氮(N) /(g/kg)	全磷(P) /(g/kg)	全钾(K) /(g/kg)	CEC /(cmol/kg)	$CaCO_3$ /(g/kg)
0～22	7.9	16.9	1.09	0.35	20.9	17.2	21.8
22～68	7.9	14.3	0.88	0.31	20.4	23.2	34.9
68～120	7.6	8.4	0.67	0.27	19.8	21.8	29.7

10.18.25　黑里河系（Heilihe Series）

土　族：黏质混合型石灰性冷性-普通简育干润雏形土

拟定者：韩春兰，王英杰，付小梅，刘金宝，李鑫蕊

分布与环境条件　主要分布于内蒙古自治区赤峰市宁城县黑里河镇一带，山间谷地，海拔介于 600～800 m，母质为冲积物，旱地，温带大陆性季风气候，年均气温约 7.5 ℃，年均降水量为 400～500 mm，年均日照时数为 2800～2900 h，无霜期为 140～150 d。

黑里河系典型景观

土壤性状与特征变幅　诊断层包括淡薄表层和雏形层；诊断特性包括半干润土壤水分状况、冷性土壤温度状况和钙积现象。土体厚度为 90 cm，雏形层厚度约 56 cm，深 26 cm 以下土体出现钙积现象，通体存在石灰反应，有机碳含量介于 5.0～8.0 g/kg，容重介于 1.24～1.50 g/cm^3，碳酸钙含量介于 82～108 g/kg，pH 介于 6.4～6.7，层次质地构型为黏壤土-砂质黏壤土，砂粒含量介于 400～510 g/kg。

对比土系　扎哈音乌拉系、夏日哈达系和南羊场系，属于同一亚类不同土族。扎哈音乌拉系的土族控制层段内颗粒大小级别为粗骨砂质；夏日哈达系的土族控制层段内颗粒大小级别为粗骨壤质；南羊场系的土族控制层段内颗粒大小级别为壤质。本土系的土族控制层段内颗粒大小级别为黏质。

利用性能综述　地势平坦，土层较深厚，养分含量总体不高，利用中应该通过增施有机肥、合理施用化肥等方式提高土壤肥力水平。可因地制宜发展农田水利措施，合理灌溉，但是应防止产生次生盐渍化现象。

参比土种 壤质薄体石灰性草甸土。

代表性单个土体 位于内蒙古自治区赤峰市宁城县黑里河镇小队子村，坐标为41°33′52.92″N，118°46′36.05″E，海拔706 m，山间谷地，母质为冲积物，耕地，种植玉米，年均气温为7.5 ℃，年均降水量为445.2 mm，野外调查采样日期为2015年10月12日，编号15-190。

Apk：0～13 cm，浊黄棕色（10YR 5/4，干），棕色（10YR 4/4，润），黏壤土，团粒状结构，松散，多量根系，中度石灰反应，向下层平滑清晰过渡。

Bwk1：13～26 cm，浊黄橙色（10YR 6/3，干），浊黄棕色（10YR 4/3，润），砂质黏壤土，块状结构，稍坚硬，少量根系，中度石灰反应，向下层平滑清晰过渡。

Bwk2：26～69 cm，棕色（10YR 4/4，干），暗棕色（10YR 3/3，润），5%砾石，砂质黏壤土，块状结构，松散，少量根系，中度石灰反应，向下层平滑模糊过渡。

C：69～90 cm，棕色（10YR 4/4，干），暗棕色（10YR 3/3，润），20%砾石，松散，少量根系。

黑里河系代表性单个土体剖面

黑里河系代表性单个土体物理性质

土层	深度/cm	砾石(>2mm，体积分数)/%	细土颗粒组成(粒径：mm)/(g/kg)			质地	容重/(g/cm^3)
			砂粒 2～0.05	粉粒 0.05～0.002	黏粒 <0.002		
Apk	0～13	0	400	254	345	黏壤土	1.24
Bwk1	13～26	0	506	150	344	砂质黏壤土	1.50
Bwk2	26～69	5	466	171	363	砂质黏壤土	1.33
C	69～90	20	—	—	—	—	—

黑里河系代表性单个土体化学性质

深度/cm	pH (H_2O)	有机碳/(g/kg)	全氮(N)/(g/kg)	全磷(P)/(g/kg)	全钾(K)/(g/kg)	CEC/(cmol/kg)	$CaCO_3$/(g/kg)
0～13	6.4	8.0	1.59	3.03	40.4	14.8	98.6
13～26	6.4	5.0	0.86	1.93	36.1	15.0	82.7
26～69	6.7	5.2	1.98	1.08	40.0	10.5	107.3
69～90	—	—	—	—	—	—	—

10.18.26　宝力根系（Baoligen Series）

土　族：黏壤质混合型石灰性冷性-普通简育干润雏形土

拟定者：孙福军，潘　瑶，蒋卓东，曾　鸣

分布与环境条件　主要分布于内蒙古自治区锡林郭勒盟西乌珠穆沁旗一带，高原，海拔介于 835～1957 m，母质为沙黄土，天然牧草地，大陆性季风气候，年均气温约 1.5 ℃，年均降水量约 293.2 mm，年均日照时数约 2900 h，无霜期约 105 d。

宝力根系典型景观

土壤性状与特征变幅　诊断层包括淡薄表层和雏形层；诊断特性包括半干润土壤水分状况、冷性土壤温度状况和钙积现象。土体厚度 1 m 以上，雏形层厚度约 45 cm，通体存在石灰反应，有机碳含量介于 4～10 g/kg，容重介于 1.00～1.69 g/cm^3，pH 介于 8.1～8.7，层次质地构型为黏壤土-砂质黏壤土-壤土-砂质壤土，砂粒含量介于 210～600 g/kg。

对比土系　大窑系、蒙海系、神山沟系、添漫沟系和希尼乌素系，属于同一土族。大窑系的腐殖质层厚度为 32 cm，表土为砂质壤土，底土为壤土；蒙海系的腐殖质层厚度为 18 cm，表土和底土均为砂质壤土；神山沟系的腐殖质层厚度为 35 cm，表土为粉壤土，底土为壤土；添漫沟系的腐殖质层厚度为 36 cm，表土为黏土，底土为粉壤土；希尼乌素系的腐殖质层厚度为 31 cm，通体为粉壤土。本土系的腐殖质层厚度为 25 cm，表土为黏壤土，底土为砂质壤土。

利用性能综述　地势平坦，土层深厚，保水保肥能力差，土壤较肥沃，土壤干旱是主要限制条件。利用方向以牧业为主，以围封和人工种草相结合，恢复土地生产力；划区轮牧，防止过牧引起草场沙化或退化。

参比土种　薄层风积砂质栗钙土。

代表性单个土体　位于内蒙古自治区锡林郭勒盟西乌珠穆沁旗巴彦胡舒苏木宝力根嘎查，坐标为44°54′30.10″N，117°25′56.70″E，海拔为955 m，高原，母质为沙黄土，天然牧草地，草被盖度为80%～90%，年均气温为1.5 ℃，年均降水量为293.2 mm，野外调查采样日期为2015年7月23日，编号15-027。

Ahk：0～25 cm，浊黄橙色（10YR 6/4，干），浊黄橙色（10YR 6/3，润），黏壤土，块状结构，松软，很少量根系，可见假菌丝体，中度石灰反应，向下层平滑清晰过渡。

Bk1：25～46 cm，浅淡黄色（2.5Y 8/4，干），黄棕色（10YR 5/6，润），砂质黏壤土，块状结构，松软，很少量根系，可见假菌丝体，中度石灰反应，向下层平滑清晰过渡。

Bk2：46～70 cm，浊黄棕色（10YR 5/4，干），棕色（10YR 4/6，润），壤土，块状结构，松软，可见假菌丝体，强石灰反应，向下层不规则清晰过渡。

BCk：70～110 cm，浊黄橙色（10YR 7/3，干），浊橙色（7.5YR 6/4，润），砂质壤土，块状结构，松软，可见假菌丝体，强石灰反应。

宝力根系代表性单个土体剖面

宝力根系代表性单个土体物理性质

土层	深度/cm	细土颗粒组成(粒径：mm)/(g/kg) 砂粒 2～0.05	粉粒 0.05～0.002	黏粒 ＜0.002	质地	容重/(g/cm³)
Ahk	0～25	214	480	306	黏壤土	1.01
Bk1	25～46	446	298	255	砂质黏壤土	1.25
Bk2	46～70	262	507	231	壤土	1.69
BCk	70～110	596	243	162	砂质壤土	1.14

宝力根系代表性单个土体化学性质

深度/cm	pH (H_2O)	有机碳/(g/kg)	全氮(N)/(g/kg)	全磷(P)/(g/kg)	全钾(K)/(g/kg)	CEC/(cmol/kg)	$CaCO_3$/(g/kg)
0～25	8.1	9.6	0.17	0.36	20.0	13.5	98.44
25～46	8.2	5.9	0.11	0.27	21.1	25.4	59.65
46～70	8.7	4.9	0.12	0.35	20.6	32.2	113.79
70～110	8.7	4.4	0.01	0.23	18.8	15.0	17.05

10.18.27　大窑系（Dayao Series）

土　族：黏壤质混合型石灰性冷性-普通简育干润雏形土

拟定者：贾树海，王洪志，杜　蒙，张国建，孙仲秀，王秋兵

分布与环境条件　主要分布于内蒙古自治区呼和浩特市保和少镇一带，略起伏丘陵，海拔介于 986～1280 m，母质为黄土状物质，耕地，种植玉米，中温带大陆性季风气候，年均气温约 4.4 ℃，年均降水量约 297.5 mm，年均日照时数约 1600 h，无霜期约 110 d。

大窑系典型景观

土壤性状与特征变幅　诊断层包括淡薄表层和雏形层；诊断特性包括半干润土壤水分状况、冷性土壤温度状况和石灰性。土体厚度 1 m 以上，雏形层厚度约 120 cm，通体存在石灰反应，有机碳含量介于 7.0～11.0 g/kg，容重介于 1.31～1.61 g/cm^3，碳酸钙含量介于 24～37 g/kg，pH 介于 8.1～8.3，层次质地构型为砂质壤土-砂质黏壤土-壤土，砂粒含量介于 430～600 g/kg。

对比土系　宝力根系、蒙海系、神山沟系、添漫沟系和希尼乌素系，属于同一土族。宝力根系的腐殖质层厚度为 25 cm，表土为黏壤土，底土为砂质壤土；蒙海系的腐殖质层厚度为 18 cm，表土和底土均为砂质壤土；神山沟系的腐殖质层厚度为 35 cm，表土为粉壤土，底土为壤土；添漫沟系的腐殖质层厚度为 36 cm，表土为黏土，底土为粉壤土；希尼乌素系的腐殖质层厚度为 31 cm，通体为粉壤土。本土系的腐殖质层厚度为 32 cm，表土为砂质壤土，底土为壤土。

利用性能综述　地势起伏，土层深厚，养分含量不高。应加强培肥，通过增施有机肥、

秸秆还田、复种绿肥和合理施用化肥等方式提高土壤肥力水平，注意防止水土流失。

参比土种　薄层壤质栗钙土。

代表性单个土体　位于内蒙古自治区呼和浩特市保和少镇大窑村，坐标为41°02′15.30″N，111°58′52.00″E，海拔为 1187 m，略起伏丘陵，母质为黄土状物质，耕地，种植玉米，年均气温为 4.4 ℃，年均降水量为 297.5 mm，野外调查采样日期为 2015 年 9 月 28 日，编号 15-118。

Apk：0～32 cm，棕色（10YR 4/4，干），浊黄棕色（10YR 4/3，润），砂质壤土，团粒状结构，疏松，大量根系，轻度石灰反应，向下层波状清晰过渡。

Bk1：32～86 cm，浊黄棕色（10YR 5/4，干），浊黄棕色（10YR 4/3，润），砂质黏壤土，团块状结构，稍坚实，少量根系，可见假菌丝体，强石灰反应，向下层平滑清晰过渡。

Bk2：86～105 cm，浊黄橙色（10YR 6/4，干），浊黄棕色（10YR 5/3，润），壤土，团块状结构，稍坚实，少量根系，可见假菌丝体，强石灰反应，向下层平滑清晰过渡。

Bk3：105～152 cm，浊黄橙色（10YR 6/3，干），浊黄棕色（10YR 5/4，润），壤土，团块状结构，稍坚实，很少量根系，可见假菌丝体，强石灰反应。

大窑系代表性单个土体剖面

大窑系代表性单个土体物理性质

土层	深度 /cm	细土颗粒组成(粒径：mm)/(g/kg) 砂粒 2～0.05	粉粒 0.05～0.002	黏粒 <0.002	质地	容重 /(g/cm^3)
Apk	0～32	594	326	81	砂质壤土	1.51
Bk1	32～86	470	235	295	砂质黏壤土	1.61
Bk2	86～105	436	360	203	壤土	1.31
Bk3	105～152	432	446	122	壤土	1.32

大窑系代表性单个土体化学性质

深度 /cm	pH (H_2O)	有机碳 /(g/kg)	全氮(N) /(g/kg)	全磷(P) /(g/kg)	全钾(K) /(g/kg)	CEC /(cmol/kg)	$CaCO_3$ /(g/kg)
0～32	8.3	10.1	1.78	0.54	23.7	34.2	28.5
32～86	8.3	8.9	0.67	0.41	24.1	31.4	36.7
86～105	8.1	7.8	0.45	0.38	25.4	26.8	24.9
105～152	8.3	7.5	0.22	0.35	24.9	27.4	25.9

10.18.28　蒙海系（Menghai Series）

土　族：黏壤质混合型石灰性冷性-普通简育干润雏形土
拟定者：边振兴，高建飞，孙　雪，刚　晨

分布与环境条件　主要分布于内蒙古自治区巴彦淖尔市杭锦后旗蒙海镇一带，河套平原，海拔介于 900～1050 m，母质为冲积物，旱地，温带大陆性季风气候，年均气温约 7.7 ℃，年均降水量约 127.4 mm，年均日照时数约 3220 h，无霜期为 120～128 d。

蒙海系典型景观

土壤性状与特征变幅　诊断层包括淡薄表层和雏形层；诊断特性包括半干润土壤水分状况、冷性土壤温度状况和石灰性。土体厚度 1 m 以上，雏形层厚度约 48 cm，通体存在石灰反应，有机碳含量介于 3.8～9.0 g/kg，容重介于 1.33～1.68 g/cm^3，碳酸钙含量介于 46～74 g/kg，pH 介于 8.1～8.3，层次质地构型为砂质壤土-壤土，砂粒含量介于 410～680 g/kg。

对比土系　宝力根系、大窑系、神山沟系、添漫沟系和希尼乌素系，属于同一土族。宝力根系的腐殖质层厚度为 25 cm，表土为黏壤土，底土为砂质壤土；大窑系的腐殖质层厚度为 32 cm，表土为砂质壤土，底土为壤土；神山沟系的腐殖质层厚度为 35 cm，表土为粉壤土，底土为壤土；添漫沟系的腐殖质层厚度为 36 cm，表土为黏土，底土为粉壤土；希尼乌素系的腐殖质层厚度为 31 cm，通体为粉壤土。本土系的腐殖质层厚度为 18 cm，表土和底土均为砂质壤土。

利用性能综述　土层较厚，透水性好，腐殖质层薄，养分含量低，易受风蚀。应深耕，增施有机肥，改良培肥土壤；合理灌溉，防止土壤盐渍化。

参比土种 壤质潮灌淤土。

代表性单个土体 位于内蒙古自治区巴彦淖尔市杭锦后旗蒙海镇柴脑包村，坐标为 40°50′56.34″N，106°53′53.74″E，海拔为 993 m，冲积平原，母质为冲积物，旱地，种植玉米，年均气温为 7.7 ℃，年均降水量为 127.4 mm，野外调查采样日期为 2015 年 10 月 4 日，编号 15-161。

Apk：0～18 cm，浊黄橙色（10YR 7/4，干），黄棕色（10YR 5/6，润），砂质壤土，发育强的小团粒状结构，疏松，多量根系，强石灰反应，向下层平滑清晰过渡。

Bk1：18～39 cm，浊黄橙色（10YR 7/3，干），亮黄棕色（10YR 6/6，润），壤土，块状结构，疏松，少量根系，强石灰反应，向下层平滑清晰过渡。

Bk2：39～87 cm，淡黄橙色（10YR 8/4，干），亮黄棕色（10YR 6/8，润），壤土，块状结构，稍坚实，中量根系，强石灰反应，向下层平滑渐变过渡。

Ck：87～130 cm，淡黄橙色（10YR 8/3，干），黄棕色（10YR 5/6，润），砂质壤土，松散，极少量根系，强石灰反应。

蒙海系代表性单个土体剖面

蒙海系代表性单个土体物理性质

土层	深度 /cm	细土颗粒组成(粒径：mm)/(g/kg)			质地	容重 /(g/cm³)
		砂粒 2～0.05	粉粒 0.05～0.002	黏粒 <0.002		
Apk	0～18	675	204	121	砂质壤土	1.54
Bk1	18～39	430	369	201	壤土	1.68
Bk2	39～87	416	339	245	壤土	1.40
Ck	87～130	507	333	160	砂质壤土	1.33

蒙海系代表性单个土体化学性质

深度 /cm	pH (H_2O)	有机碳 /(g/kg)	全氮(N) /(g/kg)	全磷(P) /(g/kg)	全钾(K) /(g/kg)	CEC /(cmol/kg)	$CaCO_3$ /(g/kg)
0～18	8.1	9.0	0.08	0.71	38.6	22.2	59.5
18～39	8.1	3.8	0.13	0.76	33.1	25.8	46.5
39～87	8.2	4.3	0.03	0.86	44.1	17.6	73.8
87～130	8.3	4.9	0.04	1.02	30.7	16.7	59.9

10.18.29　神山沟系（Shenshangou Series）

土　族：黏壤质混合型石灰性冷性-普通简育干润雏形土

拟定者：边振兴，高建飞，孙　雪，刚　晨

分布与环境条件　主要分布于内蒙古自治区鄂尔多斯市准格尔旗一带，丘陵，海拔介于 1200～1584 m，母质为黄土状物质，疏林草地，中温带大陆性季风气候，年均气温为 6.2～7.7 ℃，年均降水量约 375.7 mm，年均日照时数约 3117 h，无霜期约 145 d。

神山沟系典型景观

土壤性状与特征变幅　诊断层包括淡薄表层和雏形层；诊断特性包括半干润土壤水分状况、冷性土壤温度状况和石灰性。土体厚度 1 m 以上，雏形层厚度约 65 cm，通体存在石灰反应，有机碳含量介于 2.3～6.3 g/kg，容重介于 1.42～1.49 g/cm^3，碳酸钙含量介于 43～59 g/kg，pH 约 8.0，层次质地构型为粉壤土-壤土，砂粒含量介于 186～272 g/kg。

对比土系　宝力根系、大窑系、蒙海系、添漫沟系和希尼乌素系，属于同一土族。宝力根系的腐殖质层厚度为 25 cm，表土为黏壤土，底土为砂质壤土；大窑系的腐殖质层厚度为 32 cm，表土为砂质壤土，底土为壤土；蒙海系的腐殖质层厚度为 18 cm，表土和底土均为砂质壤土；添漫沟系的腐殖质层厚度为 36 cm，表土为黏土，底土为粉壤土；希尼乌素系的腐殖质层厚度为 31 cm，通体为粉壤土。本土系的腐殖质层厚度为 35 cm，表土为粉壤土，底土为壤土。

利用性能综述　海拔较高，土层较厚，养分含量低。应发展林业，注意水土保持和土壤培肥。

参比土种　薄层残积-黄土质淡栗钙土。

代表性单个土体　位于内蒙古自治区鄂尔多斯市准格尔旗潮脑梁乡北神山沟，坐标为 39°47′10.80″N，110°11′16.41″E，海拔为 1457 m，丘陵，母质为黄土状物质，疏林草地，植被盖度约 70%，年均气温为 6.3 ℃，年均降水量为 375.7 mm，野外调查采样日期为 2015 年 10 月 7 日，编号 15-179。

Ahk：0～35 cm，淡黄橙色（10YR 8/3，干），浊黄橙色（10YR 6/4，润），粉壤土，团粒状结构，疏松，多量根系，可见碳酸钙粉末和碳酸钙结核，强石灰反应，向下层平滑渐变过渡。

Bk：35～106 cm，淡黄橙色（10YR 8/4，干），黄棕色（10YR 5/8，润），壤土，块状结构，坚硬，可见碳酸钙结核和假菌丝体，强石灰反应。

神山沟系代表性单个土体剖面

神山沟系代表性单个土体物理性质

土层	深度/cm	细土颗粒组成(粒径：mm)/(g/kg)			质地	容重/(g/cm³)
		砂粒 2～0.05	粉粒 0.05～0.002	黏粒 ＜0.002		
Ahk	0～35	186	650	164	粉壤土	1.42
Bk	35～106	272	482	246	壤土	1.49

神山沟系代表性单个土体化学性质

深度/cm	pH (H_2O)	有机碳/(g/kg)	全氮(N)/(g/kg)	全磷(P)/(g/kg)	全钾(K)/(g/kg)	CEC/(cmol/kg)	$CaCO_3$/(g/kg)
0～35	8.0	6.3	0.05	0.31	23.8	25.7	58.1
35～106	8.0	2.3	0.01	0.13	18.2	24.5	43.3

10.18.30 添漫沟系（Tianmangou Series）

土　族：黏壤质混合型石灰性冷性-普通简育干润雏形土

拟定者：边振兴，高建飞，孙　雪，刚　晨

分布与环境条件 主要分布于内蒙古自治区鄂尔多斯市东胜区一带，中山坡地，海拔介于 1269～1585 m，母质为风积沙，草地，温带大陆性季风气候，年均气温约 6.3 ℃，年均降水量约 366.3mm，年均日照时数为 3100～3200 h，无霜期为 116～135 d。

添漫沟系典型景观

土壤性状与特征变幅 诊断层包括淡薄表层和雏形层；诊断特性包括半干润土壤水分状况、冷性土壤温度状况和石灰性。土体厚度 1 m 以上，雏形层厚度约 59 cm，通体存在石灰反应，有机碳含量介于 3.4～8.1 g/kg，容重介于 1.43～1.50 g/cm^3，碳酸钙含量介于 59～70 g/kg，pH 介于 8.1～8.3，层次质地构型为黏土-壤土-粉壤土，砂粒含量介于 197～321 g/kg。

对比土系 宝力根系、大窑系、蒙海系、神山沟系和希尼乌素系，属于同一土族。宝力根系的腐殖质层厚度为 25 cm，表土为黏壤土，底土为砂质壤土；大窑系的腐殖质层厚度为 32 cm，表土为砂质壤土，底土为壤土；蒙海系的腐殖质层厚度为 18 cm，表土和底土均为砂质壤土；神山沟系的腐殖质层厚度为 35 cm，表土为粉壤土，底土为壤土；希尼乌素系的腐殖质层厚度为 31 cm，通体为粉壤土。本土系的腐殖质层厚度为 36 cm，表土为黏土，底土为粉壤土。

利用性能综述 土层较厚，干时坚硬，呈弱碱性，养分含量低，草原退化较严重，产草量低，质量差。应搞好草原建设和管理以保护草原，或人工种草，涵养水分，逐步使土壤得到改良。

参比土种 壤质薄层黄土质-风积沙淡栗钙土。

代表性单个土体 位于内蒙古自治区鄂尔多斯市东胜区添漫沟，坐标为 39°54′31.93″N，109°56′59.31″E，海拔为 1413 m，母质为风积沙，草地，植被盖度约 35%，年均气温为 6.3 ℃，年均降水量为 366.3 mm，野外调查采样日期为 2015 年 10 月 7 日，编号 15-177。

Ahk：0～36 cm，橙白色（10YR 8/2，干），浊黄棕色（10YR 5/3，润），黏土，团粒状结构，疏松，大量根系，强石灰反应，向下层平滑清晰过渡。

Bwk：36～100 cm，橙白色（10YR 8/2，干），浊黄棕色（10YR 6/4，润），壤土，块状结构，坚硬，少量根系，强石灰反应，向下层平滑渐变过渡。

Ck：100～122 cm，淡黄橙色（10YR 8/3，干），浊黄橙色（10YR 6/4，润），粉壤土，块状结构，坚硬，中度石灰反应。

添漫沟系代表性单个土体剖面

添漫沟系代表性单个土体物理性质

土层	深度 /cm	细土颗粒组成(粒径：mm)/(g/kg)			质地	容重 /(g/cm^3)
		砂粒 2～0.05	粉粒 0.05～0.002	黏粒 <0.002		
Ahk	0～36	321	110	569	黏土	1.43
Bwk	36～100	276	522	202	壤土	1.45
Ck	100～122	197	763	41	粉壤土	1.50

添漫沟系代表性单个土体化学性质

深度 /cm	pH (H_2O)	有机碳 /(g/kg)	全氮(N) /(g/kg)	全磷(P) /(g/kg)	全钾(K) /(g/kg)	CEC /(cmol/kg)	$CaCO_3$ /(g/kg)
0～36	8.1	8.1	0.03	0.24	24.8	20.9	69.4
36～100	8.3	3.4	0.03	0.78	23.6	22.0	62.2
100～122	8.3	5.9	0.05	0.34	22.0	20.5	59.5

10.18.31 希尼乌素系（Xiniwusu Series）

土 族：黏壤质混合型石灰性冷性-普通简育干润雏形土

拟定者：边振兴，高建飞，孙 雪，刚 晨

分布与环境条件 主要分布于内蒙古自治区鄂尔多斯市鄂托克旗一带，高原，海拔介于 1300～1400 m，母质为黄土状物质，草地，温带大陆性季风气候，年均气温约 7.9 ℃，年均降水量约 279.5 mm，年均日照时数约 2800 h，无霜期约 133 d。

希尼乌素系典型景观

土壤性状与特征变幅 诊断层包括淡薄表层和雏形层；诊断特性包括冷性土壤温度状况、半干润土壤水分状况和石灰性。土体厚度 1 m 以上，雏形层厚度约 119 cm，通体存在石灰反应，有机碳含量介于 4.2～6.8 g/kg，容重介于 1.20～1.33 g/cm^3，碳酸钙含量介于 41～60 g/kg，pH 介于 8.0～8.3，层次质地构型为粉壤土，砂粒含量介于 14～166 g/kg。

对比土系 宝力根系、大窑系、蒙海系、神山沟系和添漫沟系，属于同一土族。宝力根系的腐殖质层厚度为 25 cm，表土为黏壤土，底土为砂质壤土；大窑系的腐殖质层厚度为 32 cm，表土为砂质壤土，底土为壤土；蒙海系的腐殖质层厚度为 18 cm，表土和底土均为砂质壤土；神山沟系的腐殖质层厚度为 35 cm，表土为粉壤土，底土为壤土；添漫沟系的腐殖质层厚度为 36 cm，表土为黏土，底土为粉壤土。本土系的腐殖质层厚度为 31 cm，通体为粉壤土。

利用性能综述 土壤较贫瘠，土壤干旱是主要限制条件。利用方向以牧业为主，恢复植被，坚持用养结合，以生态保护为主，防止草场牲畜超载。

参比土种　薄层黄土质淡灰钙土。

代表性单个土体　位于内蒙古自治区鄂尔多斯市鄂托克旗希尼乌素，坐标为38°37′52.56″N，107°21′31.85″E，海拔为 1343 m，高原，母质为黄土状物质，草地，草被盖度约 30%，年均气温为 7.9 ℃，年均降水量为 279.5 mm，野外调查采样日期为 2015年 10 月 5 日，编号 15-169。

Ahk：0～31 cm，橙色（7.5YR 7/6，干），橙色（7.5YR 6/8，润），粉壤土，稍坚实，团块状结构，多量根系，可见碳酸钙粉末，强石灰反应，向下层平滑清晰过渡。

Bk1：31～89 cm，橙色（7.5YR 7/6，干），橙色（7.5YR 6/8，润），粉壤土，块状结构，坚硬，少量根系，可见碳酸钙粉末和假菌丝体，强石灰反应，向下层平滑清晰过渡。

Bk2：89～108 cm，黄橙色（7.5YR 7/8，干），亮棕色（7.5YR 5/8，润），粉壤土，块状结构，坚硬，少量根系，可见碳酸钙粉末和假菌丝体，强石灰反应，向下层平滑渐变过渡。

Bk3：108～150 cm，淡黄橙色（7.5YR 8/4，干），亮棕色（7.5YR 5/6，润），粉壤土，块状结构，坚硬，可见碳酸钙粉末和假菌丝体，强石灰反应。

希尼乌素系代表性单个土体剖面

希尼乌素系代表性单个土体物理性质

土层	深度 /cm	细土颗粒组成(粒径：mm)/(g/kg)			质地	容重 /(g/cm³)
		砂粒 2～0.05	粉粒 0.05～0.002	黏粒 ＜0.002		
Ahk	0～31	166	594	240	粉壤土	1.20
Bk1	31～89	80	671	249	粉壤土	1.33
Bk2	89～108	14	735	251	粉壤土	1.27
Bk3	108～150	51	699	250	粉壤土	1.29

希尼乌素系代表性单个土体化学性质

深度 /cm	pH (H_2O)	有机碳 /(g/kg)	全氮(N) /(g/kg)	全磷(P) /(g/kg)	全钾(K) /(g/kg)	CEC /(cmol/kg)	$CaCO_3$ /(g/kg)
0～31	8.2	6.8	0.05	0.61	37.8	30.0	51.0
31～89	8.1	4.2	0.07	0.55	29.4	34.1	59.5
89～108	8.3	5.5	0.08	0.77	37.6	36.0	41.1
108～150	8.0	5.6	0.07	0.75	37.5	32.4	56.3

10.18.32 白音诺尔系（Baiyinnuo'er Series）

土 族：黏壤质混合型非酸性冷性-普通简育干润雏形土

拟定者：韩春兰，王英杰，付小梅，刘金宝，李鑫蕊

分布与环境条件 主要分布于内蒙古自治区赤峰市巴林左旗白音诺尔镇一带，丘陵，海拔介于 394～1736 m，母质为黄土状物质，草地，中温带半干旱气候，年均气温约 4.7 ℃，年均降水量为 310～400 mm，年均日照时数约 3000 h，年均降水量约 400 mm，无霜期为 110～130 d。

白音诺尔系典型景观

土壤性状与特征变幅 诊断层包括淡薄表层和雏形层；诊断特性包括半干润土壤水分状况和冷性土壤温度状况。土体厚度 1 m 以上，雏形层厚度约 93 cm，有机碳含量介于 3～25 g/kg，容重介于 1.26～1.35 g/cm^3，pH 介于 7.0～7.2，层次质地构型为壤土，砂粒含量介于 339～434 g/kg。

对比土系 宝林系和浩尔吐系，属于同一土族。宝林系的腐殖质层厚度为 17 cm，表土为壤土，58 cm 以下出现埋藏腐殖质层；浩尔吐系通体含有少量岩石碎屑，有枯枝落叶层，腐殖质层厚度为 32 cm，表土为壤土，深 66 cm 以下出现二氧化硅粉末。本土系的腐殖质层厚度为 9 cm，通体为壤土。

利用性能综述 地势平坦，土层深厚，养分含量较高。应科学施肥，培肥地力，秸秆还田，防止土壤沙化。

参比土种 壤质厚层黄土质草甸土。

代表性单个土体 位于内蒙古自治区赤峰市巴林左旗白音诺尔镇，坐标为 44°06′32.28″N，118°55′57.59″E，海拔为 823 m，丘陵，地形坡度为 3°，母质为黄土状物质，耕地头荒地，生长大量蒿等，草被盖度约 60%，年均气温为 4.7 ℃，年均降水量为 358.9 mm，野外调查采样日期为 2015 年 7 月 6 日，编号 15-016。

Ah：0～9 cm，浊黄棕色（10YR 5/3，干），浊黄棕色（10YR 4/3，润），壤土，发育强的大、中、小棱块结构，稍坚硬，少量根系，向下层平滑逐渐过渡。

B1：9～43 cm，暗棕色（10YR 3/3，干），黑棕色（10YR 3/2，润），壤土，发育强的大、中、小棱块结构，稍坚硬，少量根系，向下层平滑模糊过渡。

B2：43～102 cm，暗棕色（10YR 3/3，干），黑棕色（10YR 2/3，润），壤土，发育强的中、小棱块结构，坚硬，少量根系，向下层波状清晰过渡。

BC：102～130 cm，浊黄棕色（10Y 5/3，干），黑棕色（10YR 3/2，润），壤土，发育弱的中、小棱块结构，稍坚硬，少量根系。

白音诺尔系代表性单个土体剖面

白音诺尔系代表性单个土体物理性质

土层	深度/cm	细土颗粒组成(粒径：mm)/(g/kg) 砂粒 2～0.05	粉粒 0.05～0.002	黏粒 <0.002	质地	容重/(g/cm^3)
Ah	0～9	359	395	247	壤土	1.26
B1	9～43	339	399	262	壤土	1.29
B2	43～102	340	423	237	壤土	1.27
BC	102～130	434	369	198	壤土	1.35

白音诺尔系代表性单个土体化学性质

深度/cm	pH (H_2O)	有机碳/(g/kg)	全氮(N)/(g/kg)	全磷(P)/(g/kg)	全钾(K)/(g/kg)	CEC/(cmol/kg)
0～9	7.0	24.2	2.76	1.36	32.5	31.8
9～43	7.2	17.4	2.37	1.00	27.6	30.1
43～102	7.2	10.1	1.20	0.70	26.9	37.3
102～130	7.0	3.5	0.81	0.83	31.3	31.8

10.18.33　宝林系（Baolin Series）

土　族：黏壤质混合型非酸性冷性-普通简育干润雏形土

拟定者：韩春兰，王英杰，付小梅，刘金宝，李鑫蕊

分布与环境条件　主要分布于内蒙古自治区赤峰市林西县一带，丘陵，海拔介于 1000～1430 m，母质为风积物，天然牧草地，温带大陆性季风气候，年均气温约 4.2 ℃，年均降水量约 342.6 mm，年均日照时数约 2900 h，无霜期约 130 d。

宝林系典型景观

土壤性状与特征变幅　诊断层包括淡薄表层和雏形层；诊断特性包括半干润土壤水分状况和冷性土壤温度状况。土体厚度 1 m 以上，雏形层厚度约 41 cm，有机碳含量介于 1～12 g/kg，容重介于 1.27～1.39 g/cm^3，pH 介于 7.6～8.2，层次质地构型为壤土-粉壤土，砂粒含量介于 204～244 g/kg。

对比土系　白音诺尔系和浩尔吐系，属于同一土族。白音诺尔系的腐殖质层厚度为 9 cm，通体为壤土；浩尔吐系通体含有少量岩石碎屑，有枯枝落叶层，腐殖质层厚度为 32 cm，表土为壤土，深 66 cm 以下出现二氧化硅粉末。本土系的腐殖质层厚度为 17 cm，表土为壤土，深 58 cm 以下出现埋藏腐殖质层。

利用性能综述　土层深厚，土壤较肥沃，干旱是主要限制条件。应以牧业为主，用养结合，恢复植被，防止草场牲畜超载引起草场退化。

参比土种　薄层风积暗栗钙土。

代表性单个土体　位于内蒙古自治区赤峰市林西县大营子乡宝林村，坐标为 43°47′13.51″N，117°53′29.19″E，海拔为 1112 m，丘陵，地形坡度为 2°～5°，母质为风积物，天然草地，草被盖度约 60%，年均气温为 4.2 ℃，年均降水量为 342.6 mm，野外调查采样日期为 2015 年 7 月 22 日，编号 15-024。

Ah：0～17 cm，灰黄棕色（10YR 4/2，干），暗棕色（10YR 3/4，润），壤土，团粒状结构，松软，少量根系，向下层平滑模糊过渡。

Bw：17～58 cm，暗棕色（10YR 3/4，干），暗棕色（10YR 3/4，润），壤土，块状结构，松软，少量根系，向下层平滑清晰过渡。

2Ah：58～110 cm，暗棕色（10YR 3/4，干），黑棕色（10YR 2/3，润），壤土，块状结构，松软，少量根系，向下层平滑清晰过渡。

2Bw：110～155 cm，浊黄棕色（10Y 5/4，干），黄棕色（10YR 5/8，润），粉壤土，块状结构，松软。

宝林系代表性单个土体剖面

宝林系代表性单个土体物理性质

土层	深度/cm	细土颗粒组成(粒径：mm)/(g/kg) 砂粒 2～0.05	粉粒 0.05～0.002	黏粒 <0.002	质地	容重/(g/cm³)
Ah	0～17	212	516	271	壤土	1.27
Bw	17～58	228	513	259	壤土	1.33
2Ah	58～110	244	485	271	壤土	1.37
2Bw	110～155	204	545	251	粉壤土	1.39

宝林系代表性单个土体化学性质

深度/cm	pH (H_2O)	有机碳/(g/kg)	全氮(N)/(g/kg)	全磷(P)/(g/kg)	全钾(K)/(g/kg)	CEC/(cmol/kg)	BS/%
0～17	7.6	11.4	1.47	0.26	26.7	31.5	98
17～58	7.9	7.6	1.05	0.45	28.2	29.7	91
58～110	7.9	11.5	1.44	0.88	27.8	31.7	96
110～155	8.2	1.9	0.42	0.46	27.5	26.6	87

10.18.34　浩尔吐系（Hao'ertu Series）

土　族：黏壤质混合型非酸性冷性-普通简育干润雏形土

拟定者：贾树海，王洪志，杜　蒙，张国建，孙仲秀，王秋兵

分布与环境条件　主要分布于内蒙古自治区赤峰市巴林左旗一带，低山丘陵，海拔介于261～1540 m，母质为残-坡积物，林地，温带大陆性气候，年均气温约 3.8 ℃，年均降水量为 300～400 mm，年均日照时数为 2760～3030 h，无霜期为 95～140 d。

浩尔吐系典型景观

土壤性状与特征变幅　诊断层包括淡薄表层和雏形层；诊断特性包括半干润土壤水分状况和冷性土壤温度状况。土体厚度 1 m 以上，淡薄表层以下为雏形层，厚度约 67 cm，有机碳含量介于 2～12 g/kg，pH 介于 5.2～6.1，层次质地构型为壤土-粉壤土，黏粒含量介于 160～420 g/kg。

对比土系　白音诺尔系和宝林系，属于同一土族。白音诺尔系的腐殖质层厚度为 9 cm，通体为壤土；宝林系的腐殖质层厚度为 17 cm，表土为壤土，深 58 cm 以下出现埋藏腐殖质层。本土系通体含有少量岩石碎屑，有枯枝落叶层，腐殖质层厚度为 32 cm，表土为壤土，深 66 cm 以下出现二氧化硅粉末。

利用性能综述　气候冷凉湿润，土体较厚，肥力较高。林业立地条件好，利用方向应以林为主，对现有林木加强管理，禁止乱砍滥伐。

参比土种　厚层石质灰色森林土。

代表性单个土体　位于内蒙古自治区赤峰市巴林左旗乌兰达坝苏木浩尔吐嘎查鹿场，坐标为 44°39′52.40″N，119°24′38.80″E，海拔为 893 m，低山丘陵，坡度小于 6°，母质为残-坡积物，林地，林木盖度为 15%～40%，年均气温为 3.8 ℃，年均降水量为 377.1 mm，野外调查采样日期为 2015 年 7 月 5 日，编号 15-011。

Oi：+3～0 cm，枯枝落叶层。

Ah：0～32 cm，棕色（10YR 4/4，干），暗棕色（10YR 3/3，润），2%岩石碎屑，壤土，团粒状结构，疏松，少量根系，向下层平滑清晰过渡。

Bw：32～66 cm，黄棕色（10YR 5/6，干），黄棕色（10YR 5/8，润），2%～4%岩石碎屑，粉壤土，块状结构，疏松，少量根系，向下层平滑清晰过渡。

Bq：66～99 cm，亮黄棕色（10YR 6/6，干），浊黄橙色（10YR 6/4，润），10%～12%岩石碎屑，粉壤土，块状结构，疏松，很少量根系，可见二氧化硅粉末，向下层平滑清晰过渡。

BCq：99～105 cm，浊黄橙色（10YR 7/4，干），浊黄橙色（10YR 6/4，润），10%～12%岩石碎屑，壤土，块状结构，稍坚实，很少量根系，可见二氧化硅粉末。

浩尔吐系代表性单个土体剖面

浩尔吐系代表性单个土体物理性质

土层	深度/cm	细土颗粒组成(粒径：mm)/(g/kg)			质地	容重/(g/cm³)
		砂粒 2～0.05	粉粒 0.05～0.002	黏粒 <0.002		
Ah	0～32	461	349	190	壤土	1.54
Bw	32～66	89	500	411	粉壤土	1.58
Bq	66～99	91	620	289	粉壤土	1.54
BCq	99～105	400	436	164	壤土	1.52

浩尔吐系代表性单个土体化学性质

深度/cm	pH (H_2O)	有机碳/(g/kg)	全氮(N)/(g/kg)	全磷(P)/(g/kg)	全钾(K)/(g/kg)	CEC/(cmol/kg)
0～32	6.1	11.1	2.55	0.64	32.7	32.2
32～66	5.8	3.4	2.70	0.42	31.2	24.1
66～99	5.2	3.3	1.90	0.51	25.7	17
99～105	5.2	2.8	1.00	0.45	21.3	8.8

10.18.35　白沙泉系（Baishaquan Series）

土　族：壤质混合型石灰性冷性-普通简育干润雏形土

拟定者：边振兴，高建飞，孙　雪，刚　晨

分布与环境条件　主要分布于内蒙古自治区呼和浩特市武川县哈乐镇一带，高原，海拔介于 1240～2327 m，母质为黄土状物质，旱地，中温带大陆性季风气候，年均气温约 3.6 ℃，年均降水量约 273.2 mm，年均日照时数约 2890 h，无霜期约 124 d。

白沙泉系典型景观

土壤性状与特征变幅　诊断层包括淡薄表层和雏形层；诊断特性包括冷性土壤温度状况、半干润土壤水分状况和石灰性。土体厚度 1 m 以上，雏形层厚度约 83 cm，通体存在石灰反应，有机碳含量介于 8.0～23.0 g/kg，容重介于 1.49～1.67 g/cm^3，碳酸钙含量介于 28～43 g/kg，pH 介于 7.7～7.8，层次质地构型为砂质壤土-粉壤土，砂粒含量介于 262～551g/kg。

对比土系　查干楚鲁系、地猫土塔系、关碾房系、花根壕系、赛音呼都系、上瓦房系、塔沙系、西莫瑞系和羊房滩系，属于同一土族。羊房滩系的腐殖质层厚度>50 cm；查干楚鲁系、花根壕系和赛音呼都系的腐殖质层厚度介于 30～50 cm；上瓦房系、塔沙系和西莫瑞系的腐殖质层厚度介于 10～20 cm。本土系的腐殖质层厚度与地猫土塔系及关碾房系均介于 20～30 cm。地猫土塔系通体为粉壤土，深 81 cm 以下出现埋藏腐殖质层；关碾房系表土为黏壤土，底土为壤土，深 92 cm 以下出现埋藏腐殖质层。本土系表土为砂质壤土，底土为粉壤土。

利用性能综述　土层较厚，透水性强，保水保肥能力差，养分含量较高。应搞好农田基本建设，培肥土壤，增加有机物料的投入，造林防风，提高地温，合理施用化肥。

参比土种　壤质厚层黄土质暗栗钙土。

代表性单个土体　位于内蒙古自治区呼和浩特市武川县哈乐镇白沙泉村，坐标为 41°15′10.00″N，111°41′31.00″E，海拔为 1689 m，高原，坡度为 6°，母质为黄土状物质，耕地，种植莜麦，年均气温为 3.6 ℃，年均降水量为 273.2 mm，野外调查采样日期为 2015 年 9 月 27 日，编号 15-119。

Apk：0～27 cm，黄棕色（10YR 5/6，干），棕色（10YR 4/6，润），砂质壤土，疏松，团粒状结构，大量根系，轻度石灰反应，向下层平滑渐变过渡。

Bk1：27～58 cm，浊黄棕色（10YR 5/4，干），浊黄棕色（10YR 5/3，润），砂质壤土，块状结构，稍坚实，中量根系，轻度石灰反应，向下层平滑渐变过渡。

Bk2：58～110 cm，亮黄棕色（10YR 6/8，干），黄棕色（10YR 5/8，润），粉壤土，块状结构，坚硬，少量根系，可见假菌丝体，中度石灰反应。

白沙泉系代表性单个土体剖面

白沙泉系代表性单个土体物理性质

土层	深度/cm	细土颗粒组成(粒径：mm)/(g/kg)			质地	容重/(g/cm³)
		砂粒 2～0.05	粉粒 0.05～0.002	黏粒 <0.002		
Apk	0～27	517	362	120	砂质壤土	1.62
Bk1	27～58	551	408	40	砂质壤土	1.67
Bk2	58～110	262	657	81	粉壤土	1.49

白沙泉系代表性单个土体化学性质

深度/cm	pH (H_2O)	有机碳/(g/kg)	全氮(N)/(g/kg)	全磷(P)/(g/kg)	全钾(K)/(g/kg)	CEC/(cmol/kg)	$CaCO_3$/(g/kg)
0～27	7.7	22.4	1.79	1.03	7.8	23.9	30.3
27～58	7.8	17.2	1.36	0.68	7.2	27.7	28.1
58～110	7.8	8.1	0.18	0.50	10.8	35.2	42.4

10.18.36　查干楚鲁系（Chaganchulu Series）

土　族：壤质混合型石灰性冷性-普通简育干润雏形土

拟定者：贾树海，王洪志，杜　蒙，张国建，孙仲秀，王秋兵

分布与环境条件　主要分布于内蒙古自治区通辽市扎鲁特旗一带，平原，海拔介于 300～500 m，母质为风积沙，疏林草地，中温带大陆性季风气候，年均气温约 6.8 ℃，年均降水量约 382.7 mm，年均日照时数约 2883 h，无霜期约 139 d。

查干楚鲁系典型景观

土壤性状与特征变幅　诊断层包括淡薄表层和雏形层；诊断特性包括冷性土壤温度状况、半干润土壤水分状况和石灰性。土体厚度 1 m 以上，雏形层厚度约 90 cm，通体存在石灰反应，有机碳含量介于 2.0～8.0 g/kg，容重介于 1.62～1.69 g/cm^3，碳酸钙含量介于 0～61 g/kg，pH 介于 8.2～8.8，层次质地构型为砂质壤土-壤土，砂粒含量介于 470～650 g/kg。

对比土系　白沙泉系、地猫土塔系、关碾房系、花根壕系、赛音呼都系、上瓦房系、塔沙系、西莫瑞系和羊房滩系，属于同一土族。羊房滩系的腐殖质层厚度>50 cm；地猫土塔系、关碾房系和白沙泉系的腐殖质层厚度介于 20～30 cm；上瓦房系、塔沙系和西莫瑞系的腐殖质层厚度介于 10～20 cm。本土系的腐殖质层厚度与花根壕系及赛音呼都系均介于 30～50 cm。花根壕系通体为粉壤土；赛音呼都系表土和底土均为壤土。本土系地表有结皮层，表土和底土均为砂质壤土。

利用性能综述　土层深厚，腐殖质层薄，保水保肥性能差，养分含量不高，植被覆盖度

相对较低。应以牧业为主，采取围封和人工种草相结合，保持土地生产力；严格控制放牧强度，轮牧，防止过度放牧引起草场退化。

参比土种 中层砂质栗钙土。

代表性单个土体 位于内蒙古自治区通辽市扎鲁特旗鲁北镇查干楚鲁，坐标为 44°29′46.90″N，121°04′54.44″E，海拔为 305 m，平原，母质为风积沙，榆树疏林草地，植被盖度为 55%，年均气温为 6.8 ℃，年均降水量为 382.7 mm，野外调查采样日期为 2015 年 7 月 28 日，编号 15-112。

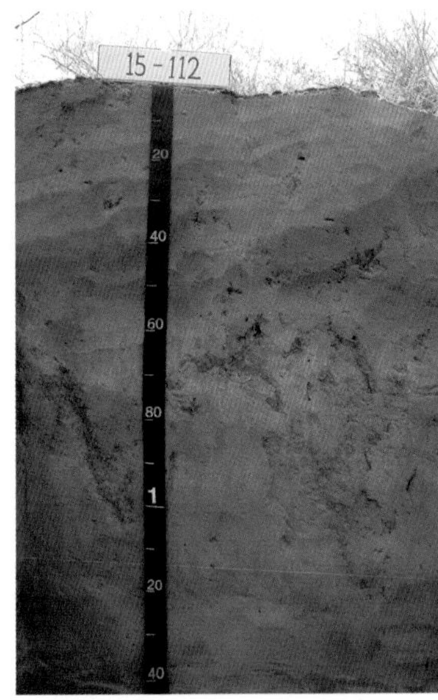

查干楚鲁系代表性单个土体剖面

Ac：0～0.5 cm，结皮层。

Ahk：0.5～48 cm，浊黄橙色（10YR 6/4，干），浊黄橙色（10YR 6/3，润），砂质壤土，发育中等的屑粒状结构，极疏松，很少量根系，中度石灰反应，向下层波状渐变过渡。

Bk1：48～78 cm，淡黄色（2.5Y 7/4，干），浊黄色（2.5Y 6/4，润），壤土，发育中等的棱块状结构，疏松，很少量根系，强石灰反应，大量假菌丝体，向下层波状清晰过渡。

Bk2：78～105 cm，浊黄色（2.5Y 6/4，干），浊黄色（2.5Y 6/4，润），砂质壤土，发育弱的屑粒块状结构，极疏松，可见假菌丝体，强石灰反应，向下层平滑清晰过渡。

Bk3：105～138 cm，黄棕色（2.5Y 5/4，干），黄棕色（2.5Y 5/4，润），砂质壤土，发育弱的屑粒状结构，可见假菌丝体，强石灰反应。

查干楚鲁系代表性单个土体物理性质

土层	深度 /cm	细土颗粒组成(粒径：mm)/(g/kg)			质地	容重 /(g/cm^3)
		砂粒 2～0.05	粉粒 0.05～0.002	黏粒 ＜0.002		
Ahk	0.5～48	551	369	80	砂质壤土	1.69
Bk1	48～78	478	402	120	壤土	1.62
Bk2	78～105	590	330	80	砂质壤土	1.66
Bk3	105～138	648	232	121	砂质壤土	1.69

查干楚鲁系代表性单个土体化学性质

深度 /cm	pH (H_2O)	有机碳 /(g/kg)	全氮(N) /(g/kg)	全磷(P) /(g/kg)	全钾(K) /(g/kg)	CEC /(cmol/kg)	$CaCO_3$ /(g/kg)	BS /%
0.5～48	8.2	7.2	0.37	0.41	21.4	18.2	0.6	95
48～78	8.6	5.3	0.35	0.38	23.1	21.5	17.5	96
78～105	8.8	4.6	0.27	0.29	21.3	27.0	32.8	84
105～138	8.7	2.7	0.22	0.31	21.5	27.0	61.0	90

10.18.37　大沙湾系（Dashawan Series）

土　族：壤质混合型石灰性冷性-普通简育干润雏形土

拟定者：边振兴，高建飞，孙　雪，刚　晨

分布与环境条件　主要分布于内蒙古自治区呼和浩特市清水河县一带，山地，平均海拔约 1374 m，母质为黄土状物质，疏林草地，中温带大陆性季风气候，年均气温约 6.2 ℃，年均降水量约 384.6 mm，年均日照时数约 2900 h，无霜期约 135 d。

大沙湾系典型景观

土壤性状与特征变幅　诊断层包括淡薄表层和雏形层；诊断特性包括干旱土壤水分状况、冷性土壤温度状况和石灰性。土体厚度 1 m 以上，通体存在强石灰反应，雏形层厚度约 112 cm，碳酸钙含量介于 43～48 g/kg，有机碳含量介于 2.9～4.9 g/kg，容重介于 1.40～1.52 g/cm^3，pH 为 8.1，层次质地构型为粉土-粉壤土，砂粒含量介于 16～19 g/kg。

对比土系　与花根壕系对比，两者属于同一土族，具有相同的诊断层和诊断特性，土体厚度均达到 1 m 以上，通体存在石灰反应。花根壕系雏形层更薄，厚度约 31 cm，有机碳含量更高，介于 7～17 g/kg；容重更小，介于 1.20～1.44 g/cm^3；碳酸钙含量基本相当，介于 40～53 g/kg；pH 更低，介于 7.3～7.6；层次质地构型为粉壤土，粗颗粒更多，砂粒含量介于 141～345 g/kg。

利用性能综述　土层较厚，土壤侵蚀严重。应以生态保护为主，注意水土保持。

参比土种　中层黄土质淡栗钙土。

代表性单个土体 位于内蒙古自治区呼和浩特市清水河县窑沟乡大沙湾，坐标为39°49′23.00″N，111°25′13.00″E，海拔为1086 m，中山，母质为黄土状物质，疏林草地，植被类型为榆树和杂草，年均气温为6.2 ℃，年均降水量为384.6 mm，野外调查采样日期为2015年10月7日，编号15-181。

Ahk：0～29 cm，浊黄橙色（10YR 7/3，干），浊黄橙色（10YR 6/4，润），粉土，粒状结构，稍坚实，多量根系，强石灰反应，向下层平滑清晰过渡。

Bk：29～141 cm，浊黄橙色（10YR 7/3，干），浊黄橙色（10YR 6/4，润），粉壤土，块状结构，坚硬，少量根系，强石灰反应。

大沙湾系代表性单个土体剖面

大沙湾系代表性单个土体物理性质

土层	深度/cm	细土颗粒组成(粒径：mm)/(g/kg)			质地	容重/(g/cm³)
		砂粒 2～0.05	粉粒 0.05～0.002	黏粒 <0.002		
Ahk	0～29	19	899	81	粉土	1.40
Bk	29～141	16	862	122	粉壤土	1.52

大沙湾系代表性单个土体化学性质

深度/cm	pH (H_2O)	有机碳/(g/kg)	全氮(N)/(g/kg)	全磷(P)/(g/kg)	全钾(K)/(g/kg)	CEC/(cmol/kg)	$CaCO_3$/(g/kg)
0～29	8.1	4.9	0.03	0.70	26.8	45.9	47.4
29～141	8.1	2.9	0.01	0.20	27.3	43.1	43.8

10.18.38　地猫土塔系（Dimaotuta Series）

土　族：壤质混合型石灰性冷性-普通简育干润雏形土
拟定者：边振兴，高建飞，孙　雪，刚　晨

分布与环境条件　主要分布于内蒙古自治区包头市石拐区五当召镇，中山沟谷地，海拔介于 1150～1456 m，母质为冲积物，旱地，温带大陆干燥气候，年均气温约 5.9 ℃，年均降水量约 304.3 mm，年均日照时数约 3077 d，无霜期约 270 d。

地猫土塔系典型景观

土壤性状与特征变幅　诊断层包括淡薄表层和雏形层；诊断特性包括冷性土壤温度状况、半干润土壤水分状况和石灰性。土体厚度 1 m 以上，雏形层厚度约 21 cm，通体存在石灰反应，有机碳含量介于 15～18 g/kg，容重介于 1.36～1.64 g/cm^3，碳酸钙含量介于 41～62 g/kg，pH 介于 7.9～8.0，层次质地构型为粉壤土，砂粒含量介于 94～120 g/kg。

对比土系　白沙泉系、查干楚鲁系、关碾房系、花根壕系、赛音呼都系、上瓦房系、塔沙系、西莫瑞系和羊房滩系，属于同一土族。羊房滩系的腐殖质层厚度>50 cm；查干楚鲁系、花根壕系和赛音呼都系的腐殖质层厚度介于 30～50 cm；上瓦房系、塔沙系和西莫瑞系的腐殖质层厚度介于 10～20 cm。本土系的腐殖质层厚度与白沙泉系及关碾房系均介于 20～30 cm。白沙泉系表土为砂质壤土，底土为粉壤土；关碾房系表土为黏壤土，底土为壤土，深 92 cm 以下出现埋藏腐殖质层。本土系通体为粉壤土，深 81 cm 以下出现埋藏腐殖质层。

利用性能综述　土层较厚，透水性好，腐殖质层薄，疏松，易耕作，土壤养分较高，易受风蚀、易干旱。应深松改土，坚持用地与养地结合，增施有机肥，实行秸秆还田，轮作倒茬，粮草间作，培肥土壤，提高作物产量。

参比土种 壤质脱潮土。

代表性单个土体 位于内蒙古自治区包头市石拐区五当召镇地猫土塔村，坐标为40°43′50.00″N，110°15′35.00″E，海拔为1275 m，母质为冲积物，耕地，种植玉米，年均气温为5.9 ℃，年均降水量为304.3 mm，野外调查采样日期为2015年9月29日，编号15-127。

地猫土塔系代表性单个土体剖面

Apk： 0～19 cm，浊棕色（7.5YR 6/3，干），灰棕色（7.5YR 5/2，润），粉壤土，团粒状结构，疏松，大量根系，中度石灰反应，向下层平滑渐变过渡。

Bk： 19～40 cm，浊橙色（7.5YR 7/3，干），浊棕色（7.5YR 5/3，润），粉壤土，块状结构，稍坚实，中量根系，中度石灰反应，向下层平滑渐变过渡。

Ck： 40～81 cm，浊橙色（7.5YR 6/4，干），浊棕色（7.5YR 5/4，润），粉壤土，块状结构，疏松，少量根系，中度石灰反应，向下层平滑渐变过渡。

2Ahk：81～103 cm，浊棕灰色（7.5YR 6/3，干），棕色（7.5YR 4/3，润），粉壤土，团块结构，稍坚实，可见假菌丝体，中度石灰反应，向下层平滑渐变过渡。

2ABk：103～135 cm，浊棕色（7.5YR 5/3，干），灰棕色（7.5YR 4/2，润），粉壤土，团块结构，稍坚实，极少量根系，可见假菌丝体，中度石灰反应。

地猫土塔系代表性单个土体物理性质

土层	深度/cm	细土颗粒组成(粒径：mm)/(g/kg)			质地	容重/(g/cm^3)
		砂粒 2～0.05	粉粒 0.05～0.002	黏粒 ＜0.002		
Apk	0～19	120	800	80	粉壤土	1.63
Bk	19～40	94	746	160	粉壤土	1.61
Ck	40～81	111	810	80	粉壤土	1.64
2Ahk	81～103	103	857	40	粉壤土	1.40
2ABk	103～135	115	845	40	粉壤土	1.36

地猫土塔系代表性单个土体化学性质

深度 /cm	pH (H_2O)	有机碳 /(g/kg)	全氮(N) /(g/kg)	全磷(P) /(g/kg)	全钾(K) /(g/kg)	CEC /(cmol/kg)	$CaCO_3$ /(g/kg)
0～19	7.9	15.4	2.14	0.41	7.4	14.9	61.7
19～40	8.0	17.3	0.11	0.37	8.6	9.4	55.0
40～81	8.0	16.8	0.14	0.14	7.8	7.1	46.5
81～103	8.0	15.0	0.10	0.34	5.3	19.8	41.1
103～135	8.0	17.9	1.22	0.59	6.8	14.2	44.2

10.18.39 关碾房系（Guannianfang Series）

土 族：壤质混合型石灰性冷性-普通简育干润雏形土

拟定者：贾树海，王洪志，杜 蒙，张国建，孙仲秀，王秋兵

分布与环境条件 主要分布于内蒙古自治区鄂尔多斯市达拉特旗大树湾乡一带，平原，海拔介于1000～1500 m，母质为冲积物，水浇地，温带大陆性季风气候，年均气温为6.1～7.1 ℃，年均降水量为240～360 mm，年均日照时数约3000 h，无霜期为135～150 d。

关碾房系典型景观

土壤性状与特征变幅 诊断层包括淡薄表层和雏形层；诊断特性包括冷性土壤温度状况、半干润土壤水分状况和钙积现象。土体厚度1 m以上，雏形层厚度约19 cm，通体存在石灰反应，有机碳含量介于4.0～11.0 g/kg，容重介于1.58～1.70 g/cm^3，碳酸钙含量介于12～77 g/kg，pH介于8.2～8.5，层次质地构型为黏壤土-壤土，砂粒含量介于250～440 g/kg。

对比土系 白沙泉系、查干楚鲁系、地猫土塔系、花根壕系、赛音呼都系、上瓦房系、塔沙系、西莫瑞系和羊房滩系，属于同一土族。羊房滩系的腐殖质层厚度>50 cm；查干楚鲁系、花根壕系和赛音呼都系的腐殖质层厚度介于30～50 cm；上瓦房系、塔沙系和西莫瑞系的腐殖质层厚度介于10～20 cm。本土系的腐殖质层厚度与白沙泉系及地猫土塔系均介于20～30 cm。白沙泉系表土为砂质壤土，底土为粉壤土；地猫土塔系通体为粉壤土，深81 cm以下出现埋藏腐殖质层。本土系表土为黏壤土，底土为壤土，深92 cm以下出现埋藏腐殖质层。

利用性能综述　地势平坦，土层深厚，养分含量较高。应注意合理施肥，因地制宜发展农田水利措施，合理灌溉，防止产生次生盐渍化现象。

参比土种　壤质薄层潮灌淤土。

代表性单个土体　位于内蒙古自治区鄂尔多斯市达拉特旗树林召镇关碾房村，坐标为40°20′15.60″N，109°59′21.50″E，海拔为 1025 m，冲积平原，母质为冲积物，水浇地，种植玉米，年均气温为 6.7 ℃，年均降水量为 312.5 mm，野外调查采样日期为 2015 年10 月 6 日，编号 15-162。

关碾房系代表性单个土体剖面

Apk：0～23 cm，棕色（10YR 4/4，干），浊黄棕色（10YR 4/4，润），黏壤土，团块状结构，疏松，少量根系，强石灰反应，向下层平滑清晰过渡。

Bk：23～42 cm，黄棕色（10YR 5/6，干），浊黄棕色（10YR 5/4，润），壤土，团块状结构，稍坚实，少量根系，强石灰反应，向下层平滑清晰过渡。

BCk：42～92 cm，浊黄橙色（10YR 6/4，干），浊黄橙色（10YR 6/3，润），壤土，团块状结构，疏松，强石灰反应，向下层平滑清晰过渡。

2Ak：92～132 cm，浊黄棕色（10YR 5/4，干），棕色（10YR 4/4，润），壤土，团块状结构，疏松，强石灰反应。

关碾房系代表性单个土体物理性质

土层	深度/cm	细土颗粒组成(粒径：mm)/(g/kg) 砂粒 2～0.05	粉粒 0.05～0.002	黏粒 <0.002	质地	容重/(g/cm^3)
Apk	0～23	253	305	442	黏壤土	1.58
Bk	23～42	300	494	206	壤土	1.70
BCk	42～92	364	474	162	壤土	1.63
2Ak	92～132	439	359	202	壤土	1.64

关碾房系代表性单个土体化学性质

深度/cm	pH(H_2O)	有机碳/(g/kg)	全氮(N)/(g/kg)	全磷(P)/(g/kg)	全钾(K)/(g/kg)	CEC/(cmol/kg)	$CaCO_3$/(g/kg)
0～23	8.4	10.7	0.43	0.58	20.9	22.2	58.9
23～42	8.2	6.4	0.25	0.48	19.6	25.8	76.4
42～92	8.4	4.8	0.21	0.34	20.2	17.6	49.5
92～132	8.5	4.4	0.16	0.32	20.8	16.7	12.3

10.18.40　花根壕系（Huagenhao Series）

土　族：壤质混合型石灰性冷性-普通简育干润雏形土
拟定者：边振兴，高建飞，孙　雪，刚　晨

分布与环境条件　主要分布于内蒙古自治区包头市固阳县一带，高原，海拔介于 1400～1700 m，母质为黄土状物质，旱地，中温带半干旱大陆性气候，年均气温约 5.8 ℃，年均降水量为 225～375 mm，年均日照时数约 3130 h，无霜期为 120～155 d。

花根壕系典型景观

土壤性状与特征变幅　诊断层包括淡薄表层和雏形层；诊断特性包括半干润土壤水分状况、冷性土壤温度状况和石灰性。土体厚度 1 m 以上，雏形层厚度约 31 cm，通体存在石灰反应，有机碳含量介于 7～17 g/kg，容重介于 1.20～1.44 g/cm^3，碳酸钙含量介于 40～53 g/kg，pH 介于 7.3～7.6，层次质地构型为粉壤土，砂粒含量介于 141～345 g/kg。

对比土系　白沙泉系、查干楚鲁系、地猫土塔系、关碾房系、赛音呼都系、上瓦房系、塔沙系、西莫瑞系和羊房滩系，属于同一土族。羊房滩系的腐殖质层厚度>50 cm；地猫土塔系、关碾房系和白沙泉系的腐殖质层厚度介于 20～30 cm；上瓦房系、塔沙系和西莫瑞系的腐殖质层厚度介于 10～20 cm。本土系的腐殖质层厚度与查干楚鲁系及赛音呼都系均介于 30～50 cm。查干楚鲁系地表有结皮层，表土和底土均为砂质壤土；赛音呼都系表土和底土均为壤土。本土系通体为粉壤土。

利用性能综述　土层较厚，保水保肥能力差，养分含量相对较高。应搞好农田基本建设，培肥土壤，增加有机物料的投入，合理施用化肥，注意采取等高种植，防止产生水土流失。

参比土种　壤质薄层黄土质栗钙土。

代表性单个土体　位于内蒙古自治区包头市固阳县忽鸡沟乡花根壕，坐标为40°51′17.00″N，110°4′55.00″E，海拔为1577 m，高原坡地，母质为黄土状物质，耕地，种植黍子，年均气温为5.8 ℃，年均降水量为294.3 mm，野外调查采样日期为2015年9月28日，编号15-123。

花根壕系代表性单个土体剖面

Apk：0～36 cm，浊黄橙色（10YR 6/3，干），浊黄棕色（10YR 5/3，润），粉壤土，发育强的小团粒结构，松软，大量根系，强石灰反应，向下层平滑渐变过渡。

Bk：36～67 cm，浊黄橙色（10YR 7/3，干），浊黄橙色（10YR 6/4，润），粉壤土，发育强的小团块结构，稍硬，中量根系，强石灰反应，向下层平滑渐变过渡。

BCk：67～108 cm，浊黄橙色（10YR 7/3，干），浊黄橙色（10YR 6/4，润），粉壤土，发育强的小团块结构，稍硬，少量根系，可见碳酸钙粉末，中度石灰反应，向下层平滑渐变过渡。

Ck：108～160 cm，橙白色（10YR 8/2，干），浊黄橙色（10YR 7/4，润），粉壤土，稍硬，团块状结构，可见碳酸钙粉末，中度石灰反应。

花根壕系代表性单个土体物理性质

土层	深度/cm	细土颗粒组成(粒径：mm)/(g/kg)			质地	容重/(g/cm³)
		砂粒 2～0.05	粉粒 0.05～0.002	黏粒 <0.002		
Apk	0～36	141	739	120	粉壤土	1.30
Bk	36～67	345	575	80	粉壤土	1.20
BCk	67～108	237	683	80	粉壤土	1.44
Ck	108～160	211	709	80	粉壤土	1.32

花根壕系代表性单个土体化学性质

深度/cm	pH(H_2O)	有机碳/(g/kg)	全氮(N)/(g/kg)	全磷(P)/(g/kg)	全钾(K)/(g/kg)	CEC/(cmol/kg)	$CaCO_3$/(g/kg)
0～36	7.4	16.5	1.30	0.77	8.3	18.8	52.3
36～67	7.3	7.4	0.16	0.35	7.0	18.4	40.2
67～108	7.3	10.5	0.92	0.71	7.3	14.8	41.1
108～160	7.6	7.7	0.55	0.71	7.4	20.6	48.7

10.18.41　南羊场系（Nanyangchang Series）

土　族：壤质混合型石灰性温性-普通简育干润雏形土

拟定者：边振兴，高建飞，孙　雪，刚　晨

分布与环境条件　主要分布于内蒙古自治区乌海市海南区一带，山前冲积平原，海拔约 1200 m，母质为洪-冲积物，草地，温带大陆性季风气候，年均气温约 8.2 ℃，年均降水量约 173.3 mm，年均日照时数约 3172 h，无霜期为 156～165 d。

南羊场系典型景观

土壤性状与特征变幅　诊断层包括淡薄表层和雏形层；诊断特性包括半干润土壤水分状况、温性土壤温度状况和石灰性。土体厚度 1 m 以上，通体存在强石灰反应，碳酸钙含量介于 52～71 g/kg，有机碳含量介于 4.0～6.0 g/kg，容重介于 1.47～1.67 g/cm^3，pH 介于 8.1～8.2，层次质地构型为壤土-粉壤土-砂质壤土，砂粒含量介于 240～680 g/kg，砾石含量介于 2%～35 %。

对比土系　扎哈音乌拉系、夏日哈达系和黑里河系，属于同一亚类不同土族。扎哈音乌拉系的土族控制层段内颗粒大小级别为粗骨砂质；夏日哈达系的土族控制层段内颗粒大小级别为粗骨壤质；黑里河系的土族控制层段内颗粒大小级别为黏质。本土系的土族控制层段内颗粒大小级别为壤质。

利用性能综述　土层深厚，土壤沙化，养分含量低，漏水漏肥。草原退化较严重，产草量低，质量差。应以牧业为主，控制放牧强度，防风固沙。

参比土种　砂砾盖壤质风积-冲积棕钙土。

代表性单个土体　位于内蒙古自治区乌海市海南区南羊场，坐标为 39°33′47.23″N，106°53′07.63″E，海拔为 1242 m，山前冲积平原，母质为洪-冲积物，草地，草被盖度约 15%，年均气温为 8.2 ℃，年均降水量为 173.3 mm，野外调查采样日期为 2015 年 10 月 5 日，编号 15-167。

南羊场系代表性单个土体剖面

Ak：　0～12 cm，浊黄橙色（10YR 7/4，干），浊黄橙色（10YR 6/4，润），5%砾石，壤土，块状结构，疏松，中量根系，强石灰反应，向下层平滑清晰过渡。

Bk：　12～110 cm，浊黄橙色（10YR 7/4，干），浊黄橙色（10YR 6/4，润），10%砾石，粉壤土，块状结构，疏松，中量根系，强石灰反应，向下层平滑清晰过渡。

Ck：　110～140 cm，浊黄橙色（10YR 7/4，干），浊黄橙色（10YR 6/4，润），40%砾石，砂质壤土，块状结构，疏松，极少量根系，强石灰反应。

南羊场系代表性单个土体物理性质

土层	深度/cm	砾石(>2mm，体积分数)/%	细土颗粒组成(粒径：mm)/(g/kg)			质地	容重/(g/cm^3)
			砂粒 2～0.05	粉粒 0.05～0.002	黏粒 <0.002		
Ak	0～12	2	407	472	120	壤土	1.57
Bk	12～110	10	244	595	160	粉壤土	1.47
Ck	110～140	40	672	248	80	砂质壤土	1.67

南羊场系代表性单个土体化学性质

深度/cm	pH(H_2O)	有机碳/(g/kg)	全氮(N)/(g/kg)	全磷(P)/(g/kg)	全钾(K)/(g/kg)	CEC/(cmol/kg)	$CaCO_3$/(g/kg)
0～12	8.2	5.9	0.07	0.24	28.1	16.7	52.8
12～110	8.1	4.2	0.07	0.30	28.4	22.4	64.0
110～140	8.2	6.0	0.03	0.45	22.5	14.6	70.3

10.18.42　赛音呼都系（Saiyinhudu Series）

土　族：壤质混合型石灰性冷性-普通简育干润雏形土

拟定者：边振兴，高建飞，孙　雪，刚　晨

分布与环境条件　主要分布于内蒙古自治区巴彦淖尔市东南部一带，冲积平原，平均海拔约 1007 m，母质为冲积物，旱地，中温带大陆性季风气候，年均气温为 3.5～7.2 ℃，年均降水量为 200～250 mm，年均日照时数约 3203 h，无霜期为 100～145 d。

赛音呼都系典型景观

土壤性状与特征变幅　诊断层包括淡薄表层和雏形层；诊断特性包括冷性土壤温度状况、半干润土壤水分状况和石灰性。土体厚度 1 m 以上，雏形层厚度约 21 cm，通体存在石灰反应，有机碳含量介于 1.0～8.0 g/kg，容重介于 1.51～1.65 g/cm^3，pH 介于 8.1～8.3，层次质地构型为壤土-黏壤土，砂粒含量介于 180～490 g/kg。

对比土系　白沙泉系、查干楚鲁系、地猫土塔系、关碾房系、花根壕系、上瓦房系、塔沙系、西莫瑞系和羊房滩系，属于同一土族。羊房滩系的腐殖质层厚度>50 cm；地猫土塔系、关碾房系和白沙泉系的腐殖质层厚度介于 20～30 cm；上瓦房系、塔沙系和西莫瑞系的腐殖质层厚度介于 10～20 cm。本土系的腐殖质层厚度与查干楚鲁系及花根壕系均介于 30～50 cm。查干楚鲁系地表有结皮层，表土和底土均为砂质壤土；花根壕系通体为粉壤土。本土系表土和底土均为壤土。

利用性能综述　地势平坦，土层深厚，养分含量较低。应通过增施有机肥、秸秆还田、复种绿肥和合理施用化肥等方式提高土壤肥力水平；引水灌溉需要注意排水和采取适当的节水灌溉方式，避免造成盐渍化现象。

参比土种　壤质脱潮土。

代表性单个土体　位于内蒙古自治区巴彦淖尔市乌拉特前旗额尔登布拉格苏木赛音呼都格嘎查，坐标为40°48′52.00″N，108°48′19.00″E，海拔为1011 m，冲积平原，母质为冲积物，耕地，种植玉米，年均气温为7.2 ℃，年均降水量为223.7 mm，野外调查采样日期为2015年10月2日，编号15-137。

赛音呼都系代表性单个土体剖面

Apk：0～34 cm，浊黄橙色（10YR 6/4，干），浊黄棕色（10YR 5/4，润），壤土，团块状结构，疏松，大量根系，强石灰反应，向下层平滑清晰过渡。

ABk：34～63 cm，浊黄橙色（10YR 7/4，干），黄棕色（10YR 5/6，润），壤土，块状结构，稍坚实，中量根系，强石灰反应，向下层平滑清晰过渡。

Bk：63～84 cm，淡黄橙色（10YR 8/4，干），亮黄棕色（10YR 6/8，润），黏壤土，块状结构，稍坚实，中量根系，强石灰反应，向下层平滑清晰过渡。

BCk：84～113 cm，淡黄橙色（10YR 8/4，干），亮黄棕色（10YR 6/6，润），壤土，块状结构，松散，少量根系，中度石灰反应。

赛音呼都系代表性单个土体物理性质

土层	深度/cm	细土颗粒组成(粒径：mm)/(g/kg)			质地	容重/(g/cm³)
		砂粒 2～0.05	粉粒 0.05～0.002	黏粒 ＜0.002		
Apk	0～34	489	391	120	壤土	1.51
ABk	34～63	335	505	160	壤土	1.56
Bk	63～84	182	537	281	黏壤土	1.65
BCk	84～113	377	463	160	壤土	1.53

赛音呼都系代表性单个土体化学性质

深度/cm	pH (H_2O)	有机碳/(g/kg)	全氮(N)/(g/kg)	全磷(P)/(g/kg)	全钾(K)/(g/kg)	CEC/(cmol/kg)	$CaCO_3$/(g/kg)	BS/%
0～34	8.1	1.4	2.08	0.13	21.0	16.7	51.9	89
34～63	8.2	4.1	0.73	0.26	25.5	16.8	56.3	90
63～84	8.3	5.1	0.23	0.27	22.1	24.5	75.2	34
84～113	8.3	7.5	0.22	0.24	23.8	16.9	94.5	89

10.18.43 上瓦房系（Shangwafang Series）

土 族：壤质混合型石灰性冷性-普通简育干润雏形土

拟定者：韩春兰，王英杰，付小梅，刘金宝，李鑫蕊

分布与环境条件 主要分布于内蒙古自治区赤峰市喀喇沁旗王爷府镇一带，山间谷地，海拔介于 700～1000 m，母质为冲积物，旱地，中温带半干旱大陆性季风气候，年均气温约 6.7 ℃，年均降水量为 300～507 mm，年均日照时数为 2850～3100 h，无霜期为 110～140 d。

上瓦房系典型景观

土壤性状与特征变幅 诊断层包括淡薄表层和雏形层；诊断特性包括冷性土壤温度状况、半干润土壤水分状况和钙积现象。土体厚度 1 m 以上，雏形层厚度约 36 cm，通体存在石灰反应，有机碳含量介于 6.2～9.5 g/kg，容重介于 1.29～1.37 g/cm^3，碳酸钙含量介于 56～104 g/kg，pH 介于 7.9～8.3，层次质地构型为砂质壤土-粉壤土，砂粒含量介于 7～500 g/kg。

对比土系 白沙泉系、查干楚鲁系、地猫土塔系、关碾房系、花根壕系、赛音呼都系、塔沙系、西莫瑞系和羊房滩系，属于同一土族。羊房滩系的腐殖质层厚度>50 cm；查干楚鲁系、花根壕系和赛音呼都系的腐殖质层厚度介于 30～50 cm；白沙泉系、地猫土塔系和关碾房系的腐殖质层厚度介于 20～30 cm。本土系的腐殖质层厚度与塔沙系及西莫瑞系均介于 10～20 cm。塔沙系的表土为砂质壤土，底土为壤质砂土；西莫瑞系表土为粉壤土，底土为砂质壤土。本土系的表土为砂质壤土，底土为粉壤土。

利用性能综述　地势平坦，土层较深厚，有机质含量尚可，养分含量总体不高，利用中应该加强培肥，通过增施有机肥、合理施用化肥等方式提高土壤肥力水平；因地制宜发展农田水利措施，合理灌溉，防止产生次生盐渍化现象。

参比土种　壤质石灰性草甸土。

代表性单个土体　位于内蒙古自治区赤峰市喀喇沁旗王爷府镇上瓦房村七组，坐标为41°48′11.44″N，118°26′56.89″E，海拔为859 m，山间谷地，母质为冲积物，耕地，种植谷子、玉米，年均气温为6.7 ℃，年均降水量为421.3 mm，野外调查采样日期为2015年10月12日，编号15-186。

上瓦房系代表性单个土体剖面

Apk：0～18 cm，灰黄棕色（10YR 6/2，干），暗棕色（10YR 3/3，润），砂质壤土，块状结构，松软，少量根系，轻度石灰反应，向下层平滑模糊过渡。

Bk1：18～39 cm，浊黄橙色（10YR 6/3，干），浊黄棕色（10YR 5/4，润），粉壤土，块状结构，松软，少量根系，轻度石灰反应，向下层波状清晰过渡。

Bk2：39～54 cm，浊黄橙色（10YR 7/3，干），棕色（10YR 4/4，润），粉壤土，块状结构，松散，少量根系，轻度石灰反应，向下层波状清晰过渡。

BCk：54～108 cm，灰黄棕色（10YR 6/2，干），暗棕色（10YR 3/4，润），粉壤土，块状结构，松软，少量根系，中度石灰反应，向下层平滑模糊过渡。

Ck：108～132 cm，淡黄橙色（10YR 7/2，干），浊黄棕色（10YR 4/3，润），粉壤土，松软，少量根系，强石灰反应。

上瓦房系代表性单个土体物理性质

土层	深度/cm	细土颗粒组成(粒径：mm)/(g/kg)			质地	容重/(g/cm^3)
		砂粒 2～0.05	粉粒 0.05～0.002	黏粒 <0.002		
Apk	0～18	500	444	56	砂质壤土	1.33
Bk1	18～39	151	712	137	粉壤土	1.32
Bk2	39～54	101	764	135	粉壤土	1.31
BCk	54～108	26	816	158	粉壤土	1.37
Ck	108～132	7	776	217	粉壤土	1.29

上瓦房系代表性单个土体化学性质

深度 /cm	pH (H_2O)	有机碳 /(g/kg)	全氮(N) /(g/kg)	全磷(P) /(g/kg)	全钾(K) /(g/kg)	CEC /(cmol/kg)	$CaCO_3$ /(g/kg)
0～18	8.1	7.8	1.49	1.45	29.0	25.7	56.0
18～39	8.3	6.8	1.19	2.02	31.8	24.0	72.0
39～54	8.1	6.2	1.00	0.61	30.0	22.6	100.5
54～108	8.0	8.1	1.29	1.45	28.1	21.4	56.9
108～132	7.9	9.5	1.98	1.42	26.5	20.0	103.7

10.18.44　塔沙系（Tasha Series）

土　族：壤质混合型石灰性冷性-普通简育干润雏形土

拟定者：韩春兰，王英杰，付小梅，刘金宝，李鑫蕊

分布与环境条件　主要分布于内蒙古自治区乌兰察布市四子王旗一带，高原，平均海拔约 1300 m，母质为砂岩，天然牧草地，中温带大陆性季风气候，年均气温约 4.5 ℃，年均降水量为 150～300 mm，年均日照时数约 3062 h，无霜期约 120 d。

塔沙系典型景观

土壤性状与特征变幅　诊断层包括淡薄表层和雏形层；诊断特性包括半干润土壤水分状况、冷性土壤温度状况和石灰性。土体厚度 1m 以上，雏形层厚度约 110 cm，通体存在石灰反应，有机碳含量介于 1.6～4.5 g/kg，容重介于 1.54～1.65 g/cm^3，碳酸钙含量介于 32～97 g/kg，pH 介于 8.4～8.9，层次质地构型为砂质壤土-壤质砂土，砂粒含量介于 500～781 g/kg。

对比土系　白沙泉系、查干楚鲁系、地猫土塔系、关碾房系、花根壕系、赛音呼都系、上瓦房系、西莫瑞系和羊房滩系，属于同一土族。羊房滩系的腐殖质层厚度>50 cm；查干楚鲁系、花根壕系和赛音呼都系的腐殖质层厚度介于 30～50 cm；白沙泉系、地猫土塔系和关碾房系的腐殖质层厚度介于 20～30 cm。本土系的腐殖质层厚度与上瓦房系及西莫瑞系均介于 10～20 cm。上瓦房系的表土为砂质壤土，底土为粉壤土；西莫瑞系表土为粉壤土，底土为砂质壤土。本土系的表土为砂质壤土，底土为壤质砂土。

利用性能综述　土层深厚，土壤砂性较大，养分含量低，漏水漏肥，干旱严重，植被覆盖度低。应以生态保护为主，减少放牧利用，严格控制放牧强度，避免植被破坏，防止土壤沙化。

参比土种 砂质薄层风积砂淡栗钙土。

代表性单个土体 位于内蒙古自治区乌兰察布市四子王旗查干敖包苏木塔沙，坐标为 42°16′30.06″N，111°36′44.93″E，海拔为 1214 m，高原，母质为砂岩，天然草地，植被盖度约 5%，年均气温为 4.5 ℃，年均降水量为 207.4 mm，野外调查采样日期为 2015 年 7 月 29 日，编号 15-048。

塔沙系代表性单个土体剖面

Ahk：0～11 cm，浊橙色（7.5YR 6/4，干），棕色（10YR 4/6，润），砂质壤土，块状结构，稍坚硬，少量根系，强石灰反应，向下层平滑清晰过渡。

Bk1：11～25 cm，橙色（7.5YR 6/6，干），棕色（10YR 4/6，润），砂质壤土，块状结构，稍坚硬，少量根系，强石灰反应，向下层平滑模糊过渡。

Bk2：25～90 cm，浊棕色（7.5YR 5/4，干），棕色（10YR 4/6，润），砂质壤土，块状结构，松散，少量根系，可见假菌丝体，强石灰反应，向下层平滑模糊过渡。

Bk3：90～121 cm，浊棕色（7.5YR 5/3，干），棕色（10YR 4/4，润），砂质壤土，块状结构，松散，少量根系，可见假菌丝体，强石灰反应，向下层平滑清晰过渡。

BCk：121～135 cm，亮棕色（7.5YR 5/6，干），亮棕色（7.5YR 5/6，润），壤质砂土，块状结构，松散，可见假菌丝体，轻度石灰反应。

塔沙系代表性单个土体物理性质

土层	深度 /cm	细土颗粒组成(粒径：mm)/(g/kg)			质地	容重 /(g/cm^3)
		砂粒 2～0.05	粉粒 0.05～0.002	黏粒 <0.002		
Ahk	0～11	700	217	83	砂质壤土	1.65
Bk1	11～25	543	326	131	砂质壤土	1.55
Bk2	25～90	524	361	115	砂质壤土	1.58
Bk3	90～121	500	359	141	砂质壤土	1.54
BCk	121～135	781	156	63	壤质砂土	1.63

塔沙系代表性单个土体化学性质

深度 /cm	pH (H_2O)	有机碳 /(g/kg)	全氮(N) /(g/kg)	全磷(P) /(g/kg)	全钾(K) /(g/kg)	CEC /(cmol/kg)	$CaCO_3$ /(g/kg)	BS /%
0～11	8.6	3.3	0.46	0.13	26.6	12.6	96.3	92
11～25	8.4	4.5	0.80	0.47	28.8	18.6	55.5	91
25～90	8.5	3.1	0.61	0.26	30.6	17.4	32.8	94
90～121	8.6	3.0	0.51	0.23	28.1	16.5	38.4	88
121～135	8.9	1.6	0.26	0.35	26.6	16.8	49.7	94

10.18.45　西莫瑞系（Ximorui Series）

土　族：壤质混合型石灰性冷性-普通简育干润雏形土

拟定者：边振兴，高建飞，孙　雪，刚　晨

分布与环境条件　主要分布于内蒙古自治区通辽市大兴安岭东南边缘，是松辽平原向内蒙古高原的过渡地带，丘陵，海拔介于 120～215 m，母质为风积沙，草地，温带大陆性季风气候，年均气温约 6.6 ℃，年均降水量约 445 mm，年均日照时数约 2892 h，无霜期约 202 d。

西莫瑞系典型景观

土壤性状与特征变幅　诊断层包括淡薄表层和雏形层；诊断特性包括半干润土壤水分状况、冷性土壤温度状况和石灰性。土体厚度 1 m 以上，雏形层厚度约 58 cm，通体存在石灰反应，有机碳含量介于 1.4～12.6 g/kg，容重介于 1.23～1.42 g/cm^3，碳酸钙含量介于 50～60 g/kg，pH 介于 8.3～8.4，层次质地构型为粉壤土-粉质黏壤土-砂质壤土，砂粒含量介于 73～721 g/kg。

对比土系　白沙泉系、查干楚鲁系、地猫土塔系、关碾房系、花根壕系、赛音呼都系、上瓦房系、塔沙系和羊房滩系，属于同一土族。羊房滩系的腐殖质层厚度>50 cm；查干楚鲁系、花根壕系和赛音呼都系的腐殖质层厚度介于 30～50 cm；白沙泉系、地猫土塔系和关碾房系的腐殖质层厚度介于 20～30 cm。本土系的腐殖质层厚度与上瓦房系及塔沙系均介于 10～20 cm。上瓦房系的表土为砂质壤土，底土为粉壤土；塔沙系的表土为砂质壤土，底土为壤质砂土。本土系表土为粉壤土，底土为砂质壤土。

利用性能综述　地势平坦，土层深厚，养分总体上不高，基本用于牧业生产，在生产中应严禁超载放牧，防止土壤沙化。可实行人工围封轮牧、更新草场等措施，用养结合。

参比土种　轻度苏打碱化草甸土。

代表性单个土体　位于内蒙古自治区通辽市科尔沁左翼中旗保康镇西莫瑞嘎查，坐标为 44°6′34.00″N，123°14′36.00″E，海拔为 140 m，丘陵，母质为风积沙，草地，草被盖度约 75%，年均气温为 6.6 ℃，年均降水量为 445.0 mm，野外调查采样日期为 2015 年 7 月 27 日，编号 15-109。

Ahk：0～18 cm，浊黄橙色（10YR 6/3，干），浊黄棕色（10YR 4/3，润），粉壤土，团粒状结构，松散，大量根系，有动物孔洞，强石灰反应，向下层平滑清晰过渡。

Bk1：18～32 cm，棕色（10YR 4/4，干），暗棕色（10YR 3/4，润），粉壤土，块状结构，稍坚硬，少量根系，有动物孔洞，强石灰反应，向下层波状清晰过渡。

Bk2：32～52 cm，灰黄棕色（10YR 6/2，干），灰黄棕色（10YR 5/2，润），粉壤土，块状结构，松软，极少量根系，强石灰反应，向下层波状清晰过渡。

Bk3：52～76 cm，灰黄棕色（10YR 6/2，干），灰黄橙色（10YR 5/2，润），粉质黏壤土，块状结构，松软，强石灰反应，向下层平滑清晰过渡。

BCk：76～142 cm，淡灰色（10YR 7/1，干），棕灰色（10YR 6/1，润），砂质壤土，块状结构，松软，强石灰反应。

西莫瑞系代表性单个土体剖面

西莫瑞系代表性单个土体物理性质

土层	深度/cm	细土颗粒组成(粒径：mm)/(g/kg) 砂粒 2～0.05	粉粒 0.05～0.002	黏粒 <0.002	质地	容重/(g/cm³)
Ahk	0～18	213	540	248	粉壤土	1.31
Bk1	18～32	100	816	84	粉壤土	1.25
Bk2	32～52	129	788	84	粉壤土	1.26
Bk3	52～76	73	594	333	粉质黏壤土	1.23
BCk	76～142	721	113	166	砂质壤土	1.42

西莫瑞系代表性单个土体化学性质

深度 /cm	pH (H_2O)	有机碳 /(g/kg)	全氮(N) /(g/kg)	全磷(P) /(g/kg)	全钾(K) /(g/kg)	CEC /(cmol/kg)	$CaCO_3$ /(g/kg)
0～18	8.3	8.9	0.03	0.71	32.7	15.4	55.9
18～32	8.3	12.6	0.08	0.99	36.1	22.5	52.8
32～52	8.4	9.0	0.08	0.31	32.8	20.3	50.5
52～76	8.4	6.2	0.05	0.63	33.1	28.2	59.0
76～142	8.4	1.4	0.08	0.61	28.9	26.8	50.1

10.18.46　羊房滩系（Yangfangtan Series）

土　族：壤质混合型石灰性冷性-普通简育干润雏形土

拟定者：边振兴，高建飞，孙　雪，刚　晨

分布与环境条件　主要分布于内蒙古自治区乌兰察布市西北部一带，黄土岗地，平均海拔约 1300 m，母质为黄土状物质，旱地，中温带大陆性季风气候，年均气温约 3.8℃，年均降水量为 150～300 mm，年均日照时数约 3062 h，无霜期约 120 d。

羊房滩系典型景观

土壤性状与特征变幅　诊断层包括淡薄表层和雏形层；诊断特性包括半干润土壤水分状况、冷性土壤温度状况和石灰性。土体厚度 1 m 以上，雏形层厚度约 24 cm，通体存在石灰反应，有机碳含量介于 9.0～17.0 g/kg，容重介于 1.50～1.80 g/cm^3，pH 介于 7.2～8.1，层次质地构型为砂质壤土-粉壤土-壤土，砂粒含量介于 350～500 g/kg。

对比土系　白沙泉系、查干楚鲁系、地猫土塔系、关碾房系、花根壕系、赛音呼都系、上瓦房系、塔沙系和西莫瑞系，属于同一土族。查干楚鲁系、花根壕系和赛音呼都系的腐殖质层厚度介于 30～50 cm；地猫土塔系、关碾房系和白沙泉系的腐殖质层厚度介于 20～30 cm；上瓦房系、塔沙系和西莫瑞系的腐殖质层厚度介于 10～20 cm。本土系的腐殖质层厚度>50 cm，表土为砂质壤土，底土为壤土。

利用性能综述　地势平坦，土层较深厚，有机质含量尚可，养分含量总体不高，利用中应该加强培肥，通过增施有机肥、合理施用化肥等方式提高土壤肥力水平；因地制宜发展农田水利措施，合理灌溉，防止产生次生盐渍化现象。

参比土种　壤质黄土质暗栗钙土。

代表性单个土体　位于内蒙古自治区乌兰察布市四子王旗乌兰花镇羊房滩，坐标为41°38′59.00″N，111°45′59.00″E，海拔为1491 m，岗地，坡度为9°，母质为黄土状物质，旱地，种植马铃薯，年均气温为3.8 ℃，年均降水量为233.8 mm，野外调查采样日期为2015年9月27日，编号15-117。

羊房滩系代表性单个土体剖面

Apk：0～31 cm，浊黄橙色（10YR 6/4，干），浊黄棕色（10YR 5/3，润），砂质壤土，发育强的小粒状结构，疏松，大量根系，强石灰反应，向下层平滑突变过渡。

Abk：31～55 cm，亮黄棕色（10YR 6/6，干），浊黄橙色（10YR 6/3，润），粉壤土，发育弱的块状结构，稍坚实，中量根系，可见假菌丝体，强石灰反应，向下层平滑渐变过渡。

Bk：55～73 cm，亮黄棕色（10YR 7/6，干），浊黄橙色（7.5YR 6/4，润），壤土，发育弱的小粒状结构，疏松，少量根系，中度石灰反应，向下层平滑渐变过渡。

Ck：73～112 cm，淡黄橙灰色（10YR 8/4，干），黄橙色（7.5YR 8/6，润），壤土，无结构，松散，中度石灰反应。

羊房滩系代表性单个土体物理性质

土层	深度/cm	细土颗粒组成(粒径：mm)/(g/kg)			质地	容重/(g/cm^3)
		砂粒 2～0.05	粉粒 0.05～0.002	黏粒 ＜0.002		
Apk	0～31	445	515	40	砂质壤土	1.72
Abk	31～55	358	601	40	粉壤土	1.59
Bk	55～73	383	537	80	壤土	1.60
Ck	73～112	497	423	80	壤土	1.58

羊房滩系代表性单个土体化学性质

深度/cm	pH(H_2O)	有机碳/(g/kg)	全氮(N)/(g/kg)	全磷(P)/(g/kg)	全钾(K)/(g/kg)	CEC/(cmol/kg)	$CaCO_3$/(g/kg)
0～31	7.8	13.5	1.47	0.52	9.9	19.6	44.7
31～55	8.1	13.4	0.96	0.31	9.3	26.9	28.1
55～73	8.1	17.0	0.19	0.46	10.3	21.1	50.5
73～112	7.2	9.5	0.11	1.09	8.8	18.2	46.0

10.19 暗沃冷凉湿润雏形土

10.19.1 葛根敖包系（Gegen'aobao Series）

土 族：粗骨黏壤质混合型非酸性冷性-暗沃冷凉湿润雏形土

拟定者：隋跃宇

分布与环境条件 主要分布于内蒙古自治区兴安盟扎赉特旗、科尔沁右翼前旗一带，低山坡地，海拔介于150～1800 m，母质为坡残积物，草地，北温带大陆性干旱季风气候，年均气温约2.2 ℃，年均降水量约406.1 mm，年均日照时数为2580～2901 h，无霜期为90～105 d。

葛根敖包系典型景观

土壤性状与特征变幅 诊断层包括暗沃表层；诊断特性包括准石质接触面、湿润土壤水分状况和冷性土壤温度状况。土体厚度90 cm，有机碳含量介于2～37 g/kg，暗沃表层厚度为37 cm，干态明度介于3～5，润态明度介于2～3，润态彩度介于2～3，pH 介于6.5～7.2，层次质地构型为壤土-黏壤土，黏粒含量介于240～330 g/kg。

对比土系 宜里系和吉日根系，空间相邻，不同亚纲，为潮湿雏形土。

利用性能综述 土层浅薄，砾石较多，养分含量低，植被盖度低。应封境育草，保护生态。

参比土种 壤质坡残积暗棕壤性土。

代表性单个土体　位于内蒙古自治区兴安盟科尔沁右翼前旗索伦镇葛根敖包，坐标为46°35′7.26″N，121°6′46.86″E，海拔为563 m，低山坡地，母质为坡残积物，草地，草被盖度约40%，年均气温为2.2 ℃，年均降水量为406.1 mm，野外调查采样日期为2015年7月8日，编号15-071。

葛根敖包系代表性单个土体剖面

Ah1：0～15 cm，暗棕色（10YR 3/3，干），黑棕色（10Y 2/2，润），20%砾石，壤土，团粒状结构，疏松，中量根系，向下层平滑模糊过渡。

Ah2：15～37 cm，浊黄棕色（10YR 5/4，干），棕色（10YR 4/4，润），30%砾石，黏壤土，团粒状结构，疏松，中量根系，向下层平滑清晰过渡。

Bw：37～70 cm，明黄棕色（10YR 6/8，干），黄棕色（10YR 5/8，润），40%砾石，壤土，块状结构，坚实，很少的根系。

C：70～90 cm，明黄棕色（10YR 6/8，干），黄棕色（10YR 5/8，润），85%砾石，壤土，块状结构，坚实。

葛根敖包系代表性单个土体物理性质

土层	深度/cm	砾石(>2mm，体积分数)/%	细土颗粒组成(粒径：mm)/(g/kg)			质地	容重/(g/cm^3)
			砂粒 2～0.05	粉粒 0.05～0.002	黏粒 <0.002		
Ah1	0～15	20	356	386	258	壤土	1.62
Ah2	15～37	30	296	378	326	黏壤土	1.56
Bw	37～70	40	403	353	244	壤土	1.68

葛根敖包系代表性单个土体化学性质

深度/cm	pH (H_2O)	有机碳/(g/kg)	全氮(N)/(g/kg)	全磷(P)/(g/kg)	全钾(K)/(g/kg)	CEC/(cmol/kg)
0～15	6.5	36.9	3.30	0.10	13.1	33.2
15～37	6.9	14.2	1.40	0.40	9.2	24.3
37～70	7.2	2.2	0.30	0.70	12.1	25.4

第 11 章　新　成　土

11.1　石灰寒冻砂质新成土

11.1.1　古伊敏河系（Guyiminhe Series）

土　族：硅质混合型-石灰寒冻砂质新成土

拟定者：隋跃宇

分布与环境条件　主要分布于内蒙古自治区呼伦贝尔市一带，漫岗，海拔介于 603～777 m，母质为风积沙，林地，中温带大陆性季风气候，年均气温约–1.1 ℃，年均降水量约 374.2 mm，年均日照时数约 2807 h，无霜期约 10.3 d。

古伊敏河系典型景观

土壤性状与特征变幅　诊断层包括淡薄表层；诊断特性包括寒性土壤温度状况、湿润土壤水分状况和石灰性。土体厚度 1 m 以上，有机碳含量介于 0～6 g/kg，容重介于 1.45～1.68 g/cm^3，淡薄表层厚度为 60 cm，干态明度为 3～4，润态明度为 2～3，润态彩度为 2～3，pH 介于 7.0～7.8，层次质地构型为砂质壤土，砂粒含量介于 560～660 g/kg。

对比土系　红花尔基系，空间相邻，为同一土类不同亚类。红花尔基系无石灰性，为普通寒冻砂质新成土，而本土系有石灰性，为石灰寒冻砂质新成土。

利用性能综述　土体深厚，砂粒含量较高，养分含量低，土温较低，植被盖度低。应封境育林，保护生态。

参比土种　中层砂质淋溶黑钙土。

代表性单个土体　位于内蒙古自治区呼伦贝尔市古伊敏河，坐标为 49°12′16.86″N，119°47′20.22″E，海拔为 681 m，漫岗，母质为风积沙，人工林，林被盖度约 50%，年均气温为–1.1 ℃，年均降水量为 374.2 mm，野外调查采样日期为 2014 年 10 月 3 日，编号 15-060。

古伊敏河系代表性单个土体剖面

Ah：0～40 cm，浊黄棕色（10YR 5/3，干），黑棕色（10YR 3/2，润），砂质壤土，发育弱的小粒状结构，松散，中量根系，向下层平滑渐变过渡。

AC：40～60 cm，浊黄棕色（10YR 5/3，干），黑棕色（10YR 3/2，润），砂质壤土，粒状结构，松散，少量根系，向下层波状清晰过渡。

Cr：60～145 cm，灰白色（10YR 8/1，干），浅黄橙色（10YR 8/3，润），砂质壤土，发育很弱的小粒状结构，松散，很少的根系，少量锈纹锈斑。

古伊敏河系代表性单个土体物理性质

土层	深度/cm	细土颗粒组成(粒径：mm)/(g/kg)			质地	容重/(g/cm^3)
		砂粒 2～0.05	粉粒 0.05～0.002	黏粒 ＜0.002		
Ah	0～40	659	291	51	砂质壤土	1.45
AC	40～60	569	372	59	砂质壤土	1.47
Cr	60～145	634	339	27	砂质壤土	1.68

古伊敏河系代表性单个土体化学性质

深度/cm	pH (H_2O)	有机碳/(g/kg)	全氮(N)/(g/kg)	全磷(P)/(g/kg)	全钾(K)/(g/kg)	CEC/(cmol/kg)	$CaCO_3$/(g/kg)
0～40	7.0	5.8	0.45	0.23	14.2	6.6	67.2
40～60	7.4	5.2	0.39	0.30	11.2	6.5	70.3
60～145	7.8	0.6	0.16	0.40	12.3	6.3	90.5

11.2　普通寒冻砂质新成土

11.2.1　红花尔基系（Honghua'erji Series）

土　族：硅质混合型非酸性-普通寒冻砂质新成土

拟定者：隋跃宇

分布与环境条件　主要分布于内蒙古自治区呼伦贝尔市鄂温克族自治旗一带，固定沙丘，海拔介于 800～1000 m，母质为风积沙，林地，中温带大陆性季风气候，年均气温为–2.4～2.2 ℃，年均降水量约 377.2 mm，年均日照时数约 2900 h，无霜期为 100～120 d。

红花尔基系典型景观

土壤性状与特征变幅　诊断层包括暗沃表层；诊断特性包括寒性土壤温度状况和湿润土壤水分状况。土体厚度 1 m 以上，有机碳含量介于 0～20.0 g/kg，容重介于 1.46～1.56 g/cm^3，暗沃表层厚度为 28 cm，干态明度介于 3～4，润态明度介于 2～3，润态彩度介于 2～3，pH 介于 5.3～6.6，层次质地构型为砂质壤土-壤质砂土，砂粒含量介于 600～730 g/kg。

对比土系　古伊敏河系，空间相邻，为同一土类不同亚类。古伊敏河系有石灰性，为石灰寒冻砂质新成土，而本土系无石灰性，为普通寒冻砂质新成土。

利用性能综述　土体深厚，砂粒含量较高，养分含量低。应禁止乱砍滥伐林木，保护生态。

参比土种　中层砂质淋溶黑钙土。

代表性单个土体　位于内蒙古自治区呼伦贝尔市鄂温克族自治旗红花尔基镇，坐标为48°15′48.60″N，120°1′11.82″E，海拔为805 m，山地，母质为风积沙，林地，林被盖度>70%，年均气温为–1.6 ℃，年均降水量为377.2 mm，野外调查采样日期为2015年7月13日，编号15-081。

红花尔基系代表性单个土体剖面

Ah：0～30 cm，暗棕色（10YR 3/3，干），黑棕色（10YR 2/3，润），<2%岩石碎屑，砂质壤土，发育弱的小块状结构，疏松，中量根系，向下层平滑渐变过渡。

AC：30～44 cm，浊黄橙色（10YR 7/3，干），浊黄橙色（10YR 6/4，润），<2%岩石碎屑，壤质砂土，发育弱的小粒状结构，松散，少量根系，向下层波状渐变过渡。

C：　44～140 cm，灰白色（10YR 8/2，干），浊黄橙色（10YR 7/2，润），<2%岩石碎屑，砂质壤土，发育弱的小粒状结构，松散，中量根系。

红花尔基系代表性单个土体物理性质

土层	深度/cm	细土颗粒组成(粒径：mm)/(g/kg)			质地	容重/(g/cm^3)
		砂粒 2～0.05	粉粒 0.05～0.002	黏粒 <0.002		
Ah	0～30	637	245	118	砂质壤土	1.46
AC	30～44	730	245	25	壤质砂土	1.53
C	44～140	601	377	21	砂质壤土	1.56

红花尔基系代表性单个土体化学性质

深度/cm	pH(H_2O)	有机碳/(g/kg)	全氮(N)/(g/kg)	全磷(P)/(g/kg)	全钾(K)/(g/kg)	CEC/(cmol/kg)	$CaCO_3$/(g/kg)
0～30	5.3	19.7	1.90	0.97	12.2	20.8	61.8
30～44	6.6	1.7	0.30	0.27	11.2	17.8	—
44～140	6.6	0.4	0.20	0.07	10.8	17.7	—

11.3 石灰干旱砂质新成土

11.3.1 嘎朗图系（Galangtu Series）

土 族：硅质混合型冷性-石灰干旱砂质新成土

拟定者：贾树海，王洪志，杜 蒙，张国建，孙仲秀，王秋兵

分布与环境条件 主要分布于内蒙古自治区鄂尔多斯市吉日嘎朗图镇一带，沙丘，海拔介于 1012～1080 m，母质为风积沙，沙地，温带半干旱大陆性季风气候，年均气温约 7.7 ℃，年均降水量约 179.8 mm，年均日照时数约 3193 h，无霜期约 155 d。

嘎朗图系典型景观

土壤性状与特征变幅 诊断特性包括砂质沉积物岩性特征、干旱土壤水分状况、温性土壤温度状况和石灰性。土体厚度 1 m 以上，有机碳含量约 1.2 g/kg，容重为 1.61 g/cm^3，pH 为 8.5，层次质地构型为壤质砂土，砂粒含量为 799 g/kg。

对比土系 旧地系，属于同一亚纲不同土类。旧地系为石灰干润砂质新成土，而本土系为石灰干旱砂质新成土。

利用性能综述 干旱缺水，土层较薄，砂土，易漏水漏肥，养分含量低，植被盖度低，易风蚀。应封境育草，保护生态。

参比土种 流动草原风沙土。

代表性单个土体　位于内蒙古自治区鄂尔多斯市吉日嘎朗图镇，坐标为 40°45′44.80″N，107°58′04.10″E，海拔为 1036 m，沙丘，母质为风积沙，沙地，草被盖度<5%，年均气温为 7.7 ℃，年均降水量为 179.8 mm，野外调查采样日期为 2015 年 10 月 6 日，编号 15-160。

嘎朗图系代表性单个土体剖面

C：0～51 cm，淡黄色（2.5Y 7/4，干），橄榄棕色（2.5Y 4/6，润），壤质砂土，发育很弱的屑粒状结构，松散，有中度石灰反应。

嘎朗图系代表性单个土体物理性质

土层	深度 /cm	细土颗粒组成(粒径：mm)/(g/kg)			质地	容重 /(g/cm³)
		砂粒 2～0.05	粉粒 0.05～0.002	黏粒 ＜0.002		
C	0～51	799	119	82	壤质砂土	1.61

嘎朗图系代表性单个土体化学性质

深度 /cm	pH (H_2O)	有机碳 /(g/kg)	全氮(N) /(g/kg)	全磷(P) /(g/kg)	全钾(K) /(g/kg)	CEC /(cmol/kg)
0～51	8.5	1.2	0.00	0.20	21.6	6.8

11.4 石灰干润砂质新成土

11.4.1 旧地系（Jiudi Series）

土 族：硅质混合型冷性-石灰干润砂质新成土

拟定者：边振兴，高建飞，孙 雪，刚 晨

分布与环境条件 主要分布于内蒙古自治区磴口县渡口镇，地处乌兰布和沙漠东部边缘一带，沙丘，海拔介于 1000～2046 m，母质为风积沙，灌丛草地，温带大陆性季风气候，年均气温约 8.4℃，年均降水量约 150.1 mm，年均日照时数约 3300 h，无霜期为 136～205 d。

旧地系典型景观

土壤性状与特征变幅 诊断层包括淡薄表层；诊断特性包括冷性土壤温度状况、半干润土壤水分状况和石灰性。土体厚度 1 m 以上，通体存在轻度石灰反应，碳酸钙含量为 49.2 g/kg，有机碳含量介于 0.7～5.3 g/kg，容重介于 1.35～1.53 g/cm^3，pH 约 8.5，层次质地构型为壤质砂土-砂土，砂粒含量介于 809～873 g/kg。

对比土系 嘎朗图系，属于同一亚纲不同土类。嘎朗图系为石灰干旱砂质新成土，而本土系为石灰干润砂质新成土。

利用性能综述 土层较厚，土壤沙化，养分含量很低，漏水漏肥。草原退化较严重，产草量低，质量差。应以牧业为主，控制放牧强度，并防风固沙。

参比土种　半固定荒漠风沙土。

代表性单个土体　位于内蒙古自治区磴口县渡口镇渠西村，坐标为 40°16′56.52″N，106°57′43.60″E，海拔为 1012 m，母质为风积沙，灌丛草地，植被类型为白茨和沙枣等耐旱的植物，草被盖度约 20%，年均气温为 8.4 ℃，年均降水量为 150.1 mm，野外调查采样日期为 2015 年 10 月 4 日，编号 15-165。

旧地系代表性单个土体剖面

Ahk：0～18 cm，浊黄橙色（10YR 7/4，干），浊黄橙色（10YR 6/4，润），壤质砂土，单粒，松散，中量根系，中度石灰反应，向下层平滑渐变过渡。

Ck：18～128 cm，浊黄橙色（10YR 7/4，干），浊黄橙色（10YR 6/4，润），砂土，单粒，松散，中量根系，中度石灰反应。

旧地系代表性单个土体物理性质

土层	深度 /cm	细土颗粒组成(粒径：mm)/(g/kg)			质地	容重 /(g/cm^3)
		砂粒 2～0.05	粉粒 0.05～0.002	黏粒 ＜0.002		
Ahk	0～18	809	151	40	壤质砂土	1.53
Ck	18～128	873	86	41	砂土	1.35

旧地系代表性单个土体化学性质

深度 /cm	pH (H_2O)	有机碳 /(g/kg)	全氮(N) /(g/kg)	全磷(P) /(g/kg)	全钾(K) /(g/kg)	CEC /(cmol/kg)	$CaCO_3$ /(g/kg)
0～18	8.5	0.7	0.04	0.32	29.7	8.4	49.2
18～128	8.5	5.3	0.05	0.22	27.7	14.9	49.2

11.5 石灰潮湿冲积新成土

11.5.1 吉仁高勒系（Jirengaole Series）

土 族：砂质硅质混合型冷性-石灰潮湿冲积新成土

拟定者：韩春兰，王英杰，付小梅，刘金宝，李鑫蕊

分布与环境条件 主要分布于内蒙古自治区锡林郭勒盟西乌珠穆沁旗一带，河流阶地，海拔介于835～1957 m，母质为冲积物，草地，中温带干旱半干旱大陆性季风气候，年均气温约2.1 ℃，年均降水量约300.7 mm，年均日照时数约2900 h，无霜期约105 d。

吉仁高勒系典型景观

土壤性状与特征变幅 诊断层包括淡薄表层；诊断特性包括冲积物岩性特征、潮湿土壤水分状况、冷性土壤温度状况、氧化还原特征和石灰性。土体厚度1 m以上，23 cm之下出现氧化还原特征，有机碳含量介于1.2～18.9 g/kg，容重介于1.54～1.61 g/cm^3，pH为8.8，层次质地构型为粉壤土-砂质壤土-壤质砂土，砂粒含量介于228～852 g/kg。

对比土系 东山湾系，属于同一亚类不同土族。东山湾系的土族控制层段内颗粒大小级别为黏壤质，矿物类型为混合型。本土系的土族控制层段内颗粒大小级别为砂质，矿物类型为硅质混合型。

利用性能综述 土层较厚，砂粒含量较高，保水保肥能力差，表层土壤较肥沃。应以牧业为主，以围封和人工种草相结合，恢复土地生产力；划区轮牧，防止过牧引起草

场退化。

参比土种 壤质砂土体石灰性草甸土。

代表性单个土体 位于内蒙古自治区锡林郭勒盟西乌珠穆沁旗吉仁高勒镇吉仁高勒嘎查，坐标为44°26′51.57″N，117°05′13.27″E，海拔为1039 m，河流阶地，母质为冲积物，天然草地，草被盖度约75%，年均气温为2.1 ℃，年均降水量为300.7 mm，野外调查采样日期为2015年7月22日，编号15-028。

吉仁高勒系代表性单个土体剖面

Ahk：0～23 cm，浊黄棕色（10YR 5/3，干），暗棕色（10YR 3/4，润），粉壤土，粒状结构，稍坚硬，中量根系，强石灰反应，有明显的沉积层理，向下层平滑清晰过渡。

Ckr1：23～44 cm，浊黄橙色（10YR 7/3，干），浊黄橙色（10YR 6/4，润），砂质壤土，单粒，松散，少量根系，少量锈纹锈斑，强石灰反应，向下层平滑模糊过渡。

Ckr2：44～78 cm，橙白色（10YR 8/2，干），浊黄橙色（10YR 6/4，润），壤质砂土，单粒，松散，少量锈纹锈斑，中度石灰反应，向下层平滑清晰过渡。

Ck：78～102 cm，浊黄橙色（10Y 7/3，干），浊黄橙色（10YR 6/4，润），壤质砂土，单粒，松散，强石灰反应。

吉仁高勒系代表性单个土体物理性质

土层	深度 /cm	颗粒组成(粒径：mm)/(g/kg)			质地	容重 /(g/cm³)
		砂粒 2～0.05	粉粒 0.05～0.002	黏粒 ＜0.002		
Ahk	0～23	228	616	156	粉壤土	1.54
Ckr1	23～44	717	149	135	砂质壤土	1.55
Ckr2	44～78	819	163	19	壤质砂土	1.57
Ck	78～102	852	114	34	壤质砂土	1.61

吉仁高勒系代表性单个土体化学性质

深度 /cm	pH (H_2O)	有机碳 /(g/kg)	全氮(N) /(g/kg)	全磷(P) /(g/kg)	全钾(K) /(g/kg)	CEC /(cmol/kg)	$CaCO_3$ /(g/kg)
0～23	8.8	18.9	2.27	0.74	29.0	25.0	122.6
23～44	8.8	2.6	0.32	0.26	33.4	22.9	105.8
44～78	8.8	3.3	0.02	0.12	32.7	15.7	59.1
78～102	8.8	1.2	0.32	0.27	40.1	14.3	132.3

11.5.2　东山湾系（Dongshanwan Series）

土　族：黏壤质混合型冷性-石灰潮湿冲积新成土

拟定者：韩春兰，王英杰，付小梅，刘金宝，李鑫蕊

分布与环境条件　主要分布于内蒙古自治区赤峰市松山区太平地镇一带，阶地，海拔介于 420～700 m，母质为冲积物，旱地，种植玉米，温带半干旱大陆性季风气候，年均气温为 7～8 ℃，年均降水量约 402 mm，年均日照时数为 2700～3100 h，无霜期约 140 d。

东山湾系典型景观

土壤性状与特征变幅　诊断层包括淡薄表层；诊断特性包括潮湿土壤水分状况、氧化还原特征、冷性土壤温度状况和石灰性。土体厚度 1 m 以上，通体存在石灰反应，56 cm 之下出现氧化还原特征，有机碳含量介于 0.7～7.3 g/kg，容重介于 1.39～1.68 g/cm^3，pH 介于 8.5～9.1，层次质地构型为粉壤土-壤土，砂粒含量介于 12～311 g/kg。

对比土系　吉仁高勒系，属于同一亚类不同土族。吉仁高勒系的土族控制层段内颗粒大小级别为砂质，矿物类型为硅质混合型。本土系的土族控制层段内颗粒大小级别为黏壤质，矿物类型为混合型。

利用性能综述　土层较厚，粉粒含量较高，保水保肥性能差，土壤呈碱性，养分含量低。应增施有机肥，提高土壤肥力，增加地表覆盖，减少水土流失。

参比土种　壤质石灰性草甸土。

代表性单个土体　位于内蒙古自治区赤峰市松山区太平地镇东山湾村，坐标为42°30′19.06″N，119°34′26.47″E，海拔为428 m，阶地，母质为冲积物，耕地，种植玉米，年均气温为7.1 ℃，年均降水量为402.0 mm，野外调查采样日期为2015年10月7日，编号15-174。

东山湾系代表性单个土体剖面

Apk：0～19 cm，浊黄橙色（10YR 6/3，干），浊黄棕色（10YR 4/5，润），粉壤土，发育强的中、小棱块结构，松软，少量根系，强石灰反应，有明显冲积层理，向下层平滑清晰过渡。

Ck1：19～32 cm，淡黄橙色（10YR 8/3，干），浊黄橙色（10YR 6/3，润），壤土，单粒，松软，少量根系，轻度石灰反应，向下层平滑清晰过渡。

Ck2：32～56 cm，淡黄橙色（10YR 7/3，干），浊黄棕色（10YR 5/3，润），粉壤土，单粒，松软，少量根系，轻度石灰反应，向下层平滑清晰过渡。

Ckr1：56～69 cm，浊黄橙色（10YR 7/3，干），浊黄橙色（10YR 6/3，润），粉壤土，单粒，松软，少量根系，少量锈纹锈斑，轻度石灰反应，向下层平滑渐变过渡。

Ckr2：69～80 cm，淡黄色（2.5YR 7/3，干），淡黄色（2.5YR 6/4，润），粉壤土，单粒，松软，少量根系，少量锈纹锈斑，轻度石灰反应，向下层平滑渐变过渡。

Ckr3：80～107 cm，棕灰色（2.5YR 7/4，干），淡黄色（2.5YR 6/4，润），粉壤土，单粒，松软，少量根系，少量锈纹锈斑，轻度石灰反应，向下层平滑渐变过渡。

2Akrb：107～127 cm，淡黄色（2.5YR 7/3，干），橄榄棕色（2.5YR 5/3，润），粉壤土，发育强的中、小棱块结构，松软，少量根系，少量锈纹锈斑，轻度石灰反应。

东山湾系代表性单个土体物理性质

土层	深度/cm	细土颗粒组成(粒径：mm)/(g/kg)			质地	容重/(g/cm^3)
		砂粒 2～0.05	粉粒 0.05～0.002	黏粒 <0.002		
Apk	0～19	79	722	199	粉壤土	1.68
Ck1	19～32	311	533	156	壤土	1.57
Ck2	32～56	142	643	215	粉壤土	1.42
Ckr1	56～69	72	689	239	粉壤土	1.49
Ckr2	69～80	29	757	214	粉壤土	1.39
Ckr3	80～107	12	808	181	粉壤土	1.43
2Akrb	107～127	145	653	202	粉壤土	1.47

东山湾系代表性单个土体化学性质

深度 /cm	pH (H_2O)	有机碳 /(g/kg)	全氮(N) /(g/kg)	全磷(P) /(g/kg)	全钾(K) /(g/kg)	CEC /(cmol/kg)	$CaCO_3$ /(g/kg)
0～19	9.1	7.3	0.75	1.94	26.5	32.6	11.9
19～32	9.1	1.9	0.12	0.69	27.9	12.8	50.7
32～56	8.5	2.1	0.12	0.84	28.3	14.1	112.2
56～69	9.0	2.9	0.17	0.85	29.3	17.8	61.6
69～80	9.0	2.9	0.22	5.70	27.2	16.2	36.9
80～107	8.6	0.7	0.51	1.20	27.0	18.3	83.2
107～127	8.8	4.0	0.22	0.58	29.0	13.7	120.1

11.5.3　巴彦嵯岗系（Bayancuogang Series）

土　族：壤质混合型寒性-石灰潮湿冲积新成土

拟定者：隋跃宇

分布与环境条件　主要分布于内蒙古自治区呼伦贝尔市鄂温克族自治旗巴彦嵯岗苏木一带，阶地，海拔介于 610～800 m，母质为冲积物，草地，北中温带大陆性季风气候，年均气温约–1.8 ℃，年均降水量约 410.1 mm，年均日照时数为 2600～2940 h，无霜期为 100～112 d。

巴彦嵯岗系典型景观

土壤性状与特征变幅　诊断层包括淡薄表层；诊断特性包括冲积物岩性特征、潮湿土壤水分状况、氧化还原特征、寒性土壤温度状况和石灰性。土体厚度 1 m 以上，通体存在氧化还原特征和石灰反应，有机碳含量介于 6.0～43.0 g/kg，容重介于 1.18～1.69 g/cm^3，pH 介于 7.7～8.6，层次质地构型为黏壤土-壤土-粉壤土，砂粒含量介于 300～510 g/kg。

对比土系　吉仁高勒系和东山湾系，属于同一亚类不同土族。吉仁高勒系的土族控制层段内颗粒大小级别为砂质，矿物类型为硅质混合型，土壤温度状况类别为冷性；东山湾系的土族控制层段内颗粒大小级别为黏壤质，矿物类型为混合型，土壤温度状况类别为冷性。本土系的土族控制层段内颗粒大小级别为壤质，矿物类型为混合型，土壤温度状况类别为寒性。

利用性能综述　土层深厚，疏松，土壤肥沃，腐殖质层薄。应以牧业为主，恢复植被，坚持用养结合，搞好草原建设和管理，增加覆盖度和产草量；防止草场牲畜超载，保持生态平衡。

参比土种　壤质石灰性草甸土。

代表性单个土体　位于内蒙古自治区呼伦贝尔市鄂温克族自治旗巴彦嵯岗苏木金星队东北，坐标为 49°10′48.30″N，120°20′37.98″E，海拔为 626 m，阶地，母质为冲积物，草地，植被盖度约 65%，年均气温为–1.8 ℃，年均降水量为 410.1 mm，野外调查采样日期为 2014 年 10 月 1 日，编号 15-054。

Ahr1：0～16 cm，棕灰色（10YR 4/1，干），黑棕色（10YR 3/1，润），黏壤土，粒状结构，疏松，中量根系，少量锈纹锈斑，强石灰反应，明显冲积层理，向下层波状清晰过渡。

Ahr2：16～31 cm，棕灰色（10YR 5/1，干），棕灰色（10YR 4/1，润），壤土，粒状结构，疏松，少量根系，少量锈纹锈斑，强石灰反应，明显冲积层理，向下层平滑清晰过渡。

Abr：31～72 cm，棕灰色（10YR 4/1，干），黑色（10YR 2/1，润），粉壤土，粒状结构，疏松，很少的根系，少量锈纹锈斑，中度石灰反应，向下层平滑清晰过渡。

ACr：72～130 cm，灰黄棕色（10YR 5/2，干），黑棕色（10YR 3/1，润），壤土，块状结构，疏松，少量锈纹锈斑，强石灰反应。

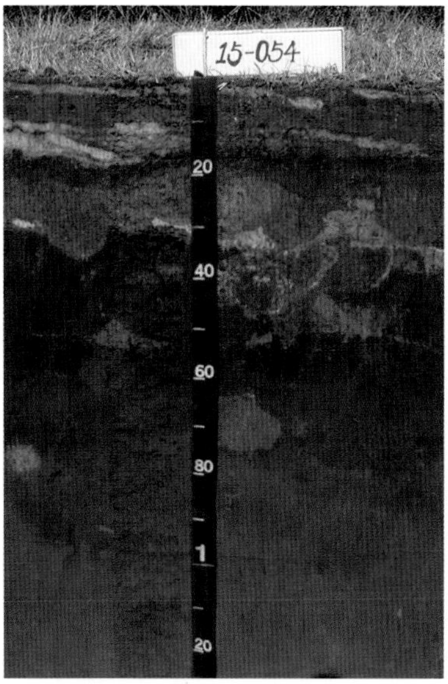

巴彦嵯岗系代表性单个土体剖面

巴彦嵯岗系代表性单个土体物理性质

土层	深度 /cm	细土颗粒组成(粒径：mm)/(g/kg) 砂粒 2～0.05	粉粒 0.05～0.002	黏粒 <0.002	质地	容重 /(g/cm³)
Ahr1	0～16	314	389	296	黏壤土	1.18
Ahr2	16～31	505	385	110	壤土	1.62
Abr	31～72	307	518	175	粉壤土	1.32
ACr	72～130	506	375	119	壤土	1.69

巴彦嵯岗系代表性单个土体化学性质

深度 /cm	pH (H_2O)	有机碳 /(g/kg)	全氮(N) /(g/kg)	全磷(P) /(g/kg)	全钾(K) /(g/kg)	CEC /(cmol/kg)	$CaCO_3$ /(g/kg)
0～16	7.7	42.9	3.27	0.63	10.5	44.2	100.6
16～31	8.2	14.7	0.93	0.45	11.7	12.8	112.5
31～72	8.6	24.1	1.77	1.00	11.5	25.1	55.1
72～130	8.4	6.4	0.39	0.12	12.1	9.4	112.3

11.6　普通砂质干润新成土

11.6.1　卓伦系（Zhuolun Series）

土　族：硅质混合型非酸性冷性-普通砂质干润新成土

拟定者：孙福军，潘　瑶，蒋卓东，曾　鸣

分布与环境条件　主要分布于内蒙古自治区阿巴嘎旗查干淖尔苏木一带，高原，海拔约 1127 m，母质为风积沙，天然牧草地，温带半干旱大陆性季风气候，年均气温约 2.7 ℃，年均降水量约 262.8 mm，年均日照时数约 3126 h，无霜期约 103 d。

卓伦系典型景观

土壤性状与特征变幅　诊断层包括淡薄表层；诊断特性包括砂质沉积物岩性特征、半干润土壤水分状况和冷性土壤温度状况。土体厚度约 1 m 以上，碳酸钙含量介于 4.0～5.4 g/kg，有机碳含量介于 1.3～1.4 g/kg，容重介于 1.53～1.60 g/cm^3，pH 介于 8.1～8.2，层次质地构型为砂质黏壤土-砂质壤土，砂粒含量介于 678～798 g/kg。

对比土系　与乌兰宝拉格系对比，两者属不同土纲。乌兰宝拉格系土体厚度约 90 cm，通体存在石灰反应，碳酸钙含量更高，介于 41.5～43.8 g/kg；有机碳含量更高，介于 6.0～15.3 g/kg；容重略高，介于 1.60～1.75 g/cm^3；pH 更低，介于 7.8～8.1；层次质地构型为砂质壤土，粗颗粒更少，砂粒含量介于 509～717 g/kg。与都兰敖包系对比，两者属不同土纲，土体厚度均达到 1 m 以上。都兰敖包系有机碳含量变幅更大，介于 1.0～9.3 g/kg；容重更小，介于 1.41～1.59 g/cm^3；碳酸钙含量更高，介于 48.0～79.0 g/kg；pH 更高，介于 8.1～8.9；层次质地构型为砂质壤土-壤质砂土-砂土，粗颗粒更多，砂粒含量介于 759～933 g/kg。

利用性能综述　土层深厚，养分含量低，腐殖质层薄，保水保肥性能差，土地沙化严重。以牧业为主，以围封和人工种草相结合，恢复土地生产力；划区轮牧，防止过牧引起草场沙化或退化。

参比土种　草原固定风沙土。

代表性单个土体　位于内蒙古自治区阿巴嘎旗查干淖尔苏木卓伦，坐标为 43°32′42.30″N，115°05′29.90″E，海拔为 1045 m，高原，母质为风积沙，天然牧草地，草被盖度为 25%，年均气温为 2.7 ℃，年均降水量为 262.8 mm，野外调查采样日期为 2015 年 7 月 26 日，编号 15-037。

AC：0～10 cm，亮黄棕色（2.5Y 6/6，干），橄榄棕色（2.5Y 4/6，润），砂质黏壤土，单粒，松散，很少量根系，向下层平滑清晰过渡。

C：10～100 cm，浊橙色（7.5YR 6/4，干），浊橙色（7.5YR 6/4，润），砂质壤土，单粒，松散，少量根系。

卓伦系代表性单个土体剖面

卓伦系代表性单个土体物理性质

土层	深度/cm	细土颗粒组成(粒径：mm)/(g/kg)			质地	容重/(g/cm³)
		砂粒 2～0.05	粉粒 0.05～0.002	黏粒 <0.002		
AC	0～10	678	121	201	砂质黏壤土	1.60
C	10～100	798	81	121	砂质壤土	1.53

卓伦系代表性单个土体化学性质

深度/cm	pH (H_2O)	有机碳/(g/kg)	全氮(N)/(g/kg)	全磷(P)/(g/kg)	全钾(K)/(g/kg)	CEC/(cmol/kg)	$CaCO_3$/(g/kg)
0～10	8.1	1.4	0.20	0.18	18.0	9.6	4.0
10～100	8.2	1.3	0.06	0.16	17.4	7.8	5.4

11.7　石灰干旱正常新成土

11.7.1　巴彦宝格德系（Bayanbaogede Series）

土　族：砂质硅质混合型温性-石灰干旱正常新成土

拟定者：李德成，张甘霖，赵玉国

分布与环境条件　主要分布于内蒙古自治区阿拉善盟额济纳旗一带，洪积平原，海拔介于 898～1598 m，母质为黄土和砾石混杂洪积物，戈壁，温带大陆性季风气候，年均气温约 8.5 ℃，年均降水量约 57.1 mm，年均日照时数为 2600～3500 h，无霜期为 138～150 d。

巴彦宝格德系典型景观

土壤性状与特征变幅　诊断层包括干旱表层；诊断特性包括干旱土壤水分状况、温性土壤温度状况和石灰性。地表遍布粗碎块，土体厚度 1 m 以上，通体有石灰反应，碳酸钙含量介于 30～80 g/kg，干旱结皮厚度介于 1～4 cm，干旱表层厚度介于 5～15 cm，土体中可见残留的冲积层理，有机碳含量介于 0.8～1.4 g/kg，容重介于 1.54～1.64 g/cm^3，pH 介于 7.5～9.2，层次质地构型为砂质黏壤土-壤质砂土-砂土，砂粒含量介于 580～930 g/kg，砾石含量介于 5%～30%。

对比土系　桑格音达系，属于同一土族。桑格音达系的腐殖质层厚度为 12 cm，表土为砂质壤土，且砾石含量较低。本土系的腐殖质层厚度为 10 cm，表土为砂质黏壤土，且砾石含量较高。

利用性能综述 地势平坦，土体薄，砾石较多，养分含量低，干旱缺水，植被盖度低。应封境育草。

参比土种 石膏灰棕漠土。

代表性单个土体 位于内蒙古阿拉善盟额济纳旗巴彦宝格德苏木 26 号东北，17 号西南，41°01′53.85″N，100°25′21.19″E，海拔为 1005 m，剥蚀高平原，母质为黄土和砾石混杂洪积物，裸地，年均气温为 8.5 ℃，年均降水量为 57.1 mm，野外调查采样日期为 2012 年 8 月 19 日，编号 YG-032。

K：+3～0 cm，干旱结皮。

Ah：0～10 cm，浊橙色（7.5YR 7/4，干），灰棕色（7.5YR 5/2，润），30%砾石，砂质黏壤土，发育弱的粒状-小块状结构，松散-坚硬，可见残留的冲积层理，强石灰反应，向下层波状渐变过渡。

AC：10～20 cm，浊橙色（7.5YR 6/4，干），灰棕色（7.5YR 5/2，润），30%砾石，壤质砂土，单粒，松散，可见残留的冲积层理，轻度石灰反应，向下层波状清晰过渡。

C1：20～58 cm，浊橙色（7.5YR 7/3，干），灰棕色（7.5YR 5/2，润），30%砾石，壤质砂土，单粒，松散，可见残留的冲积层理，轻度石灰反应，向下层波状清晰过渡。

C2：58～80 cm，浊橙色（7.5YR 7/3，干），棕灰色（7.5YR 4/1，润），5%砾石，砂土，单粒，松散，可见残留的冲积层理，轻度石灰反应。

巴彦宝格德系代表性单个土体剖面

巴彦宝格德系代表性单个土体物理性质

土层	深度/cm	砾石(>2mm，体积分数)/%	细土颗粒组成(粒径：mm) /(g/kg)			质地	容重/(g/cm^3)
			砂粒 2～0.05	粉粒 0.05～0.002	黏粒 <0.002		
Ah	0～10	30	581	190	229	砂质黏壤土	1.54
AC	10～20	30	853	31	115	壤质砂土	1.59
C1	20～58	30	888	19	93	壤质砂土	1.63
C2	58～80	5	928	14	58	砂土	1.64

巴彦宝格德系代表性单个土体化学性质

深度/cm	pH (H_2O)	有机碳/(g/kg)	全氮(N)/(g/kg)	全磷(P)/(g/kg)	全钾(K)/(g/kg)	CEC/(cmol/kg)	$CaCO_3$/(g/kg)
0～10	7.6	1.4	0.13	0.47	14.7	5.3	76.3
10～20	7.5	1.1	0.08	0.37	13.6	3.0	48.0
20～58	9.2	0.9	0.07	0.30	12.6	2.2	34.2
58～80	9.1	0.8	0.04	0.30	11.6	0.8	43.3

11.7.2　桑格音达系（Sanggeyinda Series）

土　族：砂质硅质混合型温性-石灰干旱正常新成土
拟定者：李德成，张甘霖，赵玉国

分布与环境条件　主要分布于内蒙古自治区阿拉善盟额济纳旗一带，洪积平原，海拔介于 898～1598 m，母质为黄土和砾石混杂洪积物，戈壁，温带大陆性季风气候，年均气温约 8.4 ℃，年均降水量约 45.4 mm，年均日照时数为 2600～3500 h，无霜期为 138～150 d。

桑格音达系典型景观

土壤性状与特征变幅　诊断层包括干旱表层；诊断特性包括干旱土壤水分状况、温性土壤温度状况和石灰性。地表遍布粗碎块，土体厚度 1 m 以上，通体有石灰反应，碳酸钙含量 38～44 g/kg，干旱结皮厚度介于 1～4 cm，干旱表层厚度介于 5～15 cm，土体中可见残留的冲积层理，有机碳含量约 1.2 g/kg，容重介于 1.56～1.57 g/cm^3，pH 约 7.8，层次质地构型为砂质壤土，砂粒含量介于 730～810 g/kg，砾石含量介于 10%～50%。

对比土系　巴彦宝格德系，属于同一土族。巴彦宝格德系的腐殖质层厚度为 10 cm，表土为砂质黏壤土，且砾石含量较高。本土系的腐殖质层厚度为 12 cm，表土为砂质壤土，且砾石含量较低。

利用性能综述　地势平坦，土体薄，砾石较多，养分含量低，干旱缺水，植被盖度低。应封境育草。

参比土种 石膏灰棕漠土。

代表性单个土体 位于内蒙古自治区阿拉善盟额济纳旗赛汉陶来苏木桑格音达来西南，浩依尔呼都格西，坐标为 41°44′31.49″N，100°05′58.84″E，海拔为 934 m，洪积平原，母质为黄土和砾石混杂洪积物，裸地，灌木盖度<2%，年均气温为 8.4 ℃，年均降水量为 45.4 mm，野外调查采样日期为 2012 年 8 月 18 日，编号 YG-030。

K: +3～0 cm，干旱结皮。

Ak: 0～12 cm，浊橙色（7.5YR 6/4，干），灰棕色（7.5YR 4/2，润），10%砾石，砂质壤土，发育弱的粒状-小块状结构，松散-坚硬，可见残留的冲积层理，中度石灰反应，向下层波状渐变过渡。

ACk: 12～cm，浊橙色（7.5YR 6/4，干），灰棕色（7.5YR 4/2，润），50%砾石，砂质壤土，发育弱的小块状结构，坚硬，可见残留的冲积层理，中度石灰反应。

桑格音达系代表性单个土体剖面

桑格音达系代表性单个土体物理性质

土层	深度 /cm	砾石 (>2mm，体积分数)/%	细土颗粒组成(粒径：mm)/(g/kg)			质地	容重 /(g/cm³)
			砂粒 2～0.05	粉粒 0.05～0.002	黏粒 <0.002		
Ak	0～12	10	739	107	154	砂质壤土	1.56
ACk	12～	50	803	53	144	砂质壤土	1.57

桑格音达系代表性单个土体化学性质

深度 /cm	pH (H_2O)	有机碳 /(g/kg)	全氮(N) /(g/kg)	全磷(P) /(g/kg)	全钾(K) /(g/kg)	CEC /(cmol/kg)	$CaCO_3$ /(g/kg)
0～12	7.8	1.2	0.12	0.32	13.9	3.1	43.1
12～	7.8	1.2	0.11	0.33	14.0	3.5	38.2

11.8　石质干润正常新成土

11.8.1　呼拉延系（Hulayan Series）

土　族：粗骨质硅质混合型石灰性冷性-石质干润正常新成土
拟定者：韩春兰，王英杰，付小梅，刘金宝，李鑫蕊

分布与环境条件　主要分布于内蒙古自治区锡林郭勒盟苏尼特右旗一带，高原，海拔介于 900～1400 m，母质为二元母质，上部分为风积物，下部分为砾质砂岩风化物，草地，温带干旱大陆性季风气候，年均气温约 4 ℃，年均降水量约 173.2 mm，年均日照时数约 3206 h，无霜期约 135 d。

呼拉延系典型景观

土壤性状与特征变幅　诊断层包括淡薄表层；诊断特性包括准石质接触面、半干润土壤水分状况、冷性土壤温度状况和石灰性。土体厚度 1 m 以上，通体存在石灰反应，有机碳含量介于 8.9～9.6 g/kg，容重介于 1.59～1.62 g/cm^3，碳酸钙含量介于 28～76 g/kg，pH 介于 8.7～8.9，层次质地构型为砂质壤土-壤质砂土，砂粒含量介于 720～860 g/kg，砾石含量介于 20%～90%。

对比土系　三合系，属于同一亚类不同土族。三合系的土族控制层段内颗粒大小级别为黏壤质，矿物类型为混合型。本土系的土族控制层段内颗粒大小级别为粗骨质，矿物类型为硅质混合型。

利用性能综述　地势平坦，土体深厚，砂粒多，养分含量低，植被盖度低。应封境育草，防止土地沙化。

参比土种　钙质粗骨土。

代表性单个土体　位于内蒙古自治区锡林郭勒盟苏尼特右旗海日音照黑斯图呼拉延敖包，坐标为 43°38′55.10″N，112°21′12.35″E，海拔为 995 m，高原，母质上部为风积物，下部为砾质砂岩风化物，天然草地，草被盖度约 25%，年均气温为 4.0 ℃，年均降水量为 173.2 mm，野外调查采样日期为 2015 年 7 月 27 日，编号 15-044。

Ahk：0～11 cm，黄棕色（10YR 5/6，干），棕色（7.5YR 5/4，润），20%岩石碎屑，砂质壤土，块状结构，松散，少量根系，强石灰反应，向下层波状渐变过渡。

2Ck1：11～30 cm，橙白色（10YR 8/2，干），浊橙色（10YR 7/3，润），60%岩石碎屑，砂质壤土，块状结构，松散，可见碳酸钙粉末，强石灰反应，向下层平滑模糊过渡。

2Ck2：30～100 cm，橙白色（10YR 8/2，干），橙色（7.5YR 6/6，润），80%岩石碎屑，砂质壤土，块状结构，稍坚硬，强石灰反应，可见碳酸钙粉末，向下层平滑模糊过渡。

2Ck3：100～156 cm，淡灰色（10YR 7/1，干），橙白色（7.5YR 8/2，润），90%岩石碎屑，壤质砂土，块状结构，松散，可见碳酸钙粉末，强石灰反应。

呼拉延系代表性单个土体剖面

呼拉延系代表性单个土体物理性质

土层	深度/cm	砾石(>2mm，体积分数)/%	细土颗粒组成(粒径：mm)/(g/kg) 砂粒 2～0.05	粉粒 0.05～0.002	黏粒 <0.002	质地	容重/(g/cm³)
Ahk	0～11	20	727	135	139	砂质壤土	1.59
2Ck1	11～30	60	750	110	141	砂质壤土	1.62
2Ck2	30～100	80	771	109	120	砂质壤土	—
2Ck3	100～156	90	852	94	54	壤质砂土	—

呼拉延系代表性单个土体化学性质

深度/cm	pH(H_2O)	有机碳/(g/kg)	全氮(N)/(g/kg)	全磷(P)/(g/kg)	全钾(K)/(g/kg)	CEC/(cmol/kg)	$CaCO_3$/(g/kg)
0～11	8.7	9.6	0.61	0.63	32.7	17.7	28.7
11～30	8.9	8.9	0.32	0.31	31.2	15.8	75.5

11.8.2　巴彦胡硕系（Bayanhushuo Series）

土　族：砂质盖粗骨质混合型非酸性冷性-石质干润正常新成土

拟定者：贾树海，王洪志，杜　蒙，张国建，孙仲秀，王秋兵

分布与环境条件　主要分布于内蒙古自治区通辽市扎鲁特旗一带，丘陵，海拔介于 179～1444 m，母质为残坡积物，林地，温带大陆性季风气候，年均气温约 3.3 ℃，年均降水量约 384.6 mm，年均日照时数约 2883 h，无霜期约 139 d。

巴彦胡硕系典型景观

土壤性状与特征变幅　诊断层包括淡薄表层；诊断特性包括准石质接触面、冷性土壤温度状况和半干润土壤水分状况。土体厚度约 1 m 以上，深 36 cm 以下砾石含量介于 80%～85%，有机碳含量介于 1.3～16.0 g/kg，容重介于 1.28～1.44 g/cm^3，pH 介于 5.7～6.2，层次质地构型为砂质黏壤土-砂质壤土-壤质砂土，砂粒含量介于 714～798 g/kg。

对比土系　边墙里系，属于同一亚类不同土族。边墙里系的土族控制层段内颗粒大小级别为黏质。本土系的土族控制层段内颗粒大小级别为砂质盖粗骨质。

利用性能综述　起伏丘陵，土层薄，含有大量砾石，土壤养分丰富，地形坡度较大，易产生水土流失。以发展林业生产为宜，防止乱砍滥伐。

参比土种　中性粗骨土。

代表性单个土体　位于内蒙古自治区通辽市扎鲁特旗巴雅尔图胡硕镇巴彦胡硕嘎查，坐标为 45°06′51.20″N，120°02′37.00″E，海拔为 929 m，起伏丘陵，母质为残坡积物，林地，

植被盖度约 60%，年均气温为 3.3 ℃，年均降水量为 384.6 mm，野外调查采样日期为 2015 年 7 月 27 日，编号 15-106。

巴彦胡硕系代表性单个土体剖面

Oi：+2～0 cm，枯枝落叶层。

Ah1：0～21 cm，橄榄棕色（2.5Y 4/3，干），暗灰黄色（2.5Y 4/2，润），砂质黏壤土，发育强的团粒状结构，疏松，少量根系，向下层平滑波状过渡。

Ah2：21～36 cm，暗橄榄棕色（2.5Y 3/3，干），黑棕色（2.5Y 3/2，润），砂质壤土，团粒状结构，疏松，很少量根系，向下层平滑清晰过渡。

AC：36～54 cm，黄棕色（2.5Y 5/4，干），橄榄棕色（2.5Y 4/4，润），80%砾石，壤质砂土，发育弱的屑粒状结构，疏松，很少量根系，向下层平滑清晰过渡。

C：54～140 cm，淡灰色（5Y 7/2，干），橄榄黄色（5Y 6/3，润），85%砾石，壤质砂土，发育很弱的屑粒状结构。

巴彦胡硕系代表性单个土体物理性质

土层	深度/cm	砾石(>2mm，体积分数)/%	细土颗粒组成(粒径：mm)/(g/kg)			质地	容重/(g/cm^3)
			砂粒 2～0.05	粉粒 0.05～0.002	黏粒 <0.002		
Ah1	0～21	0	714	41	245	砂质黏壤土	1.28
Ah2	21～36	0	755	82	163	砂质壤土	1.44
AC	36～54	80	798	121	81	壤质砂土	—
C	54～140	85	797	122	81	壤质砂土	—

巴彦胡硕系代表性单个土体化学性质

深度/cm	pH(H_2O)	有机碳/(g/kg)	全氮(N)/(g/kg)	全磷(P)/(g/kg)	全钾(K)/(g/kg)	CEC/(cmol/kg)
0～21	5.9	16.0	5.30	1.02	22.0	26.5
21～36	6.2	12.3	5.05	0.72	19.4	17.0
36～54	5.7	1.3	1.47	0.31	20.1	6.0
54～140	5.9	3.7	1.20	0.31	19.4	6.0

11.8.3　边墙里系（Bianqiangli Series）

土　族：黏质混合型非酸性冷性-石质干润正常新成土
拟定者：韩春兰，王英杰，付小梅，刘金宝，李鑫蕊

分布与环境条件　主要分布于内蒙古自治区赤峰市北部一带，丘陵，海拔介于394～1736 m，母质为花岗岩，林地，温带半干旱气候，年均气温约 3.4 ℃，年均降水量约 370.7 mm，年均日照时数约 3000 h，无霜期为 110～130 d。

边墙里系典型景观

土壤性状与特征变幅　诊断层包括暗沃表层；诊断特性包括半干润土壤水分状况、冷性土壤温度状况和氧化还原特征。土体厚度约 1 m 以上，暗沃表层厚度约 26 cm，干态明度为 3，润态明度为 2，润态彩度为 3，深 63 cm 以下出现氧化还原特征，碳酸钙含量介于 109.0～121.0 g/kg，有机碳含量介于 2.0～21.0 g/kg，容重介于 1.10～1.24 g/cm^3，pH 介于 6.3～7.0，层次质地构型为黏土-粉质黏壤土-砂土-粉壤土，砂粒含量介于 43～124 g/kg。

对比土系　巴彦胡硕系，属于同一亚类不同土族。巴彦胡硕系的土族控制层段内颗粒大小级别为砂质盖粗骨质。本土系的土族控制层段内颗粒大小级别为黏质。

利用性能综述　坡度较大，土层薄，黏粒含量高，植被盖度高。应用于牧业生产，严禁超载放牧，防止水土流失。

参比土种　中性石质土。

代表性单个土体　位于内蒙古自治区巴林左旗新荒地镇边墙里村，坐标为44°37′52.41″N，119°05′26.16″E，海拔为1037 m，丘陵，地形坡度为15°，母质为花岗岩，林地，年均气温为3.4 ℃，年均降水量为370.7 mm，野外调查采样日期为2015年7月5日，编号15-014。

Ah：0～26 cm，黑棕色（10YR 3/2，干），黑棕色（10YR 2/3，润），10%岩石碎屑，黏土，发育强的极小、小团粒结构，松散，中量根系，向下层波状清晰过渡。

C1：26～63 cm，浅淡黄色（5YR 8/3，干），棕色（10YR 4/6，润），85%岩石碎屑，粉质黏壤土，单粒，松散，少量根系，向下层波状清晰过渡。

C2：63～96 cm，灰白色（2.5YR 8/2，干），黄棕色（2.5YR 5/4，润），50%岩石碎屑，砂土，单粒，松软，少量根系，少量锈纹锈斑，向下层波状清晰过渡。

C3：96～120 cm，灰白色（2.5YR 8/2，干），黄棕色（2.5YR 5/4，润），95%岩石碎屑，粉壤土，单粒，松散。

边墙里系代表性单个土体剖面

边墙里系代表性单个土体物理性质

土层	深度/cm	细土颗粒组成(粒径：mm)/(g/kg)			质地	容重/(g/cm³)
		砂粒 2～0.05	粉粒 0.05～0.002	黏粒 <0.002		
Ah	0～26	124	100	776	黏土	1.24
C1	26～63	48	622	331	粉质黏壤土	1.10
C2	63～96	43	686	271	砂土	1.15
C3	96～120	—	—	—	粉壤土	1.21

边墙里系代表性单个土体化学性质

深度/cm	pH（H_2O）	有机碳/(g/kg)	全氮(N)/(g/kg)	全磷(P)/(g/kg)	全钾(K)/(g/kg)	CEC/(cmol/kg)	$CaCO_3$/(g/kg)
0～26	6.3	20.7	4.41	0.98	26.1	19.5	120.4
26～63	7.0	5.4	0.61	1.32	23.7	17.9	109.2
63～96	7.0	2.4	0.32	5.09	35.4	15.8	120.1
96～120	—	—	—	—	—	—	—

11.8.4　三合系（Sanhe Series）

土　族：黏壤质混合型石灰性冷性-石质干润正常新成土
拟定者：韩春兰，王英杰，付小梅，刘金宝，李鑫蕊

分布与环境条件　主要分布于内蒙古自治区赤峰市巴林左旗一带，低山，海拔介于 394～1736 m，母质为坡残积物，天然牧草地，温带半干旱气候，年均气温 4.4 ℃，年均降水量约 380 mm，年均日照时数约 3000 h，无霜期为 110～130 d。

三合系典型景观

土壤性状与特征变幅　诊断层包括淡薄表层；诊断特性包括准石质接触面、半干润土壤水分状况、冷性土壤温度状况和石灰性。地表遍布粗碎块，土体厚度约 22 cm，之下岩石碎屑含量为 90%，通体存在石灰反应，碳酸钙含量约 125.9 g/kg，有机碳含量约 14.2 g/kg，容重约 1.34 g/cm^3，pH 为 7.7，层次质地构型为粉质黏壤土，砂粒含量约 59 g/kg，砾石含量为 10%～90%。

对比土系　呼拉延系，属于同一亚类不同土族。呼拉延系的土族控制层段内颗粒大小级别为粗骨质，矿物类型为硅质混合型。本土系的土族控制层段内颗粒大小级别为黏壤质，矿物类型为混合型。

利用性能综述　地势起伏，坡度较大，土体薄，养分含量一般，植被盖度低。适合用于牧业生产，用养结合，严禁超载放牧，可实行人工围封草、更新草场等措施，防止土壤沙化。

参比土种　中性石质土。

代表性单个土体　位于内蒙古自治区赤峰市巴林左旗三山乡三合村，坐标为 44°29′26.62″N，119°28′36.61″E，海拔为 733 m，低山，坡残积物，地形坡度为 8°，天然牧草地，草被盖度约 25%，年均气温为 4.4 ℃，年均降水量为 380.0 mm，野外调查采样日期为 2015 年 7 月 5 日，编号 15-012。

Ah：0～22 cm，暗棕色（10YR 3/4，干），棕色（10YR 4/6，润），10%岩石碎屑，粉质黏壤土，发育强的大、中、小团块结构，稍坚硬，少量根系，向下波状突变过渡。

R：22～60 cm，90%岩石碎屑。

三合系代表性单个土体剖面

三合系代表性单个土体物理性质

土层	深度 /cm	砾石 (>2mm，体积分数)/%	细土颗粒组成(粒径：mm)/(g/kg)			质地	容重 /(g/cm³)
			砂粒 2～0.05	粉粒 0.05～0.002	黏粒 <0.002		
Ah	0～22	10	59	610	331	粉质黏壤土	1.34
R	22～60	90	—	—	—	—	—

三合系代表性单个土体化学性质

深度 /cm	pH (H_2O)	有机碳 /(g/kg)	全氮(N) /(g/kg)	全磷(P) /(g/kg)	全钾(K) /(g/kg)	CEC /(cmol/kg)	$CaCO_3$ /(g/kg)	BS /%
0～22	7.7	14.2	2.56	0.32	25.7	18.0	125.9	95

11.9　石灰干润正常新成土

11.9.1　艾勒系（Aile Series）

土　族：砂质硅质混合型冷性-石灰干润正常新成土

拟定者：边振兴，高建飞，孙　雪，刚　晨

分布与环境条件　主要分布于内蒙古自治区通辽市科尔沁左翼中旗巴彦塔拉镇一带，低山丘陵，海拔介于 120～215 m，母质为风积沙，林地，温带大陆性季风气候，年均气温约 6.8 ℃，年均降水量约 459.5 mm，年均日照时数约 2892 h，无霜期约 202 d。

艾勒系典型景观

土壤性状与特征变幅　诊断层包括淡薄表层；诊断特性包括半干润土壤水分状况、冷性土壤温度状况和石灰性。土体厚度 1 m 以上，碳酸钙含量介于 27.0～45.0 g/kg，有机碳含量介于 10.0～13.0 g/kg，容重介于 1.65～1.86 g/cm^3，pH 介于 7.8～8.1，层次质地构型为砂质壤土-壤质砂土-粉土，砂粒含量介于 700～840 g/kg。

对比土系　巴雅尔图系，属于同一土族。巴雅尔图系的腐殖质层厚度为 10 cm，表土为砂质壤土，底土为砂质黏壤土。本土系的腐殖质层厚度为 19 cm，表土为砂质壤土，底土为粉土。

利用性能综述　地势略起伏，土层体深厚，质地较粗，易漏水漏肥，养分含量低，植被盖度高。应防止过度开垦，防止土地沙化。

参比土种　草原固定风沙土。

代表性单个土体　位于内蒙古自治区通辽市科尔沁左翼中旗巴彦塔拉镇艾勒嘎查，坐标为 43°41′48.00″N，123°19′6.00″E，海拔为 146 m，地势略起伏，母质为风积沙，林地，林被盖度为 40%～80%，年均气温为 6.8 ℃，年均降水量为 459.5 mm，野外调查采样日期为 2015 年 7 月 28 日，编号 15-111。

Ahk：0～19 cm，浊黄橙色（10YR 6/4，干），灰黄棕色（10YR 4/2，润），砂质壤土，单粒，稍硬，大量草木根系，轻度石灰反应，向下层平滑渐变过渡。

ACk：19～48 cm，浊黄棕色（10YR 5/3，干），暗棕色（10YR 3/3，润），壤质砂土，单粒，坚硬，少量草木根系，中度石灰反应，向下层平滑渐变过渡。

Ck1：48～93 cm，浊黄棕色（10YR 4/3，干），暗棕色（10YR 3/3，润），砂质壤土，单粒，稍硬，极少量根系，中度石灰反应，向下层平滑渐变过渡。

Ck2：93～123 cm，暗棕色（10YR 3/4，干），黑棕色（10YR 2/3，润），壤质砂土，单粒，坚硬，中度石灰反应，向下层平滑渐变过渡。

Ck3：123～162 cm，浊黄棕色（10YR 5/3，干），灰棕色（10YR 5/2，润），粉土，单粒，松软，中度石灰反应。

艾勒系代表性单个土体剖面

艾勒系代表性单个土体物理性质

土层	深度/cm	细土颗粒组成(粒径：mm)/(g/kg)			质地	容重/(g/cm³)
		砂粒 2～0.05	粉粒 0.05～0.002	黏粒 <0.002		
Ahk	0～19	781	98	121	砂质壤土	1.73
ACk	19～48	839	80	81	壤质砂土	1.86
Ck1	48～93	708	211	81	砂质壤土	1.69
Ck2	93～123	750	209	41	壤质砂土	1.75
Ck3	123～162	756	200	44	粉土	1.65

艾勒系代表性单个土体化学性质

深度/cm	pH (H_2O)	有机碳/(g/kg)	全氮(N)/(g/kg)	全磷(P)/(g/kg)	全钾(K)/(g/kg)	CEC/(cmol/kg)	$CaCO_3$/(g/kg)
0～19	8.0	11.7	0.17	0.34	39.1	8.6	29.0
19～48	7.8	10.6	0.03	0.30	44.2	6.4	44.2
48～93	8.0	11.9	0.04	0.60	41.8	7.8	43.8
93～123	8.0	12.3	0.03	0.36	44.7	3.5	27.6
123～162	8.1	10.2	0.05	0.35	32.6	3.5	37.5

11.9.2 巴雅尔图系（Baya’ertu Series）

土　族：砂质硅质混合型冷性-石灰干润正常新成土

拟定者：边振兴，高建飞，孙　雪，刚　晨

分布与环境条件　主要分布于内蒙古自治区通辽市扎鲁特旗一带，丘陵，海拔介于 179～1444 m，母质为风积沙，草地，温带大陆性季风气候，年均气温约 3.7 ℃，年均降水量约 392.1 mm，年均日照时数约 2883 h，无霜期约 139 d。

巴雅尔图系典型景观

土壤性状与特征变幅　诊断层包括淡薄表层；诊断特性包括半干润土壤水分状况、冷性土壤温度状况和石灰性。土体厚度约 1 m 以上，有机碳含量介于 2.9～8.8 g/kg，容重介于 1.63～1.74 g/cm^3，pH 介于 7.9～8.1，层次质地构型为砂质壤土，砂粒含量介于 640～790 g/kg。

对比土系　艾勒系，属于同一土族。艾勒系的腐殖质层厚度为 19 cm，表土为砂质壤土，底土为粉土。本土系的腐殖质层厚度为 10 cm，表土为砂质壤土，底土为砂质黏壤土。

利用性能综述　地势起伏，土层深厚，质地较粗，腐殖质层薄，保水保肥性能差，土壤养分含量低。应以牧业利用为主，搞好草原建设和管理，增加植被覆盖度，坚持用养结合，防止草场牲畜超载引起草场退化。

参比土种　草原固定风沙土。

代表性单个土体　位于内蒙古自治区通辽市扎鲁特旗巴雅尔图胡硕镇巴雅尔图胡硕嘎

查，45°3′3.00″N，120°18′8.00″E，海拔为 676 m，地势起伏，丘陵，母质为风积沙，草地，草被盖度约 45%，年均气温为 3.7 ℃，年均降水量为 392.1 mm，野外调查采样日期为 2015 年 7 月 26 日，编号 15-105。

A：　0～10 cm，棕色（10YR 4/6 ，干），暗棕色（10YR 3/3，润），砂质壤土，团粒状结构，松散，大量根系，向下层平滑清晰过渡。

ACk：10～26 cm，棕色（10YR 4/4，干），暗棕色（10YR 3/3，润），砂质壤土，团粒状结构，疏松，极少量根系，中度石灰反应，向下层平滑清晰过渡。

Ck：　26～124 cm，浊黄橙色（10YR 4/6，干），浊黄棕色（10YR 3/3，润），砂质黏壤土，单粒，极疏松，极少量根系，中度石灰反应。

巴雅尔图系代表性单个土体剖面

巴雅尔图系代表性单个土体物理性质

土层	深度/cm	细土颗粒组成(粒径：mm)/(g/kg)			质地	容重/(g/cm³)
		砂粒 2～0.05	粉粒 0.05～0.002	黏粒 ＜0.002		
A	0～10	770	108	122	砂质壤土	1.74
ACk	10～26	787	92	121	砂质壤土	1.72
Ck	26～124	645	113	242	砂质黏壤土	1.63

巴雅尔图系代表性单个土体化学性质

深度/cm	pH（H_2O）	有机碳/(g/kg)	全氮(N)/(g/kg)	全磷(P)/(g/kg)	全钾(K)/(g/kg)	CEC/(cmol/kg)	$CaCO_3$/(g/kg)
0～10	7.9	8.8	0.52	0.17	27.7	15.1	0.0
10～26	8.1	6.8	0.31	0.32	43.5	4.7	35.3
26～124	8.1	2.9	0.11	0.17	46.7	19.4	47.8

11.10　普通干润正常新成土

11.10.1　新井系（Xinjing Series）

土　族：砂质硅质混合型非酸性冷性-普通干润正常新成土

拟定者：贾树海，王洪志，杜　蒙，张国建，孙仲秀，王秋兵

分布与环境条件　主要分布于内蒙古自治区赤峰市克什克腾旗一带，略起伏丘陵，平均海拔约 1100 m，母质为风积沙，天然牧草地，温带大陆性季风气候，年均气温约 4.4 ℃，年均降水量为 250～500 mm，年均日照时数为 2600～2900 h，无霜期为 60～150 d。

新井系典型景观

土壤性状与特征变幅　诊断层包括淡薄表层；诊断特性包括冷性土壤温度状况和半干润土壤水分状况。土体厚度约 1 m 以上，碳酸钙含量介于 0.0～1.9 g/kg，有机碳含量介于 4.1～6.2 g/kg，容重介于 1.58～1.73 g/cm^3，pH 介于 8.3～8.6，层次质地构型为砂质壤土，砂粒含量介于 709～794 g/kg。

对比土系　呼拉延系和三合系，属于同一土类不同亚类，为石质干润正常新成土。

利用性能综述　土层较厚，土壤沙化，养分含量低，漏水漏肥，土壤干旱是主要限制条件。应以牧业利用为主，加强草原建设和管理，坚持用养结合，防止过牧引起草场退化。

参比土种　草原固定风沙土。

代表性单个土体　位于内蒙古自治区赤峰市克什克腾旗东万合永镇新井村，坐标为 43°12′44.60″N，117°55′40.30″E，海拔为 853 m，略起伏丘陵，坡度＜3°，母质为风积沙，天然牧草地，植被盖度为 75%，年均气温为 4.4 ℃，年均降水量为 366.6 mm，野外调查采样日期为 2015 年 7 月 6 日，编号 15-015。

Ah：0～22 cm，棕色（10YR 4/4，干），浊黄棕色（10YR 4/3，润），砂质壤土，团粒状结构，极疏松，中量根系，向下层平滑渐变过渡。

C1：22～109 cm，棕色（10YR 4/6，干），暗棕色（10YR 3/3，润），砂质壤土，粒状结构，极疏松，很少量根系，向下层平滑渐变过渡。

C2：109～132 cm，浊黄色（2.5Y 6/4，干），暗橄榄棕色（2.5Y 3/3，润），砂质壤土，粒状结构，松散，很少量根系。

新井系代表性单个土体剖面

新井系代表性单个土体物理性质

土层	深度 /cm	细土颗粒组成(粒径：mm)/(g/kg)			质地	容重 /(g/cm^3)
		砂粒 2～0.05	粉粒 0.05～0.002	黏粒 ＜0.002		
Ah	0～22	756	120	124	砂质壤土	1.73
C1	22～109	709	121	170	砂质壤土	1.60
C2	109～132	794	80	126	砂质壤土	1.58

新井系代表性单个土体化学性质

深度 /cm	pH (H_2O)	有机碳 /(g/kg)	全氮(N) /(g/kg)	全磷(P) /(g/kg)	全钾(K) /(g/kg)	CEC /(cmol/kg)	$CaCO_3$ /(g/kg)
0～22	8.3	6.2	0.37	0.37	20.1	40.4	1.9
22～109	8.6	4.5	0.10	0.33	20.3	28.1	0.0
109～132	8.4	4.1	0.11	0.31	24.2	26.7	1.2

参 考 文 献

宝音, 包玉海. 2000. 内蒙古土地资源及其持续利用[J]. 地理科学, 20(5) : 478-482.

北京大学地理系, 中国科学院自然资源综合考察委员会, 中国科学院兰州沙漠研究所, 等. 1983. 毛乌素沙区自然条件及其改良利用[M]. 北京: 科学出版社.

陈恩凤. 1951. 中国土壤地理[M]. 上海: 商务印书馆.

陈玉舟, 高正华. 1989. 我国土壤调查制图事业的发展与成就[J]. 土壤肥料, (4): 7-12.

曹新孙. 1984. 内蒙古东部地区风沙干旱综合治理研究. 呼和浩特: 内蒙古人民出版社.

杜恒俭. 1981. 地貌学及第四纪地质学[M]. 北京: 地质出版社.

高以信. 1994. 新疆、内蒙古地区灰漠土分类和命名的修订//中国土壤系统分类研究丛书编委会. 中国土壤系统分类新论[M]. 北京: 科学出版社.

龚子同. 1998. 唐耀先教授与中国土壤系统分类//沈阳农业大学土地与环境学院. 中国农业资源与环境持续发展的探讨: 庆贺唐耀先教授八十华诞纪念论文集[M]. 沈阳: 辽宁科学技术出版社.

龚子同. 1999. 中国土壤系统分类: 理论·方法·实践[M]. 北京: 科学出版社.

龚子同. 2012. 从俄罗斯黑钙土到中国黑土——纪念宋达泉先生诞辰 100 周年[J]. 土壤通报, 43(5): 1028-1035.

龚子同. 2014. 中国土壤地理[M]. 北京: 科学出版社.

龚子同, 张甘霖, 陈志诚. 2007. 土壤发生与系统分类[M]. 北京: 科学出版社.

胡双熙, 王乃昂, 章家恩. 1994. 我国西北地区钙积正常干旱土系统分类研究//中国土壤系统分类研究丛书编委会. 中国土壤系统分类新论[M]. 北京: 科学出版社.

梭颇. 1936. 中国之土壤[J]. 李庆逵, 李连捷, 译. 南京地质调查所土壤研究室, 土壤特刊, 乙种一号.

梭颇, 侯光炯. 1935. 中国北部及西北部之土壤(土壤专报 第12号)[M]. 南京: 实业部地质调查所国立北平研究院地质学研究所.

江凌, 肖燚, 饶恩明, 等. 2016. 内蒙古土地利用变化对生态系统防风固沙功能的影响[J]. 生态学报, 36(12): 3734-3747.

雷 • 额尔德尼. 2013. 内蒙古生态历程[M]. 呼和浩特: 内蒙古人民出版社.

李绍良. 1997. 内蒙古自治区土壤调查与分类的历史概况[C]. 内蒙古土壤肥料学会.

马溶之. 1941. 中国土壤概图(1∶1000 万)[J]. 土壤季刊, 2(1): 4-14.

孟猛, 倪健, 张治国. 2004. 地理生态学的干燥度指数及其应用评述[J]. 植物生态学报, 28(6): 853- 861.

内蒙古农业厅土地利用局. 1967. 内蒙古自治区农区、半农平牧区土壤志[M]. 呼和浩特: 内蒙古农业厅土地利用局.

内蒙古自治区土壤普查办公室, 内蒙古自治区土壤肥料工作站. 1994. 内蒙古土壤[M]. 北京: 科学出版社.

内蒙古自治区土壤普查办公室, 内蒙古自治区土壤肥料工作站. 1994. 内蒙古土种志 [M]. 北京: 中国农业出版社.

内蒙古农业厅土地利用局. 2000. 内蒙古自治区农区半农半牧区土壤志[M]. 呼和浩特: 内蒙古农业厅土地利用局.

潘德顿, 常庆隆, 陈伟, 等. 1932. 绥远萨拉齐区土壤报告(土壤专报, 第 4 号)[M]. 南京: 实业部地质调查所国立北平研究院地质学研究所.

全国土壤普查办公室. 1979. 全国第二次土壤普查土壤工作分类暂行方案[M]. 北京: 农业出版社.

全国土壤普查办公室. 1988. 中国土壤分类系统表[R].

全国土壤普查办公室. 1994. 中国土种志[M]. 北京: 中国农业出版社.

全国土壤普查办公室. 1998. 中国土壤[M]. 北京: 中国农业出版社.

史学正, 邓西海. 1993. 我国土壤温度状况//龚子同. 中国土壤系统分类进展[M]. 北京: 科学出版社.

宋达泉, 程伯容, 曾昭顺. 1958. 东北及内蒙古. 东部土壤区划[J]. 土壤通报, (4): 1-9.

宋达泉, 文振旺, 王方维. 1951. 内蒙古呼纳盟之土壤与土地利用[J]. 土壤专报, 第 25 期. 北京: 科学出版社.

宋达泉, 肖笃宁, 薛也一. 1979a. 大兴安岭中南部山地土壤类型、理化性质及其合理利用(一)[J]. 土壤通报, (2): 6-9.

宋达泉, 肖笃宁, 薛也一. 1979b. 大兴安岭中南部山地土壤类型、理化性质及其合理利用(二)[J]. 土壤通报, (2): 26-29.

王春裕, 陈宣庆. 1995. 中国东北西部退化土地治理[M]. 北京: 地质出版社.

王伦平, 陈亚新, 曾国芳, 等. 1993. 内蒙古河套灌区灌溉排水与盐碱化防治[M]. 北京: 水利电力出版社.

王吉智, 马玉兰, 王全祥. 1992. 灌淤土的分类研究//中国土壤系统分类研究丛书编委会. 中国土壤系统分类探讨[C]. 北京: 科学出版社: 18-24.

王铁娟, 韩国栋, 李富雄. 2007. 内蒙古沙生植物的区系特征[J]. 干旱区资源与环境, 21(8): 152-156.

王义凤, 雍世鹏, 刘钟龄. 1979. 内蒙古自治区的植被地带特征[J]. 植物学报, 21(3): 275-284.

王云森. 1980. 中国古代土壤科学[M]. 北京: 科学出版社.

王汝槦等. 1988. 科尔沁沙地碱化土壤分级初步研究[M]. 南京: 江苏科技出版社.

文振旺. 1957. 热河省土壤地理概要. 土壤专报[J], 30 号.

文振旺, 徐琪, 李锦, 等. 1959. 内蒙古自治区土壤地理区划. 土壤专报[J], 34 号.

乌力更. 1982. 黄河内蒙古后套灌区的历史变迁与水盐运动规律(一): 19 世纪以前[J]. 内蒙古农业大学学报, (01): 125-137.

乌力更. 1988. 黄河内蒙古后套灌区的历史变迁与水盐运动规律(二): 19 世纪以来[J]. 内蒙古农业大学学报, 9(2): 1-10.

吴万里, 黄润华. 1994. 阴山山地土壤系统分类与始成土纲研究//中国土壤系统分类研究丛书编委会. 中国土壤系统分类新论[M]. 北京: 科学出版社.

武智双. 2009. 内蒙古京津风沙源治理工程封山(沙)育林回顾[J]. 内蒙古林业, (2): 6-7.

席承藩, 王遵亲. 1953. 绥远中部土壤概要[J]. 土壤专报, 27 号.

徐进才, 高和平. 2016. 内蒙古土地资源利用[M]. 呼和浩特: 内蒙古出版集团内蒙古人民出版社.

闫少菲. 2019. 北疆沧桑七十年 粮荒粮仓两重天: 新中国成立 70 年来内蒙古粮食生产的发展历程与宝贵经验[EB/OL]: doi: 10. 19454/j. cnki. cn15-1170/c. 2019. 03. 002.

杨万江. 2017. 稻米产业经济发展研究[M]. 杭州: 浙江大学出版社.

姚喜军, 吴全, 靳晓雯, 等. 2018. 内蒙古土地资源利用现状评述与可持续利用对策研究[J]. 干旱区资源与环境, 32(9): 76-83.

张甘霖, 史学正, 龚子同. 2008. 中国土壤地理学发展的回顾与展望[J]. 土壤学报, 45(5): 792-801.

张甘霖, 龚子同. 2012. 土壤调查实验室分析方法[M]. 北京: 科学出版社.

张甘霖, 王秋兵, 张凤荣, 等. 2013. 中国土壤系统分类土族与土系划分标准[J]. 土壤学报, 50(4): 190-198.

张银锁, 顾煌时. 1995. 内蒙古自治区水稻开发的农业气候条件研究[J]. 内蒙古气象, (6): 8-16.

郑海春. 1993. 内蒙古土壤资源数据册[M]. 呼和浩特: 内蒙古人民出版社.

张国枢, 庄季屏, 肖笃宁, 等. 1993. 中国黑土系统分类的初步研究//中国土壤系统分类研究丛书编委会. 中国土壤系统分类进展[C]. 北京: 科学出版社: 245-254.

赵羽, 金争平, 史培军, 等. 1989. 内蒙古土壤侵蚀研究[M]. 北京: 科学出版社.

中国科学院内蒙古宁夏综合考察队. 1974. 内蒙古自治区及其东西部毗邻地区天然草场: 综合考察专集[M]. 北京: 科学出版社.

中国科学院内蒙古宁夏综合考察队. 1978. 内蒙古自治区与东北西部地区土壤地理[M]. 北京: 科学出版社.

中国科学院南京土壤研究所, 中国科学院西安光学精密机械研究所. 1989. 中国土壤标准色卡[M]. 南京: 南京出版社.

中国科学院南京土壤研究所黑龙江队. 1982. 黑龙江省与内蒙古自治区东北部土壤资源[M]. 北京: 科学出版社.

中国科学院林业土壤研究所. 1980. 中国东北土壤[M]. 北京: 科学出版社.

中国科学院南京土壤研究所土壤系统分类课题组, 中国土壤系统分类课题研究协作组. 1985. 中国土壤系统分类初拟[J]. 土壤, 17(6): 290-318.

中国科学院南京土壤研究所土壤系统分类课题组, 中国土壤系统分类课题研究协作组. 1987. 中国土壤系统分类(二稿)[J]. 土壤学进展, 中国土壤系统分类研讨会特刊: 69-104.

中国科学院南京土壤研究所土壤系统分类课题组, 中国土壤系统分类课题研究协作组. 1991. 中国土壤系统分类(首次方案)[M]. 北京: 科学出版社.

中国科学院南京土壤研究所土壤系统分类课题组, 中国土壤系统分类课题研究协作组. 1995. 中国土壤系统分类(修订方案)[M]. 北京: 中国农业科技出版社.

中国科学院南京土壤研究所土壤系统分类课题组, 中国土壤系统分类课题研究协作组. 2001. 中国土壤系统分类检索[M]. 3 版. 合肥: 中国科学技术大学出版社.

中国科学院《中国自然地理》编辑委员会. 1981. 《中国自然地理 · 土壤地理》[M]. 北京: 科学出版社.

中国土壤学会. 1989. 中国土壤土属土种分类研究[M]. 南京: 江苏科学技术出版社.

朱莲青. 1946. 宁夏省的土地应该怎样利用和改良[J]. 土壤季刊, 5(2): 63-74.

Gordeef T P. 1926. Description of soil and rocks amid which had been found Mammoth-task [J]. The society of the study of Manchuria, Harbin, Bull, 6.

附　　录

内蒙古自治区土系与土种参比表

土系	土种	土系	土种
永记系	壤质盐化灌淤土	灵泉系	泥页岩暗栗钙土
美星系	壤质石灰性草甸土	牙克石系	薄层黄土质黑钙土
渠西系	壤质潮灌淤土	风毛台系	黑黄栗钙土
韩五系	壤质潮灌淤土	海拉尔系	薄黑黄栗钙土
大柴滩西系	氯化物碱化灰棕漠土	满洲里系	中层黄土质暗栗钙土
嘎顺扎德系	砂砾质石膏灰棕漠土	哈克东系	结晶岩暗栗钙土
吴忠乌苏系	砂砾质石膏灰棕漠土	巴音塔拉系	砂质淤积草甸栗钙土
喜桂图系	砂砾质石膏灰棕漠土	伊敏河系	冲积黄土质暗栗钙土
呼布音系	石膏灰棕漠土	宝格德乌拉系	砾底壤质淤积草甸黑钙土
呼德特勃系	戈壁盖砂质石膏灰棕漠土	上徒亥系	壤质坡-洪积栗钙土
乌兰格日系	砂质石膏灰棕漠土	白音锡勒系	壤质砂质底草甸栗钙土
桑格音乌系	石膏灰棕漠土	浩勒图系	厚层风积淋溶黑钙土
哈墩呼舒系	砾质化壤质石膏灰棕漠土	老盘道系	厚层风积灰色森林土
吉日格日系	砂砾质石膏灰棕漠土	乌兰格系	厚层冲洪积草甸暗棕壤
考勒巴系	石膏灰棕漠土	乌宝力格系	壤质中层草甸土
巴拉吉日系	粗骨壤质石膏灰棕漠土	查木罕系	厚层坡积-黄土质灰色森林土
吉格德阿系	粗骨壤质石膏灰棕漠土	扎兰屯系	薄层壤质草甸黑土
推日木图系	壤质石膏灰棕漠土	白辛系	厚层壤质砂底残积物暗棕壤
策克嘎查系	灰棕漠土	索伦系	壤质砂砾底中层草甸土
嘛尼查干系	砂砾质灰棕漠土	白音敖包系	壤质淤草甸暗栗钙土
东风镇系	砂砾质灰棕漠土	哈新山系	壤质黄土质淋溶黑钙土
藏查干系	砂砾质灰棕漠土	可汗山系	壤质厚层暗栗钙土
额很合热系	砂砾质灰棕漠土	乌罕达巴系	壤质砂砾底中层草甸土
哈日波日系	戈壁盖壤质砂底灰棕漠土	元恒永系	壤质砂砾底坡积黄土质栗钙土
浩雅呼都系	砂砾质灰棕漠土	巴彦查干系	林灌草甸土
呼舒乌拉系	砂质灰棕漠土	雅尔根楚系	黏质中层草甸土
准巴嘎系	壤质苏打草甸碱土	汉古尔河系	洪冲积草甸黑土
三白滩系	壤质氯化物硫酸盐漠境盐土	宝昌系	砂质底壤质石灰性草甸土
准乌素系	砂质壤土底漠境盐土	朱尔圪岱系	壤质石灰性草甸土
阿给音系	壤质氯化物硫酸盐漠境盐土	鄂伦春系	中体壤质石质暗棕壤
杭盖音系	壤质砂土底氯化物硫酸盐漠境盐土	尼尔基系	厚层壤质坡积暗棕壤
老奔系	壤质氯化物硫酸盐漠境盐土	古里系	砂砾底壤质草甸暗棕壤
木吉湖系	壤质砂土底氯化物硫酸盐漠境盐土	巴仁太本系	中层壤质石灰性草甸土
沙尔高脑系	壤质氯化物硫酸盐漠境盐土	大青山系	壤质淋溶灰褐土
扎兰乃系	壤质氯化物硫酸盐漠境盐土	浩尧尔音系	薄层黄土质暗栗钙土
赛汉陶来系	硫酸盐盐化林灌草甸土	新房村系	中绵黄土
兴安岭系	厚腐壤质沼泽土	巴彦库仁系	砂底中层壤质草甸土
齐奇岭系	砂底壤黑草甸土	巴岱系	砾石底壤质草甸土
哈克北系	厚层黑锈草甸黑钙土	胪膑系	中层壤质黄土-坡积物栗钙土
十家子系	壤质砂体石灰性草甸土	大杨树系	黄土-坡残积厚体薄层黑土

续表

土系	土种	土系	土种
阿里河系	薄层壤质砾石体残坡积暗棕壤	阿拉达尔系	壤质厚层残坡积暗棕壤性土
宜里系	薄层壤质黄土质草甸黑土	西马拉沁系	壤质厚层石灰性草甸土
敖林阿伯系	壤质草甸土	二道系	壤质坡-洪积暗栗钙土
西阿都沁系	壤质砂体石灰性草甸土	西山根系	中层黄土质暗栗钙土
毛川吉系	壤质氯化物硫酸盐漠境盐土	郭尔奔系	薄层黄土质-坡积淡栗钙土
景杨林系	壤质硫酸盐草甸盐土	布鲁特黑系	薄层坡洪积淡栗钙土
敖木罕查系	中度苏打碱化草甸土	耳字壕系	中层石质栗钙土
希热吐系	壤质石灰性草甸土	巴音杭盖系	风积砂棕钙土
达里诺尔系	壤质苏打草甸盐土	巴音温都系	红土质钙质灰漠土
布迪系	砂质草甸土	巴音希勒系	中层砂砾质栗钙土
吉日嘎朗系	硫酸盐盐化林灌草甸土	额尔登系	薄层砂砾质淡栗钙土
东哈家系	壤质石灰性草甸土	毛忽洞系	壤质薄层坡积淡栗钙土
五分子系	砂质石灰性草甸土	赛乌素系	砂砾盖坡洪积淡棕钙土
塔尔湖系	壤质潮灌淤土	西桃花湾系	中层黄土质栗钙土
王玉营系	壤质灌淤土	古城系	壤质风积-冲积潮栗褐土
新元系	壤质潮灌淤土	玛尼图系	中层黄土质暗栗钙土
元井系	壤质潮灌淤土	木头沟系	薄层黄土质栗钙土
白脑包系	壤质潮灌淤土	喜挂图系	壤质薄层残坡积暗栗钙土
官将系	壤质灌淤潮土	高家梁子系	薄层黄土质栗钙土
黑柳子系	壤质潮灌淤土	塔本呼都系	中层黄土质暗栗钙土
吉日根系	黏质草甸土	乌兰忽洞系	中层砂砾质栗钙土
大井壕系	壤质石灰性草甸土	查干呼舒系	砂砾盖壤质残积棕钙土
隆兴昌系	轻度硫酸盐盐化潮土	满代沟系	壤质中层黄土-冲积暗栗钙土
巴音敖包系	薄层黄土质栗钙土	扎哈音乌拉系	壤质薄层残积栗钙土
哈素海系	轻度苏打盐化潮土	夏日哈达系	薄层砂砾质暗栗钙土
乃林高勒系	砂质石灰性草甸土	温更系	薄层壤质坡冲积淡栗钙土
军马场系	壤质黄土-残积暗栗钙土	巴彦查干系	壤质薄层黄土质-坡积栗钙土
布尔台系	砂质草甸栗钙土	察汗淖尔系	轻度沙化棕钙土
达林台系	薄层黄土质栗钙土	都兰敖包系	壤质厚层残积-黄土暗栗钙土
沙尔呼热系	中层黄土质暗栗钙土	甘珠日庙系	壤质残积栗钙土性土
大佘太系	轻度硫酸盐盐化草甸土	哈勒拉哈音系	壤质厚层黄土质淡栗钙土
大庙系	壤质坡-洪积暗栗钙土	海日罕乌拉系	中度沙化栗钙土
小林坝系	壤质薄层脱潮土	葫芦素系	半固定荒漠风沙土
谢尔塔拉系	厚层黄土质黑钙土	热水塘系	壤质薄层风积黄土质栗钙土
哈多河系	砾质新积土（中黄黑土）	赛汉塔拉系	薄层风积砂栗钙土
哈日陶勒盖系	壤质黄土（火山灰）暗栗钙土	陶勒盖系	薄层砂砾淡栗钙土
沙布尔台系	中层石质栗钙土	乌兰宝拉格系	薄层砂砾质栗钙土
前景阳系	黄土质厚层栗钙土	乌呼楞楚鲁系	壤质薄层冲积-风积栗钙土
摩天岭系	薄层砂砾质灰褐土	陕坝系	壤质石灰性草甸土
白音乌拉系	钙质粗骨土	道特淖尔系	砂质薄层风积暗栗钙土

续表

土系	土种	土系	土种
耗来沟系	壤质风积坡积淡黑钙土	上瓦房系	壤质石灰性草甸土
萨麦系	草原固定风沙土	塔沙系	砂质薄层风积砂淡栗钙土
森林屯系	中层砂质栗钙土	西莫瑞系	轻度苏打碱化草甸土
毕克齐系	壤质中层砂砾底石灰性草甸土	羊房滩系	壤质黄土质暗栗钙土
石哈河系	薄层砂砾质栗钙土	葛根敖包系	壤质坡残积暗棕壤性土
黑里河系	壤质薄体石灰性草甸土	古伊敏河系	中层砂质淋溶黑钙土
宝力根系	薄层风积砂质栗钙土	红花尔基系	中层砂质淋溶黑钙土
大窑系	薄层壤质栗钙土	嘎朗图系	流动草原风沙土
蒙海系	壤质潮灌淤土	旧地系	半固定荒漠风沙土
神山沟系	薄层残积-黄土质淡栗钙土	吉仁高勒系	壤质砂土体石灰性草甸土
添漫沟系	壤质薄层黄土质-风积沙淡栗钙土	东山湾系	壤质石灰性草甸土
希尼乌素系	薄层黄土质淡灰钙土	巴彦嵯岗系	壤质石灰性草甸土
白音诺尔系	壤质厚层黄土质草甸土	卓伦系	草原固定风沙土
宝林系	薄层风积暗栗钙土	巴彦宝格德系	石膏灰棕漠土
浩尔吐系	厚层石质灰色森林土	桑格音达系	石膏灰棕漠土
白沙泉系	壤质厚层黄土质暗栗钙土	呼拉延系	钙质粗骨土
查干楚鲁系	中层砂质栗钙土	巴彦胡硕系	中性粗骨土
大沙湾系	中层黄土质淡栗钙土	边墙里系	中性石质土
地猫土塔系	壤质脱潮土	三合系	中性石质土
关碾房系	壤质薄层潮灌淤土	艾勒系	草原固定风沙土
花根壕系	壤质薄层黄土质栗钙土	巴雅尔图系	草原固定风沙土
南羊场系	砂砾盖壤质风积-冲积棕钙土	新井系	草原固定风沙土
赛音呼都系	壤质脱潮土		

索　引

Q

R

S

T

(S-0019.01)
ISBN 978-7-5088-5801-2
9 787508 858012 >
定价：**398.00** 元